中文版

AutoCAD 2015 机械绘图实例教程

陈志民　主编

机械工业出版社

本书从机械行业应用出发，介绍了 AutoCAD 2015 的各项功能，以及绘制各类机械工程图的相关知识、绘制流程与方法。

全书共 3 篇 16 章，第 1 章~第 7 章为 AutoCAD 基础篇，介绍了 AutoCAD 2015 绘图基础、二维机械图形绘制与编辑、文字和表格的创建、参数化绘图、尺寸标注、图块和设计中心的应用；第 8 章~第 12 章为二维机械绘图篇，包括机件的表达方法、图幅的制作、轴测图绘制、二维零件图和二维装配图的绘制；第 13 章~第 16 章为三维机械绘图篇，介绍了 AutoCAD 三维绘图知识、三维零件和装配图画法，以及三维实体生成二维视图的方法。

本书附赠 DVD 学习光盘，配备了 5 个多小时的多媒体教学视频，并赠送 7 个多小时的 AutoCAD 基本功能和命令视频教学，详细讲解了 AutoCAD 各个命令和功能的含义和用法。

本书内容严谨，讲解透彻，实例紧密联系机械工程，具有较强的专业性和实用性。另外，本书每章都配有典型实例和习题，可操作性强，特别适合读者自学和大、中专院校作为教材和参考书，同时也适合从事机械设计的工程技术人员学习和参考之用。

图书在版编目（CIP）数据

中文版 AutoCAD2015 机械绘图实例教程/陈志民主编.— 4 版.—北京：机械工业出版社，2014.10

ISBN 978-7-111-47735 -8

Ⅰ. ①中… Ⅱ. ①陈… Ⅲ. ①机械制图—AutoCAD 软件—教材 Ⅳ.①TH126

中国版本图书馆 CIP 数据核字(2014)第 191735 号

机械工业出版社（北京市百万庄大街 22 号　邮政编码 100037）

策划编辑：曲彩云　　　责任印制：刘　岚

北京中兴印刷有限公司印刷

2014 年 10 月第 4 版第 1 次印刷

184mm×260mm · 22.5 印张 · 554 千字

0001—3000 册

标准书号：ISBN 978-7-111-47735-8

　　　　　ISBN 978-7-89405-524-8（光盘）

定价：58.00 元（含 1DVD）

凡购本书，如有缺页、倒页、脱页，由本社发行部调换

电话服务　　　　　　　　　网络服务

社服务中心：（010）88361066　教材网: http://www.cmpedu.com

销售一部：（010）6832629　　机工官网：http://www.cmpbook.com

销售二部　（010）88379649　　机工官博：http://weibo.com/cmp1952

读者购书热线：（010）88379203　**封面无防伪标均为盗版**

前言

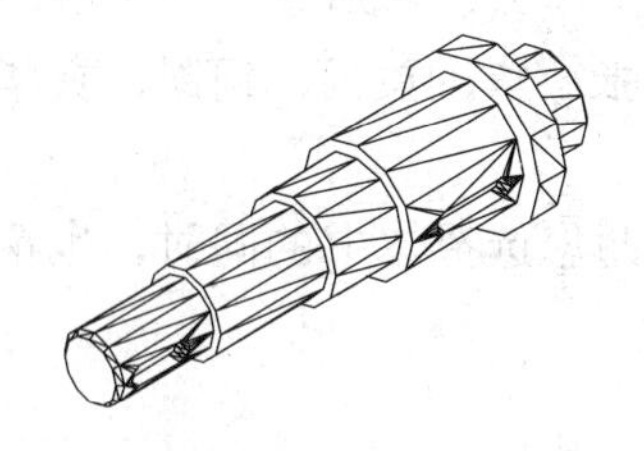
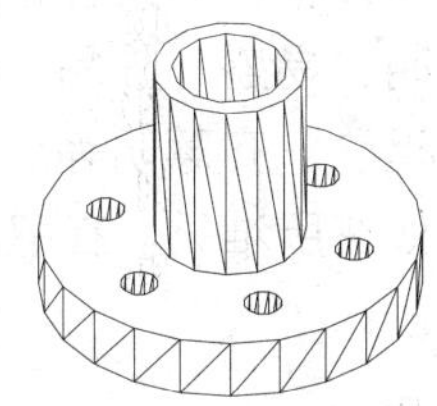
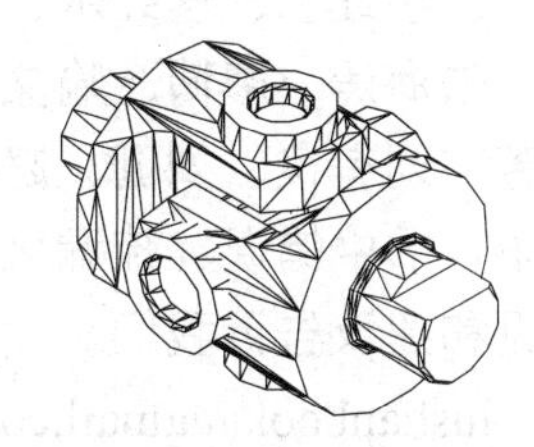
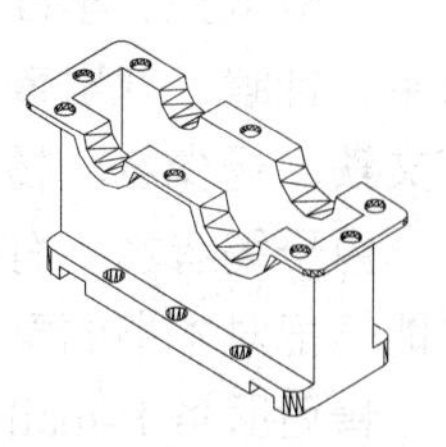

● 关于本书

AutoCAD 是世界最主要的计算机辅助设计软件之一，在机械、建筑和电气等工程设计领域有 85%以上的二维绘图任务都是通过它来完成的。AutoCAD 2015 是 Autodesk 公司在前后 20 多个版本的不断革新中推出的最新版本。

本书从 CAD 制图技术与行业应用出发，全方位介绍 CAD 制图技术和各类机械图的绘制方法、流程与技巧。

● 本书特色

1. 完善的 AutoCAD 知识体系	2. 专业的机械绘图规范
从用户界面到绘图与编辑，再到尺寸标注、文字和表格、图块和三维建模，均以 AutoCAD 当前的最常用内容为主线，采用阶梯式学习方法，针对机械绘图的需要，进行了筛选和整合，突出实用和高效。相关知识点讲解深入、透彻，逐步提高读者绘图技能，使读者掌握 AutoCAD 的绘图要点	将 AutoCAD 软件操作与机械制图紧密结合，使读者在学习软件的同时，了解和掌握机械设计国家标准和绘图规范，积累行业从业经验，可以快速应用到工作实践中
3. 经典的教学案例	**4. 手把手的多媒体教学视频**
本书的绘图案例经过精挑细选，经典、实用，从平面图到零件图、装配图，再到三维图，全部来自一线工程实践，具有典型性和实用性，使读者倍受亲切，易于触类旁通、举一反三	全书配备了多媒体教学视频，可以在家享受专家课堂式的讲解，成倍提高学习兴趣和效率

● 本书编者

本书由陈志民主编，参加编写的还有：江凡、张洁、马梅桂、戴京京、骆天、胡丹、陈运炳、申玉秀、李红萍、李红艺、李红术、陈云香、陈文香、陈军云、彭斌全、林小群、刘清平、钟睦、刘里锋、朱海涛、廖博、喻文明、易盛、陈晶、张绍华、黄柯、何凯、黄华、陈文轶、杨少波、杨芳、刘有良、刘珊、赵祖欣、齐慧明等。

由于编者水平有限，书中错误、疏漏之处在所难免。在感谢您选择本书的同时，也希望您能够把对本书的意见和建议告诉我们。

售后服务 E-mail：lushanbook@gmail.com

读者 QQ 群：327209040

编者

目录

第2篇 二维机械绘图篇

第 3 篇 三维机械绘图篇

第1章 AutoCAD 2015 绘图基础

本章导读

AutoCAD是CAD业界用户最多、使用最广泛的计算机辅助绘图和设计软件，它由美国Autodesk公司开发，其最大的优势就是绘制二维工程图。同时，也可以进行三维建模和渲染。自1982年12月推出初始的R1.0版本，20多年来，经过不断的发展和完善，AutoCAD操作更加方便，功能更加齐全，在机械、建筑、土木、服装、电力、电子和工业设计等行业得到了广泛的应用。目前，AutoCAD 2015是其最新的版本。

本章重点

- AutoCAD 2015界面组成
- AutoCAD使用命令的方法
- 绘图环境的基本设置
- 图形文件的管理
- AutoCAD基本操作
- 控制图形显示
- 图层的创建和管理

1.1 AutoCAD 2015 的启动与退出

学习或使用任何软件前都必须先启动该软件，同时在完成工作后也要退出该软件，下面介绍启动和退出 AutoCAD 2015 的方法。

1.1.1 启动 AutoCAD 2015

在全部安装过程完成之后，可以通过以下几种方式启动 AutoCAD 2015：

- 桌面快捷方式图标：AutoCAD 2015 在安装时，会在桌面上放置一个 AutoCAD 2015 的快捷方式图标，双击该图标即可启动 AutoCAD 2015，如图 1-1 所示。
- 【开始】菜单：依次单击【开始】|【所有程序】|【Autodesk】|【CAD 2015 - 简体中文 (Simplified Chinese)】|【AutoCAD 2015 - 简体中文 (Simplified Chinese)】。
- 双击已经存在的 AutoCAD 2015 图形文件（*.dwg 格式）。

1.1.2 退出 AutoCAD 2015

退出 AutoCAD 2015 有以下几种方式：

- 菜单栏：选择【文件】|【退出】命令。
- 命令行：在命令行中输入 QUIT 或 EXIT。
- 单击 AutoCAD 2015 操作界面右上角的【关闭】按钮 x 。
- 单击【应用程序菜单】按钮，选择【退出 AutoCAD 2015】。

如果软件中有未保存的文件，则会弹出信息提示框，如图 1-2 所示。单击【是】按钮则保存文件并退出，单击【否】按钮则不保存文件退出，单击【取消】按钮则取消退出，继续绘图操作。

图 1-1　桌面图标

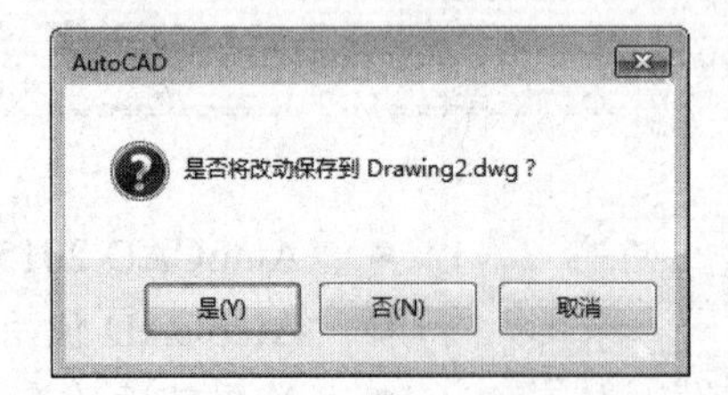

图 1-2　信息提示框

1.2 AutoCAD 2015 工作空间

AutoCAD 2015 提供了【草图与注释】、【三维基础】和【三维建模】3 种工作空间模式。

要在各工作空间模式中进行切换，只需在状态栏中单击【切换工作空间】按钮，或打开【快速访问】工具栏工作空间列表菜单，在弹出的下拉菜单中选择相应的命令即可，如图 1-3 所示。

1.2.1 草图与注释空间

系统默认打开的是【草图与注释】空间，其界面如图 1-4 所示。该空间界面主要由【应用程序菜单】按钮、【功能区】选项板、快速访问工具栏、绘图区、命令行和状态栏构成。通过【功能区】选项板中的各个选项卡中的按钮，可以方便地绘制和编辑二维图形。

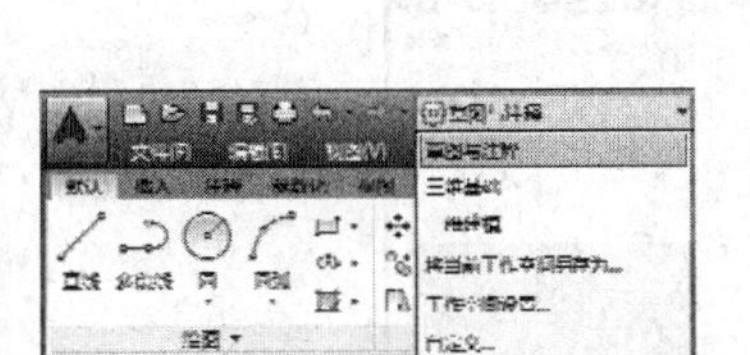

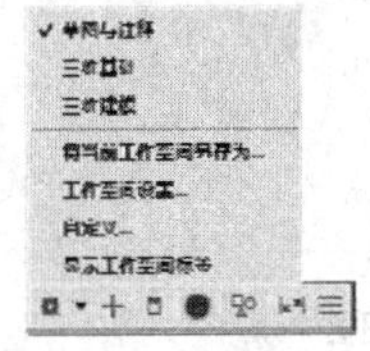

图 1-3 工作空间切换菜单

图 1-4　草图与注释工作空间

1.2.2 三维基础空间

【三维基础】空间界面如图 1-5 所示，使用该工作空间能够非常方便地调用三维基本建模功能，创建出简单的三维实体模型。

1.2.3 三维建模空间

使用三维建模空间，可以方便地进行复杂的三维实体、网格和曲面模型创建。在功能区中集中了【三维建模】、【视觉样式】、【光源】、【材质】、【渲染】和【导航】等面板，从而为绘制三维图形、观察图形、创建动画、设置光源、为三维对象附加材质等操作提供了非常便利的操作环境，如图 1-6 所示。

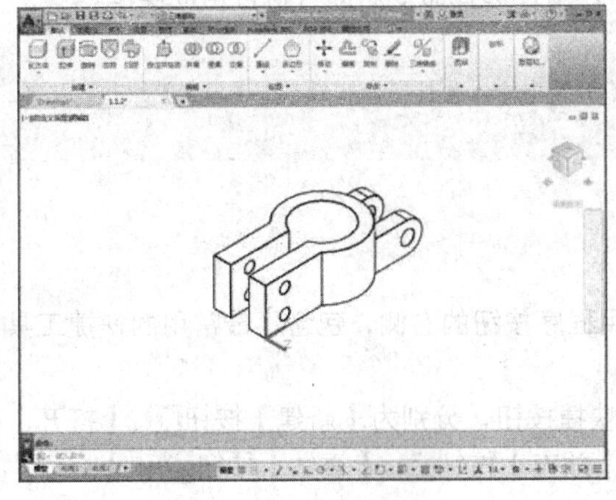

图 1-5　三维基础工作空间

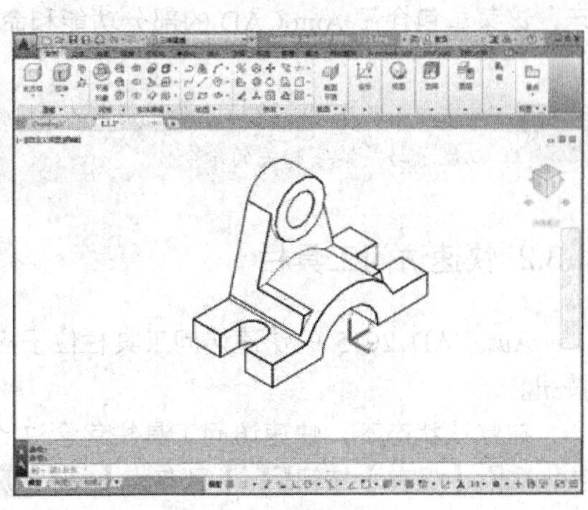

图 1-6　三维建模空间

1.3 AutoCAD 2015 界面组成

AutoCAD 的各个工作空间都包含应用程序按钮、快速访问工具栏、标题栏、绘图区、命令行、状态栏等元素，如图 1-7 所示。本节先介绍各界面的组成元素，以便用户能够快速熟悉各空间的组成。

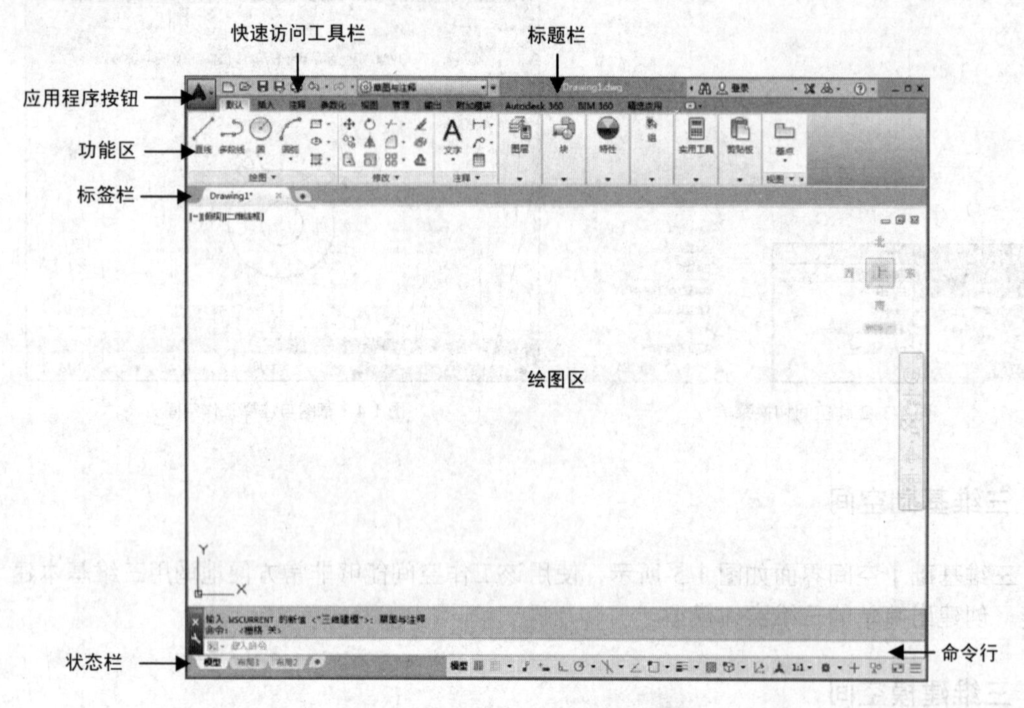

图 1-7　AutoCAD 2015 工作界面

1.3.1 应用程序按钮

应用程序按钮位于界面左上角。单击该按钮，系统弹出 AutoCAD 菜单，如图 1-8 所示，该菜单包含了 AutoCAD 的部分功能和命令，用户选择命令后即可执行相应操作。

单击应用程序按钮，在弹出菜单的【搜索】引擎中输入关键字，然后单击【搜索】按钮，就可以显示与关键字相关的命令。

1.3.2 快速访问工具栏

AutoCAD 2015 的快速访问工具栏位于应用程序按钮的右侧，包含了最常用的快捷工具按钮。

在默认状态下，快速访问工具栏包含 7 个快捷按钮，分别为【新建】按钮、【打开】按钮、【保存】按钮、【另存为】按钮、【放弃】按钮、【重做】按钮和【打印】按钮。

如果想在【快速访问】工具栏中添加或删除按钮，可以在【快速访问】工具栏上单击鼠标右键，在弹出的右键快捷菜单中选择【自定义快速访问工具栏】命令，在弹出的【自定义用户界面】对话框中进行设置即可。

单击【快速访问】工具栏最右侧的下拉按钮，系统将弹出如图 1-9 所示的下拉列表。在其中可以自定义【快速访问】工具栏，或隐藏/显示菜单栏。

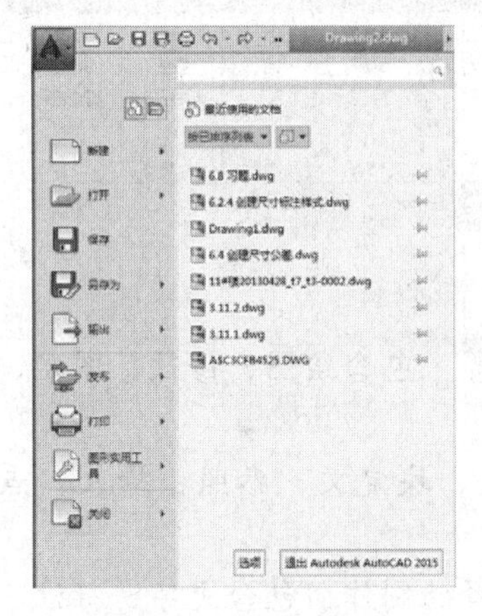

图 1-8　应用程序按钮

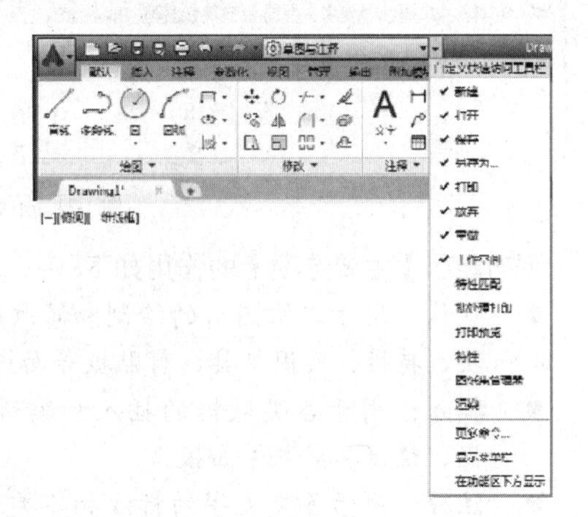

图 1-9　快速访问工具栏下拉列表

1.3.3 标题栏

标题栏位于应用程序窗口的最上方，如图 1-10 所示，用于显示当前正在运行的程序名称及文件名等信息，AutoCAD 默认新建的文件名称格式为 DrawingN.dwg（N 是数字）。

图 1-10　标题栏

标题栏中的信息中心提供了多种信息来源。在文本框中输入需要帮助的问题，然后单击【搜索】按钮，就可以获取相关的帮助；单击按钮，可以访问 Autodesk Exchange 应用程序窗口；单击按钮，可以访问产品更新，并与 Autodesk 社区联机连接；单击按钮，则可以访问 AutoCAD 的帮助文档。

1.3.4 菜单栏

在 AutoCAD 2015 中，菜单栏在任何工作空间都不会默认显示。单击【工作空间】下拉列表框右侧的三角下拉按钮，系统弹出【自定义快速访问工具栏】下拉菜单，选择其中的【显示菜单栏】选项，系统就会在【快速访问】工具栏的下侧显示菜单栏。【快速访问】工具栏默认共有 12 个菜单项，几乎包含了 AutoCAD 的所有绘图和编辑命令。单击菜单项或按下 Alt + 菜单项中带下划线的字母（例如格式 Alt+O），即可打开对应的下拉菜单。

1.3.5 功能区

【功能区】位于绘图窗口的上方，由许多面板组成，这些面板被组织到依任务进行标记的选项卡中。功能区面板包含的很多工具和控件与工具栏和对话框中的相同。

默认的【草图和注释】空间中【功能区】共有 11 个选项卡：默认、插入、注释、参数化、视图、管理、输出、附加模块、Autodesk 360、BIM360 和精选应用。每个选项卡中包含若干个面板，每个面板中又包含许多由图标表示的命令按钮，如图 1-11 所示。

图 1-11 【功能区】选项卡

【功能区】主要选项卡的作用如下：

- 默认：用于二维图形的绘制和修改以及标注等，包含绘图、修改、图层、注释、块、特性、实用工具、剪贴板等面板。
- 插入：用于各类数据的插入和编辑。包含块、块定义、参照、输入、点云、数据、链接和提取等面板。
- 注释：用于各类文字的标注和各类表格和注释的制作，包含文字、标注、引线、表格、标记、注释缩放等面板。
- 参数化：用于参数化绘图，包括各类图形的约束和标注的设置以及参数化函数的设置，包含几何、标注、管理等面板。
- 视图：用于二维及三维制图视角的设置和图纸集的管理等。包含二维导航、视图、坐标、视觉样式、视口、选项板、窗口等面板。
- 管理：包含动作录制器、自定义设置、应用程序、CAD 标准等面板。用于动作的录制，CAD 界面的设置和 CAD 的二次开发以及 CAD 配置等。
- 输出：用于打印、各类数据的输出等操作。包含打印和输出为 DWF/PDF 面板。

1.3.6 文件标签栏

AutoCAD 从 2014 版开始新增了文件标签栏，以方便文件的切换和管理。标签栏由多个文件选项卡组成，如图 1-12 所示。每个打开的图形对应一个文件选项卡，单击标签栏中相应的选项卡即可快速切换至相应图形文件。

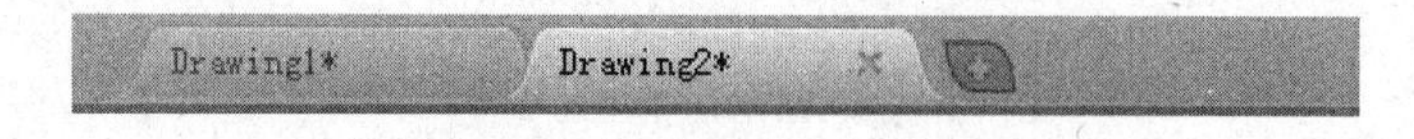

图 1-12 文件标签栏

每个文件标签显示有对应图形的文件名，如果名称右侧显示有“*”标记，则表明该文件修改后还未保存。移动光标至文件选项卡上，可以预览该图形对应的模型或布局，以方便了解图形的内容。

在标签栏空白处单击鼠标右键，系统会弹出快捷菜单，用于对文件进行相关操作。内容包括新选项卡、新建、打开、全部保存和全部关闭。如果选择【全部关闭】命令，就可以关闭标签栏中的所有文件选项卡，而不会退出 AutoCAD 软件。

单击标签栏右侧“+”按钮，能快速新建图形，并创建相应的文件选项卡，从而大大方

便了图形文件的操作管理。

标签栏中的文件选项卡是按照图形打开的顺序来显示的，可以拖动选项卡来更改标签的显示顺序和位置。如果上面没有足够的空间来显示所有的文件选项卡，此时会在其右端出现一个浮动菜单来访问更多打开的文件。

1.3.7 绘图区

绘图区是屏幕上的一大片空白区域，它是用户进行绘图的主要工作区域。用户所进行的操作过程，以及绘制完成后的图形都会直接反映在绘图区。绘图区实际上是无限大的，用户可以通过缩放、平移等命令来观察绘图区的图形。

在绘图区左下角显示有一个坐标系图标，默认情况下，坐标系为世界坐标系（World Coordinate System，WCS）。另外，在绘图区还有一个十字光标，其交点为光标在当前坐标系中的位置。当移动鼠标时，可以改变光标的位置。

绘图区右上角同样也有【最小化】、【最大化】和【关闭】三个按钮，在 AutoCAD 中同时打开多个文件时，可通过这些按钮进行图形文件的切换和关闭。

绘图窗口右侧显示 ViewCube 工具和导航栏，用于切换视图方向和控制视图。

1.3.8 命令行与文本窗口

【命令行】窗口位于绘图窗口的底部，用于接收输入的命令，并显示 AutoCAD 提示信息。自 AutoCAD 2014 起，命令行就得到了增强，可以提供更智能、更高效的访问命令和系统变量。现在可以使用命令行来查找诸如阴影图案、可视化风格以及联网帮助等内容。命令行的颜色和透明度可以随意改变。可以在不停靠的模式下使用，同时也显示更小。其半透明的提示历史可显示多达 50 行，如图 1-13 所示。

AutoCAD 文本窗口是记录 AutoCAD 命令的窗口，是放大的【命令行】窗口。按 F2 键，即可打开文本窗口如图 1-14 所示，它记录了对文档进行的所有编辑操作。但这个方式并不实用，文本窗口显示在界面上会妨碍绘图操作。

图 1-13 【命令行】窗口

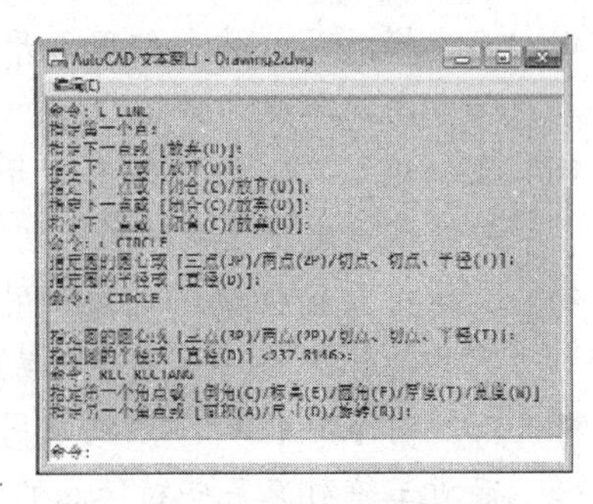

图 1-14 AutoCAD 文本窗口

用户可以自由地控制命令窗口的显示与隐藏，执行【工具】|【命令行】命令即可。

将光标移至命令行窗口的上边缘，当光标呈形状时，按住鼠标左键向上拖动鼠标就可以增加命令窗口显示的行数。

1.3.9 状态栏

状态栏用来显示 AutoCAD 当前的状态，如对象捕捉、极轴追踪等命令的工作状态。同时 AutoCAD 2015 将之前的模型布局标签栏和状态栏合并在一起，并且取消显示当前光标位置，如图 1-15 所示。

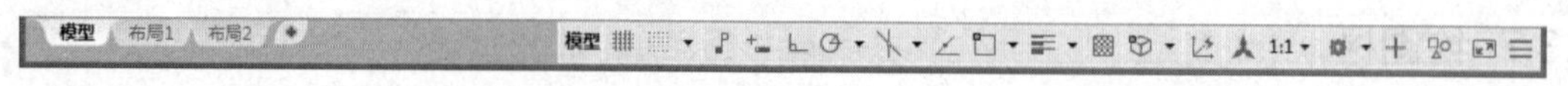

图 1-15 状态栏

在状态栏上空白位置单击鼠标右键，系统弹出右键快捷菜单，如图 1-16 所示。选择【绘图标准设置】选项，系统弹出【绘图标准】对话框，如图 1-17 所示，可以设置绘图的投影类型和着色效果。

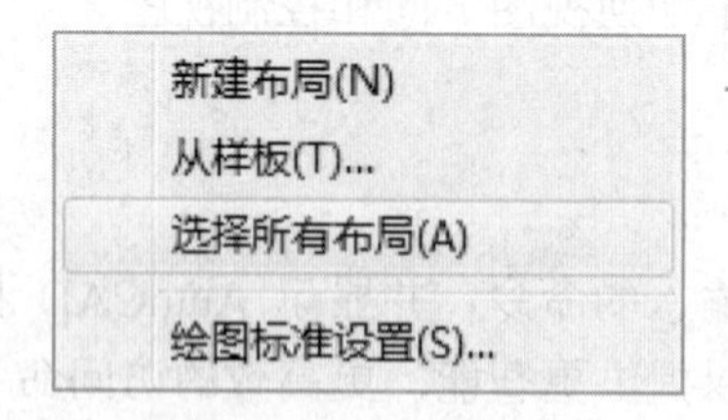

图 1-16 状态栏右键快捷菜单

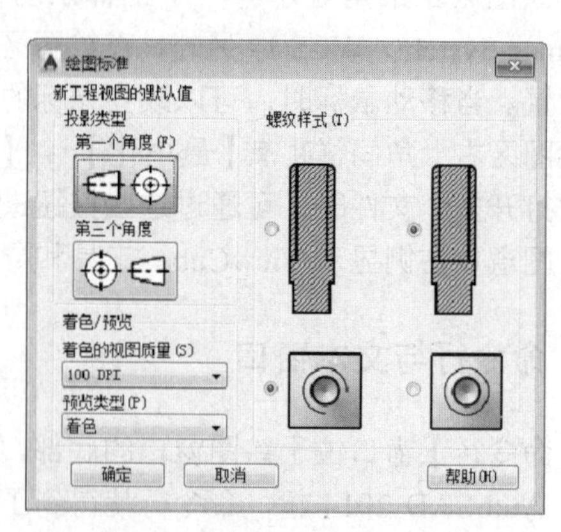

图 1-17 【绘图标准】对话框

状态栏中各按钮的含义如下：

- 推断约束：该按钮用于创建和编辑几何图形时推断几何约束。
- 捕捉模式：该按钮用于开启或者关闭捕捉。捕捉模式可以使光标能够很容易地抓取到每一个栅格上的点。
- 栅格显示：该按钮用于开启或者关闭栅格的显示。栅格即图幅的显示范围。
- 正交模式：该按钮用于开启或者关闭正交模式。正交即光标只能走 X 轴或者 Y 轴方向，不能画斜线。
- 极轴追踪：该按钮用于开启或者关闭极轴追踪模式。用于捕捉和绘制与起点水平线成一定角度的线段。
- 二维对象捕捉：该按钮用于开启或者关闭对象捕捉。对象捕捉能使光标在接近某些特殊点的时候能够自动指引到那些特殊的点。
- 三维对象捕捉：该按钮用于开启或者关闭三维对象捕捉。对象捕捉能使光标在接近三维对象某些特殊点的时候能够自动指引到那些特殊的点。
- 对象捕捉追踪：该按钮用于开启或者关闭对象捕捉追踪。该功能和对象捕捉功能一起使用，用于追踪捕捉点在线性方向上与其他对象的特殊点的交点。
- 允许/禁止动态 UCS：用于切换允许和禁止 UCS（用户坐标系）。
- 动态输入：动态输入的开始和关闭。
- 线宽：该按钮控制线框的显示。

- 透明度▩：该按钮控制图形透明显示。
- 快捷特性▤：控制【快捷特性】选项板的禁用或者开启。
- 选择循环：开启该按钮可以在重叠对象上显示选择对象。
- 注释监视器+：开启该按钮后，一旦发生模型文档编辑或更新事件，注释监视器会自动显示。
- 模型 模型：用于模型与图纸之间的转换。
- 注释比例 1:1▾：可通过此按钮调整注释对象的缩放比例。
- 注释可见性：单击该按钮，可选择仅显示当前比例的注释或是显示所有比例的注释。
- 切换工作空间⚙▾：切换绘图空间，可通过此按钮切换 AutoCAD 2015 的工作空间。
- 全屏显示：AutoCAD 2015 的全屏显示或者退出。
- 自定义☰：单击该按钮，可以对当前状态栏中的按钮进行添加或是删除，方便管理。

1.4 AutoCAD 调用命令的方法

AutoCAD 2015 主要采用键盘和鼠标结合的命令输入方式，通过键盘输入命令和参数，通过鼠标执行工具栏中的命令、选择对象、捕捉关键点以及拾取点等。其中命令行输入是普通 Windows 应用程序所不具备的。

1.4.1 功能区按钮调用命令

在 AutoCAD 2015 中，默认工作空间是【草图与注释】工作空间，较常用的、并且比较适合初学者的命令调用方式就是单击功能区按钮调用命令，这种方法比较直观，并且方便快捷。

如调用【直线】命令，绘制任一长度和角度的直线，直接单击功能区【默认】选项卡上的【绘图】面板中的【直线】按钮即可调用【直线】命令，如图 1-18 所示。

功能区除了可以调用简单的直线、圆等绘图命令以外，还可以在不同的选项卡中调用注释、插入、视图等命令，对图形进行编辑完善。

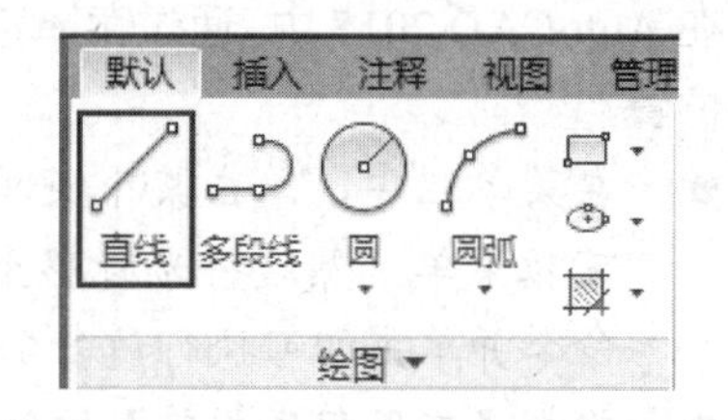

图 1-18　功能区调用【直线】命令

1.4.2 使用鼠标操作执行命令

在绘图窗口中，光标通常显示为“十”字线形式。当光标移至菜单选项、工具或对话框内时，它会变成一个箭头。当单击或者按动鼠标键时，都会执行相应的命令或动作。在 AutoCAD 中，鼠标键是按照以下规则定义的。

拾取键：通常指鼠标左键，用于指定屏幕上的点，也可以用来选择 Windows 对象、AutoCAD 对象、工具栏按钮和菜单命令等。

Enter 键：指鼠标右键，相当于 Enter 键，用于结束当前使用的命令，此时系统将根据当前绘图状态而弹出不同的快捷菜单。

快捷键：当按 Shift 键和鼠标右键的组合时，系统将弹出右键快捷菜单，打开临时捕捉，可以选择相应的临时捕捉方式。

1.4.3 命令行调用命令

通常情况下，绘制一个图形需要指定一些参数，不可能一步完成。例如，画一段弧就必须通过启动画弧命令，确定弧段起点，确定弧所在圆的半径，确定弧对应的圆心角角度这四个步骤。这些命令，如果仅通过用鼠标单击菜单或工具栏按钮来执行的话，效率就会很低，甚至根本就无法完成。命令输入方式可以连续地输入参数，并且实现人机交互，效率也就大大提高。

例如，调用【直线】命令，可以输入 LINE 或命令简写 L。有些命令输入后，将显示对话框，这时可以在这些命令前输入“-”，则显示等价的命令行提示信息，而不再显示对话框（例如填充命令 HATCH）。

输入参数时，鼠标操作和键盘输入通常是结合起来使用的。可用鼠标直接在屏幕上捕捉特征点的位置，用键盘启动命令和输入参数。一个熟练的 CAD 设计人员通常用右手操纵鼠标，用左手操作键盘，这样配合能够达到最高的工作效率。

在输入命令后，很多情况还需要继续选择命令选项，在 AutoCAD 2015 中，除了可以输入选项字母选择外，还可以直接单击选项进行选择。也可以在命令选项中，使用方向键选择选项命令。

1.4.4 菜单栏调用命令

AutoCAD 2015 中，菜单栏默认不显示，单击【快速访问】工具栏中的【工作空间】列表框右侧的三角按钮， 在弹出的下拉菜单中执行【显示菜单栏】命令，如图 1-19 所示，即可在【快速访问】工具栏下侧显示菜单栏。

在 AutoCAD 2015 中，通过菜单启动命令的有三个位置：

- 在菜单栏中，单击某个菜单项，打开其下拉菜单。然后将光标移至需要的菜单命令并单击即可执行该命令。
- 单击【应用程序菜单】按钮，显示菜单项，从中选择相应的菜单命令。
- 在屏幕上不同的位置或不同的进程中右键单击，将弹出不同的快捷菜单，从中可以选择与当前操作相关的命令。

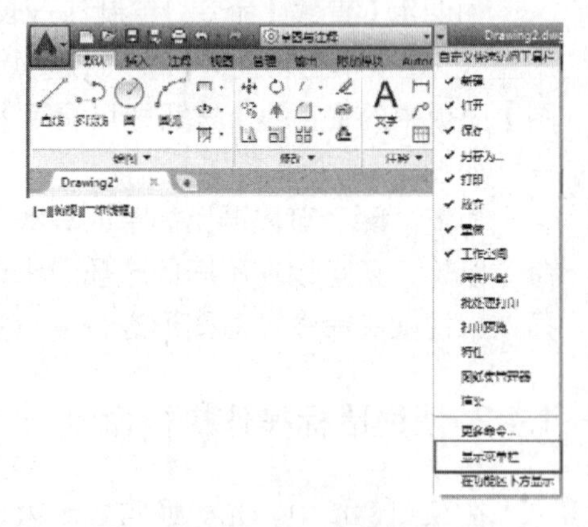

图 1-19 显示菜单栏

1.4.5 工具栏调用命令

和菜单栏一样，AutoCAD 2015 中工具栏默认不显示，若需要用工具栏调用命令绘制图形，执行菜单栏【工具】|【工具栏】|【AutoCAD】命令，在其子菜单中即可调用相应的工具栏。

例如，单击【绘图】工具栏中的圆按钮⊙，便可启动【圆】绘制命令，如图 1-20 所示。

图 1-20 工具栏调用【圆】命令

在相应的工具栏中单击某个图标按钮，也可启动相应命令。

1.4.6 重复执行命令

按回车键或空格键可以重复刚执行的命令。如刚执行了绘制圆（CIRCLE）命令，按回车键或空格键可以重复执行【圆】命令。或者在绘图区右键单击，在弹出的快捷菜单中选择【重复 XX】。

另外，在命令行右键单击，弹出快捷菜单，选择【最近的输入】菜单项中最近执行的某个命令，如图 1-21 所示，则可有选择地重复执行某命令。

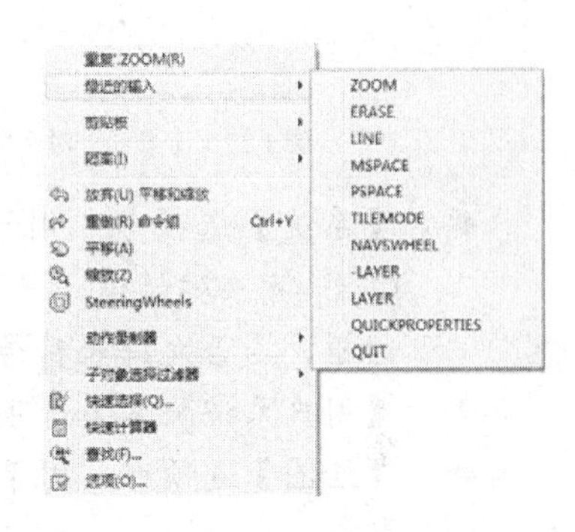

图 1-21 重复执行命令

1.5 绘图环境的基本设置

AutoCAD 2015 启动后，用户就可以在其默认的绘图环境中绘图，但是有时为了保证图形文件的规范性、图形的准确性与绘图的效率，需要在绘制图形前对绘图环境和系统参数进行设置。

1.5.1 系统参数的设置

对大部分绘图环境的设置，最直接的方法就是使用【选项】对话框。在绘图区空白位置单击鼠标右键，在弹出的右键快捷菜单中选择【选项】命令，系统弹出如图 1-22 所示的【选项】对话框，该对话框中包含了 11 个选项卡，可以在其中查看、调整 AutoCAD 的设置。

各选项卡的功能如下：

- 【文件】选项卡：用于确定 AutoCAD 搜索支持文件、驱动程序文件、菜单文件和其他文件时的路径以及用户定义的一些设置。
- 【显示】选项卡：用于设置窗口元素、布局元素、显示精度、显示性能、十字光标大小和参照编辑的褪色度等显示属性。其中，最常执行的操作为改变绘图区窗口颜色，可以单击【颜色】按钮，系统弹出【图形窗口颜色】对话框，在该对话框中可设置各类背景颜色，如图 1-23 所示。
- 【打开和保存】选项卡：用于设置是否自动保存文件，以及自动保存文件时的时间间隔，是否维护日志，以及是否加载外部参照等。
- 【打印和发布】选项卡：用于设置 AutoCAD 输出设备及相关输出选项。默认情况下，输出设备为 Windows 打印机。但在很多情况下，为了输出较大幅面的图形，也可能使用专门的绘图仪。

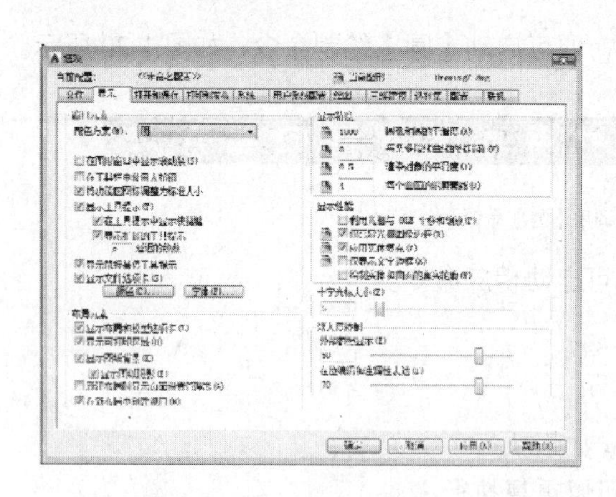

图 1-22 【选项】对话框

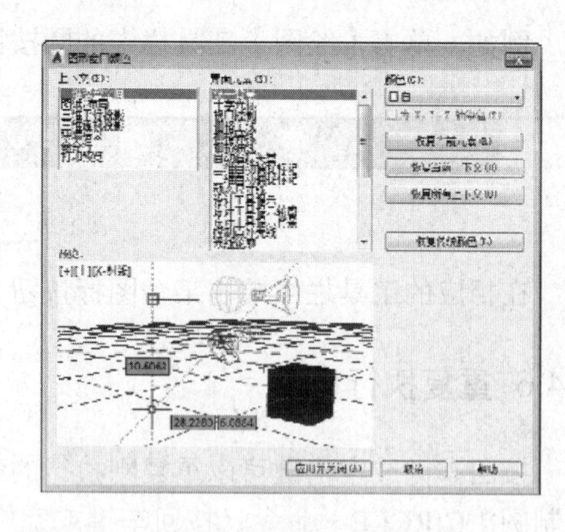

图 1-23 【图形窗口颜色】对话框

- 【系统】选项卡：用于设置当前三维图形的显示特性，设置定点设备、是否显示 OLE 特性对话框、是否显示所有警告信息、是否检查网络连接、是否显示启动对话框、是否允许长符号名等。
- 【用户系统配置】选项卡：用于设置是否使用快捷菜单和对象的排序方式。
- 【绘图】选项卡：用于设置自动捕捉、自动追踪、自动捕捉标记框颜色和大小、靶框大小。
- 【三维建模】选项卡：用于对三维绘图模式下的三维十字光标、UCS 图标、动态输入、三维对象、三维导航等选项进行设置。
- 【选择集】选项卡：用于设置选择集模式、拾取框大小及夹点大小等。
- 【配置】选项卡：用于实现新建系统配置文件、重命名系统配置文件以及删除系统配置文件等操作。
- 【联机】选项卡：用于登录 Autodesk 360 账户的登录与服务器同步等操作。

技巧 在没有执行任何命令时，可在绘图区域或命令行窗口右键单击，在弹出的快捷菜单中选择【选项】命令，也可以打开【选项】对话框。

1.5.2 绘图界限的设置

绘图界限是在绘图空间中假想的一个绘图区域，用可见栅格进行标示。图形界限相当于图纸的大小，一般根据国家标准关于图幅尺寸的规定设置。当打开图形界限边界检验功能时，一旦绘制的图形超出了绘图界限，系统将发出提示，并不允许绘制超出图形界限范围的点。

可以使用以下两种方式调用图形界限命令：

- 菜单栏：执行【格式】|【图形界限】命令
- 命令行：输入 LIMITS

下面以设置 A3 大小图形界限为例，介绍绘图界限的设置方法。

课堂举例 1-1： 设置 A3 大小图形界限

视频\第 1 章\课堂举例 1-1.mp4

01 在命令行中输入 LIMITS 并按回车键，调用【图形界限】命令，根据命令行的提示，设置图形界限大小，命令行操作如下：

```
命令: LIMITS↙                                   //调用【图形界限】命令
重新设置模型空间界限:
指定左下角点或[开(ON)/关(OFF)]<0.000,0.000>:↙    //按空格键或者 Enter 键默认
坐标原点为图形界限的左下角点。此时若选择 ON 选项，则绘图时图形不能超出图形界限，若超出系统不予
绘出，选 OFF 则准予超出界限图形
指定右上角点:420.000, 297.000↙                   //输入图纸长度和宽度值，按
下 Enter 键确定,再按下 Esc 键退出，完成图形界限设置
```

02 双击鼠标滚轮，使图形界限最大化显示在绘图区域中，然后单击状态栏【栅格显示】按钮▦，即可直观地观察到图形界限范围，如图 1-24 所示。

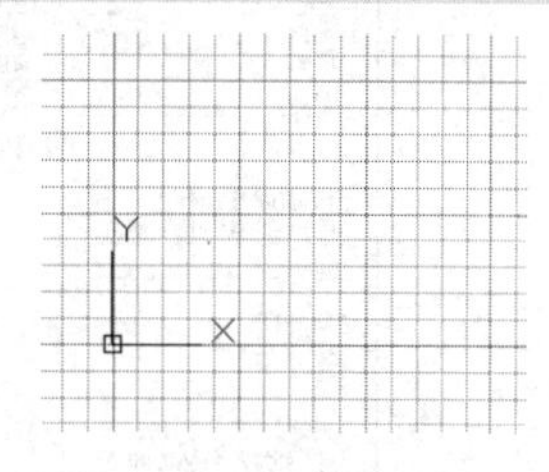

图 1-24 设置的图形界限

03 结束上述操作后，显示超出界限的栅格。此时可在状态栏栅格按钮▦上右键单击，选择【设置】选项，打开如图 1-25 所示的【草图设置】对话框，取消勾选"显示超出界限的栅格"复选框。单击【确定】按钮退出，结果如图 1-26 所示。

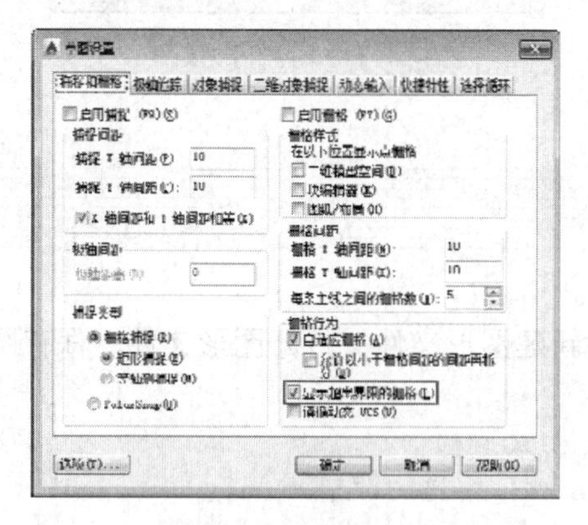

图 1-25 【草图设置】对话框

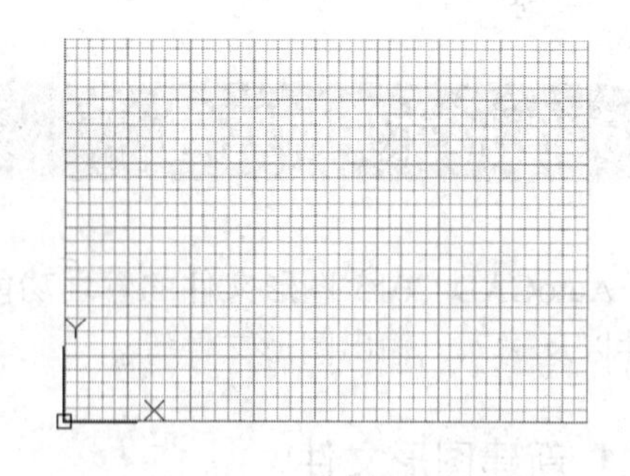

图 1-26 取消超出界限栅格显示

打开图形界限检查时，无法在图形界限之外指定点。但因为界限检查只是检查输入点，所以对象（例如圆）的某些部分仍然可能会延伸出图形界限。

1.5.3 绘图单位的设置

在绘制图形前，一般需要先设置绘图单位，比如绘图比例设置为 1:1，则所有图形的尺寸都会按照实际绘制尺寸来标出。设置绘图单位，主要包括长度和角度的类型、精度和起始方向等内容。

设置图形单位主要有以下两种方法：

- 菜单栏：执行【格式】|【单位】命令
- 命令行：输入 UNITS/UN

执行上述任一命令后，系统弹出如图 1-27 所示的【图形单位】对话框。该对话框中各选项的含义如下：

- 【长度】：用于选择长度单位的类型和精确度。
- 【角度】：用于选择角度单位的类型和精确度。

- 【顺时针】复选框：用于设置旋转方向。如选中此选项，则表示按顺时针旋转的角度为正方向，未选中则表示按逆时针旋转的角度为正方向。
- 【插入时的缩放单位】：用于选择插入图块时的单位，也是当前绘图环境的尺寸单位。
- 【方向】按钮：用于设置角度方向。单击该按钮将弹出如图 1-28 所示的【方向控制】对话框，在其中可以设置基准角度，即设置 0 度角。

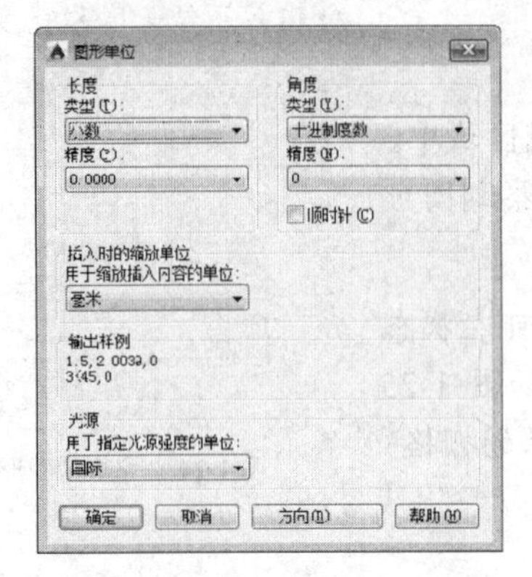

图 1-27 【图形单位】对话框

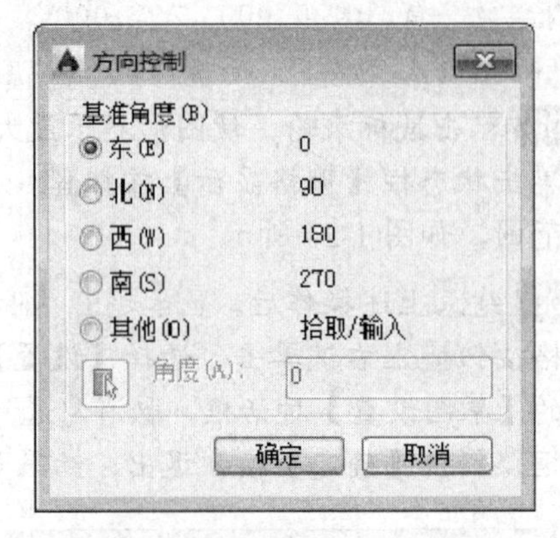

图 1-28 【方向控制】对话框

1.6 图形文件的管理

AutoCAD 2015 图形文件的管理功能主要包括新建图形文件、打开图形文件、保存图形文件以及输入、输出图形文件等。

1.6.1 新建图形文件

在绘图前，应该首先创建一个新的图形文件。在 AutoCAD 2015 中，有以下几种创建新文件的方法。

- 菜单栏：执行【文件】|【新建】命令
- 工具栏：单击【快速访问】工具栏或【标准】工具栏 【新建】按钮
- 命令行： QNEW
- 快捷键：按 Ctrl+N 组合键
- 标签栏：在标签栏空白位置单击鼠标右键，在弹出的右键快捷菜单中选择【新建】选项

执行上述任一操作，系统弹出如图 1-29 所示【选择样板】对话框，用户可以在该对话框中选择不同的绘图样板，当用户选择好绘图样板时，系统会在对话框的右上角显示预览，然后单击【打开】按钮，即创建一个新图形文件，也可以在【打开】按钮下拉菜单中选择其他打开方式。

1.6.2 打开图形文件

AutoCAD 文件的打开方式有很多种，下面介绍常见的几种。

- 菜单栏：执行【文件】|【打开】命令
- 工具栏：单击【快速访问】工具栏或【标准】工具栏 【打开】按钮
- 命令行：OPEN
- 快捷键：按 Ctrl+O 组合键
- 标签栏：在标签栏空白位置单击鼠标右键，在弹出的右键快捷菜单中选择【打开】选项

执行以上操作都会弹出如图 1-30 所示【选择文件】对话框，该对话框用于选择已有的 AutoCAD 图形，单击【打开】按钮后的三角下拉按钮，在弹出的下拉菜单中可以选择不同的打开方式。

图 1-29　【选择样板】对话框

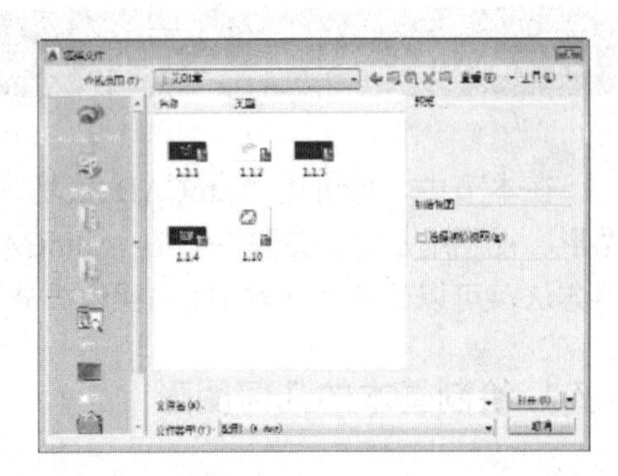

图 1-30　【选择文件】对话框

如果使用的是英制尺寸，可选择 acad.dwt 或 acadlt.dwt 模板。如果使用的是公式尺寸，可选择 acadiso.dwt 或 acadltiso.dwt 模板。

1.6.3 保存图形文件

保存文件是文件操作中最重要的一项工作。没有保存的文件信息一般存在于计算机的内存中，在计算机死机、断电或程序发生错误时，内存中的信息将会丢失。保存的作用是将内存中的文件信息写入磁盘，写入磁盘的信息不会因为断电、关机或死机而丢失。在 AutoCAD 中，可以使用多种方式将所绘图形存入磁盘。

常用的保存图形方法有以下 4 种：

- 菜单栏：【文件】|【保存】命令
- 命令行：QSAVE
- 工具栏：单击【快速访问】工具栏【保存】按钮
- 快捷键：按 Ctrl+ S 组合键

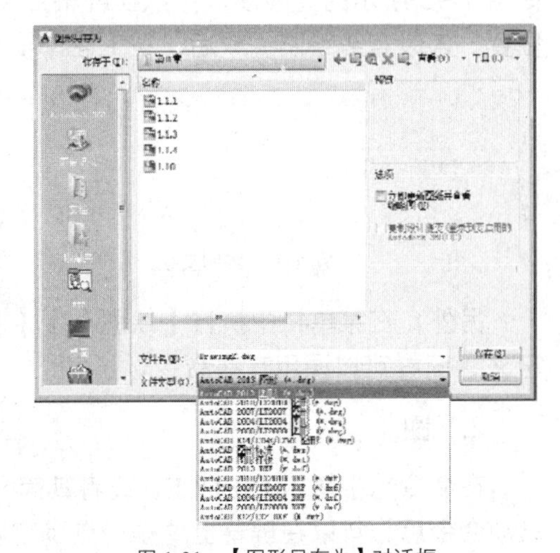

图 1-31　【图形另存为】对话框

执行上述任一操作，都可以对图形文件进行保存。若当前的图形文件已经命名保存过，则按此名称保存文件。如果当前图形文件尚未保存过，则会弹出如图 1-31 所示的【图形另存

为】对话框，用于保存已经创建但尚未命名保存过的图形文件。

也可以通过下面的方式直接打开【图形另存为】对话框，对图形进行重命名保存。

- 菜单栏：【文件】|【另存为】命令
- 命令行：SAVE
- 快捷键：按 Ctrl+Shift+S 组合键

在【图形另存为】对话框中，【保存于】下拉列表框用于设置图形文件保存的路径；【文件名】文本框用于输入新的文件名称；【文件类型】下拉列表框用于选择文件保存的格式。其中*.dwg 是 AutoCAD 图形文件，*.dwt 是 AutoCAD 样板文件，这两种格式最为常用。

1.7 AutoCAD 基本操作

在本节中，将讲述 AutoCAD 最基本的操作命令，包括绘制基本的几何图形、选择删除图形、视图缩放等。这些命令在 AutoCAD 制图过程中将频繁使用。通过学习这些命令的使用方法，可以了解 AutoCAD 的操作方式和工作流程。

1.7.1 绘制基本的几何图形

在 AutoCAD 中，无论多么复杂的图形对象，都是由最基本的几何图形组合而成的。本节只简述直线、圆和矩形这三种图形的基本绘制方法。在本书的后面章节中将详细讨论其他基本绘图命令。

1. 直线

在命令行中输入直线命令 LINE，或者其简写形式 L，然后回车，可以绘制首尾相连的一系列直线。启动命令后，可以在屏幕上连续单击，依次确定各段直线的端点。例如，要绘制如图 1-32 所示的直线段，可以在屏幕上点 A、B、C、D 的位置处单击，即可确定各端点的位置。各段直线绘制完成后，按下回车键可结束命令。

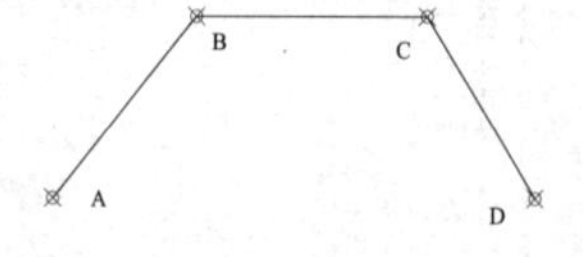

图 1-32 绘制直线

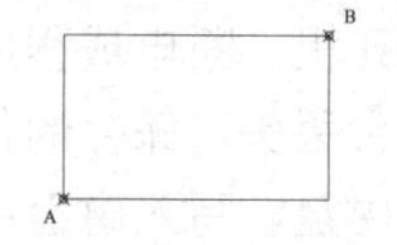

图 1-33 绘制矩形

另外，在菜单栏中执行【绘图】|【直线】命令，或者单击【绘图】面板中【直线】按钮，同样可以调用直线命令。

2. 圆

在命令行中输入 CIRCLE，或者其简写形式 C，然后回车，可以调用【圆】命令绘制圆。启动命令后，可以在屏幕上单击一点确定圆心的位置，然后拖动光标，确定圆的半径。单击【绘图】工具栏中【圆】按钮，也可以启动圆命令。

3. 矩形

如图 1-33 所示，矩形的绘制是通过确定矩形的一对对角点 A 和 B 完成的。在命令行输

入矩形命令 RECTANGLE，或者其简写形式 REC 后回车，或者单击【绘图】工具栏中的【矩形】按钮▭，可以启动矩形命令。启动命令后，在屏幕上单击确定对角点 A 和 B，可以完成矩形的绘制。

1.7.2 动态输入

动态输入是从 AutoCAD 2006 开始增加的一种比命令输入更友好的人机交互方式。单击状态行上的图标按钮，可以打开或关闭动态输入功能。动态输入包括指针输入、标注输入和动态提示 3 项功能。动态输入的有关设置可以在【草图设置】对话框的【动态输入】选项卡中完成，如图 1-34 所示。

1. 指针输入

勾选【启用指针输入】复选框，则启用指针输入功能。在绘图区域中移动光标时，光标附近的工具栏提示显示为坐标，如图 1-35 所示。用户可以在工具栏提示中输入坐标值，并用 Tab 键在几个输入框提示中切换。

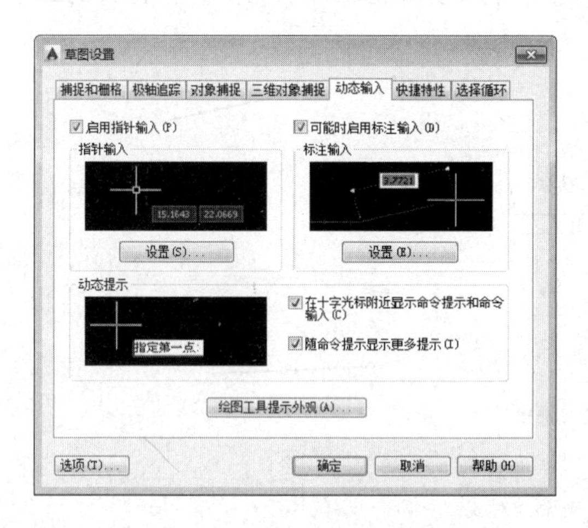

图 1-34 【动态输入】选项卡

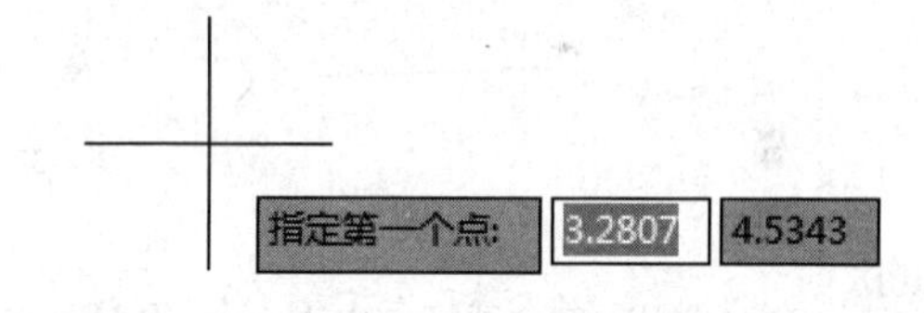

图 1-35 动态输入

2. 标注输入

勾选【可能时启用标注输入】复选框，则启用标注输入功能。当命令提示输入第二点时，工具栏提示中的距离和角度值将随着光标的移动而改变，用户可以在工具栏提示中输入距离和角度值，并用 Tab 键在它们之间切换。

1.7.3 删除图形和选择对象

在命令行输入删除命令 ERASE，或其简写形式 E 后回车，可以删除当前选择的图形。

启动命令后，光标变成一个小拾取框。选中要删除的图形，该对象变为虚线显示，表示已经被选中。可以连续选择多个需要删除的对象，所有对象选择完毕后回车，所有选中的对象将被删除。

如果需要删除多个图形对象，那么用拾取框逐个选择将非常不便。此时，可以使用窗选方式，通过拉出一个矩形选择框，一次选择多个图形对象。

窗选分为窗口选择和交叉选择两种方式。在窗口选择方式中，从左往右拉出选择框，只有全部位于矩形窗口中的图形对象才会被选中。

启动 ERASE 命令后，光标变成拾取框，使用光标从左往右确定两对角点 A 和 B，确定选择区域。选择完毕后回车，完全落入选择框的圆将被删除，如图 1-36 所示。

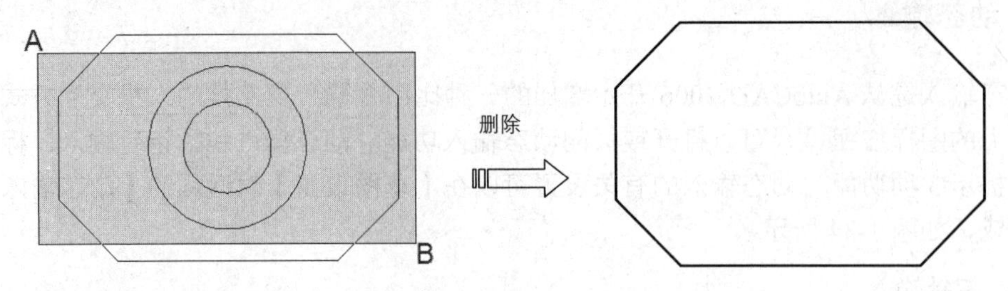

图 1-36　窗口选择

交叉选择方式与窗口选择方式相反，从右往左拉出选择框，无论是全部还是部分位于选择框中的图形对象都将被选中。如图 1-37 所示，启动 ERASE 命令后，光标变成拾取框，使用光标从右往左确定两对角点 A 和 B，拉出选择框。选择完毕后回车，与选择框相交的三条边以及全部落入选择框的圆都被删除。

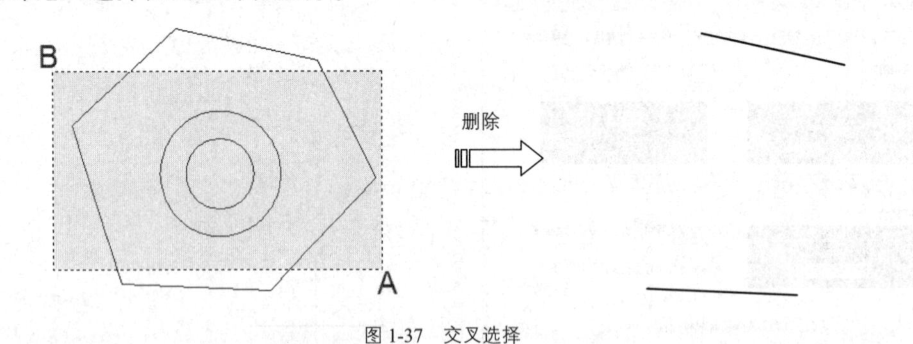

图 1-37　交叉选择

输入 OOPS 命令可恢复由上一个 ERASE 命令删除的对象。

1.7.4 命令的放弃和重做

在绘图过程中出现错误时就需要使用放弃或重做命令。

1. 连续操作

在需要连续反复使用同一条命令时，可以使用 AutoCAD 的连续操作功能。当需要重复执行上一条操作命令时，只需按一次回车键（Enter）或空格键，AutoCAD 就能自动启动上一条命令。使用连续操作，省去了重复输入命令的麻烦。

2. 撤消操作

在完成了某一项操作以后，如果希望将该步操作取消，就要用撤消命令。在命令行输入 UNDO，或者其简写形式 U 后回车，可以撤消刚刚执行的操作。另外，单击【快速访问】工具栏的【放弃】按钮，也可以启动撤销命令。单击该工具按钮右侧三角下拉按钮，还可以选择撤消的步骤。

3. 终止命令执行

撤消操作是在命令结束之后进行的操作，如果在命令执行过程当中需要终止该命令的执行，按 Esc 键即可。

4. 命令的重做

在 AutoCAD 中已被撤消的命令还可以恢复重做。

常用的【重做】命令方法有以下几种：

- 【快速访问】工具栏：单击【重做】按钮
- 右键快捷菜单：在绘图区单击鼠标右键，在弹出的快捷菜单中选择【重做】选项
- 命令行：在命令行输入 MREDO 命令后按回车键

1.8 控制图形显示

利用视图的缩放、移动以及重画等功能，可以从整体上对所绘制的图形进行有效地控制，从而可以辅助设计人员对图形进行整体观察、对比和校准，以达到提高绘图效率和准确性的目的。

1.8.1 缩放与平移视图

按一定的比例、观察位置和角度显示图形的区域称为视图。在 AutoCAD 中，用户可以通过缩放与平移视图来方便地观察图形。

1. 缩放视图

单击绘图区右侧导航栏中【范围缩放】下侧的三角下拉按钮，在弹出的下拉菜单中选择相应的缩放命令，即可对图形进行进行相应的缩放，其子菜单如图 1-38 所示。

或者在命令行输入 ZOOM 并按回车键，调用【缩放】命令，根据命令行的提示，激活相应的缩放选项，对图形进行缩放操作。命令行提示信息如下：

```
命令：ZOOM↙
指定窗口的角点，输入比例因子 (nX 或 nXP)，或者
[全部(A)/中心(C)/动态(D)/范围(E)/上一个(P)/比例(S)/窗口(W)/对象(O)] <实时>:
```

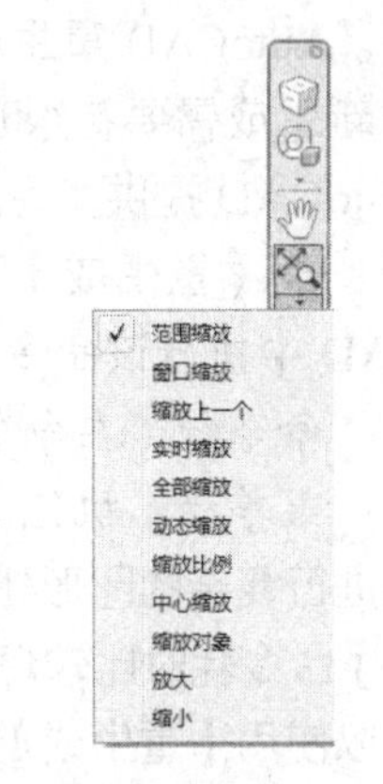

图 1-38　视图缩放方式

该命令可以选择输入不同的选项进行不同的缩放，比如：在输入选项中输入【W(窗口)】选项，则进行的是窗口缩放；在输入选项中输入【S(比例)】选项，则按照比例进行比例缩放。

2. 平移视图

通过视图平移，可以重新定位图形，使用户更加清楚地观察图形其他部分。

调用视图平移命令的操作方法有以下几种：

- 菜单栏：执行【视图】|【平移】命令
- 命令行：在命令行中输入 PAN / P
- 快捷键：按住鼠标中键拖动
- 导航栏：单击绘图区右侧导航栏中的【平移】按钮

按住鼠标中键拖动，可以快速平移视图。按住鼠标中键上、下滚动，可以快速缩放视图。

1.8.2 重画与重生成视图

在 AutoCAD 中，某些操作完成后，操作效果往往不会立即显示出来，或者在屏幕上留下绘图的痕迹与标记。此时需要通过视图刷新对当前图形进行重新生成，以观察到最新的编辑效果。

视图刷新的命令主要有两个：【重生成】命令和【重画】命令。这两个命令都是 AutoCAD 自动完成的，不需要输入任何参数，也没有预备选项。

1. 重生成

【重生成】命令将重新计算当前视区中所有对象的屏幕坐标并重新生成整个图形。它还重新建立图形数据库索引，从而优化显示和对象选择的性能。在 AutoCAD 中执行该命令的常用方法有两种：

- 命令行：在命令行中输入 REGEN/RE
- 菜单栏：执行【视图】|【重生成】命令

如果要重生成所有视图内图形，可以执行菜单栏中的【视图】|【全部重生成】命令。

2. 重画

AutoCAD 常用数据库以浮点数据的形式储存图形对象的信息，浮点格式精度高，但计算时间长。AutoCAD 重生成对象时，需要把浮点数值转换为适当的屏幕坐标。因此对于复杂图形，重新生成需要花很长时间。

AutoCAD 提供了另一个速度较快的刷新命令——重画 REDRAW。【重画】命令只刷新屏幕显示；而【重生成】不仅刷新显示，还更新图形数据库中所有图形对象的屏幕坐标。在 AutoCAD 中执行该命令的常用方法有两种：

- 命令行：在命令行中输入 REDRAW/R
- 菜单栏：执行【视图】|【重画】命令

在进行复杂的图形处理时，应充分考虑【重画】和【重生成】命令不同工作机制合理使用。【重画】命令耗时比较短，可以经常使用刷新屏幕。每隔一段较长的时间，或【重画】命令无效时，可以使用【重生成】命令。为了减轻计算机的负担，【重生成】命令不能经常使用。

1.9 图层的创建和管理

图层是 AutoCAD 提供给用户的组织图形的强有力工具。AutoCAD 的图形对象必须绘制

在某个图层上，它可能是默认的图层，也可以是用户自己创建的图层。利用图层的特性，如颜色、线型、线宽等，可以非常方便地区分不同的对象。此外，AutoCAD 还提供了大量的图层管理功能（打开/关闭、冻结/解冻、加锁/解锁等），这些功能使用户在组织图层时非常方便。

1.9.1 创建图层

【图层特性管理器】是管理和组织 AutoCAD 图层的强有力工具。

在 AutoCAD 2015 中打开【图层特性管理器】有以下几种方法：

- 命令行：在命令行中输入 LAYER/LA。
- 功能区：单击【图层】面板【图层特性】按钮，如图 1-39 所示。
- 菜单栏：执行【格式】|【图层】命令，如图 1-40 所示。

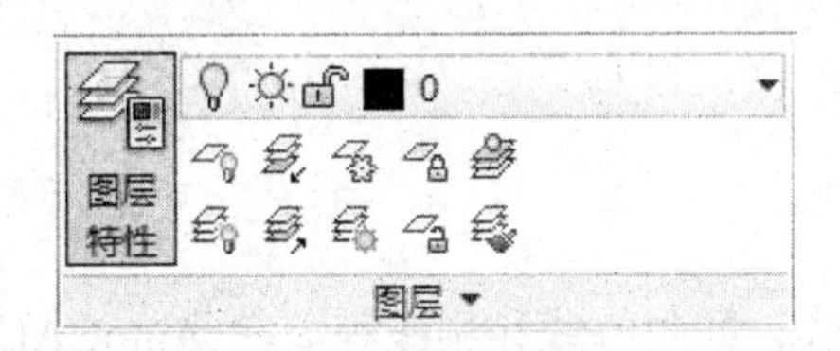

图 1-39 图层特性按钮

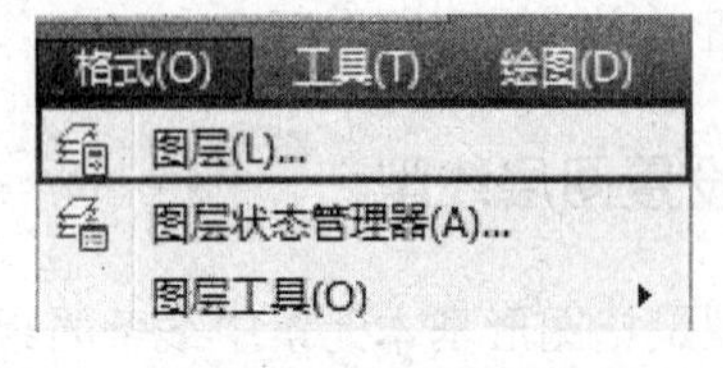

图 1-40 执行【图层】命令

执行以上任意一种操作后，将弹出如图 1-41 所示的【图层特性管理器】对话框，该对话框主要分为【图层树状区】与【图层设置区】两部分。

单击【图层管理器】对话框上方的【新建】按钮，可以新建一个图层；单击【删除】按钮，可以删除选定的图层。默认情况下，创建的图层会依次以【图层 1】、【图层 2】……进行命名。

为了更直接地表现该图层上的图形对象，用户可以对所创建的图层重命名。在所创建的图层上单击鼠标右键，系统弹出右键快捷菜单，选择【重命名图层】选项如图 1-42 所示，或是选中要命名的图层后直接按 F2 键，此时名称文本框呈可编辑状态，输入名称即可。也可以在创建新图层时直接输入新名称。

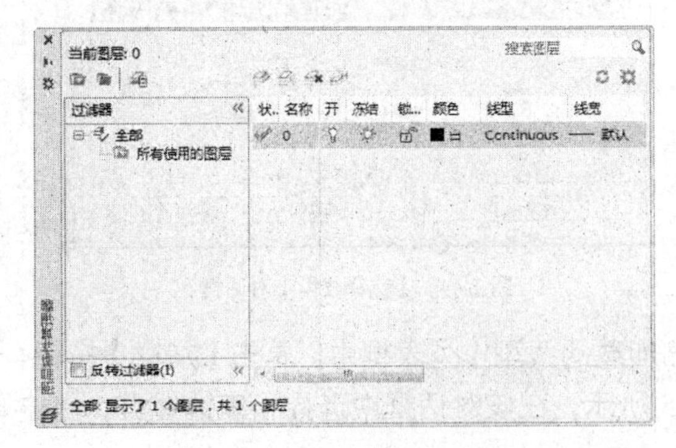

图 1-41 【图层特性管理器】对话框

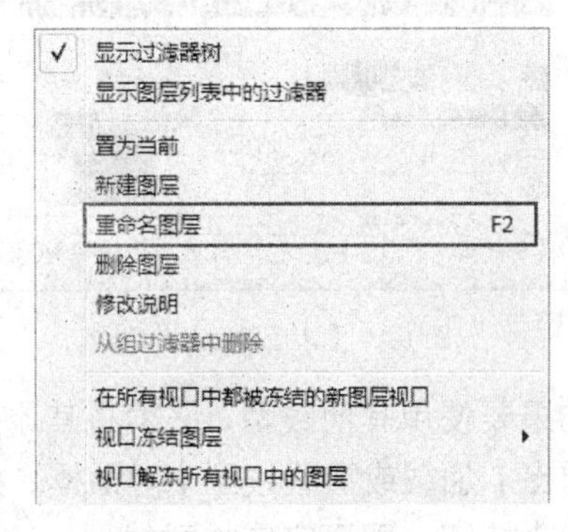

图 1-42 右键快捷菜单

AutoCAD 规定以下 4 类图层不能被删除。

- 0 层和 Defpoints 图层。
- 当前层。要删除当前层，可以先改变当前层到其他图层。
- 插入了外部参照的图层。要删除该层，必须先删除外部参照。

- 包含了可见图形对象的图层。要删除该层，必须先删除该图层中所有的图形对象。

在为创建的图层命名时，在图层的名称中不能包含通配符（*和?）和空格，也不能与其他图层重名。

1.9.2 设置图层颜色

在实际绘图中，为了区分不同的图层，可将不同图层设置为不同的颜色。图层的颜色是指该图层上面的图形对象的颜色。每个图层都只能设置一种颜色。

新建图层后，要设置图层颜色，可在【图层特性管理器】对话框中单击颜色属性项，系统弹出【选择颜色】对话框，如图 1-43 所示。用户可以根据需要选择所需的颜色，单击【确定】按钮，完成设置图层颜色。

1.9.3 设置图层线型

线型是指图形基本元素中线条的组成和显示方式，如中心线和实线等。在 AutoCAD 中既有简单线型，也有由一些特殊的符号组成的复杂线型，以满足用户的使用需求。

1. 加载线型

单击线型属性项，系统弹出【选择线型】对话框。在默认状态下，【选择线型】对话框中有一种已加载的线型，如图 1-44 所示。

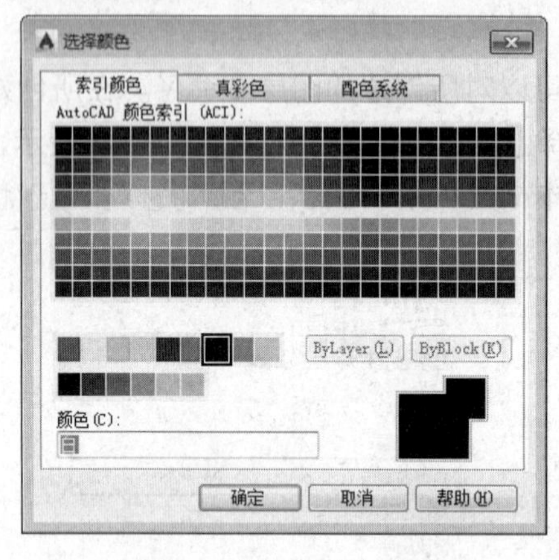

图 1-43 【选择颜色】对话框

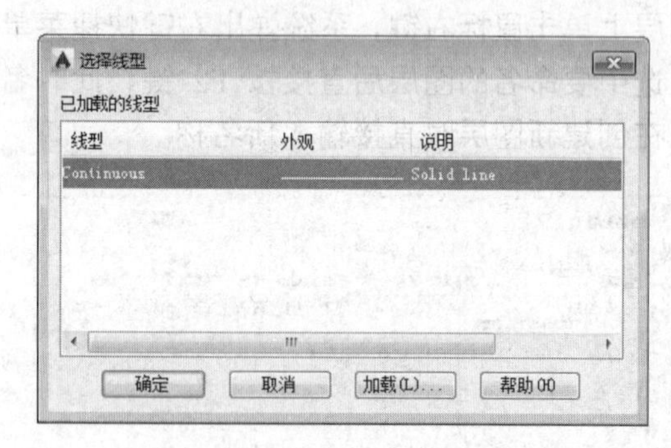

图 1-44 【选择线型】对话框

如果要使用其他线型，必须将其添加到【已加载的线型】列表框中。单击【加载】按钮，系统弹出【加载或重载线型】对话框，如图 1-45 所示，在该对话框中选择相应的线型，单击【确定】按钮，即可完成加载线型。

2. 设置线型比例

在菜单栏中执行【格式】|【线型】命令，系统弹出【线型管理器】对话框，如图 1-46 所示，可设置图形中的线型比例，从而改变非连续线型的外观。

在线型列表中选择需要修改的线型，单击【显示细节】按钮，在【详细信息】区域中可以设置线型的【全局比例因子】和【当前对象缩放比例】。其中，【全局比例因子】用于设置

图形中所有线型的比例，【当前对象缩放比例】用于设置当前选中线型的比例。

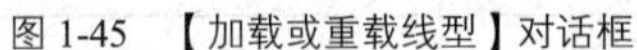

图 1-45　【加载或重载线型】对话框

图 1-46　【线型管理器】对话框

例如，图纸的比例为 1:50，那么就需要将线型的比例因子设置为 50，这样点画线才能在绘图区域中正确显示。如图 1-47 所示是为同一直线设置不同的"全局比例因子"的显示效果。

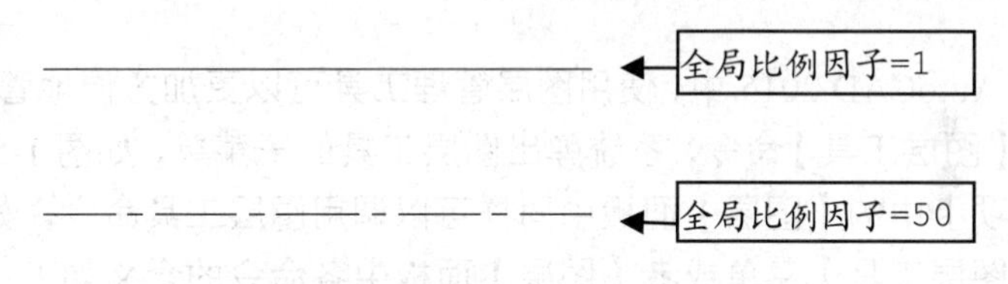

图 1-47　不同比例因子效果

1.9.4 设置图层线宽

线宽设置就是改变线条的宽度。在 AutoCAD 中，使用不同宽度的线条表现对象的大小或类型，可以提高图形的表达能力和可读性。

如图 1-48 所示为不同线宽显示的效果。

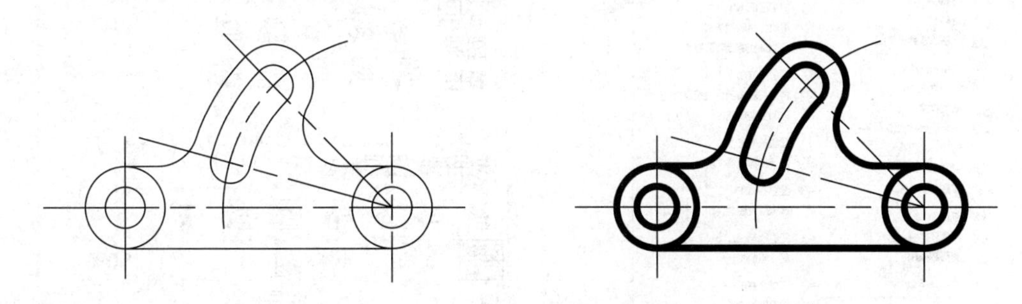

图 1-48　不同线宽显示的效果

要设置图层的线宽，可以单击【图层特性管理器】对话框中的【线宽】属性项，系统弹出【线宽】对话框，如图 1-49 所示，从中选择所需的线宽即可。

执行菜单栏中的【格式】|【线宽】命令，系统弹出【线宽设置】对话框，如图 1-50 所示，通过调整线宽比例，改变图形中的线宽显示的程度。

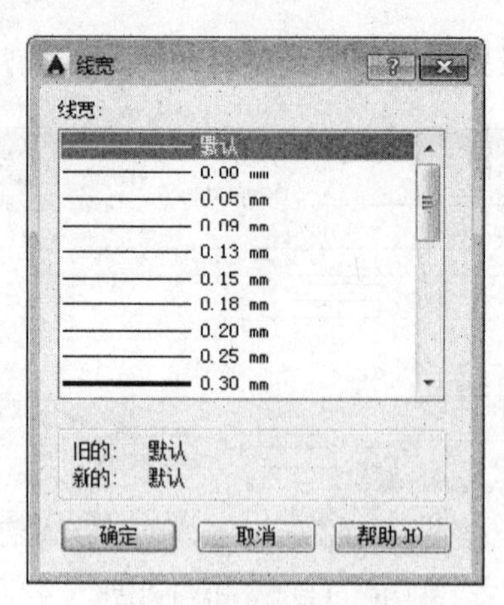

图 1-49 【线宽】对话框

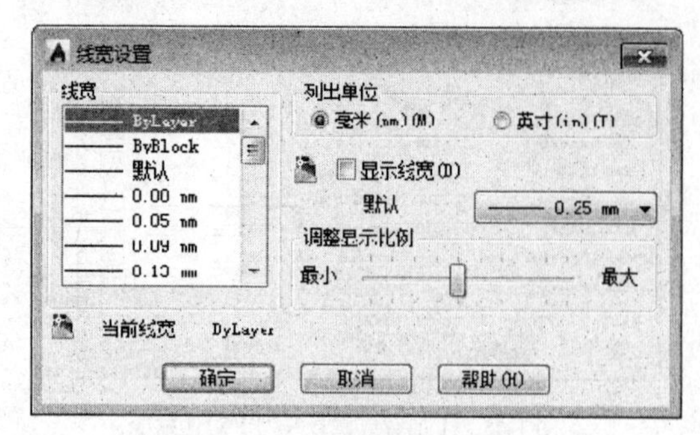

图 1-50 【线宽设置】对话框

1.9.5 使用图层工具管理图层

在 AutoCAD 2015 中，使用图层管理工具可以更加方便地管理图层。执行菜单栏中的【格式】|【图层工具】命令，系统弹出图层工具的子菜单，如图 1-51 所示。同样，在功能区【默认】选项卡中的【图层】面板中同样可以调用图层工具命令，如图 1-52 所示。

【图层工具】菜单或者【图层】面板中各命令的含义如下：

- 将对象的图层置为当前层：将图层设置为当前图层。
- 上一个图层：恢复上一个图层设置。
- 图层漫游：动态显示在【图层】列表中选择的图层上的对象。

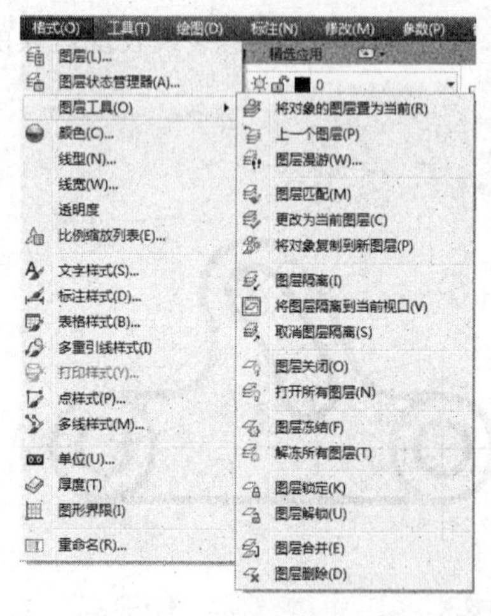

图 1-51 【图层工具】子菜单

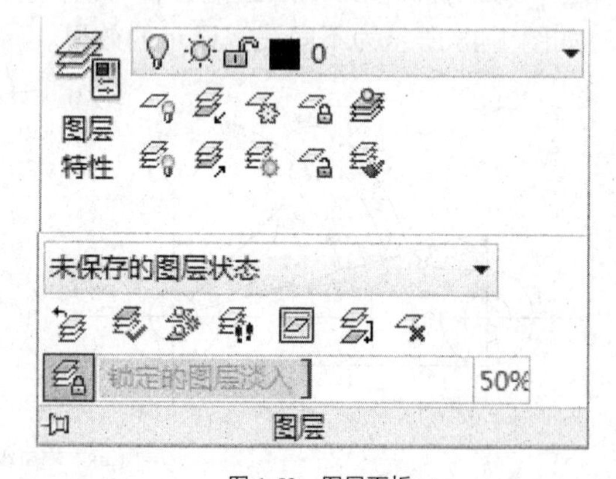

图 1-52 图层面板

- 图层匹配：将选定对象的图层更改为选定目标对象的图层。
- 更改为当前图层：将选定对象的图层更改为当前图层。
- 将对象复制到新图层：将图形对象复制到不同的图层。
- 图层隔离：将选定对象的图层隔离。
- 将图层隔离到当前视口：将选定对象的图层隔离到当前视口。
- 取消图层隔离：恢复由【隔离】命令隔离的图层。

- 图层关闭：将选定对象的图层关闭。
- 打开所有图层：打开图形中的所有图层。
- 图层冻结：将选定对象的图层冻结。
- 解冻所有图层：解冻图形中的所有图层。
- 图层锁定：锁定选定对象的图层。
- 图层解锁：解锁图形中的所有图层。
- 图层合并：合并两个图层，并从图形中删除第一个图层。
- 图层删除：从图形中永久删除图层。

1.10 习 题

1. 填空题

（1）在 AutoCAD 2015 中，默认情况下线宽的大小单位为______________。

（2）AutoCAD 2015 初始界面，其草图与注释空间界面主要包括：______________、______________、______________、______________、______________、______________、______________等几个部分。

（3）AutoCAD 2015 中图形文件的管理功能主要包括__________、____________、______________、______________等。

（4）AutoCAD 2015 提供了_________、_______与_________三个绘图空间。

（5）AutoCAD 启动命令的方式有______________、______________、______________和______________等几种。

2. 问答题

（1）如何设置图形单位?

（2）图层的作用有哪些，怎样切换图层?

（3）怎样设置绘图界限?

3. 操作题

调用 L【直线】命令试着绘制图 1-53 所示图形。

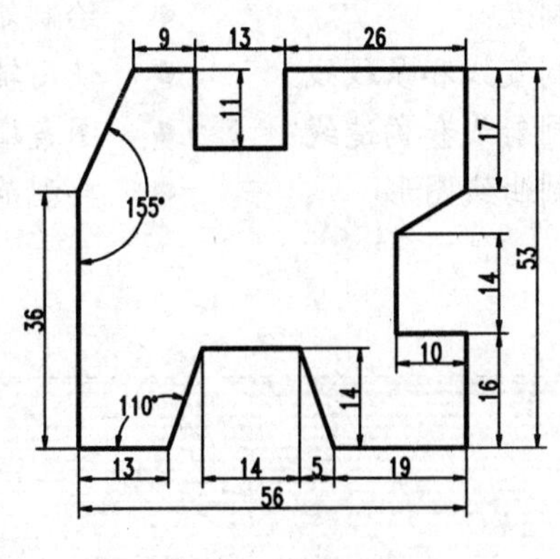

图 1-53　绘制图形

第2章 二维机械图形绘制

本章导读

任何二维图形都是由点、直线、圆、圆弧和矩形等基本元素构成的，只有熟练掌握这些基本元素的绘制方法，才能绘制出各种复杂的图形对象。

本章重点介绍 AutoCAD 2015 绘制二维图形的方法，以及图形填充、精确绘图工具等内容。

本章重点

- 使用坐标系
- 绘制点
- 绘制直线和多段线
- 绘制射线和构造线
- 绘制曲线图形
- 绘制多线和样条曲线
- 绘制矩形和正多边形
- 使用辅助工具精确绘图
- 图案填充
- 典型范例——绘制垫片

2.1 使用坐标系

和一般的绘图软件不同，AutoCAD 作为计算机辅助设计软件强调的是绘图的精度和效率。AutoCAD 提供了大量的图形定位方法与辅助工具，绘制的所有的图形对象都有其确定的形状和位置关系，绝不能像传统制图那样仅凭肉眼感觉来绘制图形。

2.1.1 世界坐标系和用户坐标系

在绘图过程中常常需要通过某个坐标系作为参照，以便精确地定位对象的位置。AutoCAD 的坐标系包括世界坐标系（WCS）和用户坐标系（UCS）。AutoCAD 提供的坐标系可以用来准确地设计并绘制图形，掌握坐标系的输入方法，可加快图形的绘制。

1. 世界坐标系

世界坐标系（World Coordinate System，简称 WCS）是 AutoCAD 的基本坐标系。它由三个相互垂直的坐标轴 X、Y 和 Z 组成，在绘制和编辑图形的过程中，它的坐标原点和坐标轴的方向是不变的。

如图 2-1 所示，世界坐标系在默认情况下，X 轴正方向水平向右，Y 轴正方向垂直向上，Z 轴正方向垂直屏幕平面方向，指向用户。坐标原点在绘图区左下角，左下角有一个方框标记，表明是世界坐标系。

图 2-1　世界坐标系　　　　图 2-2　用户坐标系

2. 用户坐标系

为了更好地辅助绘图，经常需要修改坐标系的原点位置和坐标方向，这时就需要使用可变的用户坐标系（User Coordinate System，简称 USC）。在默认情况下，用户坐标系和世界坐标系重合，用户可以在绘图过程中根据具体需要来定义 UCS。

为表示用户坐标系 UCS 的位置和方向，AutoCAD 在 UCS 原点或当前视窗的左下角显示 UCS 图标，如图 2-2 所示为用户坐标系图标。

2.1.2 坐标输入方法

绘制图形时，如何精确地输入点的坐标是绘图的关键。在 AutoCAD 中，点的坐标通常采用以下 4 种输入方法：

1. 绝对直角坐标

绝对直角坐标输入方法是用户使用较多的一种方法，它以原点（0，0，0）为基点来定位所有的点。AutoCAD 默认原点位于绘图区的左下角。在绝对坐标中，X 轴、Y 轴和 Z 轴在原点（0，0，0）位置相交。绘制二维图形时，只要输入 X、Y 坐标（中间用英文逗号隔开），绘制三维图形时才需要输入 X、Y、Z 三个坐标值。

如图 2-3 所示中，点 A 的坐标值为(40,40)，则应输入“40,40”，点 B 的坐标值为(100,100)，则应输入“100,100”。

2. 相对直角坐标

在绘图过程中，仅使用绝对坐标并不太方便。在实际工作中，图形对象的定位通常是通过相对位置确定的。例如，建筑总平面设计中，通常通过道路的一侧边线相对于另一侧边线的距离来确定路宽；机械设计中，通常通过一个孔相对于另一个孔的中心距离来确定孔心距。

在绘制一个新的图形时，第一点的位置往往并不重要，只需简单估计即可。然而，一旦第一点确定后，以后每一点的位置都由相对于前面所绘制的点的位置严格确定。因此，相对坐标在实际制图过程中更加实用。

用户可以用(@x,y)的方式输入相对坐标。如图 2-3 所示的点 B 相对于点 A，其相对直角坐标为“@60,60”，而点 A 相对于点 B 的相对直角坐标为“@-60,-60”。

技巧　根据作图的需要，绝对坐标和相对坐标可以结合使用，以提高工作效率。

3. 绝对极坐标

前面介绍的绝对坐标和相对坐标实际上都是二维直角坐标，而极坐标是通过相对于极点的距离和角度来定义的。AutoCAD 以逆时针来测量角度，水平向右为 0°（或 360°）方向，90° 方向垂直向上，180° 方向水平向左，270° 方向垂直向下。

绝对极坐标以原点为极点，通过极半径和极角来确定点的位置。极半径是指该点与原点间的距离，极角是该点与极点连线与 X 轴正方向的夹角，逆时针方向为正，输入格式：极半径 < 极角。

如图 2-4 所示的点 A 绝对极坐标为“100<45”。

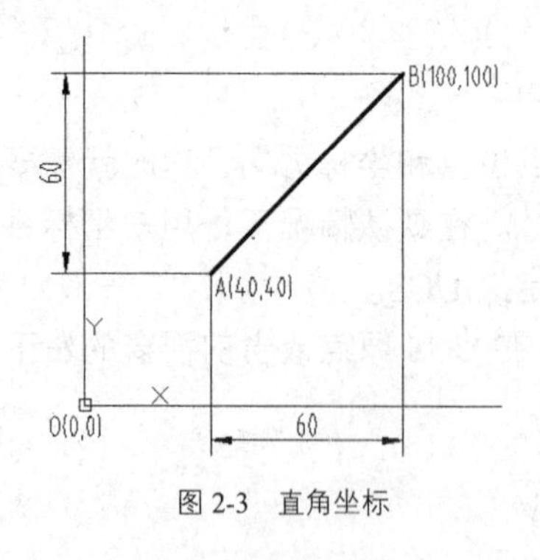

图 2-3　直角坐标

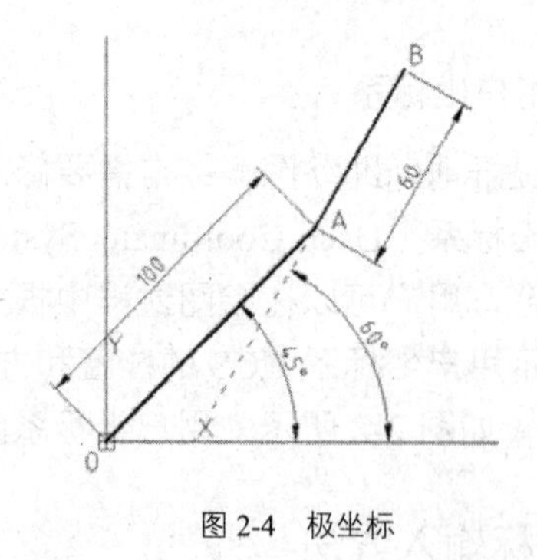

图 2-4　极坐标

技巧　通过绝对极坐标确定点位置的方法是不实用的，因为要花很多时间去计算绘制点与原点间的距离，所以一般不采用这种方法绘图。

4. 相对极坐标

相对极坐标以某一特定点为极点，通过相对的极长距离和偏移角度来确定绘制点的位

置。相对极坐标是以上一个操作点为极点，而不是以原点为极点，这就是相对极坐标和绝对极坐标的区别所在。通常用“@L<α”的形式来表示相对极坐标。其中@表示相对，L 表示极长，α 表示角度。如图 2-4 所示点 B 相对于点 A 的相对极坐标为“@60<60”，点 A 相对于点 B 的相对极坐标为“@60<-120”。

读者可以练习使用点的直角坐标或极坐标绘制如图 2-5 所示的正五角星图形。

2.2 绘制点

点是组成图形的最基本元素，通常用来作为对象捕捉的参考点。AutoCAD 2015 提供了多种形式的点，包括单点、多点、定数等分点和定距等分点 4 种类型。

2.2.1 设置点样式

在 AutoCAD 中，系统默认情况下绘制的点显示为一个小黑点，不便于用户观察。因此，在绘制点之前一般要设置点样式，使其清晰可见。

调用【点样式】命令的方式有以下几种：

- 菜单栏：执行【格式】|【点样式】命令
- 命令行：在命令行中输入 DDPTYPE 并按回车键
- 功能区：在【默认】选项卡中单击【实用工具】面板上的【点样式】按钮

执行上述任一操作后，系统弹出【点样式】对话框，如图 2-6 所示。

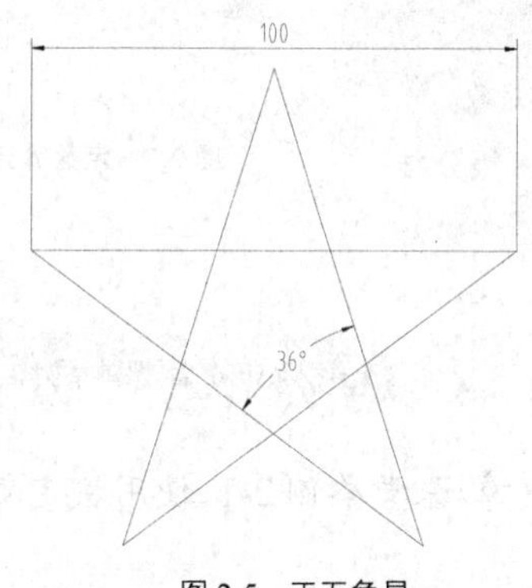

图 2-5　正五角星

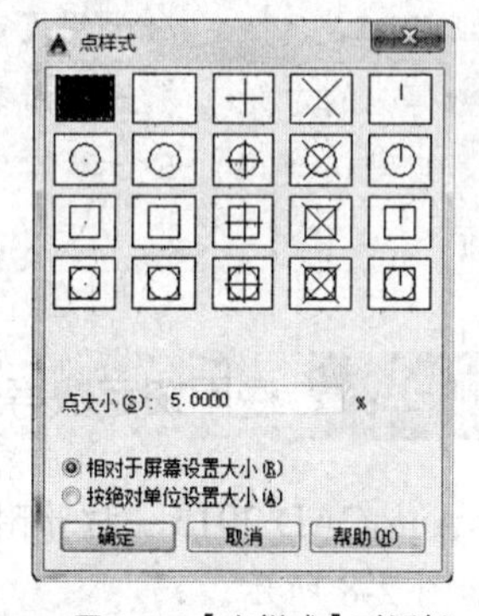

图 2-6　【点样式】对话框

在【点样式】对话框中，左上角的点样式是系统默认的点样式，其大小为 5%，单击选择其他任何一个图框，即可选中其他的点样式，并可通过输入下边的“点大小”文本框调整点的大小。

【点样式】对话框中各选项的含义如下：

- 相对于屏幕设置大小：系统按画面比例显示点。
- 用绝对单位设置大小：系统按绝对单位比例显示点。

2.2.2 绘制单点与多点

在工程制图中，点主要用于定位，如标注孔、轴中心位置等。还有一类等分点，用于对图形对象进行等分。

1. 绘制单点

该命令执行一次只能绘制一个点。

调用【单点】命令的方式有以下几种：

- 菜单栏：执行【绘图】|【点】|【单点】命令。
- 命令行：输入 POINT / PO 并按回车键。

执行上述任一操作，即可调用【单点】命令，再移动鼠标到合适的位置单击放置单点。

2. 绘制多点

绘制多点就是指执行一次命令后可以连续绘制多个点，直到按 Esc 键结束命令为止。

- 菜单栏：执行【绘图】|【点】|【多点】命令
- 功能区：单击【默认】选项卡【绘图】面板上的【多点】按钮

执行上述任一操作后，即可在绘图区中合适位置连续单击，创建多个点。

2.2.3 绘制定数等分点

绘制定数等分点就是将指定的对象以一定的数量进行等分。

- 菜单栏：执行【绘图】|【点】|【定数等分】命令
- 命令行：输入 DIVIDE/DIV
- 功能区：单击【绘图】面板中的【定数等分】按钮

在命令行中输入 DIVIDE 并按回车键，命令行提示如下：

```
命令： DIVIDE↙          //调用【定数等分】命令
选择要定数等分的对象：  //选择所需要绘制定数等分点的对象
输入线段数目或 [块(B)]： 5↙      //输入等分的数目 5，等分结果如图 2-7 所示
```

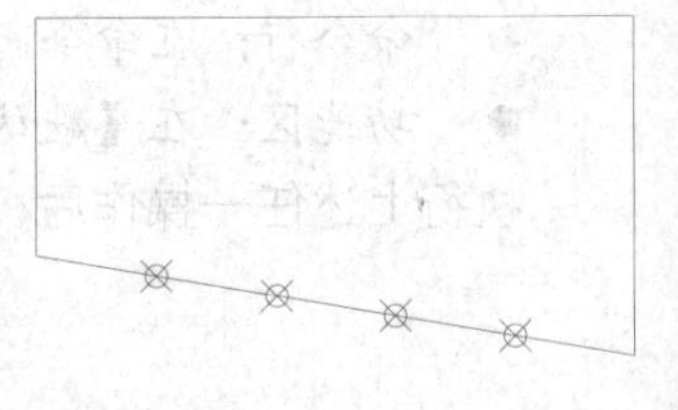

图 2-7 定数等分点

课堂举例 2-1：使用块定数等分曲线

视频\第 2 章\课堂举例 2-1.mp4

01 启动 AutoCAD 2015，打开附赠光盘中的“第 02 章/课堂举例 2-1 使用块定数等分曲线”文件，如图 2-8 所示。

02 调用 DIV【定数等分】命令，插入块定数等分曲线。命令行操作如下：

```
命令: DIV↙                                          //调用【定数等分】命令
选择要定数等分的对象:                                //选择等分的曲线
输入线段数目或 [块(B)]: b↙                           //激活“块(B)”选项
输入要插入的块名: 块 B↙                               //输入块的名称
是否对齐块和对象? [是(Y)/否(N)] <Y>: y↙               //激活“Y”选项确定对齐对象
输入线段数目: 11↙                                    //输入等分线段的数目
```

03 完成定数等分，结果如图 2-8 所示。

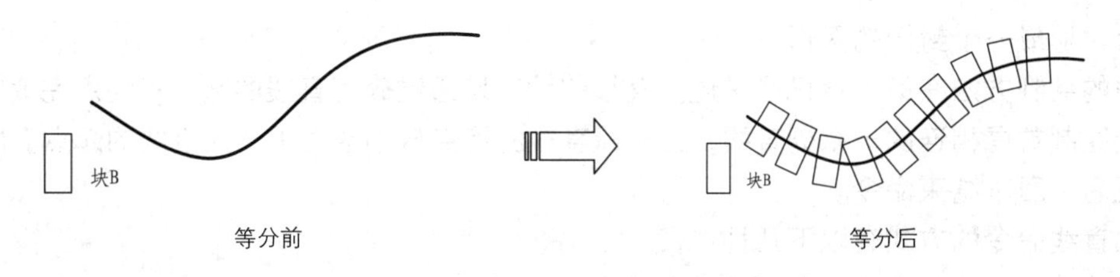

图 2-8　使用块等分对象

2.2.4 绘制定距等分点

定距等分就是将指定对象按确定的长度进行等分。与定数等分不同的是等分后的子线段数目是线段总长除以等分距，所以由于等分距的不确定性，定距等分后可能会出现剩余线段。

调用【定距等分】命令有几下几种方式：

- 菜单栏：执行【绘图】|【点】|【定距等分】命令
- 命令行：在命令行中输入 MEASURE/ME，并按回车键
- 功能区：单击【绘图】面板中的【定距等分】按钮

执行上述任一操作后，根据命令行提示即可对图形进行定距等分操作。

下面以绘制如图 2-9 所示的定距等分点为例，具体介绍定距等分点的方法。

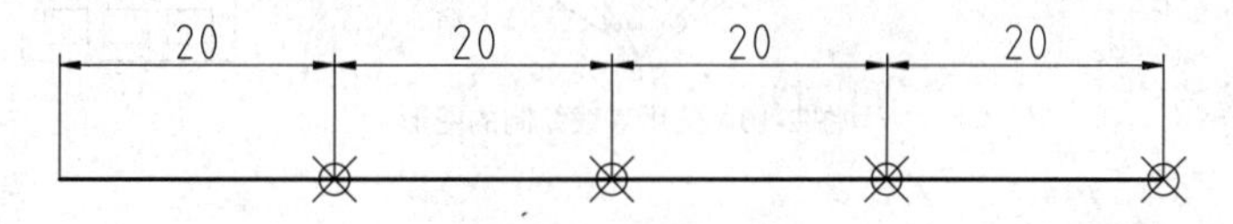

图 2-9　定距等分点

在命令行中输入 ME 并按回车键，调用【定距等分】命令，命令提示如下：

```
命令：ME↙  MEASURE                    //调用【定距等分】命令
选择要定距等分的对象：                //选择所需要绘制定距等分点的对象（直线）
指定线段长度或[块(B)]：20↙           //输入等分距离 20，按回车键确定或按 Esc 键
退出
```

技巧　定距等分拾取对象时，光标靠近对象哪一端，就从哪一端开始等分。

2.3 绘制直线和多段线

绘制直线可以使用定点设备指定点的位置，或者在命令行输入坐标值来绘制直线对象。利用多段线可以方便地绘制零部件，而不用反复切换【直线】、【圆弧】命令。

2.3.1 绘制直线

直线对象可以是一条线段，也可以是一系列的线段，但每条线段都是独立的直线对象。如果要将一系列直线绘制成一个对象，可使用多段线。连接一系列的线段的起点和终点可使

线段闭合，形成一个封闭的图形。

直线的绘制方法在第 1 章已经讲述。直线的绘制是通过确定直线的起点和终点完成的。可以连续绘制首尾相连的一系列直线，上一段直线的终点自动成为下一段直线的起点。所有直线完成后，回车结束命令。

启动直线命令的方式有以下几种：

- 菜单栏：执行【绘图】|【直线】命令
- 工具栏：单击【绘图】工具栏中的【直线】按钮
- 命令行：输入 LINE / L
- 功能区：单击【绘图】面板中的【直线】按钮

执行上述任一操作，即可调用【直线】命令，根据命令行的提示，绘制直线。

在直线绘制过程中，连续绘制两条或两条以上不重合的直线，命令行中会出现【闭合(C)】选项，提示是否闭合图形。命令行中的【放弃(U)】选项则表示撤销绘制上一段直线的操作。

如图 2-10 所示为使用【直线】命令绘制的图形。

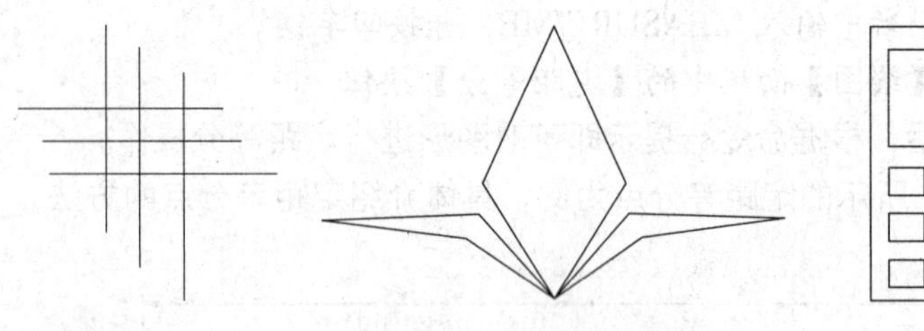

图 2-10　使用直线绘制的图形

课堂举例 2-2：绘制不规则图形

视频\第 2 章\课堂举例 2-2.mp4

调用 L【直线】命令绘制如图 2-11 所示的图形，命令行操作如下：

```
命令：L↙                                                   //调用【直线】命令
指定第一点：                                               //在绘图区任意指定一点
指定下一点或 [放弃(U)]：@0,20↙                             //绘制线段 A
指定下一点或 [放弃(U)]：@30<30 ↙                           //绘制线段 B
指定下一点或 [闭合(C)/放弃(U)]：@20<-90↙                   //绘制线段 C
指定下一点或 [闭合(C)/放弃(U)]：@20,20↙                    //绘制线段 D
指定下一点或 [闭合(C)/放弃(U)]：@60<-90↙                   //绘制线段 E
指定下一点或 [闭合(C)/放弃(U)]：c↙                         //激活"闭合"选项，完成图形的绘制
```

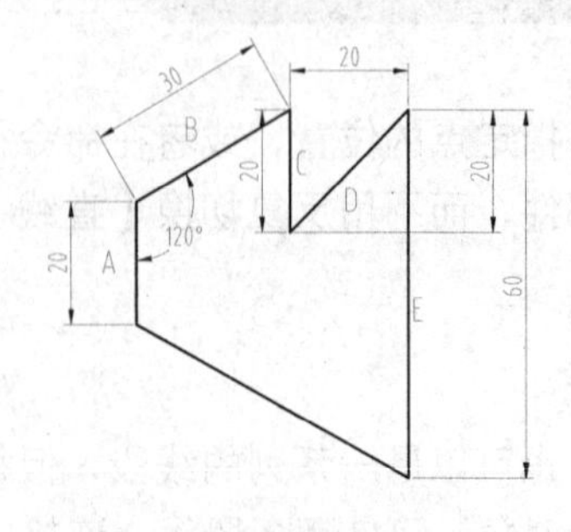

图 2-11　绘制的不规则图形

2.3.2 绘制多段线

多段线又称为多义线，是 AutoCAD 中常用的一类复合图形对象。使用多段线命令可以生成由若干条直线和曲线首尾连接形成的复合线实体。

与使用直线绘制的首尾相连的多条图形不同，使用多段线命令绘制的图形是一个整体，单击选择时会选中整个图形，不能分别进行选择编辑，如图 2-12 所示。而使用直线绘制的图形的各线段是彼此独立的不同图形对象，可以对各个线段分别选择编辑，如图 2-13 所示。

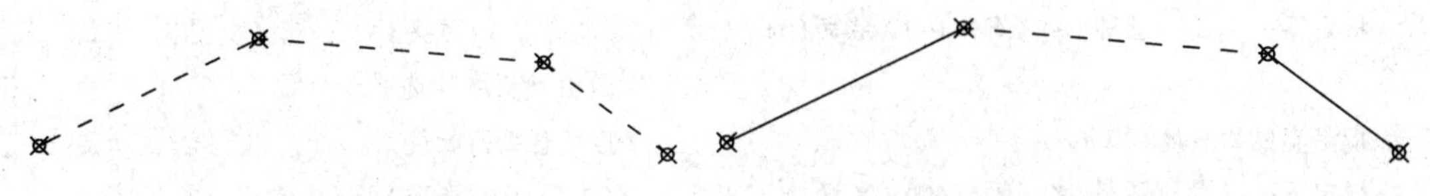

图 2-12　选择多段线　　　　图 2-13　选择直线

其次，用 LINE 命令绘制的直线只有唯一的线宽值，而多段线可以设置渐变的线宽值，也就是说同一线段的不同位置可以具有不同的线宽值，如图 2-14 所示为使用多段线绘制的图形。

绘制多段线的方法有：

- 菜单栏：执行【绘图】|【多段线】命令。
- 工具栏：单击【绘图】工具栏中的【多段线】按钮。
- 命令行：输入 PLINE / PL。
- 功能区：单击【绘图】面板中的【多段线】按钮。

执行上述任一操作，即可调用【多段线】命令，根据命令行的提示绘制多段线。

下面以具体的图形为例，讲解多段线的绘制方法。

课堂举例 2-3：绘制多段线图形　　 视频\第 2 章\课堂举例 2-3.mp4

调用 PL【多段线】命令绘制如图 2-15 所示的图形，命令行操作如下：

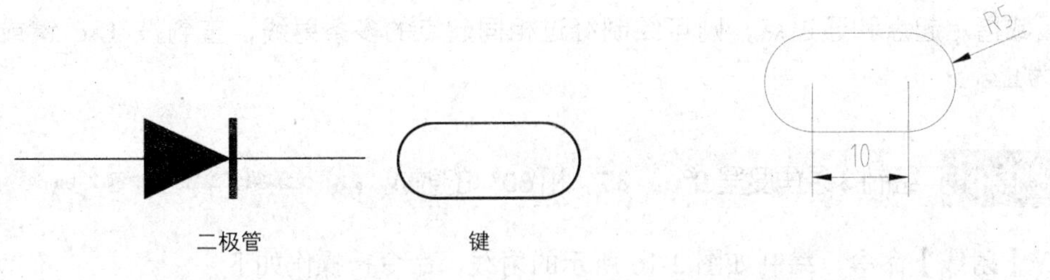

图 2-14　调用【多段线】命令绘制的图形　　　　图 2-15　绘制多段线

```
命令: PL↙                                              //调用【多段线】命令
指定起点:                                              //在绘图区合适位置单击一点，确定起点
指定下一个点或[圆弧(A)/半宽(H)/长度(L)/放弃(U)/宽度(W)]:L↙
                                                       //激活"长度"选项
指定直线的长度:10↙                                     //制定直线的的长度
指定下一点或 [圆弧(A)/闭合(C)/半宽(H)/长度(L)/放弃(U)/宽度(W)]: A↙
```

```
                                          //激活“圆弧”选项
    指定圆弧的端点或[角度(A)/圆心(CE)/闭合(CL)/方向(D)/半宽(H)/直线(L)/半径(R)/第二个点(S)/放弃(U)/宽度(W)]:R↙
                                          //激活“半径”选项
    指定圆弧的半径: 5↙                    //输入圆弧半径
    指定圆弧的端点或[角度(A)]: @0,10↙     //输入圆弧端点的相对坐标
    指定圆弧的端点或[角度(A)/圆心(CE)/闭合(CL)/方向(D)/半宽(H)/直线(L)/半径(R)/第二个点(S)/放弃(U)/宽度(W)]: L↙   //激活“直线”选项
    指定下一点或 [圆弧(A)/闭合(C)/半宽(H)/长度(L)/放弃(U)/宽度(W)]: L↙
                                          //激活“长度”选项
    指定直线的长度: 10↙                   //指定直线的长度
    指定下一点或 [圆弧(A)/闭合(C)/半宽(H)/长度(L)/放弃(U)/宽度(W)]: A↙
                                          //激活“圆弧”选项
    指定圆弧的端点或[角度(A)/圆心(CE)/闭合(CL)/方向(D)/半宽(H)/直线(L)/半径(R)/第二个点(S)/放弃(U)/宽度(W)]: CL↙   //选择“闭合(CL)”选项，封闭图形
```

2.4 绘制射线和构造线

射线是一条只有一个端点，另一端无限延伸的直线；构造线是一条向两端无限延伸的直线。在 AutoCAD 中，射线和构造线一般都作为辅助线来使用。

2.4.1 绘制射线

绘制射线有以下几种方法：

- 菜单栏：执行【绘图】|【射线】命令。
- 命令行：输入 RAY。
- 功能区：单击【绘图】面板中的【射线】按钮。

在绘图区域指定起点和通过点，则可绘制经过相同起点的多条射线，直到按 Esc 键或 Enter 键退出为止。

课堂举例 2-4：绘制 3 条角度呈 0°、25° 和 60° 的射线 视频\第 2 章\课堂举例 2-4.mp4

调用 RAY【射线】命令，绘制如图 2-16 所示的射线，命令行操作如下：

```
命令: RAY↙              //调用【射线】命令
指定起点: 0,0↙          //输入射线的起点坐标(0, 0)
指定通过点: @5<0↙       //指定距坐标系原点的距离为 5，与水平夹角为 0° 的通过点
指定通过点: @10<25↙     //指定距坐标系原点的距离为 10，与水平夹角为 25° 的通过点
指定通过点: @10<60↙     //指定距坐标系原点的距离为 10，与水平夹角为 60° 的通过点
指定通过点: ↙           //按回车键，完成射线绘制
```

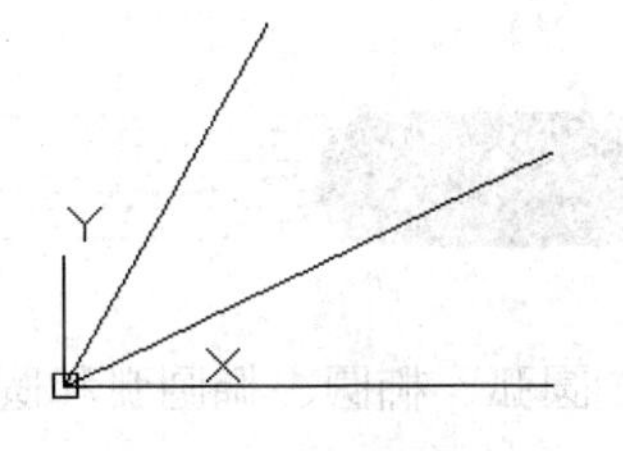

图 2-16　绘制射线

2.4.2 绘制构造线

启动绘制构造线命令有以下几种方法：

- 菜单栏：执行【绘图】|【构造线】命令
- 工具栏：单击【绘图】工具栏中的【构造线】按钮
- 命令行：输入 XLINE/XL
- 功能区：单击【绘图】面板中的【构造线】按钮

执行上述任一命令后，即可调用【构造线】命令，根据命令行的提示绘制构造线。

在命令行中输入 XL 并按回车键，调用【构造线】命令，命令行提示如下：

```
命令：XL↙                                                    //调用【构造线】命令
指定点或[水平(H)/垂直(V)/角度(A)/二等分(B)/偏移(O)]：      //指定一个构造线要经过的点，或者输入一个选项
```

命令行各选项含义如下：

- 水平（H）：绘制通过指定的水平构造线，也就是与 X 轴平行的构造线。
- 垂直（V）：绘制通过指定点且垂直的构造线，也就是与 Y 轴平行的构造线。
- 角度（A）：绘制与 X 轴成指定角度的构造线。
- 二等分（B）：绘制通过指定角的顶点且平分该角的构造线。可以连续指定角边产生角平分线，直到终止该命令为止。
- 偏移（O）：绘制以指定距离平行于指定直线对象的构造线。

如图 2-17 所示为选择 H 和 V 选项绘制的水平和垂直的构造线，如图 2-18 所示为选择 A 选项，绘制倾斜角度为 45° 的构造线。

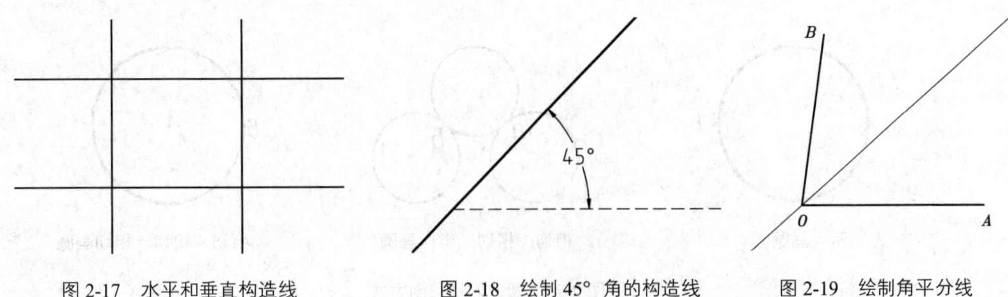

图 2-17　水平和垂直构造线　　图 2-18　绘制 45° 角的构造线　　图 2-19　绘制角平分线

如图 2-19 所示为绘制的∠AOB 的角平分线。绘制角平分线时，使用捕捉功能顺序拾取顶点 O、起点 A 和端点 B 即可。

激活【偏移(O)】选项，可以偏移绘制已知直线的平行线。该选项的功能类似偏移命令 OFFSET/O，通过输入偏移距离和选择已存在的直线对象来绘制出与该直线平行的构造线。

2.5 绘制曲线图形

在 AutoCAD 2015 中，圆、圆弧、椭圆、椭圆弧和圆环都属于曲线图形，其绘制方法相对比较复杂。

2.5.1 绘制圆和圆弧

圆是自然界中最基本的几何元素，在各个领域的绘图操作中应用非常广泛。圆弧是圆的一部分。圆环是封闭的多段线，在某些情况下，使用圆环能大大提高绘图效率。

1. 绘制圆

圆在 AutoCAD 工程制图中常用来表示柱、孔、轴等基本构件。

启动绘制圆命令有以下几种方法：

- 菜单栏：执行【绘图】|【圆】命令。
- 工具栏：单击【绘图】工具栏【圆】按钮。
- 命令行：输入 CIRCLE / C。
- 功能区：单击【绘图】面板中的【圆】按钮。

执行上述任一命令后，即可调用【圆】命令，根据命令行的提示，根据需要绘制圆。

菜单栏中的【绘图】|【圆】的子菜单项中提供了 6 种绘制圆的子命令，绘制方式如图 2-20 所示。

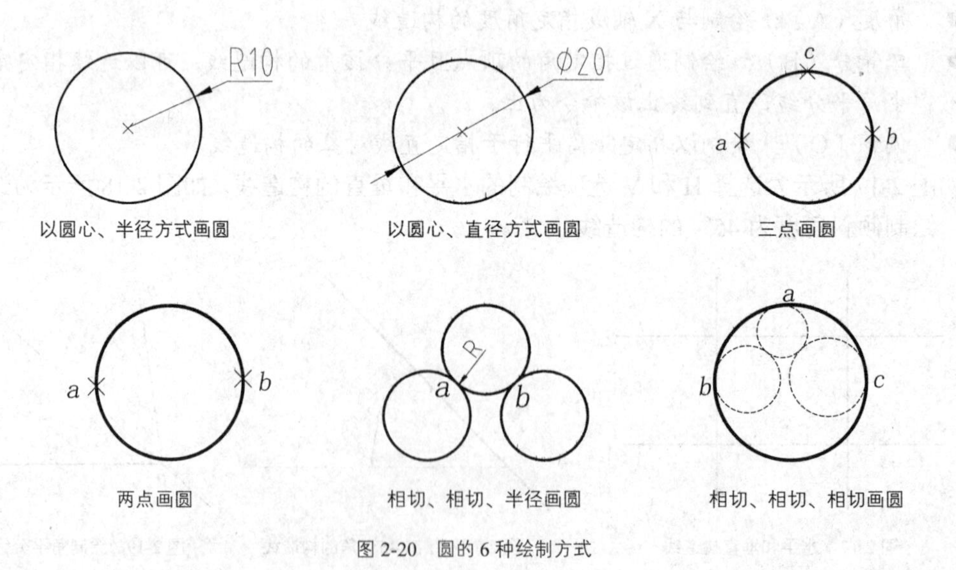

图 2-20 圆的 6 种绘制方式

各子命令的含义如下：

- 圆心、半径：用圆心和半径方式绘制圆。
- 圆心、直径：用圆心和直径方式绘制圆。
- 三点：通过三个点绘制圆，系统会提示指定第一点、第二点和第三点。

- 两点：通过两个点绘制圆，系统会提示指定圆直径的第一端点和第二端点。
- 相切、相切、半径：通过两个其他对象的切点和输入半径值来绘制圆。系统会提示指定圆的第一切线和第二切线上的点及圆的半径。
- 相切、相切、相切：通过三条切线绘制圆。

2. 绘制圆弧

在机械制图中绘制图样时，经常需要用圆弧来光滑连接已知直线和圆弧。

调用【圆弧】命令的方式有以下几种：

- 菜单栏：执行【绘图】|【圆弧】命令
- 工具栏：单击【绘图】工具栏中的【圆弧】按钮
- 功能区：单击【绘图】面板上的【圆弧】按钮

执行上述任一命令后，即可调用【圆弧】命令，绘制圆弧。

执行菜单栏中的【绘图】|【圆弧】命令，其中提供了 11 种绘制圆弧的子命令，主要的几种绘制方式如图 2-21 所示。

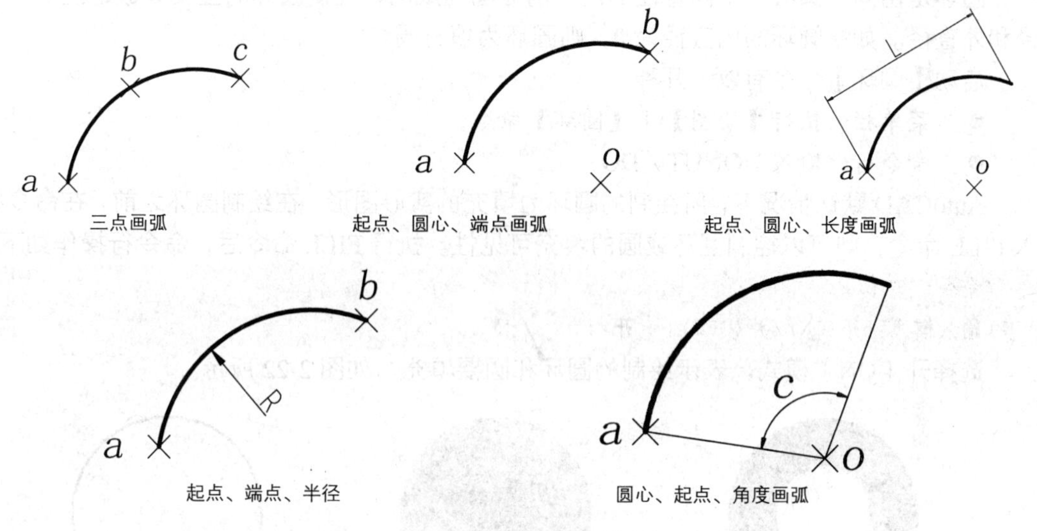

图 2-21　几种最常用的绘制圆弧的方法

各选项的含义如下：

- 三点：通过指定圆弧上的三个点绘制圆弧，需要指定圆弧的起点、通过的第二个点和端点。
- 起点、圆心、端点：通过指定圆弧的起点、圆心、端点绘制圆弧。
- 起点、圆心、角度：通过指定圆弧的起点、圆心、包含角绘制圆弧。执行此命令时会出现【指定包含角：】的提示，在输入角度时，如果当前环境设置逆时针方向为角度正方向，且输入正的角度值，则绘制的圆弧是从起点绕圆心沿逆时针方向绘制，反之则沿顺时针方向绘制。
- 起点、圆心、长度：通过指定圆弧的起点、圆心、弦长绘制圆弧。另外，在命令行【指定弦长：】提示信息下，如果所输入的值为负，则该值的绝对值将作为对应整圆的空缺部分圆弧的弦长。
- 起点、端点、角度：通过指定圆弧的起点、端点、包含角绘制圆弧。

- 起点、端点、方向：通过指定圆弧的起点、端点和圆弧的起点切向绘制圆弧。命令执行过程中会出现【指定圆弧的起点切向：】提示信息，此时拖动鼠标动态地确定圆弧在起始点处的切线方向与水平方向的夹角。拖动鼠标时，AutoCAD 会在当前光标与圆弧起始点之间形成一条线，即为圆弧在起始点处的切线。确定切线方向后，单击拾取键即可得到相应的圆弧。
- 起点、端点、半径：通过指定圆弧的起点、端点和圆弧半径绘制圆弧。
- 圆心、起点、端点：以圆弧的圆心、起点、端点方式绘制圆弧。
- 圆心、起点、角度：以圆弧的圆心、起点、圆心角方式绘制圆弧。
- 圆心、起点、长度：以圆弧的圆心、起点、弦长方式绘制圆弧。
- 继续：绘制其他直线或非封闭曲线后选择【绘图】|【圆弧】|【继续】命令，系统将自动以刚才绘制的对象的终点作为即将绘制的圆弧的起点。

2.5.2 绘制圆环和填充圆

圆环是由同一圆心、不同直径的两个同心圆组成的，控制圆环的主要参数是圆心、内直径和外直径。如果圆环的内直径为 0，则圆环为填充圆。

启动【圆环】命令有以下几种：

- 菜单栏：执行【绘图】|【圆环】命令。
- 命令行：输入 DONUT / DO。

AutoCAD 默认情况下，所绘制的圆环为填充的实心图形。在绘制圆环之前，在命令行输入 FILL 命令，则可以控制圆环或圆的填充可见性。执行 FILL 命令后，命令行操作如下：

```
命令：FILL↙
输入模式 [开(ON)/关(OFF)] <开>:
```

选择开（ON）模式，表示绘制的圆环和圆要填充，如图 2-22 所示。

内外径不等

内径为 0

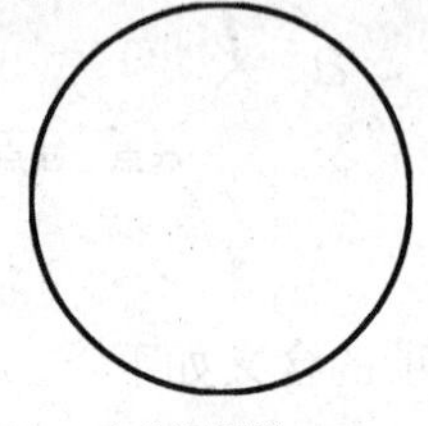

内外径相等

图 2-22　填充的圆环

选择关（OFF）模式，表示绘制的圆环和圆不予填充，如图 2-23 所示。

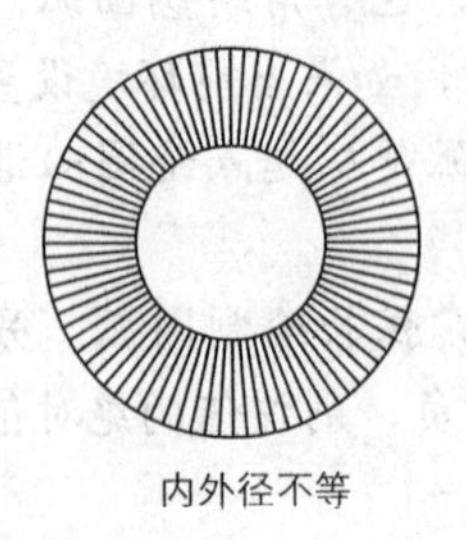

内外径不等

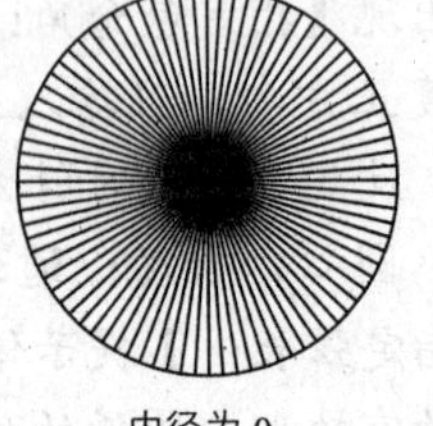

内径为 0

图 2-23　不填充的圆环

2.5.3 绘制椭圆和椭圆弧

椭圆和椭圆弧图形在建筑绘图中经常出现，在机械绘图中经常用来绘制轴测图。

1. 绘制椭圆

椭圆是平面上到定点距离与到定直线间距离之比为常数的所有点的集合。在 AutoCAD 中，绘制椭圆有两种方法，即指定端点和指定中心点。

调用【椭圆】命令的方式有以下几种：

- 菜单栏：执行【绘图】|【椭圆】命令，在弹出的子菜单中选择相应的绘制椭圆的方式。
- 工具栏：单击【绘图】工具栏中的【椭圆】按钮。
- 功能区：单击【绘图】面板中的【椭圆】按钮。
- 命令行：输入 EL | ELLIPSE，并按回车键。

执行上述任一操作，即可调用【椭圆】命令，根据命令行的提示绘制椭圆。

❑ 指定端点

执行菜单栏中的【绘图】|【椭圆】|【轴、端点】命令，或在命令行中执行 ELLIPSE / EL 命令，根据命令行提示绘制椭圆。

如绘制一个长半轴为 100，短半轴为 75 的椭圆，命令行操作如下：

```
命令：EL↙                                    //调用【椭圆】命令
指定椭圆的轴端点或 [圆弧(A)/中心点(C)]：       //单击指定椭圆的一端点
指定轴的另一个端点:@200,0↙                     //用相对坐标方式输入椭圆的另一端点的距离
指定另一条半轴长度或 [旋转(R)]: 75↙            //输入椭圆短半轴的长度
```

如图 2-24a 所示为绘制的椭圆。

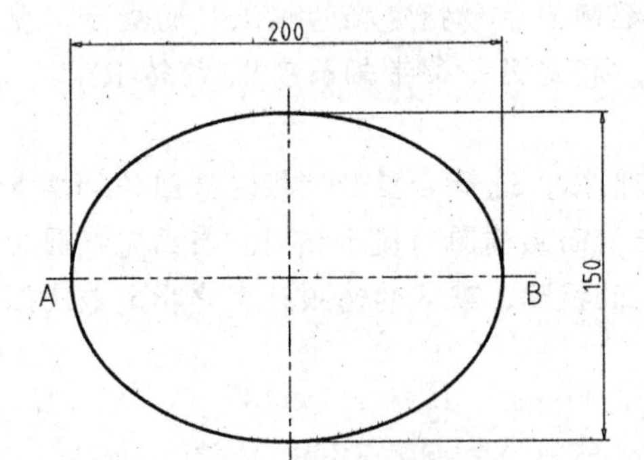

a）指定两端点和半轴长

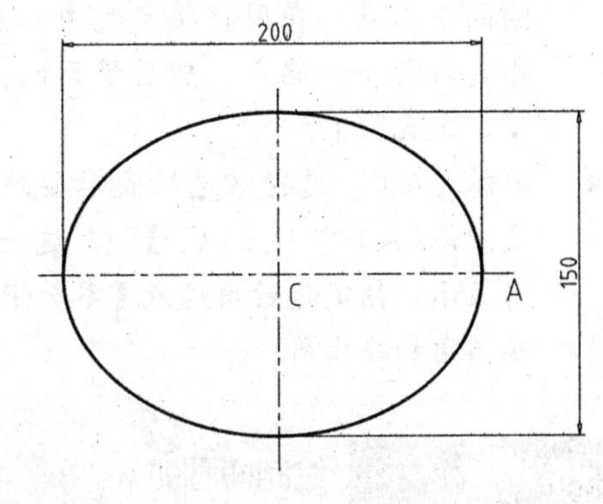

b）指定中心点、端点和半轴长

图 2-24　绘制椭圆

❑ 指定中心点

执行菜单栏中的【绘图】|【椭圆】|【中点】命令，或在命令行中执行 ELLIPSE / EL 命令，根据命令行提示绘制椭圆。

如绘制一个圆心坐标为（0，0），长半轴为 100，短半轴为 75 的椭圆，命令行操作如下：

```
命令：EL↙                                      //调用【椭圆】命令
指定椭圆的轴端点或 [圆弧(A)/中心点(C)]：C↙ //激活【中心点（C)】选项
指定椭圆的中心点：0,0↙                         //输入椭圆中心点的坐标为（0，0）
指定轴的端点：@100,0↙                          //利用相对坐标输入方式确定椭圆长半轴的一端点
指定另一条半轴长度或 [旋转(R)]：@0,75↙    //利用相对坐标输入方式确定椭圆短半轴的一端点，如图 2-24b 所示
```

2. 绘制椭圆弧

椭圆弧是椭圆的一部分，和椭圆不同的是它的起点和终点没有闭合。

执行椭圆弧命令的方法有以下几种：

- 命令行：输入 ELLIPSE。
- 工具栏：单击【绘图】工具栏【圆弧】按钮。
- 菜单栏：执行【绘图】|【椭圆】|【圆弧】命令。

执行椭圆弧命令后，命令行中各参数选项含义如下：

- 指定椭圆的轴端点：此为默认选项，让用户指定椭圆某一轴（长轴或短轴均可）的第一个端点。系统接着显示“指定轴的另一个端点”，要求用户指定该轴的第二个端点。
- 旋转：在指定该轴的第二个端点后，显示的提示为“指定另一条半轴长度或【旋转(R)】”，默认的选择是指定另一轴的半轴长，可以画出一个椭圆。如果选择“旋转”选项，则接下来的提示为“指定绕长轴旋转角度”，输入角度，并确定椭圆长轴和短轴的比值，也能绘制出椭圆。输入的角度为 0°，则画出一个圆。最大的输入角度可以是 89.4°，表示画一个很扁的椭圆。
- 中心点（C）：选择中心点选项，将显示“指定椭圆的中心点”提示，要求指定椭圆的中心点。在用户指定完中心点后，继续显示“指定轴的端点”的提示，要求指定轴的一个端点。然后显示的提示为“指定另一条半轴长度或[旋转(R)]”，该提示含义同上。
- 圆弧（A）：选择该选项表示要画一个椭圆弧。选择后显示“指定椭圆的轴端点或【圆弧(A)/中心点(C)】”，这一提示与前面画椭圆的提示相同。在画完椭圆后，将显示“指定起始角度或【参数(P)】：”的提示，默认的选项让用户指定椭圆弧的起始角和终止角。

课堂举例 2-5：绘制椭圆弧

视频\第 2 章\课堂举例 2-3.mp4

绘制如图 2-25 所示的椭圆弧，命令行操作如下：

```
命令：ELLIPSE↙                                 //调用【椭圆弧】命令
指定椭圆的轴端点或 [圆弧(A)/中心点(C)]：A↙    //激活“圆弧(A)”选项
指定椭圆弧的轴端点或 [中心点(C)]：            //指定椭圆主轴端点
指定轴的另一个端点：@200,0↙                   //指定椭圆主轴另一个端点
指定另一条半轴长度或 [旋转(R)]:75↙            //指定另一根轴的半轴长度
```

```
指定起点角度或 [参数(P)]: -114↙               //指定起始角度
指定端点角度或 [参数(P)/包含角度(I)]:149↙        //指定终止角度
```

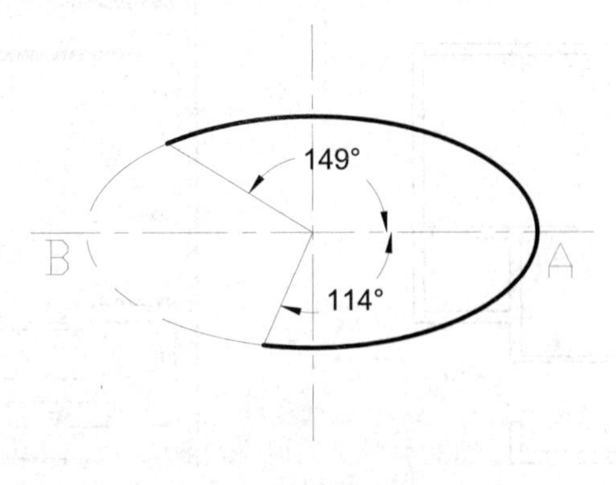

图 2-25　绘制椭圆弧

2.6 绘制多线和样条曲线

多线由一系列相互平行的直线组成，组合范围为 1 ~ 16 条平行线，每一条直线都称为多线的一个元素。使用多线命令 MLINE / ML 可以通过确定起点和终点位置，一次性画出一组平行直线，而不需要逐一画出每一条平行线。在实际工程设计中，多线的应用非常广泛。

2.6.1 绘制多线

多线是一种由多条平行线组成的图形元素，其各平行线的数目以及平行线之间的宽度都是可以调整的，可以用于建筑图中的墙体、电子线路图中的平行线条等元素的绘制，如图 2-26 所示为利用多线工具绘制的墙体。

调用【多线】命令的方式有以下几种：

- 菜单栏：执行【绘图】|【多线】命令。
- 工具栏：单击【绘图】工具栏中的【多线】按钮。
- 功能区：单击【绘图】面板中的【多线】按钮。
- 命令行：在命令行中输入 MLINE/ML。

执行上述任一命令后，即可调用【多线】命令，根据命令行的提示绘制相应的图形。

2.6.2 设置多线样式

系统默认的多线样式称为 STANDARD 样式，用户可以根据需要设置不同的多线样式。执行【格式】|【多线样式】命令，或者在命令行中输入 MLSTYLE 并按回车键，系统弹出【多线样式】对话框，如图 2-27 所示。

在【多线样式】对话框中可以新建多线样式，并对其进行修改，以及重名、加载、删除等操作。单击【新建】按钮，系统弹出【创建新的多线样式】对话框，如图 2-28 所示，在其文本框中输入新样式名称，单击【继续】按钮，系统打开【新建多线样式】对话框，在其中可以设置多线样式的封口、填充、元素特性等内容，如图 2-29 所示。

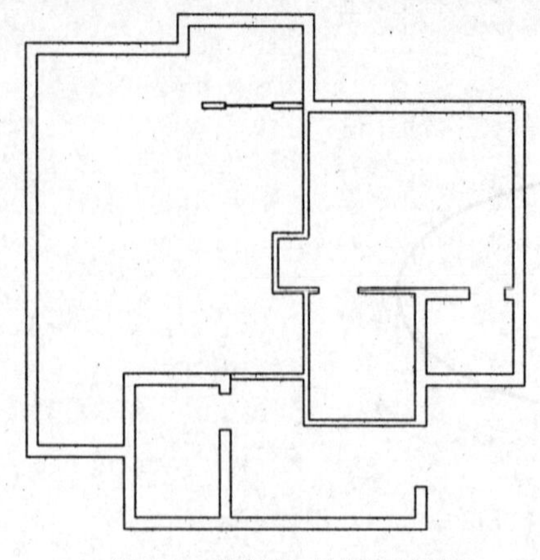

图 2-26 用多线工具绘制的墙体

图 2-27 【多线样式】对话框

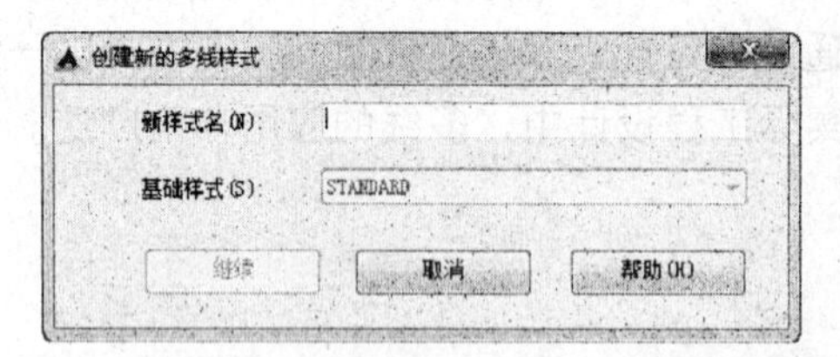

图 2-28 【创建新的多线样式】对话框

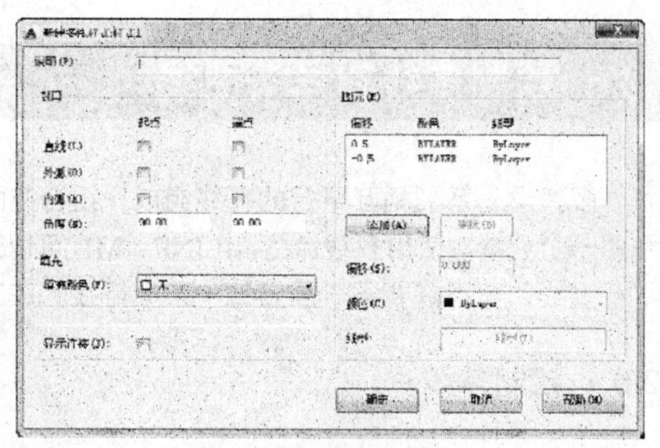

图 2-29 【新建多线样式】对话框

下面具体介绍【新建多线样式】对话框中各选项的含义:

- 封口：设置多线的平行线段之间两端封口的样式。各封口样式如图 2-30 所示。

图 2-30 多线封口样式

- 填充：设置封闭的多线内的填充颜色，一般选择【无】，表示使用透明颜色填充。
- 显示连接：显示或隐藏每条多线线段顶点处的连接。
- 图元：构成多线的元素，通过单击【添加】按钮可以添加多线构成元素，也可以通过单击【删除】按钮删除这些元素。
- 偏移：设置多线元素从中线的偏移值，值为正表示向上偏移，值为负表示向下偏移。
- 颜色：设置组成多线元素的直线线条颜色。
- 线型：设置组成多线元素的直线线条线型。

2.6.3 编辑多线

多线绘制完成以后，可以根据不同的需要进行编辑，除了可以使用修剪的方式编辑多线外,还可以使用多线编辑命令进行编辑。

执行【修改】|【对象】|【多线】命令，或在命令行里输入 MLEDIT 命令，系统就会弹出【多线编辑工具】对话框，如图 2-31 所示。

利用对话框中的多线编辑工具可以很方便地编辑多线样式以达到用户需要。

2.6.4 绘制样条曲线

在机械绘图中，样条曲线通常用来表示分断面的部分。使用该命令可以创建经过或靠近一组拟合点或由控制框的顶点定义的平滑曲线，如图 2-32 所示。

样条曲线使用拟合点或控制点进行定义。默认情况下，拟合点与样条曲线重合，而控制点定义控制框。控制框提供了一种便捷的方法，用来设置样条曲线的形状。每种方法都有其优点。

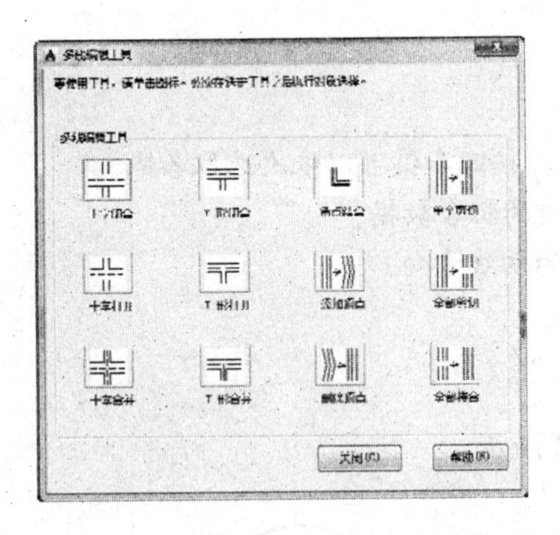

图 2-31　【多线编辑工具】对话框

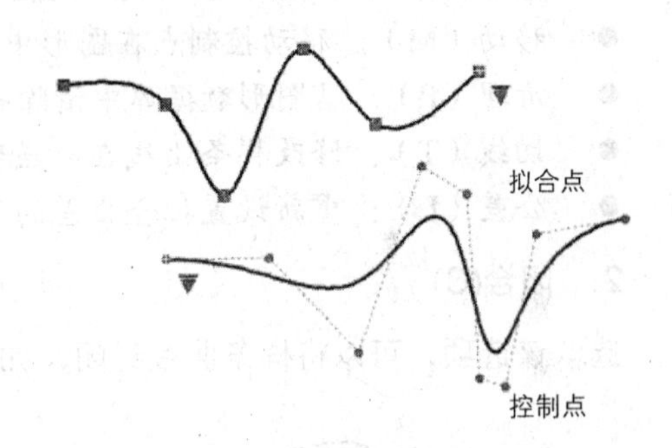

图 2-32　绘制样条线曲线

绘制样条曲线有以下几种方法：

- 菜单栏：执行【绘图】|【样条曲线】|【拟合】或【控制点】命令
- 工具栏：单击【绘图】工具栏【样条曲线】按钮
- 命令行：在命令行中输入 SPLINE / SPL
- 功能区：单击【绘图】面板中的【多段线】按钮

执行以上任意一种命令后，在【绘图区】任意指定两个点后，命令行将出现如下提示：

```
指定第一个点或 [方式(M)/节点(K)/对象(O)]:
```

其各选项含义如下：

- 方式：通过该选项决定样条曲线的创建方式，分为【拟合】与【控制点】两种。
- 节点：通过该选项决定样条曲线节点参数化的运算方式，分为【弦】、【平方根】、【统一】三种方式。
- 对象：将样条曲线拟合多段线转换为等价的样条曲线。样条曲线拟合多段线是指使用 PEDIT 命令中【样条曲线】选项，将普通多段线转换成样条曲线的对象。

2.6.5 编辑样条曲线

样条曲线绘制完成后，往往不能满足实际使用要求，此时可以利用样条曲线编辑命令对其进行编辑，以达到符合绘制要求的样条曲线。

执行【修改】|【对象】|【样条曲线】命令，在绘图区选择要编辑的样条曲线，命令行出现如下提示：

```
输入选项 [闭合(C)/合并(J)/拟合数据(F)/编辑顶点(E)/转换为多段线(P)/反转(R)/放弃(U)/退出(X)] <退出>
```

命令行中各选项的含义如下：

1. 拟合数据（F）

修改样条曲线所通过的主要控制点。使用该选项后，样条曲线上各控制点将会被激活，命令行中会出现进一步的提示信息：

```
输入拟合数据选项
[添加(A)/闭合(C)/删除(D)/扭折(K)/移动(M)/清理(P)/切线(T)/公差(L)/退出(X)] <退出>:
```

各选项含义如下：

- 添加（A）：为样条曲线添加新的控制点。
- 删除（D）：删除样条曲线中的控制点。
- 移动（M）：移动控制点在图形中的位置，按回车键可以依次选取各点。
- 清理（P）：从图形数据库中清除样条曲线的拟合数据。
- 切线（T）：修改样条曲线在起点和端点的切线方向。
- 公差（L）：重新设置拟合公差的值。

2. 闭合(C)

选取该选项，可以将样条曲线封闭，如图 2-33 所示。

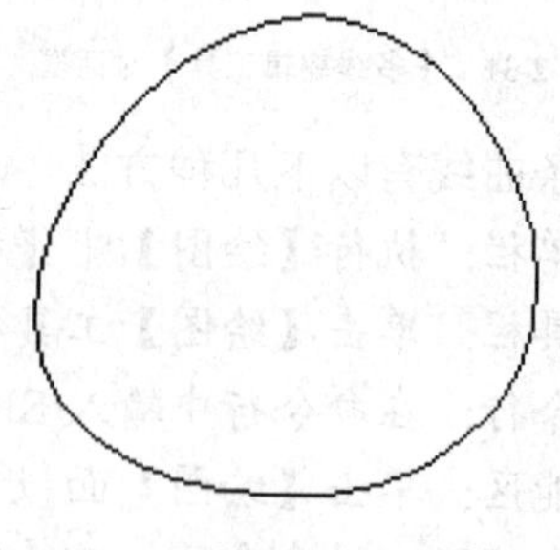

图 2-33 闭合样条曲线

3. 编辑顶点

选择该选项，通过拖动鼠标的方式，移动样条曲线各控制点处的夹点，以达到编辑样条曲线的目的。

2.7 绘制矩形和正多边形

在 AutoCAD 中，矩形及多边形的各边构成一个单独的对象。它们在绘制复杂图形时比较常用。

2.7.1 绘制矩形

在 AutoCAD 中绘制矩形，可以为其设置倒角、圆角以及宽度和厚度值等参数。

启动绘制矩形命令有以下几种方法：

- 菜单栏：执行【绘图】|【矩形】命令
- 工具栏：单击【绘图】工具栏中的【矩形】按钮
- 命令行：输入 RECTANG / REC
- 功能区：单击【绘图】面板中的【矩形】按钮

执行该命令后，命令行操作如下：

```
指定第一个角点或 [倒角(C)/标高(E)/圆角(F)/厚度(T)/宽度(W)]:
```

其中各选项的含义如下：

- 倒角（C）：绘制一个带倒角的矩形。
- 标高（E）：矩形的高度。默认情况下，矩形在 x、y 平面内。该选项一般用于三维绘图。
- 圆角（F）：绘制带圆角的矩形。
- 厚度（T）：矩形的厚度，该选项一般用于三维绘图。
- 宽度（W）：定义矩形的宽度。

如图 2-34 所示为各种样式的矩形效果。

图 2-34　各种样式的矩形效果

2.7.2 绘制正多边形

正多边形是由三条或三条以上长度相等的线段首尾相接形成的闭合图形。其边数范围在 3～1024 之间，如图 2-35 所示为各种正多边形效果。

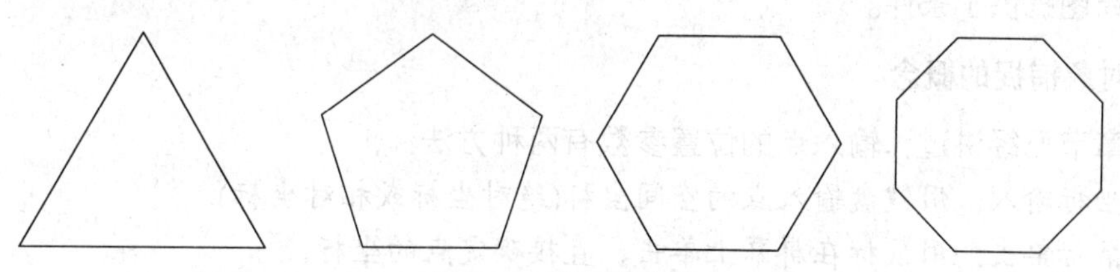

图 2-35　各种正多边形

启动绘制正多形命令有以下几种方法：

- 菜单栏：执行【绘图】|【多边形】命令。
- 工具栏：单击【绘图】工具栏中的【多边形】按钮。
- 命令行：输入 POLYGON / POL。
- 功能区：单击【绘图】面板中的【多边形】按钮

执行该命令并指定正多边形的边数后，命令行将出现如下提示：

```
指定正多边形的中心点或 [边(E)]:
```

其各选项含义如下：

- 中心点：通过指定正多边形中心点的方式来绘制正多边形。选择该选项后，会提示【输入选项 [内接于圆(I)/外切于圆(C)] <I>：】的信息，内接于圆表示以指定正多边形内接圆半径的方式来绘制正多边形，如图 2-36 所示；外切于圆表示以指定正多边形外切圆半径的方式来绘制正多边形，如图 2-37 所示。
- 边：通过指定多边形边的方式来绘制正多边形。该方式将通过边的数量和长度确定正多边形。

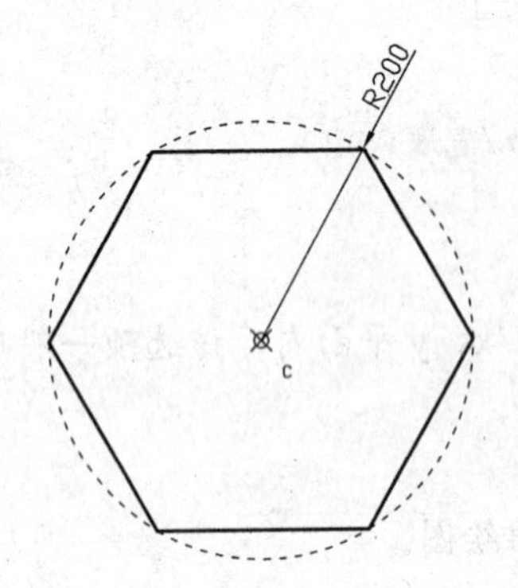

图 2-36　内接于圆画正多边形

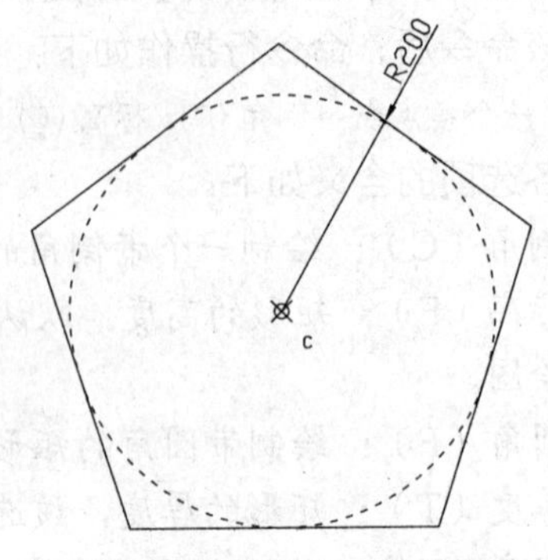

图 2-37　外切于圆画正多边形

2.8 使用辅助工具精确绘图

在实际绘图中，用鼠标定位虽然方便快速，但精度不高，为了解决快速精确的定位问题，AutoCAD 提供一些绘图辅助工具，如捕捉、栅格、正交、极轴追踪和对象捕捉等，利用这些辅助工具，可以在不输入坐标的情况下精确绘图，提高绘图速度。

2.8.1 对象捕捉

使用对象捕捉可以精确定位现有图形对象的特征点，例如直线的中点、圆的圆心等，从而为精确绘图提供了条件。

1. 对象捕捉的概念

前面章节已经讲过，输入点的位置参数有两种方法：

- 坐标输入：用键盘输入点的空间坐标(绝对坐标或相对坐标)。
- 鼠标单击：用鼠标在屏幕上单击，直接确定点的坐标。

第一种方法可以定量地输入点的位置参数；而第二种方法是用户凭自己的肉眼观察在屏幕上单击，不能精确地定位。尤其是在大视图比例的情况下，计算机屏幕上的微小差别代表了实际情况的巨大偏差。

为此，AutoCAD 提供了对象捕捉功能。在对象捕捉开关打开的情况下，将光标移动到某些特征点（如直线端点、圆中心点、两直线交点、垂足等）附近时，系统能够自动地捕捉到这些点的位置。因此，对象捕捉的实质是对图形对象特征点的捕捉。

对象捕捉生效需要具备两个条件：

- 对象捕捉开关必须打开。
- 必须是在命令行提示输入点的位置的时候，例如画直线时提示输入端点，复制时提示输入基点等。

如果命令行并没有提示输入点的位置，例如【命令：】提示待输入状态，或者删除命令中提示选择对象的时候，对象捕捉就不会生效。因此，对象捕捉实际上是通过捕捉特征点的位置来代替命令行输入特征点的坐标。

2. 对象捕捉的开关设置

根据实际需要，可以打开或关闭对象捕捉，有以下两种常用的方法：

- 功能键 F3：连续按 F3，可以在开、关状态间切换。
- 状态栏：单击状态栏中的【对象捕捉】开关按钮。

除此之外，依次执行【工具】|【绘图设置】命令，或输入命令 OSNAP/OS，打开【草图设置】对话框。单击【对象捕捉】选项卡，选中或取消【启用对象捕捉】复选框，也可以打开或关闭对象捕捉，但由于操作麻烦，在实际工作中并不常用。

3. 设置对象捕捉点

在使用对象捕捉之前，需要设置好对象捕捉模式，也就是确定当探测到对象特征点时，哪些点捕捉，而哪些点可以忽略，从而避免视图混乱。对象捕捉模式的设置在图 2-38 所示的【草图设置】对话框中进行。对话框共列出了 13 种对象捕捉点和对应的捕捉标记，见表 2-1。根据需要勾选这些选项前面的复选框。设置完毕后，单击【确定】按钮关闭对话框即可。

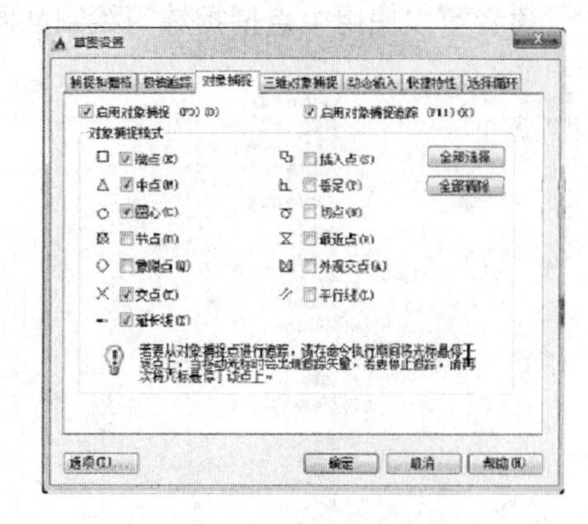

图 2-38　【对象捕捉】选项卡

表 2-1　对象捕捉点的含义

对象捕捉点	含　义
端　点	捕捉直线或曲线的端点
中　点	捕捉直线或弧段的中间点
圆　心	捕捉圆、椭圆或弧的中心点
节　点	捕捉用 POINT 命令绘制的点对象
象限点	捕捉位于圆、椭圆或弧段上 0°、90°、180°和 270°处的点

对象捕捉点	含 义
交 点	捕捉两条直线或弧段的交点
延长线	捕捉直线延长线路径上的点
插入点	捕捉图块、标注对象或外部参照的插入点
垂 足	捕捉从已知点到已知直线的垂线的垂足
切 点	捕捉圆、弧段及其他曲线的切点
最近点	捕捉处在直线、弧段、椭圆或样条线上，而且距离光标最近的特征点
外观交点	在三维视图中，从某个角度观察两个对象可能相交，但实际并不一定相交，可以使用【外观交点】捕捉对象在外观上相交的点
平行线	选定路径上一点，使通过该点的直线与已知直线平行

4. 自动捕捉和临时捕捉

AutoCAD 提供了两种对象捕捉模式：自动捕捉和临时捕捉。自动捕捉模式要求使用者先设置好需要的对象捕捉点，以后当光标移动到这些对象捕捉点附近时，系统就会自动捕捉到这些点。

临时捕捉是一种一次性的捕捉模式，这种捕捉模式不是自动的。当用户需要临时捕捉某个特征点时，需要在捕捉之前手工设置需要捕捉的特征点，然后进行对象捕捉。而且这种捕捉设置是一次性的，不能反复使用。在下一次遇到相同的对象捕捉点时，需要再次设置。

在命令行提示输入点的坐标时，如果要使用临时捕捉模式，可按 Shift 键+鼠标右键，系统会弹出如图 2-39 所示的快捷菜单。单击选择需要的临时对象捕捉点，系统将会捕捉到该点。

读者可以使用中点捕捉练习绘制如图 2-40 所示的图形。

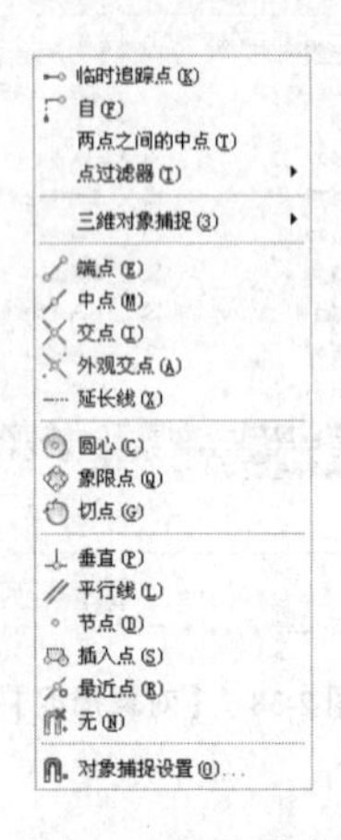

图 2-39 临时捕捉菜单

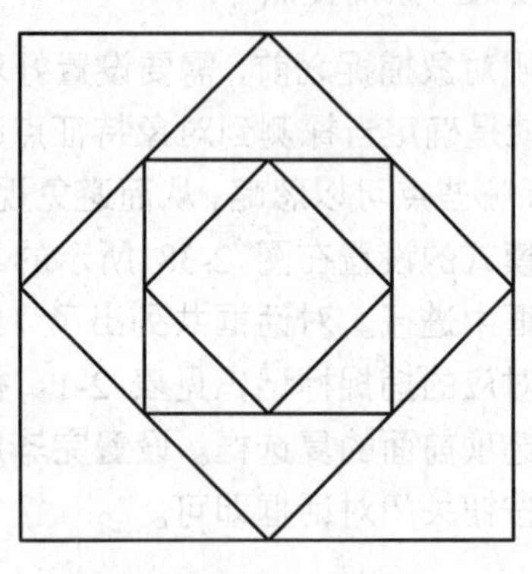

图 2-40 捕捉中点绘制矩形

课堂举例 2-6：对象捕捉功能绘制切线

视频\第 2 章\课堂举例 2-6.mp4

01 启动 AutoCAD 2015，打开“第 02 章/课堂举例 2-6 对象捕捉绘制切线.dwg”文件，如图 2-41 所示。

02 单击【绘图】面板中【直线】按钮，然后按 Shift+鼠标右键，在弹出的右键快捷菜单中的【切点】选项。

03 将光标置于大圆上合适位置，等到出现切点捕捉提示之后单击。继续将光标移至小圆的合适位置，按照上述同样的步骤，完成第一条切线的绘制，如图 2-42 所示。

04 用同样的方法绘制出另外一条切线。

05 调用 TR【修剪】命令剪掉多余的圆弧，得到如图 2-43 所示的效果。

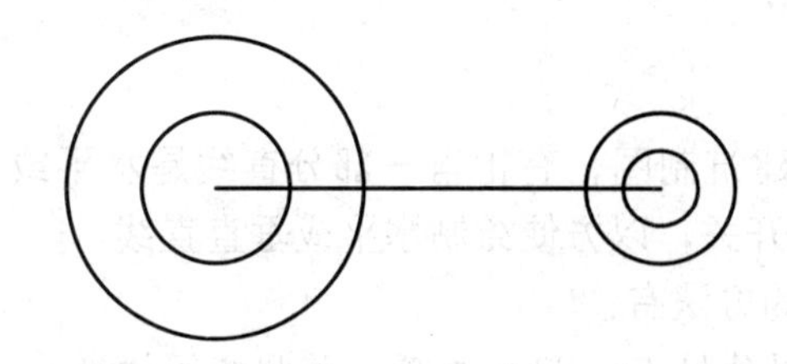

图 2-41　打开图形

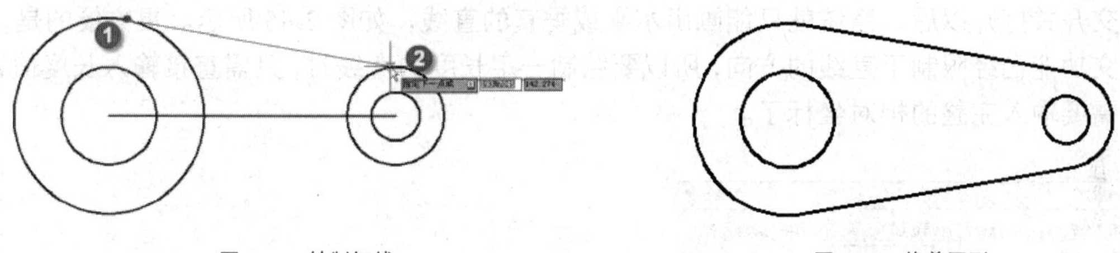

图 2-42　绘制切线　　图 2-43　修剪图形

2.8.2 栅格、捕捉和正交

栅格的作用如同传统纸面制图中使用的坐标纸，按照相等的间距在屏幕上设置了栅格线，用户可以通过栅格线数目来确定距离，从而达到精确绘图的目的。栅格不是图形的一部分，打印时不会被输出。

捕捉功能(不是对象捕捉)经常和栅格功能联用。当捕捉功能打开时，光标只能停留在栅格点上。这样，只能绘制出栅格间距整数倍的距离。

正交功能可以保证绘制的直线完全呈水平或垂直状态。

1. 栅格

控制栅格是否显示，有以下两种常用方法：

- 快捷键：连续按功能键 F7，可以在开、关状态间切换。
- 状态栏：单击状态栏【显示图形栅格】开关按钮。

执行【工具】|【绘图设置】命令，在打开的【草图设置】对话框中选中【捕捉和栅格】选项卡，如图 2-44 所示，选中或取消【启用栅格】复选框，也可以控制显示或隐藏栅格。同时，在【栅格】选项组中，可以设置栅格点在 X 轴方向(水平)和 Y 轴方向(垂直)上的间距。此外，在命令行输入 GRID 命令，也可以设置栅格的间距和控制栅格的显示。

2. 捕捉

捕捉功能可以控制光标移动的距离，下面为两种打开和关闭捕捉功能的常用方法：

- 快捷键：连续按功能键 F9，可以在开、关状态间切换。
- 状态栏：单击状态栏中的【捕捉】开关按钮。

在【捕捉和栅格】选项卡中，设置捕捉属性的选项有：

- 【捕捉间距】选项组：可以设定 X 方向和 Y 方向的捕捉间距，以及整个栅格的旋转角度。
- 【捕捉类型和样式】选项组：可以选择【栅格捕捉】和【极轴捕捉】两种类型。选择【栅格捕捉】时，光标只能停留在栅格点上。栅格捕捉又有【矩形捕捉】和【等轴测捕捉】两种样式。两种样式的区别在于栅格的排列方式不同。【等轴测捕捉】常用于绘制轴测图。

3. 正交

无论是机械制图还是建筑制图，有相当一部分直线是水平或垂直的。针对这种情况，AutoCAD 提供了一个正交开关，以方便绘制水平或垂直直线。

打开和关闭正交开关的方法有：

- 快捷键：连续按功能键 F8，可以在开、关状态间切换。
- 状态栏：单击状态栏【正交】开关按钮。

正交开关打开以后，系统就只能画出水平或垂直的直线，如图 2-45 所示。更方便的是，由于正交功能已经限制了直线的方向，所以要绘制一定长度的直线时，只需直接输入长度值，而不再需要输入完整的相对坐标了。

图 2-44 【捕捉和栅格】选项卡

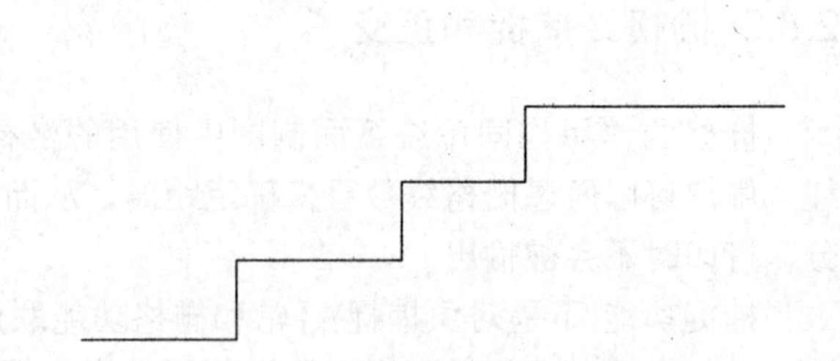

图 2-45 使用正交模式绘制水平或垂直直线

2.8.3 自动追踪

自动追踪的作用也是辅助精确绘图。制图时，自动追踪能够显示出许多临时辅助线，帮助用户在精确的角度或位置上创建图形对象。自动追踪包括极轴追踪和对象捕捉追踪两种模式。

1. 极轴追踪

极轴追踪实际上是极坐标的一个应用。该功能可以使光标沿着指定角度的方向移动，从而很快找到需要的点。可以通过下列方法打开/关闭极轴追踪功能。

- 快捷键：按功能键 F10。
- 状态栏：单击状态栏【极轴】开关按钮。

AutoCAD 2015 中，单击状态栏中【极轴追踪】按钮右侧的三角按钮，在弹出的右键快捷菜单中可以快速地设置极轴追踪的角度值。若选择【正在追踪设置】选项，即可弹出如图 2-26 所示的对话框。

在该对话框中可以设置下列极轴追踪属性：

- 【增量角】下拉列表框：选择极轴追踪角度。当光标的相对角度等于该角，或者是该角的整数倍时，屏幕上将显示追踪路径。
- 【附加角】复选框：增加任意角度值作为极轴追踪角度。选中【附加角】复选框，并单击【新建】按钮，然后输入所需追踪的角度值。
- 【仅正交追踪】单选按钮：当对象捕捉追踪打开时，仅显示已获得的对象捕捉点的正交(水平和垂直方向)对象捕捉追踪路径。
- 【用所有极轴角设置追踪】：对象捕捉追踪打开时，将从对象捕捉点起沿任何极轴追踪角进行追踪。
- 【极轴角测量】选项组：设置极角的参照标准。【绝对】选项表示使用绝对极坐标，以 X 轴正方向为 0°。【相对上一段】选项根据上一段绘制的直线确定极轴追踪角，上一段直线所在的方向为 0°。

2. 对象捕捉追踪

对象捕捉追踪是在对象捕捉功能基础上发展起来的，该功能可以使光标从对象捕捉点开始，沿着对齐路径进行追踪，并找到需要的精确位置。对齐路径是指和对象捕捉点水平对齐、垂直对齐，或者按设置的极轴追踪角度对齐的方向。

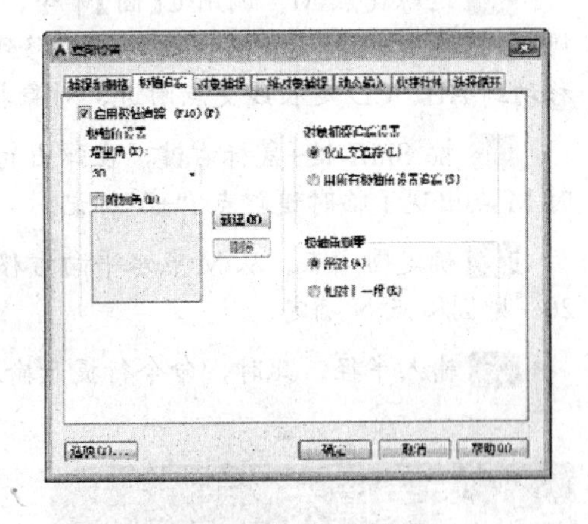

图 2-46　极轴追踪选项卡

对象捕捉追踪应与对象捕捉功能配合使用。使用对象捕捉追踪功能之前，必须先设置好对象捕捉点。

打开/关闭对象捕捉追踪功能的方法有：

- 快捷键：按功能键 F11。
- 状态栏：单击状态栏中的【对象追踪】开关按钮。

在绘图过程中，当要求输入点的位置时，将光标移动到一个对象捕捉点附近，不要单击鼠标，只需暂时停顿即可获取该点。已获取的点显示为一个绿色靶框标记。可以同时获取多个点。获取点之后，当在绘图路径上移动光标时，相对点的水平对齐、垂直对齐或极轴对齐路径将会显示出来，如图 2-47 所示，而且还可以显示多条对齐路径的交点。

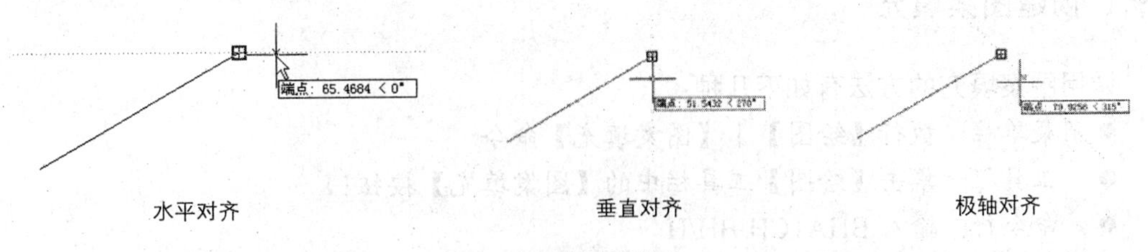

图 2-47　对象捕捉追踪

当对齐路径出现时，极坐标的极角就已经确定了。这时可以在命令行中直接输入极径值以确定点的位置。

临时追踪点并非真正确定一个点的位置，而是先临时追踪到该点的坐标，然后在该点基础上再确定其他点的位置。当命令结束时，临时追踪点也随之消失。

课堂举例 2-7：利用对象追踪绘图

视频\第 2 章\课堂举例 2-7.mp4

根据如图 2-48 所示，已知直线 AB 和 CD，要绘制一个半径为 15 的圆，要求圆心位置位于 AB 和 CD 延长线交点 M 的正右方 20 处。

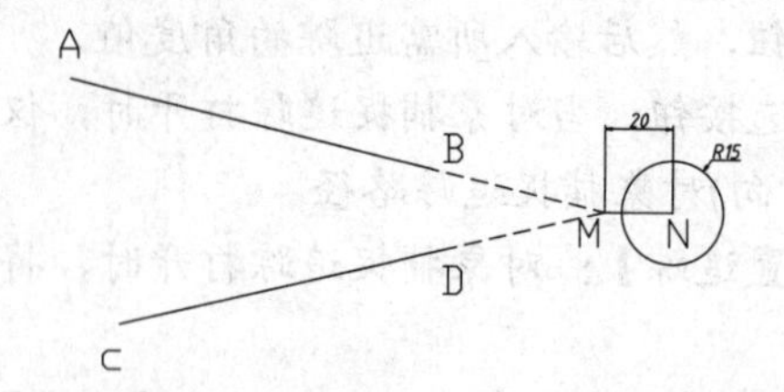

图 2-48　使用临时追踪点绘制图形

01 设置对象捕捉。设置交点、延伸为对象捕捉点。

02 按 F3 键，打开【对象捕捉】开关。按 F11 键，打开【对象捕捉追踪】开关。

03 追踪交点 M。调用 C【圆】命令，当系统提示输入圆心位置时，将光标移动到 B 点，停留到蓝色靶框标记出现。再将光标移到 D 点，也停留到蓝色靶框标记出现。最后将光标移动到 AB、CD 延长线交点附近，对象捕捉点追踪轨迹相交于交点 M 处。

04 按 Shift 键+鼠标右键，在弹出的右键快捷菜单中选择【临时追踪点】选项单击，此时 M 点出现了临时追踪点“+”标记。

05 确定圆心点。从 M 点水平向右移动，出现水平对齐路径。直接在命令行输入参数值 20，则圆心点 N 确定。

06 输入半径。此时，命令行提示输入半径值，输入 10 并回车，完成全部操作。

2.9 图案填充

重复绘制某些图案以填充图形中的一个区域，从而表达该区域的特征，这种填充操作称为图案填充。图案填充的应用非常广泛，例如，在机械工程图中，可以用图案填充表达一个剖切的区域，也可以使用不同的图案填充来表达不同的零部件或材料。

2.9.1 创建图案填充

调用图案填充的方法有如下几种：

- 菜单栏：执行【绘图】|【图案填充】命令
- 工具栏：单击【绘图】工具栏中的【图案填充】按钮
- 命令行：输入 BHATCH/BH/H
- 功能区：单击【绘图】面板中的【填充】按钮

调用“图案填充”命令后，将打开如图 2-49 所示的“图案填充创建”选项板，在绘图区需要填充的区域单击，即可创建默认的图案填充，然后用户在其中设置填充的参数即可。

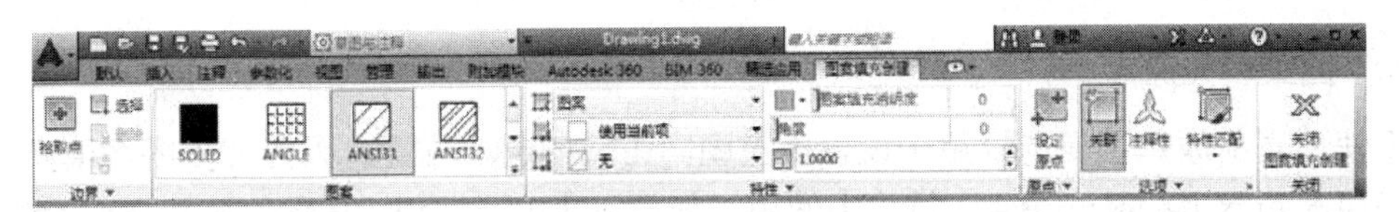

图 2-49　“图案填充创建”选项板

在调用“图案填充”命令后，如果在命令行输入 T 并回车，系统弹出【图案填充和渐变色】对话框，如图 2-50 所示。

在该对话框中，常用选项的含义如下：

1. 类型和图案

该选项组用于设置图案填充的方式和图案样式，单击其右侧的下拉按钮，并打开下拉列表来选择填充类型和样式。

- 类型：其下拉列表框中包括【预定义】、【用户定义】和【自定义】三种图案类型。
- 图案：选择【预定义】选项，可激活该选项组，除了在下拉列表中选择相应的图案外，还可以单击[...]按钮，将打开【填充图案选项板】对话框，然后通过 3 个选项卡设置相应的图案样式，如图 2-51 所示。

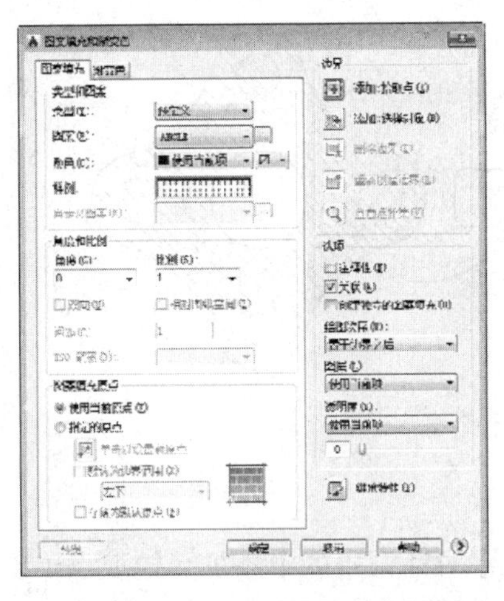

图 2-50　【图案填充和渐变色】对话框

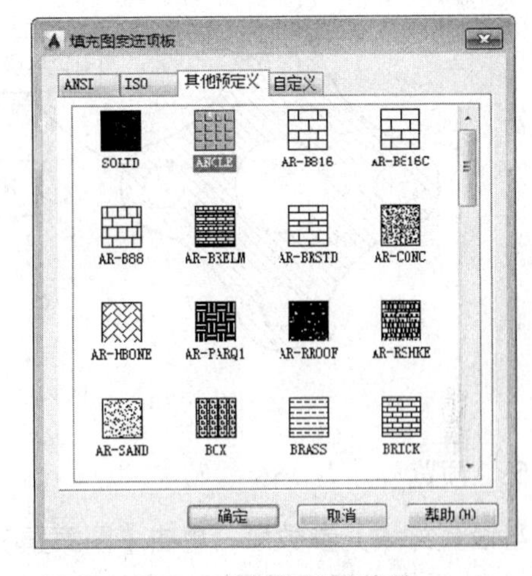

图 2-51　选择填充图案类型

2. 角度和比例

该选项组用于设置图案填充的填充角度、比例或者图案间距等参数。

- 角度：设置填充图案的角度，默认情况下填充角度为 0。
- 比例：设置填充图案的比例值。
- 间距：当用户选择【用户定义】填充图案类型时设置采用的线型的线条间距。
- ISO 笔宽：主要针对用户选择【预定义】填充图案类型，同时选择了 ISO 预定义图案时，可以通过改变笔宽值来改变填充效果。

设置间距时，如果选中【双向】复选框，则可以使用相互垂直的两组平行线填充图案。此外，【相对图纸空间】复选框用来设置比例因子是否相对于图纸空间的比例。

3. 图案填充原点

【使用当前原点】复选框用于设置填充图案生成的起始位置，因为许多图案填充时，需要对齐填充边界上的某一个点。选中【使用当前原点】单选按钮，将默认使用当前 UCS 的原点（0，0）作为图案填充的原点。选择【指定原点】复选框，则是用于用户自定义设置图案填充原点。

4. 边界

【边界】选项组主要用于用户指定图案填充的边界，也可以通过对边界的删除或重新创建等操作直接改变区域填充的效果，其常用选项的功能如下：

- 拾取点：单击此按钮将切换至绘图区，可在要填充的区域内任意指定一填充边界，进行图案填充。
- 选择对象：利用【选择对象】方式选取边界时，系统认定的填充区域为鼠标选取的区域，且必须是封闭区域，未被选取的边界不在填充区域内。
- 删除边界：删除边界是重新定义边界的一种方式，单击此按钮可以取消系统自动选取或用户选取的边界，从而形成新的填充区域，如图 2-52 所示。

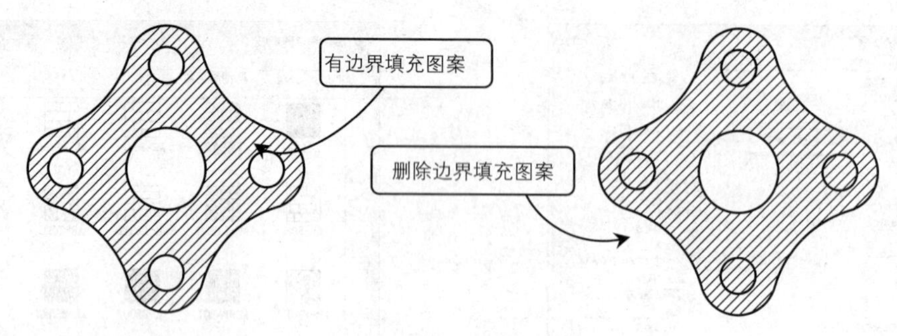

图 2-52　删除图形边界效果

5. 预览

当设置好填充参数后，单击【图案填充和渐变色】对话框中的【添加：拾取点（K）】按钮，然后将光标置于需要填充的区域。此时在即可预览图案填充效果，如图 2-53 所示。在绘图区域中单击或按 Esc 键返回到对话框。单击鼠标右键或按 Enter 键接受图案填充。

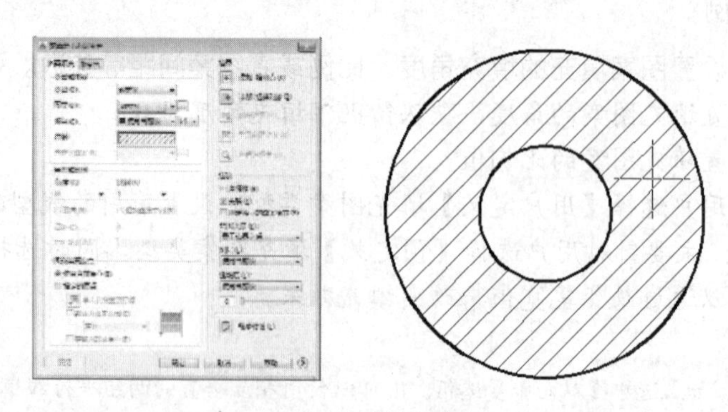

图 2-53　填充预览

6. 选项

该选项组用于设置图案填充的一些附属功能，它的设置间接影响填充图案的效果。

- 【关联】复选框：用于控制填充图案与边界【关联】或【非关联】。关联图案填充随边界的变化而自动更新，非关联图案填充则不会随边界的变化自动更新。
- 【独立的图案填充】复选框：填充可以创建独立的图案填充，它不随边界的修改而更新图案填充。
- 【绘图次序】下拉列表框：主要为图案填充或填充指定绘图顺序。
- 继承特性：使用选定图案填充对象的图案填充和填充特性对指定边界进行填充。

2.9.2 设置填充孤岛

在进行图案填充时，通常将位于一个已定义好的填充区域内的封闭区域称为孤岛。在填充区域内有如文字、公式以及孤立的封闭图形等特殊对象时，可以利用孤岛操作在这些对象处断开填充或全部填充。

在【图案填充和渐变色】对话框中单击右下角的⊙按钮，将展开【孤岛】选项组，如图 2-54 所示。利用该选项卡的设置，可避免在填充图案时覆盖一些重要的文本注释或标记等属性。

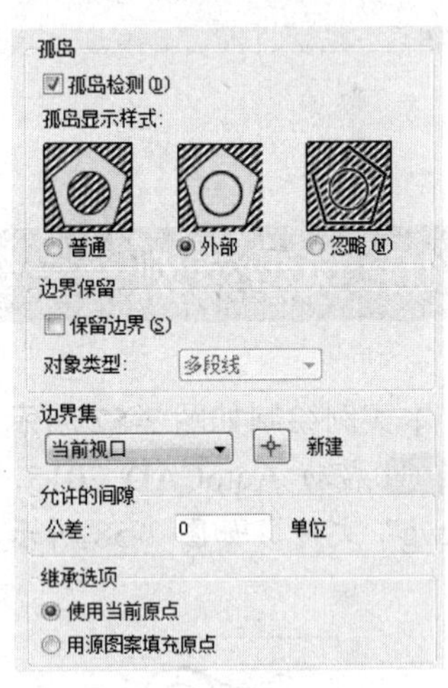

图 2-54　【孤岛】选项组

1. 设置孤岛

选中【孤岛检测】复选框，便可利用孤岛调整填充图案，在【孤岛显示样式】选项组中有以下 3 种孤岛显示方式：

- 普通：该选项是从最外面向里填充图案，遇到与之相交的内部边界时断开填充图案，遇到下一个内部边界时再继续填充，如图 2-55a 所示。
- 外部：选中该单选按钮，系统将从最外边界向里填充图案，遇到与之相交的内部边界时断开填充图案，不再继续向里填充，如图 2-55b 所示。
- 忽略：选中该单选按钮，则系统忽略边界内的所有孤岛对象，所有内部结构都被填充图案覆盖，如图 2-55c 所示。

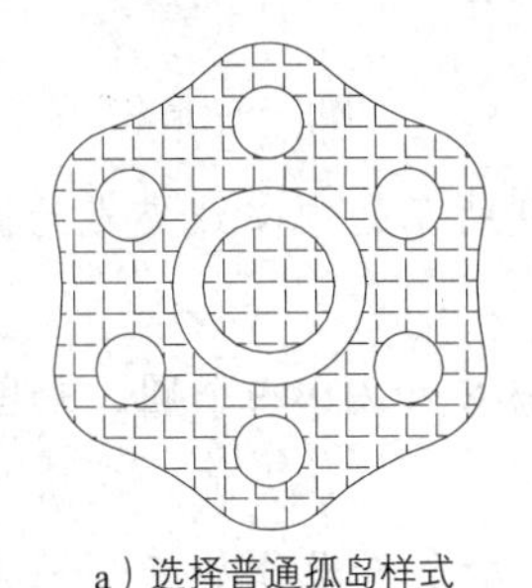

a）选择普通孤岛样式

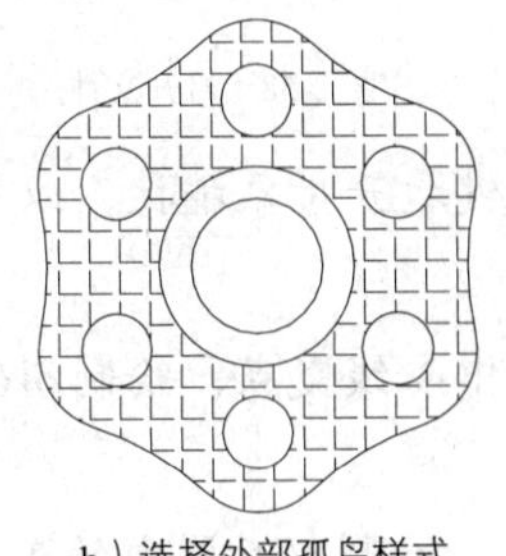

b）选择外部孤岛样式

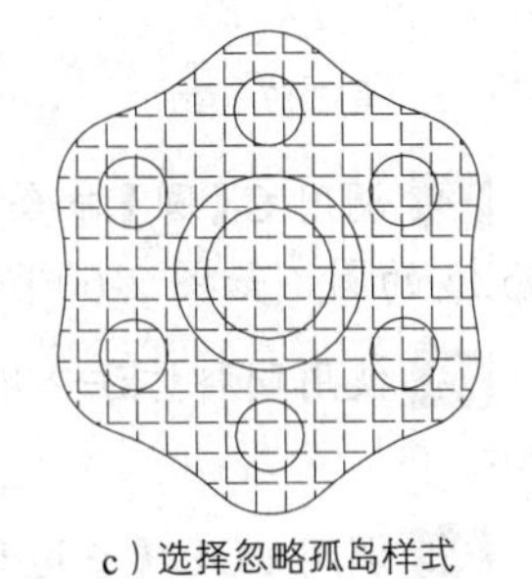

c）选择忽略孤岛样式

图 2-55　设置孤岛填充样式

2. 边界保留

该选项组中的【保留边界】复选框与下面的【对象类型】列表项相关联，即启用【保留边界】复选框便可将填充边界对象保留为面域或多段线两种形式。

2.9.3 渐变色填充

在绘图过程中，有些图形在填充时需要用到一种或多种颜色。例如，绘制装潢、美工图纸等。

单击【绘图】面板中的【渐变色】按钮，系统弹出【图案填充创建】选项卡，在该选项卡中可以设置颜色类型、填充样式以及方向，以获得多彩的渐变色填充效果，如图 2-56 所示。

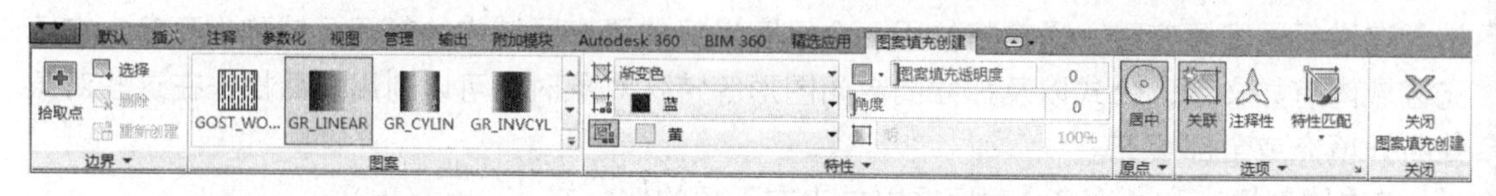

图 2-56 【渐变色】选项卡

2.10 典型范例——绘制垫片

本实例绘制如图 2-57 所示垫片图形，主要练习圆、多边形、直线、捕捉等命令。

01 启动 AutoCAD 2015，按 Ctrl+O 快捷键，打开“第 02 章/2.10 典型范例—绘制垫片.dwg”文件，如图 2-58 所示，下面将在该中心线的基础上绘制垫片图形。

图 2-57 垫片　　图 2-58 打开文件　　图 2-59 捕捉交点

02 调用 C【圆】命令，按 F3 键打开对象捕捉，以如图 2-59 所示的中心线交点为圆心绘制ϕ35 的圆，如图 2-60 所示。

03 使用同样方法，继续捕捉中心线交点，绘制ϕ16、ϕ9、ϕ18 和ϕ10 四个圆，如图 2-61 所示。

04 调用 POL【多边形】命令，绘制ϕ35 圆内的正八边形，命令行操作如下：

```
命令：POL↙                    //调用【多边形】命令
```

```
输入边的数目 <8>:8↙
指定正多边形的中心点或 [边(E)]:           //捕捉圆心作为正八边形的中心点，如图 2-62 所示
输入选项 [内接于圆(I)/外切于圆(C)] <I>:I↙
指定圆的半径: <正交 开>11↙                //绘制正八边形，并旋转如图 2-63 所示
```

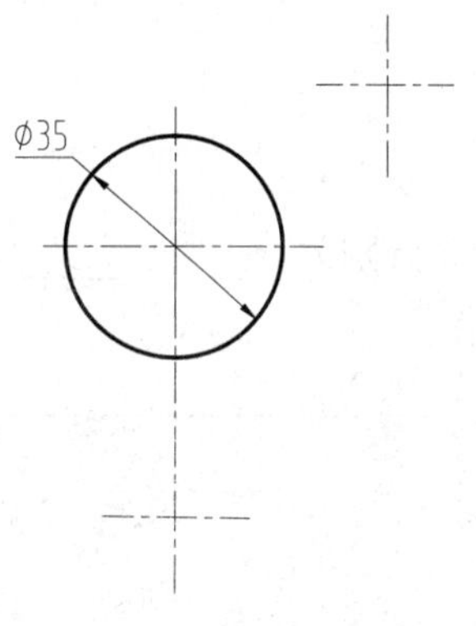

图 2-60　绘制⌀35 的圆

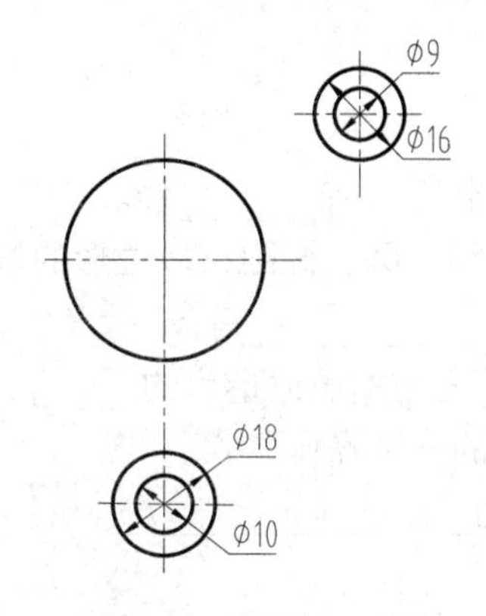

图 2-61　继续其余 4 个圆

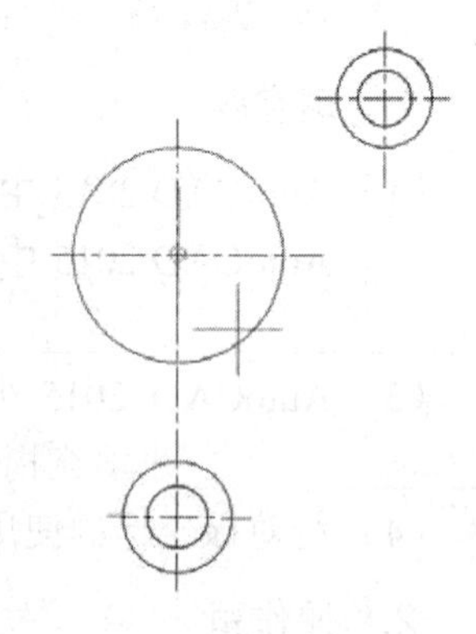

图 2-62　捕捉八边形中心点

05 设置对象捕捉模式。在状态栏【对象捕捉】按钮□右侧的三角按钮，在弹出的快捷菜单中选择【切点】选项，如图 2-64 所示。

06 绘制相切的直线。调用 L【直线】命令，分别捕捉⌀35 圆和⌀16 圆的切点，绘制如图 2-65 所示的切线。

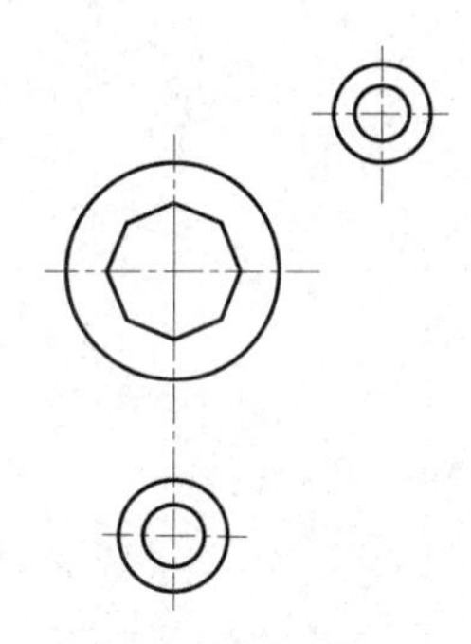

图 2-63　绘制的正八边形

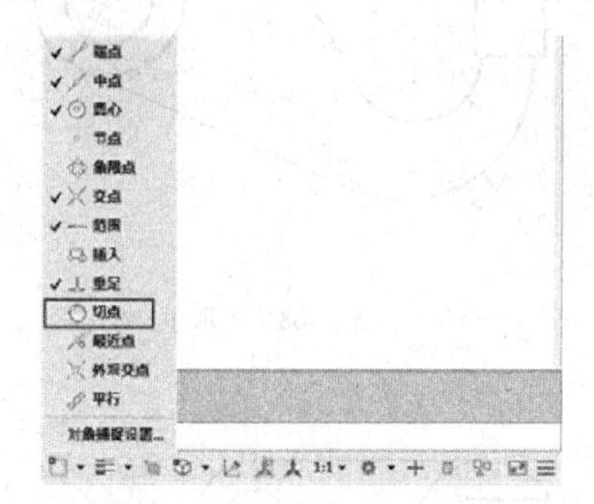

图 2-64　【草图设置】对话框

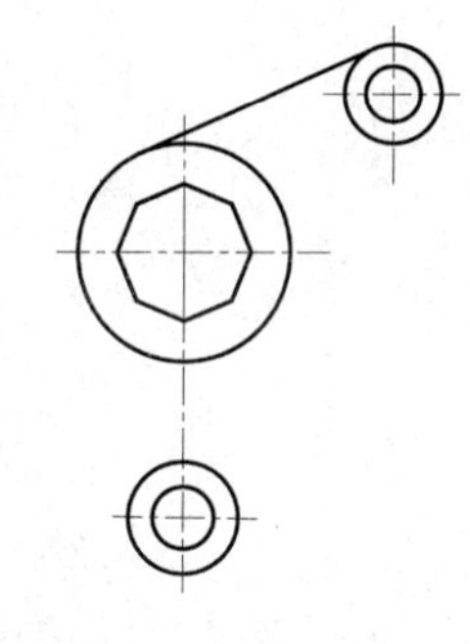

图 2-65　绘制左上侧切线

07 使用同样的方法，继续绘制⌀35 圆和⌀18 圆相切的直线，如图 2-66 所示。

08 执行【绘图】|【圆】|【相切、相切、相切】命令，捕捉⌀35、⌀18 和⌀16 圆的切点，绘制如图 2-67 所示的圆并修剪多余圆弧。

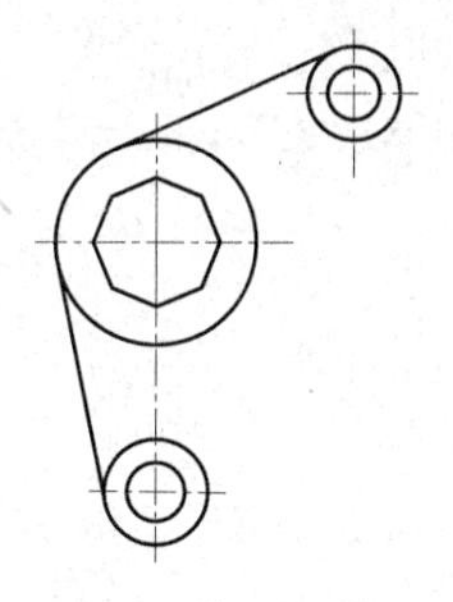

图 2-66　绘制左下侧切线

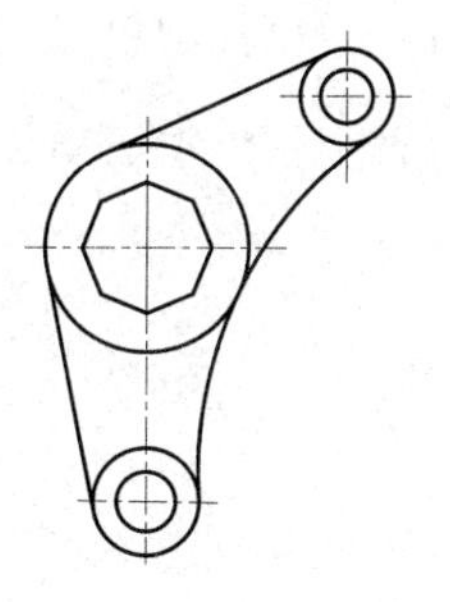

图 2-67　绘制圆并修剪

09 垫片绘制完成，选择【文件】|【保存】命令保存图形。

2.11 习题

1. 填空题

（1）AutoCAD 2015 中圆的绘制方法有________种。

（2）AutoCAD 2015 中绘制直线、圆、椭圆、多边形的快捷命令分别为______________、______________、______________、______________等。

（3）AutoCAD 2015 中图案填充是指通过指定的________________、________________、________________来填充指定区域的一种操作方式。

（4）绝对极坐标的使用格式为________________。

2. 操作题

绘制如图 2-68 所示和图 2-69 所示两个图形（标注不做要求）。

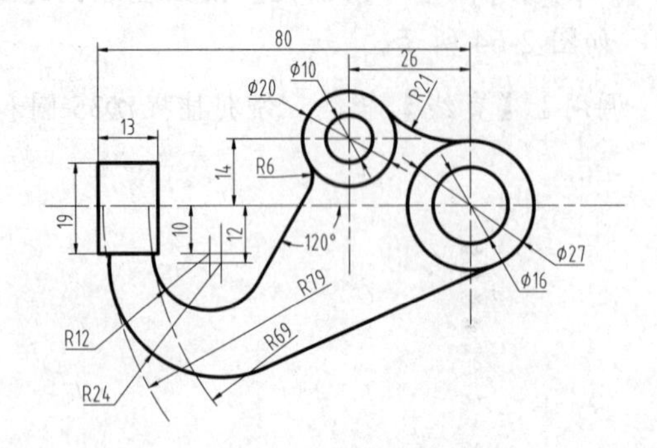

图 2-68 图形 1

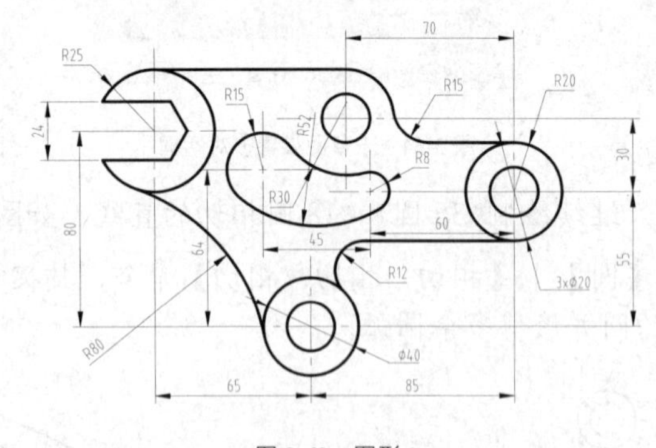

图 2-69 图形 2

第3章 二维机械图形编辑

本章导读

使用 AutoCAD 绘图是一个由简到繁、由粗到精的过程。使用 AutoCAD 提供的一系列修改命令，对图形进行移动、复制、阵列、修剪、删除等多种操作，可以快速生成复杂的图形。本章将重点讲述这些编辑命令的用法。

本章重点

- 选择对象
- 移动图形
- 复制图形
- 图形修整
- 图形变形
- 倒角和圆角
- 打断、分解和合并
- 利用夹点编辑图形
- 对象特性查询、编辑与匹配
- 典型范例——绘制联轴器

3.1 选择对象

在编辑图形之前，首先需要对编辑的图形进行选择。AutoCAD 用虚线高亮显示所选的对象，这些对象构成选择集。选择集可以包含单个对象，也可以包含复杂的对象编组。

3.1.1 设置选择集

通过设置选择集中的各选项，用户可以根据习惯对拾取框、夹点显示以及选择视觉效果等方面进行设置，以达到提高绘图效率和精确度的目的。

在绘图区空白位置单击鼠标右键，在弹出的右键快捷菜单中选择【选项】命令，系统弹出【选项】对话框，选择【选择集】选项卡，如图 3-1 所示。

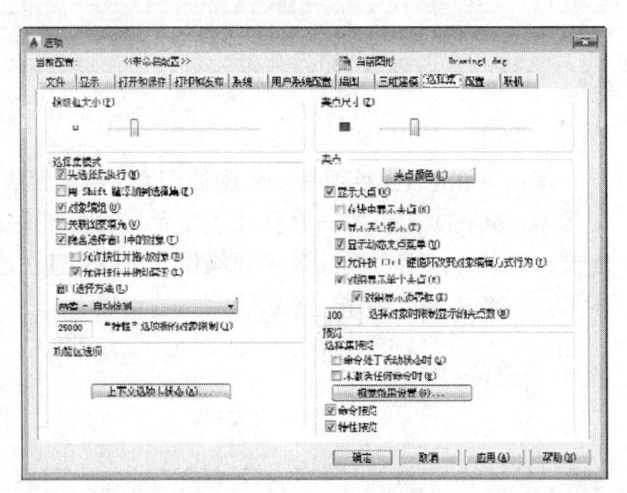

图 3-1 【选择集】选项卡

在【选择集】选项卡中，各选项的含义如下：

1. 拾取框大小

拖动滑块可以设置十字光标中部的方形图框大小，如图 3-2 所示。

2. 夹点尺寸

拖动滑块可以设置图形夹点大小，如图 3-3 所示。

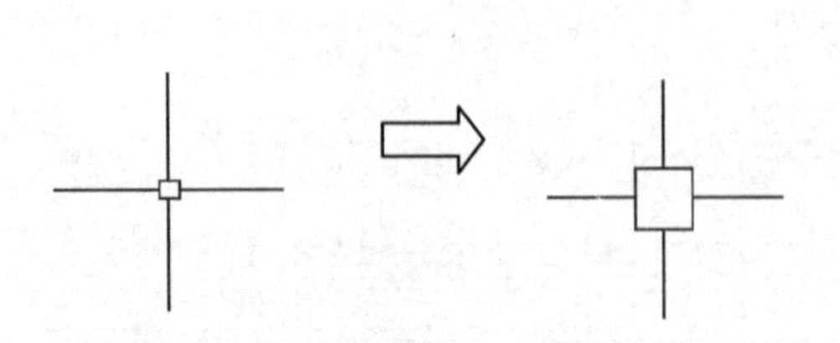

图 3-2 调整拾取框大小

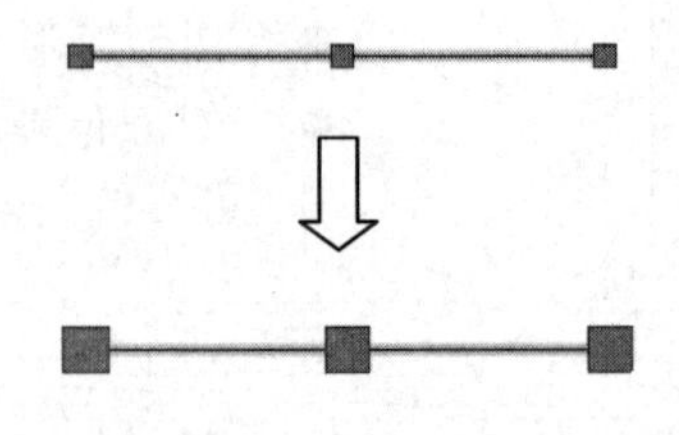

图 3-3 调整夹点大小

3. 选择集预览

当光标的拾取框移动到图形对象上时，图形对象以加粗或虚线显示为预览效果。有下列选项：

- 命令处于激活状态时：选择该复选框时，只有当某个命令处于激活状态，并在命令提示行中显示【选取对象】提示时，将拾取框移动到图形对象上，该对象才会显示选择预览。
- 未激活任何命令时：该复选框的作用同上述复选框相反，即选择该复选框时，只有没有任何命令处于激活状态时，才可以显示选择预览。
- 视觉效果设置：选择集的视觉效果包括被选择对象的线型、线宽以及选择区颜色、透明度等。单击该按钮即可进行相关设置。

4. 选择集模式

该选项包括 6 种，以定义选择集同命令之间的先后执行顺序、选择集的添加方式以及在定义与组或填充对象有关选择集时的各类详细设置。

3.1.2 选取对象的方法

在 AutoCAD 中，选择对象的方法有很多，第 1 章介绍了选择的基本方法，本节进行详细讲解。

1. 直接选取

直接选取又称为点取对象，直接将光标拾取点移动到欲选取对象上，然后单击即可完成选取对象的操作，如图 3-4 所示。连续单击可以选择多个对象，按 Shift 键单击可减选。

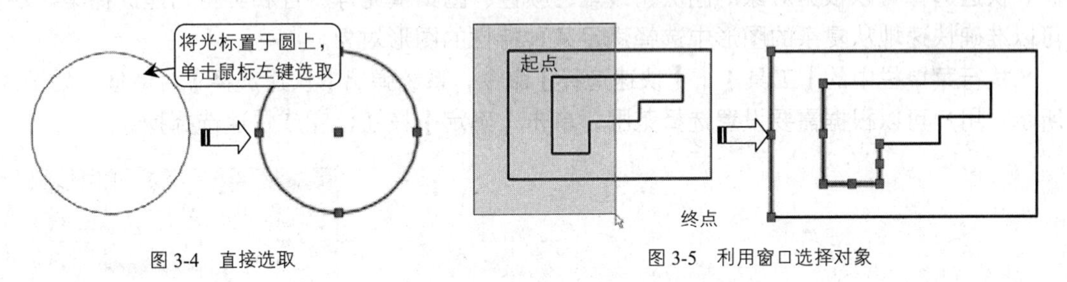

图 3-4　直接选取　　　图 3-5　利用窗口选择对象

2. 窗口选取

窗口选取对象是以指定对角点的方式，定义矩形选取范围的一种选取方法。利用该方法选取对象时，从左往右拉出选择框（选择框显示为实线），只有全部位于矩形窗口中的图形对象才会被选中，如图 3-5 所示。

3. 交叉窗口选取

交叉选择方式与窗口包容选择方式相反，从右往左拉出选择框（选择框显示为虚线），无论是全部还是部分位于选择框中的图形对象都将被选中，如图 3-6 所示。

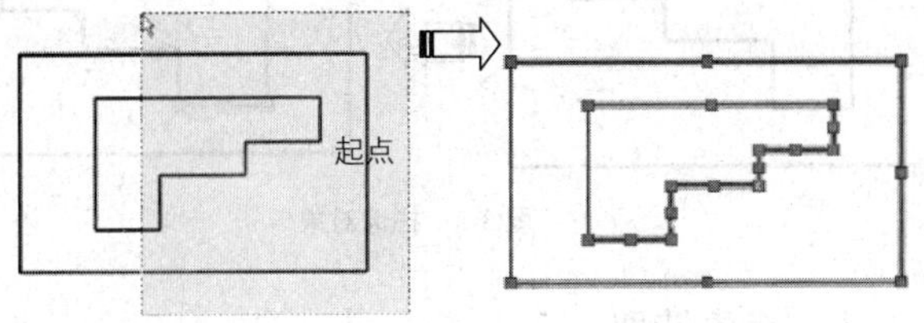

图 3-6　利用交叉窗口选择对象

4. 不规则窗口选取

不规则窗口选取是以指定若干点的方式定义不规则形状的区域来选择对象，包括圈围和圈交两种方式，圈围多边形窗口选择完全包含在内的对象，而圈交多边形可以选择包含在内或相交的对象，相当于窗口选取和交叉窗口选取的区别。

在命令行中输入 SELECT 命令，按 Enter 键后输入"？"，命令行提示如下：

```
需要点或窗口(W)/上一个(L)/窗交(C)/框(BOX)/全部(ALL)/栏选(F)/圈围(WP)/圈交(CP)/编组(G)/添加(A)/删除(R)/多个(M)/前一个(P)/放弃(U)/自动(AU)/单个(SI)/子对象(SU)/对象(O)
```

根据提示，输入 WP 或 CP，绘制不规则窗口进行选取，如图 3-7 所示。

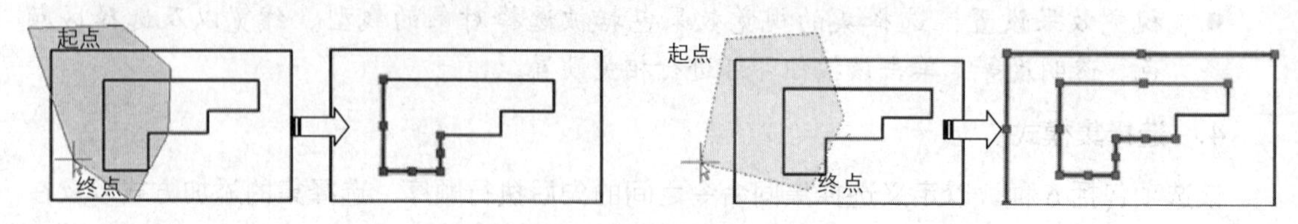

图 3-7　不规则窗口选取

5. 栏选取

使用该选取方式能够以画链的方式选择对象。所绘制的线链可以由一段或多段直线组成，所有与其相交的对象均被选中。

根据命令行提示，输入字母 F，按 Enter 键，然后在需要选择对象处绘制出链，并按 Enter 键，即可完成对象选取，如图 3-8 所示。

6. 快速选择

快速选择可以根据对象的图层、线型、颜色、图案填充等特性和类型创建选择集，从而可以准确快速地从复杂的图形中选择满足某种特性的图形对象。

执行菜单栏中的【工具】|【快速选择】命令，系统弹出【快速选择】对话框，如图 3-9 所示。用户可以根据需要设置选择范围，单击【确定】按钮，完成快速选择操作。

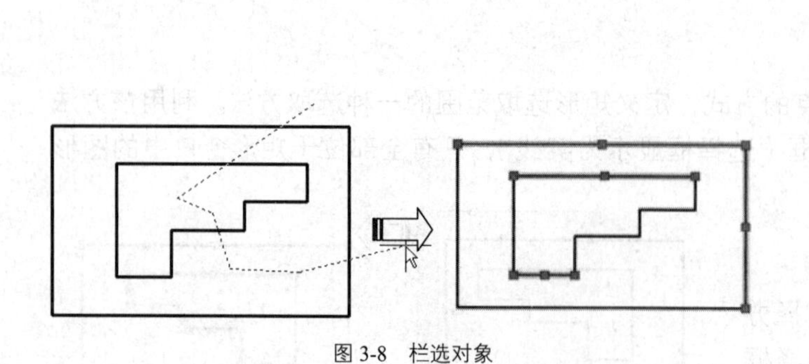

图 3-8　栏选对象

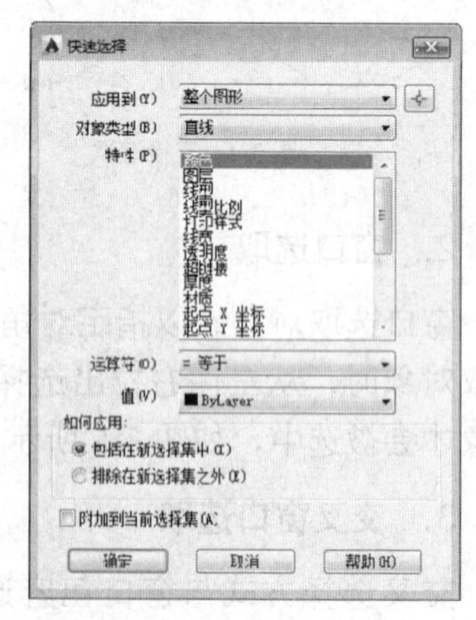

图 3-9　【快速选择】对话框

7. 套索选取

套索选取对象是 AutoCAD 2015 新加的一种方便、快捷的选择对象的工具。

从左到右直接拖动光标以选择完全封闭在套索（窗口选择）中的所有对象，如图 3-10 所示。

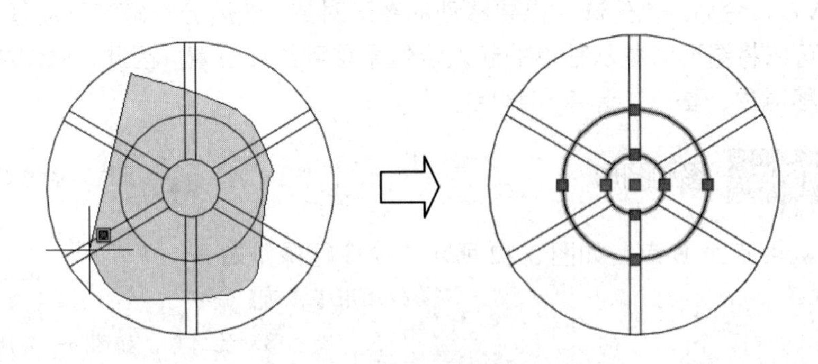

图 3-10　从左向右选择对象

从右到左直接拖动光标以选择由套索（窗交选择）相交的所有对象，如图 3-11 所示。

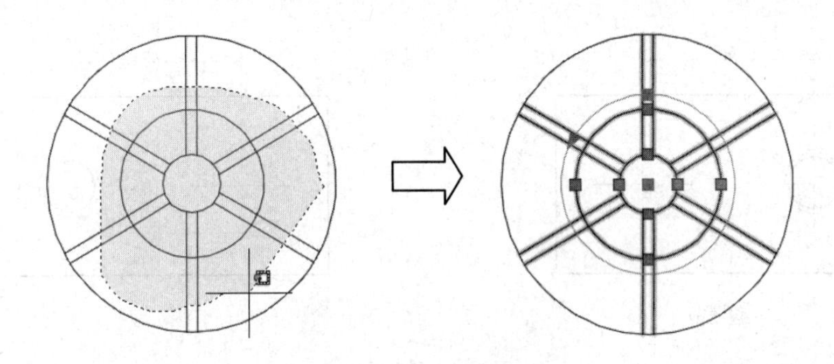

图 3-11　从右向左选择对象

要取消选择对象，可以按住 Shift 键并单击各个对象、按住 Shift 键并在多个选定对象间拖动，或按 Esc 键取消选择全部选定对象。使用套索选择时，可以按空格键在“窗口”“窗交”和“栏选”对象选择模式之间切换。

3.2 移动图形

对于已经绘制好的图形对象，有时需要移动它们的位置。这种移动包括从一个位置到另一个位置的平行移动，也包括围绕着某点进行的旋转移动。

3.2.1 平行移动图形

平行移动命令 MOVE 是最常用的移动命令。它的作用是将图形从一个位置平移到另一位置，平移过程中图形的大小、形状和倾斜角度均不改变。

启动 MOVE 命令的方式有以下几种方式：

- 菜单栏：执行【修改】|【移动】命令。
- 工具栏：单击【修改】工具栏中的【移动】按钮。

- 功能区：单击【修改】面板中的【移动】按钮。
- 命令行：输入 MOVE / M。

启动 MOVE 命令后，首先选择需要移动的图形对象，然后分别确定移动基点、移动的起点和终点，就可以将图形对象从基点的起点位置平移到终点位置。因此，MOVE 命令需要确定的参数有平移对象、基点、起点和终点。

课堂举例 3-1：移动图形

视频\第 3 章\课堂举例 3-1.mp4

移动螺纹从 A 点至 B 点，如图 3-12 所示，命令行操作如下：

```
命令:MOVE↙                                  //调用【移动】命令
选择对象: 找到 1 个                          //选择需要移动的对象，如图 3-12 所示螺纹孔线
选择对象:↙                                  //回车，完成对象的选择
指定基点或 [位移(D)] <位移>:                  //使用对象捕捉拾取交点 A
指定第二个点或 <使用第一个点作为位移>:         //使用捕捉拾取目标点 B，螺纹孔线即移动至 B 点
```

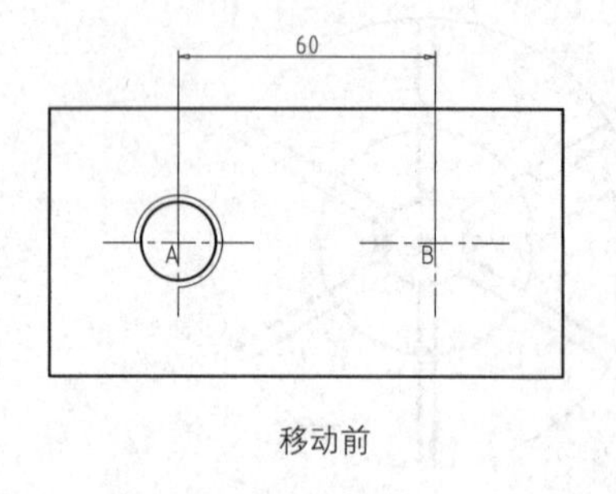

移动前

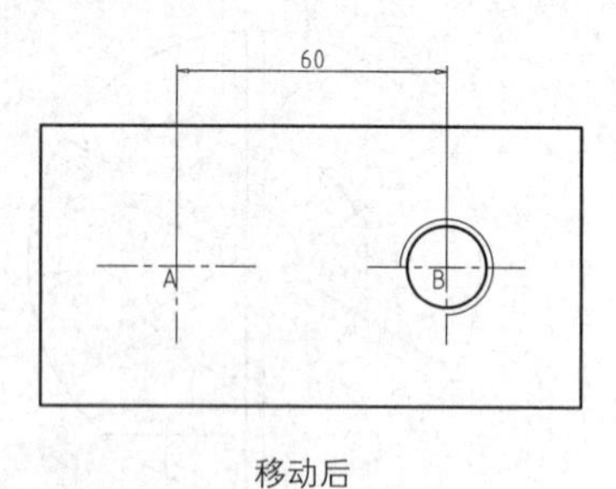

移动后

图 3-12 移动图形

3.2.2 旋转移动图形

和平行移动命令不同，旋转移动命令 ROTATE 是将图形对象围绕着一个固定的点(基点)旋转一定的角度。在命令执行过程中，需要确定的参数有旋转对象、基点位置和旋转角度。默认的旋转方向为逆时针方向，输入负的角度是则按顺时针方向旋转对象。

启动旋转移动命令的方式有以下几种：

- 菜单栏：选择【修改】|【旋转】命令
- 工具栏：单击【修改】工具栏中的【旋转】按钮
- 命令行：输入 ROTATE / RO
- 功能区：单击【修改】面板中的【旋转】按钮

课堂举例 3-2：旋转图形

视频\第 3 章\课堂举例 3-2.mp4

将如图 3-13 所示的图形绕图形下侧圆的圆心顺时针旋转 60°，命令行操作如下：

```
命令: _rotate                               //调用【旋转】命令
UCS 当前的正角方向: ANGDIR=逆时针  ANGBASE=0
选择对象: 找到 1 个                          //选择需要旋转的对象，如图 3-13a 所示的图形
选择对象:↙                                  //回车，完成对象的选择
```

```
指定基点:                              //使用对象捕捉拾取捕捉下侧大圆的圆心
指定旋转角度或[复制(C)/参照(R)]<300>:-60↙
                                       //输入旋转角度，结果如图 3-13b 所示
```

提示：如果选择【复制（C）】选项，可以得到如图 3-13c 所示的旋转复制效果。

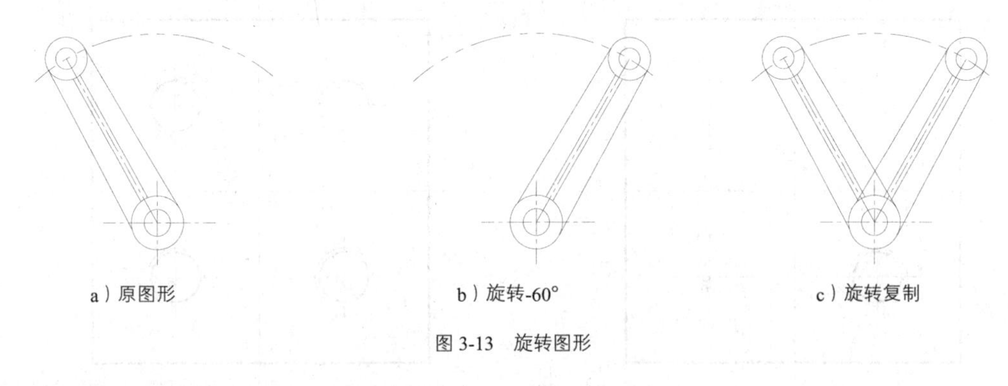

图 3-13　旋转图形

3.3 复制、镜像、偏移、阵列图形

任何一份工程图都含有许多相同的图形对象，它们的差别只是相对位置的不同。使用 AutoCAD 提供的复制、镜像、偏移和阵列工具，可以快速创建这些相同的对象。

3.3.1 复制、镜像、偏移、阵列图形

COPY（复制）命令和平移命令相似，只不过它在平移图形的同时，会在源图形位置处创建一个副本。所以 COPY 命令需要输入的参数仍然是复制对象、复制起点和复制终点。

启动复制命令的方法有：

- 菜单栏：执行【修改】|【复制】命令
- 工具栏：单击【修改】工具栏中的【复制】按钮
- 命令行：输入 COPY / CO / CP
- 功能区：单击【修改】面板中的【复制】按钮

执行上述任一操作，即可调用【复制】命令，根据命令行的提示对图形进行复制操作。

课堂举例 3-3：复制图形　　视频\第 3 章\课堂举例 3-3.mp4

将如图 3-14a 所示的内螺纹孔复制到其他三个位置，命令行操作如下：

```
命令: COPY ↙                                        //调用【复制】命令
选择对象: 找到 1 个                                  //选择需要复制的对象，如图 3-14
所示螺纹孔线
选择对象:↙                                          //回车，完成对象的选择
当前设置:  复制模式 = 多个
指定基点或 [位移(D)/模式(O)] <位移>                  //使用对象捕捉拾取捕捉交点 A
指定第二个点或[阵列(A)] <使用第一个点作为位移>:      //使用对象捕捉拾取目标点 B
```

指定第二个点或[阵列(A)/退出(E)/放弃(U)] <退出>:　　　//使用对象捕捉拾取目标点 C

指定第二个点或[阵列(A)/退出(E)/放弃(U)] <退出>:　　　//使用对象捕捉拾取目标点 D，复制结果如图 3-14b 所示

a）复制前

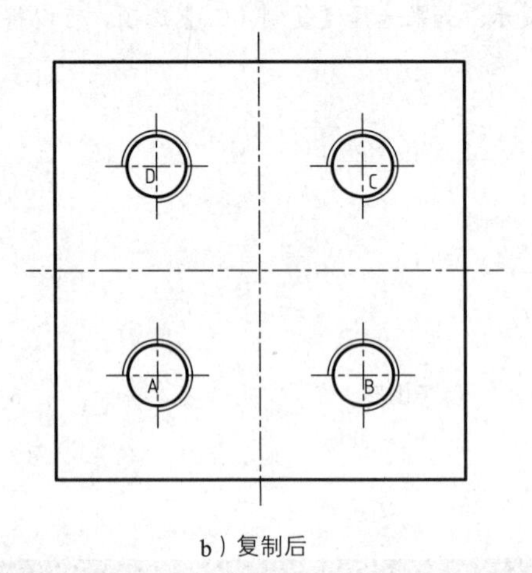

b）复制后

图 3-14　复制内螺纹孔

在【指定第二个点或[阵列(A)]】命令行提示下输入“A”，激活【阵列】选项，即可以线性阵列的方式快速大量复制对象，类似于单方向的阵列操作。

3.3.2 镜像图形

镜像命令 MIRROR 是一个特殊的复制命令。通过镜像生成的图形对象与源对象相对于对称轴呈左右对称的关系。在实际工程中，许多物体都设计成对称形状。如果绘制了这些图例的一半，就可以利用 MIRROR 命令迅速得到另一半。

启动镜像命令的方法有以下几种：

- 菜单栏：选择【修改】|【镜像】命令
- 工具栏：单击【修改】工具栏中的【镜像】按钮
- 命令行：输入 MIRROR / MI
- 功能区：单击【修改】面板中的【镜像】按钮

执行上述任一命令，即可调用【镜像】命令，根据命令行的提示图形进行镜像操作。

课堂举例 3-4：镜像图形　　视频\第 3 章\课堂举例 3-4.mp4

镜像复制如图 3-15 所示的图形，命令行提示行如下：

命令：_mirror　　//调用【镜像】命令

选择对象：找到 1 个　　//选择需要镜像的对象，如图 3-15a 所示

选择对象：↙　　//回车，完成对象的选择

指定镜像线的第一点：　　//使用对象捕捉拾取端点 A

指定镜像线的第二点：　　//使用对象捕捉拾取端点 B

要删除源对象吗？[是(Y)/否(N)]<N>:N↙　　//激活“否”选项，保留源对象如图 3-15b 所示

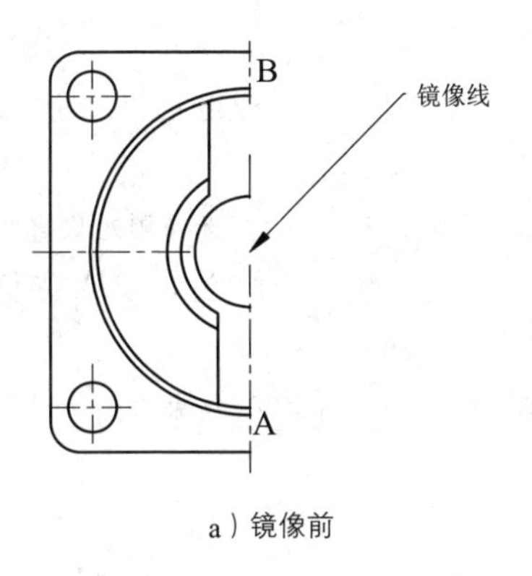

a）镜像前

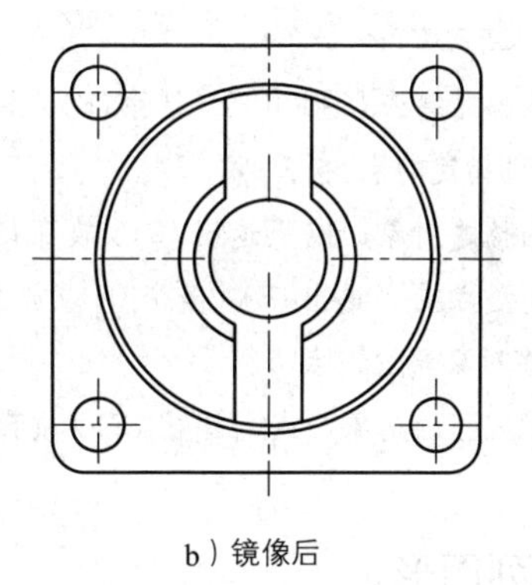

b）镜像后

图 3-15　镜像图形

3.3.3 偏移图形

偏移命令 OFFSET 采用复制的方法生成等间距的平行直线、平行曲线或同心圆。可以进行偏移的图形对象包括直线、曲线、多边形、圆、弧等，如图 3-16 所示。

启动偏移命令的方法有以下几种：

- 菜单栏：选择【修改】|【偏移】命令
- 工具栏：单击【修改】工具栏中的【偏移】按钮
- 命令行：输入 OFFSET / O
- 功能区：单击【修改】面板中的【偏移】按钮

执行上述任一命令后，即可调用【偏移】命令，根据命令行的提示对图形进行偏移操作。

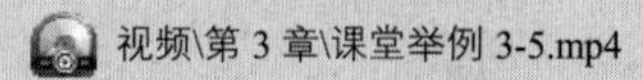

课堂举例 3-5：偏移图形　　视频\第 3 章\课堂举例 3-5.mp4

如图 3-17 所示，已知直线 AB，要求绘制两条和 AB 平行的直线 CD 和 EF，CD 与直线 AB 的距离为 100，EF 通过已知点 N。命令行操作如下：

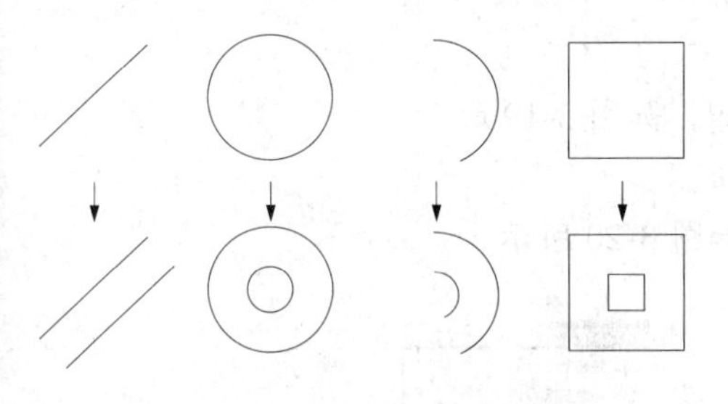

图 3-16　偏移示例

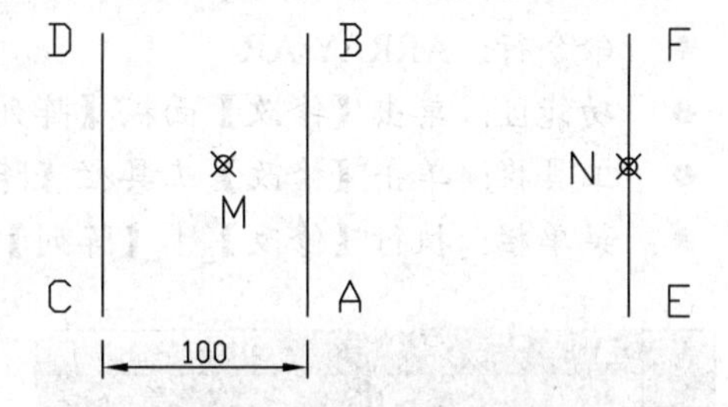

图 3-17　直线偏移

```
命令：OFFSET↙                                                    //调用【偏移】命令
当前设置：删除源=否　图层=源　OFFSETGAPTYPE=0
指定偏移距离或[通过(T)/删除(E)/图层(L)]<3.0000>:100↙              //输入偏移距离 100
择要偏移的对象，或 [退出(E)/放弃(U)] <退出>:                        //选择源对象直线 AB
指定要偏移的那一侧上的点，或 [退出(E)/多个(M)/放弃(U)] <退出>：  //在 M 点处附近单击，
确定 CD 的偏移方向
```

命令：OFFSET↙ //调用命令，绘制直线 EF

指定偏移距离或[通过(T)/删除(E)/图层(L)]<3.0000>:T↙ //激活“通过”选项，使偏移对象通过指定的点

择要偏移的对象，或 [退出(E)/放弃(U)] <退出>: //选择源对象直线 AB

指定通过点或 [退出(E)/多个(M)/放弃(U)] <退出>: //使用节点捕捉指定点 N，表示偏移对象通过该点

选择要偏移的对象，或 [退出(E)/放弃(U)] <退出>:↙ //结果如图 3-17 所示

3.3.4 阵列图形

前面所述的复制、镜像和偏移命令，一次只能复制一个图形对象。如果要进行大量的复制，上述命令使用起来就不那么方便了。AutoCAD 提供的阵列命令 ARRAY，是一个功能强大的复制命令。对于排列规则的图形对象，可以在执行过程中一次性完成多个图形的复制。

利用【阵列】工具，可以按照矩形、环形（极轴）和路径的方式，以定义的距离、角度和路径复制出源对象的多个对象副本，如图 3-18 所示。

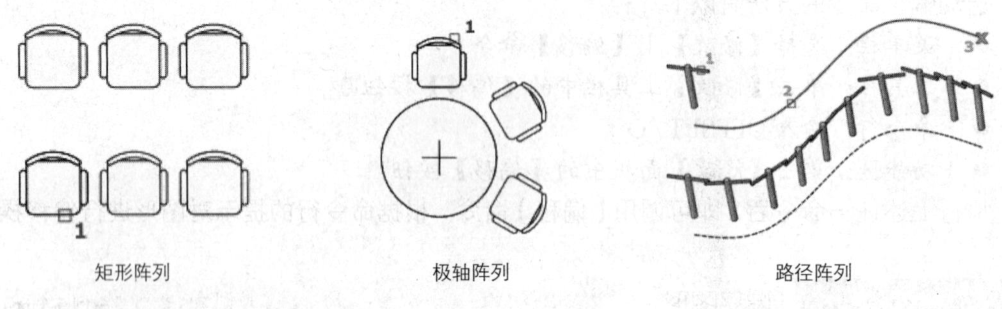

图 3-18 阵列的三种方式

1. 调用阵列命令

在 AutoCAD 2015 中调用【阵列】命令的方法如下：

- 命令行：ARRAY/AR
- 功能区：单击【修改】面板【阵列】按钮，如图 3-19 所示
- 工具栏：单击【修改】工具栏【阵列】按钮
- 菜单栏：执行【修改】|【阵列】命令，如图 3-20 所示

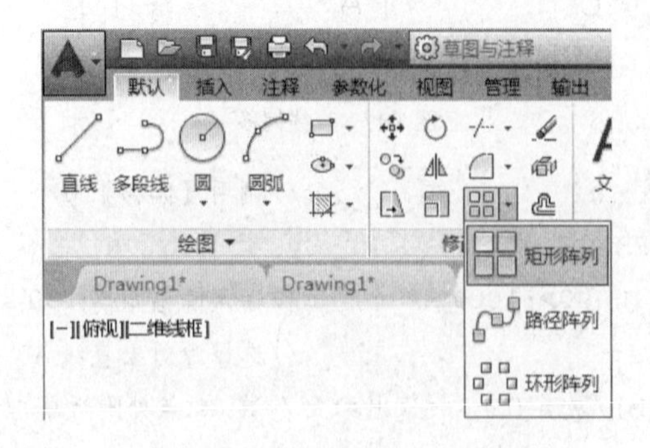

图 3-19 功能区调用【阵列】命令

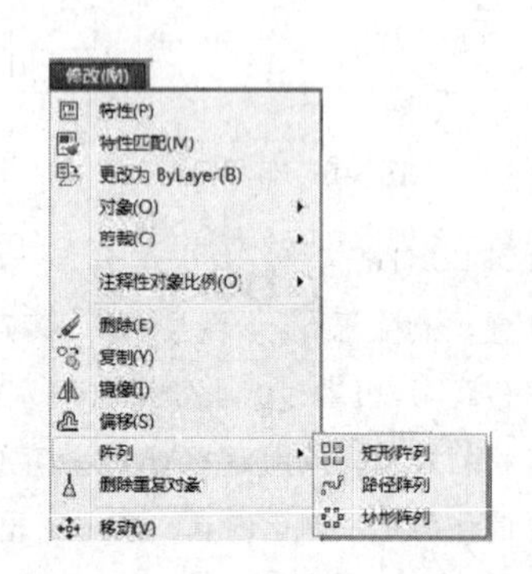

图 3-20 菜单栏调用【阵列】命令

执行上述任一命令后，命令行会出现相关提示，提示用户设置阵列类型和相关参数。

```
命令：ARRAY↙                                                    //调用【阵列】命令
选择对象：                                                      //选择阵列对象并回车
选择对象：  输入阵列类型 [矩形(R)/路径(PA)/极轴(PO)] <矩形>：  //选择阵列类型
```

在 AutoCAD 2015【草图与注释】空间进行阵列操作，选择阵列类型后，功能区会显示【阵列创建】选项卡，直接在该功能区中输入【列数】、【行数】、【介于】等参数，即可快速创建阵列，如图 3-21 所示。

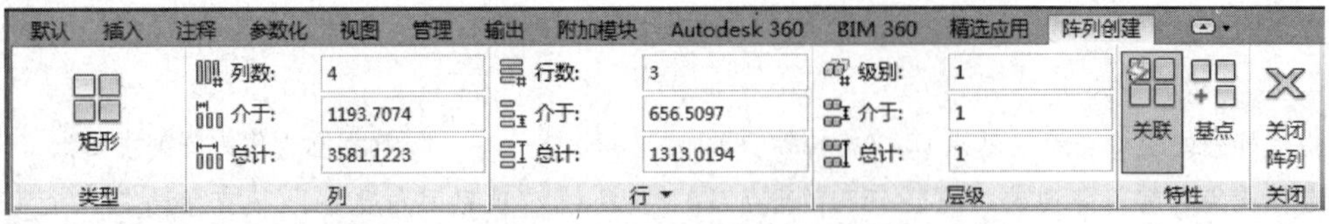

图 3-21　【阵列创建】选项卡

2. 矩形阵列

矩形阵列是以控制行数、列数以及行和列之间的距离，或添加倾斜角度的方式，使选取的阵列对象成矩形方式进行阵列复制，从而创建出源对象的多个副本对象。

在 ARRAY 命令提示行中激活【矩形(R)】选项、单击【矩形阵列】按钮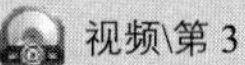或直接输入 ARRAYRECT 命令，即可进行矩形阵列，下面以具体的实例进行说明。

课堂举例 3-6：矩形阵列图形

视频\第 3 章\课堂举例 3-6.mp4

01 启动 Auto2014，打开“第 03 章\3.3.4.dwg”文件。

02 单击功能区【修改】面板中的【矩形阵列】按钮，调用【矩形阵列】命令。

03 根据命令行的提示，选择需要阵列的小圆，并回车确定，功能区出现【阵列创建】选项卡。

04 在【阵列创建】选项卡中的【列数】输入框中输入 4，【介于】输入框中输入 23，【行数】输入框中输入 3，【介于】输入框中输入 12，按回车键确定，即可完成阵列，结果如 3-22 所示。

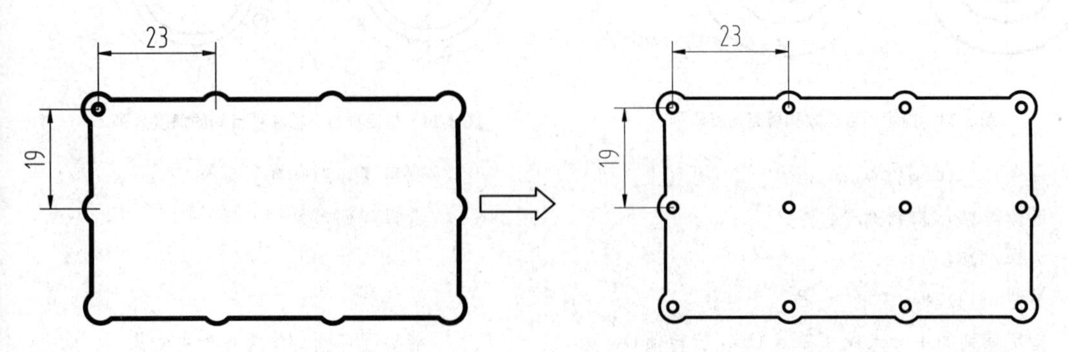

图 3-22　矩形阵列

从上述操作可以看出，AutoCAD 2015 的阵列方式更为智能、直观和灵活，用户可以边操作边调整阵列效果，从而大大降低了阵列操作的难度。

3. 环形阵列

环形阵列通过围绕指定的阵列中心复制选定对象来创建阵列。

在 ARRAY 命令提示行中激活【极轴(PO)】选项、单击【环形阵列】按钮 阵列 或直接输入 ARRAYPOLAR 命令，即可进行环形阵列。

下面以如图 3-23 所示的环形阵列实例进行说明，命令行操作过程如下：

```
命令: _arraypolar                                    //调用【环形阵列】命令
选择对象: 找到 1 个                                   //选择要阵列的多边形
选择对象:
类型 = 极轴  关联 = 是
指定阵列的中心点或 [基点(B)/旋转轴(A)]:                 //捕捉圆心作为阵列中心点
选择夹点以编辑阵列或 [关联(AS)/基点(B)/项目(I)/项目间角度(A)/填充角度(F)/行(ROW)/
层(L)/旋转项目(ROT)/退出(X)] <退出>: I↙               //激活"项目"选项
输入阵列中的项目数或 [表达式(E)] <6>: 6↙               //输入阵列总数(包括源对象)
选择夹点以编辑阵列或 [关联(AS)/基点(B)/项目(I)/项目间角度(A)/填充角度(F)/行(ROW)/
层(L)/旋转项目(ROT)/退出(X)] <退出>: A↙               //激活"项目间角度" 选项
指定填充角度(+=逆时针、-=顺时针)或 [表达式(EX)] <360>: 360↙
                                                     //输入填充角度
选择夹点以编辑阵列或 [关联(AS)/基点(B)/项目(I)/项目间角度(A)/填充角度(F)/行(ROW)/
层(L)/旋转项目(ROT)/退出(X)] <退出>: X↙              //绘图窗口显示阵列预览，按回车键接
受或修改参数
```

上述实例是使用指定项目总数和总填充角度进行环形阵列，在已知图形中阵列项目的个数以及所有项目所分布弧形区域的总角度时，利用该选项进行环形阵列操作较为方便。

如果只知道项目总数和项目间的角度，可以选择【项目间角度(A)】选项，以精确快捷地绘制出已知各项目间夹角和数目的环形阵列图形对象，如图 3-24 所示，具体操作过程如下：

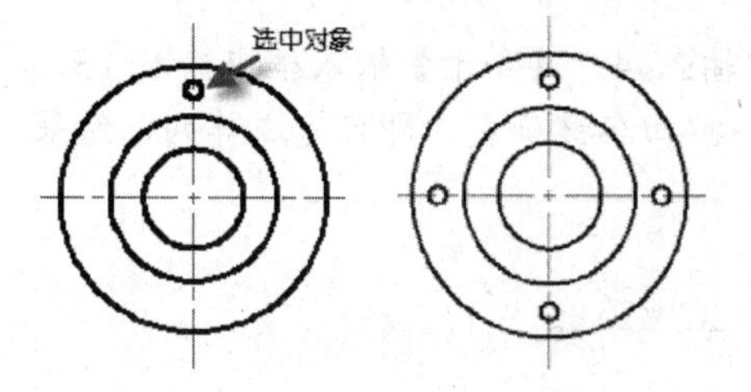

图 3-23　指定项目总数和填充角度阵列

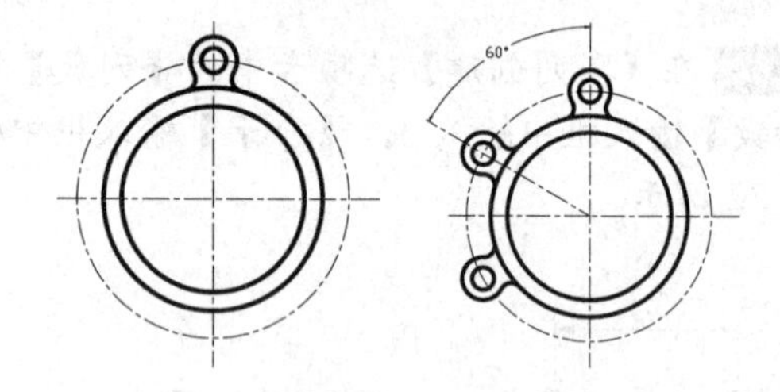

图 3-24　指定项目总数和项目间的角度阵列

```
命令: _arraypolar                                    //调用【环形阵列】命令
选择对象: 找到 4 个                                   //选择阵列对象
选择对象:
类型 = 极轴  关联 = 是
指定阵列的中心点或 [基点(B)/旋转轴(A)]:                 //捕捉圆环圆心作为阵列中心点
选择夹点以编辑阵列或 [关联(AS)/基点(B)/项目(I)/项目间角度(A)/填充角度(F)/行(ROW)/
层(L)/旋转项目(ROT)/退出(X)] <退出>: I↙               //激活"项目"选项
输入阵列中的项目数或 [表达式(E)] <6>: 4               //输入阵列项目数
```

```
    选择夹点以编辑阵列或 [关联(AS)/基点(B)/项目(I)/项目间角度(A)/填充角度(F)/行(ROW)/
层(L)/旋转项目(ROT)/退出(X)] <退出>: A↙                    //激活"项目间角度"选项
    指定项目间的角度或 [表达式(EX)] <60>: 9↙                 //输入项目间的角度
    选择夹点以编辑阵列或 [关联(AS)/基点(B)/项目(I)/项目间角度(A)/填充角度(F)/行(ROW)/
层(L)/旋转项目(ROT)/退出(X)] <退出>: ↙                      //绘图窗口显示阵列预览，按回车键接受
```

此外，用户也可以指定总填充角度和相邻项目间夹角的方式，定义出阵列项目的具体数量，进行源对象的环形阵列操作，如图 3-25 所示。其操作方法同前面介绍的环形阵列操作方法相同，命令行提示如下：

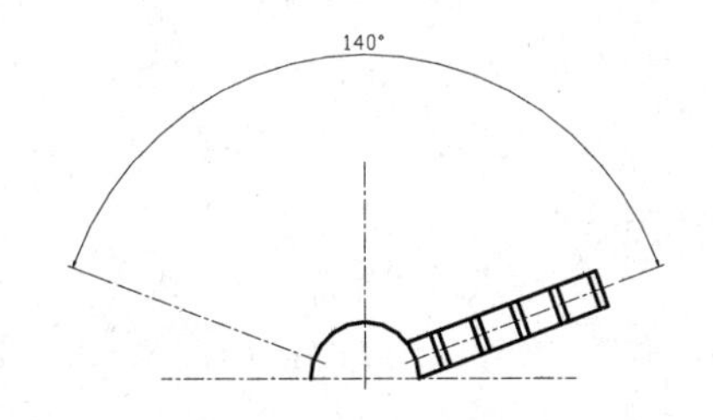

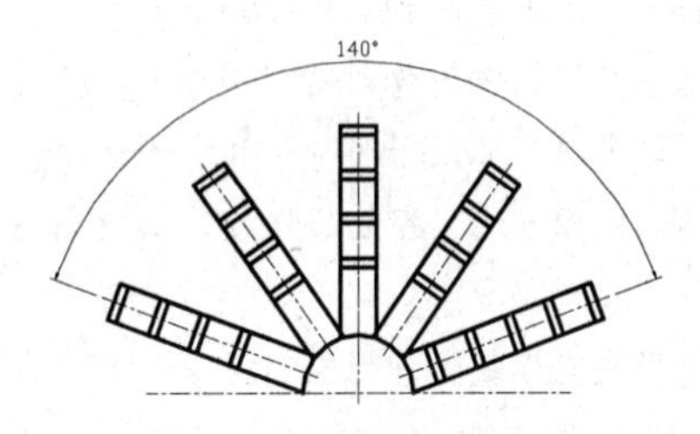

图 3-25　指定填充角度和项目间的角度

```
    命令: _arraypolar                                        //调用【环形阵列】命令
    选择对象: 找到 1 个                                      //选择阵列对象
    选择对象:
    类型 = 极轴  关联 = 是
    指定阵列的中心点或 [基点(B)/旋转轴(A)]:                  //捕捉圆心为阵列中心点
    选择夹点以编辑阵列或 [关联(AS)/基点(B)/项目(I)/项目间角度(A)/填充角度(F)/行(ROW)/
层(L)/旋转项目(ROT)/退出(X)] <退出>: A↙                    //激活"项目间角度"选项
    指定项目间的角度或 [表达式(EX)] <60>: 60: 35↙           //输入项目间角度值
    选择夹点以编辑阵列或 [关联(AS)/基点(B)/项目(I)/项目间角度(A)/填充角度(F)/行(ROW)/
层(L)/旋转项目(ROT)/退出(X)] <退出>: F↙                    //激活"填充角度"选项
    指定项目间的角度或 [表达式(EX)] <60>: 60↙                //输入项目间的角度
    指定填充角度(+=逆时针、-=顺时针)或 [表达式(EX)] <360>: 140 ↙
                                                            //输入填充角度
选择夹点以编辑阵列或 [关联(AS)/基点(B)/项目(I)/项目间角度(A)/填充角度(F)/行(ROW)/层
(L)/旋转项目(ROT)/退出(X)] <退出>: ↙                       //绘图窗口显示阵列预览，按回车键接受
```

4. 路径阵列

路径阵列方式沿路径或部分路径均匀分布对象副本。在 ARRAY 命令提示行中选择【路径(PA)】选项、单击【路径阵列】按钮[阵列]或直接输入 ARRAYPATH 命令，可进行路径阵列。

图 3-26 所示的路径阵列操作命令行提示如下：

```
    命令: _arraypath                                         //调用【路径阵列】命令
    选择对象: 找到 1 个                                      //选择要阵列的多边形
    选择对象:
    类型 = 路径  关联 = 是
```

选择路径曲线： //选择样条曲线作为阵列路径
选择夹点以编辑阵列或［关联(AS)/方法(M)/基点(B)/切向(T)/项目(I)/行(R)/层(L)/对齐项目(A)/Z 方向(Z)/退出(X)］<退出>：B↙ //激活“基点”选项
指定基点或［关键点(K)］<路径曲线的终点>： //捕捉 A 点为基点，该点将与路径始点对齐
选择夹点以编辑阵列或［关联(AS)/方法(M)/基点(B)/切向(T)/项目(I)/行(R)/层(L)/对齐项目(A)/Z 方向(Z)/退出(X)］<退出>：T↙ //激活“切向”选项
指定切向矢量的第一个点或［法线(N)］： //捕捉 A 点
指定切向矢量的第二个点： //捕捉 B 点
选择夹点以编辑阵列或［关联(AS)/方法(M)/基点(B)/切向(T)/项目(I)/行(R)/层(L)/对齐项目(A)/Z 方向(Z)/退出(X)］<退出>：M↙ //激活“方法”选项
输入路径方法［定数等分(D)/定距等分(M)］<定距等分>：D↙
//激活“定数等分”选项
选择夹点以编辑阵列或［关联(AS)/方法(M)/基点(B)/切向(T)/项目(I)/行(R)/层(L)/对齐项目(A)/Z 方向(Z)/退出(X)］<退出>：T↙ //激活“项目”选项
输入沿路径的项目数或［表达式(E)］<11>： //指定项目数
选择夹点以编辑阵列或［关联(AS)/方法(M)/基点(B)/切向(T)/项目(I)/行(R)/层(L)/对齐项目(A)/Z 方向(Z)/退出(X)］<退出>：X↙ //绘图窗口会显示出阵列预览，按回车键接受或修改参数

在路径阵列过程中，选择不同的基点和方向矢量，将得到不同的路径阵列结果，如图 3-26 所示。

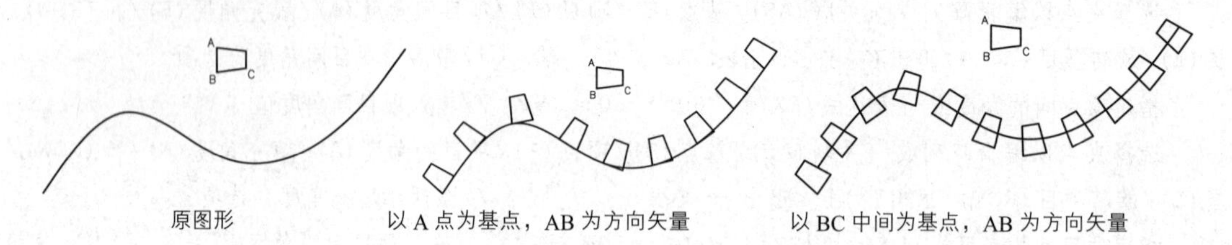

图 3-26 路径阵列

路径阵列中重要的几个选项参数含义如下：

- 切向(T)：控制选定对象是否将相对于路径的起始方向重定向（旋转），然后再移动到路径的起点。
- 对齐项目(A)：指定是否对齐每个项目以与路径的方向相切，如图 3-27 所示。

图 3-27 对齐项目

5. 编辑关联阵列

在阵列创建完成后，所有阵列对象可以作为一个整体进行编辑。要编辑阵列特性，可使用 ARRAYEDIT 命令、【特性】选项板或夹点。

单击选择阵列对象后，阵列对象上将显示三角形和方形的蓝色夹点，拖动中间的三角形夹点，可以调整阵列项目之间的距离，拖动一端的三角形夹点，可以调整阵列的数目，如图 3-28 所示。

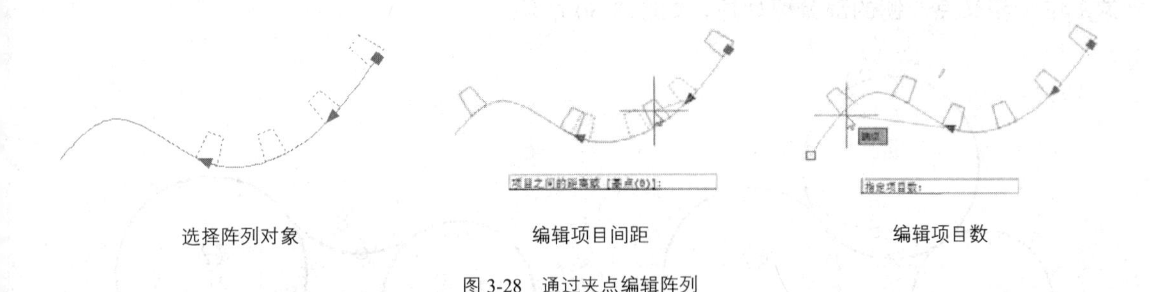

图 3-28　通过夹点编辑阵列

按 Ctrl 键并单击阵列中的项目，可以单独删除、移动、旋转或缩放选定的项目，而不会影响其余的阵列，如图 3-29 所示。

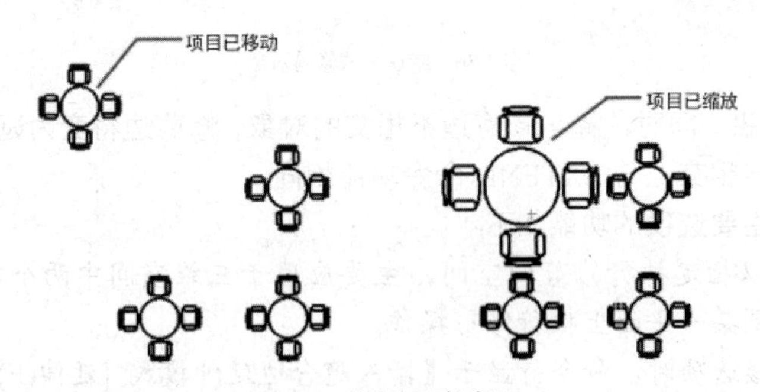

图 3-29　单独编辑阵列项目

3.4 图形修整

使用修剪和延伸命令可以缩短或拉长对象，以与其他对象的边相接。也可以使用缩放、拉伸命令，在一个方向上调整对象的大小或按比例增大或缩小对象。

3.4.1 修剪对象

TR【修剪】命令用于将指定的切割边去裁剪所选定的对象。切割边和被切割的对象可以是直线、圆弧、圆、多段线、构造线和样条曲线等。被选中的对象既可以作为切割边，同时也可以作为被裁剪的对象。

【修剪】命令有以下几种调用方法：

- 菜单栏：执行【修改】|【修剪】命令
- 工具栏：单击【修改】工具栏中的【修剪】按钮
- 命令行：输入 TRIM / TR
- 功能区：单击【修改】面板中的的【修剪】按钮

执行该命令，并选择作为剪切边的对象后（可以是多个对象），按 Enter 键将显示如下提示信息：

选择要修剪的对象，或按住 Shift 键选择要延伸的对象，或[栏选(F)/窗交(C)/投影(P)/边(E)/删除(R)/放弃(U)]:

默认情况下，选择要修剪的对象（即选择被剪边），系统将以剪切边为界，将被剪切对象上位于相交点一侧的部分剪切掉，如图 3-30 所示。

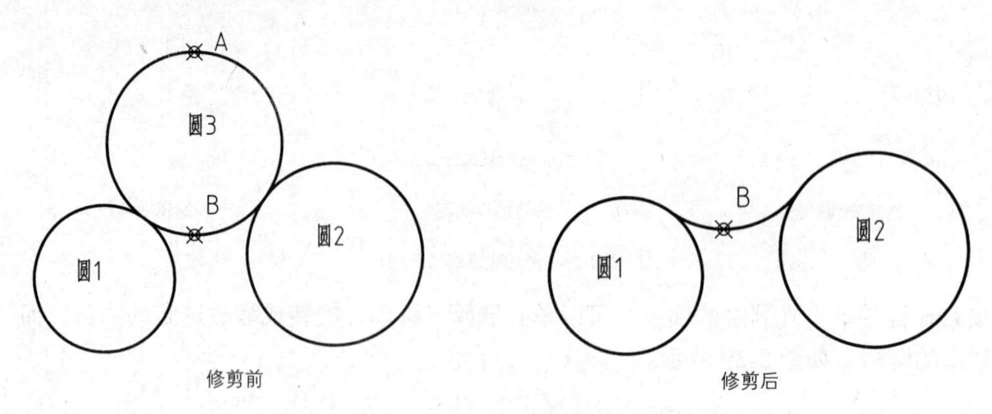

图 3-30　默认方式修剪对象

如果按下 Shift 键，同时选择与修剪边不相交的对象，修剪边将变为延伸边界，将选择的对象延伸至修剪边界相交，与 EXTEND 命令功能相同。

该命令提示中主要选项的功能如下：

- 投影：可以指定执行修剪的空间，主要应用于三维空间中两个对象的修剪，可将对象投影到某一平面上执行修剪操作。
- 边：选择该选项时，命令行显示【输入隐含边延伸模式 [延伸(E)/不延伸(N)] <延伸>：】提示信息。如果选择【延伸】选项，则当剪切边太短而且没有与被修剪对象相交时，可延伸修剪边，然后进行修剪，如图 3-31 所示；如果选择【不延伸】选项，只有当剪切边与被修剪对象真正相交时，才能进行修剪。
- 放弃：取消上一次操作。

图 3-31　延伸模式修剪对象

剪切边也可以同时作为被剪边，两者可以相互修剪，称为互剪，如图 3-32 所示。

图 3-32　互剪方式修剪对象

3.4.2 延伸对象

延伸命令的使用方法与修剪命令的使用方法相似。在使用延伸命令时，如果在按下 Shift 键的同时选择对象，则执行修剪命令。

延伸命令有以下几种调用方法：

- 菜单栏：执行【修改】|【延伸】命令
- 工具栏：单击【修改】工具栏中的【延伸】按钮
- 命令行：输入 EXTEND / EX
- 功能区：单击【修改】面板中的【延伸】按钮

该命令后的操作方法与修剪相同，这里就不再叙述了，操作效果如图 3-33 所示。

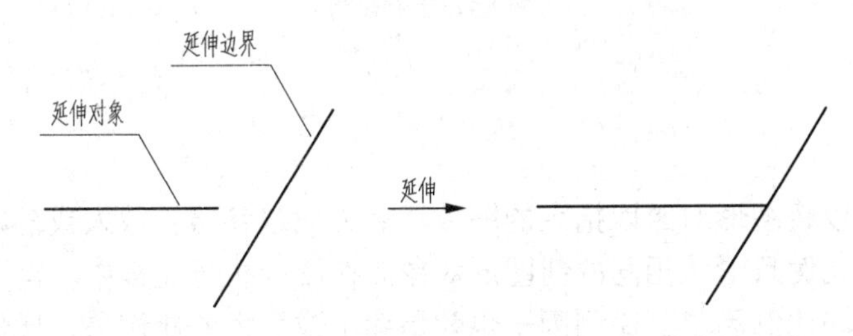

图 3-33　图形延伸示例

3.5 图形变形

图形变形命令包括图形的缩放和拉伸，可以对已有图形对象进行变形，从而改变图形的尺寸或形状。

3.5.1 拉伸对象

拉伸命令 STRETCH 是通过沿拉伸路径平移图形夹点的位置，使图形产生拉伸变形的效果。所谓夹点指的是图形对象上的一些特征点，如端点、顶点、中点、中心点等，图形的位置和形状通常是由夹点的位置决定的。

拉伸命令有以下几种调用方法：

- 菜单栏：执行【修改】|【拉伸】命令
- 工具栏：单击【修改】工具栏中的【拉伸】按钮
- 命令行：输入 STRETCH / S
- 功能区：单击【修改】面板中的【拉伸】按钮

执行上述任一操作，即可调用拉伸命令，根据命令行的提示，对图形进行拉伸操作。

拉伸命令需要设置的参数有拉伸对象、拉伸基点的起点和拉伸位移。拉伸位移决定了拉伸的方向和距离。拉伸遵循以下原则：

- 通过单击选择和窗口选择获得的拉伸对象将只被平移，不被拉伸。
- 通过交叉选择获得的拉伸对象，如果所有夹点都落入选择框内，图形将发生平移；如果只有部分夹点落入选择框，图形将沿拉伸位移拉伸；如果没有夹点落入选择窗口，图形将保持不变。拉伸时图形的选定部分被拉伸，但同时仍保持与原图形中的不动部分相连，如图 3-34 所示。

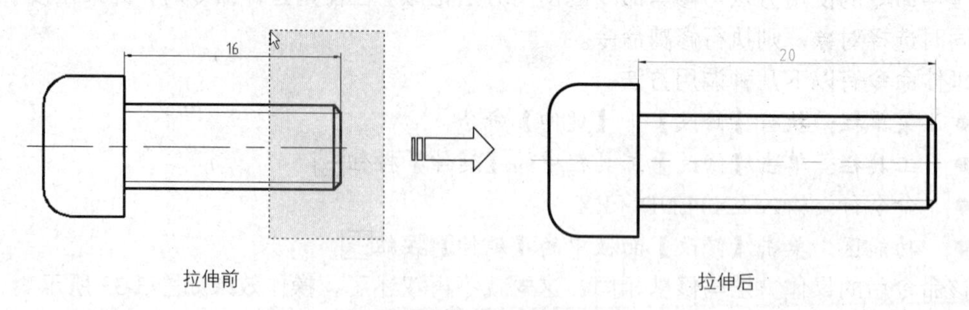

图 3-34　拉伸对象

3.5.2 缩放对象

利用该工具可以将图形对象以指定的缩放基点为缩放参照，放大或缩小一定比例，创建出与源对象成一定比例且形状相同的新图形对象。在命令执行过程中，需要确定的参数有缩放对象、缩放基点和比例因子。比例因子也就是缩小或放大的比例值，比例因子大于 1 时，缩放结果是使图形变大，反之则使图形变小。

缩放命令有以下几种调用方法：

- 菜单栏：执行【修改】|【缩放】命令
- 工具栏：单击【修改】工具栏中的【缩放】按钮
- 命令行：输入 SCALE / SC
- 功能区：单击【修改】面板中的【缩放】按钮

执行上述任一操作后，即可调用【缩放】命令，根据命令行的提示，对图形进行放大或是缩小操作。

执行该命令后，根据命令行的提示，首先选择缩放对象并单击鼠标右键确认，然后再指定缩放基点，命令行提示如下：

```
指定比例因子或 [复制(C)/参照(R)] <1.0000>:
```

直接输入比例因子“2”进行缩放，结果如图 3-35 所示。如果激活【复制（C）】选项，即在命令行输入字母 C，则缩放时保留源图形。如果选择【参照（R）】选项，则命令行会提示用户需要输入【参照长度】和【新长度】数值，由系统自动计算出两长度之间的比例数值，从而定义出图形的缩放因子，对图形进行缩放操作。

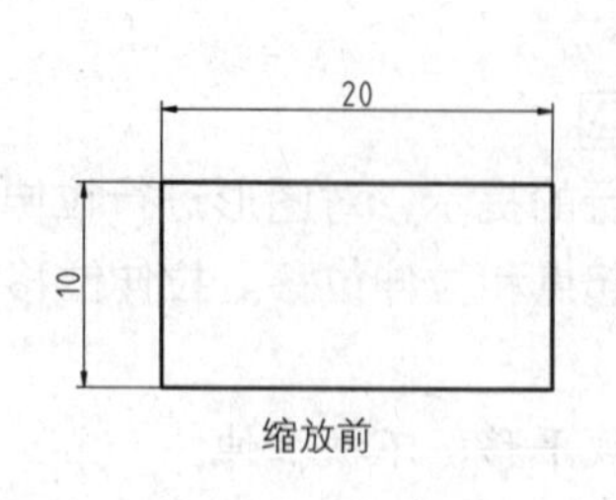

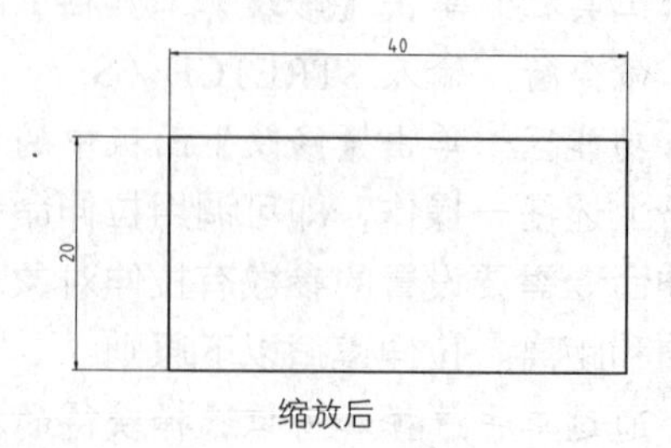

图 3-35　缩放比例

3.6 倒角和圆角

倒角与圆角是机械设计中最常用的工艺，可使工件相邻两表面在相交处以斜面或圆弧面过渡。

3.6.1 倒角

倒角（CHAMFER）命令用于将两条非平行直线或多段线与一条不相交的线相连，倒角命令在机械制图中经常使用，如图 3-36 所示。

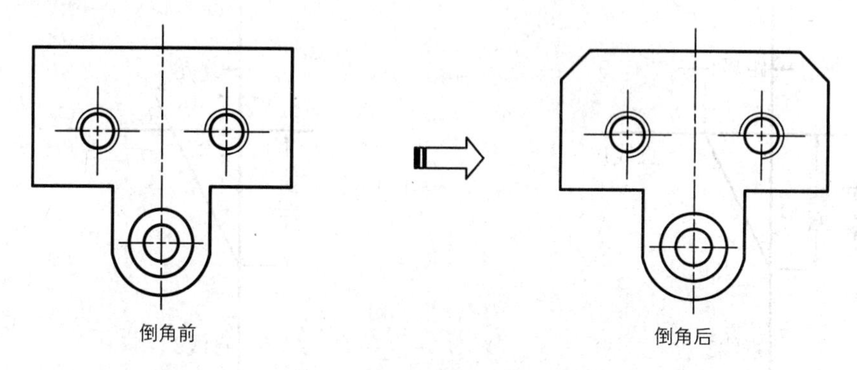

图 3-36　倒角操作

执行倒角命令有以下几种调用方法：

- 菜单栏：执行【修改】|【倒角】命令
- 工具栏：单击【修改】工具栏中的【倒角】按钮
- 命令行：输入 CHAMFER / CHA
- 功能区：单击【修改】面板中的【倒角】按钮

执行上述任一命令后，命令行提示如下：

```
选择第一条直线或 [放弃(U)/多段线(P)/距离(D)/角度(A)/修剪(T)/方式(E)/多个(M)]:
```

命令行提示有两种倒角方式可以选择。

1. 【距离（D）】方式

通过设置两个倒角边的倒角距离来进行倒角操作。

在命令行提示下，输入“D”并回车，激活“距离”选项，命令行提示如下：

```
指定第一个倒角距离 <0.0000>:                                  //输入第一个倒角距离
指定第二个倒角距离 <0.0000>:                                  //输入第二个倒角距离
选择第一条直线或 [放弃(U)/多段线(P)/距离(D)/角度(A)/修剪(T)/方式(E)/多个(M)]:
                                                             //选取要进行倒角的第一条直线
选择第二条直线，或按住 Shift 键选择要应用角点的直线：       //再选择第二条要倒角的边线
```

选择第二条倒角边线后，系统将以指定的倒角方式和倒角距离对两条直线进行倒角，如图 3-37 所示。如果选择对象时按住 Shift 键，则用 0 值代替当前的倒角距离进行倒角，即该操作可以“还原”已被倒角的角点。

2. 【角度（A)】方式

通过设置一个角度和一个距离来进行倒角操作。

在命令行提示下，输入“A”并回车，激活“角度”选项，命令行提示如下：

```
指定第一条直线的倒角长度 <0.0000>:              //输入第一条直线上的倒角长度
指定第一条直线的倒角角度 <0>:                   //输入第一条直线上的倒角角度
选择第一条直线或 [放弃(U)/多段线(P)/距离(D)/角度(A)/修剪(T)/方式(E)/多个(M)]:
                                               //选取要进行倒角的第一条直线
选择第二条直线，或按住 Shift 键选择要应用角点的直线:
```

选择第二条直线，系统直接按倒角的距离和角度对图形进行倒角操作，如图 3-38 所示。

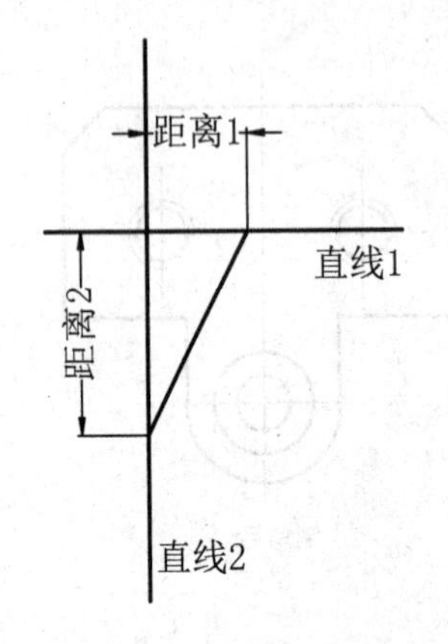

图 3-37 【距离】方式倒角

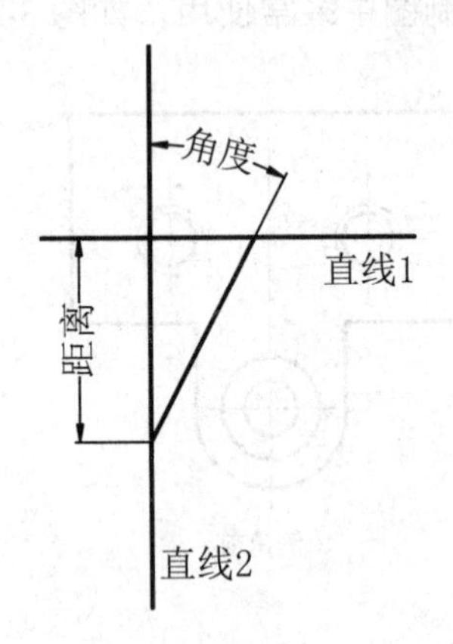

图 3-38 【角度】方式倒角

命令行中其他选项的含义如下：

- 放弃（U)：放弃上一次的倒角操作。
- 多段线（P)：对整个多段线每个顶点处的相交直线进行倒角，并且倒角后的线段将成为多段线的新线段，与多段线成为一个新的整体。
- 修剪（T)：设定是否对倒角进行修剪。
- 方式（E)：选择倒角方式，与直接选择【距离（D)】或【角度（A)】作用相同。
- 多个（M)：选择该项，可以对多组对象进行倒角。

技巧 如果直接按 Shift 键选择两倒角的直线，则以 0 值替代倒角半径。在修剪模式下，可以对两条不平行的直线倒圆角，将自动延伸或修剪，使它们相交，如图 3-39 所示。

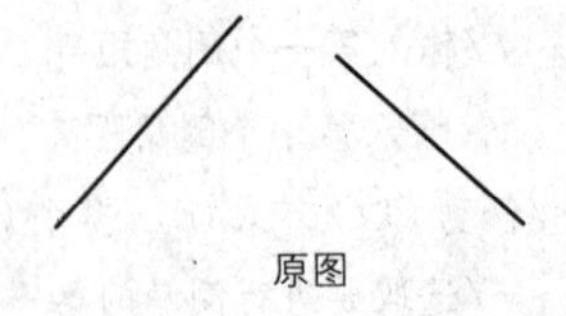

原图　　圆角半径为 0

图 3-39 创建 0 半径圆角

提示 AutoCAD 2015 拥有倒角和圆角预览功能，在分别选择了倒角或圆角边后，倒角位置会出现相应的最终倒角或圆角效果预览，以方便用户查看操作结果。

3.6.2 圆角

圆角与倒角类似，它是将两条相交的直线通过一个圆弧连接起来，圆角命令的使用也可分为两步：第一步确定圆角大小，通常用【半径】确定；第二步选定两条需要圆角的边。

执行圆角命令有以下几种方法：

- 菜单栏：执行【修改】|【圆角】命令
- 工具栏：单击【修改】工具栏中的【圆角】按钮
- 命令行：输入 FILLET / F
- 功能区：单击【修改】面板中的【圆角】按钮

课堂举例 3-7：圆角图形　　视频\第 3 章\课堂举例 3-7.mp4

在命令行中输入 F 并按回车键，调用【圆角】命令，对如图 3-40 所示图形进行圆角操作，执行上述命令后，命令行提示如下：

```
当前设置：模式 = 修剪，半径 = 0.0000
选择第一个对象或 [放弃(U)/多段线(P)/半径(R)/修剪(T)/多个(M)]:r↙
                                                        //激活“半径”选项
指定圆角半径 <0.0000>:5↙                                  //输入圆角半径
选择第一个对象或 [放弃(U)/多段线(P)/半径(R)/修剪(T)/多个(M)]://选择第一个对象
选择第二个对象，或按住 Shift 键选择要应用角点的对象：          //选择第二个对象，结束操作
```

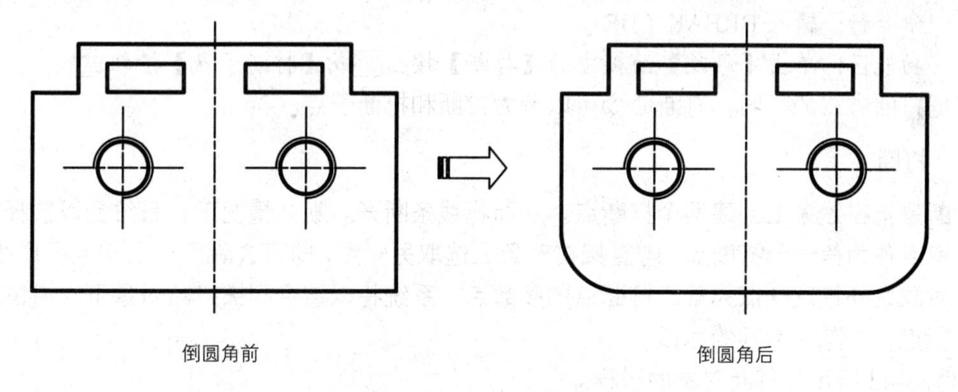

图 3-40　圆角图形

命令行中其他选项的含义如下：

- 放弃（U）：放弃上一次的圆角操作。
- 多段线（P）：选择该项将对多段线中每个顶点处的相交直线进行圆角，并且圆角后的圆弧线段将成为多段线的新线段。
- 半径（R）：选择该项，设置圆角的半径。
- 修剪（T）：选择该项，设置是否修剪对象。
- 多个（M）：选择该项，可以在一次调用命令的情况下对多个对象进行圆角。

在 AutoCAD 2015 中，允许对两条平行线倒圆角，圆角半径为两条平行线距离的一半，如图 3-41 所示。

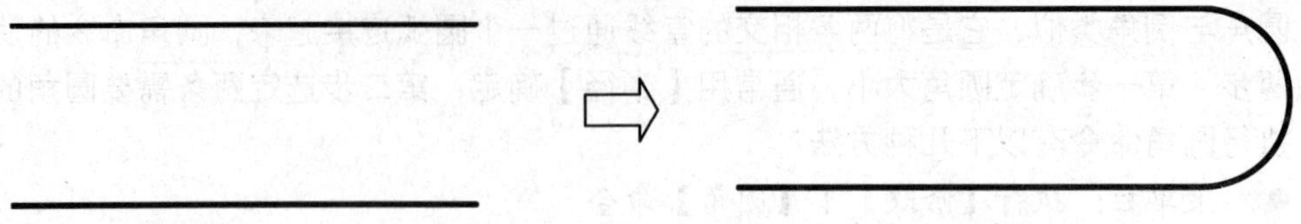

图 3-41　平行线倒圆角

3.7 打断、分解和合并

在 AutoCAD 2015 中，可以运用打断、分解、合并工具编辑图形，使其在总体形状不变的情况下对局部进行编辑。

3.7.1 打断对象

打断（BREAK）命令是指把原本是一个整体的线条分离成两段，创建出间距效果。打断命令有以下几种调用方法：

- 菜单栏：选择【修改】|【打断】命令
- 工具栏：单击【修改】工具栏中的【打断】按钮或【打断于点】按钮
- 命令行：输入 BREAK / BR
- 功能区：单击【修改】面板中的【打断】按钮或【打断于点】按钮

根据打断方式的不同，打断命令可以分为打断和打断于点。

1. 打断

打断是指在线条上创建两个打断点，从而将线条断开。默认情况下，系统会以选择对象时的拾取点作为第一个打断点，若直接在对象上选取另一点，即可去除两点之间的图形线段，如果在对象之外指定一点为第二打断点的参数点，系统将以该点到被打断对象垂直点位置为第二打断点，去除两点间的线段。

如图 3-42 所示为打断对象的过程。

在命令行输入字母 F 后，才能选择打断第一点。

2. 打断于点

打断于点工具可以将对象断开。在命令执行过程中，需要输入的参数有打断对象和第一个打断点。打断对象之间没有间隙，如图 3-43 所示为已打断的圆弧。

不能用【打断于点】工具将圆一分为二。

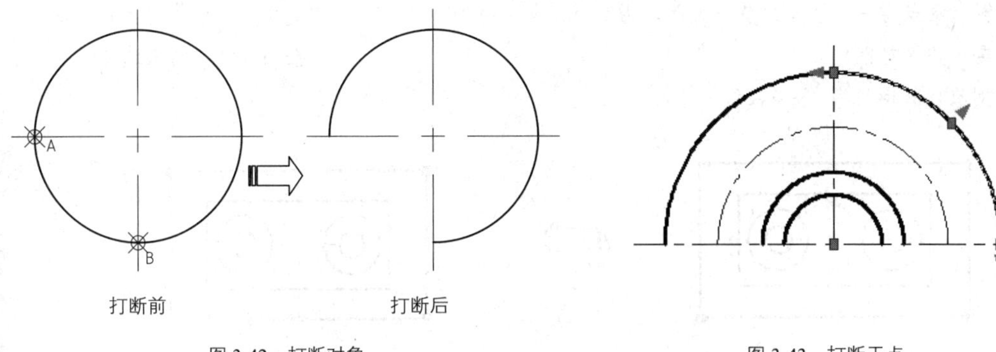

图 3-42　打断对象　　　　图 3-43　打断于点

3.7.2 分解对象

对于矩形、块、多边形以及各类尺寸标注等由多个对象组成的组合对象，如果需要对其中的单个对象进行编辑操作，就需要利用【分解】工具将这些对象拆分为单个的图形对象，然后再利用编辑工具进行编辑。

分解命令有以下几种调用方法：

- 菜单栏：选择【修改】|【分解】命令
- 工具栏：单击【修改】工具栏中的【分解】按钮
- 命令行：输入 EXPLODE / X
- 功能区：单击【修改】面板中的【分解】按钮

执行该命令后，选择要分解的图形对象，按 Enter 键，即可完成分解操作。

注意　分解命令不能分解用 MINSERT 和外部参照插入的块以及外部参照依赖的块。若分解一个包含属性的块将删除属性值并重新显示属性定义。

3.7.3 合并对象

合并命令用于将独立的图形对象合并为一个整体。它可以将多个对象进行合并，对象包括圆弧、椭圆弧、直线、多段线和样条曲线等。

合并命令有以下几种调用方法：

- 菜单栏：选择【修改】|【合并】命令
- 工具栏：单击【修改】工具栏中的【合并】按钮
- 命令行：输入 JOIN / J
- 功能区：单击【修改】面板中的【合并】按钮

执行上述任一操作后，即可调用【合并】命令，根据命令行的提示，对图形进行合并操作。

课堂举例 3-8：合并图形　　视频\第 3 章\课堂举例 3-8.mp4

调用【合并】命令，合并如图 3-44 所示图形的外轮廓，命令行操作如下：

```
命令：JOIN↙                                    //调用【合并】命令
```

```
选择源对象或要一次合并的多个对象：指定对角点：找到 4 个        //选择外轮廓作为合并对象
选择要合并的对象：↙                                          //按回车键，结束选择
4 个对象已转换为 1 条多段线
```

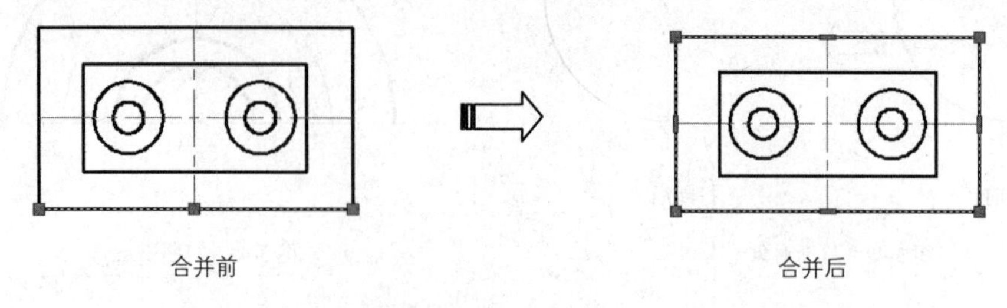

图 3-44　合并对象

3.8 利用夹点编辑图形

所谓夹点指的是图形对象上的一些特征点，如端点、顶点、中点、中心点等，图形的位置和形状通常是由夹点的位置决定的。在 AutoCAD 中，夹点是一种集成的编辑模式，利用夹点可以编辑图形的大小、位置、方向以及对图形进行镜像复制操作等。

3.8.1 夹点模式概述

在夹点模式下，图形对象以虚线显示，图形上的特征点(如端点、圆心、象限点等)将显示为蓝色的小方框，如图 3-45 所示，这样的小方框称为夹点。

夹点有未激活和被激活两种状态。蓝色小方框显示的夹点处于未激活状态，单击某个未激活夹点，该夹点以红色小方框显示，处于被激活状态，被称为热夹点。以热夹点为基点，可以对图形对象进行拉伸、平移、复制、缩放和镜像等操作。

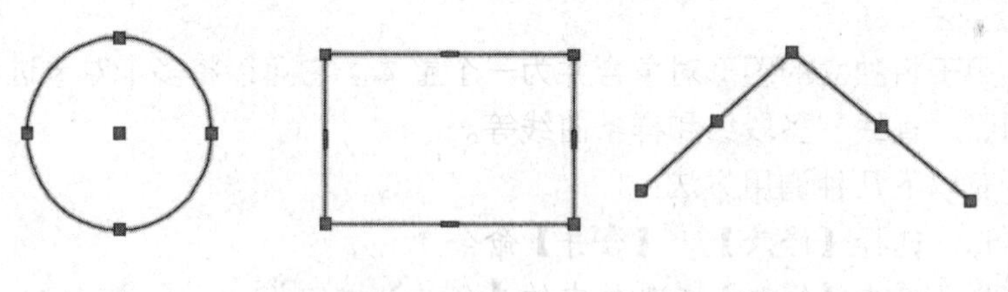

图 3-45　不同对象的夹点

技巧　激活热夹点时按住 Shift 键，可以选择激活多个热夹点。

3.8.2 利用夹点拉伸对象

在不执行任何命令的情况下选择对象，显示其夹点。然后单击其中一个夹点，进入编辑状态。

此时，AutoCAD 自动将其作为拉伸的基点，系统默认进入【拉伸】编辑模式，命令行将

显示如下提示信息：

```
指定拉伸点或 [基点(B)/复制(C)/放弃(U)/退出(X)]:
```

命令行中各选项的功能如下：

- 基点（B）：重新确定拉伸基点。
- 复制（C）：允许确定一系列的拉伸点，以实现多次拉伸。
- 放弃（U）：取消上一次操作。
- 退出（X）：退出当前操作。

利用夹点拉伸对象如图 3-46 所示。

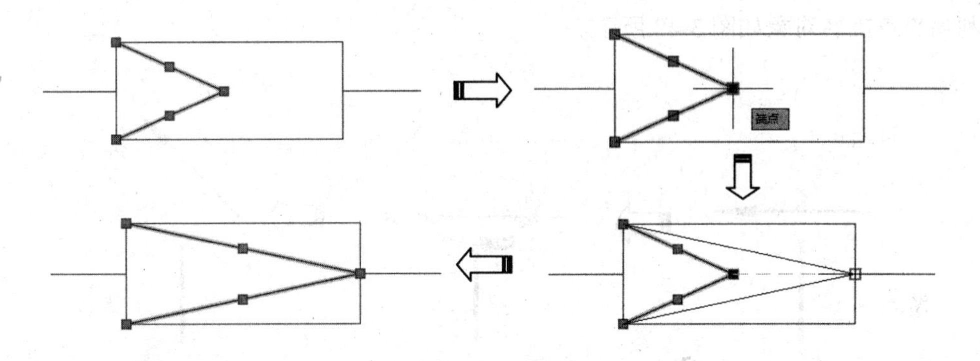

图 3-46　利用夹点拉伸对象

对于某些夹点，移动时只能移动对象而不能拉伸对象，如文字、块、直线中点、圆心、椭圆中心和点对象上的夹点。

3.8.3 利用夹点移动对象

对热夹点进行编辑操作时，可以在命令行输入 S、M、CO、SC、MI 等基本修改命令，也可以按回车键或空格键在不同的修改命令间切换。

在命令提示下输入 MO 并按回车键，进入移动模式，命令行提示如下：

```
** 移动 **
指定移动点或 [基点(B)/复制(C)/放弃(U)/退出(X)]:
```

通过输入点的坐标或拾取点的方式来确定平移对象的目的点后，即可以基点为平移的起点，以目的点为终点将所选对象平移到新位置。

利用夹点移动对象如图 3-47 所示。

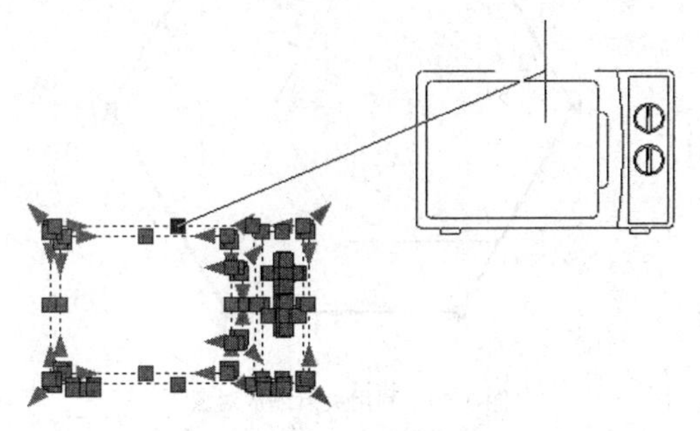

图 3-47　利用夹点移动图形

3.8.4 利用夹点旋转对象

在夹点编辑模式下确定基点后，在命令提示下输入 RO 并按回车键，进入旋转模式，命令行提示如下：

```
** 旋转 **
指定旋转角度或 [基点(B)/复制(C)/放弃(U)/参照(R)/退出(X)]:
```

默认情况下，输入旋转角度值或通过拖动方式确定旋转角度后，即可将对象绕基点旋转指定的角度。也可以选择【参照】选项，以参照方式旋转对象。

利用夹点旋转对象如图 3-48 所示。

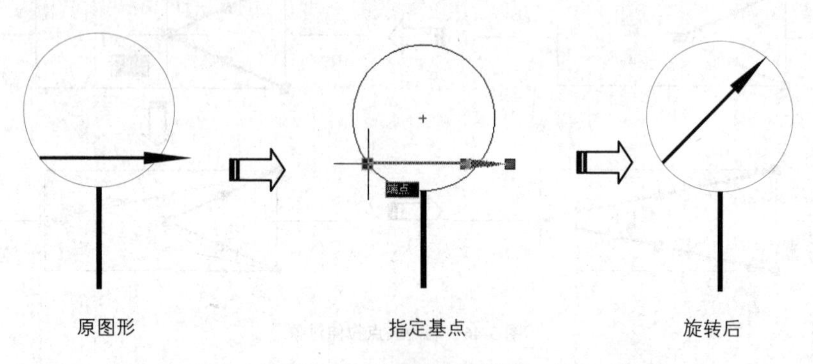

图 3-48　利用夹点旋转对象

3.8.5 利用夹点缩放对象

在夹点编辑模式下确定基点后，在命令提示下输入 SC 并按回车键，进入缩放模式，命令行提示如下：

```
** 比例缩放 **
指定比例因子或 [基点(B)/复制(C)/放弃(U)/参照(R)/退出(X)]:
```

默认情况下，当确定了缩放的比例因子后，AutoCAD 将相对于基点进行缩放对象操作。当比例因子大于 1 时放大对象；当比例因子大于 0 而小于 1 时缩小对象。

利用夹点缩放对象如图 3-49 所示。

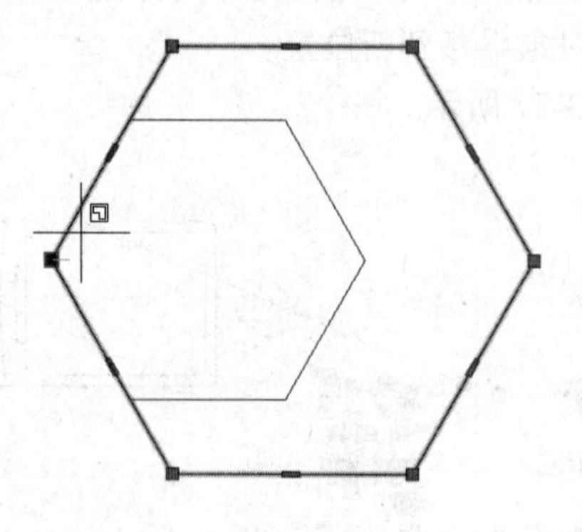

图 3-49　利用夹点缩放对象

3.8.6 利用夹点镜像对象

在夹点编辑模式下确定基点后，在命令提示下输入 MI 并按回车键，进入镜像模式，命令行提示如下：

```
** 镜像 **
指定第二点或 [基点(B)/复制(C)/放弃(U)/退出(X)]:
```

指定镜像线上的第 2 点后，AutoCAD 将以基点作为镜像线上的第 1 点，将对象进行镜像操作并删除源对象。

利用夹点镜像对象如图 3-50 所示。

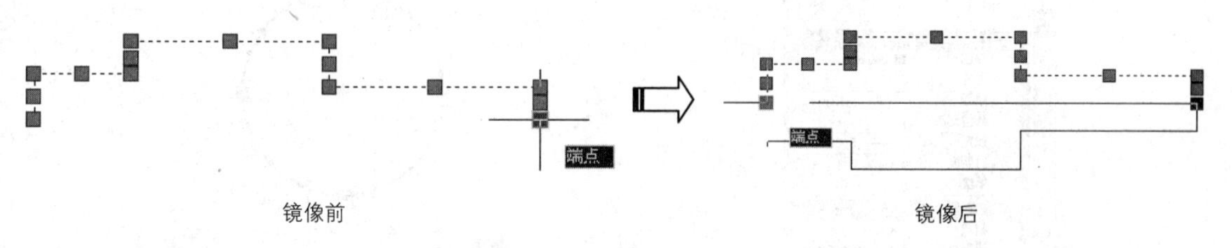

图 3-50　利用夹点镜像对象

3.9 对象特性查询、编辑与匹配

在 AutoCAD 中，绘制的每个对象都具有自己的特性，有些特性是基本特性，适用于多数对象，例如图层、颜色、线型和打印样式。有些特性是专用于某个对象的特性，例如圆的特性包括半径和面积，直线的特性包括长度和角度等。改变对象特性值，实际上就改变了相应的图形对象。

本节将介绍常用的对象特性查询、修改和匹配的方法。

3.9.1 【特性】选项板

通过【特性】选项板，可以查询、修改对象或对象集的所有特性。

打开【特性】选项板的方式有以下几种：

- 菜单栏：选择【工具】|【选项板】|【特性】或【修改】|【特性】命令
- 工具栏：单击【标准】工具栏中的【特性】按钮
- 命令行：输入 PROPERTIES / MO
- 组合键：Ctrl+1
- 功能区：在【默认】选项卡中单击【特性】面板右下角的小箭头，即可弹出【特性】选项板

【特性】选项板如图 3-51 所示。在绘图区选择某对象，【特性】选项板中就会显示该对象的类别、特性和特性值。如果同时选中多个对象，就会显示其共有特性和特性值。单击某个特性项，选项板下部的信息栏中就会显示对该特性的说明信息。可以在选项板中直接修改对象的特性值。

在同时修改多个对象属性的时候，【特性】选项板的功能更加强大。例如现在需要把属于不同图层的文本、尺寸、图形等多个对象全部放到某一个指定的层中，可以先选定这些对象，然后将【图层】特性值修改为指定的图层即可。

3.9.2 快捷特性

快捷特性是【特性】选项板的简化形式。单击状态栏上的【快捷特性】开关按钮，可以控制快捷特性的打开和关闭。当用户选择对象时，即可显示快捷特性面板，如图 3-52 所示，从而方便修改对象的属性。

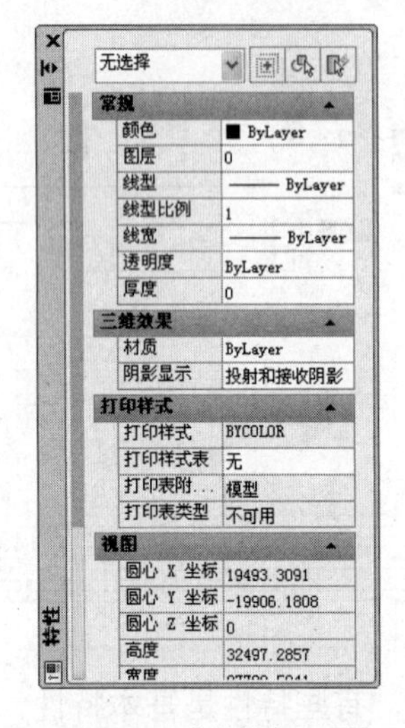

图 3-51 【特性】选项板

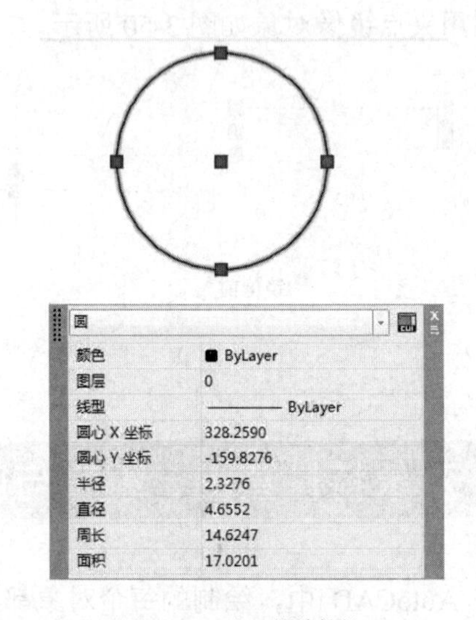

图 3-52 启用快捷特性

在【草图设置】对话框的【快捷特性】选项卡中，选中【启用快捷特性】复选框，也可以启用快捷特性功能，如图 3-53 所示。

单击选项板右上角的各工具按钮，可以选择多个对象或创建符合条件的选择集，以便统一修改选择集的特性。

3.9.3 特性匹配

特性匹配的功能就如同 Office 软件中的【格式刷】一样，可以把一个图形对象(源对象)的特性完全【继承】给另外一个(或一组)图形对象(目标对象)，使这些图形对象的部分或全部特性和源对象相同。

调用【特性匹配】命令 MA 的方式有以下几种：

- 菜单栏：选择【修改】|【特性匹配】命令
- 工具栏：选择【标准】工具栏中的【特性匹配】按钮
- 命令行：输入 MATCHPROP / MA
- 功能区：单击【特性】面板中的【特性匹配】按钮

执行上述任一操作后，即可调用【特性匹配】命令，对图形进行特性编辑。

特性匹配命令执行过程当中，需要选择两类对象：源对象和目标对象。操作完成后，目

标对象的部分或全部特性和源对象相同。命令行提示如下：

```
命令：MA↙                        //调用【特性匹配】命令
选择源对象：                      //单击选择源对象
当前活动设置：  颜色 图层 线型 线型比例 线宽 透明度 厚度 打印样式 标注 文字 图案填充 多段
线 视口 表格材质 阴影显示 多重引线
选择目标对象或[设置(S)]：    //光标变成格式刷形状，选择目标对象，可以立即修改其属性
选择目标对象或[设置(S)]：↙//选择目标对象完毕后回车，结束命令
```

通常，源对象可供匹配的特性很多，选择【设置】备选项，将弹出如图 3-54 所示的【特性设置】对话框。在该对话框中，可以设置哪些特性允许匹配，哪些特性不允许匹配。

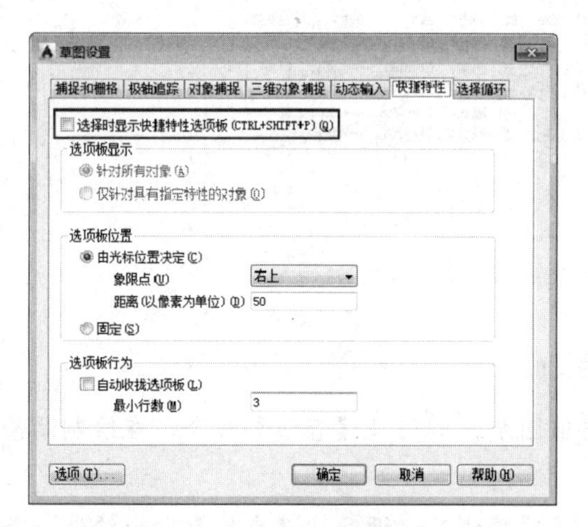

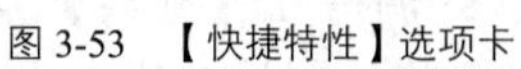

图 3-53　【快捷特性】选项卡

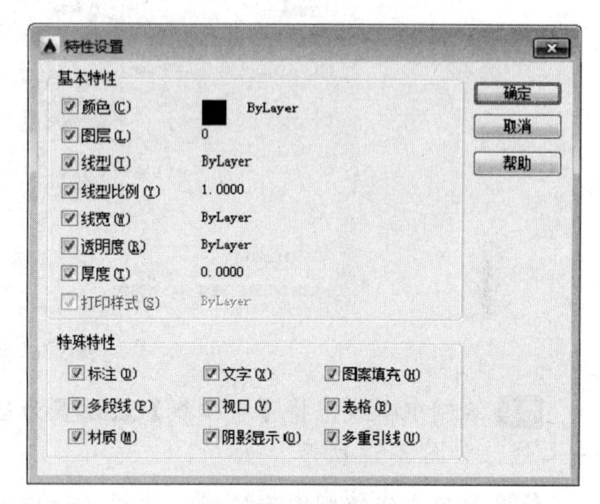

图 3-54　【特性设置】对话框

3.10 典型范例——绘制联轴器

绘制如图 3-55 所示的联轴器，来练习偏移、修剪、倒角等图形修改、编辑命令。

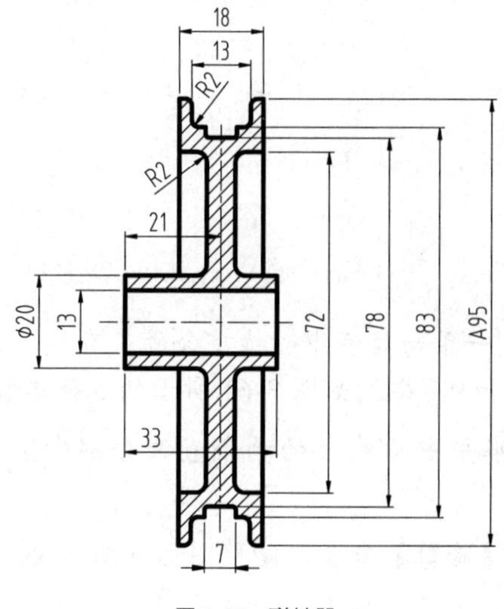

图 3-55　联轴器

01 设置图形界限。启动 AutoCAD 2015，在命令行输入 LIMITS 并按回车键，调用【图形界限】命令，根据命令行的提示，将图形界限设置为 420 × 297。单击状态栏中的【栅格】按钮显示栅格。

02 设置图层。单击【图层】工具栏【图层特性管理器】按钮，系统弹出【图层特性管理器】选项卡。单击【新建图层】按钮，新建 3 个图层，并分别命名为【轮廓线】、【中心线】和【标注线】。将【轮廓线】图层的线宽设置为 0.3，将【中心线】图层的线型设置为 CENTER，如图 3-56 所示。

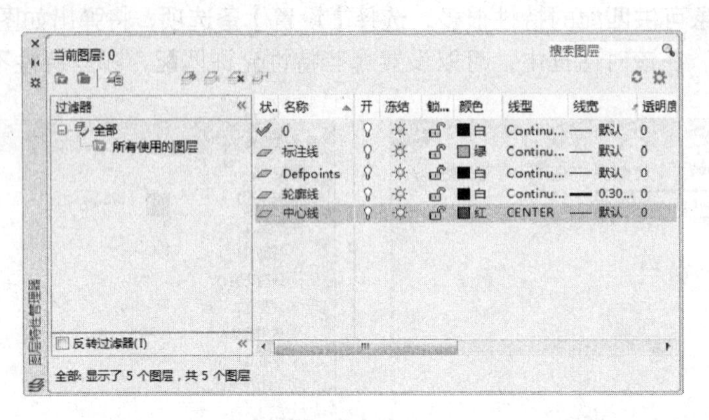

图 3-56　设置图层

03 绘制中心线。将【中心线】层设置为当前图层，调用 L【直线】命令，在绘制两条中心线，如图 3-57 所示。

04 偏移直线绘制图形轮廓。将图层切换到【轮廓线】。调用 L【直线】命令绘制一条长为 33 的水平直线，如图 3-58 所示，使用 O（偏移）命令，将绘制的直线向上偏移 6.5，如图 3-59 所示。

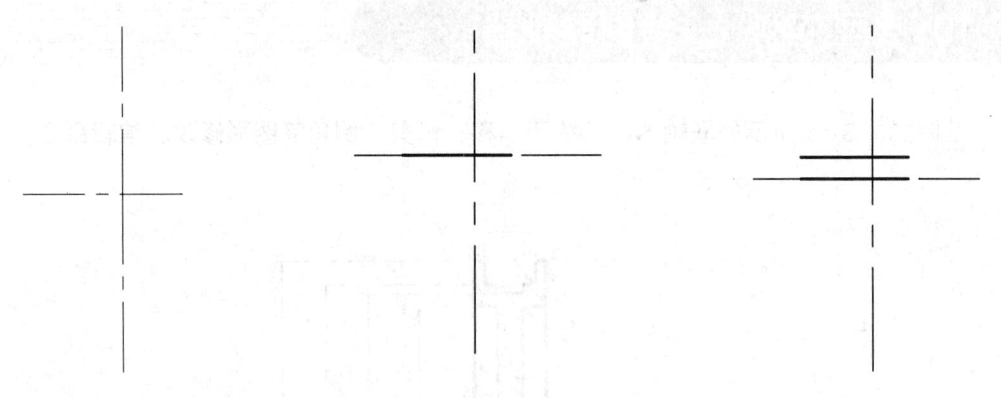

图 3-57　绘制中心线　　图 3-58　绘制直线　　图 3-59　偏移直线

05 在竖直中心线上绘制一条与竖直中心线重合的长直线，如图 3-60 所示，然后将这条直线分别向两侧偏移 3、6.5 和 9，得到如图 3-61 所示的 6 条垂直直线。

06 偏移水平直线。将水平中心线上的两条直线分别向上偏移 10、36、39、41.5 和 47.5，如图 3-62 所示。

07 修剪图形。调用 TR【修剪】命令，修剪图形如图 3-63 所示。

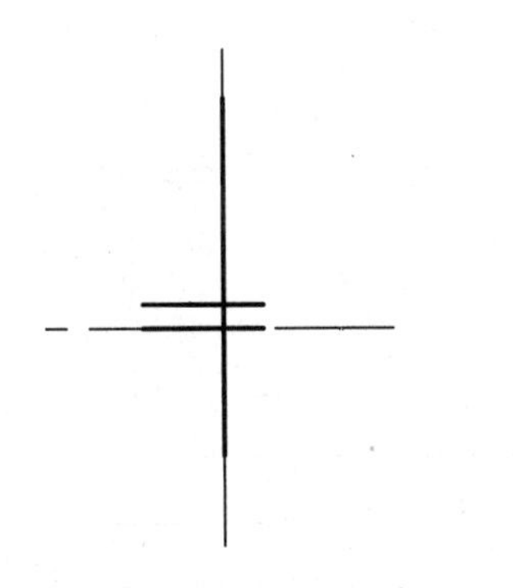

图3-60　绘制竖直直线

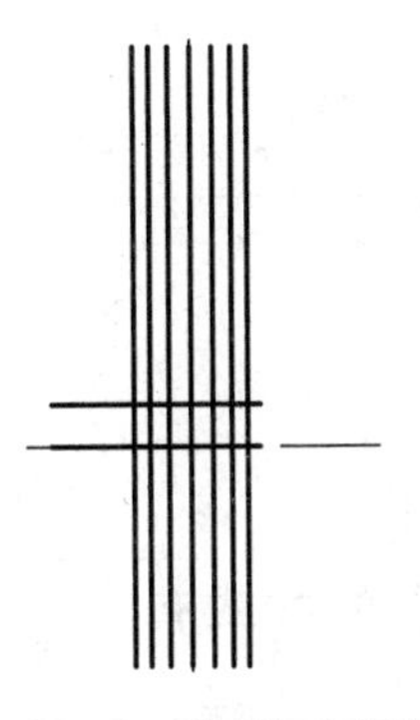

图3-61　偏移竖直直线

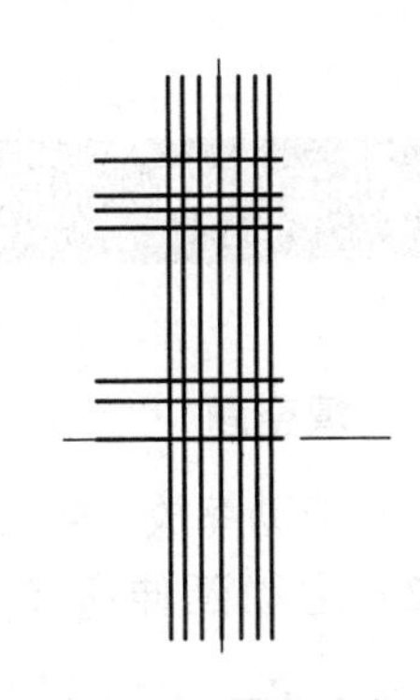

图3-62　偏移水平直线

08 调用L【直线】命令将图形连接起来，如图3-64所示。

09 倒圆角。单击【修改】面板中的【圆角】按钮，对图形进行半径为2的圆角操作，如图3-65所示。

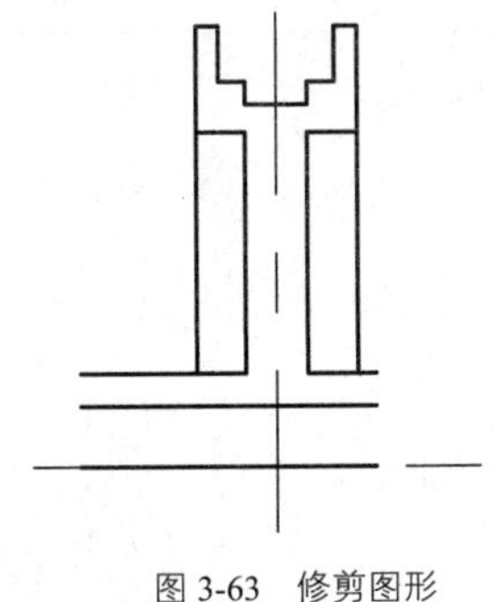

图3-63　修剪图形

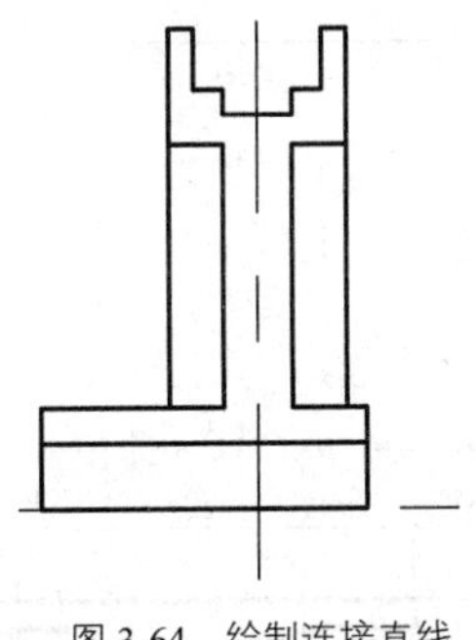

图3-64　绘制连接直线

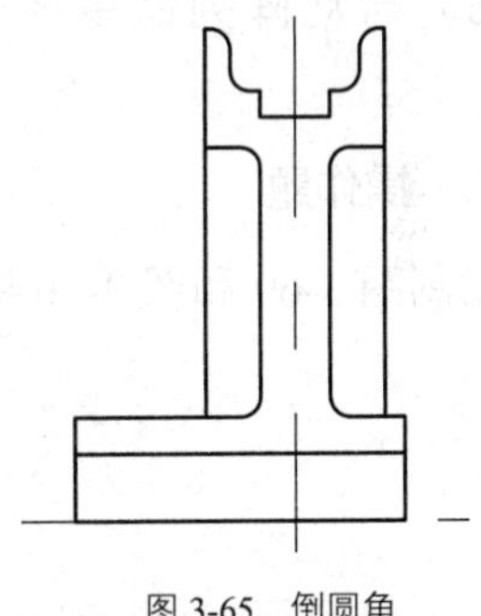

图3-65　倒圆角

10 镜像图形。在命令行输入MI并按回车键，调用【镜像】命令，根据命令行的提示，选取水平中心线上部轮廓线作为镜像对象，中心线作为镜像中心线，镜像图形，如图3-66所示。

11 调用E【删除】命令，删除中心线上的直线，如图3-67所示。

12 图形填充。将图层切换到0层，输入快捷命令H，再激活“设置”选项，系统弹出【图案填充和渐变色】对话框，选取ANSI31填充图案，再拾取所需填充的区域，填充后图形如图3-68所示。

13 执行菜单栏【文件】|【保存】命令，保存“联轴器.dwg”图形。

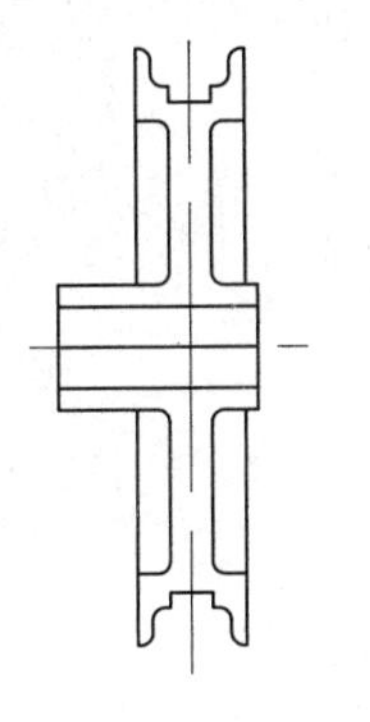

图3-66　镜像图形

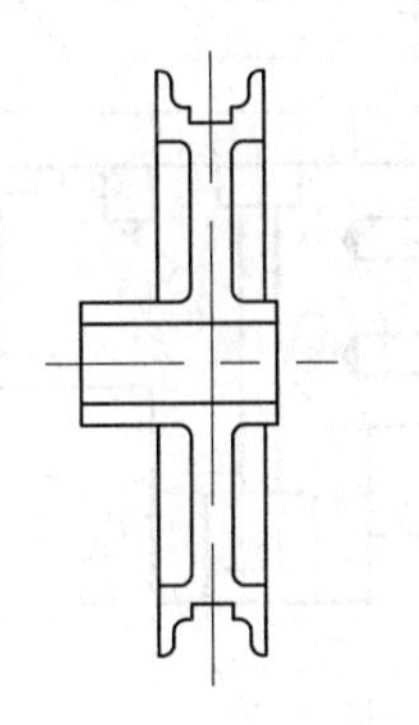

图3-67　删除中心线直线

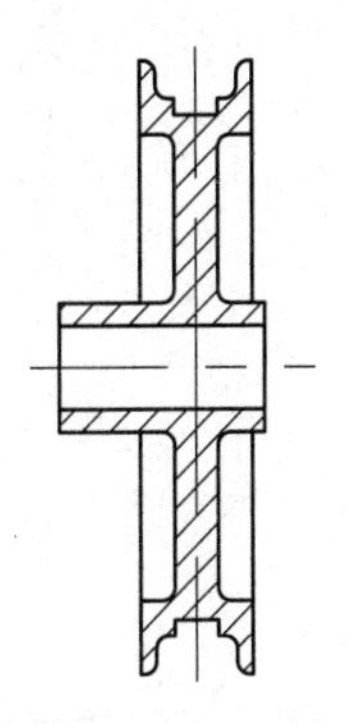

图3-68　填充后的图形

3.11 习 题

1. 填空题

（1）启动缩放（SCALE）命令的方式有：________、________、________、________。

（2）启动延伸命令（EXTEND）的方式有：____________、____________、____________、________等。

（3）当绘制的图形对象相对于一根轴对称时，就可以使用__________命令来绘制图形。

（4）旋转图形是通过图形的一个基点进行旋转，只改变图形的__________，不改变图形的__________。

（5）启动阵列命令的方式有：__________、__________、__________、________。

2. 操作题

绘制图 3-69 和图 3-70 图形。

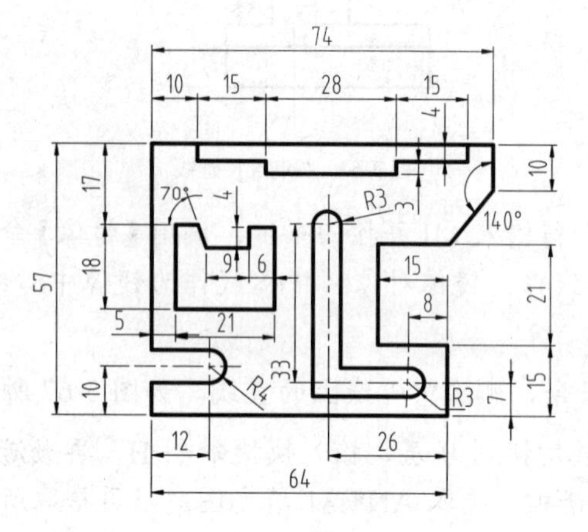

图 3-69　图形 1

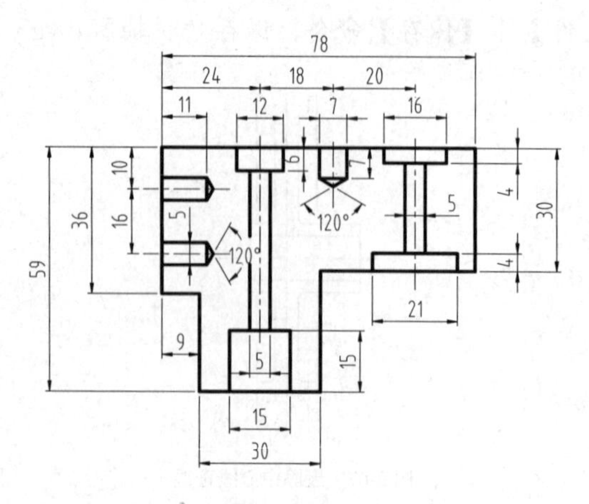

图 3-70　图形 2

第4章 文字和表格的创建

本章导读

工程图是生产加工的依据和技术交流的工具，一张完整的工程图除了用图形完整、正确、清晰地表达物体的结构形状外，还必须用尺寸表示物体的大小，另外还应有相应的文字信息，如注释说明、技术要求、标题栏和明细表等。

表格常用于工程制图中各类需要以表的形式来表达的文字内容。文字加表格可以更加明确地表达绘图者的设计意图。

本章将详细讲解 AutoCAD 强大的文字注写和文本编辑功能，以及表格的创建和编辑方法。

本章重点

- 文字样式设置
- 单行文字的输入与编辑
- 多行文字的输入与编辑
- 表格的创建与编辑

4.1 文字样式设置

文字样式定义了文字的外观，是对文字特性的一种描述，包括字体、高度、宽度比例、倾斜角度以及排列方式等。工程图中所标注的文字往往需要采用不同的文字样式，因此，在注释文字之前首先应设置所需文字样式。

4.1.1 机械制图文字标准

机械制图中文字标准主要是指国家对文字的字体、高度等所做的规定。机械制图国家文字标准与 ISO 标准完全一致，以直线笔道为主，尽量减少弧线，去掉一些笔画的出头，这样即便于书写，又利于计算机绘图。《机械制图》GB/T14691-1993 中对字体进行了规定，机械制图中文字标注主要注意以下几点：

- 书写字体必须做到字体工整、笔画清楚、间隔均匀、排列整齐。
- 字体高度代表了字体的号数，国家标准中规定的公称尺寸系列为：1.8、2.5、3.5、5、7、10、14、20mm。
- 文字中的汉字应采用长仿宋体，字高不应小于 3.5mm，字宽一般应该为 $H/\sqrt{2}$；文字中的字母和数字分为 A 型和 B 型。A 型字体的笔画宽度 d 为 $h/14$，B 型字体的宽度 d 为 $h/10$。字母和数字可以写成斜体或者直体，斜体字的字头应该向右倾斜，与水平基准线成 75°。
- 用作指数、分数、极限偏差、注脚等的数字及字母，一般应用小一号字体。

4.1.2 创建与修改文字样式

创建文字样式首先要打开【文字样式】对话框，该对话框不仅显示了当前图形文件中已经创建的所有文字样式，并显示当前文字样式的相关设置、外观预览。在该对话框中不但可以新建并设置文字样式，还可以修改或删除已有的文字样式。

打开【文字样式】对话框的方式有以下几种：

- 菜单栏：执行【格式】|【文字样式】命令
- 工具栏：单击【样式】工具栏中的【文字样式】按钮
- 命令行：输入 STYLE / ST
- 功能区：单击【注释】面板中的【文字样式】按钮

使用上面几种方式都可以打开如图 4-1 所示【文字样式】对话框。

1. 设置文字样式

【文字样式】对话框常用选项含义如下：

- 【样式】列表：列出了当前可以使用的文字样式，默认文字样式为 Standard（标准）。
- 【置为当前】按钮：单击该按钮，可以将选择的文字样式设置为当前的文字样式。
- 【新建】按钮：单击该按钮，系统弹出【新建文字样式】对话框，如图 4-2 所示。在样式名文本框中输入新建样式的名称，单击【确定】按钮，新建文字样式将显示在【样式】列表框中。

- 【删除】按钮：单击该按钮，可以删除所选的文字样式，但无法删除已经被使用了的文字样式和默认的 Standard 样式。

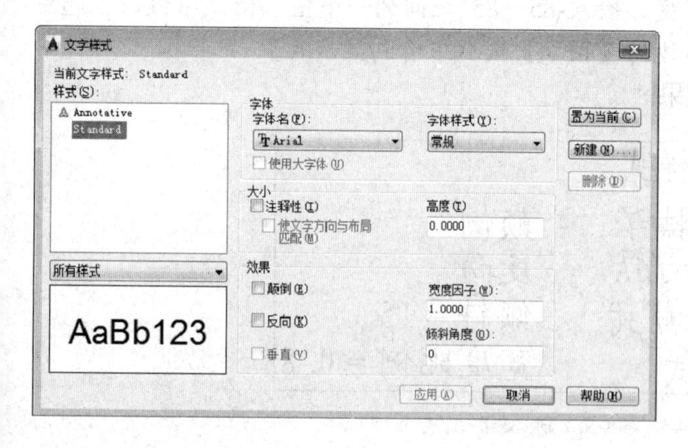

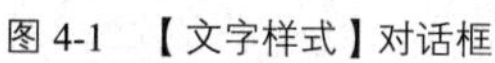

图 4-1　【文字样式】对话框

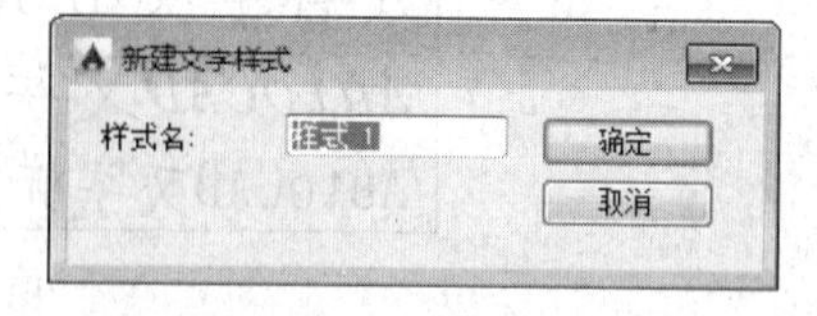

图 4-2　【新建文字样式】对话框

如果要重命名文字样式，可在【样式】列表中右击要重命名的文字样式，在弹出的右键快捷菜单中选择【重命名】选项即可，但无法重命名默认的 Standard 样式。

2. 设置字体和大小

在【字体】选项组下的【字体名】列表框中可指定任一种字体类型作为当前文字类型。

字体列表中有两种字体，其中 True Type 字体是由 Windows 系统提供的已经注册的字体，SHX 为 AutoCAD 本身编译的存放在 AutoCAD Fonts 文件夹中的字体，在字体文件名前分别用【Tт】、【A͡】前缀区别。

当选择了 SHX 字体时，【使用大字体】复选框显亮，勾选该复选框，然后在【大字体】下拉列表中为汉字等亚洲文字指定大字体样式，如图 4-3 所示，常用的大字体文件为 gbcbig.shx。

在【大小】选项组中可进行注释性和高度设置，如图 4-4 所示。在【高度】文本框中键入数值可改变当前文字的高度。如果对文字高度不进行设置，其默认值为 0，并且每次使用该样式时命令行都将提示指定文字高度。

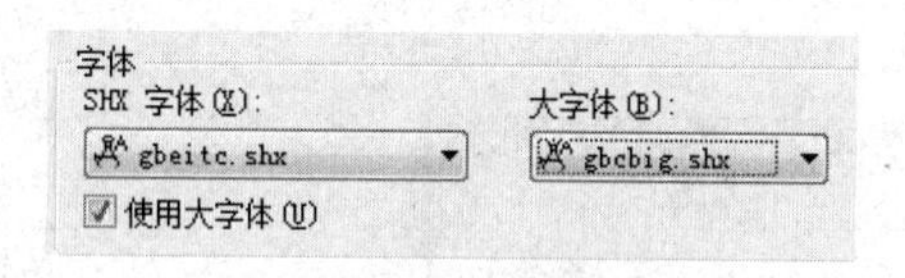

图 4-3　使用【大字体】

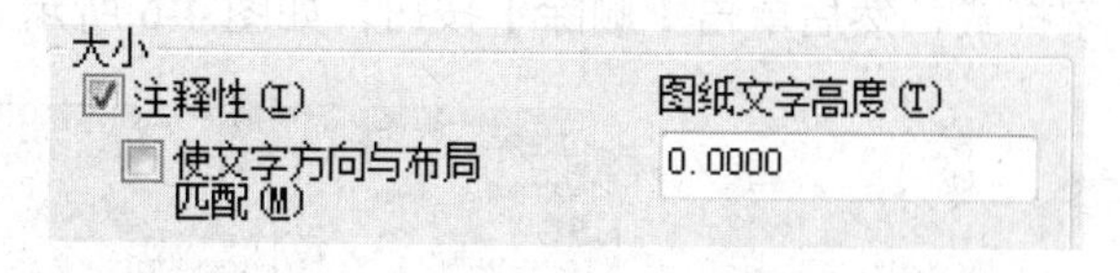

图 4-4　设置文字大小

3. 设置文字效果

【效果】选项组用于设置文字的显示效果：

- 颠倒：倒置显示字符。
- 反向：反向显示字符。
- 垂直：垂直对齐显示字符。只有在选定字体支持双向显示时【垂直】才可用。TrueType 字体的垂直定位不可用。

- 宽度因子：设置字符的宽高比。输入值如果小于 1.0，将压缩文字宽度；输入值如果大于 1.0，则将使文字宽度扩大。
- 倾斜角度：设置文字的倾斜角度。输入-85 ~ 85 之间的一个值，使文字倾斜。选中相应的复选框，可以立即在右边的【预览】区域中看到显示效果。

如图 4-5 所示显示了文字的各种效果。

AutoCAD文字样式	
AutoCAD文字样式	颠倒
AutoCAD文字样式	反向
AutoCAD文字样式	倾斜 = 15
AutoCAD文字样式	宽度比例 = 0.8

图 4-5　各种文字显示效果

国家标准规定汉字的宽高比为 $1/\sqrt{2}$，所以通常设置宽度比例值为 0.7。

4．预览与应用文字样式

在【文字样式】对话框的【预览】选项区域中，可以预览所选择或所设置的文字样式效果。

设置完文字样式后，单击【应用】按钮即可应用文字样式。然后单击【关闭】按钮，关闭【文字样式】对话框。

5．修改文字样式

在创建完成文字样式后，若用户对文字样式不满意，可以重新打开【文字样式】对话框，在该对话框中直接修改选定文字样式的参数，单击【应用】按钮，即可完成文字样式参数的修改。修改文字样式和创建文字样式方法一样，在此不再赘述。

4.1.3 删除文字样式

用户可以将不需要的文字样式删除。在【文字样式】对话框中，首先选中将要删除的文字样式，然后单击【删除】按钮，如图 4-6 所示。

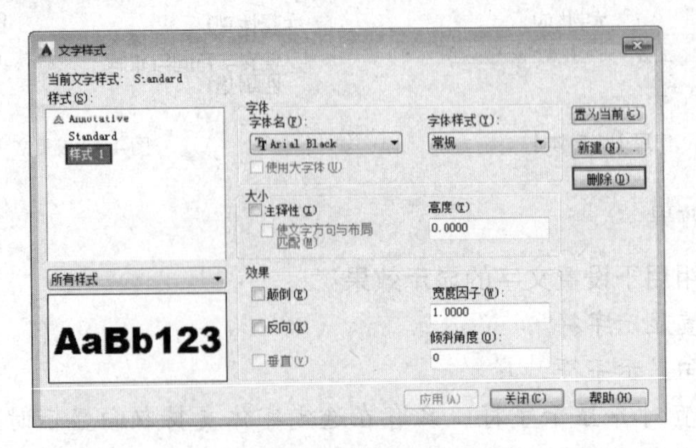

图 4-6　删除文字样式

4.1.4 创建文字样式

下面以新建名为【工程字】和【长仿宋字】的两种文字样式为例，学习文字创建的一般方法。其中【工程字】选用 gbeitc.shx 字体及 gbcbig.shx 大字体；【长仿宋字】选用【仿宋】字体，宽度比例为 0.7，并将【工程字】置为当前文字样式。

课堂举例 4–1：创建文字样式　　视频\第 4 章\课堂举例 4-1.mp4

01 在命令行输入 ST 并按回车键，打开【文字样式】对话框。

02 单击【新建】按钮，弹出【新建文字样式】对话框，在【样式名】文本框中输入【工程字】，如图 4-7 所示，单击【确定】按钮，返回【文字样式】对话框。

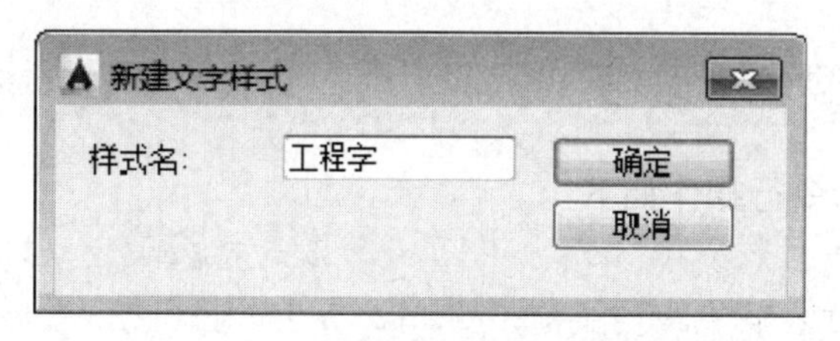

图 4-7　【新建文字样式】对话框

03 设置工程字文字样式参数，如图 4-8 所示。

04 再次单击【新建】按钮，新建【长仿宋字】文字样式，设置参数如图 4-9 所示。

05 在样式列表中选择【工程字】文字样式，单击【置为当前】按钮，将该文字样式设置为当前文字样式，单击【确定】按钮，完成文字样式设置。

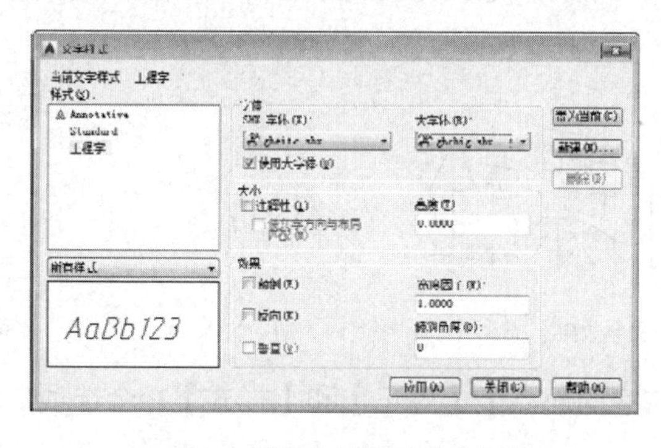

图 4-8　设置【工程字】文字样式

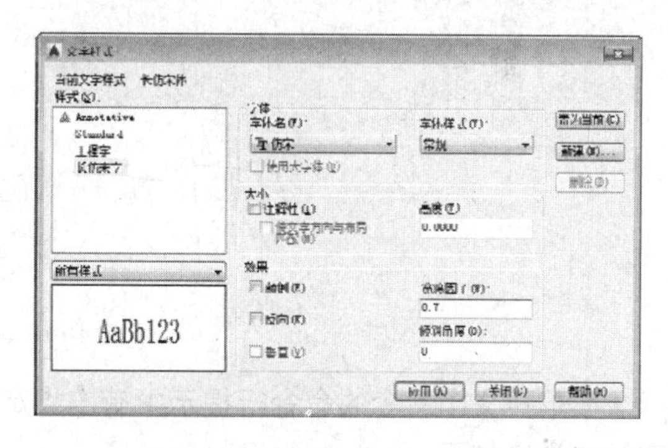

图 4-9　【长仿宋字】文字样式设置

4.2 单行文字的输入与编辑

定义好文字样式后，就可以用定义好的样式进行文字标注。AutoCAD 提供了两种创建文字的方法：单行文字和多行文字。对简短的注释文字输入使用单行文字命令，对带有复杂格式的多行文字的输入则使用多行文字命令。

4.2.1 创建单行文字

可以使用单行文字创建一行或多行文字，其中，每行文字都是独立的对象，可对其进行重定位、调整格式或进行其他修改。

调用【单行文字】命令的方式有以下几种：

- 菜单栏：执行【绘图】|【文字】|【单行文字】命令
- 工具栏：单击【文字】工具栏中的【单行文字】按钮A
- 命令行：输入 DTEXT/DT/TEXT
- 功能区：单击【注释】面板中的【单行文字】按钮A

执行上述任一操作，即可调用【单行文字】命令，根据命令行的提示，进行单行文字标注。

课堂举例 4-2：创建单行文字 视频\第 4 章\课堂举例 4-2.mp4

创建单行文字，命令行操作如下：

```
命令：DT↙   TEXT                                 //调用【单行文字】命令
当前文字样式：  "工程字"   文字高度：  2.5000  注释性：  否
指定文字的起点或 [对正(J)/样式(S)]:S↙           //激活"样式(S)"选项
入样式名或 [?] <工程字>: 长仿宋字↙              //指定文字样式为"长仿宋字"
当前文字样式：  "工程字"   文字高度：  2.5000  注释性：  否
指定文字的起点或 [对正(J)/样式(S)]：            //在绘图窗口适当位置单击，指定文字左对齐点
指定高度 <2.5000>: 5↙                           //指定文字高度
指定文字的旋转角度 <0>:↙                        //按回车键默认旋转角度，然后文字编辑器中输
入文字，效果如图 4-10 所示
```

内六角螺栓

图 4-10　单行文字效果

在单行文字命令的命令行提示中有【指定文字的起点】、【对正】和【样式】3 个选项，它们的含义如下：

1. 指定文字的起点

默认情况下，所指定的起点位置即是文字行基线的起点位置。在指定起点位置后，继续输入文字的旋转角度按回车键，即可进行文字的输入。

在输入完成后，按两次回车键、Ctrl+回车键或将鼠标移至图纸的其他任意位置并单击，然后按 Esc 键即可结束单行文字的输入。

2. 对正

对正备选项用于设置文字的缩排和对齐方式。激活"对正"选项，命令行提示如下：

输入选项 [对齐(A)/布满(F)/居中(C)/中间(M)/右对齐(R)/左上(TL)/中上(TC)/右上(TR)/左中(ML)/正中(MC)/右中(MR)/左下(BL)/中下(BC)/右下(BR)]:

AutoCAD 为单行文字的水平文本行规定了 4 条定位线：顶线（Top Line）、中线（Middle Line）、基线（Base Line）、底线（Bottom Line），如图 4-11 所示。顶线为大写字母顶部所对齐的线，基线为大写字母底部所对齐的线，中线处于顶线与基线的正中间，底线为长尾小字字母底部所在的线，汉字在顶线和基线之间。同时，系统提供了 13 个对齐点以及 15 种对齐方式，各对齐点即为文本行的插入点。

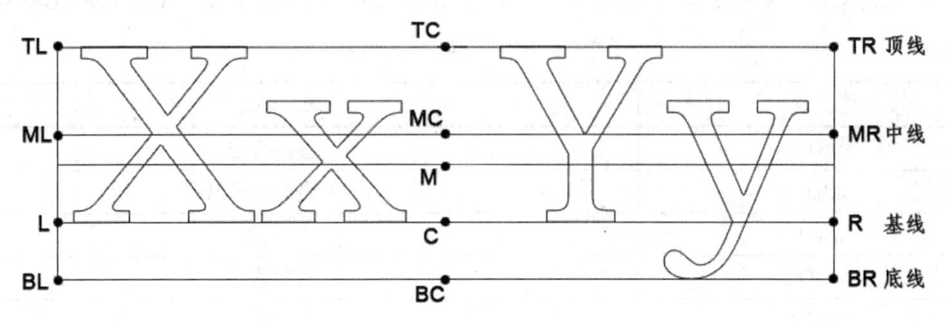

图 4-11　对齐方位示意图

另外还有以下两种对齐方式：

- 对齐（A）：指定文本行基线的两个端点确定文字的高度和方向。系统将自动调整字符高度使文字在两端点之间均匀分布，而字符的宽高比例不变，如图 4-12 所示。
- 布满（F）：指定文本行基线的两个端点确定文字的方向。系统将调整字符的宽高比例，以使文字在两端点之间均匀分布，而文字高度不变，如图 4-13 所示。

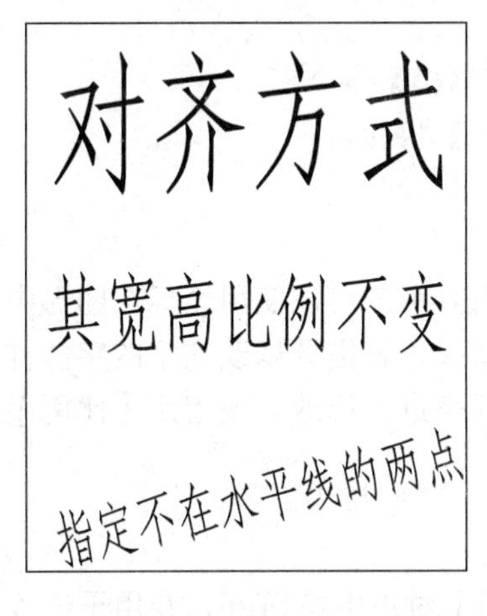

图 4-12　文字【对齐】方式效果

图 4-13　【布满】方式效果

可以使用 JUSTIFYTEXT 命令来修改已有文字对象的对正点位置。

3.　样式

在【指定文字的起点或[对正(J)/样式(S)]:】提示信息后输入 S，激活“样式”选项，可以设置当前使用的文字样式，命令行提示如下：

```
输入样式名或 [?] <Standard>:
```

可以在命令行中直接输入文字样式的名称，也可输入“?”，在【AutoCAD 文本窗口】中显示当前图形已有的文字样式。

4.2.2 特殊符号的输入方式

在实际设计绘图中，往往需要标注一些特殊的字符，这些特殊字符不能从键盘上直接输入，因此 AutoCAD 提供了相应的控制符，以实现标注要求。常用的一些控制符见表 4-1。

表 4-1 特殊符号的代码及含义

控制符	含 义
%%C	⌀ 直径符号
%%P	± 正负公差符号
%%D	(°) 度
%%O	上划线
%%U	下划线

4.2.3 单行文字的编辑

文字创建后，由于比例设置、对齐方式等难免有所差异，一般都需要进行编辑。下面简单介绍如何编辑单行文字。

1. 文字内容编辑

调用文字编辑的方式有以下几种：

- 菜单栏：执行【修改】|【对象】|【文字】|【编辑】命令
- 工具栏：单击【文字】工具栏中的【编辑文字】按钮
- 命令行：输入 DDEDIT / ED
- 鼠标：双击文字

执行以上操作，都可以对单行文字的内容进行编辑。用户可以使用光标在图形中选择需要修改的文字对象，单行文字只能对文字的内容进行修改，若需要修改文字的字体样式、字高等属性，用户可以修改该单行文字所采用的文字样式来进行修改，或者用【比例】按钮来修改。

2. 文字的比例和对正

AutoCAD 的【文字】工具栏提供了【缩放】和【对正】按钮，专用于修改文字的大小和对正位置，操作方法比较简单，这里就不详细讲解了。

3. 文字的查找与替换

执行文字的查找与替换的方式有以下几种：

- 菜单栏：执行【编辑】|【查找】命令
- 工具栏：单击【文字】工具栏中的【查找】按钮
- 命令行：输入 FIND
- 功能区：在【注释】选项卡【文字】面板中的【查找文字】输入框

中输入要查找的文字内容

执行以上操作，系统都会弹出如图 4-14 所示【查找和替换】对话框。

其中常用选项的含义如下：

- 【查找内容】文本框：用于指定要查找的内容。
- 【替换为】文本框：指定用于替换查找内容的文字。
- 【查找位置】下拉列表框：用于指定查找范围是在整个图形中查找还是仅在当前选择中查找。
- 【搜索选项】选项组：用于指定搜索文字的范围和大小写区分等。
- 【文字类型】选项组：用于指定查找文字的类型。

4.2.4 创建单行文字实例

下面以创建“表面淬火”单行文字为例，介绍单行文字创建方法。

01 启动 AutoCAD 2015，单击【文字】工具栏中的【编辑文字】按钮，打开【文字样式】对话框，设置“长仿宋字”样式为当前文字样式，如图 4-15 所示。

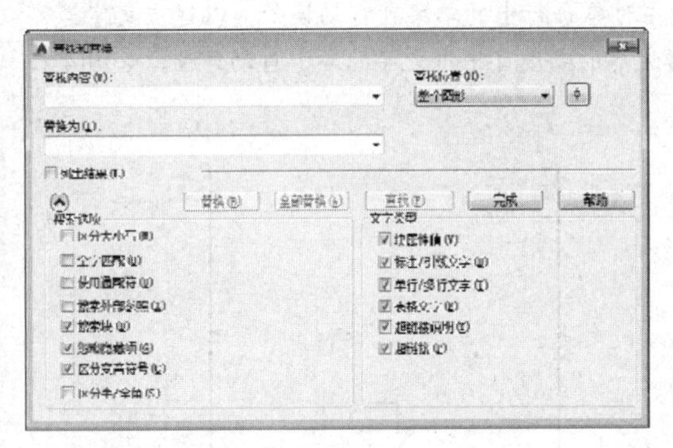

图 4-14 【查找和替换】对话框

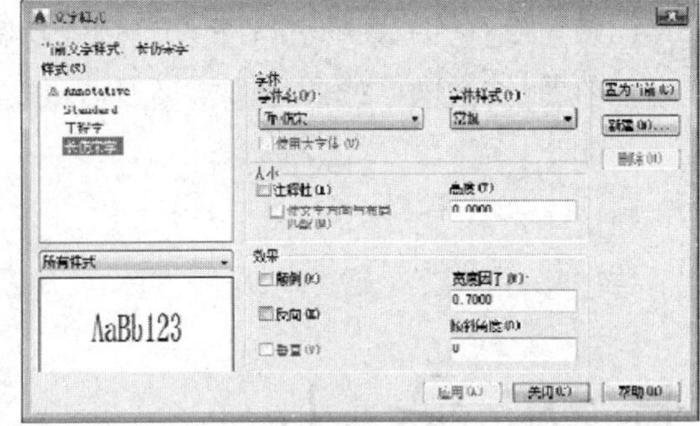

图 4-15 设置当前文字样式

02 单击【文字】面板中的【单行文字】按钮，命令行提示如下：

```
命令：DTEXT↙                              //调用【单行文字】命令
当前文字样式： "长仿宋字"   文字高度： 2.5000  注释性： 否
指定文字的起点或 [对正(J)/样式(S)]：       //在绘图窗口单击，确定文字的起点
指定高度 <2.5000>:10↙                     //输入文字的高度 10
指定文字的旋转角度 <0>:0↙                 //输入文字的旋转角度
```

03 设置完成后输入文字“表面淬火”，然后连续按回车键两次。

04 完成单行文字创建，如图 4-16 所示。

4.3 多行文字的输入与编辑

多行文字命令 MTEXT 用于输入含有多种格式的大段文字。与单行文字不同的是，多行文字整体是一个文字对象，每一单行不再是单独的文字对象，也不能单独编辑。在机械制图中，常使用多行文字功能创建较为复杂的文字说明，如图样的技术要求等。

4.3.1 创建多行文字

调用【多行文字】命令的方式有以下几种：

- 菜单栏：执行【绘图】|【文字】|【多行文字】命令
- 工具栏：单击【文字】工具栏中的【多行文字】按钮A
- 功能区：单击【默认】|【注释】|【多行文字】按钮A
- 命令行：输入 MTEXT / MT

启动【多行文字】命令后，命令行提示如下：

```
命令:MTEXT↙
当前文字样式： "文字样式 1"  文字高度:5  注释性： 否
指定第一角点：                                   //指定多行文字矩形边界的第 1 个角点
指定对角点或 [高度(H)/对正(J)/行距(L)/旋转(R)/样式(S)/宽度(W)/栏(C)]:
                                                 //指定多行文字矩形边界的第 2 个角点
```

技巧　矩形边界宽度即为段落文本的宽度，多行文字对象每行中的单字可自动换行，以适应文字边界的宽度。矩形框底部向下的箭头说明整个段落文本的高度可根据文字的多少自动伸缩，如图 4-17 所示，不受边界高度的限制。

表面淬火

图 4-16　创建单行文字

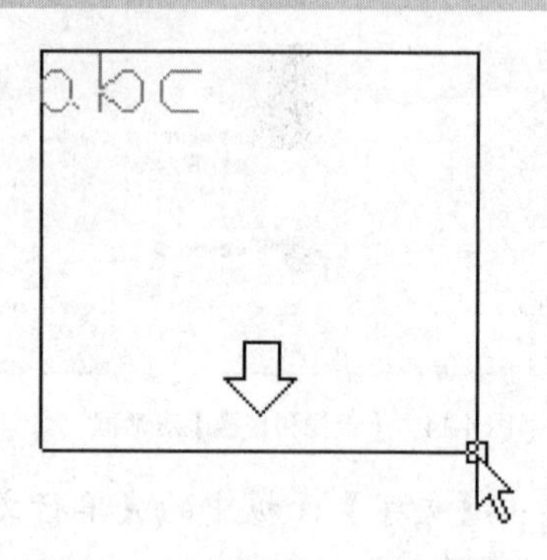

图 4-17　多行文字矩形边界框

命令行中各选项的作用如下：

- 高度(H)：用于指定文字高度。
- 对正(J)：用于指定文字对齐方式，与单行文字类似，系统默认对齐方式为【左上】。
- 行距(L)：用于设置多行文字行距。
- 旋转(R)：用于设置文字边界的旋转角度。
- 样式(S)：用于设置多行文字采用的文字样式。
- 宽度(W)：用于设置矩形多行文字框的宽度。
- 栏(C)：用于创建分栏格式的多行文字。可以指定每一栏的宽度、两栏之间的距离、每一栏的高度等。

在指定输入文字的对角点之后，弹出如图 4-18 所示的【文字编辑器】以及文字输入框，，用户可以在编辑框中输入文字，并设置文字和段落的格式。

多行文字输入框包含了制表位和缩进，因此可以轻松地设置文字和段落格式。

除了文字编辑区，还包含【格式】面板、【段落】面板、【样式】面板和【插入】面板等。

在多行文字编辑框中，可以选择文字，然后在【文字编辑器】选项卡中修改文字的大小、字体、颜色等格式，可以完成在一般文字编辑中常用的一些操作。

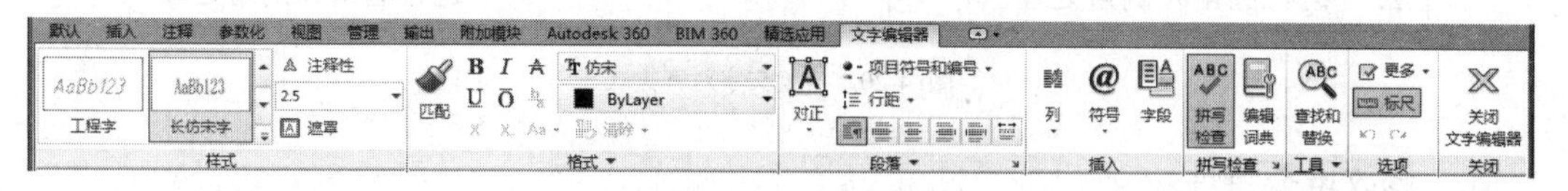

图 4-18　多行文字编辑器

4.3.2 多行文字的编辑

在 AutoCAD 2015 中，创建多行文本后，常常需要对其进行编辑，如查找指定文字、替换文字、修改多行文字对象宽度等。

调用【编辑多行文字】命令如下：

- 工具栏：单击【文字】工具栏中【编辑文字】按钮
- 命令行：输入 MTEDIT

执行上述任一操作，即可调用【编辑多行文字】命令，根据命令行的提示，对文字进行修改编辑。

1. 使用数字标记

选择需要编辑的多行文字，在命令行中输入 MTEDIT 并按回车键，调用【编辑多行文字】命令。根据命令行的提示，选中需编辑的部分文本内容，在【文字编辑器】中的【段落】面板中执行【项目符号和列表】|【以数字标记】命令，完成如图 4-19 所示。

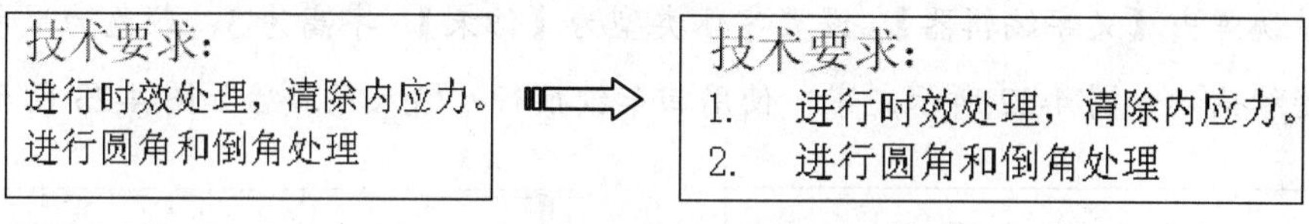

图 4-19 以数字标记多行文字

2. 控制文本显示

AutoCAD 2015 是通过输入 QTEXT【文本显示】命令来控制文本显示状态。

3. 缩放多行文字

单击功能区【注释】选项卡中的【文字】面板的下拉按钮，在展开的面板上单击【缩放】按钮，就能对多行文字进行缩放操作。

4. 对正多行文字

在命令行中输入 JUSTIFYTEXT 并按回车键，调用【对正】命令，根据命令行的提示，选择多行文字。在【段落】面板中选择【右对齐】选项，设置文字的对齐方式，效果如图 4-20 所示。

5. 修改多行文字

选择所需要修改的多行文字，点击鼠标右键，在弹出的右键快捷菜单中选择【编辑多行文字】选项，就能够对多行文字进行编辑。

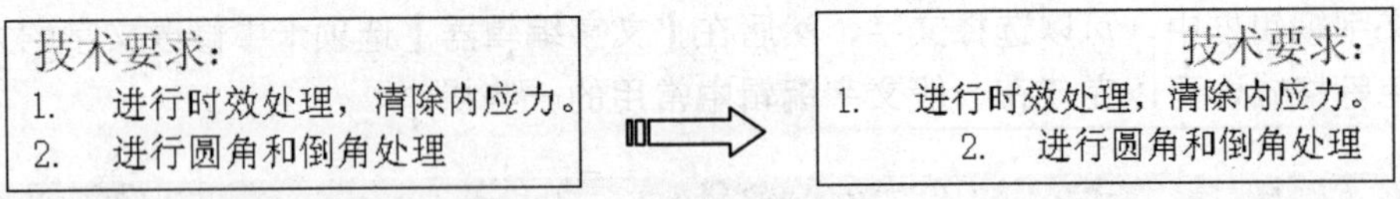

技术要求:
1. 进行时效处理，清除内应力。
2. 进行圆角和倒角处理

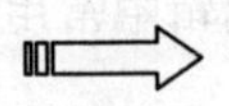

技术要求:
1. 进行时效处理，清除内应力。
2. 进行圆角和倒角处理

图 4-20 设置文字对齐方式

6. 修改堆叠特性

如果要创建堆叠文字（一种垂直对齐的文字或分数），可先输入要堆叠的文字，然后在其间使用/、#或^分隔。选中要堆叠的字符，单击【文字编辑器】中的【堆叠】按钮，则文字按照要求自动堆叠，如图 4-21 所示。

$$14/23 \Rightarrow \frac{14}{23} \qquad 200\hat{\ }-0.01 \Rightarrow 200^{0}_{-0.01}$$

图 4-21 文字堆叠效果

4.3.3 创建多行文字实例

创建如图 4-22 所示多行文字技术要求，设置字体为【仿宋】，高度为 3，标题字体高度为 4，字体颜色为黑色。

01 打开 AutoCAD 2015，使用默认样板创建新图形文件。

02 在命令行输入 MT 并按回车键，调用【多行文字】命令，在绘图窗口中分别指定文本框两个对角点。

03 系统弹出【文字编辑器】，设置字体类型为【仿宋】，字高为 3，颜色为黑色。

04 连续输入如图 4-22 所示文字，使用回车键换行，输入完成后如图 4-23 所示。

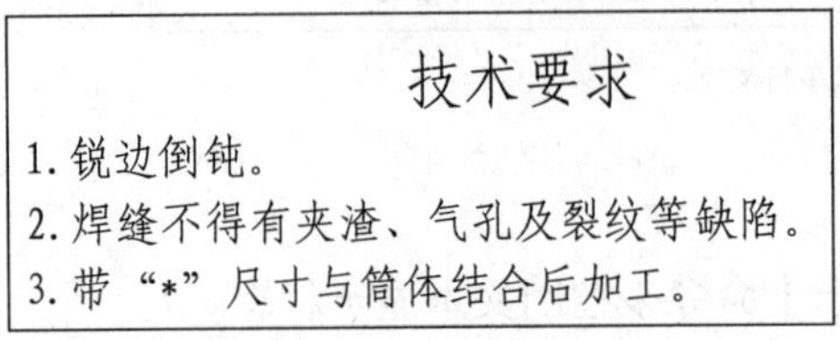

技术要求
1. 锐边倒钝。
2. 焊缝不得有夹渣、气孔及裂纹等缺陷。
3. 带“*”尺寸与筒体结合后加工。

图 4-22 多行文字的创建

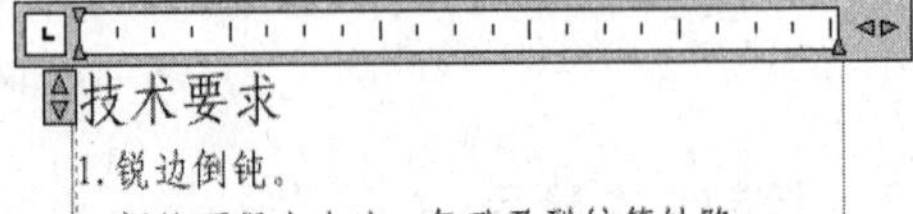

技术要求
1. 锐边倒钝。
2. 焊缝不得有夹渣、气孔及裂纹等缺陷。
3. 带“*”尺寸与筒体结合后加工。

图 4-23 文字的输入

05 在【文字输入框】中选中“技术要求”四字。在【段落】面板中，单击【居中】按钮即可，完成操作后，如图 4-24 所示。

06 单击【关闭文字编辑器】按钮，完成多行文字的创建与编辑，效果如图 4-25 所示。

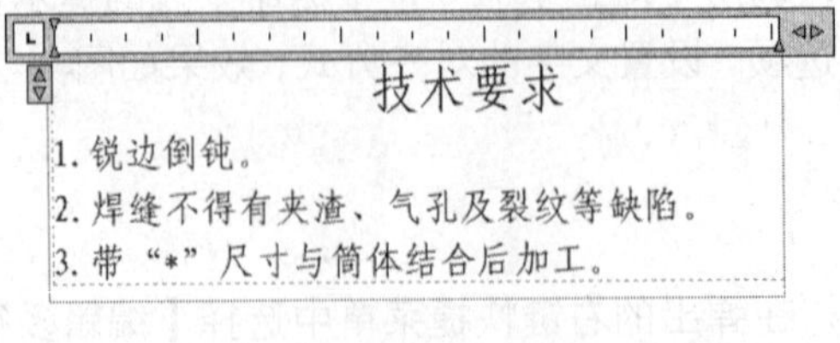

技术要求
1. 锐边倒钝。
2. 焊缝不得有夹渣、气孔及裂纹等缺陷。
3. 带“*”尺寸与筒体结合后加工。

图 4-24 文字居中

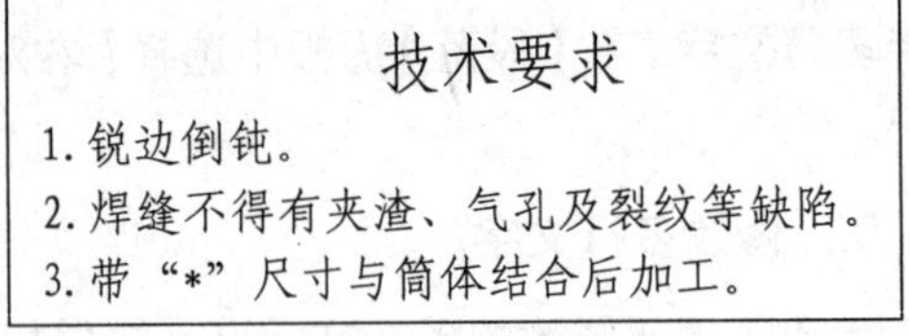

技术要求
1. 锐边倒钝。
2. 焊缝不得有夹渣、气孔及裂纹等缺陷。
3. 带“*”尺寸与筒体结合后加工。

图 4-25 多行文字创建完成

4.4 表格的创建与编辑

在产品设计过程中，表格主要用来展示与图形相关的标准、数据信息、材料和装配信息等内容。根据不同类型的图形（如机械图形、工程图形、电子线路图形等），对应的制图标准也不相同，这就需要设置符合产品设计要求的表格样式，并利用表格功能快速、清晰、醒目地反映出设计思想及创意。

4.4.1 定义表格样式

调用【表格样式】的方法如下：

- 菜单栏：执行【格式】|【表格样式】命令
- 命令行：输入 TABLESTYLE / TS
- 功能区：单击【注释】面板中的【表格样式】按钮

执行上述任一命令后，系统弹出【表格样式】对话框，如图 4-26 所示。

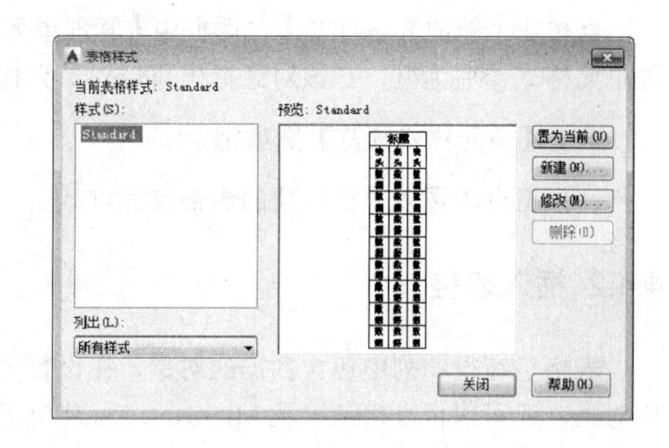

图 4-26　【表格样式】对话框

通过该对话框可将表格样式置为当前、修改、删除或新建操作。单击【新建】按钮，系统弹出【创建新的表格样式】对话框，如图 4-27 所示。

在【新样式名】文本框中输入表格样式名称，在【基础样式】下拉列表框中选择一个表格样式为新的表格样式提供默认设置，单击【继续】按钮，系统弹出【新建表格样式】对话框，如图 4-28 所示，可以对新建的表格样式进行具体参数设置。

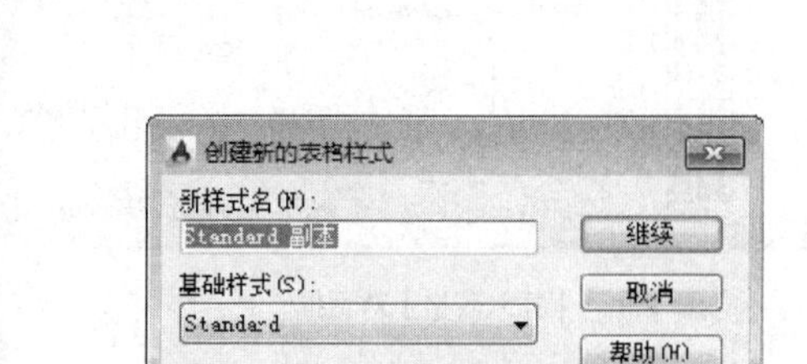

图 4-27　【创建新的表格样式】对话框

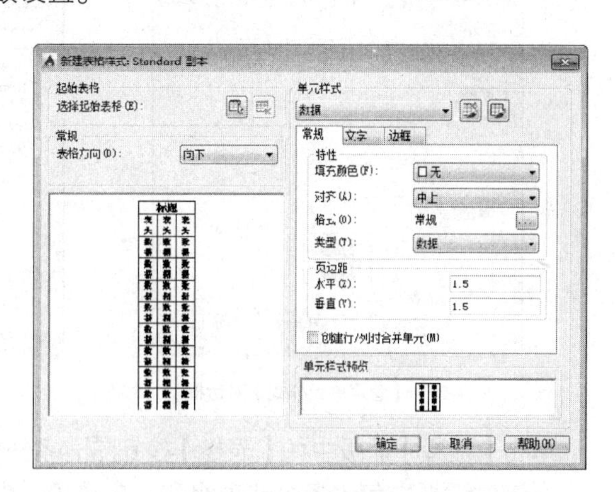

图 4-28　【新建表格样式】对话框

【新建表格样式】对话框由【起始表格】、【常规】、【单元样式】和【单元样式预览】4 个选项组组成，各选项组的含义如下：

1. 【起始表格】选项组

该选项允许用户在图形中指定一个表格用作样列来设置此表格样式的格式。单击【选择表格】按钮，进入绘图区，可以在绘图区选择表格录入表格。【删除表格】按钮与【选择表格】按钮作用相反。

2. 【常规】选项组

该选项用于更改表格方向，通过【表格方向】下拉列表框执行【向下】或【向上】来设置表格方向，【向上】创建由下而上读取的表格，标题行和列标题行都在表格的底部；【预览框】显示当前表格样式设置效果的样例。

3. 【单元样式】选项组

该选项组用于定义新的单元样式或修改现有单元样式。【单元样式】列表 数据 中显示表格中的单元样式，系统默认提供了数据、标题和表头三种单元样式，用户需要创建新的单元样式，可以单击【创建新单元样式】按钮，系统弹出【创建新单元样式】对话框，输入新的单元样式名，单击【继续】按钮即可创建新的单元样式。

当单击【新建表格样式】对话框中【管理单元样式】按钮时，弹出如图 4-29 所示【管理单元格式】对话框，在该对话框里可以对单元格式进行添加、删除和重命名。

4. 【单元样式预览】选项组

在预览框中可以预览创建的表格单元样式。

4.4.2 插入表格

表格是在行和列中包含数据的对象，在设置表格样式后便可以从空格或表格样式创建表格对象，还可以将表格链接至 Microsoft Excel 电子表格中的数据。本节将主要介绍利用【表格】工具插入表格的方法。

图 4-29 【管理单元样式】对话框

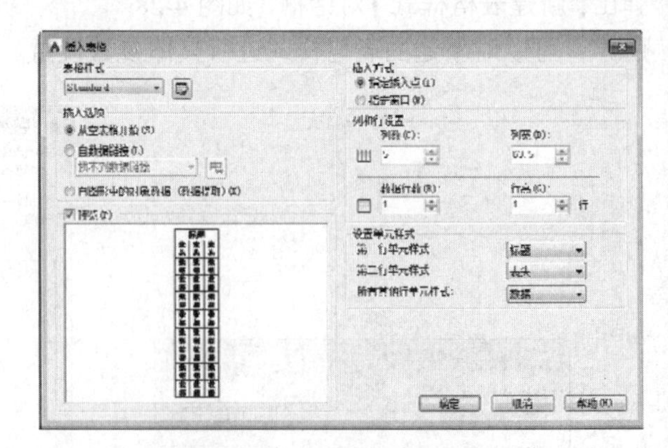

图 4-30 【插入表格】对话框

单击【注释】面板中的【表格】按钮，系统弹出【插入表格】对话框，如图 4-30 所示。在该对话框中包含多个选项组和对应选项，参数对应的设置方法如下：

- 表格样式：在该选项组中不仅可以从【表格样式】下拉列表框中选择表格样式，也可以单击【新建表格样式】按钮 ，创建新表格样式。

- 插入选项：在该选项组中包含 3 个单选按钮，其中选中【从空表格开始】单选按钮可以创建一个空的表格；选中【自数据链接】单选按钮可以从外部导入数据来创建表格；选中【自图形中的对象数据（数据提取）】单选按钮可以用于从可输出到表格或外部的图形中提取数据来创建表格。
- 插入方式：该选项组中包含两个单选按钮，其中选中【指定插入点】单选按钮可以在绘图窗口中的某点插入固定大小的表格；选中【指定窗口】单选按钮可以在绘图窗口中通过指定表格两对角点的方式来创建任意大小的表格。
- 列和行设置：在此选项区域中，可以通过改变【列】、【列宽】、【数据行】和【行高】文本框中的数值来调整表格的外观大小。
- 设置单元样式：在此选项组中可以设置【第一行单元样式】、【第二行单元样式】和【所有其他行单元样式】选项。默认情况下，系统均以【从空表格开始】方式插入表格。

完成参数设置后，单击【确定】按钮，并在绘图区指定插入点，将会在当前位置按照表格参数设置插入一个表格，然后在此表格中添加上相应的文本信息即可完成表格的创建，如图 4-31 所示。

4.4.3 编辑表格

在添加完成表格后，不仅可根据需要对表格整体或表格单元执行拉伸、合并或添加等编辑操作，而且可以对表格的表指示器进行所需的编辑，其中包括编辑表格形状和添加表格颜色等设置。

技术性能	
振动频率	26Hz
额定电压	380V
额定电流	5A
功率	2KW

图 4-31　在图形中插入表格

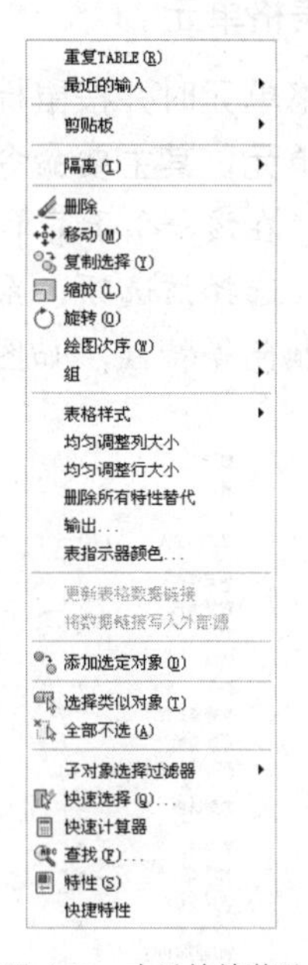

图 4-32　右键快捷菜单

1. 编辑表格

当选中整个表格，单击鼠标右键，弹出快捷菜单如图 4-32 所示。在其快捷菜单中，可以对表格进行剪切、复制、删除、移动、缩放和旋转等简单操作，还可以均匀调整表格的行、列大小，删除所有特性替代。当执行【输出】命令时，还可以打开【输出数据】对话框，以.csv格式输出表格中的数据。

当选中表格后，在表格的四周、标题行上将显示许多夹点，也可以通过拖动这些夹点来编辑表格，其各夹点的含义，如图 4-33 所示。

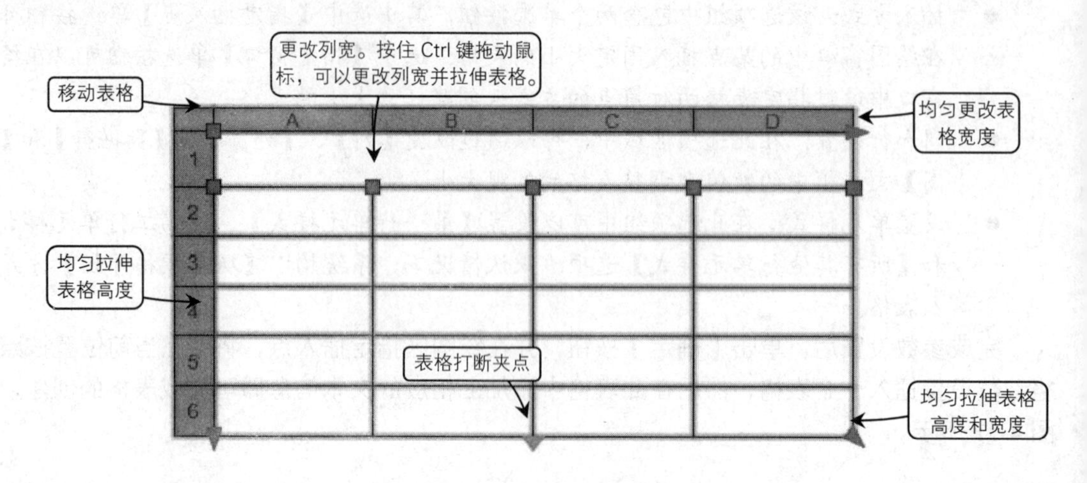

图 4-33　选中表格时各夹点的含义

技巧　使用表格底部的表格打断夹点，可以将包含大量数据的表格打断成主要和次要的表格片段，可以使表格覆盖图形中的多列或操作已创建不同的表格部分。

2. 编辑表格单元

当选中表格单元时并按鼠标右键，弹出的右键快捷菜单如图 4-34 所示。使用其快捷菜单可以编辑表格单元，其主要命令选项的功能说明如下：

- 对齐：在该命令子菜单中可以选择表格单元的对齐方式，如左上、左中、左下等。
- 边框：选择该选项，系统弹出【单元边框特性】对话框，可以设置单元格边框的线宽、颜色等特性，如图 4-35 所示。

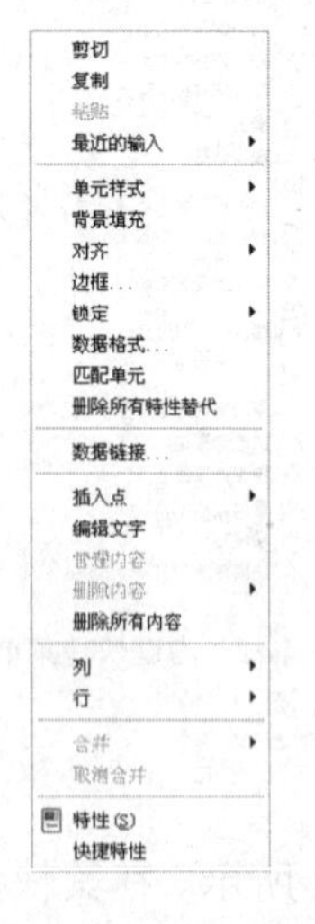

图 4-34　快捷菜单

图 4-35　【单元边框特性】对话框

- 匹配单元：用当前选中的表格单元格式（源对象）匹配其他表格单元（目标对象），此时光标指针呈形状，单击目标对象即可进行匹配。
- 插入点：选择命令的子命令，可以从中选择插入到表格中的块、字段和公式。
- 合并：当选中多个连续的单元格后，使用该子菜单中的命令，可以全部、按列或按行合并表格单元。

当选中表格单元格后，在表格单元格周围出现夹点，也可以通过拖动这些夹点来编辑单元格，其各夹点的含义如图 4-36 所示。

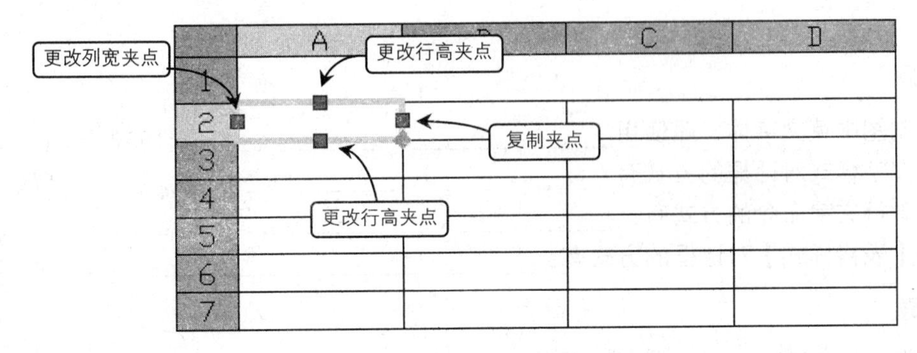

图 4-36 通过夹点调整单元格

要选择多个单元，可以按鼠标左键并在与欲选择单元上拖动；也可以按住 Shift 键并在欲选择的单元内按鼠标左键，可以同时选中这两个单元以及它们之间的所有单元。

4.4.4 添加表格内容

在 AutoCAD 中，表格的主要作用就是能够清晰、完整、系统地表现图样中的数据。表格中的数据都是通过表格单元进行添加的，表格单元不仅可以包含文本信息，而且还可以包含多个块。此外，还可以将 AutoCAD 中的表格数据与 Microsoft Excel 电子表格中的数据进行连接。

1. 添加数据

当创建表格后，系统会自动亮显第一个表格单元，并打开【表格单元】选项卡，此时可以开始输入文字，在输入文字的过程中，单元的行高会随输入文字的高度或行数的增加而增加。要移动到下一单元，可以按 Tab 键或使用箭头键向左、向右、向上和向下移动。通过在选中的单元按 F2 键可以快速编辑单元格文字。

在图样中填写表格时，要使表格文字排列整齐，最好使文字注写在表格的中央。注定单行文字时可以使用【中间】对齐方式，注写多行文字时可以使用【正中】对齐方式。对齐点可以使用【对象捕捉】以及【对象捕捉追踪】功能，得到矩形表格的中央点。

2. 插入块

当选中表格单元后，单击鼠标右键，在弹出的右键快捷菜单中选择【插入点】选项组【块】选项，将弹出【在表格单元中插入块】对话框，设置参数，进行块的插入操作。在表格单元中插入块时，块可以自动适应单元的大小，也可以调整单元以适应块的大小，并且可以将多个块插入到同一个表格单元中。

技巧 要编辑单元格内容，只需双击要修改的文字即可。

4.5 习 题

1. 填空题

（1）机械制图中英文字体一般使用________、________两种。

（2）打开文字样式对话框的方式有：________、________、________等。

（3）启动单行文字命令的方式有：________、________、________等。

（4）启动【表格样式】对话框的方式有：________、________。

2. 操作题

试绘制如图 4-37 所示表格（字体设置为仿宋体，字高设置为 5，行距为 10，列距分别为 85、45、50mm）。

模数	m	3
齿数	z	51
压力角	z	20°
齿顶高系数		1
径向变位系数		0
全齿高	h	6.75
精度等级	6 FLGB10095-88	
齿轮副中心距极限偏差	fa	±0.02
配对齿轮	图号	7010（7011）
	z	49
公差组	检验项目代号	公差值
齿圈径向跳动公差	Fr	0.025
公法线长度跳动公差	Fv	0.0250
齿形公差	Ff	0.0090
齿距极限偏差	Fpt	±0.011
齿向公差	FB	0.0120
公法线	Wk	50.895
	K	6

图 4-37 绘制表格

第5章 参数化绘图

本章导读

参数化绘图是从 AutoCAD 2010 版本开始新增的一大功能，这大大改变了在 AutoCAD 中绘制图形的思路和方式。参数化绘图能够使设计更加方便，也是今后设计领域的发展趋势。常用的约束有几何约束和标注约束两种，其中几何约束用于控制对象的关系。标注约束用于控制对象的距离、长度、角度和半径值。

本章重点

- 几何约束
- 尺寸约束
- 编辑约束
- 典型范例——为垫片平面图添加几何约束
- 典型范例——绘制连杆平面图

5.1 几何约束

几何约束用来定义图形元素和确定图形元素之间的关系。几何约束类型包括重合、共线、平行、垂直、同心、相切、相等、对称、水平和竖直等约束。

5.1.1 重合约束

【重合】约束用于强制使两个点或一个点和一条直线重合。

执行【重合】约束命令有以下 3 种方法:

- 菜单栏：执行【参数】|【几何约束】|【重合】命令
- 工具栏：单击【几何约束】工具栏上的【重合】按钮
- 功能区：单击【参数化】选项卡中【几何】面板上的【重合】按钮

执行该命令后，根据命令行的提示，选择不同的两个对象上的第一个和第二个点，将第二个点与第一个点重合，如图 5-1 所示。

5.1.2 共线约束

【共线】约束用于约束两条直线，使其位于同一直线上。

执行【共线】约束命令有以下 3 种方法:

- 菜单栏：执行【参数】|【几何约束】|【共线】命令
- 工具栏：单击【几何约束】工具栏上的【共线】按钮
- 功能区：单击【参数化】选项卡中【几何】面板上的【共线】按钮

执行该命令后，根据命令行的提示，选择第一个和第二个对象，将第二个对象与第一个对象共线，如图 5-2 所示。

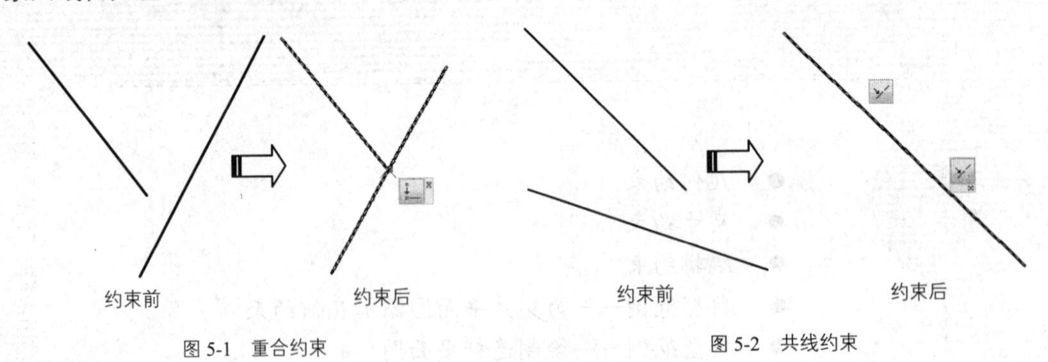

图 5-1　重合约束

图 5-2　共线约束

5.1.3 同心约束

【同心】约束用于约束选定的圆、圆弧或者椭圆，使其具有相同的圆心点。

执行【同心】约束命令有以下 3 种方法:

- 菜单栏：执行【参数】|【几何约束】|【同心】命令
- 工具栏：单击【几何约束】工具栏上的【同心】按钮

- 功能区：单击【参数化】选项卡中【几何】面板上的【同心】按钮

执行该命令后，根据命令行的提示，分别选择第一个和第二个圆弧或圆对象，第二个圆弧或圆对象将会进行移动，与第一个对象具有同一个圆心，如图 5-3 所示。

5.1.4 固定约束

【固定】约束用于约束一个点或一条曲线，使其固定在相对于世界坐标系（WCS）的特定位置和方向上。

执行【固定】约束命令有以下 3 种方法：

- 菜单栏：执行【参数】|【几何约束】|【固定】命令
- 工具栏：单击【几何约束】工具栏上的【固定】按钮
- 功能区：单击【参数化】选项卡中【几何】面板上的【固定】按钮

执行该命令后，根据命令行的提示，选择对象上的点，对对象上的点应用固定约束会将节点锁定，但仍然可以移动该对象，如图 5-4 所示。

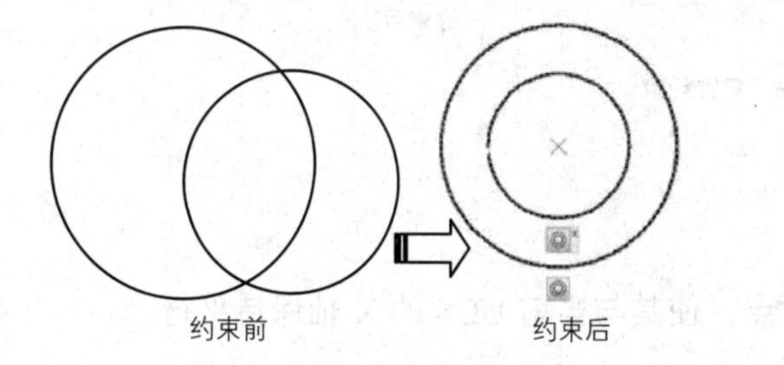

图 5-3　同心约束

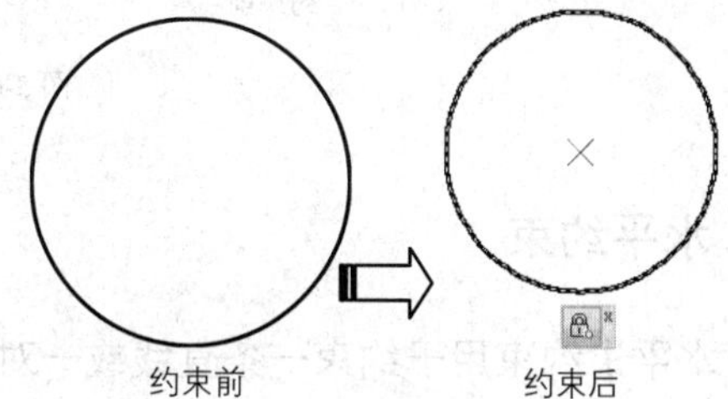

图 5-4　固定约束

5.1.5 平行约束

【平行】约束用于约束两条直线，使其保持相互平行。

执行【平行】约束命令有以下 3 种方法：

- 菜单栏：执行【参数】|【几何约束】|【平行】命令
- 工具栏：单击【几何约束】工具栏上的【平行】按钮
- 功能区：单击【参数化】选项卡中【几何】面板上的【平行】按钮

执行该命令后，根据命令行的提示，依次选择要进行平行约束的两个对象，第二个对象将被设为与第一个对象平行，如图 5-5 所示。

5.1.6 垂直约束

【垂直】约束用于约束两条直线，使其夹角始终保持 90°。

执行【垂直】约束命令有以下 3 种方法：

- 菜单栏：执行【参数】|【几何约束】|【垂直】命令
- 工具栏：单击【几何约束】工具栏上的【垂直】按钮
- 功能区：单击【参数化】选项卡中【几何】面板上的【垂直】按钮

执行该命令后，根据命令行的提示，依次选择要进行垂直约束的两个对象，第二个对象将被设为与第一个对象垂直，如图 5-6 所示。

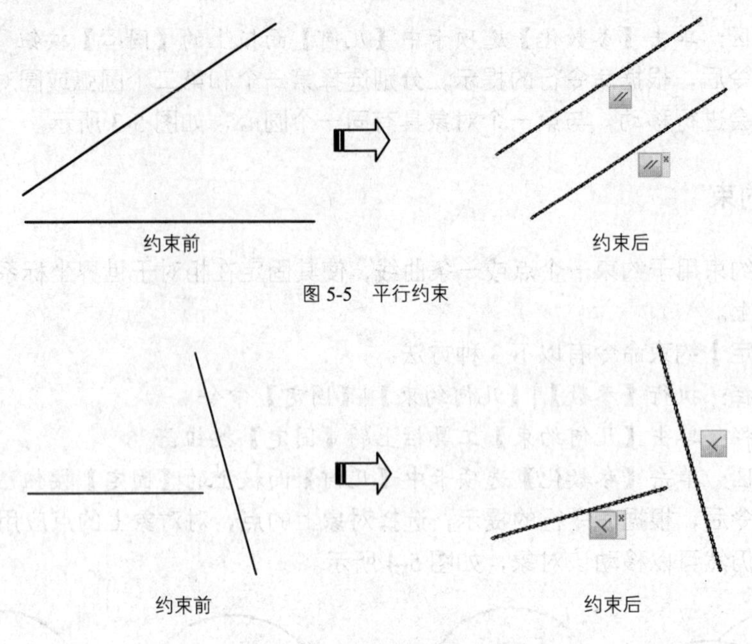

图 5-5　平行约束

图 5-6　垂直约束

5.1.7 水平约束

【水平】约束用于约束一条直线或一对点，使其与当前 UCS 的 X 轴保持平行。

执行【水平】约束命令有以下 3 种方法:

- 菜单栏：执行【参数】|【几何约束】|【水平】命令
- 工具栏：单击【几何约束】工具栏上的【水平】按钮
- 功能区：单击【参数化】选项卡中【几何】面板上的【水平】按钮

执行该命令后，根据命令行的提示，选择要进行水平约束的直线，直线将会自动水平放置，如图 5-7 所示。

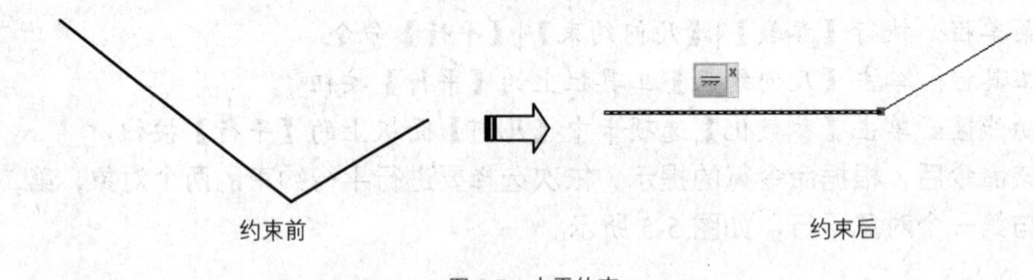

图 5-7　水平约束

5.1.8 竖直约束

【竖直】约束用于约束一条直线或者一对点使其与当前 UCS 的 Y 轴保持平行。

执行【竖直】约束命令有以下 3 种方法

- 菜单栏：执行【参数】|【几何约束】|【竖直】命令
- 工具栏：单击【几何约束】工具栏上的【竖直】按钮
- 功能区：单击【参数化】选项卡中【几何】面板上的【竖直】按钮

执行该命令后，根据命令行的提示，选择要置为竖直的直线，直线将会自动竖直放置，如图 5-8 所示。

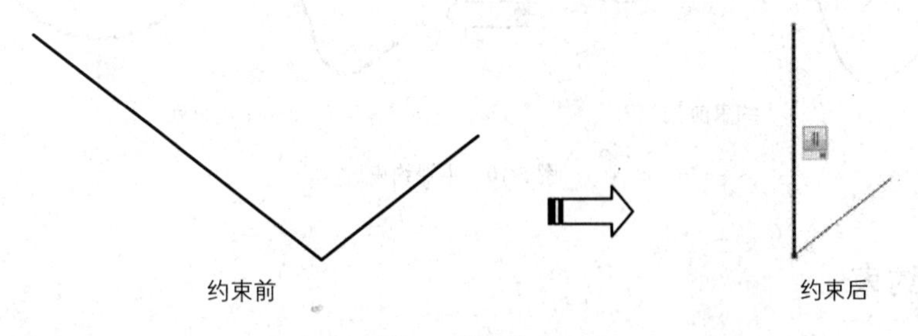

图 5-8　竖直约束

5.1.9 相切约束

【相切】约束用于约束两条曲线，或是一条直线和一段曲线（圆、圆弧等），使其彼此相切或其延长线彼此相切。

执行【相切】约束命令有以下 3 种方法：

- 菜单栏：执行【参数】|【几何约束】|【相切】命令
- 工具栏：单击【几何约束】工具栏上的【相切】按钮
- 功能区：单击【参数化】选项卡中【几何】面板上的【相切】按钮

执行该命令后，根据命令行的提示，依次选择要相切的两个对象，使第二个对象与第一个对象相切于一点，如图 5-9 所示。

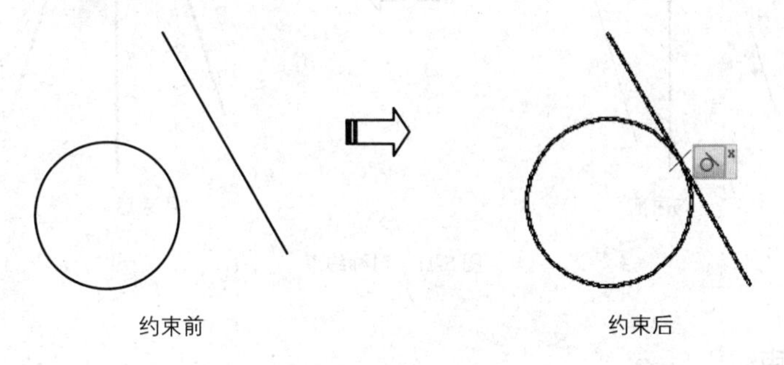

图 5-9　相切约束

5.1.10 平滑约束

【平滑】约束用于约束一条样条曲线，使其与其他样条曲线、直线、圆弧或多段线彼此相连并保持平滑连续。

执行【平滑】约束命令有以下 3 种方法：

- 菜单栏：执行【参数】|【几何约束】|【平滑】命令
- 工具栏：单击【几何约束】工具栏上的【平滑】按钮
- 功能区：单击【参数化】选项卡中的【几何】面板上的【平滑】按钮

执行该命令后，根据命令行的提示，首先选择第一个曲线对象，然后选择第二个曲线对象，两个对象将转换为相互连续的曲线，如图 5-10 所示。

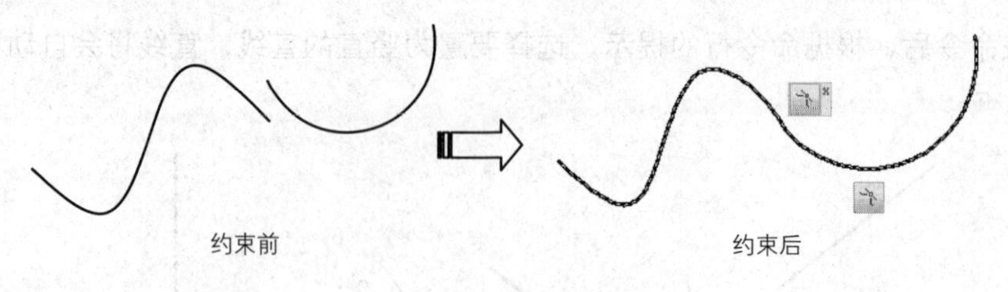

图 5-10　平滑约束

5.1.11 对称约束

【对称】约束用于约束两条曲线或者两个点，使其以选定直线为对称轴彼此对称。

执行【对称】约束命令有以下 3 种方法：

- 菜单栏：执行【参数】|【几何约束】|【对称】命令
- 工具栏：单击【几何约束】工具栏上的【对称】按钮
- 功能区：单击【参数化】选项卡中【几何】面板上的【对称】按钮

执行该命令后，根据命令行的提示，依次选择第一个和第二个图形对象，然后选择对称直线，即可将选定对象关于选定直线对称约束，如图 5-11 所示。

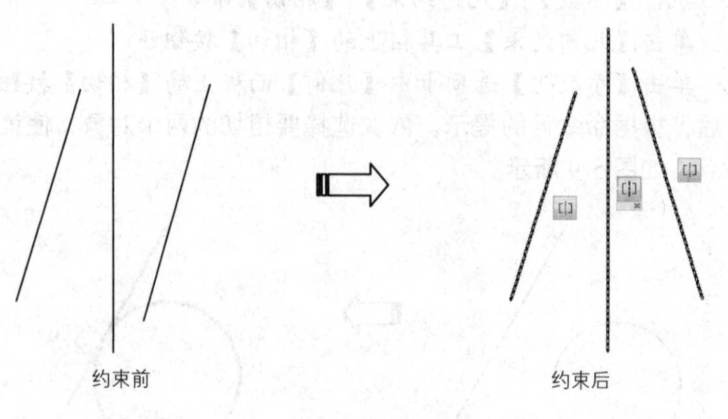

图 5-11　对称约束

5.1.12 相等约束

【相等】约束用于约束两条直线或多段线，使其具有相同的长度，或约束圆弧和圆使其具有相同的半径值。

执行【相等】约束命令有以下 3 种方法：

- 菜单栏：执行【参数】|【几何约束】|【相等】命令
- 工具栏：单击【几何约束】工具栏上的【相等】按钮
- 功能区：单击【参数化】选项卡中【几何】面板上的【相等】按钮

执行该命令后，根据命令行的提示，依次选择第一个和第二个图形对象，第二个对象即可与第一个对象相等，如图 5-12 所示。

在某些情况下，应用约束时两个对象选择的顺序非常重要。通常所选的第二个对象会根据第一个对象调整。例如应用水平约束时，选择第二个对象将调整为平行于第一个对象。

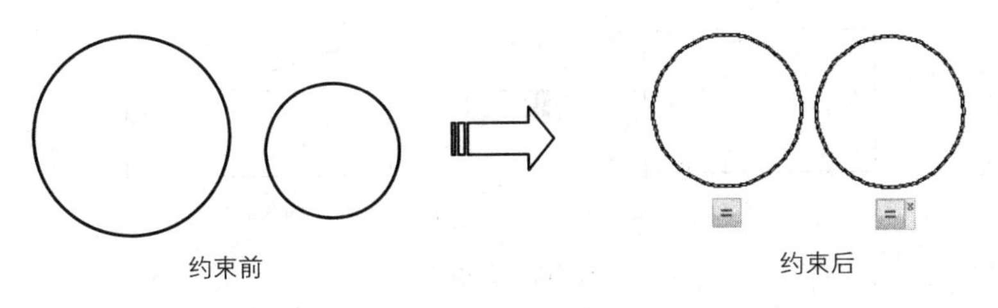

图 5-12　相等约束

5.2 尺寸约束

尺寸约束用于控制二维对象的大小、角度以及两点之间的距离，改变尺寸约束将驱动对象发生相应变化。尺寸约束类型包括对齐约束、水平约束、竖直约束、半径约束、直径约束以及角度约束等。

5.2.1 水平约束

【水平】约束用于约束两点之间的水平距离。

执行该命令有以下 3 种方法：

- 菜单栏：执行【参数】|【标注约束】|【水平】命令
- 工具栏：单击【标注约束】工具栏上的【水平】按钮
- 功能区：单击【参数化】选项卡中【标注】面板上的【水平】按钮

执行该命令后，根据命令行的提示，分别指定第一个约束点和第二个约束点，然后修改尺寸值，即可完成水平尺寸约束，如图 5-13 所示。

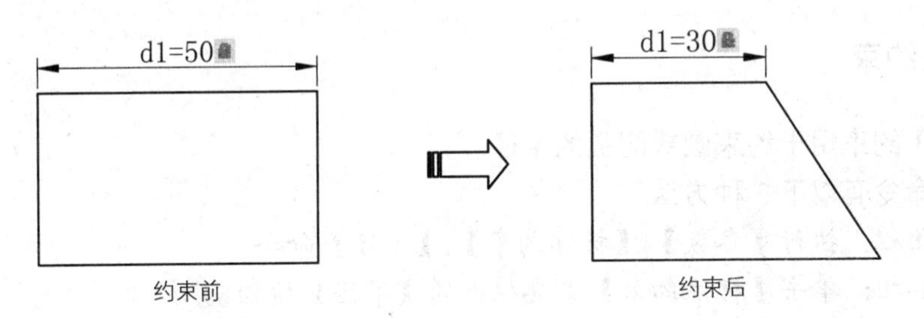

图 5-13　水平约束

5.2.2 竖直约束

【竖直】约束用于约束两点之间的竖直距离。

执行该命令有以下 3 种方法：

- 菜单栏：执行【参数】|【标注约束】|【竖直】命令
- 工具栏：单击【标注约束】工具栏中的【竖直】按钮
- 功能区：单击【参数化】选项卡中【标注】面板上的【竖直】按钮

执行该命令后，根据命令行的提示，分别指定第一个约束点和第二个约束点，然后修改尺寸值，即可完成竖直尺寸约束，如图 5-14 所示。

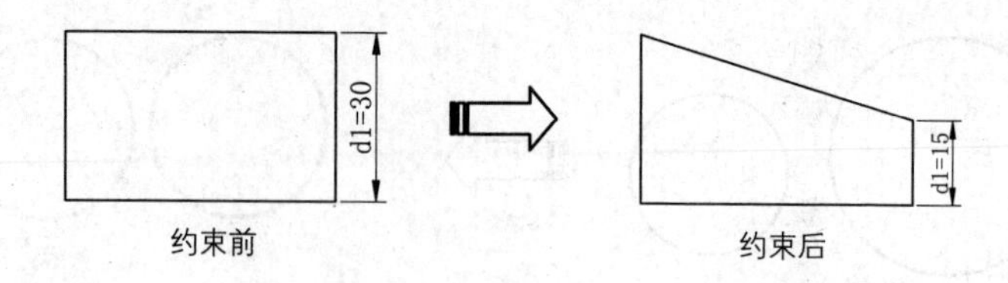

图 5-14 竖直约束

5.2.3 对齐约束

【对齐】约束用于约束两点之间的距离。

执行该命令有以下 3 种方法：

- 菜单栏：执行【参数】|【标注约束】|【对齐】命令
- 工具栏：单击【标注约束】工具栏上的【对齐】按钮
- 功能区：单击【参数化】选项卡中【标注】面板上的【对齐】按钮

执行该命令后，根据命令行的提示，分别指定第一个约束点和第二个约束点，然后修改尺寸值，即可完成对齐尺寸约束，如图 5-15 所示。

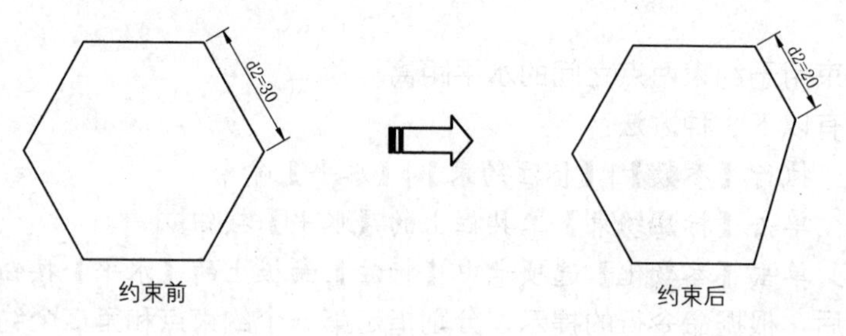

图 5-15 对齐约束

5.2.4 半径约束

【半径】约束用于约束圆或圆弧的半径。

执行该命令有以下 3 种方法：

- 菜单栏：执行【参数】|【标注约束】|【半径】命令
- 工具栏：单击【标注约束】工具栏上的【半径】按钮
- 功能区：单击【参数化】选项卡中【标注】面板上的【半径】按钮

执行该命令后，根据命令行的提示，首先选择圆或圆弧，再确定尺寸线的位置，然后修改半径值，即可完成半径尺寸约束，如图 5-16 所示。

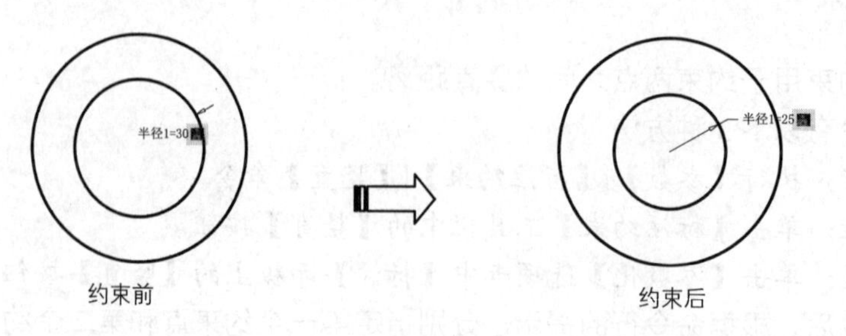

图 5-16 半径约束

5.2.5 直径约束

【直径】约束用于约束圆或圆弧的直径。

执行该命令有以下 3 种方法：

- 菜单栏：执行【参数】|【标注约束】|【直径】命令
- 工具栏：单击【标注约束】工具栏上的【直径】按钮
- 功能区：单击【参数化】选项卡中【标注】面板上的【直径】按钮

执行该命令后，根据命令行的提示，首先选择圆或圆弧，接着指定尺寸线的位置，然后修改直径值，即可完成直径尺寸约束，如图 5-17 所示。

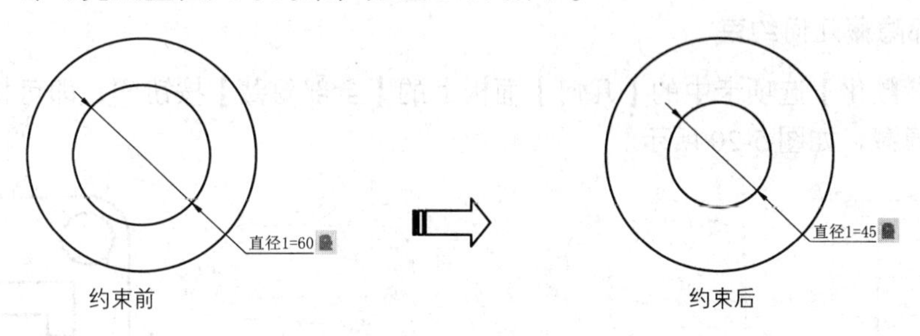

图 5-17　直径约束

5.2.6 角度约束

【角度】约束用于约束直线之间的角度或圆弧的包含角。

执行该命令有以下 3 种方法：

- 菜单栏：执行【参数】|【标注约束】|【角度】菜单命令
- 工具栏：单击【标注约束】工具栏上的【角度】按钮
- 功能区：单击【参数化】选项卡中【标注】面板上的【角度】按钮

执行该命令后，根据命令行的提示，首先指定第一条直线和第二条直线，然后指定尺寸线的位置，然后修改角度值，即可完成角度尺寸约束，如图 5-18 所示。

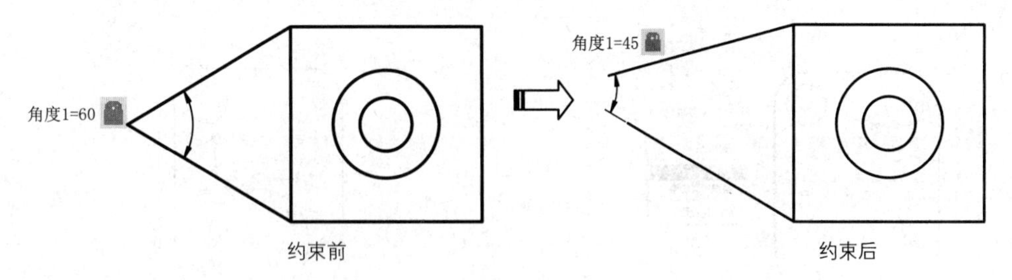

图 5-18　角度约束

5.3 编辑约束

参数化绘图中的几何约束和尺寸约束可以进行编辑。

5.3.1 编辑几何约束

在参数化绘图中添加几何约束后，对象旁会出现约束图标。将光标移动到图形对象或图标上，此时相关的对象及图标将亮显。然后可以对添加到图形中的几何约束进行显示、隐藏以及删除等操作。

1. 全部显示几何约束

单击【参数】化选项卡中【几何】面板中的【全部显示】按钮，即可将图形中所有的几何约束显示出来，如图 5-19 所示。

2. 全部隐藏几何约束

单击【参数化】选项卡中的【几何】面板上的【全部隐藏】按钮，即可将图形中所有的几何约束隐藏，如图 5-20 所示。

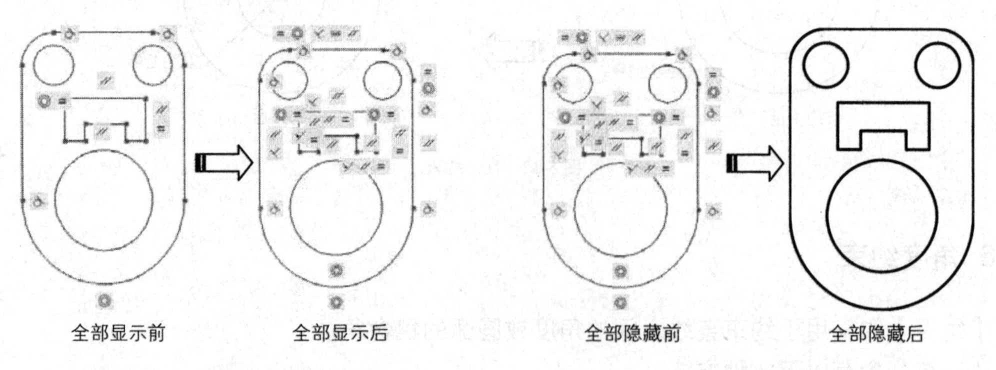

图 5-19　全部显示几何约束　　　　图 5-20　全部隐藏几何约束

3. 隐藏几何约束

将光标放置在需要隐藏的几何约束上，该约束将亮显，单击鼠标右键，系统弹出右键快捷菜单，如图 5-21 所示。选择快捷菜单中的【隐藏】命令，即可将该几何约束隐藏，如图 5-22 所示。

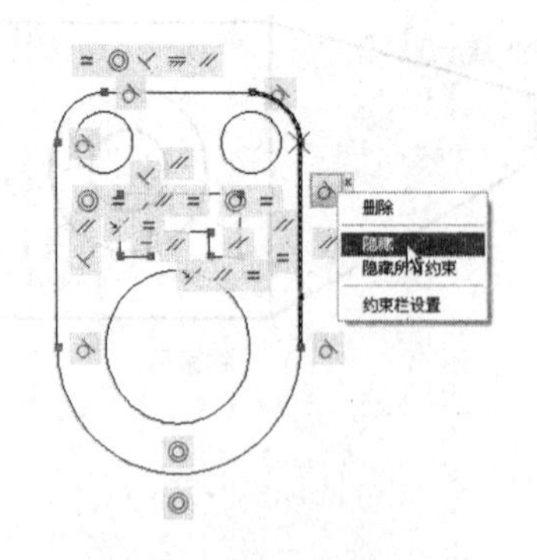

图 5-21　选择需隐藏的几何约束

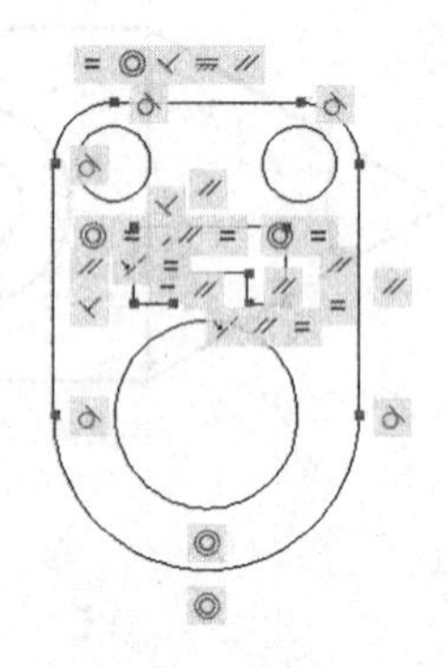

图 5-22　隐藏几何约束

4. 删除几何约束

将光标放置在需要删除的几何约束上，该约束将亮显，单击鼠标右键，系统弹出右键快

捷菜单，如图 5-23 所示。选择快捷菜单中的【删除】命令，即可将该几何约束删除，如图 5-24 所示。

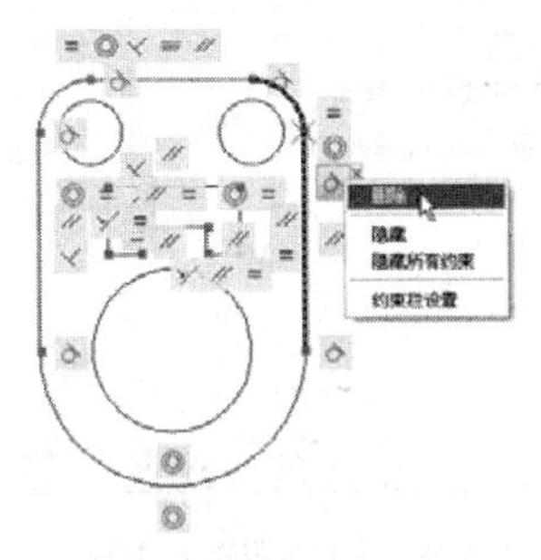

图 5-23　选择需删除的几何约束

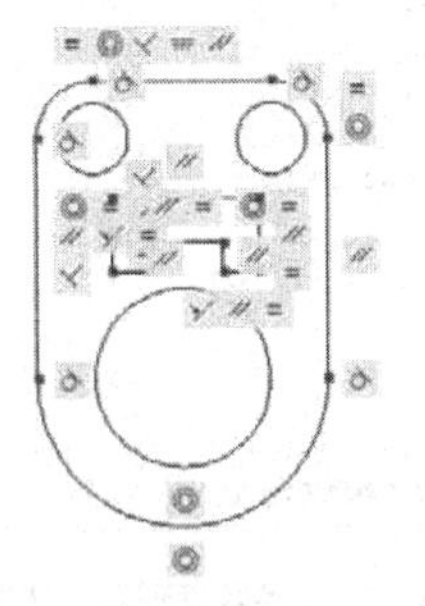

图 5-24　删除几何约束

5. 约束设置

单击【参数化】选项卡中的【几何】面板或【标注】面板右下角的小箭头，如图 5-25 所示，系统将弹出一个如图 5-26 所示的【约束设置】对话框。通过该对话框可以设置约束栏图标的显示类型以及约束栏图标的透明度。

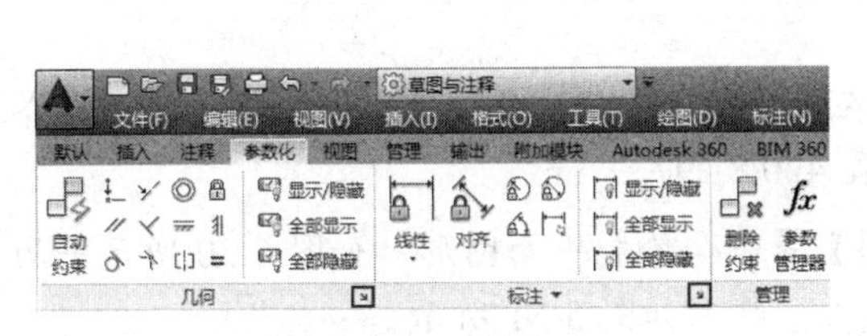

图 5-25　快捷菜单

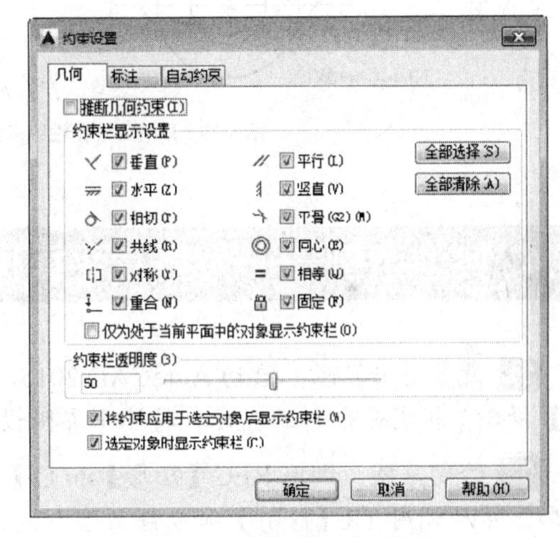

图 5-26　【约束设置】对话框

5.3.2 编辑尺寸约束

编辑尺寸标注的方法有以下 3 种：

- 双击尺寸约束或利用 DDEDIT 命令编辑约束的值、变量名称或表达式。
- 选中约束，单击鼠标右键，利用快捷菜单中的选项编辑约束。
- 选中尺寸约束，拖动与其关联的三角形关键点改变约束的值，同时改变图形对象。

执行【参数】|【参数管理器】命令，系统弹出如图 5-27 所示的【参数管理器】选项板。在该选项板中列出了所有的尺寸约束，修改表达式的参数即可改变图形的大小。

执行【参数】|【约束设置】命令，系统弹出如图 5-28 所示的【约束设置】对话框，在其中可以设置标注名称的格式、是否为注释性约束显示锁定图标和是否为对象显示隐藏的动态约束。如图 5-29 所示为取消为注释性约束显示锁定图标的前后效果对比。

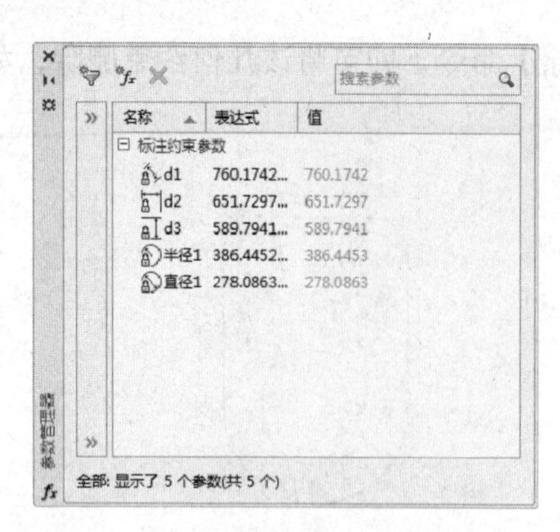

图 5-27 【参数管理器】选项板

图 5-28 【约束设置】对话框

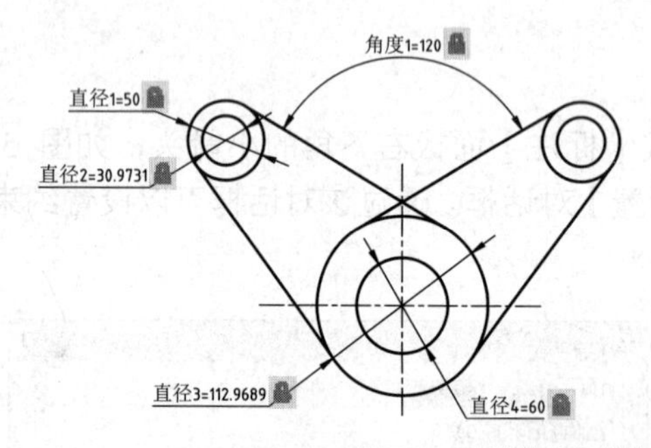

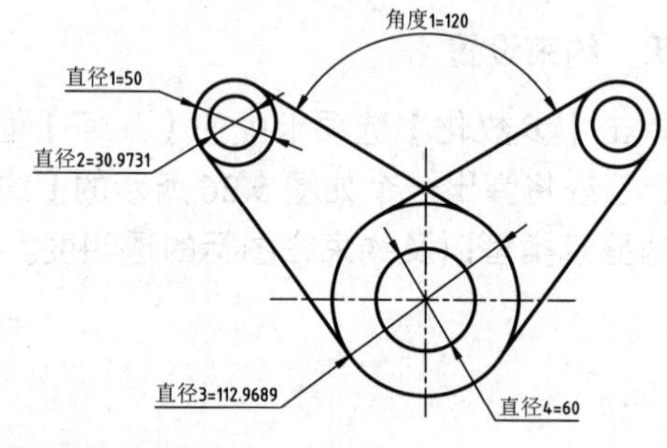

图 5-29 取消为注释性约束显示锁定图标的前后效果对比

5.4 典型范例——为垫片平面图添加几何约束

01 设置图形界限。启动 AutoCAD 2015，在命令行 LIMITS 并按回车键，调用【图形界限】命令，根据命令行的提示，将图形界限设置 420 × 297。

02 绘制草图。调用 REC【矩形】和 C【圆】等命令绘制平面图形，如图 5-30 所示平面图形。然后调用 TR【修剪】命令修剪多余的线条，结果如图 5-31 所示。

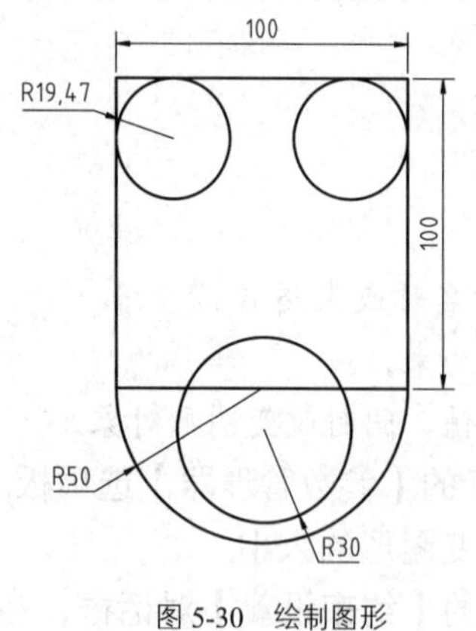

图 5-30 绘制图形

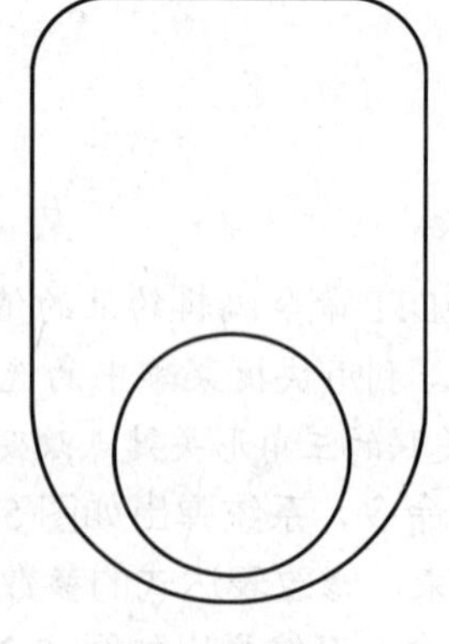

图 5-31 修剪操作

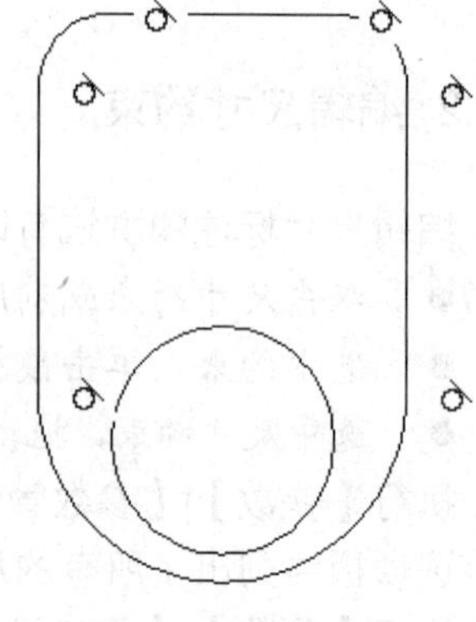

图 5-32 添加相切约束

03 为图形添加几何约束。单击【几何约束】面板上的【相切】按钮，为图形添加相切约束，结果如图 5-32 所示。然后单击【几何约束】面板上的【同心】按钮，为图形添

加同心约束，结果如图 5-33 所示。

04 绘制圆及添加几何约束。调用 C【圆】命令，在之前绘图的图形两侧绘制两个半径均为 12 的圆，如图 5-34 所示。然后单击【几何约束】面板上的【同心】按钮◎，为图形添加同心约束，结果如图 5-35 所示。

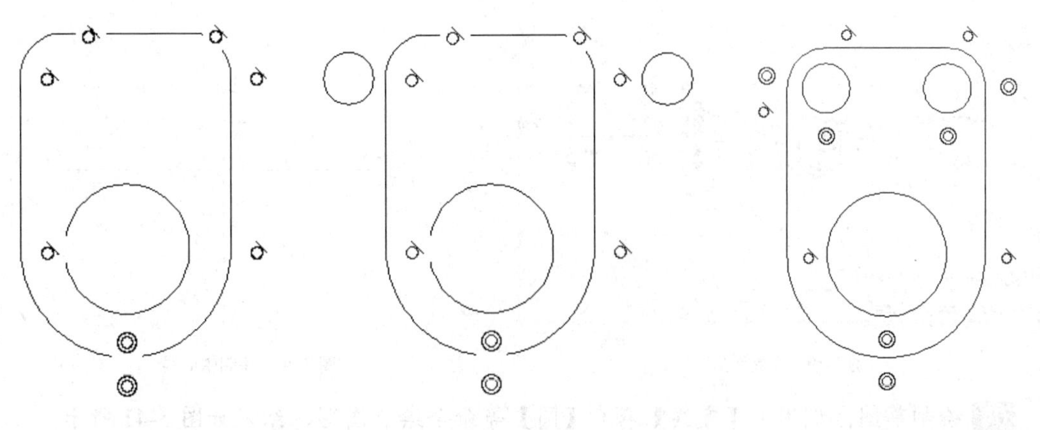

图 5-33 添加同心约束　　图 5-34 绘制圆　　图 5-35 添加同心约束

05 绘制平面图形及添加几何约束。调用 PL【多段线】命令绘制如图 5-36 所示尺寸的图形。然后执行【参数】|【自动约束】命令，为图形添加自动约束，结果如图 5-37 所示。

06 为图形添加水平约束。单击【几何约束】面板上的【水平】按钮，为图形添加水平约束，结果如图 5-38 所示。

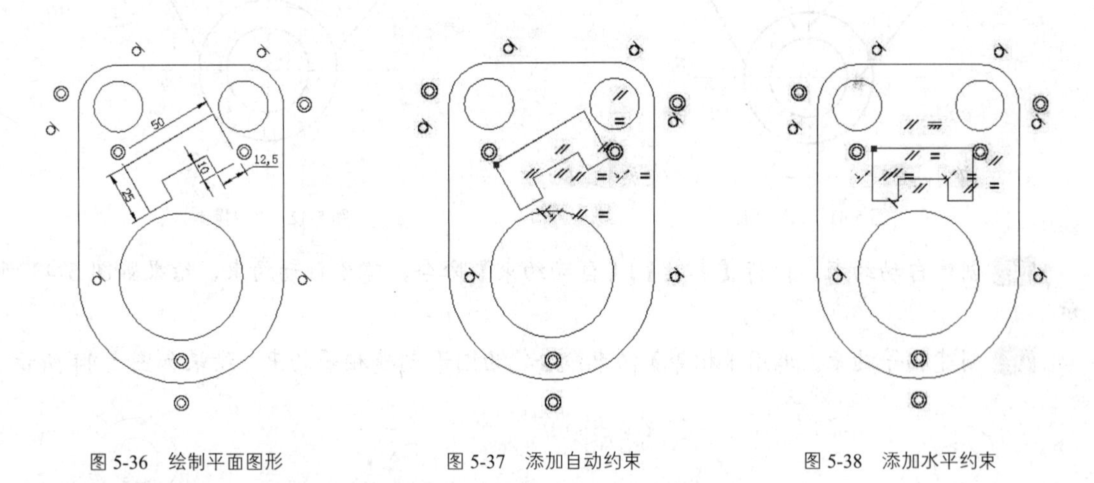

图 5-36 绘制平面图形　　图 5-37 添加自动约束　　图 5-38 添加水平约束

5.5 典型范例——绘制连杆平面图

01 设置图形界限。启动 AutoCAD2014，在命令行 LIMITS 并按回车键，调用【图形界限）命令，将图形界限设置 420 × 297。

02 设置图层。单击【图层】面板上的【图层特性管理器】按钮，弹出【图层特性管理器】对话框。单击【新建图层】按钮，新建 3 个图层，分别命名为【轮廓线】、【中心线】

和【标注线】。将【轮廓线】线宽设置为 0.3，将【中心线】线型设置为 CENTER2，如图 5-39 所示。

03 绘制中心线。将【中心线】图层置为当前图层，调用 L【直线】命令在绘图区域绘制两条互相垂直的中心线，如图 5-40 所示。

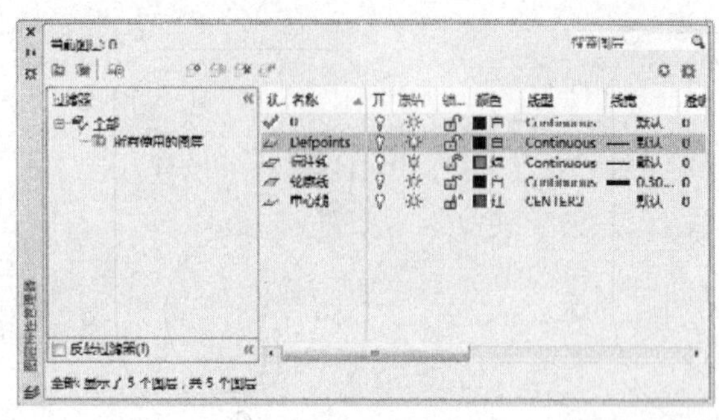

图 5-39　设置图层

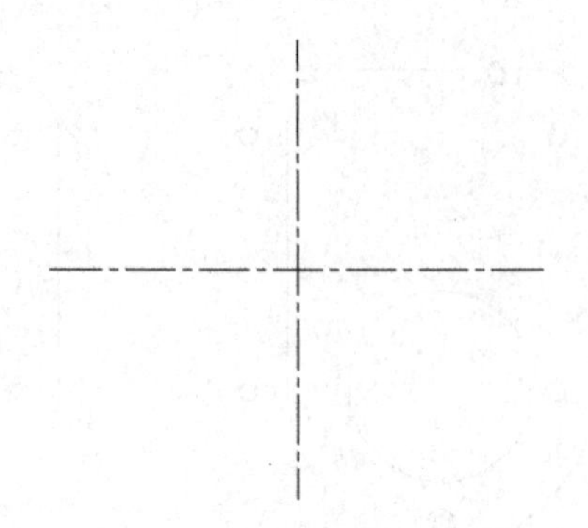

图 5-40　绘制中心线

04 绘制草图。调用 L【直线】和 C【圆】等命令绘制图形，结果如图 5-41 所示。

05 修剪图形。调用 TR【修剪】命令修剪图形，结果如图 5-42 所示。

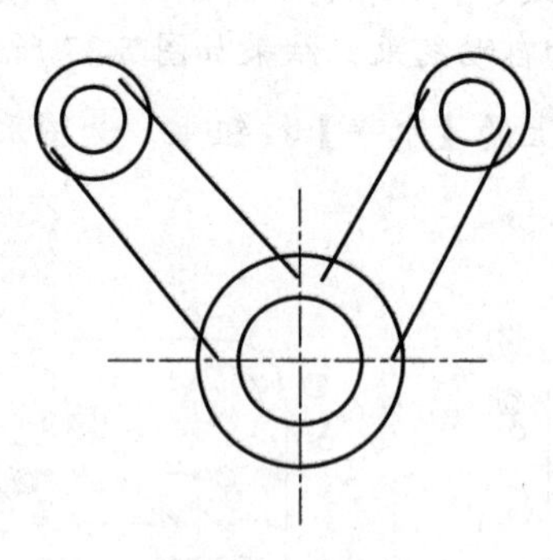

图 5-41　绘制图形

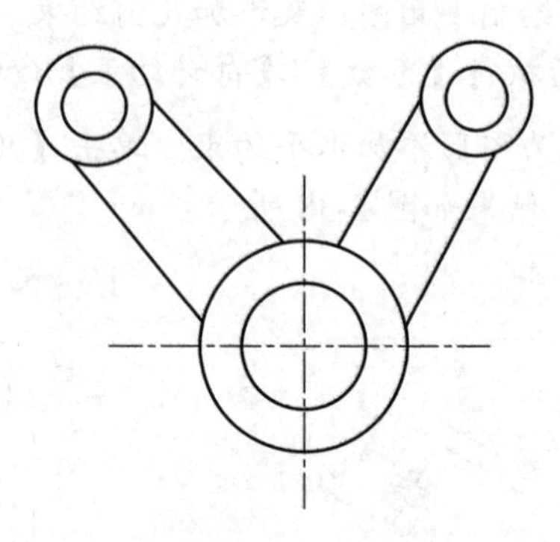

图 5-42　修剪操作

06 创建自动约束。执行【参数】|【自动约束】命令，建立自动约束，结果如图 5-43 所示。

07 创建相等约束。调用【相等】约束命令，为图形创建相等约束，结果如图 5-44 所示。

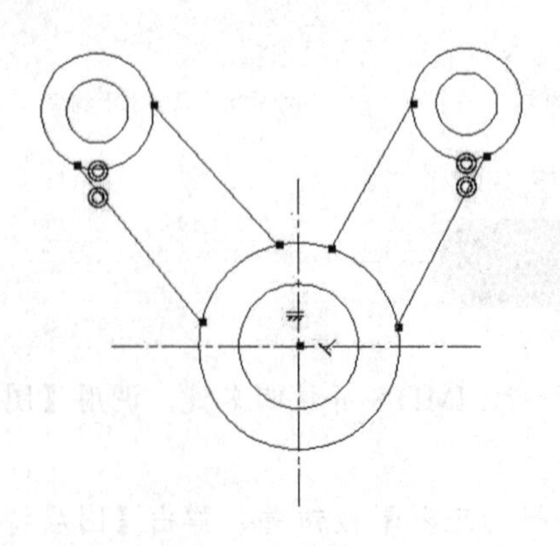

图 5-43　创建自动约束

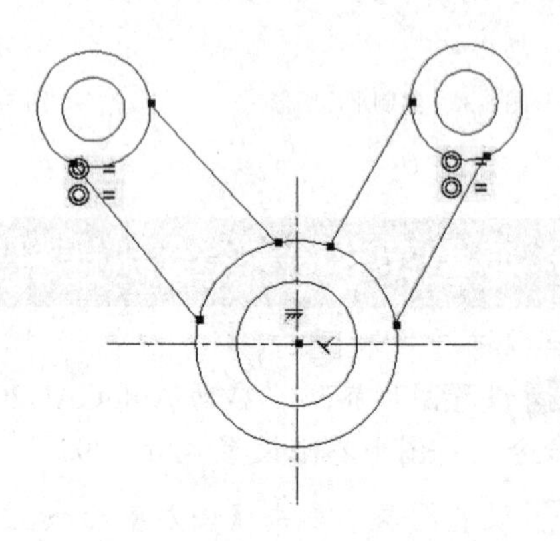

图 5-44　创建相等约束

08 创建相切约束。调用【相切】约束命令，为图形创建相切约束，结果如图 5-45 所示。

09 创建对称约束。调用【对称】约束命令，为图形创建对称约束，结果如图 5-46 所示。

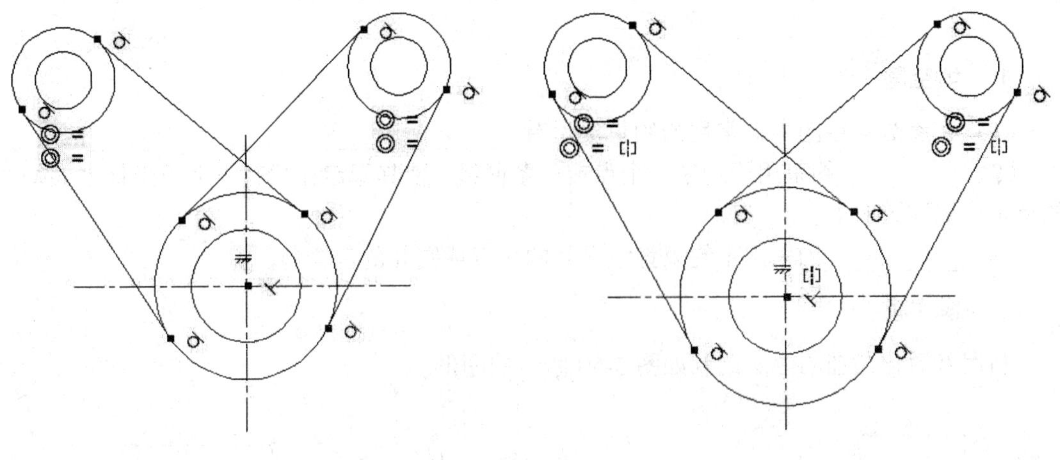

图 5-45　创建相切约束　　　　图 5-46　创建对称切约束

10 创建标注约束。调用【直径】、【角度】等标注约束命令为图形创建标注约束，结果如图 5-47 所示。

11 修改标注约束。修改图形的角度以及圆的直径。修改直径 1 时，直径 2 和直径 3 都会跟着变化，结果如图 5-48 所示。

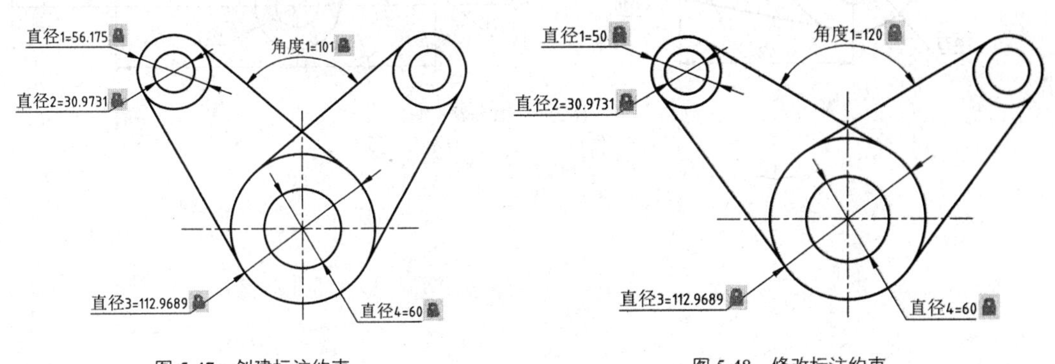

图 5-47　创建标注约束　　　　图 5-48　修改标注约束

技巧 当所修改的尺寸不能满足图形构成因素时，系统弹出如图 5-49 所示的无法应用【约束】对话框。

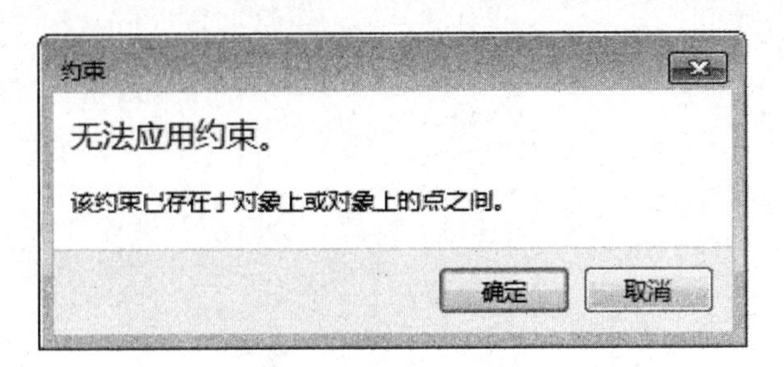

图 5-49　无法应用【约束】对话框

5.6 习题

1. 填空题

（1）在参数化绘图中，常用的约束类型有：＿＿＿＿＿＿、＿＿＿＿＿＿。

（2）＿＿＿＿约束用于约束一个点或一条曲线，使其固定在相对于世界坐标系（WCS）的特定位置和方向上。

（3）＿＿＿＿约束用于约束直线之间的角度或圆弧的包含角。

2. 操作题

利用参数化绘图的方法绘制如图 5-50 所示的图形。

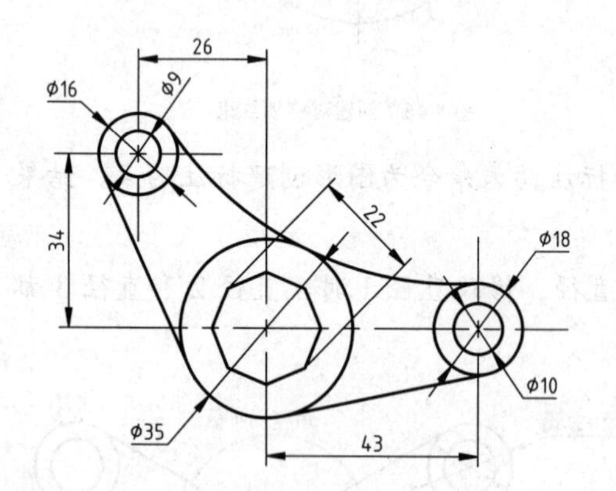

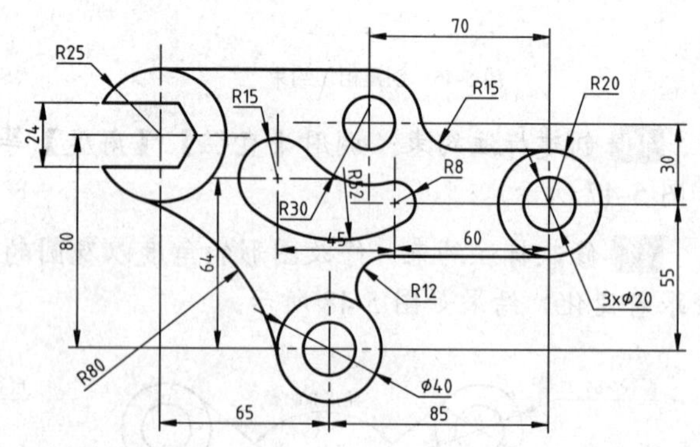

图 5-50 操作题

第6章 机械制图尺寸标注

本章导读

在机械设计中，图形用于表达机件的结构形状，而机件的真实大小则由尺寸确定。尺寸是工程图中不可缺少的重要内容，是零部件加工生产的重要依据，必须满足正确、完整、清晰的基本要求。

AutoCAD 提供了一套完整、灵活、方便的尺寸标注系统，具有强大的尺寸标注和编辑功能。可以创建多种标注类型，还可以通过设置标注样式编辑单独的标注来控制个别尺寸标注的外观，以满足国家标准对尺寸标注的要求。

本章重点

- 尺寸标注的组成与有关规定
- 尺寸标注样式
- 公称尺寸标注
- 尺寸公差标注
- 形位公差标注
- 特殊尺寸标注
- 编辑标注对象

6.1 尺寸标注的组成与有关规定

尺寸标注是一项极为重要、严肃的工作，必须严格遵守国家相关标准和规范，了解尺寸标注的规则、组成元素以及标注方法。

6.1.1 尺寸标注的组成

一个完整的尺寸一般由标注文字、尺寸线、箭头（尺寸线的终端）和尺寸界线等部分组成，对于圆的标注还有圆心标记和中心线，如图 6-1 所示。

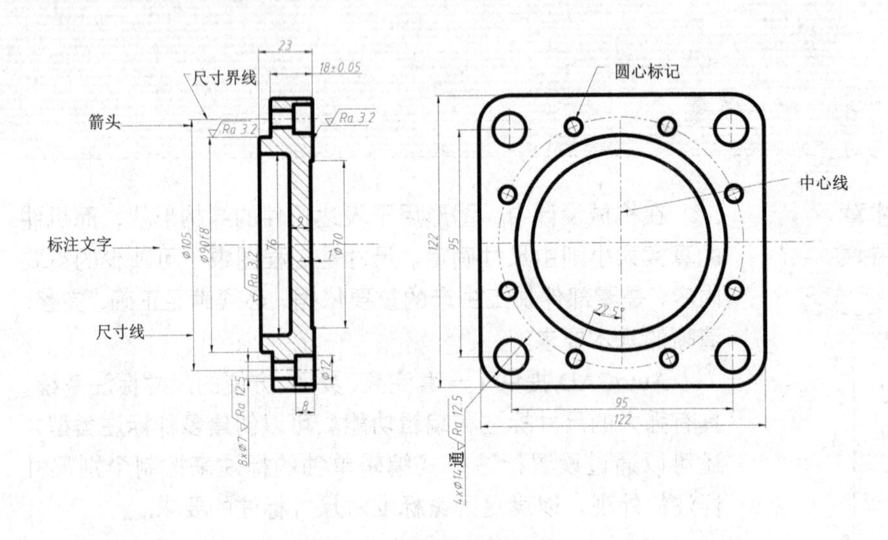

图 6-1 尺寸标注组成示意图

下面介绍尺寸标注的几个组成部分：

- 标注文字：用于表达测量值的字符。文字可以包含前缀、后缀和公差。
- 尺寸线：用于指示标注的方向和范围。标注角度时，尺寸线是一段圆弧。
- 箭头：显示在尺寸线的两端，也称为终止符号。
- 尺寸界线：也称为投影线，从部件延伸到尺寸线。
- 圆心标记：是标记圆或圆弧中心的小十字。
- 中心线：是用来标记圆或圆弧中心的点画线。

在 AutoCAD 中，标注线通常独立设置为标注层，这样可以使所有标注线统一在一个层里面。

6.1.2 尺寸标注相关规定

在机械制图国家标准中，对尺寸标注的基本规则、尺寸线、尺寸界线、标注尺寸的符号、简化标注以及尺寸的公差与配合标注等，都有详细的规定。

1. 尺寸标注的基本规则

尺寸标注应遵循以下基本规则：

- 零件的真实大小应以图样上所标注的尺寸数值为依据，与图样的大小以及绘图的准确度无关。
- 图样中的尺寸以毫米（mm）为单位时，不需要标注计量单位的代号或名称；如采用其他单位，必须标明相应的计量单位的代号或名称。
- 图样中所标注的尺寸，为该图样所示机件的最后完工尺寸，否则应该另行说明。
- 零件的每个尺寸一般只标注一次，并使其反应在该特征最清晰的位置上。

2. 尺寸标注的基本要素

国家标准对尺寸标注要素的规定如下：

- ❑ 尺寸线和尺寸界限

- 尺寸线和尺寸界线均以细实线画出。
- 线型尺寸的尺寸线应平行于表示其长度或距离的线段。
- 图形的轮廓线，中心线或它们的延长线，可以用作尺寸界线，但是不能用作尺寸线，如图 6-2 所示。
- 尺寸界线一般应与尺寸线垂直。当尺寸界线过于贴近轮廓线时，允许将其倾斜画出，在光滑过渡处，需用细实线将其轮廓线延长，从其交点引出尺寸界线。

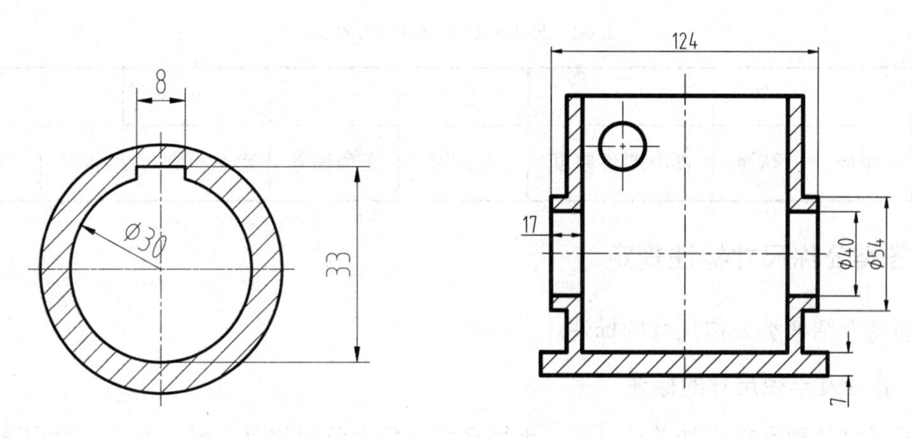

图 6-2　尺寸线和尺寸界线

- ❑ 尺寸线终端

尺寸线终端有箭头或者细斜线、点等多种形式。机械制图中使用较多的是箭头和斜线，如图 6-3 所示。箭头适用于各类图形的标注，斜线一般只是用于建筑或者室内尺寸标注，箭头尖端与尺寸界线接触，不得超出或者离开。当然图形也可以使用其他尺寸终端形式，但是同一图样中只能采用一种尺寸终端形式。

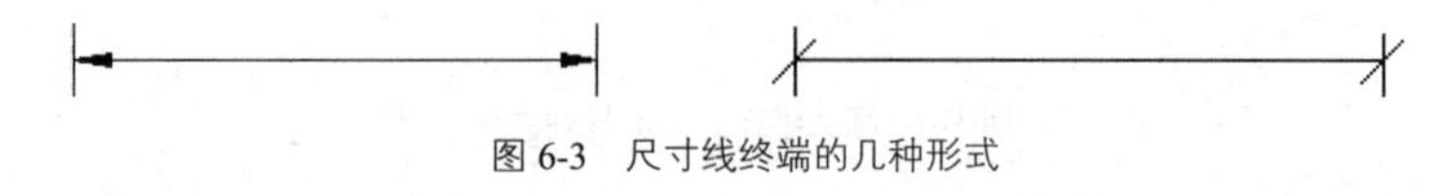

图 6-3　尺寸线终端的几种形式

- ❑ 尺寸数字的规定

线型尺寸的数字一般标注在尺寸线的上方或者尺寸线中断处。同一图样内尺寸数字的字号大小应致，位置不够可引出标注。当尺寸线呈竖直方向时，尺寸数字在尺寸的左侧，字头朝左，其余方向时，字头需朝上，如图 6-4 所示。尺寸数字不可被任何线通过。当尺寸数字不可避免被图线通过时，必须把图线断开，如图 6-5 所示。

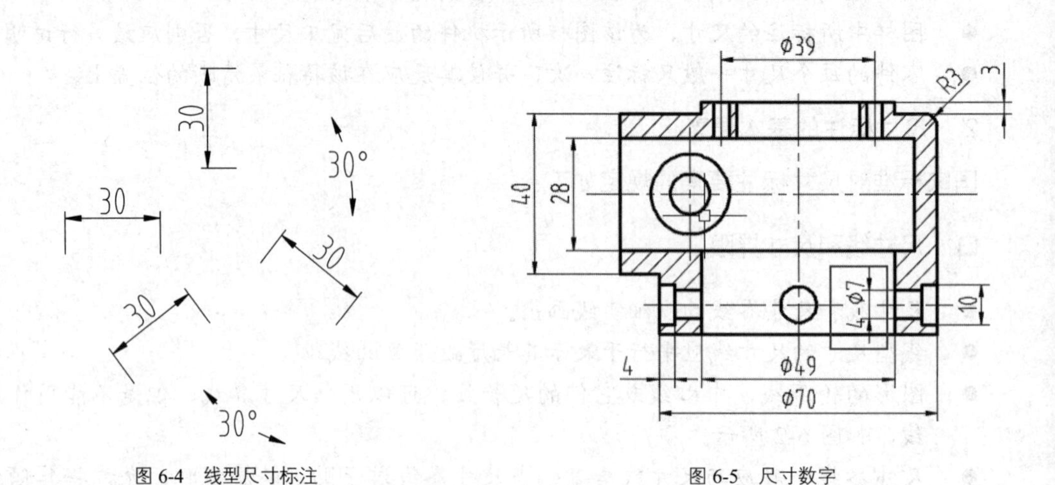

图 6-4　线型尺寸标注　　　　图 6-5　尺寸数字

尺寸数字前的符号用来区分不同类型的尺寸，尺寸标注常见前缀符号的含义见表 6-1。

表 6-1　尺寸标注常见前缀符号的含义

ϕ	R	S	t	□	±	×	<	-
直径	半径	球面	板状零件厚度	正方形	正负偏差	参数分隔符	斜度	连字符

6.1.3 各类公称尺寸标注规定

下面将介绍各类公称尺寸的标注。

1. 直径及半径尺寸的标注

直径尺寸的数字前应加前缀“⌀”，半径尺寸的数字前加前缀“R”，其尺寸线应通过圆弧的圆心。当圆弧的半径过大时，可以使用如图 6-6 所示两种圆弧标注方法。

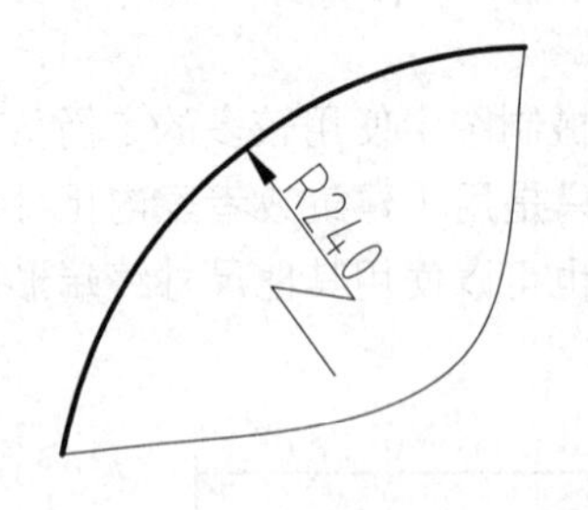

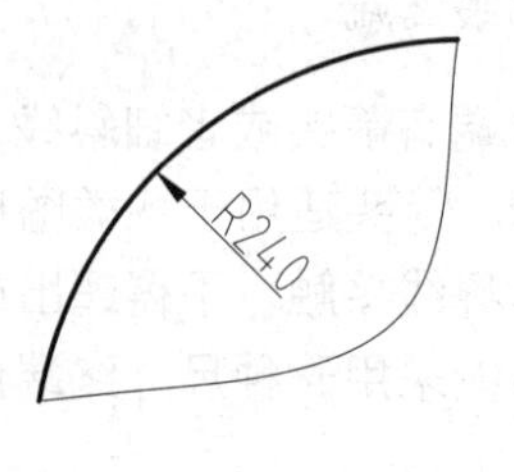

图 6-6　圆弧半径过大的标注方法

2. 弦长及弧长尺寸的标注

- 弦长和弧长的尺寸界限应平行于该弦或者弧的垂直平分线，当弧度较大时，可沿径向引出尺寸界限。

- 弦长的尺寸线为直线，弧长的尺寸线为圆弧，在弧长的尺寸线上方须用细实线画出“︵”弧度符号，如图 6-7 所示。

3．球面尺寸的标注

标注球面的直径和半径时，应在符号“⌀”和“*R*”前再加前缀“S”，如图 6-8 所示。

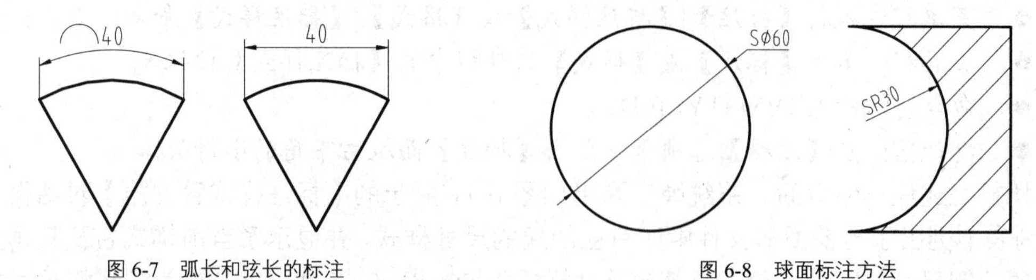

图 6-7　弧长和弦长的标注

图 6-8　球面标注方法

4．正方形结构尺寸的标注

对于正截面为正方形的结构，可在正方形边长尺寸之前加前缀“□”或以“边长×边长”的形式进行标注，如图 6-9 所示。

5．角度尺寸标注

- 角度尺寸的尺寸界限应沿径向引出，尺寸线为圆弧，圆心是该角的顶点，尺寸线的终端为箭头。
- 角度尺寸值一律写成水平方向，一般注写在尺寸线的中断处，角度尺寸标注如图 6-10 所示。

上面简单介绍了 5 种尺寸的标注方法，其他结构的标注请参考国家相关标准。

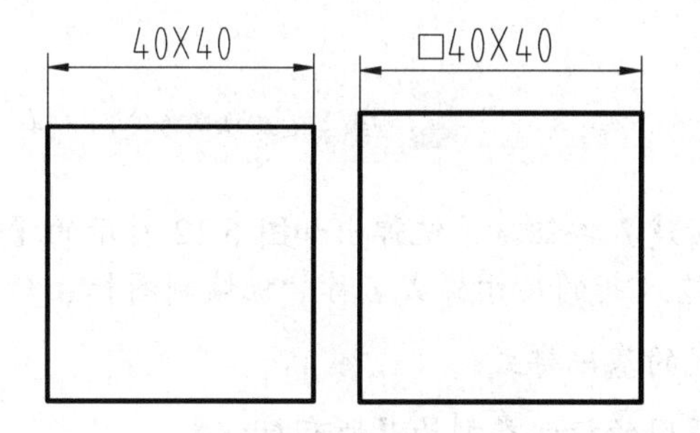

图 6-9　正方形的标注方法

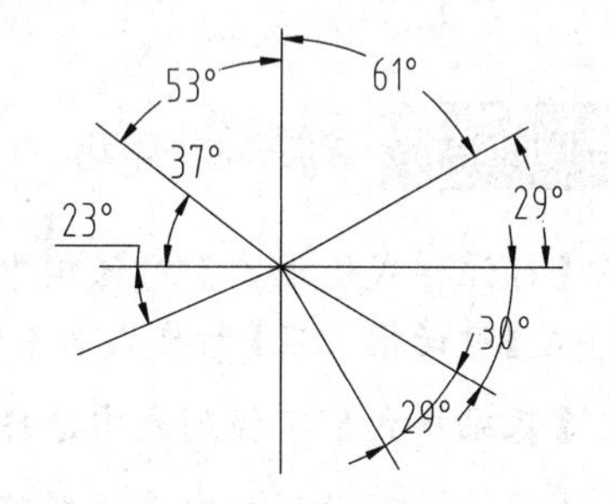

图 6-10　角度尺寸的标注

6.2 尺寸标注样式

尺寸样式是一组尺寸参数设置的集合，用以控制尺寸标注中各组成部分的格式和外观。在标注尺寸之前，应首先根据国家标准的要求设置尺寸样式。用户可以根据需要，利用【标注样式管理器】设置多个尺寸样式，以便于标注尺寸时灵活应用这些设置，并确保尺寸标注的标准化。

6.2.1 创建机械制图标注样式

要创建尺寸标注样式，首先需要打开【标注样式管理器】，打开【标注样式管理器】的方式有以下几种：

- 菜单栏：执行【标注】|【标注样式】或【格式】|【标注样式】命令。
- 工具栏：单击【标注】或【样式】工具栏中的【标注样式】按钮。
- 命令行：输入 DIMSTYLE/D。
- 功能区：在【注释】选项卡中单击【标注】面板右下角的小箭头

执行上述任一命令后，系统弹出弹出如图 6-11 所示的【标注样式管理器】对话框，【样式】列表中列出了当前图形文件中所有已创建的尺寸样式，并显示了当前样式名及其预览图。默认的公制尺寸样式为 ISO-25，英制尺寸样式为 Standard，Annotative 为注释性尺寸样式。

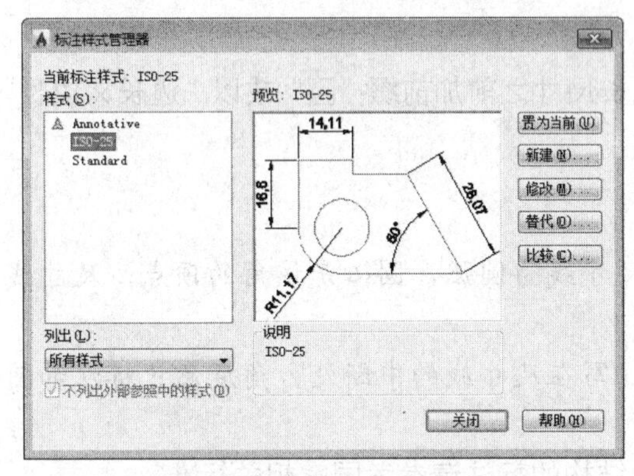

图 6-11 【标注样式管理器】对话框

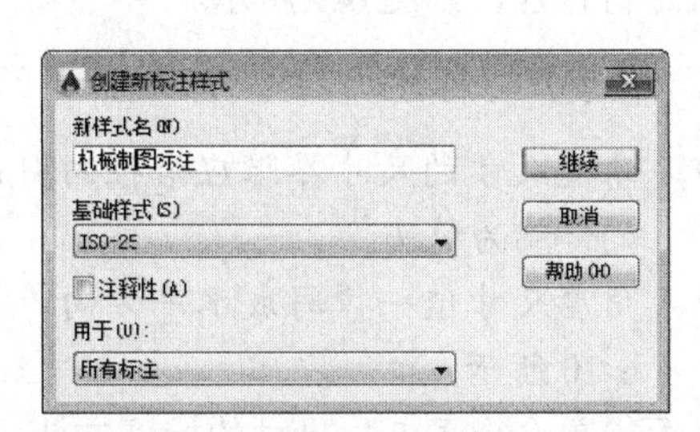

图 6-12 【创建新标注样式】对话框

课堂举例 6-1：创建标注样式

01 在【标注样式处理器】对话框中单击【新建】按钮，系统弹出如图 6-12 所示的【创建新标注样式】对话框，在【新样式名】文本框中输入新的尺寸样式名称“机械制图标注”。

02 在【基础样式】下拉列表中选择新建样式的基础样式。

03 在【用于】下拉列表中选择新建样式所适用的标注类型为【所有标注】。

04 单击【继续】按钮，系统弹出如图 6-13 所示的【新建标注样式：机械制图标注】对话框。

05 在对话框的各选项卡中设置新标注样式的参数。

06 单击【确定】按钮，返回到【标注样式管理器】对话框，新标注样式显示在【样式】列表中。

07 单击【关闭】按钮，关闭【标注样式管理器】对话框。

6.2.2 设置机械标注样式特性

【新建标注样式】对话框共有【线】、【符号和箭头】、【文字】、【调整】、【主单位】、【换

算单位】和【公差】7 个选项卡，可分别对创建的机械标注样式设置特性。

1. 【线】选项卡

【线】选项卡如图 6-13 所示，有【尺寸线】和【延伸线】两个选项组，它的作用是设置尺寸线和延伸线的特性。

❑ 【尺寸线】选项组

- 颜色、线型、线宽：分别用来设置尺寸线的颜色、线型和线宽。一般设置为【ByLayer】(随层)即可。
- 超出标记：用于设置尺寸线超出量。当尺寸箭头符号为 45° 的粗短斜线、建筑标记、完整标记或无标记时，可以设置尺寸线超过延伸线外的距离，如图 6-14 所示。尺寸箭头为箭头时该选项无效。

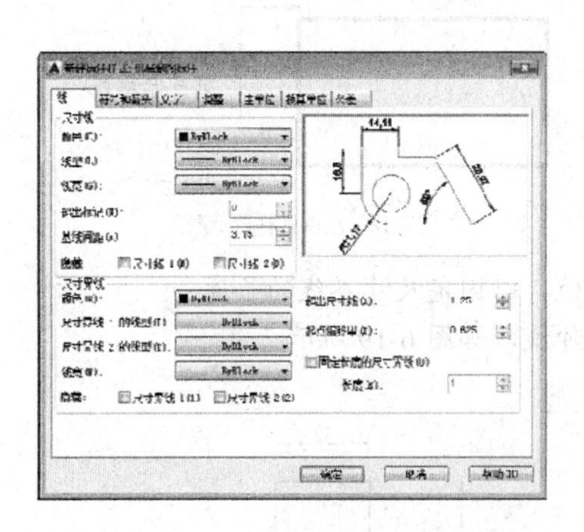

图 6-13 【新建标注样式：机械制图标注】对话框

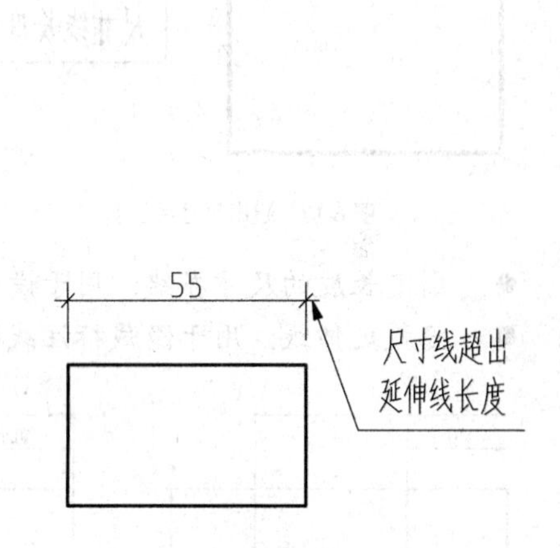

图 6-14 超出标记示意图

- 基线间距：用于设置基线标注中尺寸线之间的间距，如图 6-15 所示。根据国家标准规定，一般机械标注中基线间距为 8~10。

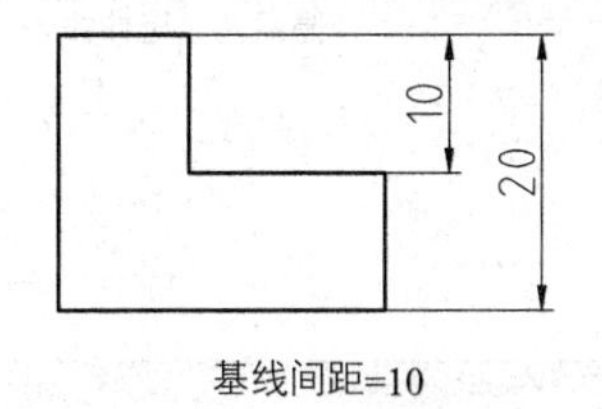

基线间距=10

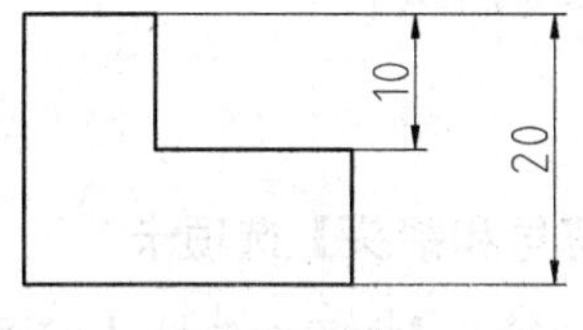

基线间距=15

图 6-15 基线间距

- 【隐藏】及其复选框：AutoCAD 的尺寸线被标注文字分成两部分，且默认全部显示。【尺寸线 1】和【尺寸线 2】复选框分别用于控制两部分尺寸线的显示，如图 6-16 所示。

❑ 【延伸线】选项组

- 超出尺寸线：用于设定尺寸界线超过尺寸线的距离，如图 6-17 所示。机械标注中设置为 2。
- 起点偏移量：用于设置尺寸界线起点相对于图形中指定为标注起点的偏移距离，如图 6-18 所示。机械标注中一般设置为 0。

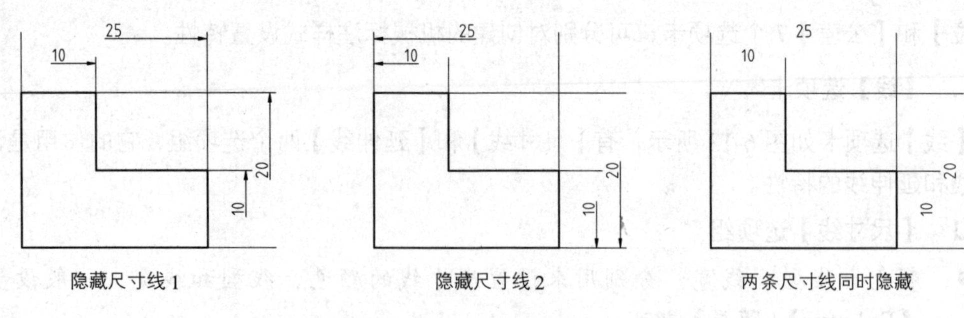

图 6-16　隐藏尺寸线

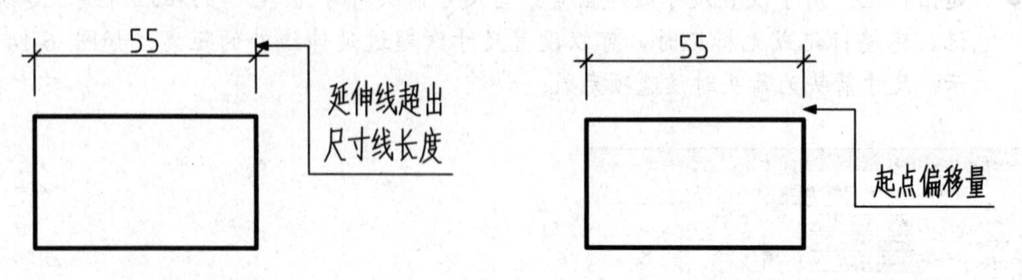

图 6-17　超出尺寸线长度

图 6-18　起点偏移量示意图

- 固定长度的尺寸界线：用于设置一个数值，以固定尺寸界线的长度。
- 隐藏延伸线：用于隐藏标注线两侧的延伸线，如图 6-19 所示。

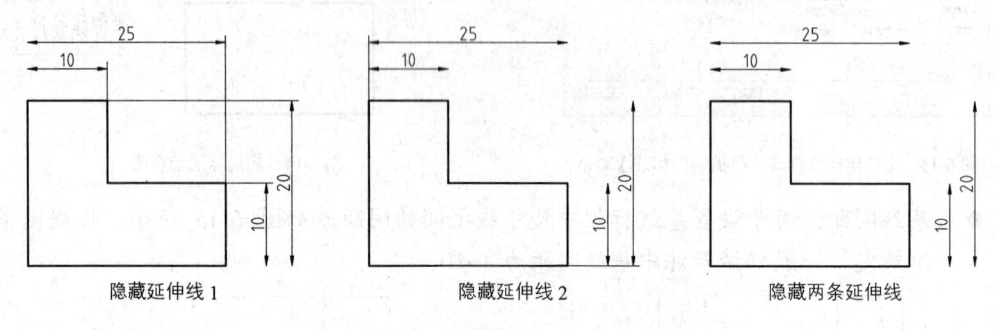

图 6-19　隐藏延伸线效果

2. 【符号和箭头】选项卡

【符号和箭头】选项卡包括:【箭头】、【圆心标记】、【折断标注】、【弧长符号】、【半径折弯标注】和【线性折弯标注】6 个选项组，如图 6-20 所示。

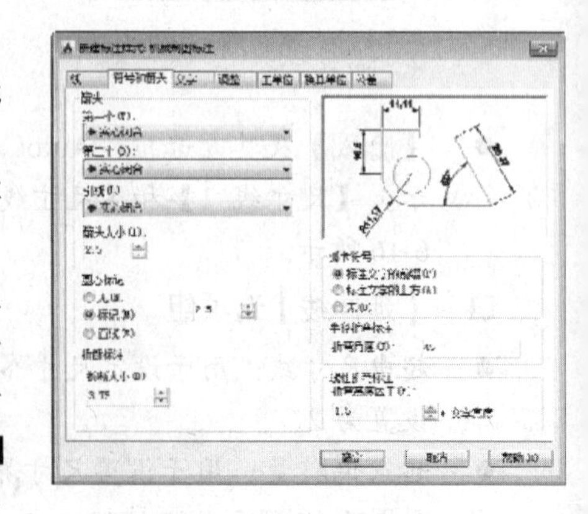

图 6-20　【符号和箭头】选项卡

在【箭头】选项区域可以设置尺寸标注的箭头样式和大小。各选项含义如下：

- 【第一个、第二个】下拉列表框：用于设置尺寸标注中第一个标注箭头和第二个标注箭头的外观样式。AutoCAD 提供了约 20 种箭头形式，在建筑绘图中通常设为【建筑标记】或【倾斜】样式。机械制图中通常设为【实心闭合】样式。
- 【引线】下拉列表框：用于设置快速引线标注中箭头的类型。

- 【箭头大小】数值框：用于设置尺寸标注中箭头的大小。机械标注箭头一般设置为 3。

在【圆心标记】选项组可以设置尺寸标注中圆心标记的格式。各选项含义如下：

- 【无、标记、直线】单选按钮：用于设置圆心标记的类型，如图 6-21 所示。
- 【大小】数值框：用于设置圆心标记的显示大小。

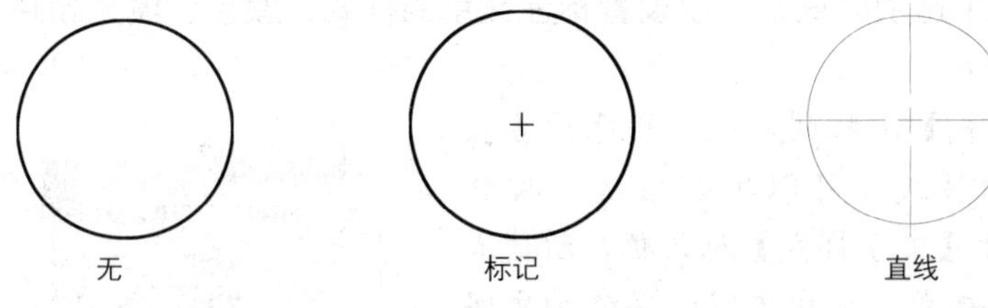

图 6-21　圆心标记类型

【折断标注】选项组【打断大小】文本框用于设置折断间距，即在折断标注时标注对象之间或与其他对象之间相交处打断的距离，如图 6-22 所示。通常设置打断间距为 3。

图 6-22　折断间距

在【弧长符号】选项区域可以设置弧长符号显示的位置，包括【标注文字的前缀】、【标注文字的上方】和【无】3 种方式，如图 6-23 所示。

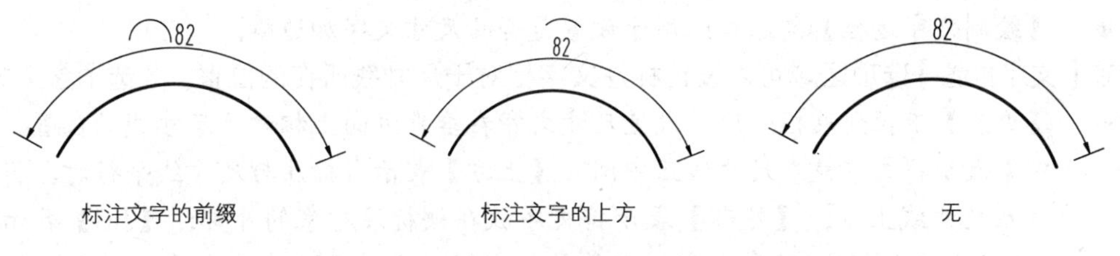

图 6-23　弧长标注类型

【半径折弯标注】选项组中的【折弯角度】用于设置折弯角度值，即折弯（Z 字型）半径标注中连接尺寸界线和尺寸线的横向直线的角度，如图 6-24 所示。

【线型折弯标注】选项组用于设置线型标注折弯的高度，在【折弯高度因子】文本框中输入折弯符号的高度因子，则该值与尺寸数字高度的乘积即为折弯高度。线性尺寸的折弯标注表示图形中的实际测量值与标注的实际尺寸不同，如图 6-25 所示。

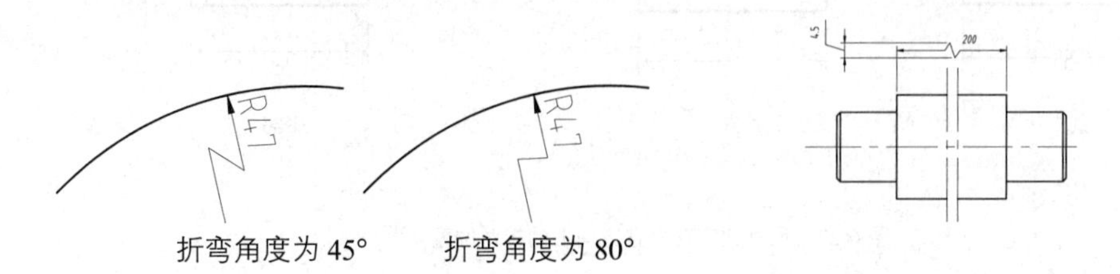

图 6-24　半径折弯标注

图 6-25　线性尺寸折弯标注

3. 【文字】选项卡

【文字】选项卡包括:【文字外观】、【文字位置】和【文字对齐】3 个选项组，用于设置标注文字的格式、位置以及对齐方式等特性，如图 6-26 所示。

在【文字外观】选项区域，可以设置标注文字的样式、颜色、填充颜色、文字高度等参数。各选项含义如下:

- 【文字样式】下拉列表框: 用于设置尺寸文字的样式。可以单击右边的按钮 ...，打开【文字样式】对话框，新建或修改文字样式。尺寸文字的字体由文字样式控制。
- 【文字颜色】文本框: 用于设置尺寸文字的颜色。
- 【填充颜色】文本框: 用于设置尺寸文字的背景颜色。
- 【文字高度】文本框: 用于设置尺寸文字的字高。设置该值时，要确保文字样式中的【高度】值不为 0。否则，该值将被文字样式中的【高度】值替代。

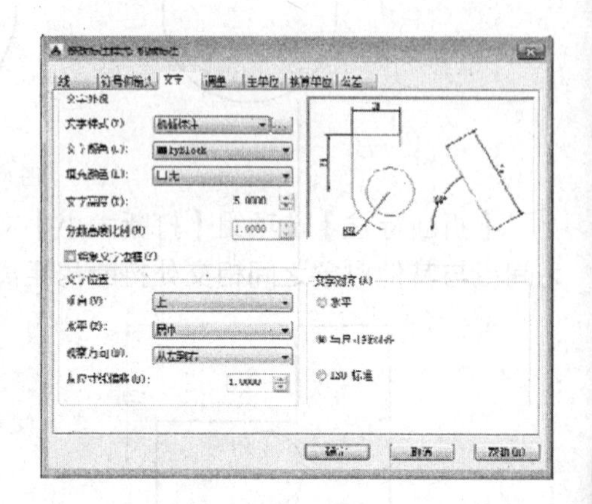

图 6-26 【文字】选项卡

- 【分数高度比例】文本框: 当尺寸文字中存在分数时，设置分数部分的字高相对于整数部分字高的比例。仅当【主单位】选项卡中【单位格式】下拉列表框中选择【分数】时，此选项才可用。
- 【绘制文字边框】复选框: 用于设置是否给尺寸文字加边框。

在【文字位置】选项区域可以设置标注文字相对于尺寸线所在的位置。各选项含义如下:

- 【垂直】下拉列表框: 用于设置尺寸文字在垂直方向上相对于尺寸线的位置。【置中】表示将文字放在尺寸线正中间; 【上方】表示当标注与尺寸线平行时，将文字放在尺寸线上方; 【外部】表示将文字放在被标注对象的外部; 【JIS】表示参照 JIS(日本工业标准)放置文字，即总是把文字水平放于尺寸线上方，不考虑标注文字是否与尺寸线平行。各种效果如图 6-27 所示。

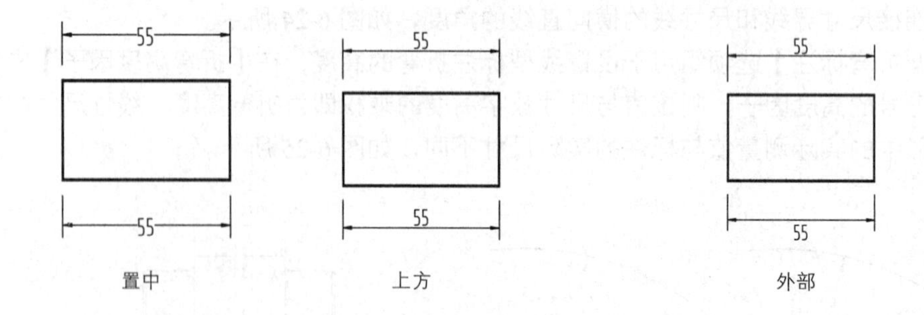

图 6-27 尺寸文字在垂直方向上的相对位置

- 【水平】下拉列表框: 用于设置尺寸文字在水平方向上相对于延伸线的位置。【置

中】表示在延伸线之间居中放置文字；【第一条延伸线】表示靠近第一条延伸线放置文字，与延伸线的距离是箭头大小加上文字偏移量的两倍；【第二条延伸线】表示靠近第二条尺寸界线放置文字；【第一条延伸线上方】表示将文字沿第一条延伸线放置或放置在上方；【第二条延伸线上方】表示将文字沿第二条延伸线放置或放置在上方。各种效果如图 6-28 所示。

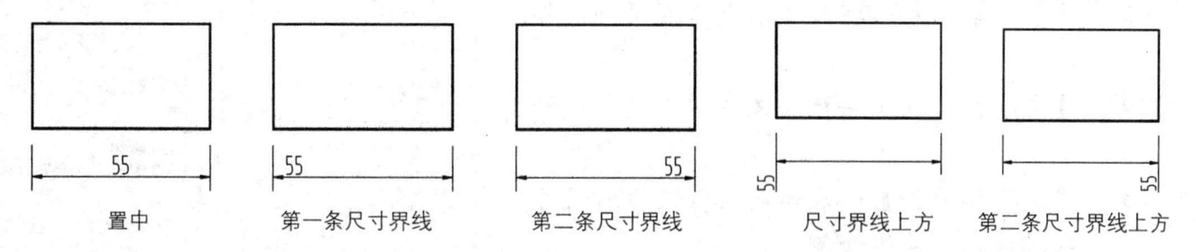

图 6-28　尺寸文字在水平方向上的相对位置

- 【从尺寸线偏移】文本框：用于设置文字偏移量，即尺寸文字和尺寸线之间的间距。如图 6-29 所示。

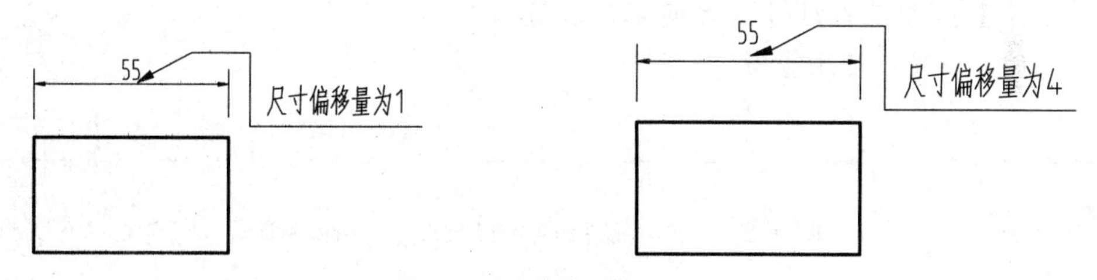

图 6-29　文字偏移量设置

在【文字对齐】选项区域，可以设置标注文字的对齐方式，如图 6-30 所示。各选项含义如下：

- 【水平】：无论尺寸线的方向如何，文字始终水平放置。
- 【与尺寸线对齐】：文字的方向与尺寸线平行。
- 【ISO 标准】：按照 ISO 标准对齐文字。当文字在延伸线内时，文字与尺寸线对齐。当文字在延伸线外时，文字水平排列。

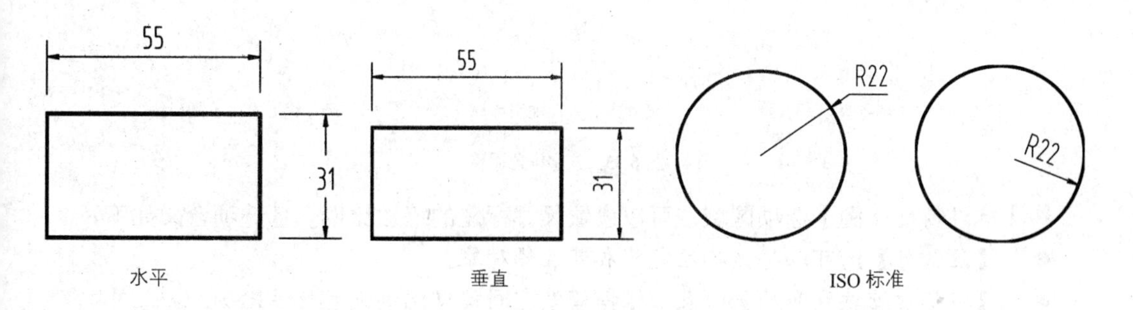

图 6-30　尺寸文字对齐方式

4．【调整】选项卡

【调整】选项卡包括【调整选项】、【文字位置】、【标注特性比例】和【优化】4 个选项组，用于控制标注文字、箭头、引线和尺寸线的放置，【调整】选项卡如图 6-31 所示。

在【调整选项】选项区域，可以设置当延伸线之间没有足够空间时，标注文字和箭头的放置位置，如图 6-32 所示。各选项含义如下：

- 【最佳效果】：表示由系统选择一种最佳方式来安排尺寸文字和尺寸箭头的位置。
- 【箭头】：表示将尺寸箭头放在延伸线外侧。
- 【文字】：表示将标注文字放在延伸线外侧。
- 【文字和箭头】：表示将标注文字和尺寸线都放在延伸线外侧。
- 【文字始终保持在延伸线之间】：表示标注文字始终放在延伸线之间。
- 【若箭头不能放在延伸线内，则将其消除】：表示当延伸线之间不能放置箭头时，不显示标注箭头。

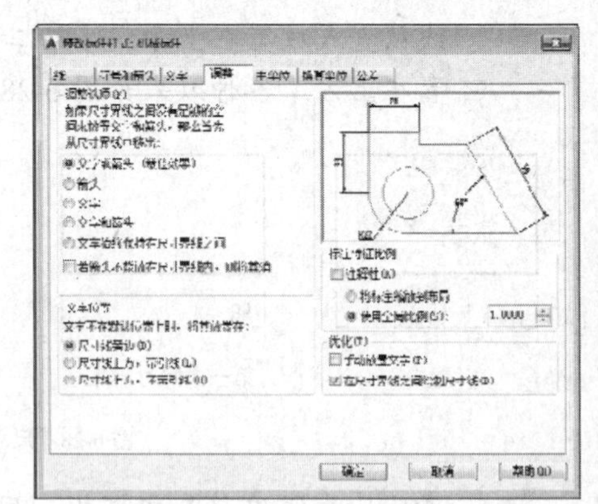

图 6-31 【调整】选项卡

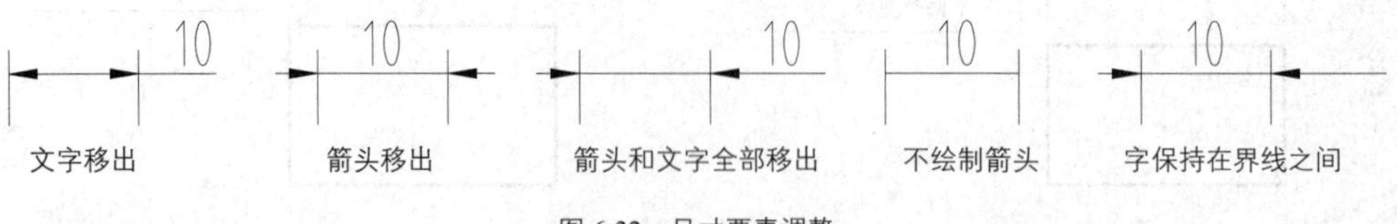

图 6-32 尺寸要素调整

在【文字位置】选项区域，可以设置当标注文字不在默认位置时应放置的位置，如图 6-33 所示。各选项含义如下：

- 【尺寸线旁边】：表示当标注文字在延伸线外部时，将文字放置在尺寸线旁边。
- 【尺寸线上方，带引线】：表示当标注文字在延伸线外部时，将文字放置在尺寸线上方并加一条引线相连。
- 【尺寸线上方，不带引线】：表示当标注文字在延伸线外部时，将文字放置在尺寸线上方，不加引线。

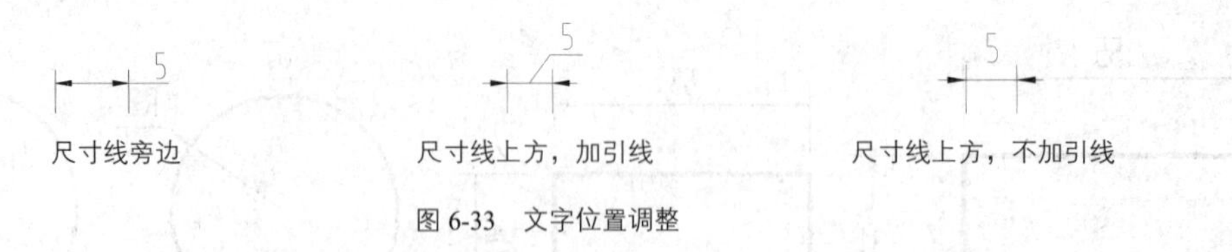

图 6-33 文字位置调整

在【标注特征比例】选项区域，可以设置尺寸标注的缩放比例。各选项含义如下：

- 【注释性】：可以将该标注定义成可注释对象。
- 【将标注缩放到布局】：表示根据模型空间视口比例设置标注比例。
- 【使用全局比例】：表示在其后的数值框中可指定尺寸标注的比例，所指定的比例值将影响尺寸标注所有组成元素的大小。如：将标注文字的高度设为 5mm，比例因子设为 2，则标注时字高为 10mm。

在【优化】选项区域，可以对尺寸标注的其它选项进行调整。各选项含义如下：

- 手动放置文字：表示忽略所有水平对正设置并将文字手动放置在【尺寸线位置】的相应位置。
- 在延伸线之间绘制尺寸线：表示在标注对象时，始终在延伸线之间绘制尺寸线。

5. 【主单位】选项卡

【主单位】选项卡用于设置主单位的格式及精度，同时还可以设置标注文字的前缀与后缀，其包括【线标注】、【测量单位比例】、【清零】、【角度标注】4 个选项组，如图 6-34 所示。

在【线性标注】选项区域，可以设置线性尺寸的单位。各选项含义如下：

- 【单位格式】：用于选择线性标注所采用的单位格式，如小数、科学和工程等。
- 【精度】：用于选择线性标注的小数位数。
- 【分数格式】：用于设置分数的格式。只有在【单位格式】下拉列表框中选择【分数】选项时才可用。
- 【小数分隔符】：用于选择小数分隔符的类型。如【逗点】和【句点】等。
- 【舍入】：用于设置非角度测量值的舍入规则。若设置舍入值为 0.5，则所有长度都将被舍入到最接近 0.5 个单位的数值。
- 【前缀】：用于在标注文字的前面添加一个前缀。
- 【后缀】：用于在标注文字的后面添加一个后缀。

在【测量单位比例】选项区域，可以设置单位比例和限制使用的范围。各选项含义如下：

- 【比例因子】：用于设置线性测量值的比例因子，AutoCAD 将标注测量值与此处输入的值相乘。如：如果输入 3，AutoCAD 将把 1mm 的测量值显示为 3mm。该数值框中的值不影响角度标注效果。
- 【仅应用到布局标注】：表示只对在布局中创建的标注应用线性比例值。

在【消零】选项区域，可以设置小数的消零情况。它用于消除所有小数标注中的前导或后续的零。如：选择后续，则 0.3500 变为 0.35。

在【角度标注】选项区域，可以设置角度标注的单位样式。各选项含义如下：

- 【单位格式】：用于设定角度标注的单位格式。如十进制度数、度/分/秒、百分度、弧度等。
- 【精度】：用于设定角度标注的小数位数。
- 【消零】：其含义与线性标注相同。

6. 【换算单位】选项卡

【换算单位】选项卡包括：【换算单位】、【消零】、【位置】3 个选项组和【显示换算单位】复选框，其作用是指定标注测量值中换算单位的显示并设置其格式和精度，一般情况下，保持【换算单位】选项组默认值不变。【换算单位】选项卡如图 6-35 所示。

在【换算单位】选项区域，可以设置换算单位的单位格式和精度参数。各选项含义如下：

- 【单位格式】：用于设置换算单位格式。如可以设置为科学、小数、工程等。
- 【精度】：用于设置换算单位的小数位数。
- 【换算单位倍数】：可以指定一个倍数，作为主单位和换算单位之间的换算因子。
- 【舍入精度】：为除角度之外的所有标注类型设置换算单位的舍入规则。
- 【前缀】：为换算标注文字指定一个前缀。
- 【后缀】：为换算标注文字指定一个后缀。

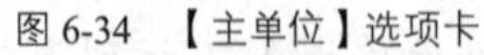

图 6-34 【主单位】选项卡

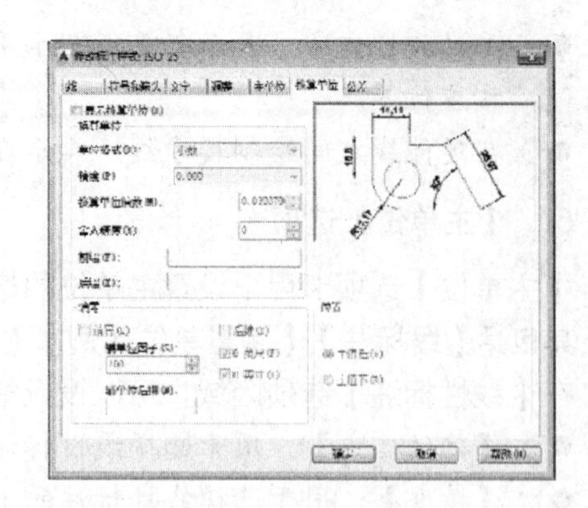

图 6-35 【换算单位】选项卡

在【消零】选项区域可以设置不输出前导零和后续零以及值为零的英尺和英寸。

在【位置】选项区域可设置换算单位的位置，如图 6-36 所示。各选项含义如下：

- 【主值后】：表示将换算单位放在主单位后面。
- 【主值下】：表示将换算单位放在主单位下面。

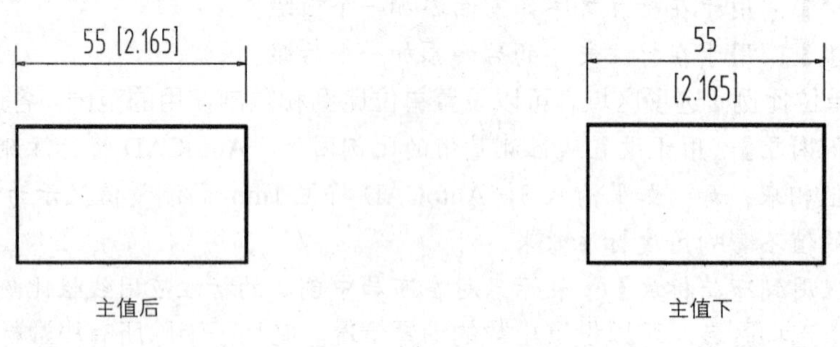

图 6-36 换算尺寸的位置

7. 【公差】选项卡

【公差】是指允许尺寸的变动量，常用于进行机械标注中对零件加工的误差范围进行限定。【公差】选项卡用于设置公差格式、对齐等属性，公差的添加及设置方法本章后面将会详细介绍，请参考后面内容。

6.2.3 修改与应用尺寸标注样式

1. 修改尺寸标注样式

在【标注样式管理器】对话框的【样式】列表框中选择需要修改的标注样式，然后单击【修改】按钮，弹出【修改标注样式】对话框，在该对话框中即可对标注样式各项特性进行详细设置。

2. 应用尺寸标注样式

在创建好标注样式之后，在【标注样式管理器】对话框中选中需要应用的样式，单击【置为当前】按钮，如图 6-37 所示，在图形中标注时，即将使用该样式进行标注。

在【样式】工具栏标注样式列表框中可以快速选择当前标注样式。

6.2.4 创建尺寸标注样式实例

下面创建一个名为【机械制图】的尺寸标注样式。

01 执行【标注】|【标注样式】命令，打开【标注样式管理器】对话框，如图 6-38 所示。

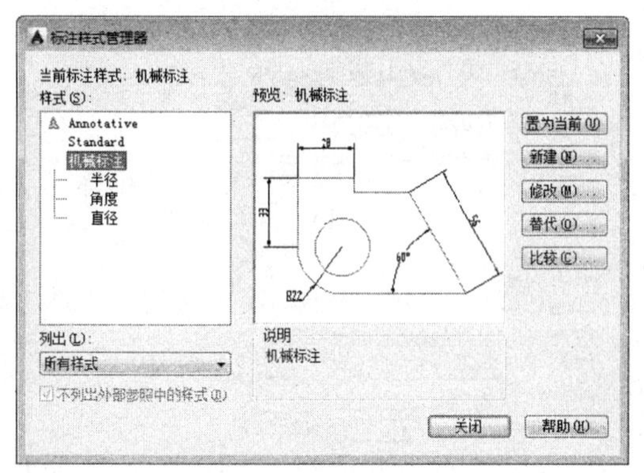

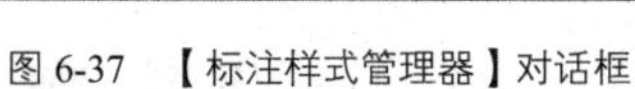

图 6-37 【标注样式管理器】对话框

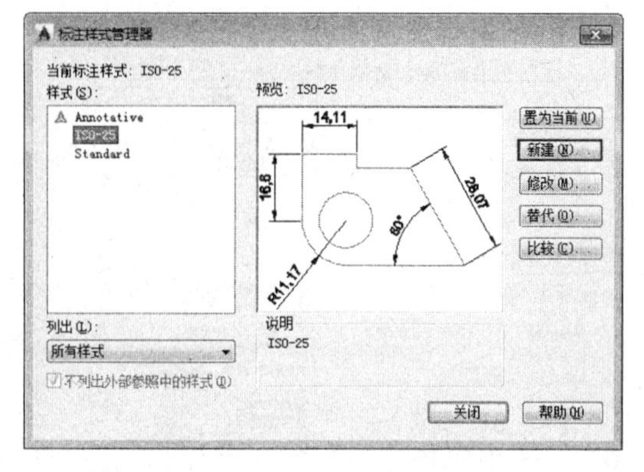

图 6-38 【标注样式管理器】对话框

02 单击【新建】按钮，弹出如图 6-39 所示的【创建新标注样式】对话框，在【新样式名】文本框中输入【机械制图】，设置【基础样式】为【ISO-25】，在【用于】下拉列表中选择【所有标注】。

03 单击【创建新标注样式】对话框中的【继续】按钮，弹出【新建标注样式】对话框。【线】选项卡参数设置如图 6-40 所示，其中【基线间距】设置为 6，【超出尺寸线】设置为 2，【起点偏移量】设置为 1，其他保持默认值不变。

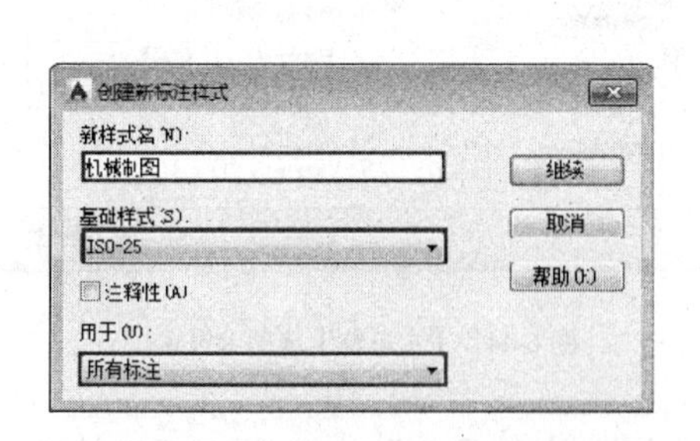

图 6-39 【创建新标注样式】对话框

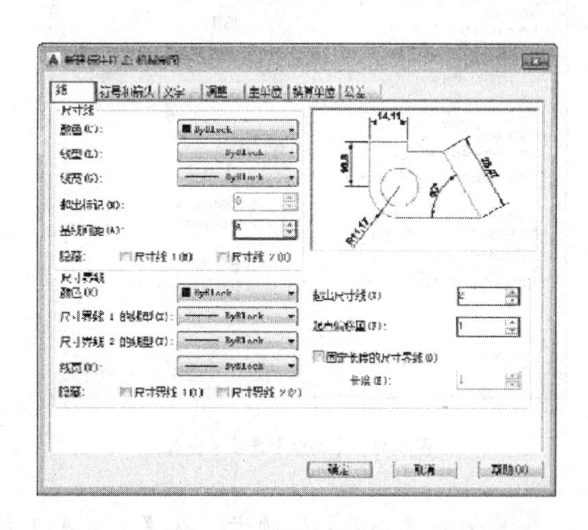

图 6-40 【线】选项卡设置

04 在【符号和箭头】选项卡中将【箭头大小】设置为 5，【折弯高度因子】设置为 5，【弧长符号】选择【标注文字的上方】单选按钮，其他保持默认设置，如图 6-41 所示。

05 单击【文字】选项卡，设置【文字样式】为 Standard，【文字高度】设置为 8，【从尺寸线偏移】设置为 1，【文字对齐】设置为【ISO 标准】，如图 6-42 所示。

06 单击【调整】选项卡，【文字设置】设置为【尺寸线上方，带引线】，其他保持默认不变，如图 6-43 所示。

07 单击【主单位】选项卡，【精度】设置为 0.00，【小数分隔符】设置为【句点】，如图 6-44 所示。

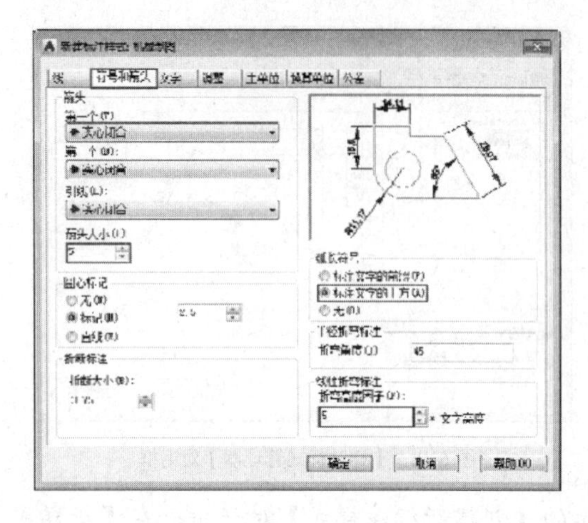

图 6-41 【符号与箭头】选项卡设置

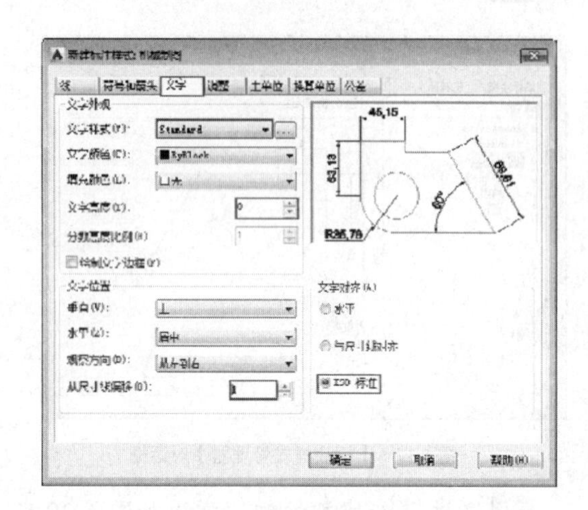

图 6-42 【文字】选项卡设置

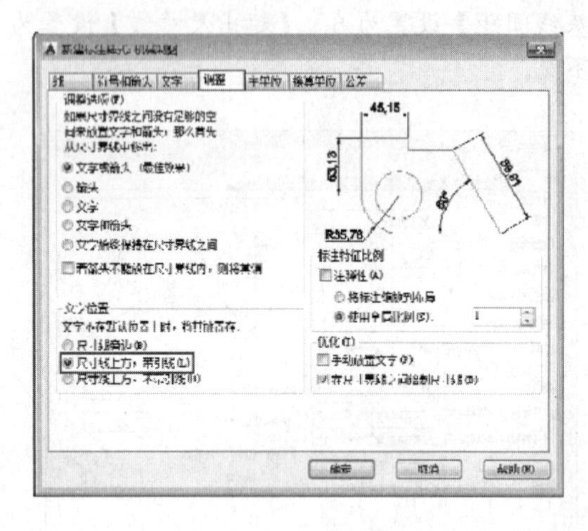

图 6-43 【调整】选项卡设置

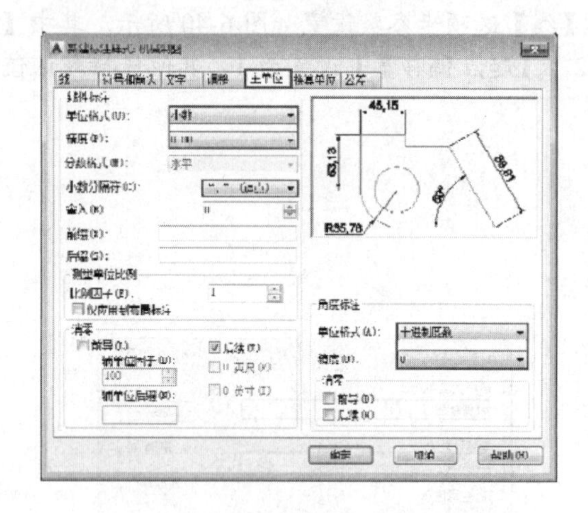

图 6-44 【主单位】选项卡设置

08 单击【公差】选项卡，在【方式】下拉列表框中执行【无】，其他选项保持默认，如图 6-45 所示。

09 设置完毕，单击【确定】按钮返回到【样式管理器】对话框，单击【置为当前】按钮，然后单击【关闭】按钮，完成新样式的创建。

10 创建的【机械制图】标注样式标注效果如图 6-46 所示。

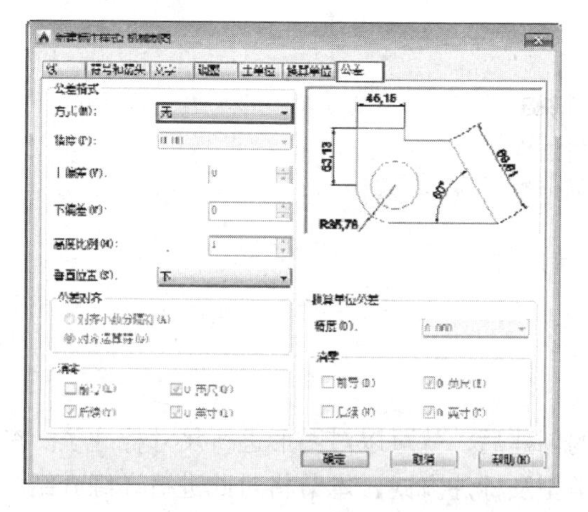

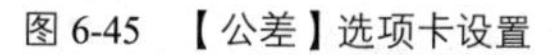
图 6-45　【公差】选项卡设置

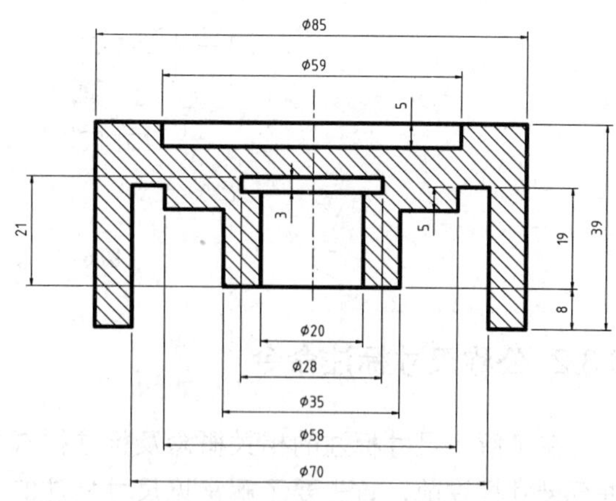

图 6-46　【机械制图】标注样式标注效果

6.3 公称尺寸标注

AutoCAD 根据工程实际情况，为用户提供了各类类型的尺寸标注方法，主要有以下四种方法：公称尺寸标注、形位公差标注、尺寸公差标注和表面粗糙度标注。这里讲解前面三种尺寸标注的方法，表面粗糙度标注将在后面章节中介绍。

6.3.1 公称尺寸标注概述

按照标注对象的不同，AutoCAD 提供了 5 种尺寸标注的基本类型：线性、径向、角度、坐标和弧长。按照尺寸形式的不同，线性标注可分为水平、垂直、对齐、旋转、基线或连续等，径向标注包括：直径、半径以及折弯标注。

公称尺寸标注是指零件的长、宽、高、半径和直径等公称尺寸的标注，是最常见也是最简单的标注。公称尺寸分为线型尺寸和非线型尺寸两种。

线型尺寸是指两点之间的距离，如直径、半径、宽度、深度、高度、中心距等。

非线型尺寸是指线性尺寸之外的尺寸，如倒角、角度等。

在尺寸标准中常用的尺寸标注命令有：

- 对于单个的长度、宽度等尺寸，在 CAD 使用线性标注或对齐标注，对于有若干尺寸标注原点相同的情况下，可以使用基线标注；对于有若干尺寸是连续相邻放置的情况，可以使用连续标注。
- 对于圆弧和圆，可以使用半径标注或直径标注，对于弧长可以使用弧长标注。如果需要也可以使用折弯标注。
- 对于角度，可以使用角度标注。在某些特殊的情况下，也可以使用圆弧标注和半径标注来代替圆心角的标注。

为了方便操作，在标注尺寸前，应将尺寸标注层设置为当前层，且打开自动捕捉功能，在功能区【注释】选项卡中的【标注】面板上提供了各种标注工具，用户可以根据需要，选择相应的标注方式，如图 6-47 所示。

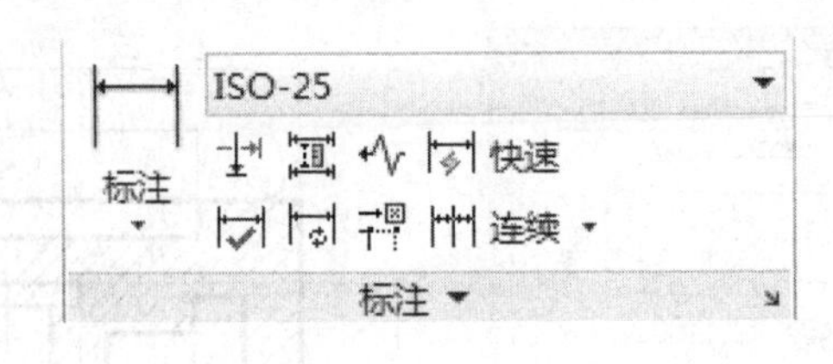

图 6-47 【标注】面板

6.3.2 公称尺寸标注命令

在了解了尺寸标注的相关概念及标注样式的创建后，就可以对图形进行尺寸标注了。在进行尺寸标注前，首先要了解常见尺寸标注的类型及标注方式，本节将对此进行详细介绍。

1. 线性尺寸标注

【线性】标注命令可以标注两点之间的水平、垂直尺寸，以及图形旋转一定角度的倾斜尺寸。

调用【线性】尺寸标注的方法有以下几种：

- 菜单栏：执行【标注】|【线性】命令
- 工具栏：单击【标注】工具栏中的【线性】标注按钮
- 命令行：输入 DIMLINEAR / DIMLIN / DLI
- 功能区：单击【注释】选项卡中【标注】面板上的【标注】下拉菜单中的【线性】按钮

如图 6-48 所示的三角形 AB 边和 AC 边水平或垂直，因此可以使用【线形】标注命令标注其长度，具体操作步骤如下：

```
命令:DIMLINEAR↙                        //调用【线性】标注命令
指定第一条尺寸界线原点或 <选择对象>://使用端点捕捉方式确定尺寸界线起点 A
指定第二条尺寸界线原点:                 //使用端点捕捉方式确定尺寸界线终点 B
指定尺寸线位置或[多行文字(M)/文字(T)/角度(A)/水平(H)/垂直(V)/旋转(R)]:
                                        //拖动尺寸线至需要的位置后单击
标注文字 = 20                           //完成线性标注
```

使用同样方法可以标注三角形 AC 边的长度。

线性标注命令各备选项含义如下：

- 多行文字：在【在位文字编辑器】界面中输入多行文字作为尺寸文字。用户可以输入数字尺寸和文字相结合的标注内容。
- 文字：以单行文字形式输入尺寸文字。
- 角度：设置尺寸文字的旋转角度，使文字倾斜。
- 旋转：转角标注，设置尺寸界线相对于垂直方向的倾斜角度，如图 6-48 所示的 BC 边标注。

2. 对齐标注

对于尺寸线倾斜的尺寸对象，如图 6-49 所示的 BC 边，可以使用对齐标注命令，让尺寸线始终与标注对象平行。

调用【对齐】标注命令的方式有以下几种：

- 菜单栏：执行【标注】|【对齐】命令
- 工具栏：单击【标注】工具栏【对齐标注】工具按钮
- 命令行：输入 DIMALIGNED/DAL
- 功能区：单击【注释】选项卡中【标注】面板上【标注】下拉菜单中的【对齐】按钮

标注倾斜直线 BC 的长度尺寸，命令选项如下：

```
命令：DIMALIGNED↙                                   //调用【对齐】标注命令
指定第一条尺寸界线原点或<选择对象>:                    //用端点捕捉方式确定尺寸界线起点 B
指定第二条尺寸界线原点:                               //用端点捕捉方式确定尺寸界线终点 C
指定尺寸线位置或[多行文字(M)/文字(T)/角度(A)]:          //按鼠标左键确定尺寸线的放置位置
标注文字 = 40.31                                     //完成对齐尺寸标注
```

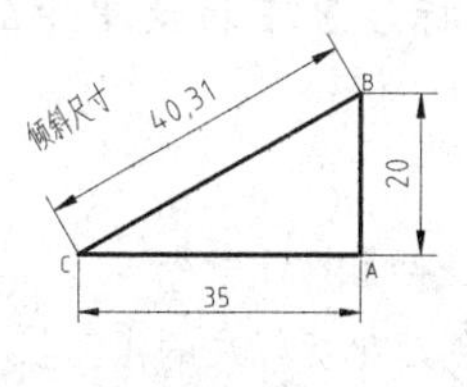

图 6-48　线性标注

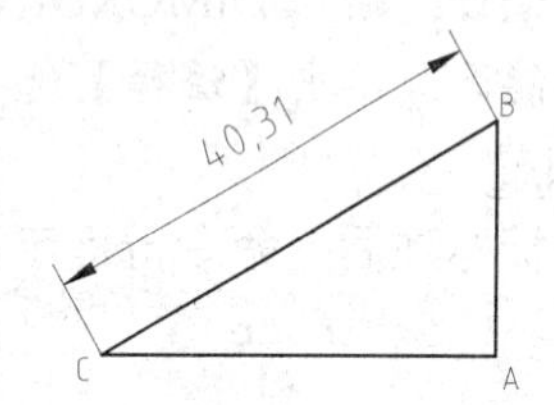

图 6-49　对齐标注

3．弧长尺寸标注

弧长标注用于测量圆弧、多段线以及弧线段等的长度，默认情况下，弧长标注会显示圆弧标注符号。

【弧长】标注的调用方式有以下几种：

- 菜单栏：执行【标注】|【弧长】命令
- 工具栏：单击【标注】工具栏中的【弧长】按钮
- 命令行：输入 DIMARC
- 功能区：功能区：单击【注释】选项卡中【标注】面板上【标注】下拉菜单中的【弧长】按钮

执行上述任一操作，即可调用【弧长】标注命令，根据命令行的提示，对图形进行弧长标注。

调用【弧长】标注命令后，命令行提示如下：

```
命令：_dimarc                      //调用【弧长】标注命令
选择弧线段或多段线圆弧段：           //选择要标注的圆弧
指定弧长标注位置或 [多行文字(M)/文字(T)/角度(A)/部分(P)/]:
                                   //指定尺寸线的位置，单击鼠标左键确定，完成图形的弧长标注
```

如图 6-50 所示分别是选择不同的标注选项的效果。

4．坐标标注

坐标标注是一类特殊的引注，用于标注某些点相对于 UCS 坐标原点的 X 和 Y 坐标。在机械制图、建筑平面图、地形图、测绘图中经常使用。坐标标注命令需要确定的参数包括需

要标注的点对象和注释文字的位置。常用拖动引线的方法动态确定是标注 X 坐标，还是标注 Y 坐标。若沿垂直方向拖动引线，则标注 X 坐标；如果沿水平方向拖动引线，则标注 Y 坐标。

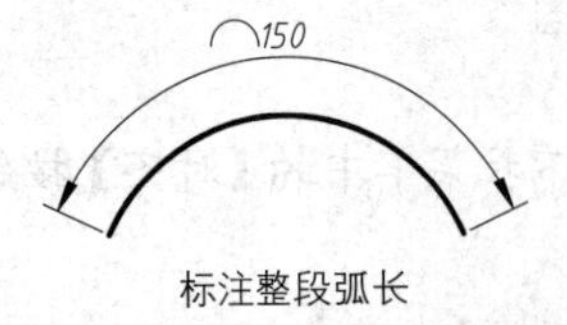

标注整段弧长

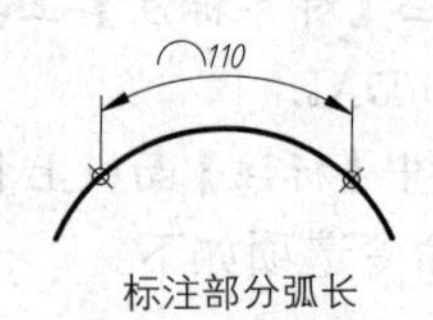

标注部分弧长

标注加引线的弧长

图 6-50　弧长标注

该命令有以下几种调用方法：

- 菜单栏：执行【标注】|【坐标】命令
- 工具栏：单击【标注】工具栏中的【坐标标注】按钮
- 命令行：输入 DIMORDINATE / DOR
- 功能区：单击【注释】选项卡中【标注】面板上【标注】下拉菜单中的【坐标】按钮

执行坐标标注后，命令行提示如下：

```
命令：_dimordinate                                   //调用【坐标】标注命令
指定点坐标：                                          //指定要创建坐标标注的点
指定引线端点或 [X 基准(X)/Y 基准(Y)/多行文字(M)/文字(T)/角度(A)]：
                                                     //指定引线端点，按回车键完成坐标标注
```

如图 6-51 所示为圆心的坐标点标注。

5．半径标注

调用【半径】标注命令的方式有以下几种：

- 菜单栏：执行【标注】|【半径】命令
- 工具栏：单击【标注】工具栏中的【半径】按钮
- 命令行：输入 DIMRADIUS / DRA
- 功能区：单击【注释】选项卡中【标注】面板上【标注】下拉菜单中的【半径】标注按钮

执行上述任一操作后，即可调用【半径】标注命令，根据命令行的提示，选择需要标注的圆或弧，再确定尺寸线的放置位置，如图 6-52 所示为图形的半径标注效果。

6．直径标注

调用【直径】标注命令的方式有以下几种：

- 命令行：输入 DIMDIAMETER/DDI
- 菜单栏：执行【标注】|【直径】命令
- 功能区：单击【注释】选项卡中【标注】面板上的【标注】下拉菜单中【直径】标注按钮
- 工具栏：单击【标注】工具栏中的【直径标注】标注按钮

如图 6-52 所示，标注直径和标注半径类似，执行上述任一操作后，根据命令行的提示，首先需要选择标注的圆或弧，再确定尺寸线位置。

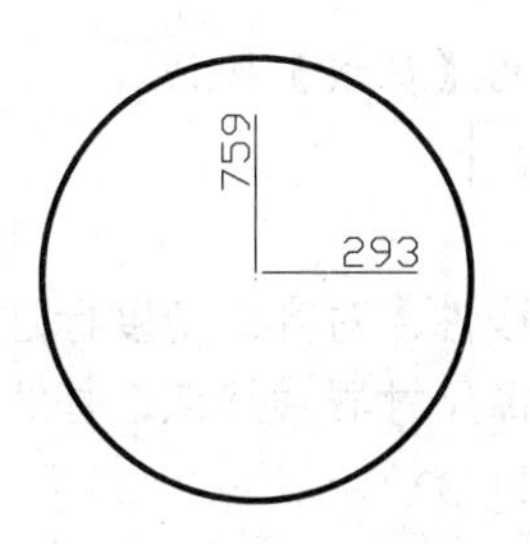

图 6-51　圆心的坐标点标注

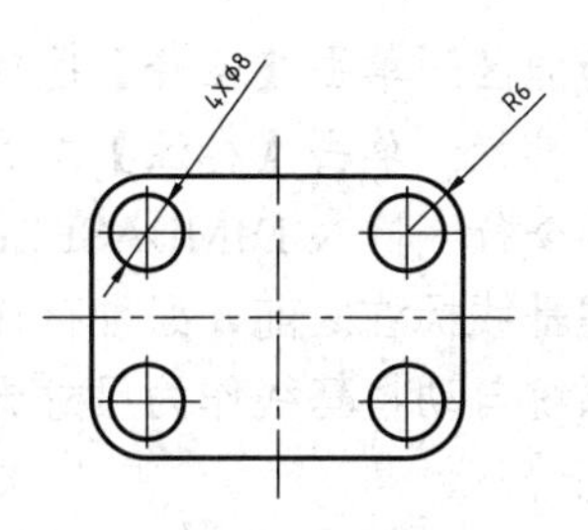

图 6-52　半径和直径标注

7.　角度标注

该命令常用于标注圆弧对应的中心角、相交直线形成的夹角和三点形成的夹角。

调用【角度】标注命令的方式有以下几种：

- 菜单栏：执行【标注】|【角度】命令
- 功能区：单击【注释】选项卡中【标注】面板上的【标注】下拉菜单中【角度】按钮
- 工具栏：单击【标注】工具栏中的【角度标注】按钮
- 命令行：输入 DIMANGULAR / DAN。

执行上述任一命令后，命令行提示行如下：

```
命令：DIMANGULAR↙                          //调用【角度】标注命令
选择圆弧、圆、直线或<指定顶点>：           //选择要标注角度的对象，可以是圆弧、圆、点或者直线
指定标注弧线位置或 [多行文字(M)/文字(T)/角度(A)/象限点(Q)]：
                                           //指定尺寸线的放置位置，按回车键确定，完成角度标注
```

如图 6-53 所示为常见 3 种角度标注形式。

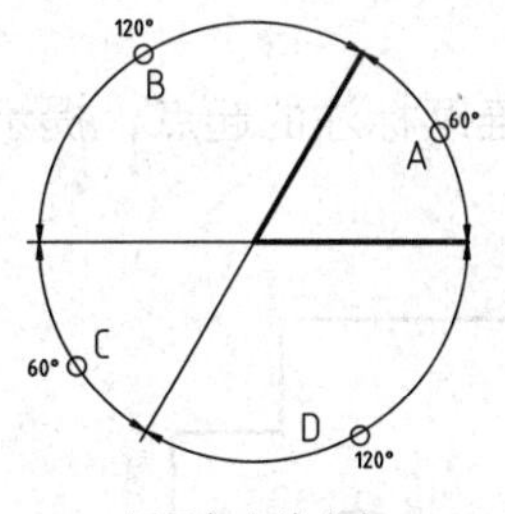

a）两条直线夹角

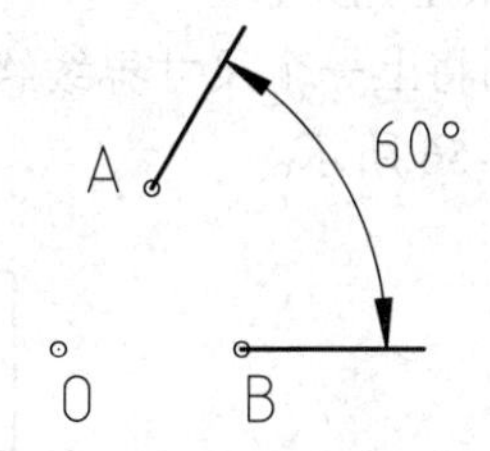

b）三点间的夹角

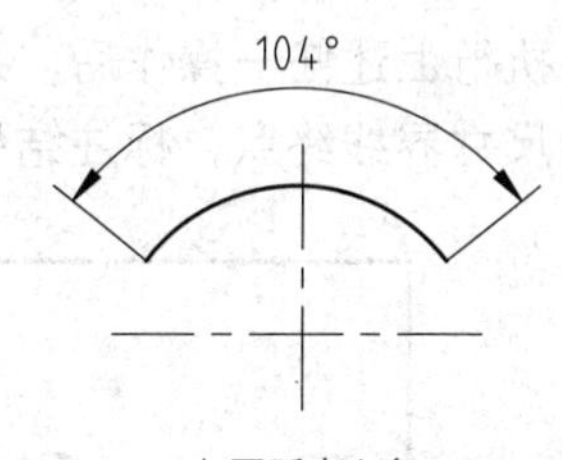

c）圆弧中心角

图 6-53　角度标注形式

当标注两条直线时，标注弧线位置将影响标注的结果，如图 6-53 所示 a 所示，当标注位置分别在 A、B、C、D 四点时，得到了不同的标注结果。如果激活“象限点”选项，再指定标注的象限点（如图 6-54 所示的 1 点），则无论标注弧线位置在何处，系统总是标注该象限的角度。

8.　基线标注

利用【基线】标注命令，可以标注与前一个或选定标注具有相同的第一条尺寸界线（基线）的一系列线性尺寸、角度尺寸或坐标标注。

调用【基线】标注命令的方式有以下几种：

- 菜单栏：执行【标注】|【基线】命令

- 功能区：单击【注释】选项卡中【标注】面板上的【基线】按钮
- 工具栏：单击【标注】工具栏中的【基线】按钮
- 命令行：输入 DIMBASELINE / DBA

在创建基线标注之前，必须存在可以作为基线尺寸的线性、对齐或角度标注。选择基准标注后，系统自动将基线作为尺寸界线起点，提示用户选择尺寸界线终点，基线标注示例如图 6-55 所示。

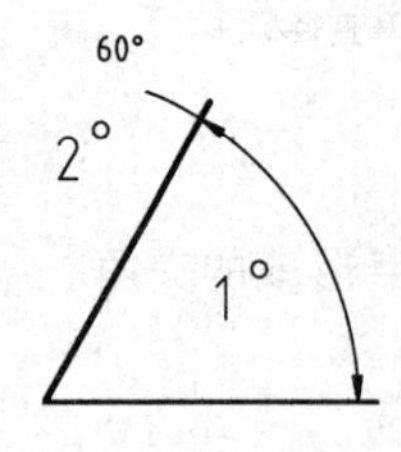

图 6-54 角度标注锁定象限

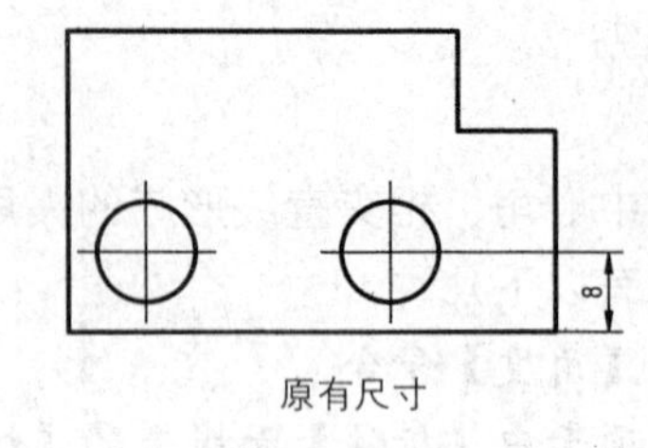

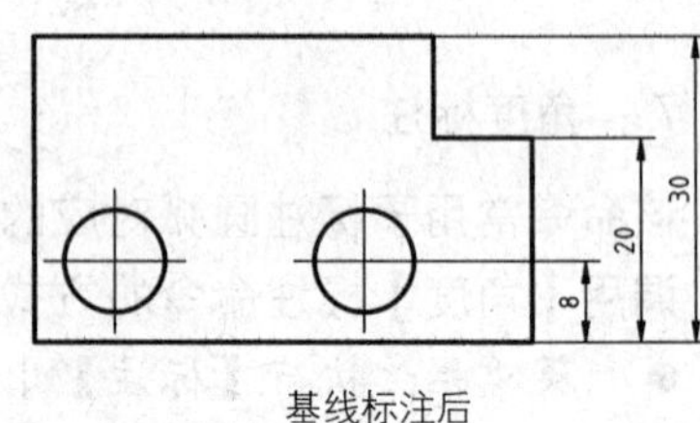

图 6-55 基线标注

9. 连续标注

连续标注又称为链式标注或尺寸链，是多个线性尺寸、角度尺寸或坐标标注的组合。如图 6-56 所示，连续标注从某一基准尺寸界线开始，按某一方向顺序标注一系列尺寸，相邻的尺寸共用一条尺寸界线，而且所有的尺寸线都在同一直线或弧线上。

调用【连续】标注命令的方式有以下几种：

- 菜单栏：执行【标注】|【连续】命令
- 功能区：单击【注释】选项卡中【标注】面板上的【连续】按钮
- 工具栏：单击【标注】工具栏中的【连续】按钮
- 命令行：输入 DIMCONTINUE / DCO

执行上述任一操作后，系统自动将上一个尺寸界线终点作为连续标注的起点，提示用户选择尺寸界线终点，标注结果如图 6-56 所示。

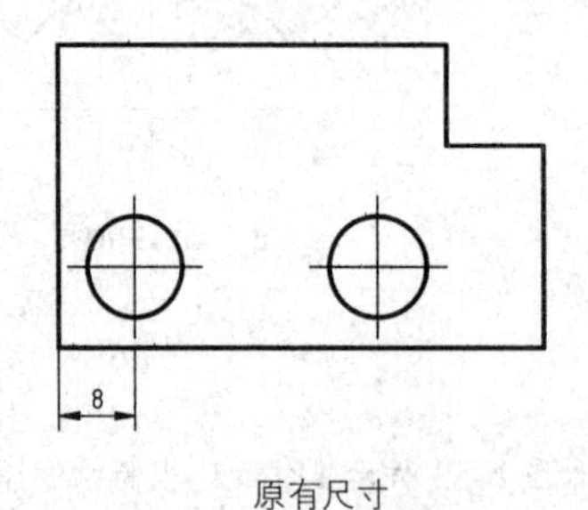

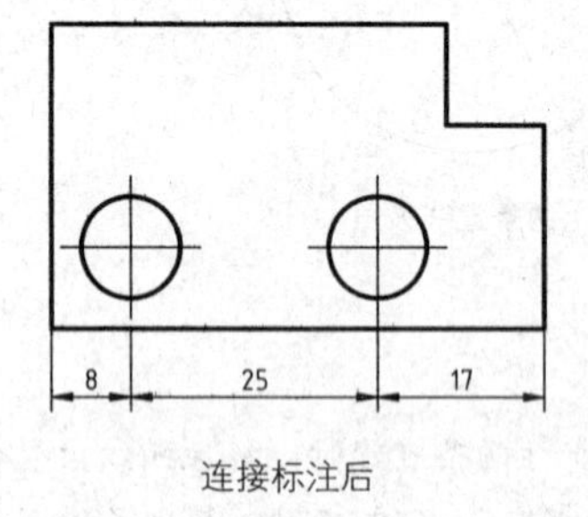

图 6-56 连续标注

6.4 尺寸公差标注

尺寸公差是指实际生产中尺寸可以上下浮动的数值。在机械制图中，尺寸公差可以通过标注文字附加公差的方式表示出来。AutoCAD 提供了多种尺寸公差的标注方法，本节介绍常

用的几种方法。

下面以创建如图 6-57 所示的尺寸公差为例，介绍尺寸公差的创建方法。

课堂举例 6-2：创建尺寸公差

视频\第 6 章\课堂举例 6-2.mp4

01 按照之前 6.2.4 节【机械制图】尺寸标注样式创建新的标注样式，并在【公差】选项卡中设置如图 6-58 所示的参数。

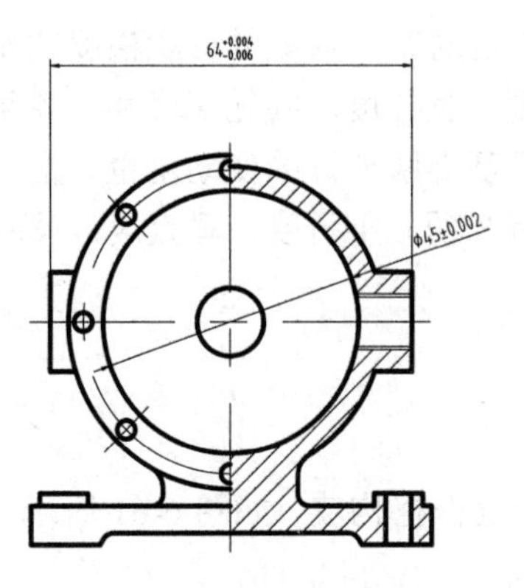

图 6-57　标注尺寸公差实例

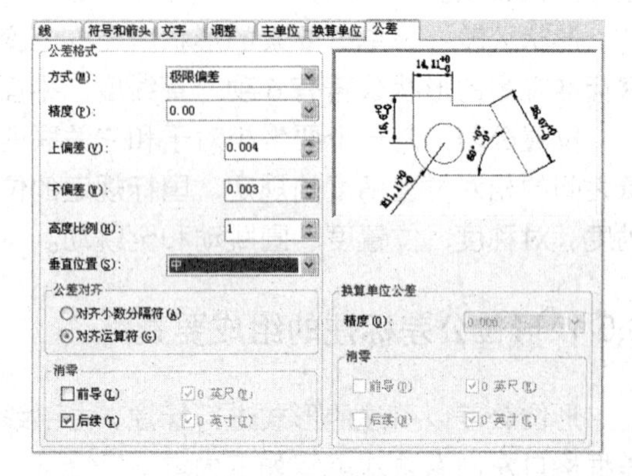

图 6-58　【公差】选项卡

02 在命令行中输入并按回车键，调用【线性】标注命令，命令行提示如下：

```
命令：DLI↙      DIMLINEAR                     //调用【线性】标注命令
指定第一条延伸线原点或 <选择对象>:          //选择泵体左端点
指定第二条延伸线原点:                       //选择泵体右端点
指定尺寸线位置或[多行文字(M)/文字(T)/角度(A)/水平(H)/垂直(V)/旋转(R)]: M↙
                                //激活“多行文字”选项，进入文字编辑器，修改数
值为 64+0.004^-0.006，选中后公差值，单击【堆叠】符号，完成公差标注，如图 6-59 所示
指定尺寸线位置或                           //最后指定尺寸线的放置位置，完成公差标注
```

03 同理标注公差 $\phi 45 \pm 0.002$。

技巧：选择标注对象后，按 Ctrl+1 快捷键打开【特性】选项板，在【公差】列表中可以快速设置和修改尺寸公差，如图 6-60 所示。

图 6-59　输入公差值

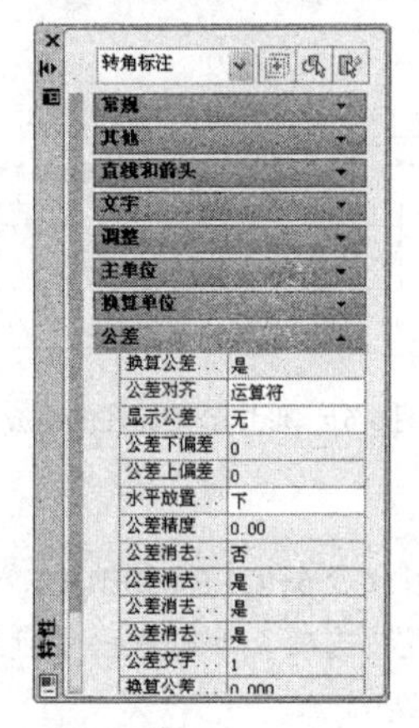

图 6-60　【特性】选项板

6.5 形位公差标注

经机械加工后的零件，除了会产生尺寸误差外，还会产生单一要素的形状误差和不同要素之间的相对误差。形位公差就是对这些误差的最大允许范围的说明。形位公差分为形状公差和位置公差。

形状公差：是单一要素的形状所允许的变动全量，是对某一对象的形状精度的规定。国家标准规定的形状公差有 6 项：直线度、平面度、圆度、圆柱度、线轮廓度和面轮廓度。

位置公差：是一个要素相对于和它关联的另一要素基准所允许的变动全量，是对不同对象之间的相对位置精度的规定。国标规定的位置公差有 8 项：平行度、垂直度、倾斜度、同轴度、对称度、位置度、圆跳动和全跳动。

6.5.1 形位公差标注的组成要素

形位公差以引注的形式进行标注，由引线和形位公差框格构成，如图 6-61 所示。形位公差框格自左向右依次填写如下内容：

第一格：形位公差符号。

第二格：形位公差数值及有关符号。

第三格及以后各格：基准代号字母以及有关符号。

6.5.2 形位公差标注命令

在 AutoCAD2014 中标注形位公差非常方便，只需要在【形位公差】对话框中输入需要的符号和公差值即可。

1. 绘制基准代号和公差指引

TOL 命令用于标注不带引线和箭头的形位公差。

通常在进行形位公差标注之前指定公差的基准位置绘制基准符号，并在图形上的合适位置利用引线工具（多重引线或快速引线）绘制公差标注的箭头指引线，如图 6-62 所示。

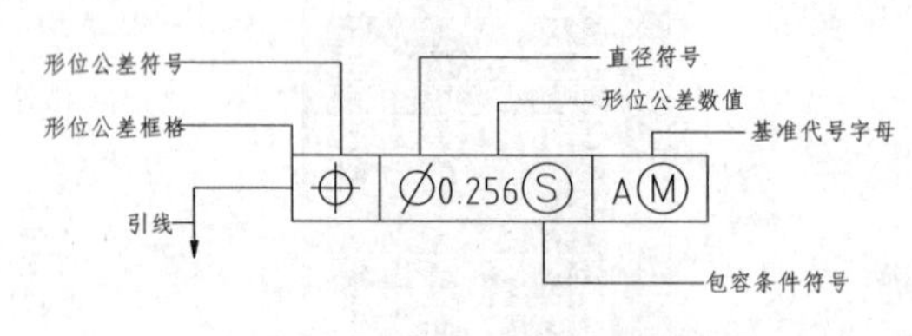

图 6-61　形位公差标注的组成

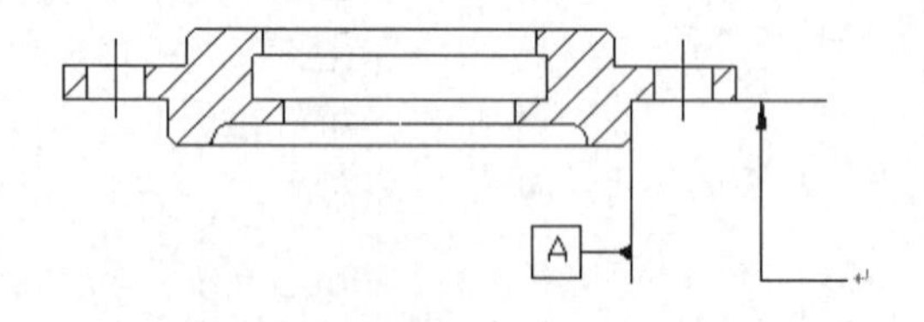

图 6-62　绘制公差基准代号和箭头指引线

技巧

快速引线命令 QLEADER/LE 可用于标注带有引线和箭头的形位公差。调用该命令后，首先激活“设置”选项，系统弹出【引线设置】对话框，设置【注释类型】为【公差】，即可进行公差标注。

2. 指定形位公差符号

调用【公差】的方法有以下几种方法：

- 菜单栏：执行【标注】|【公差】命令
- 功能区：单击【注释】选项卡中【标注】面板上的【公差】按钮
- 工具栏：单击【标注】工具栏中的【公差】按钮
- 命令行：输入 TOLERANCE / TOL

执行上述任一操作后，系统弹出【形位公差】对话框，如图 6-63 所示。选择对话框中的【符号】色块，系统弹出【特征符号】对话框，选择需要的公差符号，即可完成公差符号的指定，如图 6-64 所示。

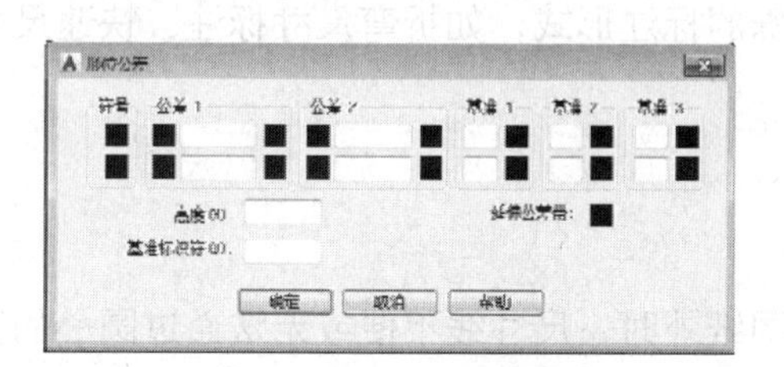

图 6-63　【形位公差】对话框

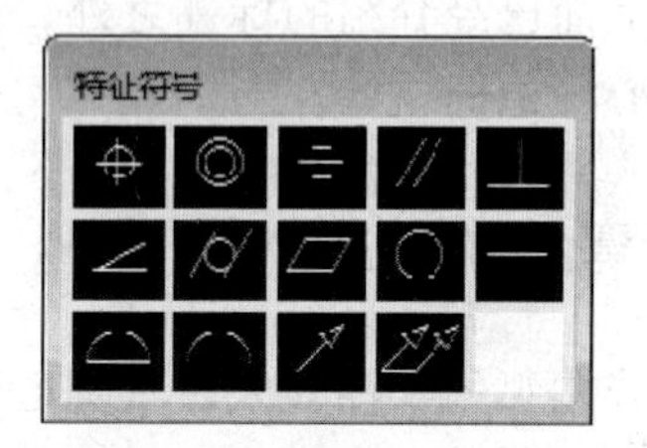

图 6-64　【特征符号】对话框

在【特征符号】对话框中提供国家规定的 14 种形位公差符号，各种公差符号的具体含义见表 6-2。

表 6-2　各种公差符号的具体含义

分类	项目特征	有无基准要求	符号	分类		项目特征	有无基准要求	符号
形状公差	直线度	无	⏤	位置公差	定向公差	平行度	有	//
	平面度	无	⏥			垂直度	有	⊥
						倾斜度	有	∠
	圆　度	无	○		定位公差	位置度	有或无	⌖
	圆柱度	无	⌭			同轴度	有	◎
						对称度	有	⌯
	线轮廓度	有或无	⌒		跳动公差	圆跳动	有	↗
	面轮廓度	有或无	⌓			全跳动	有	⌰

3. 指定公差值和包容条件

在【公差 1】选项组中的文本框中直接输入公差值，并选择后侧的色块弹出【附加符号】对话框，在对话框中选择所需的包容符号即可完成指定。其中符号 M 代表材料的一般中等状况；L 代表材料的最大状况；S 代表材料的最小状况。

4. 指定基准并放置公差框格

在【基准 1】选项组中的文本框中直接输入该公差代号 A，然后单击【确定】按钮，并在图中所绘制的箭头指引处放置公差框格即可完成公差标注，如图 6-65 所示。

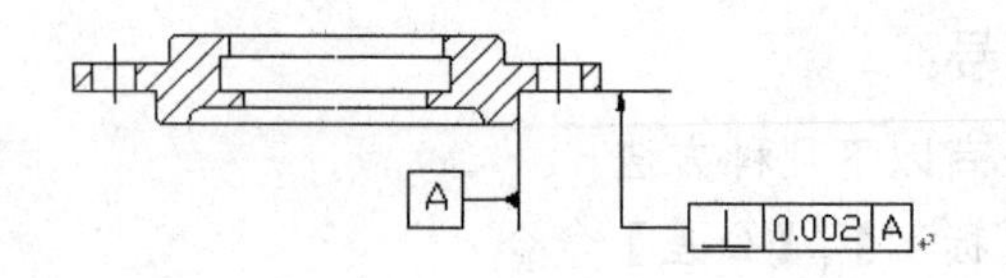

图 6-65　标注形位公差

6.6 特殊尺寸标注

除了上面已经介绍的标注之外，还有一些特殊的标注形式，如折弯尺寸标注、快速尺寸标注、圆心标记标注等。

6.6.1 折弯尺寸标注

当圆或圆弧的半径较大，其圆心位于图形或图纸外时，尺寸线不便或无法通过圆心的实际位置，利用【折弯】标注命令，可以标注折弯形的半径尺寸。

调用【折弯】标注命令的方式有以下几种：

- 菜单栏：执行【标注】|【折弯】命令
- 功能区：单击【注释】选项卡中【标注】面板上【标注】下拉菜单中的【折弯】标注按钮
- 工具栏：单击【标注】工具栏中的【折弯】标注按钮
- 命令行：输入 DIMJOGGED

调用【折弯】标注命令后，根据命令行的提示，在圆弧或圆的中心线上指定替代圆心，作为折弯半径标注中心点，然后指定尺寸线的角度和标注文字的位置，以及折弯的位置，最终完成折弯标注。折弯角度是通过【符号和箭头】选项卡中“折弯角度值”来设置的。

折弯半径标注效果如图 6-66 所示。

6.6.2 快速尺寸标注

快速尺寸标注主要用于快速创建或编辑一系列标注以及创建一系列基线或连续标注或者为一系列圆或圆弧创建标注。

调用【快速】标注命令的方式有以下几种：

- 菜单栏：执行【标注】|【快速标注】命令
- 功能区：单击【注释】选项卡中【标注】面板上的【快速】标注按钮
- 工具栏：单击【标注】工具栏中的【快速】标注按钮
- 命令行：输入 QDIM

如图 6-67 所示为使用快速标注标注直线 1 到直线 5 竖直方向的尺寸，在标注时只需依次选择这些直线即可。

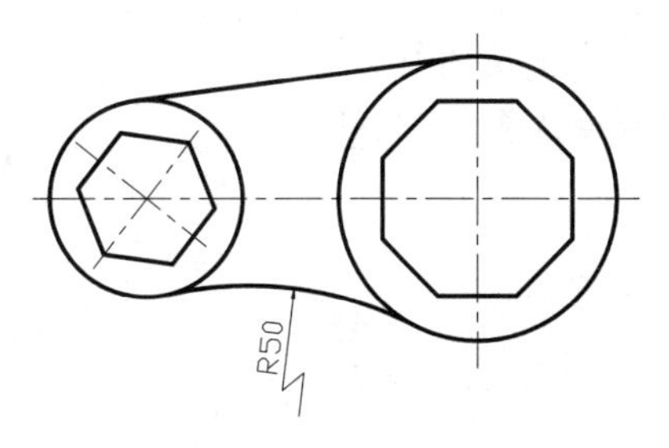

图 6-66　折弯半径标注效果

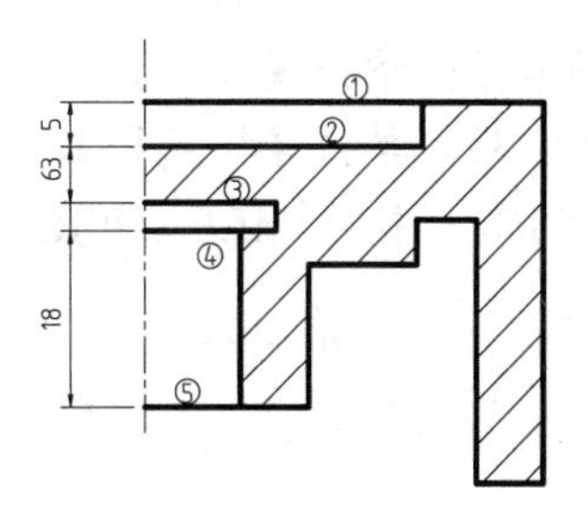

图 6-67　快速标注

6.6.3 快速引线标注

引线标注对象是两端分别带有箭头和注释内容的一段或多段引线，引线可以是直线或样条曲线，注释内容可以是文字、图块、形位公差等多种形式。

【快速引线】命令是 AutoCAD 常用的引注命令。在命令行输入 QLEADER/LE 即可调用该命令。

QLEADER 命令需要输入的参数包括引注的起点(箭头)、引线各节点的位置和注释文字。例如，绘制如图 6-68 所示的引注，命令行输入如下：

```
命令：LE↙                                 //调用【快速引线】命令
QLEADER。
指定第一个引线点或[设置(S)]<设置>:     //拾取引注起点 A
指定下一点:                               //拾取引线下一节点 B
指定下一点:                               //拾取引线下一节点 C
指定文字宽度<0>:                          //输入文字宽度。通常输入 0，这样系统自动将最大行的宽度作为文字宽度
输入注释文字的第一行<多行文字(M)>:     //输入第一行文字内容。如执行【多行文字】默认值，可以直接在在位文字编辑器中直接输入
输入注释文字的下一行:                     //输入引注文字(输入第二行文字内容)
输入注释文字的下一行：↙                  //按回车键完成快速引线的标注
```

完成快速引线标注后，文字注释将变成多行文字对象。双击文字注释，可直接修改文字内容。

6.6.4 多重引线标注

多重引线标注是在快速引线标注基础上通过改进而来的一种标注工具，是 AutoCAD 2008 开始新增的标注功能，其功能更加强大，常用于标注材料说明、加工工艺、形位公差等注释性内容。

AutoCAD 提供了【引线】面板，如图 6-69 所示，其功能比快速引线标注更加强大。

1．新建多重引线标注样式

与尺寸标注相似，在进行多重引线标注前，需要创建多重引线样式。通过【多重引线样式管理器】对话框可以新建多重引线标注样式，其打开方式有以下几种：

- 菜单栏：执行【格式】|【多重引线样式】命令

- 功能区：单击【注释】选项卡中【引线】面板右下角的箭头
- 工具栏：单击【样式】工具栏中的【多重引线样式】按钮
- 命令行：输入 MLEADERSTYLE/MLS

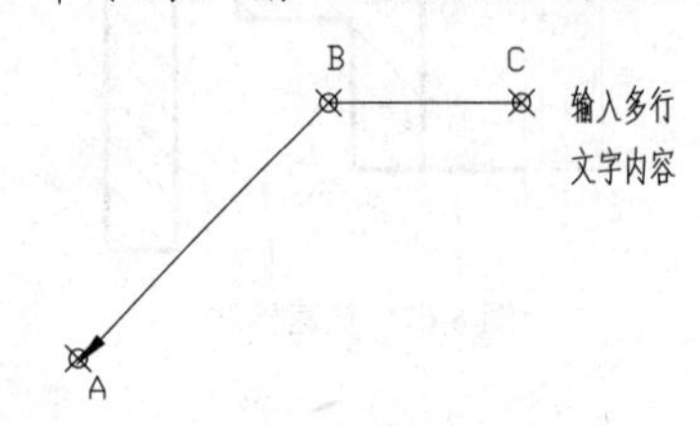

图 6-68　快速标注

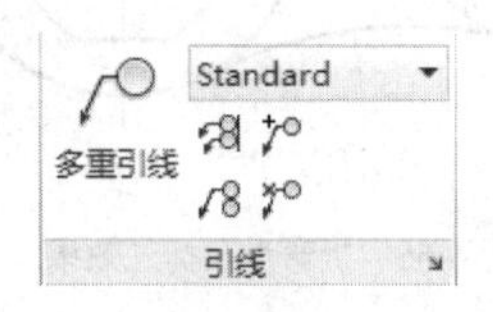

图 6-69　【引线】面板

执行该命令后，将打开如图 6-70 所示的【多重引线样式管理器】对话框，该对话框与【标注样式管理器】对话框相似，【样式】列表中列出了当前图形文件中所有已创建的多重引线样式，并显示了当前样式名及其预览图，默认样式为 Standard。

单击【新建】按钮，在打开的【创建新多重引线样式】对话框中可以创建多重引线样式，如图 6-71 所示。

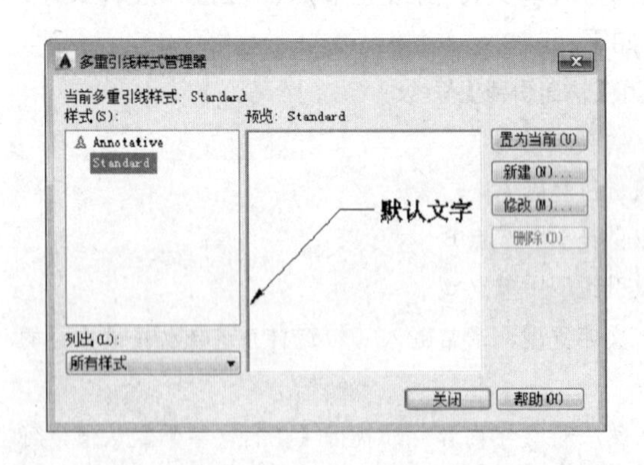

图 6-70　【多重引线样式管理器】对话框

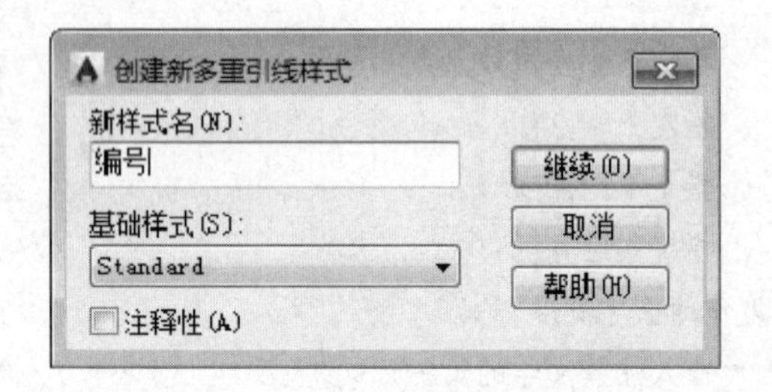

图 6-71　【创建新多重引线样式】对话框

2. 设置多重引线样式

单击【创建新多重引线样式】对话框中的【继续】按钮，在打开的【修改多重引线样式】对话框中可以设置多重引线的格式、结构、内容，如图 6-72 所示。多重引线设置完成后，单击【确定】按钮，然后在【多重引线样式管理器】对话框中将新样式置为当前即可。

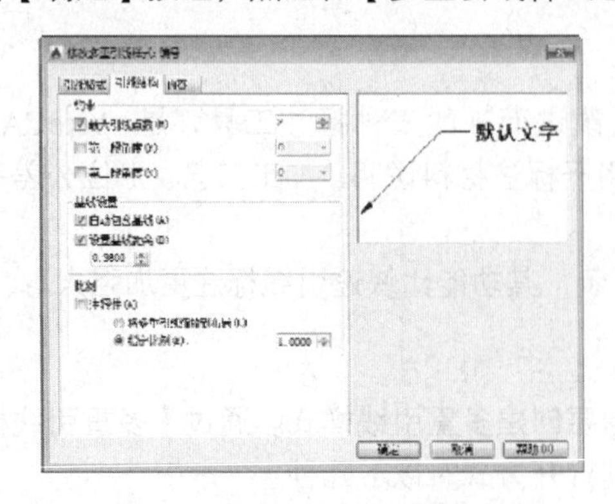

图 6-72　【修改多重引线样式】对话框

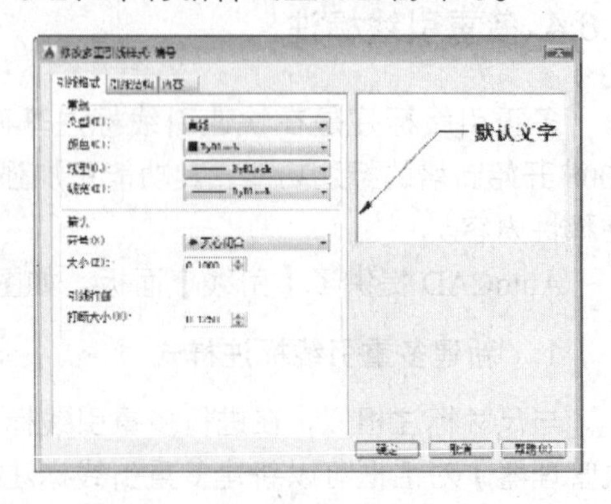

图 6-73　【引线格式】选项卡

❑　【引线格式】选项卡

此选项卡可以设置引线的类型及箭头的符号及大小等参数,如图 6-73 所示。【常规】选项区域用于设置多重引线的类型、颜色、线型及线宽;【箭头】选项区域用于设置多重引线箭头的符号及大小;【引线打断】选项区域用于设置多重引线的打断大小。

❑　【引线结构】选项卡

此选项卡可以对多重引线的引线点数，弯折角度以及基线、比例进行设置，如图 6-72 所示。

❑　【内容】选项卡

此选项卡可以设置多重引线标注的内容及引线的位置，如图 6-74 所示。

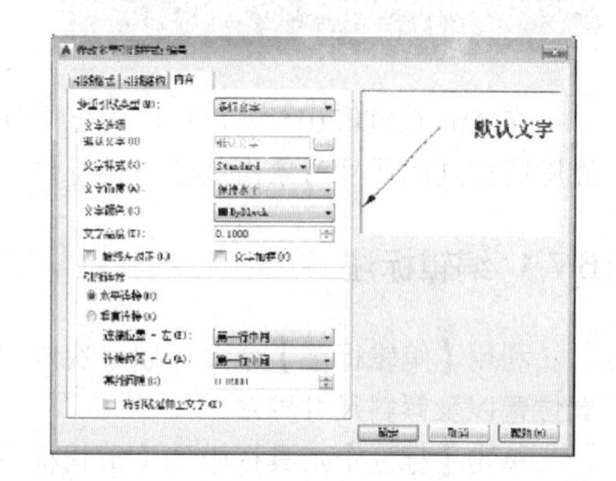

图 6-74　【内容】选项卡

其中的【多重引线类型】下拉列表框用于设置多重引线的标注内容，如多行文字、块等，如图 6-75 所示。选择不同的引线类型，选项卡内将对应不同的设置选项。

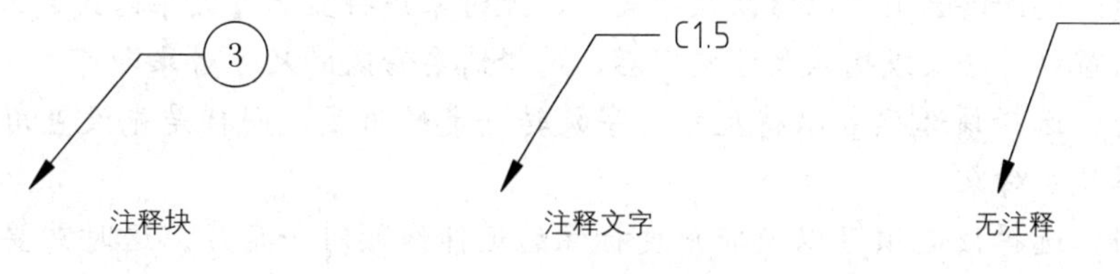

图 6-75　多重引线的注释内容

3. 标注多重引线

对多重引线设置完成后，即可进行多重引线的标注。

【多重引线】标注命令有以下几种调用方法:

- 菜单栏：执行【标注】|【多重引线】命令
- 功能区：单击【注释】选项卡中【引线】面板上的【多重引线】按钮
- 命令行：输入 MLEADER / MLD

执行该命令后，命令行出现如下提示信息:

```
指定引线箭头的位置或 [引线基线优先(L)/内容优先(C)/选项(O)] <选项>:
```

其各选项含义如下:

- 引线基线优先：选择该选项，将先指定基线位置再指定箭头位置。选择该项后再次执行多重引线命令，该项将被【引线箭头优先（H)】代替。
- 内容优先：选择该选项，命令行将提示指定文字的位置，然后再指定箭头的位置。
- 选项：选择该选项，命令行出现提示信息【输入选项 [引线类型(L)/引线基线(A)/内容类型(C)/最大节点数(M)/第一个角度(F)/第二个角度(S)/退出选项(X)] <引线基线>:】。选择相应的选项可以重新对引线样式进行临时更改。

如果需要将引线添加至现有的多重引线对象，可以单击【多重引线】工具栏中的添加引线按钮，然后依次选取需添加引线的多重引线和需要引出标注的图形对象，按回车键即可完成多重引线的添加。

6.7 编辑标注对象

在 AutoCAD 2015 中，可以对已标注对象的文字、位置及样式等内容进行修改，而不必删除所标注的尺寸对象再重新进行标注。

6.7.1 编辑标注

利用【编辑标注】命令可以一次修改一个或多个尺寸标注对象上的文字内容、方向、放置位置以及倾斜尺寸界线。

单击【标注】工具栏中的【编辑标注】按钮，此时命令行提示如下：

```
输入标注编辑类型 [默认(H)/新建(N)/旋转(R)/倾斜(O)] <默认>:
```

各选项的含义如下：

- 默认：选择该选项并选择尺寸对象，可以按默认位置和方向放置尺寸文字。
- 新建：选择该选项可以修改尺寸文字，此时系统将显示【文字格式】工具栏和文字输入窗口。修改或输入尺寸文字后，选择需要修改的尺寸对象即可。
- 旋转：选择该选项可以将尺寸文字旋转一定的角度，同样是先设置角度值，然后选择尺寸对象。
- 倾斜：选择该选项可以使非角度标注的延伸线倾斜一角度。这时需要先选择尺寸对象，然后设置倾斜角度值。

6.7.2 编辑标注文字

利用【编辑标注文字】命令可以移动和旋转标注文字，也可以改变尺寸线位置。

单击【标注】工具栏中的【编辑标注文字】按钮，然后选择需要修改的尺寸对象后，此时命令行提示如下：

```
为标注文字指定新位置或 [左对齐(L)/右对齐(R)/居中(C)/默认(H)/角度(A)]:
```

默认情况下，可以通过拖动光标来确定尺寸文字的新位置。也可以输入相应的选项指定文字的新位置。

6.7.3 调整标注间距

在 AutoCAD 中利用【标注间距】功能，可根据指定的间距数值调整尺寸线互相平行的线性尺寸或角度尺寸之间的距离，使其处于平行等距或对齐状态。

在【注释】选项卡中单击【标注】面板中的【调整间距】标注按钮，在图中选取第一个标注尺寸作为基准标注，然后依次选取要产生间距的标注，最后输入标注线的间距数值并按 Enter 键即可完成标注间距的设置。

6.7.4 打断标注

使用【打断标注】工具可以在尺寸标注的尺寸线、尺寸界限或引伸线与其他的尺寸标注或图形中线段的交点处形成隔断，可以提高尺寸标注的清晰度和准确性。

在【注释】选项卡中单击【标注】面板中的【折断标注】按钮，按照命令行提示首先在图形中选取要打断的标注线，然后选取要打断标注的对象，即可完成该尺寸标注的打断操作，如图 6-76 所示。

6.7.5 标注更新

用户可以利用【标注更新】命令，将图形中已标注的尺寸的标注样式更新为当前尺寸标注样式。

在【注释】选项卡中单击【标注】面板中的【更新】按钮，在命令行提示下选择需要更新的标注对象，按回车即可将所选标注对象按当前标注样式重新显示。

6.7.6 利用【特性】选项板编辑标注

用户利用【特性】选项板，可以查看所选标注的所有特性，并对其进行全方位的修改。

首先选择要修改的尺寸标注对象，然后按 Ctrl+1 快捷键，打开【特性】选项板，该选项板列表了选定标注对象的所有特性和内容，包括：基本（线型、颜色、图层等），其他（标注样式）以及由标注样式定义的其他特性：直线和箭头、文字、调整、主单位、换算单位和公差等。用户根据需要打开某一项，便快捷地进行修改，如图 6-77 所示。

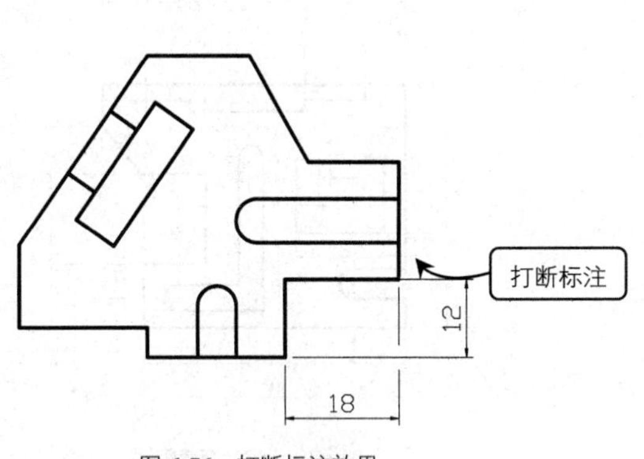

图 6-76　打断标注效果

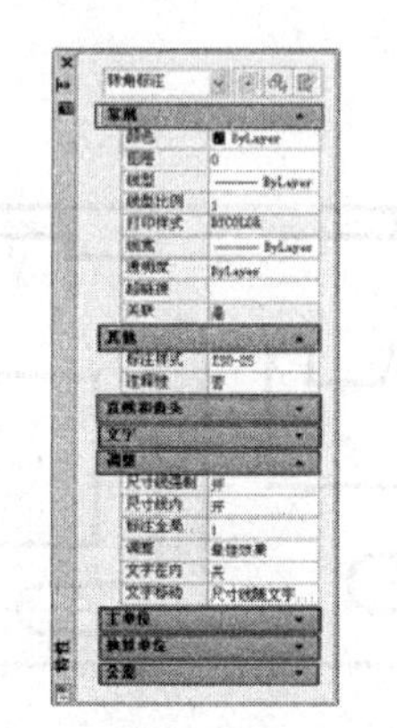

图 6-77　标注对象【特性】选项板

6.7.7 利用夹点调整标注位置

夹点编辑是 AutoCAD 2015 所提供的一种高效编辑工具，可以对大多数图形对象进行编辑。选择标注对象后，利用图形对象所显示的夹点，可拖动夹点来调整标注的位置。

如图 6-78 所示为文字夹点编辑，如图 6-79 所示为尺寸界线夹点编辑。

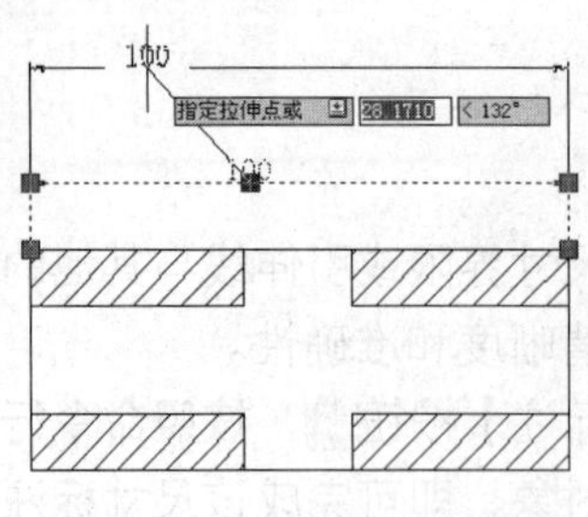

图 6-78　使用文字标注夹点编辑

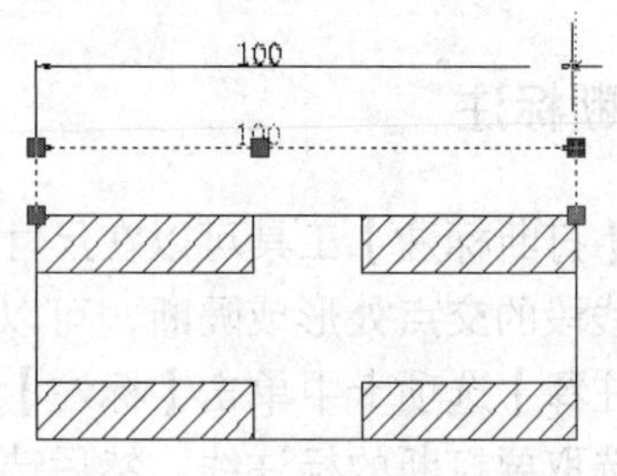

图 6-79　使用尺寸界线夹点编辑

6.8 习 题

1．填空题

（1）形位公差的主要类型主要有________、________、________、________等。

（2）在机械制图国家标准中对尺寸标注的规定主要有________、________、________、________简化标注法以及尺寸的公差配合标注法等。

（3）实际生产中的尺寸不可能达到规定的那么标准，所以允许其上下浮动，浮动的这个值则称为________。

（4）公称尺寸分为________和________两种。

2．操作题

将光盘中如图 6-80 所示图形标注为如图 6-81 所示效果。

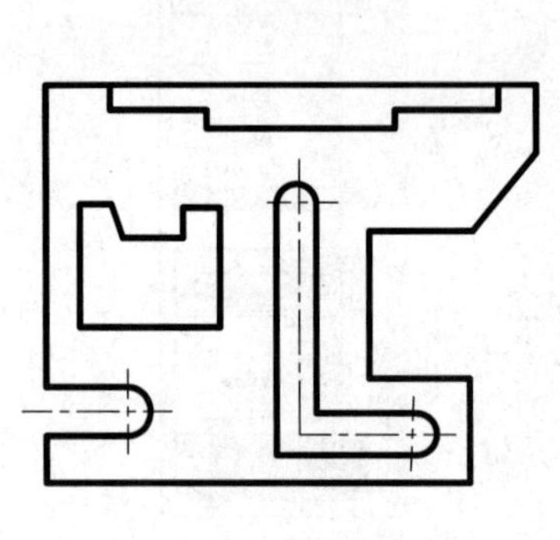

图 6-80　标注前图形

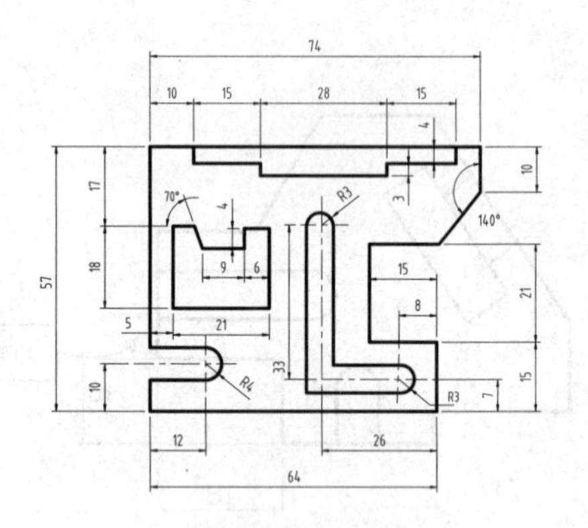

图 6-81　标注后图形

第7章 块与设计中心的应用

本章导读

在绘制图形时，如果图形中有大量相同或相似的内容，或者所绘制的图形与已有的图形文件相同，则可以把要重复绘制的图形创建成块（也称为图块），并根据需要为块创建属性，指定块的名称、用途及设计者等信息，在需要时直接插入它们，从而提高绘图效率。

设计中心是 AutoCAD 提供给用户的一个强有力的资源管理工具，以便在设计过程中方便调用图形文件、样式、图块、标注、线型等内容，以提高 AutoCAD 系统的效率。

本章重点

- 创建内部块
- 控制图块颜色和线型
- 插入块
- 创建外部块
- 分解图块
- 图块属性
- 创建动态图块
- 打开设计中心
- 设计中心窗体
- 设计中心查找功能
- 设计中心管理资源

7.1 块

块（Block）可以由多个绘制在不同图层上的不同特性对象组成的集合，并具有块名。块创建后，用户可以将其作为单一的对象插入零件图或装配图的图形中。块是系统提供给用户的重要绘图工具之一，具有以下主要特点：

- 提高绘图速度。
- 节省储存空间。
- 便于修改图形。
- 便于数据管理。

7.1.1 创建内部块

将一个或多个对象定义为新的单个对象，定义的新单个对象即为块，保存在图形文件中的块又称内部块。

调用【块】命令的方法如下：

- 菜单栏：执行【绘图】|【块】|【创建】命令
- 工具栏：单击【绘图】工具栏中的【创建块】按钮
- 命令行：输入 BLOCK / B 并按回车键
- 功能区：单击【默认】选项卡中【块】面板上的【创建】按钮

执行上述任一命令后，系统弹出【块定义】对话框，如图 7-1 所示，可以将绘制的图形创建为块。

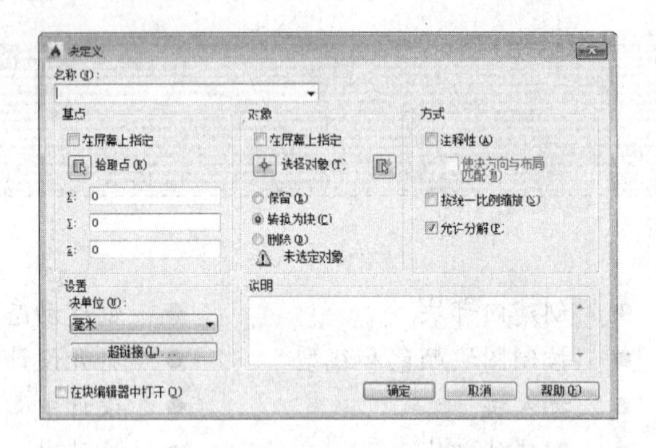

图 7-1 【块定义】对话框

【块定义】对话框中主要选项的功能如下：

- 【名称】文本框：用于输入块名称，还可以在下拉列表框中选择已有的块。
- 【基点】选项区域：设置块的插入基点位置。用户可以直接在 X、Y、Z 文本框中输入，也可以单击【拾取点】按钮，切换到绘图窗口并选择基点。一般基点选在块的对称中心、左下角或其他有特征的位置。
- 【对象】选项区域：选择组成块的对象。其中，单击【选择对象】按钮，可切换到绘图窗口选择组成块的各对象；单击【快速选择】按钮，可以使用弹出的【快

速选择】对话框设置所选择对象的过滤条件；选中【保留】单选按钮，创建块后仍在绘图窗口中保留组成块的各对象；选中【转换为块】单选按钮，创建块后将组成块的各对象保留并把它们转换成块；选中【删除】单选按钮，创建块后删除绘图窗口上组成块的原对象。

- 【方式】选项区域：设置组成块的对象显示方式。选择【注释性】复选框，可以将对象设置成注释性对象；选择【按统一比例缩放】复选框，设置对象是否按统一的比例进行缩放；选择【允许分解】复选框，设置对象是否允许被分解。
- 【设置】选项区域：设置块的基本属性。单击【超链接】按钮，将弹出【插入超链接】对话框，在该对话框中可以插入超链接文档。
- 【说明】文本框：用来输入当前块的说明部分。

下面以创建如图7-2所示的表面粗糙度符号为例，具体讲解如何定义创建块。

课堂举例 7-1：创建块

视频\第7章\课堂举例7-1.mp4

01 调用L【直线】命令，按照如图7-2所示尺寸绘制表面粗糙度符号图形。

02 在命令行中输入B，并按回车键，调用【块】命令，系统弹出【块定义】对话框。

03 在【名称】文本框中输入块的名称“表面粗糙度”。

04 在【基点】选项区域中单击【拾取点】按钮，然后再拾取图形中的O点，确定基点位置。

05 在【对象】选项区域中选中【保留】单选按钮，再单击【选择对象】按钮，返回绘图窗口，选择要创建块的表面粗糙度符号，然后按回车键或单击鼠标右键，返回【块定义】对话框。

06 在【块单位】下拉列表中选择【毫米】选项，设置单位为毫米。

07 完成参数设置，单击【确定】按钮保存设置，完成图块的定义。

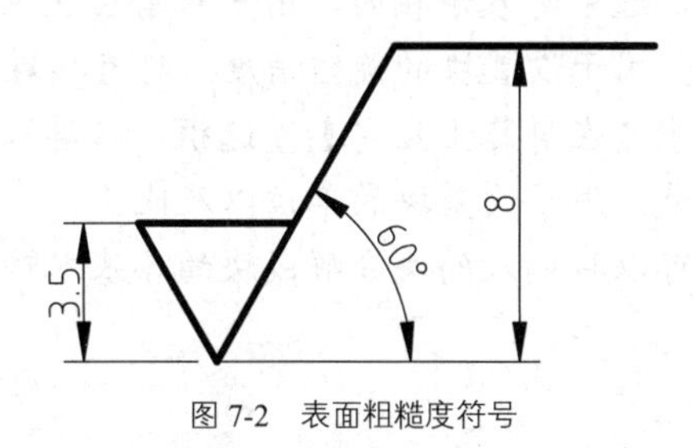

图7-2　表面粗糙度符号

【创建块】命令所创建的块保存在当前图形文件中，可以随时调用并插入到当前图形文件中。其他图形文件如果要调用该图块，则可以通过设计中心或剪贴板。

7.1.2 控制图块颜色和线型

尽管图块总是创建在当前图层上，但块定义中保存了图块中各个对象的原图层、颜色和线型等特性信息。为了控制插入块实例的颜色、线型和线宽特性，在定义块时有如下三种情况：

● 若要使块实例完全继承当前层的属性，那么在定义块时应将图形对象绘制在 0 层，将当前层颜色、线型和线宽属性设置为“随层”(ByLayer)。
● 若希望能为块实例单独设置属性，那么在块定义时应将颜色、线型和线宽属性设置为“随块”(ByBlock)。
● 若要使块实例中的对象保留属性，而不从当前层继承；那么在定义块时，应为每个对象分别设置颜色、线型和线宽属性，而不应当设置为“随块”或“随层”。

7.1.3 插入块

将需要重复绘制的图形创建成块后，可以通过【插入】命令直接调用它们，插入到图形中的块称为块参照。

调用【插入】命令的方法有以下几种：

● 菜单栏：执行【插入】|【块】命令
● 工具栏：单击【绘图】工具栏中的【插入块】按钮
● 命令行：输入 INSERT / I，并按回车键
● 功能区：单击【默认】选项卡【块】面板上的【插入】按钮

执行上述任一命令，即可调用【插入】命令，系统弹出【插入】对话框，如图 7-3 所示。

该对话框中各选项的含义如下：

● 【名称】下拉列表框：用于选择块或图形名称。也可以单击其后的【浏览】按钮，系统弹出【打开图形文件】对话框，选择保存的块和外部图形。
● 【插入点】选项区域：设置块的插入点位置。用户可以直接在 X、Y、Z 文本框中输入，也可以通过选中【在屏幕上指定】复选框，在屏幕上选择插入点。
● 【比例】选项区域：用于设置块的插入比例。可直接在 X、Y、Z 文本框中输入块在三个方向的比例；也可以通过选中【在屏幕上指定】复选框，在屏幕上指定。此外，该选项区域中的【统一比例】复选框用于确定所插入块在 X、Y、Z 3 个方向的插入比例是否相同，选中时表示相同，用户只需在 X 文本框中输入比例值即可。
● 【旋转】选项区域：用于设置块的旋转角度。可直接在【角度】文本框中输入角度值，也可以通过选中【在屏幕上指定】复选框，在屏幕上指定旋转角度。
● 【块单位】选项区域：用于设置块的单位以及比例。
● 【分解】复选框：可以将插入的块分解成块的各基本对象。

7.1.4 创建外部块

外部块是以类似于块操作的方法组合对象，然后将对象输出成一个文件，输出的该文件会将图层、线型、样式和其他特性（如系统变量等）设置作为当前图形的设置。这个新图形文件可以由当前图形中定义的块创建，也可以由当前图形中被选择的对象组成，甚至可以将全部的当前图形输入成一个新的图形文件。

在命令行输入 WBLOCK/W 命令，并按回车键，系统弹出【写块】对话框。在【源】选项组中选中【块】单选按钮，表示选择新图形文件由块创建。在下拉列表框中指定块，并在【目标】选项组中指定一个图形名称及其保存位置即可，如图 7-4 所示。

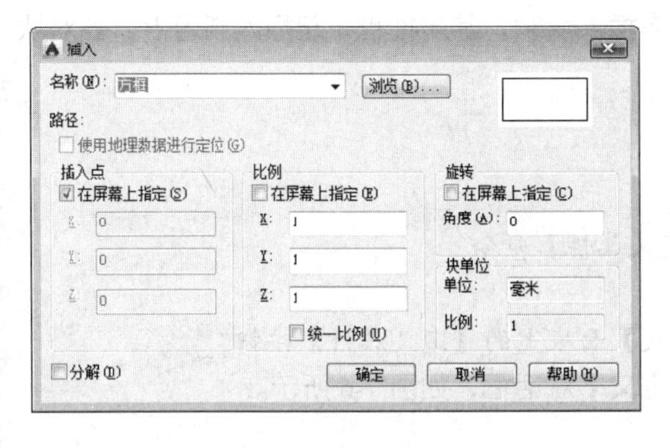

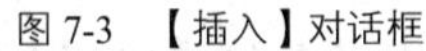
图 7-3　【插入】对话框

图 7-4　存储块

技巧　在指定文件名称时，只需输入文件名称而不用带扩展名。系统一般将扩展名定义为.dwg。此时，如果在【目标】选项组中未指定文件名，则系统将在默认保存位置保存该文件。

7.1.5 分解图块

分解图块可使其变成定义图块之前的各自独立状态。在 AutoCAD 中，分解图块可以使用【修改】面板中的【分解】按钮来实现，它可以分解块参照、填充图案和标注等对象。

1. 分解特殊的块对象

特殊的块对象包括带有宽度特性的多段线和带有属性的块两种类型。带有宽度特性的多段线被分解后，将转换为宽度为 0 的直线和圆弧，并且分解后相应的信息也将丢失；分解带有宽度和相切信息的多段线时，还会提示信息丢失。如图 7-5 所示就是带有宽度的多段线被分解前后的效果。

图 7-5　分解多段线

当块定义中包含属性定义时，属性（如名称和数据）作为一种特殊的文本对象也被一同插入。此时包含属性的块被分解时，块中的属性将转换为原来的属性定义状态，即在屏幕上显示属性标记，同时丢失了在块插入时指定的属性值。

2. 分解块参照中的嵌套元素

在分解包含嵌套块和多段线的块参照时，只能分解一层。这是因为最高一层的块参照被分解，而嵌套块或者多段线仍保留其块特性或多段线特性。只有在它们已处于最高层时，才能被分解。

7.1.6 块属性

块属性是属于块的非图形信息，是块的组成部分。块属性是用来描述块的特性，包括标记、提示、值的信息、文字格式、位置等。当插入块时，其属性也一起插入到图中；当对块进行编辑时，其属性也将改变。

1. 创建块属性

调用定义【块属性】的方法有以下几种：

- 菜单栏：执行【绘图】|【块】|【定义属性】命令
- 命令行：输入 ATTDEF / ATT
- 功能区：单击【默认】选项卡中【块】面板上的【定义属性】按钮

执行上述任一操作后，系统弹出【属性定义】对话框，如图 7-6 所示。

该对话框中各选项的含义如下：

- 模式：用于设置属性模式，其包括【不可见】、【固定】、【验证】、【预设】、【锁定位置】和【多行】6 个复选框，勾选相应的复选框可设置相应的属性值。
- 属性：用于设置属性数据，包括【标记】、【提示】、【默认】三个文本框。
- 插入点：该选项组用于指定图块属性的位置，若选中【在屏幕上指定】复选框，则可以在绘图区中指定插入点，用户可以直接在 X、Y、Z 文本框中输入坐标值确定插入点。
- 文字设置：该选项组用于设置属性文字的对正、样式、高度和旋转角度。包括对正、文字样式、文字高度、旋转和边界宽度 5 个选项。
- 在上一个属性定义对齐：选择该复选框，将属性标记直接置于定义的上一个属性的下面。若之前没有创建属性定义，则此项不可用。

通过【属性定义】对话框，用户只能定义一个属性，也不能指定该属性属于哪个图块，因此用户必须通过【块定义】对话框将图块和定义的属性共同定义为一个新的图块。

2. 修改属性定义

直接双击块属性，系统弹出【增强属性编辑器】对话框。在【属性】选项卡的列表中选择要修改的文字属性，然后在下面的【值】文本框中设置相应的参数，如图 7-7 所示。

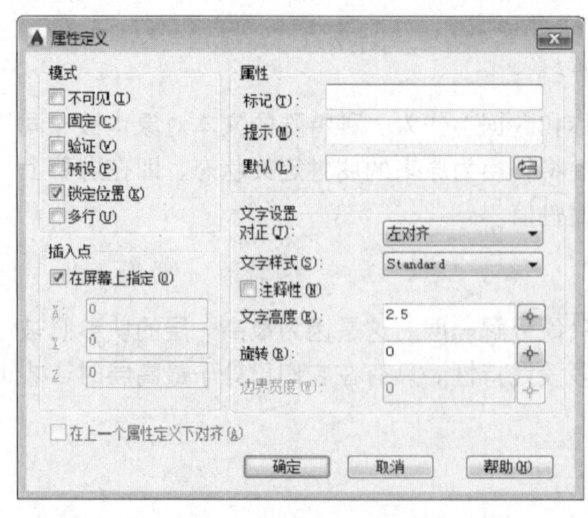

图 7-6 【属性定义】对话框

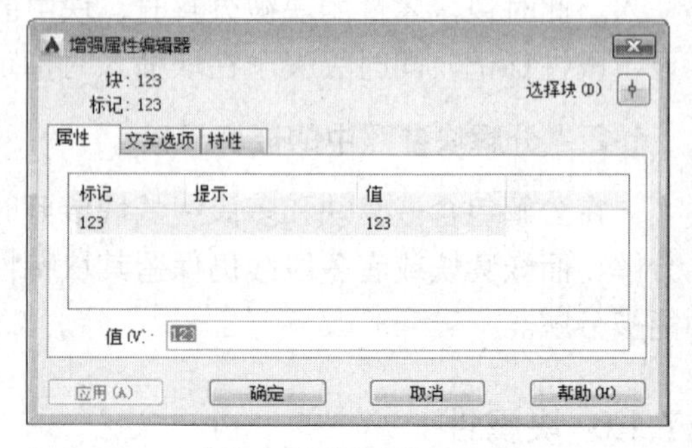

图 7-7 【增强属性编辑器】对话框

在【增强属性编辑器】对话框中，各选项卡的含义如下：

- 【属性】选项卡：用于显示块中每个属性的标识、提示和值。在列表框中选择某一属性后，在【值】文本框中将显示出该属性对应的属性值，并可以通过它来修改属性值。
- 【文字选项】选项卡：用于修改属性文字的格式，该选项卡如图 7-8 所示。在该选项卡中可以设置【文字样式】、【对正】方式、【高度旋转】角度、宽度因子、【倾斜角度】等参数。
- 【特性】选项卡：用于修改属性文字的【图层】以及其【线宽】、【线型】、【颜色】及【打印样式】等，该选项卡如图 7-9 所示。

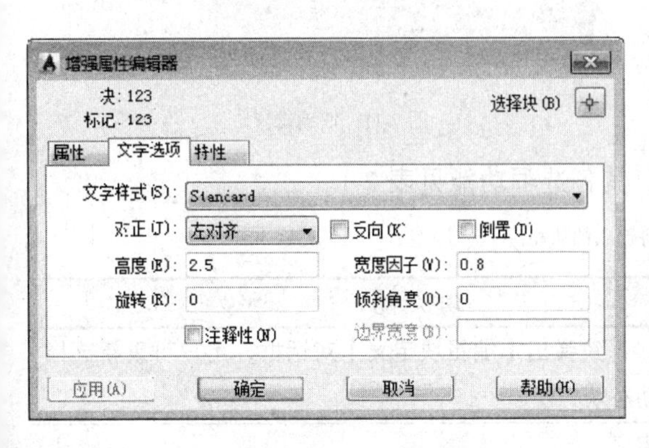

图 7-8　【文字选项】选项卡

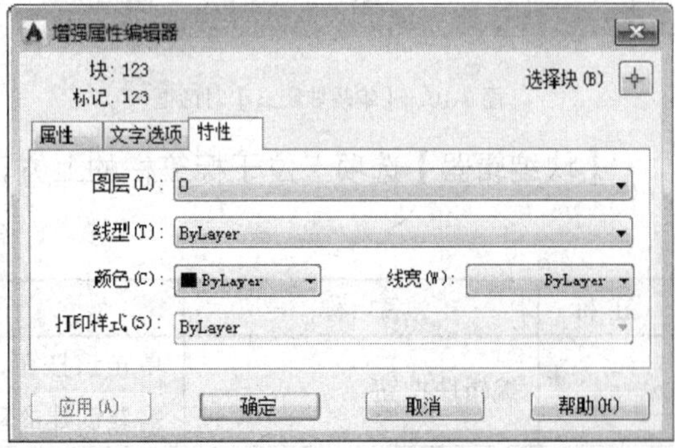

图 7-9　【特性】选项卡

7.1.7 创建动态图块

动态图块就是将一系列内容相同或相近的图形通过块编辑将图形创建为块，并设置该块具有参数化的动态特性，在操作时通过自定义夹点或自定义特性来操作动态块。设置该类图块相对于常规图块来说具有极大的灵活性和智能性，提高绘图效率的同时减小图块库中的块数量。

1. 块编辑器

块编辑器是专门用于创建块定义并添加动态行为的编写区域。

调用【块编辑器】的方法有以下几种：

- 菜单栏：执行【工具】|【块编辑器】命令
- 命令行：输入 BEDIT / BE
- 功能区：单击【默认】选项卡中【块】面板上的【编辑】按钮

执行上述任一操作后，系统弹出【编辑块定义】对话框，如图 7-10 所示。

在该对话框中提供了多种编辑和创建动态块的块定义，选择一个图块名称，则可在右侧预览块效果。单击【确定】按钮，系统进入默认为灰色背景的绘图区域，一般称该区域为块编辑窗口，并弹出【块编辑器】选项卡和【块编写选项板】，如图 7-11 所示。

在右侧的【块编写选项卡】中，包含参数、动作、参数集和约束四个选项卡，可创建动态块的所有特征。

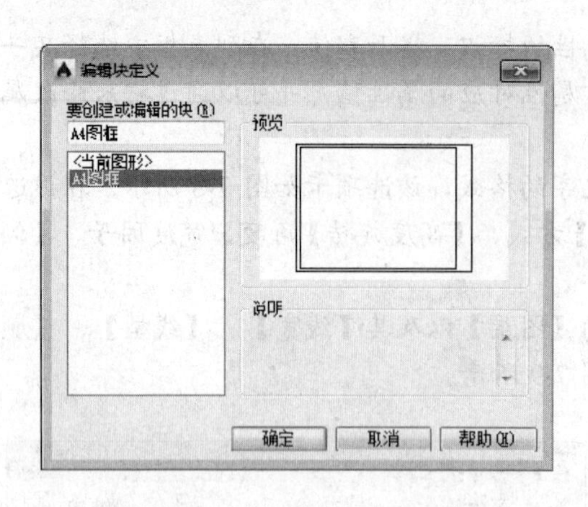

图 7-10 【编辑块定义】对话框

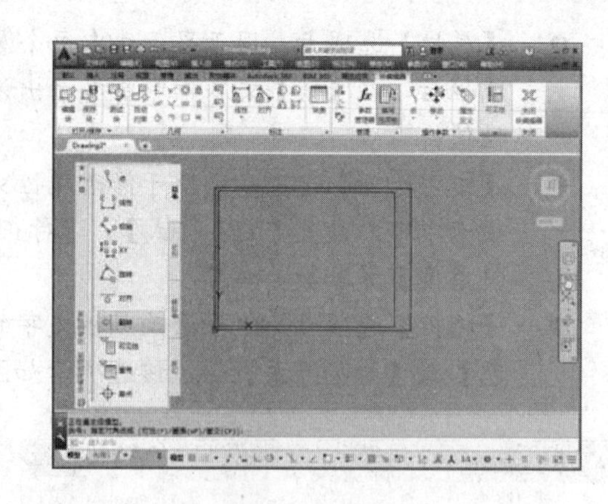

图 7-11 块编辑窗口

【块编辑器】选项卡位于标签栏的上方，其各选项功能见表 7-1。

表 7-1 各选项的功能

图 标	名 称	功 能
	编辑块按钮	单击该按钮，系统弹出【编辑块定义】对话框，用户可重新选择需要创建的动态块
	保存块按钮	保存当前块定义
	将块另存为	单击此按钮，系统弹出【将块另存为】对话框，用户可以重新输入块名称后保存此块
	测试块	测试此块能否被加载到图形中
	自动约束对象	对选择的块对象进行自动约束
	显示/隐藏约束栏	显示或者隐藏约束符号
	参数约束	对块对象进行参数约束
	块表	单击块表按钮系统弹出【块特性表】对话框，通过此对话框对参数约束进行函数设置
	属性定义	单击此按钮系统弹出【属性定义】对话框，从中可定义模式、属性标记、提示、值等的文字选项
	编写选项板	显示或隐藏编写选项板
fx	参数管理器	打开或者关闭参数管理器

在该绘图区域 UCS 命令是被禁用的，绘图区域显示一个 UCS 图标，该图标的原点定义了块的基点。用户可以通过相对 UCS 图标原点移动几何体图形或者添加基点参数来更改块的基点。这样在完成参数的基础上添加相关动作，然后通过【保存块】按钮保存块定义，此时可以立即关闭编辑器并在图形中测试块。

如果在块编辑窗口中执行【文件】|【保存】命令，则保存的是图形而不是块定义。因此处于块编辑窗口时，必须专门对块定义进行保存。

2. 块编写选项板

该选项板中一共 4 个选项卡：

- 【参数】选项卡：如图 7-12 所示，用于向块编辑器中的动态块添加参数，动态块的

参数包括点参数、线型参数、极轴参数等。

- 【动作】选项卡：如图 7-13 所示，用于向块编辑器中的动态块添加动作，包括移动动作、缩放动作、拉伸动作、极轴拉伸动作等。
- 【参数集】选项卡：如图 7-14 所示，用于在块编辑器中向动态块定义中添加以一个参数和至少一个动作的工具时，创建动态块的一种快捷方式。
- 【约束】选项卡：如图 7-15 所示，用于在块编辑器中向动态块进行几何或参数约束。

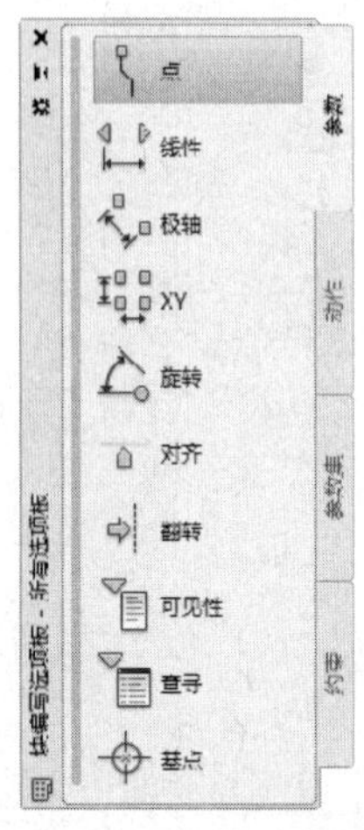

图 7-12 【参数】选项卡

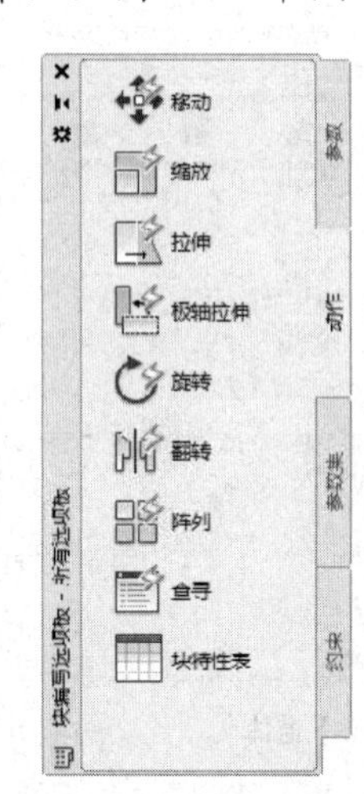

图 7-13 【动作】选项卡

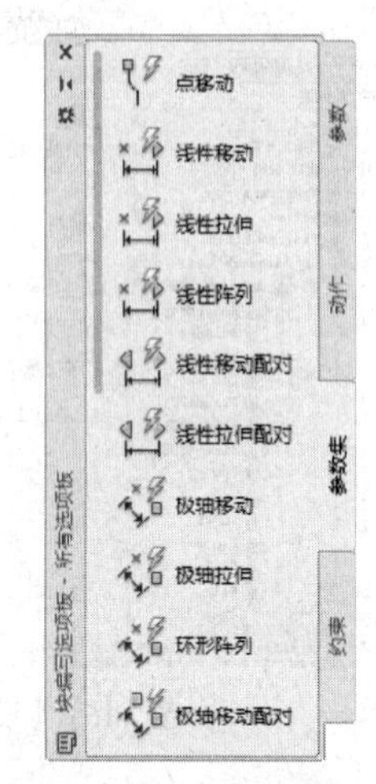

图 7-14 【参数集】选项卡

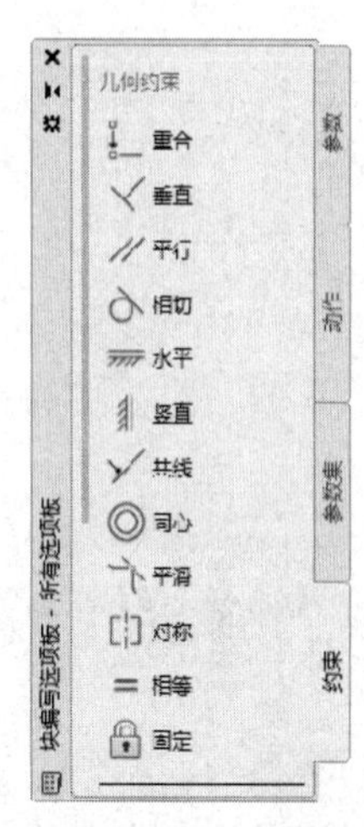

图 7-15 【约束】选项卡

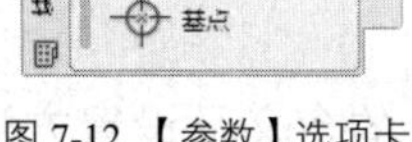

7.2 设计中心

AutoCAD 设计中心为用户提供了一个与 Windows 资源管理器类似的直观且高效的工具。通过设计中心可以浏览、查找、预览、管理、利用和共享 AutoCAD 图形，还可以使用其他图形文件中的图层定义、块、文字样式、尺寸标注样式、布局等信息，从而提高了图形管理和图形设计的效率。

7.2.1 打开设计中心

利用设计中心，可以对图形设计资源实现以下管理功能：

- 浏览、查找和打开指定的图形资源。
- 能够将图形文件、图块、外部参照、命名样式迅速插入到当前文件中。
- 为经常访问的本地机或网络上的设计资源创建快捷方式，并添加到收藏夹中。

打开【设计中心】窗体的方式有以下几种：

- 菜单栏：执行 【工具】|【选项板】|【设计中心】命令
- 工具栏：单击【标准】工具栏中的【设计中心】按钮
- 命令行：输入 ADCENTER/ADC 命令
- 功能区：单击【视图】选项卡【选项板】面板上的【设计中心】按钮
- 组合键：Ctrl+2

执行上述任一操作后，系统弹出【设计中心】窗体。

7.2.2 设计中心窗体

设计中心的外观与 Windows 资源管理器相似，如图 7-16 所示。双击左侧的标题条，可以将窗体固定放置在绘图区一侧，或者浮动放置在绘图区上。拖动标题条或窗体边界，可以调整窗体的位置和大小。

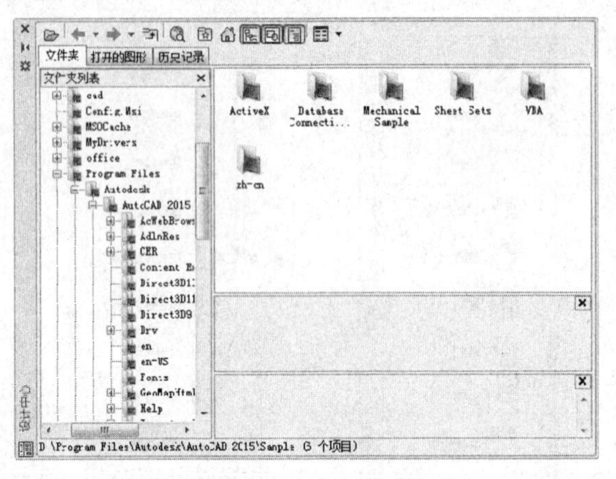

图 7-16 【设计中心】窗体

设计中心窗口中包含一组工具按钮和三个选项卡，这些按钮和选项卡的含义及设置方法如下：

1. 选项卡操作

在设计中心中单击，可以在几个选项卡之间进行切换，各选项含义如下：

- 文件夹：该选项卡显示设计中心的资源，包括显示计算机或网络驱动器中文件和文件夹的层次结构。可将设计中心内容设置为本计算机、本地计算机或网络信息。要使用该选项卡调出图形文件，可指定文件夹列表框中的文件路径（包括网络路径），右侧将显示图形信息。
- 打开的图形：该选项卡显示当前已打开的所有图形，并在右方的列表框中包括图形中的块、图层、线型、文字样式、标注样式和打印样式。单击某个图形文件，然后单击列表中的一个定义表，可以将图形文件的内容加载到内容区域中。
- 历史记录：该选项卡中显示最近在设计中心打开的文件列表，双击列表中的某个图形文件，可以在【文件夹】选项卡的树状视图中定位此图形文件，并将其内容加载到内容预览区域。

2. 按钮操作

在【设计中心】窗体中，要设置对应选项卡中树状视图与控制板中显示的内容，可以单击选项卡上方的按钮执行相应的操作，各按钮的含义如下：

- 【加载】按钮：使用该按钮通过桌面、收藏夹等路径加载图形文件。单击该按钮弹出【加载】对话框，在该对话框中按照指定路径选择图形，将其载入当前图形中。
- 【搜索】按钮：用于快速查找图形对象。
- 【收藏夹】按钮：通过收藏夹来标记存放在本地硬盘和网页中常用的文件。
- 【主页】按钮：将设计中心返回到默认文件夹，选择专用设计中心图形文件加载

到当前图形中。

- 【树状图切换】按钮：使用该工具打开/关闭树状视图窗口。
- 【预览】按钮：使用该工具打开/关闭选项卡右下侧窗格。
- 【说明】按钮：打开或关闭说明窗格，以确定是否显示说明窗格内容。
- 【视图】按钮：用于确定控制板显示内容的显示格式，单击该按钮将弹出一个快捷菜单，可在该菜单中选择内容的显示格式。

7.2.3 设计中心查找功能

使用设计中心的【查找】功能，可在弹出的【搜索】对话框中快速查找图形、块特征、图层特征和尺寸样式等内容，将这些资源插入当前图形，可辅助当前设计。

单击【设计中心】窗体中的【搜索】按钮，系统弹出【搜索】对话框，如图 7-17 所示。

在该对话框指定搜索对象所在的盘符，然后在【搜索文字】列表框中输入搜索对象名称，在【位于字段】列表框中选择搜索类型，单击【立即搜索】按钮，即可执行搜索操作。

另外，还可以选择其他选项卡设置不同的搜索条件。

将图形选项卡切换到【修改日期】选项卡，可指定图形文件创建或修改的日期范围。默认情况下不指定日期，需要在此之前指定图形修改日期。

切换到【高级】选项卡可指定其他搜索参数。

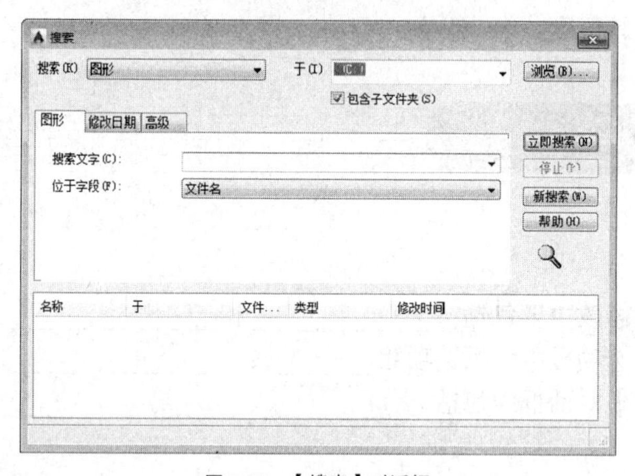

图 7-17 【搜索】对话框

7.2.4 设计中心管理资源

使用 AutoCAD 设计中心最终的目的是在当前图形中调入块、引用图像和外部参照，并且在图形之间复制块、图层、线型、文字样式、标注样式以及用户定义的内容等。也就是说根据插入内容类型的不同，对应插入设计中心图形的方法也不相同。

1. 插入块

在进行插入块操作时，用户可根据设计需要确定插入方式。

- 自动换算比例插入块：选择该方法插入块时，可从设计中心窗口中选择要插入的块，并拖动到绘图窗口。移到插入位置时释放鼠标，即可实现块的插入操作。

- 常规插入块：采用插入时确定插入点、插入比例和旋转角度的方法插入块特征，可在【设计中心】对话框中选择要插入的块，然后用鼠标右键将该块拖动到窗口后释放鼠标，此时将弹出一个快捷菜单，选择【插入块】选项，即可弹出【插入块】对话框，可按照插入块的方法确定插入点、插入比例和旋转角度，将该块插入到当前图形中。

2. 复制对象

复制对象就在控制板中展开相应的块、图层、标注样式列表，然后选中某个块、图层或标注样式并将其拖入到当前图形，即可获得复制对象效果。

如果按住右键将其拖入当前图形，此时系统将弹出一个快捷菜单，通过此菜单可以进行相应的操作。

3. 以动态块形式插入图形文件

要以动态块形式在当前图形中插入外部图形文件，只需要通过右键快捷菜单，执行【块编辑器】命令即可，此时系统将打开【块编辑器】窗口，用户可以通过该窗口将选中的图形创建为动态图块。

4. 引入外部参照

从【设计中心】对话框选择外部参照，用鼠标右键将其拖动到绘图窗口后释放，在弹出的快捷菜单中选择【附加为外部参照】选项，弹出【外部参照】对话框，可以在其中确定插入点、插入比例和旋转角度。

7.3 习 题

1. 填空题

（1）对块属性的修改主要包括________和________。

（2）【块编写】选项板中包括选项组______、______、______和______。

（3）【属性定义】对话框中包括：______、______、______、和______4个选项组。

2. 操作题

创建如图 7-18 和图 7-19 所示的图块。

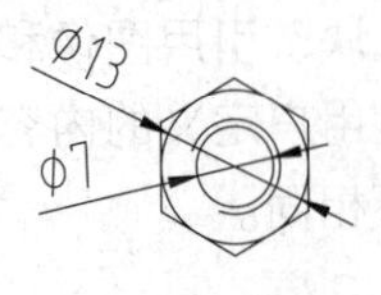

图 7-18 六角螺母

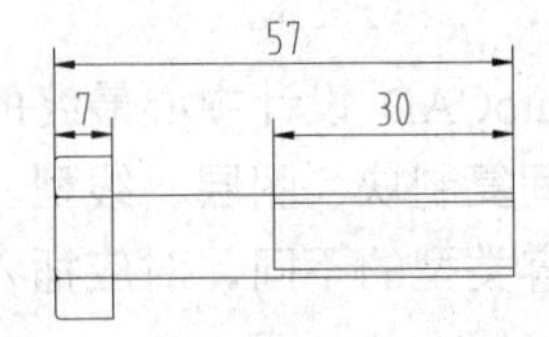

图 7-19 螺栓

第 8 章 机件的常用表达方法

本章导读

在生产实际中，机件的形状往往是多种多样的，为了将机件的内、外形状和结构表达清楚，国家标准《技术制图》和《机械制图》规定了表达机件的各种方法。本章主要介绍视图、剖视图和断面图等常用的表达方法。

本章重点

- 视图
- 剖视图
- 断面图
- 其他视图

8.1 视 图

机械工程图样是用一组视图，并采用适当的表达方法表示机械零件的内外结构形状。视图是按正投影法，即机件向投影面投影得到的图形。视图的绘制必须符合投影规律。

机件向投影面投影时，观察者、机件与投影面三者间有两种相对位置。机件位于投影面与观察者之间时称为第一角投影法。投影面位于机件与观察者之间时称为第三角投影法。两种投影法都能同时完善地表达机件的形状。我国国家标准规定采用第一角投影法。

8.1.1 基本视图

三视图是机械图样中最基本的图形，它是将物体放在三投影面体系中，分别向 3 个投影面作投射所得到的图形，即主视图、俯视图、左视图，如图 8-1 所示。

将三投影面体系展开在一个平面内，三视图之间满足三等关系，即“主俯视图长对正、主左视图高平齐、俯左视图宽相等”，如图 8-2 所示，三等关系这个重要的特性是绘图和读图的依据。

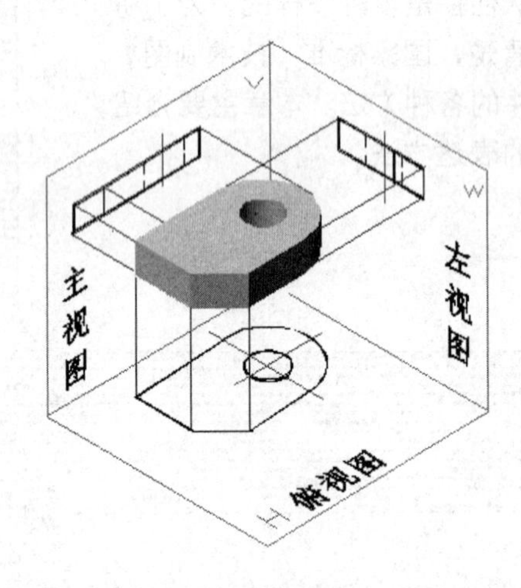

图 8-1 三视图形成原理示意图

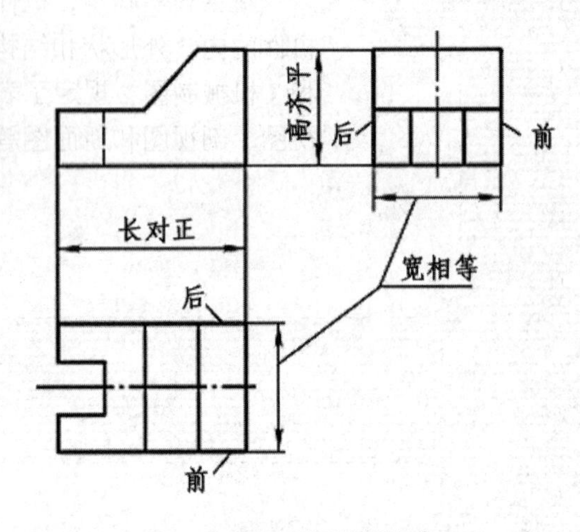

图 8-2 三视图之间的投影规律

当机件的结构十分复杂时，使用三视图来表达机件就十分困难。国家标准规定，在原有的三个投影面上增加三个投影面，使得整个六个投影面形成一个正六面体，它们分别是：右视图、主视图、左视图、后视图、仰视图、俯视图，如图 8-3 所示。

- 主视图：由前向后投影的是主视图。
- 俯视图：由上向下投影的是俯视图。
- 左视图：由左向右投影的是左视图。
- 右视图：由右向左投影的是右视图。
- 仰视图：由下向上投影的是仰视图。
- 后视图：由后向前投影的是后视图。

各视图展开后都要遵循“长对正、高平齐、宽相等”的投影原则。

8.1.2 向视图

有时为了便于合理地布置基本视图，可以采用向视图。

向视图是可自由配置的视图，它的标注方法为：在向视图的上方注写“X”（X 为大写的英文字母，如“A”、“B”、“C”等），并在相应视图的附近用箭头指明投影方向，并注写相同的字母，如图 8-4 所示。

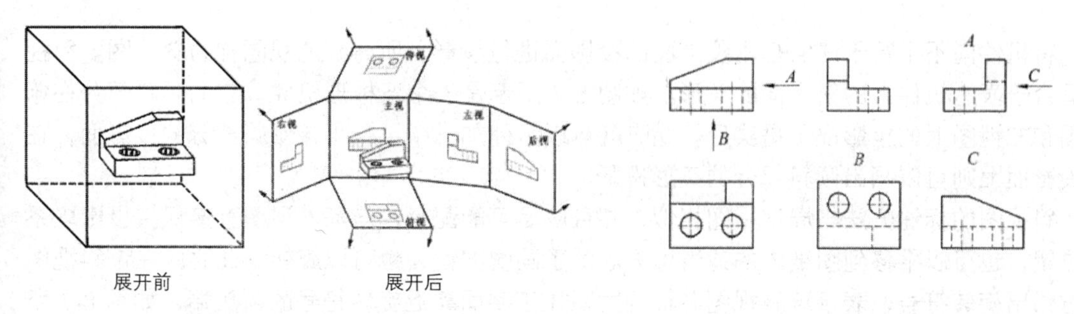

图 8-3　6 个投影面及展开示意图　　　　图 8-4　向视图示意图

8.1.3 局部视图

当采用一定数量的基本视图后，机件上仍有部分结构形状尚未表达清楚，而又没有必要再画出完整的其他的基本视图时，可采用局部视图来表达。

局部视图是将机件的某一部分向基本投影面投影得到的视图。局部视图是不完整的基本视图，利用局部视图可以减少基本视图的数量，使表达简洁，重点突出。

局部视图一般用于下面两种情况：

- 用于表达机件的局部形状。如图 8-5 所示，画局部视图时，一般可按向视图（指定某个方向对机件进行投影）的配置形式配置。当局部视图按基本视图的配置形式配置时，可省略标注。
- 用于节省绘图时间和图幅，对称的零件视图可只画一半或四分之一，并在对称中心线画出两条与其垂直的平行细直线，如图 8-6 所示。

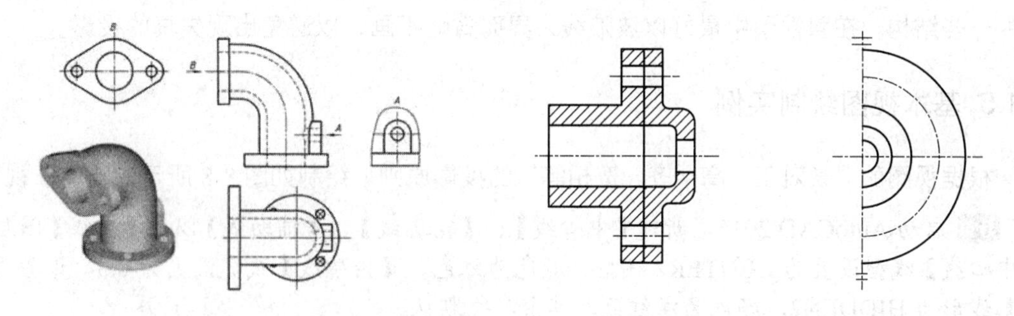

图 8-5　向视图配置的局部视图　　　　图 8-6　对称零件的局部视图

画局部视图时应注意以下几点：

- 在相应的视图上用带字母的箭头指明所表示的投影部位和投影方向，并在局部视图上方用相同的字母标明“X”。

- 局部视图尽量画在有关视图的附近，并直接保持投影联系。也可以画在图样内的其他地方。当表示投影方向的箭头标在不同的视图上时，同一部位的局部视图的图形方向可能不同。
- 局部视图的范围用波浪线表示。所表示的图形结构完整、且外轮廓线又封闭时，则波浪线可省略。

8.1.4 斜视图

将机件向不平行于任何基本投影面的投影面进行投影，所得到的视图称为斜视图。斜视图适合于表达机件上的斜表面的实形。如图 8-7 所示是一个弯板形机件，它的倾斜部分在俯视图和左视图上的投影都不是实形。此时就可以另外加一个平行于该倾斜部分的投影面，在该投影面上则可以画出倾斜部分的实形投影，如 “A” 向所示。

斜视图的标注方法与局部视图相似，并且应尽可能配置在与基本视图直接保持投影联系的位置，也可以平移到图纸内的适当地方。为了画图方便，也可以旋转。此时应在该斜视图上方画出旋转符号，表示该斜视图名称的大写拉丁字面靠近旋转符号的箭头端，如图 8-7 所示。也允许将旋转角度标注在字母之后。旋转符号为带有箭头的半圆，半圆的线宽等于字体笔画的宽度，半圆的半径等于字体高度，箭头表示旋转方向。

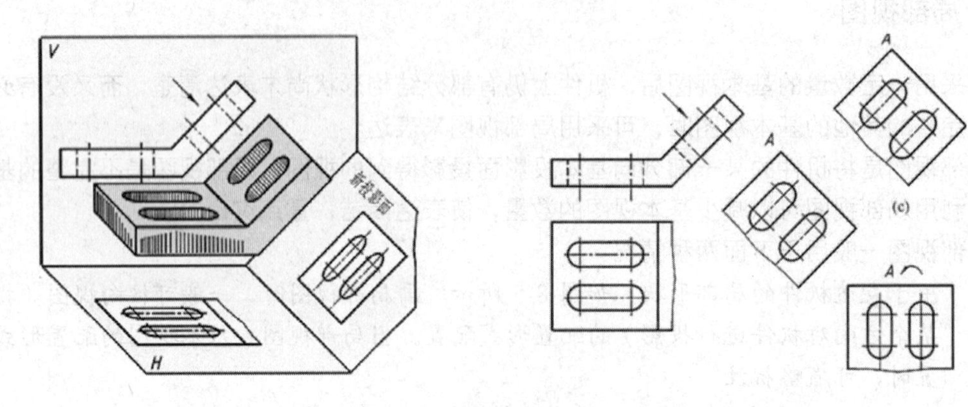

图 8-7　斜视图

画斜视图时增设的投影面只垂直于一个基本投影面，因此，机件上原来平行于基本投影面的一些结构，在斜视图中最好以波浪线为界而省略不画，以避免出现失真的投影。

8.1.5 基本视图绘制实例

根据视图的“长对正、高平齐、宽相等”的投影原则，绘制如图 8-8 所示的实体三视图。

01 启动 AutoCAD 2015，新建【中心线】、【轮廓线】、【辅助线】以及【虚线】图层，【中心线】线型设置为 CENTER2 线型、颜色为红色，【轮廓线】线宽设置为 0.3，设置【虚线】线形为 HIDDEN2，颜色为洋红色，其余参数默认。

02 将【中心线】图层为当前，在绘图区绘制竖直和水平的交叉中心线，如图 8-9 所示。

03 切换到轮廓线层，按 F8 键，启用正交模式，调用 L【直线】命令，根据给出的实体图形，绘制主视图外轮廓，如图 8-10 所示。

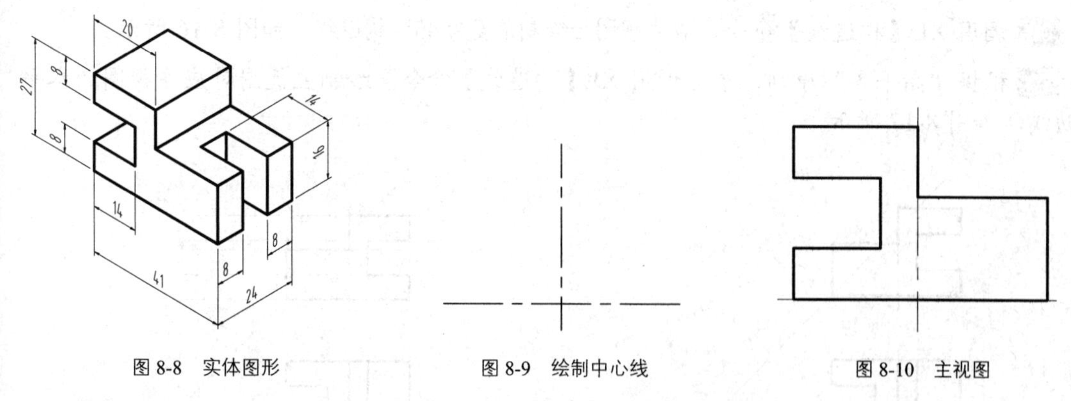

图 8-8　实体图形　　　图 8-9　绘制中心线　　　图 8-10　主视图

04 将图层切换为【辅助线】图层，调用 XL【构造线】命令，绘制辅助线，如图 8-11 所示。

05 调用 O【偏移】命令，将水平中心线分别向下偏移 20 和 47，偏移后的图形如图 8-12 所示。

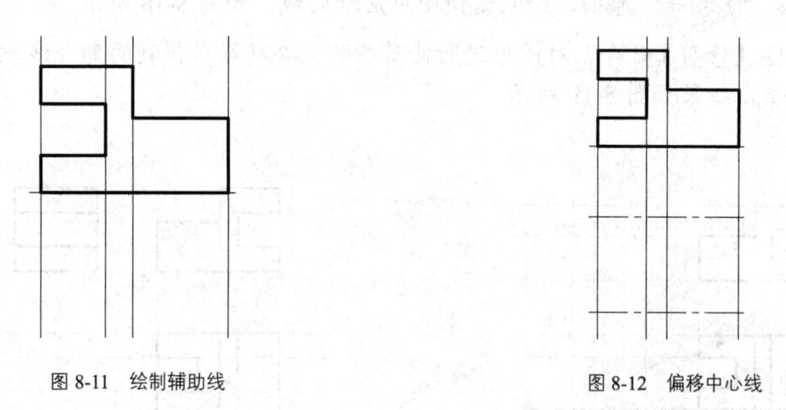

图 8-11　绘制辅助线　　　图 8-12　偏移中心线

06 调用 TR【修剪】命令，对图形进行修剪操作，并将修剪得到的线段的图层转换为【轮廓线】图层，结果如图 8-13 所示。

07 调用 O【偏移】命令，将俯视图中最上方和最下方水平轮廓线分别向下和向上偏移 8，并进行修剪，修剪后如图 8-14 所示。

08 重复调用 O【偏移)命令，将俯视图中最右边竖直轮廓线向左偏移 14，并进行修剪，修剪后如图 8-15 所示。

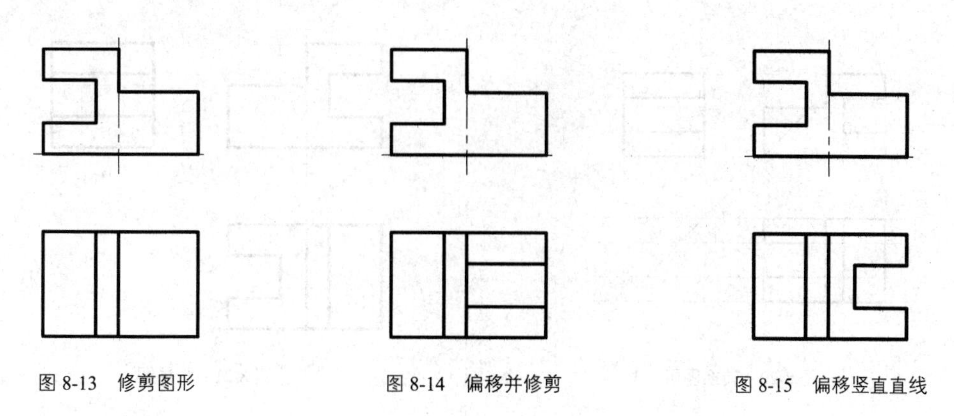

图 8-13　修剪图形　　　图 8-14　偏移并修剪　　　图 8-15　偏移竖直直线

09 调用 XL【构造线】命令，在主视图上绘制角度为 45° 构造线，如图 8-16 所示。

10 根据“高平齐”原则，重复调用 XL【构造线】命令，绘制主视图对应左视图的水平辅助线，如图 8-17 所示。

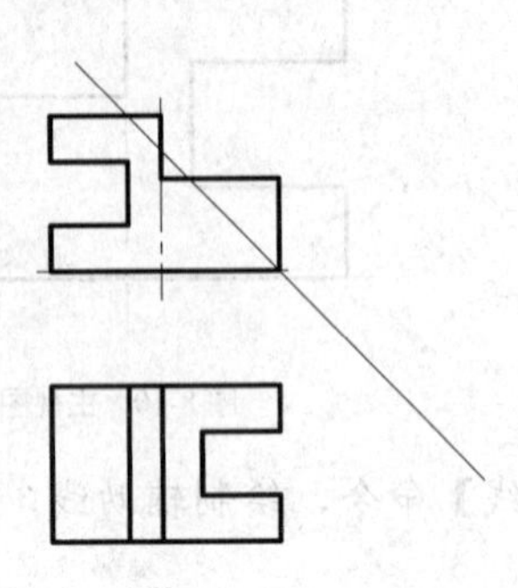

图 8-16 绘制 45° 直线

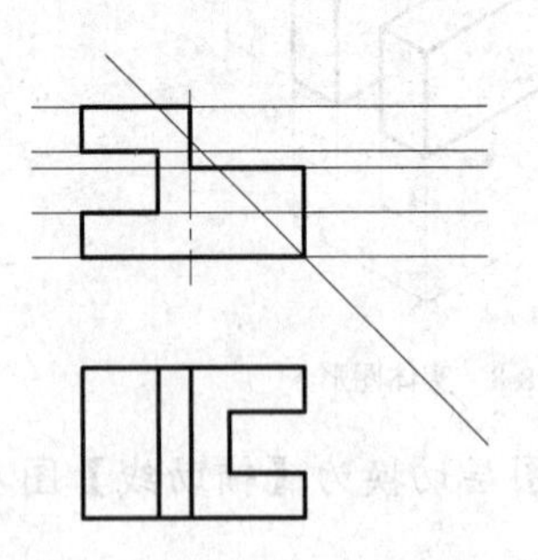

图 8-17 主视图对应左视图辅助线

11 再根据“宽相等”原则，绘制俯视图对应辅助线，如图 8-18 所示。

12 调用 TR【修剪】命令，对图形进行修剪操作，在将修剪得到的部分线段的图层转换为【轮廓线】层，结果如图 8-19 所示。

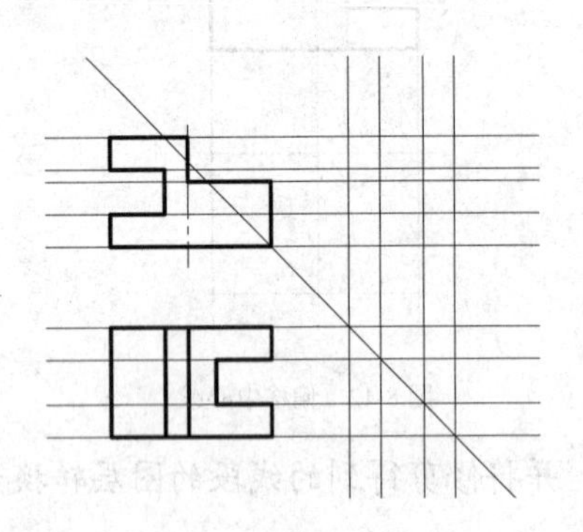

图 8-18 俯视图对应辅助线

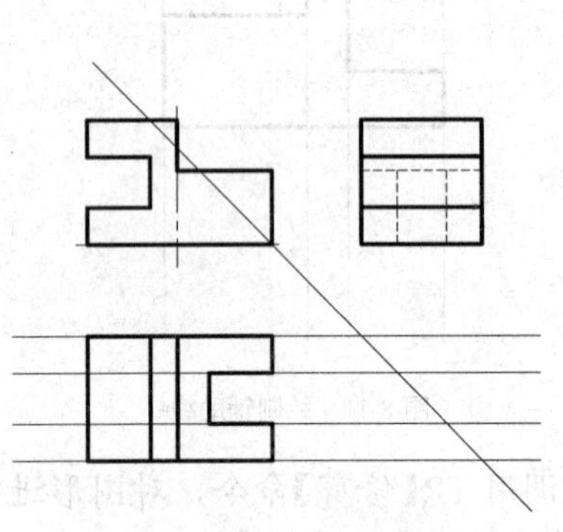

图 8-19 修剪图形

13 再将视图中不能直接看到的直线转换到【虚线】层，转换后效果如图 8-20 所示。

14 调用 E【删除】命令，删除多余的直线，如图 8-21 所示。

15 完成三视图的绘制，按 Ctrl+S 快捷键，保存图形。

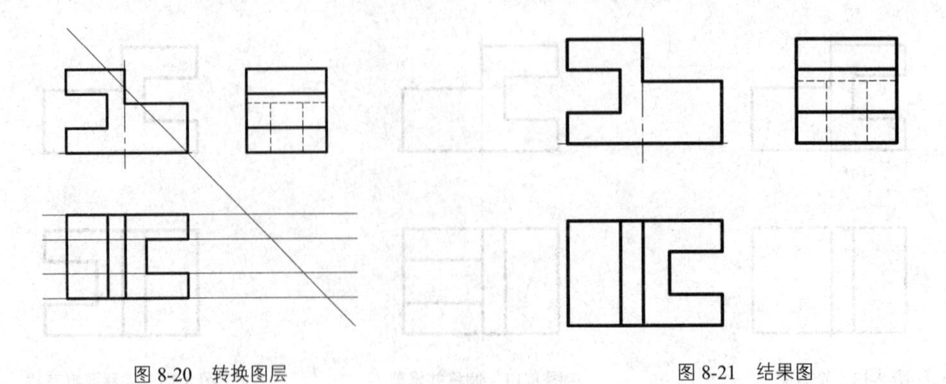

图 8-20 转换图层

图 8-21 结果图

8.2 剖视图

上面介绍的六个基本视图基本解决了机件外形的表达问题，但随着机件的内部结构越复杂，视图的虚线也将增多，如图 8-22 所示，要清晰地表达机件的内部形状和结构，必须采用剖视图的画法。

8.2.1 剖视图的概念

假想用剖切平面剖开机件，将处在观察者和剖切平面之间的部分移去，而将其余部分向投影面投射所得的图形，称为剖视图，简称剖视，如图 8-23 所示。

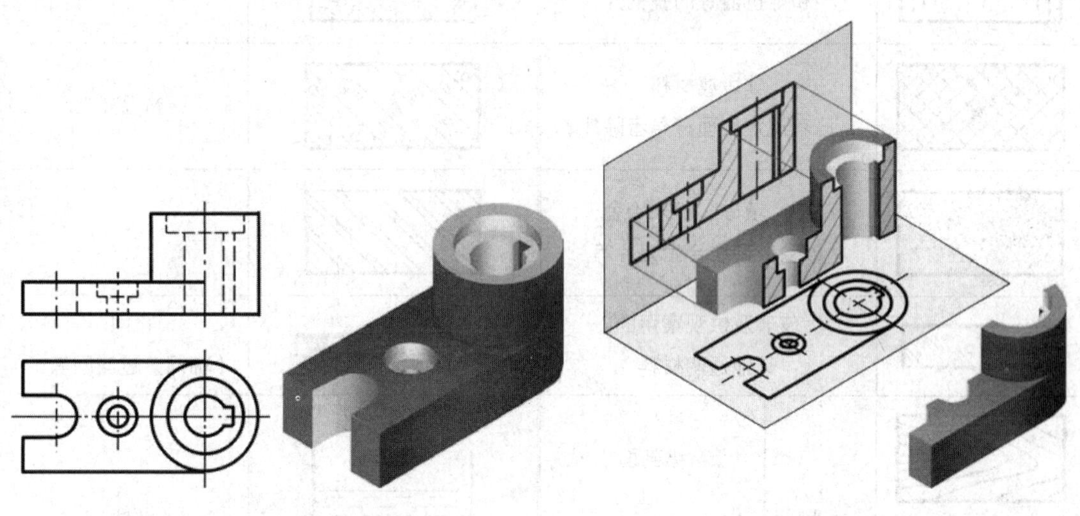

图 8-22　内部结构较多的视图　　　　图 8-23　剖视图的形成示意图

剖视图将机件剖开，使得内部原本不可见的孔、槽显示出来，虚线变成可见线。由此解决了内部结构不容易表达的问题。

8.2.2 剖视图的画法

剖视图的画法应遵循以下原则：

- 画剖视图时，要选择适当的剖切位置，使剖切平面尽量通过较多的内部结构（孔、槽等）的轴线或对称平面，并平行于选定的投影面。
- 内外轮廓要画齐。机件剖开后，处在剖切平面之后的所有可见轮廓线都应画齐，不得遗漏。
- 在剖面上画剖面线。在剖视图中，凡是被剖切的部分应画上剖面线，表示剖切面。表 8-1 列出了由国家标准《机械制图》规定的剖面线。
- 金属材料的剖面线，应画成与水平方向成 45° 的互相平行、间隔均匀的细实线。同一机件各个视图的剖面符号应相同。但是如果图形的主要轮廓线与水平方向成 45° 或接近 45° 时，该图剖面线应画成与水平方向成 30° 或 60° 角，其倾斜方向仍应与其他视图的剖面线一致，如图 8-24 所示。

表 8-1　部分常用剖面符号

剖面符号	材料名称		剖面符号	材料名称
	金属材料，通用剖面线（已有规定剖面符号者除外）			木质胶合板（不分层数）
	绕圈绕组元件			基础周围的泥土
	转子、电枢、变压器和电抗器等的叠钢片			混凝土
	非金属材料（已有规定剖面符号者除外）			钢筋混凝土
	型砂、填砂、粉末冶金、砂轮、硬质合金刀片等			砖
	玻璃及供观察用的其他透明材料			格网（筛网、过滤网等）
	木材	纵剖面		液体
		横剖面		

8.2.3 剖视图的标注

为了能更清晰的表达出剖视图与剖切位置及投影方向的对应关系，便于看图，画剖视图应将剖切线、剖切符号和剖视图名称标注在相应的视图上。

剖视图的标注一般包括以下内容：

- 剖切线：指示剖切面的位置，采用细单点长画线，一般情况下可省略。
- 剖切符号：指示剖切面起、止和转折位置及投射方向的符号。指示剖切面起、止和转折位置使用粗短直线表示，投射方向在机械制图中使用箭头表示，有时可以省略。
- 视图名称：一般标注剖视图使用“X—X”表示，X 为大写拉丁字母或阿拉伯数字。

剖切符号、剖切线字母的表示方法，如图 8-25 所示。

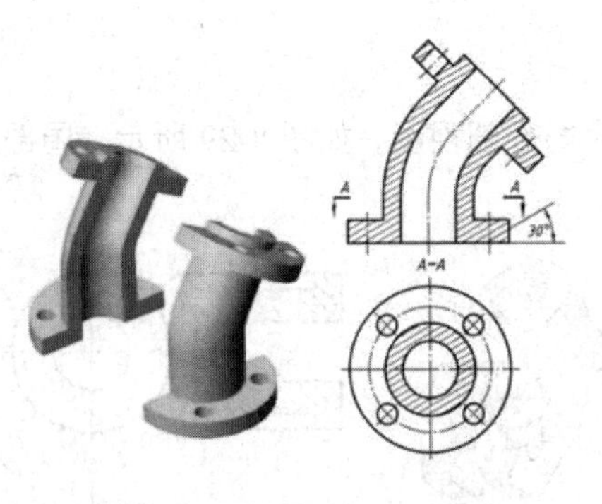

图 8-24　特殊情况剖面线的画法

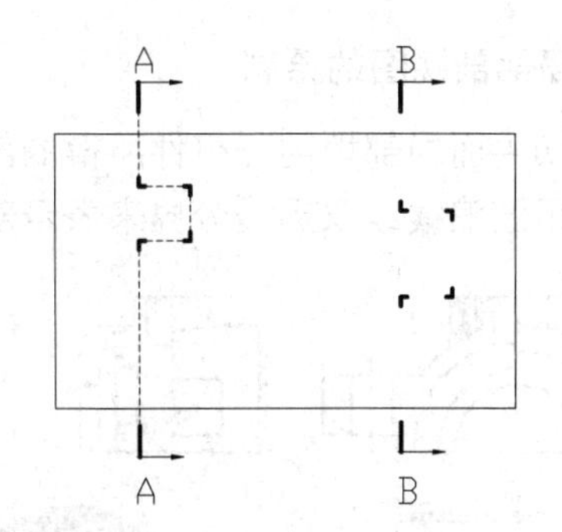

图 8-25　剖视符号的标注

8.2.4 剖视图的分类

为了用较少的视图，把机件的形状完整清晰地表达出来，就必须使每个视图能较多地表达机件的形状。这样，就产生了各种剖视图。按剖切范围的大小，剖视图可分为全剖视图、半剖视图、局部剖视图。按剖切面的种类和数量，剖视图可分为阶梯剖视图、旋转剖视图、斜剖视图和复合剖视图。

1. 全剖视图的绘制

用剖切平面，将机件全部剖开后进行投影所得到的剖视图，称为全剖视图（简称全剖视），如图 8-26 所示。全剖视图一般用于表达外部形状比较简单，内部结构比较复杂的机件。

当剖切平面通过机件的对称（或基本对称）平面，且全剖视图按投影关系配置，中间又无其他视图隔开时，可以省略标注，否则必须按规定方法标注。

2. 半剖视图的绘制

当物体具有对称平面时，向垂直与对称平面的投影面上所得的图形，可以以对称中心线为界，一半画成剖视图，另一半画成基本视图的形式。这种剖视图称为半剖视图，如图 8-27 所示。

半剖视图既充分地表达了机件的内部结构，又保留了机件的外部形状，因此它具有内外兼顾的特点。但半剖视图只适宜于表达对称的或基本对称的机件。若机件的俯视图前后也是对称时，也可以使用半剖视图表示。

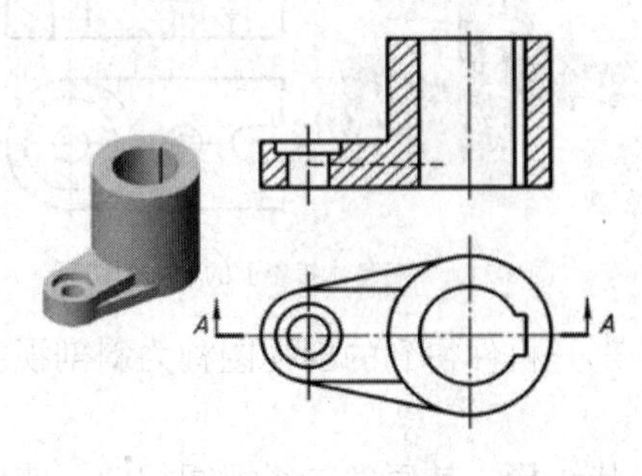

图 8-26　全剖视图

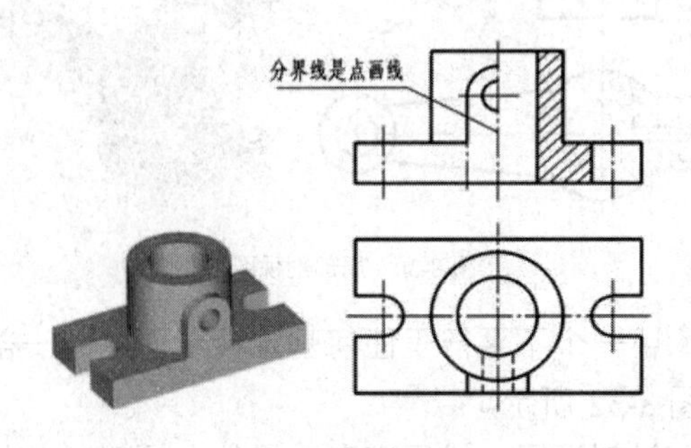

图 8-27　半剖视图

当机件形状接近对称，并且不对称部分已另有图形表达清楚时，也允许采用半剖视图，如图 8-28 所示。

3. 局部剖视图的绘制

用剖切平面局部地剖开机件所得的剖视图，称为局部剖视图，如图 8-29 所示。局部剖视图一般使用波浪线或双折线分界来表示剖切的范围。

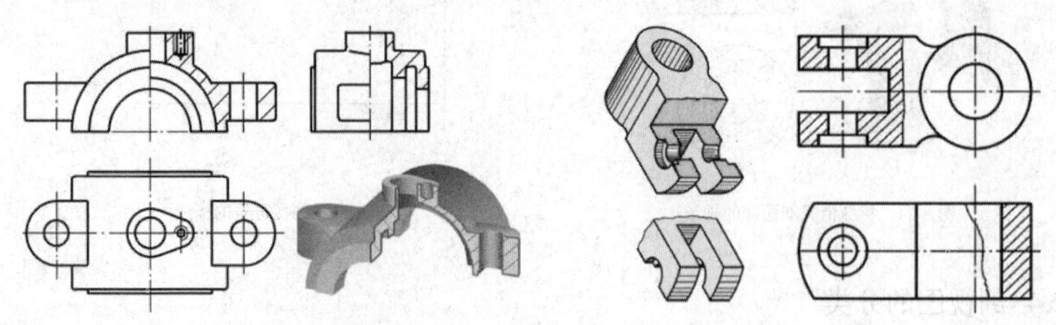

图 8-28　不对称图形的半剖视图　　　图 8-29　局部剖视图（1）

局部剖视是一种比较灵活的表达方法，剖切范围根据实际需要决定。但使用时要考虑到看图方便，剖切不要过于零碎。它常用于下列两种情况：

- 机件只有局部内部形状要表达，而又不必或不宜采用全剖视图时，如图 8-30 所示。
- 不对称机件需要同时表达其内、外形状时，宜采用局部剖视图。

8.2.5 剖切面的种类

剖视图是假想将机件剖开而得到的视图，因为机件内部形状的多样性，剖开机件的方法也不尽相同。国家标准《机械制图》规定了：单一剖切平面、几个互相平行的剖切平面、两个相交的剖切平面、不平行于任何基本投影面的剖切平面、组合的剖切平面等的画法。

1. 单一剖切面

用一个剖切平面剖开机件的方法称为单一剖，所画出的剖视图，称为单一剖视图。单一剖切平面一般为平行于基本投影面的剖切平面。前面介绍的全剖视图、半剖视图、局部剖视图均为用单一剖切平面剖切而得到的，如图 8-31 所示。

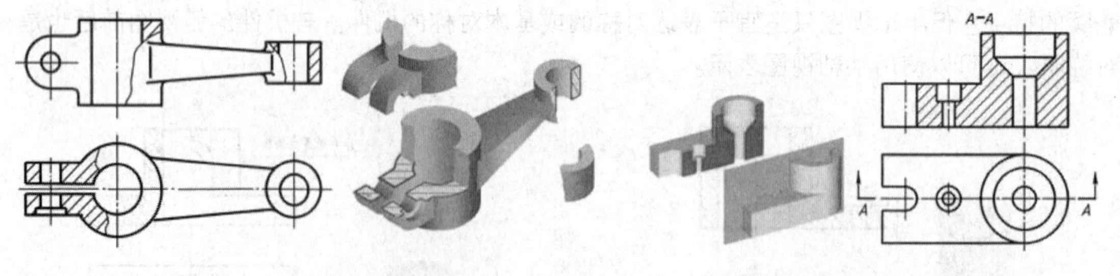

图 8-30　局部剖视图（2）　　　图 8-31　平行基本投影面的单一剖切面

用一个不平行于任何基本投影面的单一剖切面，剖开机件得到的剖视图称为斜剖视图，如图 8-32 所示。

斜剖视图一般用来表达机件上倾斜部分的内部形状结构，其原理与斜视图相似。使用斜剖视图时应注意以下几点：

- 用斜剖视图画图时，必须用剖切符号、箭头和字母标明剖切位置及投射方向，并在剖视图上方标明“X—X”，同时字母一律水平书写。

- 斜剖视图最好按照投影关系配置在箭头所指的方向上。
- 当斜剖视图的主要轮廓线与水平线成 45° 或接近 45° 时，应将图形中的剖面线画成与水平线成 60° 或 30° 的倾斜线，倾斜方向要与该机件的其他剖视图中的剖面线一致。

2. 几个平行的剖切面

用两个或多个互相平行的剖切平面把机件剖开的方法，称为阶梯剖，所画出的剖视图，称为阶梯剖视图。它适宜于表达机件内部结构的中心线排列在两个或多个互相平行的平面内的情况，如图 8-33 所示。

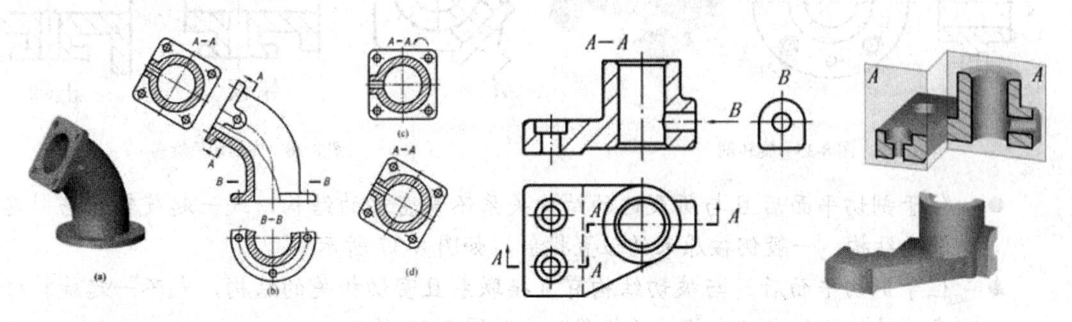

图 8-32　斜剖视图　　图 8-33　阶梯剖示例

采用这种方法画剖视图时，应注意以下几点：

- 两剖切平面的转折处不应与图上的轮廓线重合。
- 剖切平面不能相互重叠。
- 在剖视图上不应在转折处画线。
- 当两个要素在图形上有公共对称中心线或轴线时，可以对称中心线或轴线为界各画一半。
- 画阶梯剖视图时必须标注，在剖切面平面的起始、转折画出剖切符号，标注相同字母，并在剖视图上方标注相应名称“X—X”。
- 在剖视图内不能出现不完整要素，如图 8-34 所示。

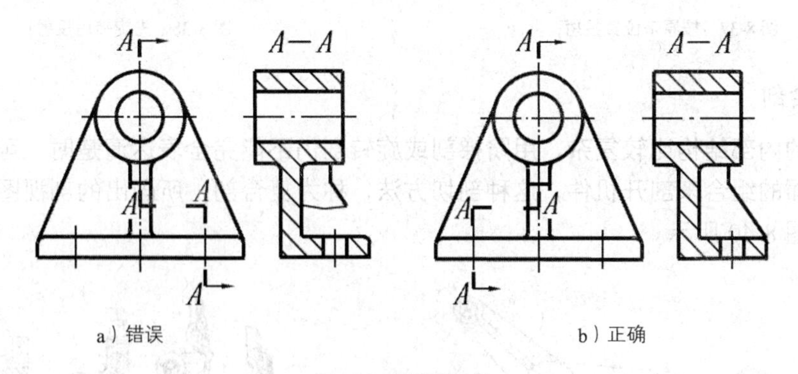

a）错误　　b）正确

图 8-34　阶梯剖示例

3. 两个相交的剖切面

用两个相交的剖切平面（交线垂直于某一基本投影面）剖开机件的方法称为旋转剖，所画出的剖视图，称为旋转剖视图。

当机件的内部结构形状用一个剖切平面剖切不能表达完全，且机件又具有回转轴时，适合使用旋转剖视图画法，如图 8-35 所示。

使用旋转剖视图画法时，应注意以下问题：

- 两剖切面的交线一般应与机件的轴线重合，如图 8-35 所示。
- 应按“先剖切后旋转”的方法绘制剖视图，如图 8-36 所示。

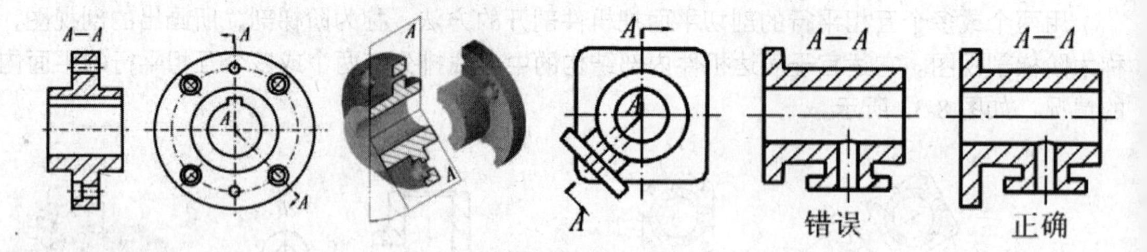

图 8-35　旋转剖　　图 8-36　先剖切后旋转

- 位于剖切平面后且与所表达的结构关系不甚密切的结构，或一起旋转容易引起误解的结构，一般仍按原来的位置投射，如图 8-37 所示。
- 位于剖切平面后，与被切结构有直接联系且密切相关的结构，或不一起旋转难以表达的结构，应“先旋转后投射”，如图 8-38 所示。
- 当剖切后产生不完整要素时，该部分按不剖绘制，如图 8-39 所示。

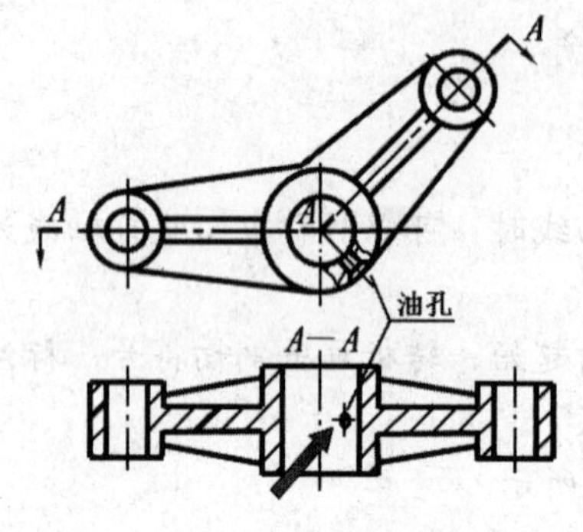

图 8-37　按原来位置投射

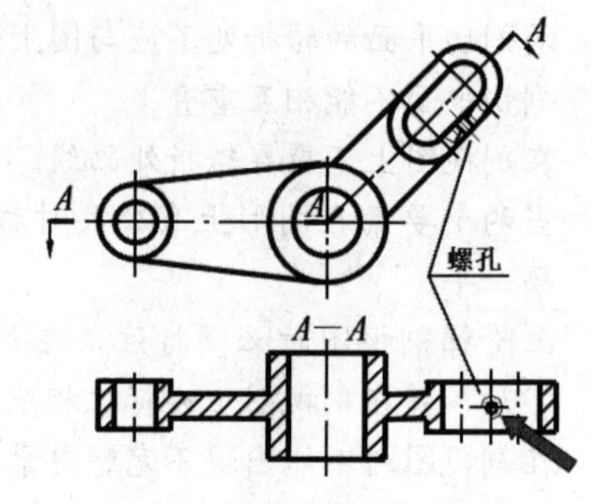

图 8-38　先旋转后投射

4．复合剖

当机件的内部结构比较复杂，用阶梯剖或旋转剖仍不能完全表达清楚时，可以采用以上几种剖切平面的组合来剖开机件，这种剖切方法，称为复合剖，所画出的剖视图，称为复合剖视图，如图 8-40 所示。

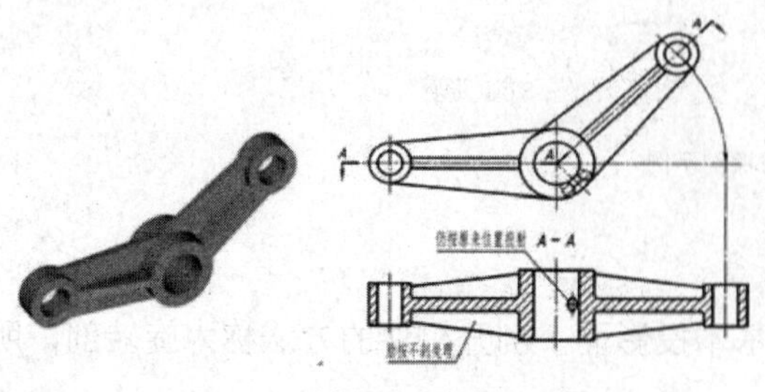

图 8-39　避免产生不完整的要素

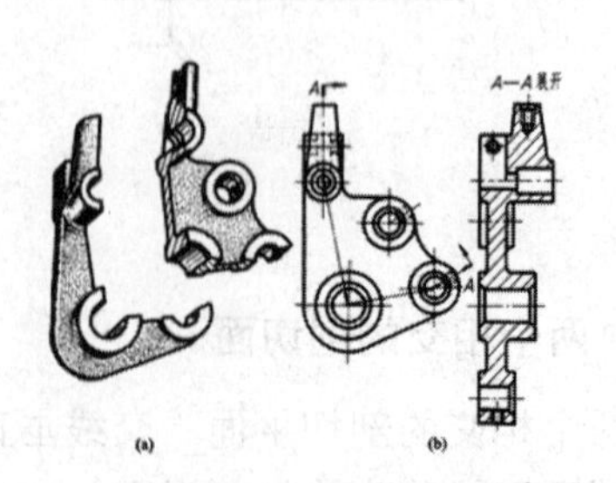

图 8-40　复合剖

在绘制复合剖时，有以下几点需要注意：

- 剖切平面的交线应与机件上的某孔中心线重合。
- 倾斜剖切面转平后，转平位置上原有结构不再画出，剖切平面后边的其他结构仍按原来的位置投射。
- 当剖切后产生不完整要素时，应将该部分按照不剖绘制。
- 画旋转剖和复合剖时，必须加以标注。
- 当转折处地方有限又不至于引起误解时，允许省略字母。当剖视图按投影关系配置，中间又无其他图形隔开时，可省略箭头。

8.2.6 剖视图的注意事项

剖切平面应通过机件的对称平面或孔、槽的轴线(在图上应沿对称线、轴线、对称中心线)，以便反映结构的真形，应避免剖切出不完整要素或不反映真实形状的剖面区域。

剖切是假想的，实际上并没有把机件切去一部分，因此，当机件的某一个视图画成剖视图以后，其他视图仍应按机件完整时的情形画出，如图 8-41 中的俯视图只画一半是错误的。

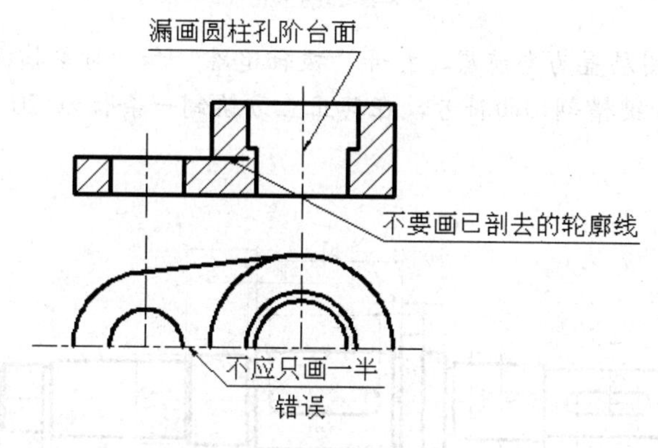

图 8-41　剖视图绘制常见错误（一）

剖切平面后方的可见轮廓线应全部画出，不能遗漏，如图 8-41 中的主视图上漏画了圆柱孔的阶台面。剖切平面前方在已剖去部分上的可见轮廓线不应画出已剖去的部分。

剖视图中一般不画不可见轮廓线。只有当需要在剖视图上表达这些结构，否则会增加视图数量时，才画出必要的虚线，如图 8-42b 中相互垂直的两条虚线应画出。

根据需要可同时将几个视图画成剖视图，它们之间相互独立，各有所用，互不影响。

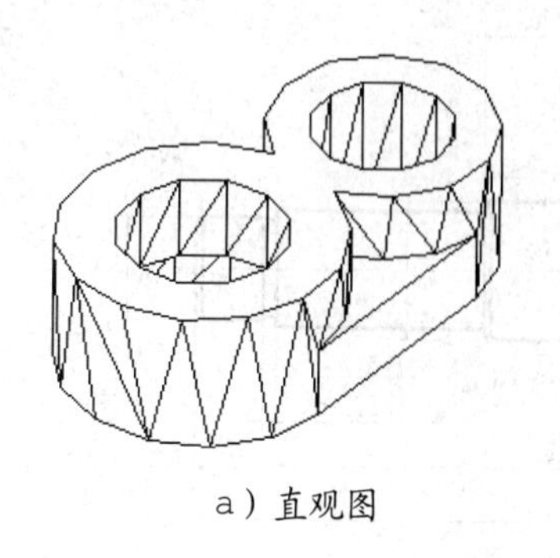

a）直观图

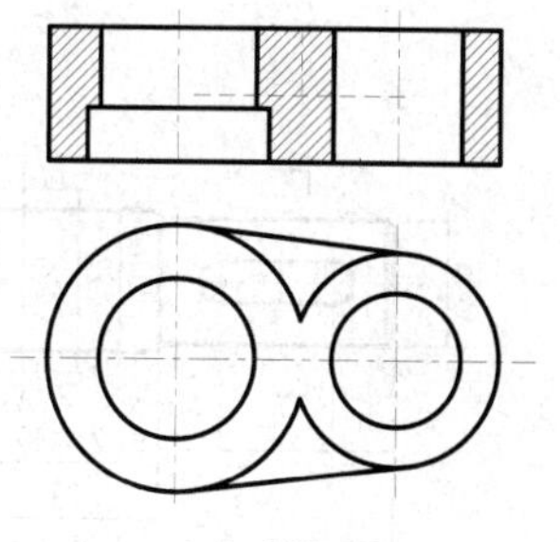

b）剖视图

图 8-42　剖视图绘制常见错误（二）

8.2.7 剖视图绘制实例

绘制如图 8-43 所示的两个键槽部分的剖视图。

01 启动 AutoCAD 2015，打开“第 08 章/8.2.7 剖视图绘制实例.dwg”文件，如图 8-43 所示。

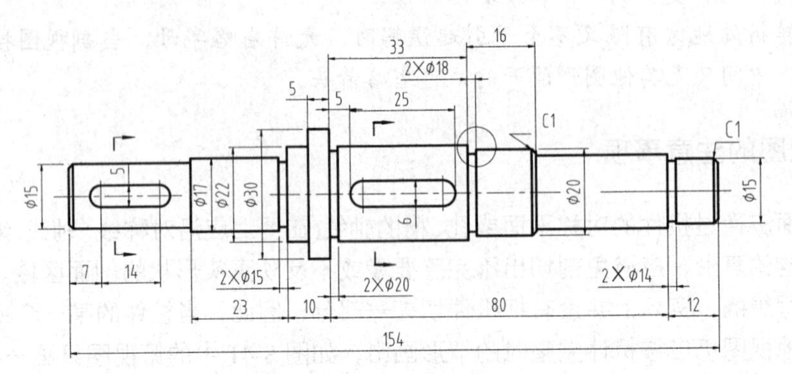

图 8-43 轴主视图

02 将【中心线】图层置为当前层，打开“极轴追踪”和“对象捕捉”功能，调用 L【直线】命令，捕捉第一处键槽剖切面符号，在其正上方绘制一条长为 20 的竖直中心线，如图 8-44 所示。

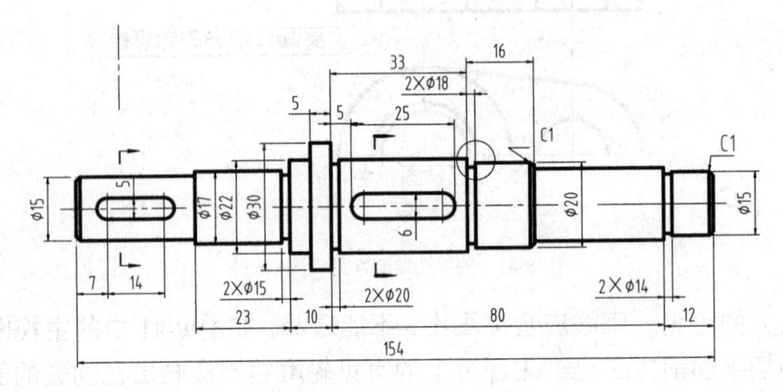

图 8-44 绘制竖直中心线

03 重复调用 L【直线】命令，绘制水平中心线，如图 8-45 所示。

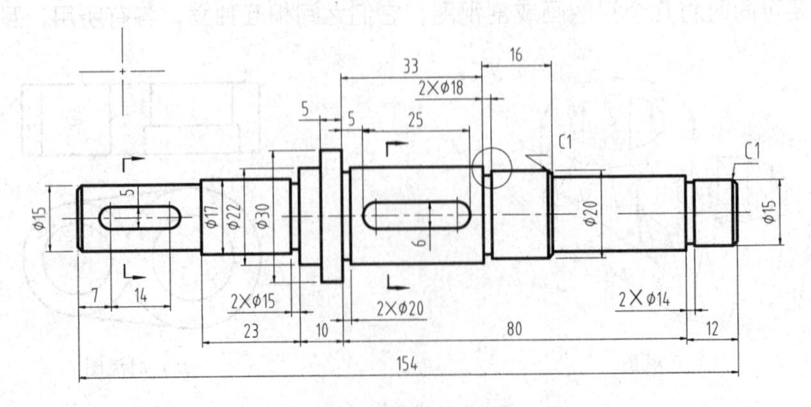

图 8-45 绘制水平中心线

04 用同样的方法，调用 L【直线】命令，绘制另一个剖切位置中心线，如图 8-46 所示。

05 将【object】图层置为当前，调用 C【圆】命令，捕捉左侧中心线交点，绘制直径为 15 的圆，如图 8-47 所示。

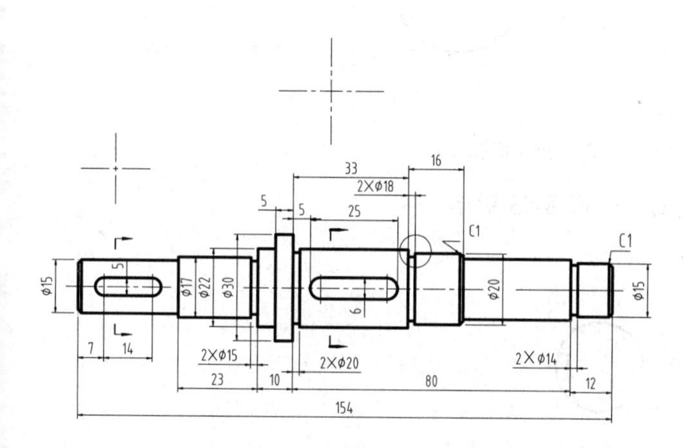

图 8-46　绘制另一个剖切位置中心线

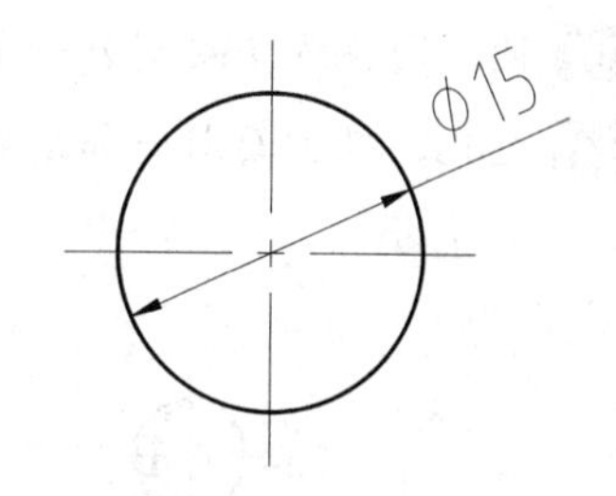

图 8-47　绘制第一个圆

06 使用同样的方法，在另一个中心线的交点上绘制直径为 22 的圆，如图 8-48 所示。

07 调用 O【偏移】命令，将左侧圆的水平中心线分别向两侧偏移 2.5，并将偏移线转换至【object】图层，如图 8-49 所示。

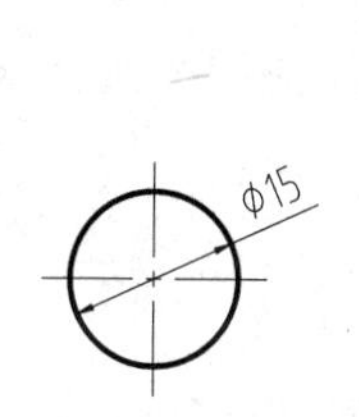

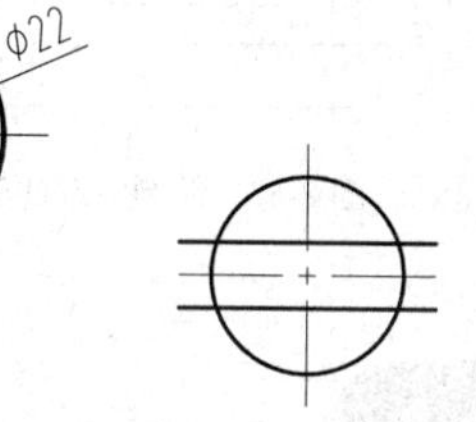

图 8-48　绘制第二个圆

图 8-49　偏移中心线

08 用同样的方法，再将竖直中心线向右偏移 5，并转换至【object】图层，如图 8-50 所示。调用 TR【修剪】命令，修剪多余直线，如图 8-51 所示，得到第一个轴截面外轮廓。

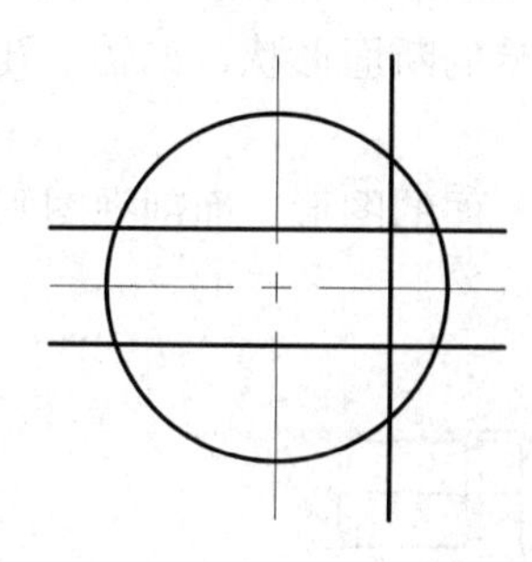

图 8-50　偏移垂直中心线

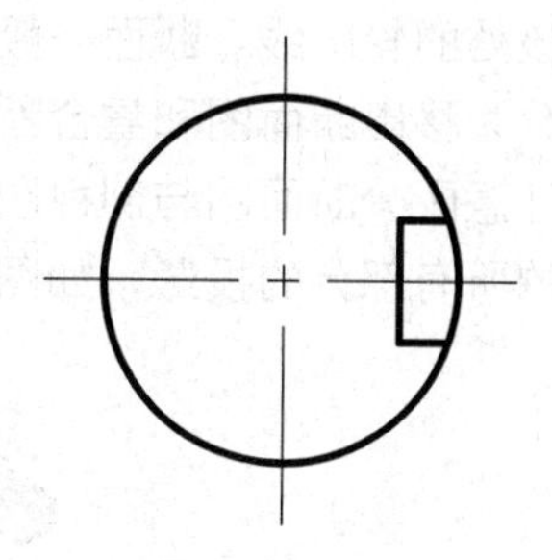

图 8-51　修剪图形

09 在命令行中输入 ANSI31，并按回车键，根据命令行的提示对图形进行图案填充，如图 8-52 所示。

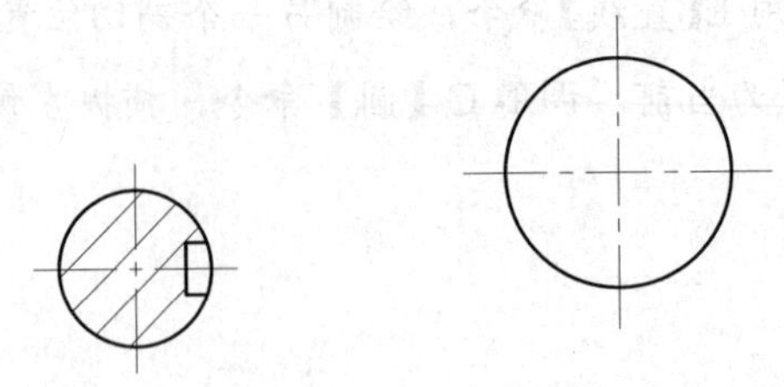

图 8-52　图案填充后的图形

10 使用同样方法绘制另一个轴剖面，如图 8-53 所示。

11 至此，轴剖面图全部绘制完成。

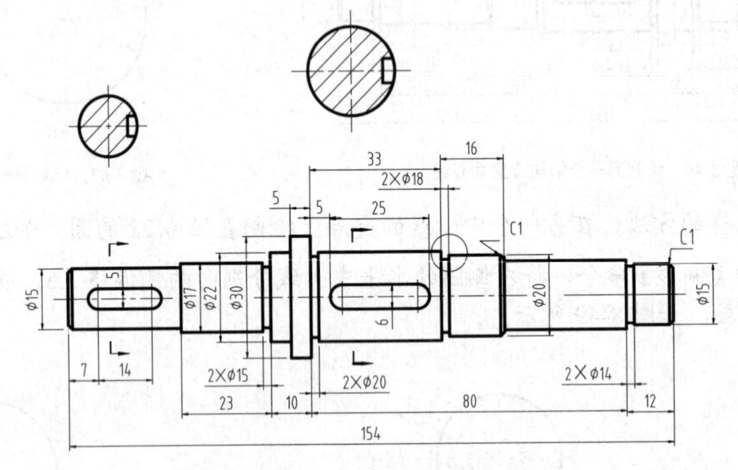

图 8-53　绘制完成的剖面图

8.3 断面图

假想用剖切平面将机件在某处切断，只画出切断面形状的投影并画上规定的剖面符号的图形，称为断面图，简称为断面。为了得到断面结构的实体图形，剖切平面一般应垂直于机件的轴线或该处的轮廓线。断面一般用于表达机件的某部分的断面形状，如轴、孔、槽等结构。断面图分为移出断面图和重合断面图两种。

读者要注意区分断面图与剖视图，断面图仅画出机件断面的图形，而剖视图则要画出剖切平面以后的所有部分的投影，如图 8-54 所示。

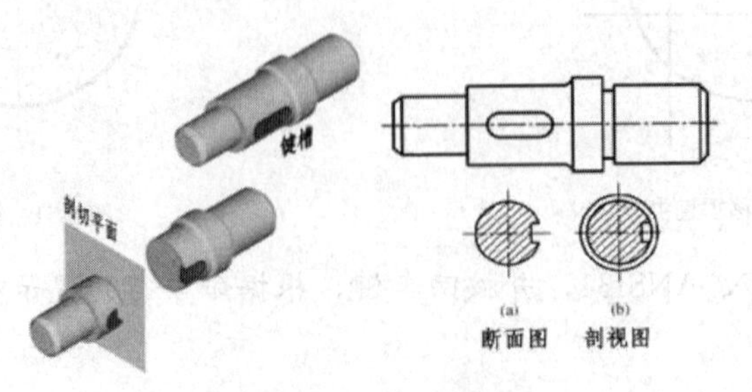

图 8-54　断面图和剖视图

8.3.1 移出断面图

画在轮廓线外的断面图称为移出断面图，如图 8-55 所示。

关于移出断面图，我们应注意以下几点：

- 移出断面的轮廓线用粗实线绘制，通常配置在剖切线的延长线上，如图 8-56 所示。
- 必要时可将移出断面配置在其他适当位置，在不引起误解的情况下，可以将断面图进行旋转。

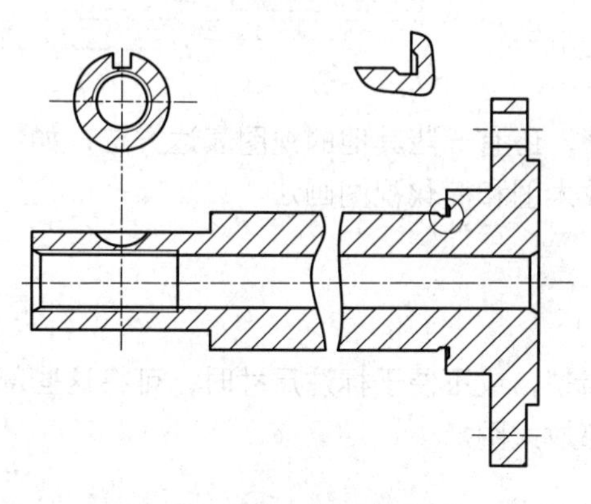

图 8-55　移出断面图

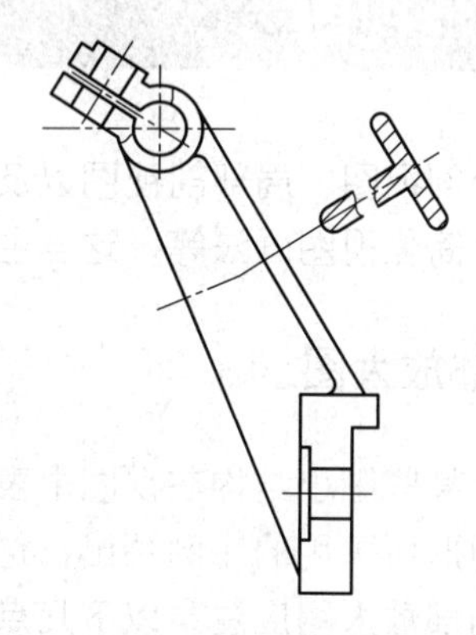

图 8-56　画在延长线上

- 当移出断面的图形对称时，也可画在视图的中断处，如图 8-57 所示。
- 由两个或多个相交剖切面剖得的移出剖面，中间一般应断开，如图 8-57 所示。
- 移出断面的其他画法和剖视图相同。
- 移出断面的标注和剖视图相同。

8.3.2 重合断面

画在视图之内的剖面图称为重合断面，重合断面图只有当剖面形状简单而又不影响清晰时才使用，如图 8-58 所示。

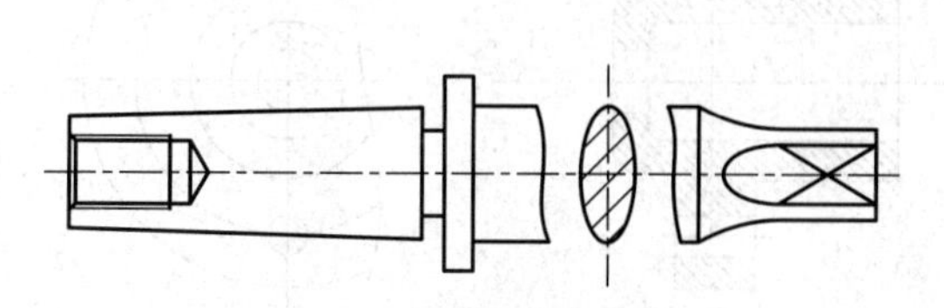

图 8-57　移出断面画在中断处

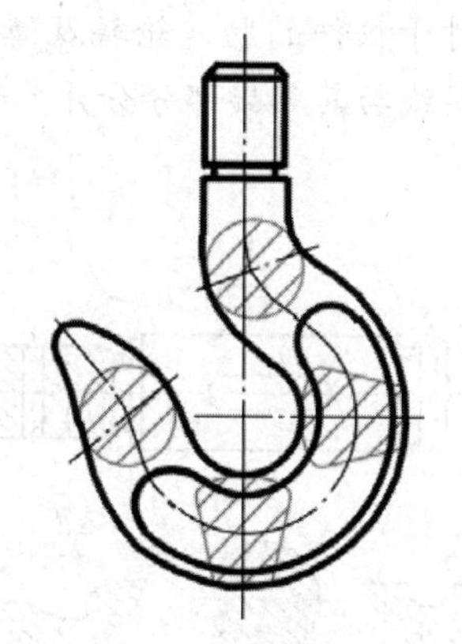

图 8-58　重合断面图

重合断面绘制应注意以下两点：

- 重合断面的轮廓线用细实线绘制，当视图中的轮廓线与重合断面的图形重叠时，视图中的轮廓线仍应连续画出，不可间断。

- 不对称的重合断面可省略标注。

重合断面图的标注和剖视图基本一致，但还需要注意以下几点：

- 对称的重合断面不必标注。
- 不对称的重合断面，用剖切符号表示剖切平面位置，用箭头表示投影方向，但不必标注字母。

8.4 其他视图

除了全剖视图、局部剖视图以及断面视图之外，还有一些其他的视图表达方法，如：局部放大图、简化视图画法等，这里主要介绍局部放大图和简化视图画法。

8.4.1 局部放大图

机件上某些细小结构在视图中表达的还不够清楚，或不便于标注尺寸时，可将这些部分用大于原图形所采用的比例画出，这种图称为局部放大图。

绘制局部放大图应注意以下几点：

- 局部放大图可画成视图、剖视图、剖面图，它与被放大部分的表达方式无关。
- 局部放大图应尽量配置在被放大部位的附近，在局部放大视图中应标注放大所采用的比例，如图 8-59 所示。
- 同一机件上不同部位放大视图，当图形相同或对称时，只需要画出一个，如图 8-59 所示。
- 必要时可用多个图形来表达同一被放大部分的结构。

8.4.2 简化画法

在机械制图中，简化画法很多，下面对常用的几种简化画法进行介绍。

- 对于机件的肋、轮辐及薄壁等，如纵向剖切，这些结构都不画剖面符号，而用粗实线与其邻接部分分开，如图 8-60 所示。

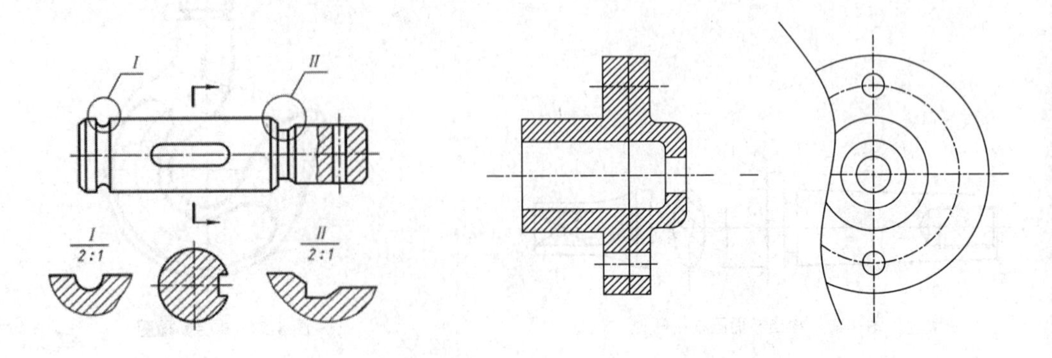

图 8-59　局部放大图　　　　图 8-60　简化画法图

- 在剖视图中的剖面区域中再做一次剖视图，两者剖面线应同方向、同间隔，但要相互错开，并用引出线标注局部视图的名称，如图 8-61 所示。
- 机件的工艺结构如小圆角、倒角、退刀槽可不画出。
- 若干相同零件组，如螺栓连接等，可仅画一组或几组，其余各组标明其装配位置即可。
- 用细实线表示带传动中的带，用点画线表示传动链中的链条，如图 8-62 所示。

此外，在国家标准《技术制图简化标示法：第 1 部分：图样法》中还规定了多种机件的简化法。读者可以在实际应用中进行查找与参考，书中不再一一详述。

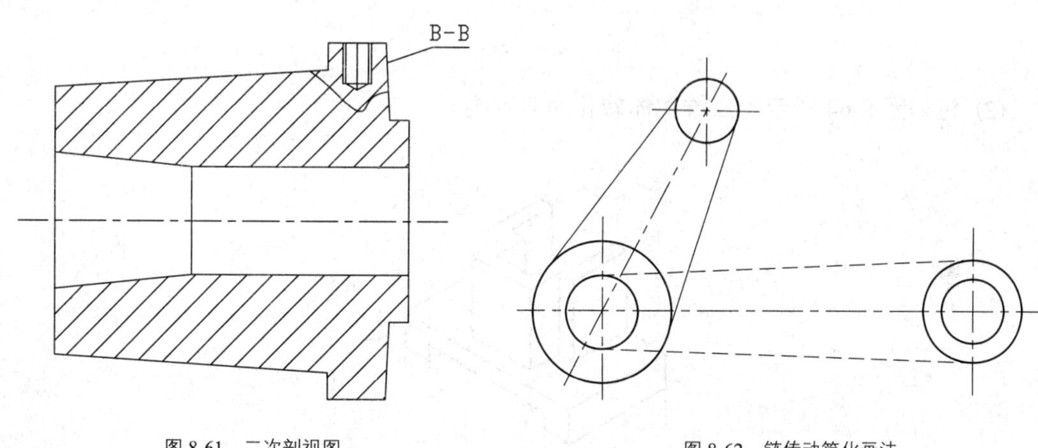

图 8-61　二次剖视图

图 8-62　链传动简化画法

8.5 习 题

1. 填空题

(1) 在国家标准规定中，在原有的三个投影面基础上增加三个投影面，使得整个六个投影面形成一个正六面体，它们分别是：__________、__________、__________、__________、仰视图、俯视图。

(2) 斜视图是指物体不平行于__________所得的视图，用于表达机件上倾斜结构的真实形状。

(3) 用一个不平行于任何基本投影面的单一剖切面剖开机件得到的剖视图称为__________。

(4) 除了全剖视图、局部剖视图以及断面视图之外，还有一些其他的视图表达方法如：__________、__________等。

(5) 用几个平行的剖切面剖开机件的方法称为__________。

(6) 剖视图的分类主要包括：__________、__________、和__________。

2. 操作题

(1) 绘制如图 8-63 所示的剖视图。

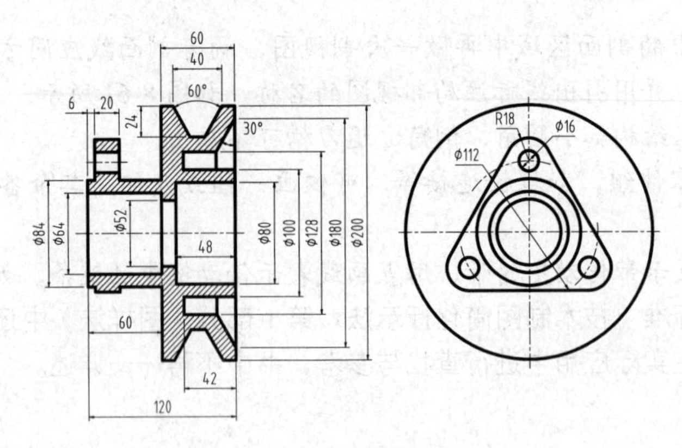

图 8-63　剖视图

(2) 将如图 8-64 所示的三维实体转化为三视图。

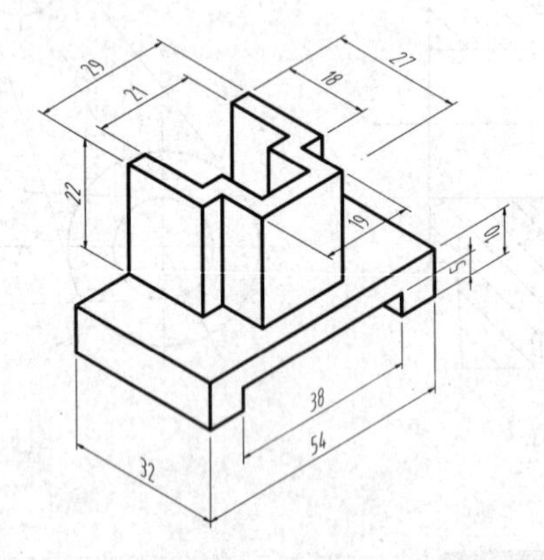

图 8-64　三维实体

第9章 创建图幅和机械样板文件

本章导读

在 AutoCAD 中，绘图前需要根据标准或企业情况进行一些必要的设置，确定好作图环境，如图形界限、图框、标题栏、文字样式、多重引线样式和图层等。但如果每次绘图都要重复做这些工作，将是非常繁琐的。所以，AutoCAD 提供了样板文件的功能，用户只要将上述有关的设置（包括一些常用的标准符号定义的图块）保存在扩展名为 dwt 的样板文件中，以后绘制新图时，用户可以直接调用样板文件，在基于该文件各项设置的基础上开始绘图，可以避免重复操作，大大地提高绘图的效率。

本章重点

- 机械制图国家标准规定
- 图幅的绘制
- 明细表的创建

9.1 机械制图国家标准规定

工程制图是一项严谨而细致的工作，所完成的机械图样是设计和制造机械、其他产品的重要资料，是交流技术思想的语言。对于机械图样的图形画法、尺寸标准等，都需要遵守一定的规范，如国家标准等。

9.1.1 图幅图框的规定

图幅是指图纸幅度的大小，分为横式幅面和立式幅面两种，主要有 A0、A1、A2、A3、A4。图幅大小和图框有严格的规定。图纸以短边作为垂直边称为横式，以短边作为水平边的称为立式。一般 A0~A3 图纸以横式使用，必要时，也可以立式使用。

1. 图幅大小

在机械制图国家标准中，对图幅的大小作了统一规定，各图幅的规格见表 9-1。

表 9-1 图幅国家标准

<table>
<tr><td colspan="2">图纸代号</td><td>A0</td><td>A1</td><td>A2</td><td>A3</td><td>A4</td></tr>
<tr><td colspan="2">图纸大小/ mm×mm</td><td>1189×841</td><td>841×594</td><td>594×420</td><td>420×297</td><td>297×210</td></tr>
<tr><td rowspan="3">周边尺寸/ mm</td><td>a</td><td colspan="5">25</td></tr>
<tr><td>c</td><td colspan="3">10</td><td colspan="2">5</td></tr>
<tr><td>e</td><td colspan="2">20</td><td colspan="3">10</td></tr>
</table>

技巧 *a* 表示留给装订的一边的空余宽度；*c* 表示其他 3 条边的空余宽度；*e* 表示无装订边的各边空余宽度，如图 9-1 和图 9-2 所示。

必要时，可以按规定加长图纸的幅面。幅面的尺寸由基本幅面的短边成整数倍增加后得出。

2. 图框格式

机械制图的图框的格式分为不留装订边和留装订边两种类型，分别如图 9-1 和图 9-2 所示。同一产品的图样只能采用同一种样式，并均应画出图框线和标题栏。图框线用粗实线绘制，一般情况下，标题栏位于图纸右下角，也允许位于图纸右上角。

3. 标题栏

国家标准规定机械图样中必须附带标题栏，标题栏的内容一般为图样的综合信息。标题栏中一般包括图样名称、图纸代号、设计、材料标记、绘图日期等。标题栏一般位于图纸的右下角。标题栏的外框为粗实线，右边线应与图框线重合。

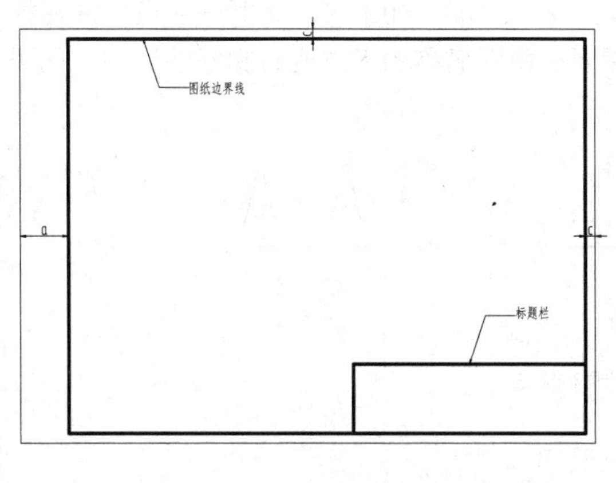

图 9-1　留装订边横图框

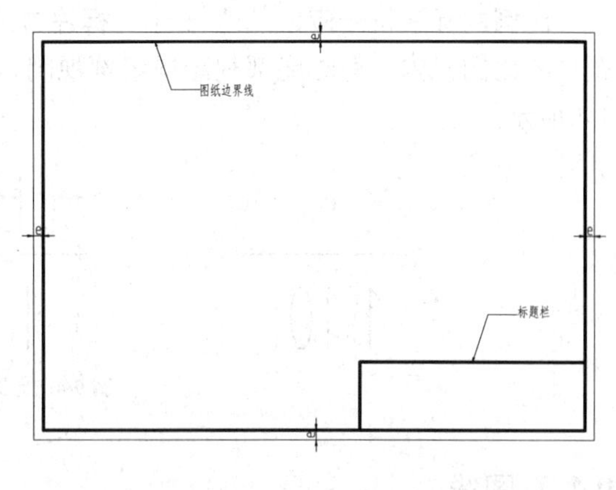

图 9-2　不留装订边横图框

9.1.2 比例

比例是指机械制图中图形与实物相应要素的线性尺寸之比。例如，比例为 1:1 表示实物与图样相应的尺寸相等，比例大于 1 则实物的大小比图样的大小要小，称之为放大比例，比例小于 1 则实物的大小比图样的大小要大，称之为缩小比例。

如表 9-2 为国家标准规定的制图比例种类和系列。

表 9-2　比例的种类与系列

比例种类	比　例	
	优先选取的比例	允许选取的比例
原比例	1:1	1:1
放大比例	5:1　2:1 5×10^n:1　2×10^n:1　1×10^n:1	4:1　2.5:1 4×10^n:1　2.5×10^n:1
缩小比例	1:2　1:5　1:10 1:2×10^n　1:5×10^n 1:1×10^n	1:1.5　1:2.5　1:3　1:4 1:1.5×10^n　1:2.5×10^n 1:3×10^n　1:4×10^n

机械制图常用的三种比例为 2:1、1:1 和 1:2，几种比例效果对比如图 9-3 所示。

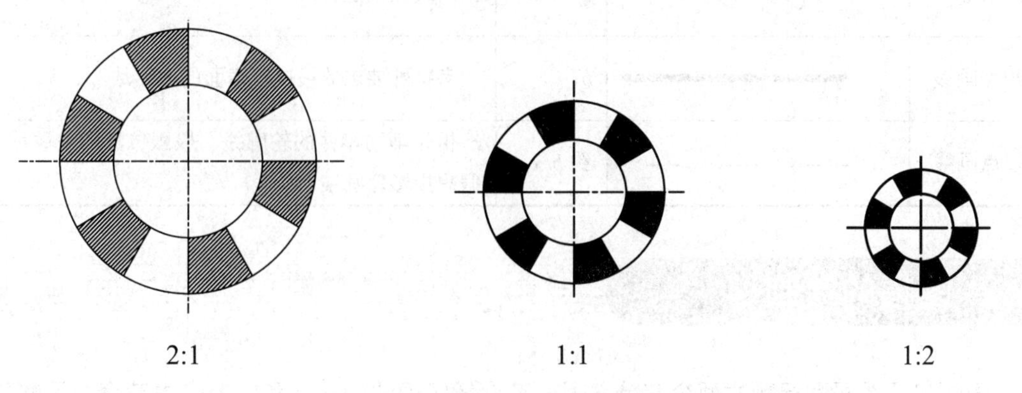

图 9-3　不同比例绘制的机械图形

比例的标注符号应以":"表示，标注方法如 1:1、1:100、50:1 等。比例一般应标注在标题栏的比例栏内。有时局部视图或者剖视图也需要在视图名称的下方或右侧标注比例，如图 9-4 所示。

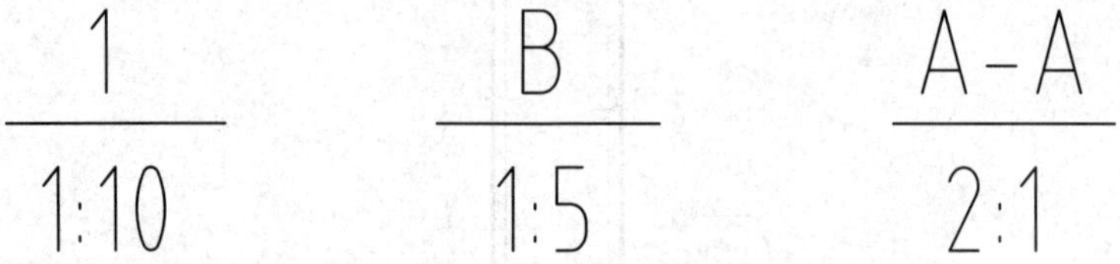

1 / 1:10　　B / 1:5　　A-A / 2:1

图 9-4　比例的另行标注

9.1.3 图线

在机械制图中，不同线型和线宽的图形表示不同的含义，因此需要设置不同的图层分别绘制图形中各种图形不同部分。

在机械制图国家标准中，对机械图形中使用的各种图形的名称、线型、线宽及在图形中的应用都做了相关规定，见表 9-3。

表 9-3　图线的形式和应用

图线名称	图　线	线　宽	绘制主要图形
粗实线		*b*	可见轮廓线、可见过渡线
细实线		约 *b*/3	剖面线、尺寸线、尺寸界线、引出线、弯折线、牙底线、齿根线、辅助线等
细点画线		约 *b*/3	中心线、轴线、齿轮节线等
虚线		约 *b*/3	不可见轮廓线、不可见过渡线
波浪线		约 *b*/3	断裂处的边界线、剖视和视图的分界线
双折线		约 *b*/3	断裂处的边界线
粗点画线		*b*	有特殊要求的线或者表面的表示线
双点画线		约 *b*/3	相邻辅助零件的轮廓线、极限位置的轮廓线、假想投影轮廓线

9.2 图幅的绘制

图幅包括图框和标题栏两个部分，上一节介绍了图幅的格式和内容，本节介绍图幅的具体绘制方法。

9.2.1 绘制图框

图框是由水平直线和竖直直线组成。绘制图框的方法有多种，主要有直线绘制、偏移绘制以及矩形绘制三种。

下面以 A4 横放图框为例，介绍这三种方法。

1. 直线绘制图框

直线方法绘制图框是通过指定点的坐标绘制直线，来得到所需的图框，操作步骤如下：

01 调用 L【直线】命令，根据命令行的提示，绘制外框，命令行提示如下：

```
命令:L↙  LINE                                 //调用【直线】命令
指定第一点: 0,0↙                               //指定直线的起点
指定下一点或 [放弃(U)]:297,0↙                   //坐标输入直线的第二个点
指定下一点或 [放弃(U)]:297,210↙                 //指定直线的第三个点
指定下一点或 [闭合(C)/放弃(U)]:0,210↙           //指定直线的第四个点
指定下一点或 [闭合(C)/放弃(U)]:C↙               //激活“闭合”选项，完成图框的绘制
```

技巧　按 F8 键打开正交功能，可以直接输入线段长度值绘制直线。

02 调用 L【直线】命令，绘制内图框，各端点的坐标为（25，5）、（292，5）、（292，205）和（25，205），绘制结果如图 9-5 所示。

03 完成直线方法绘制图框的操作。

图 9-5　A4 图框

2. 偏移绘制图框

偏移绘制图框，是指首先用矩形或直线绘制外图框，然后通过 O【偏移】命令和 TR【修剪】命令绘制内图框，具体操作步骤如下：

01 调用 REC【矩形】命令，在绘图区合适位置，绘制一个 297×210 的矩形，如图 9-6 所示。

02 调用 X【分解】命令，分解已绘制的矩形，如图 9-7 所示。

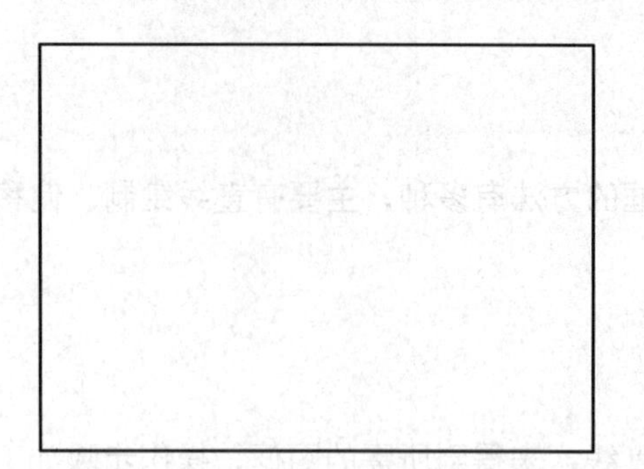

图 9-6　绘制矩形

图 9-7　分解矩形

03 调用 O【偏移】命令，将左端的竖直直线向右偏移 25，其余三条直线向矩形内偏移 5，如图 9-8 所示。

04 调用 TR【修剪】或 F【圆角】命令，修剪多余的线段，如图 9-9 所示。

05 将外侧矩形的图层转换为【细实线】，完成图框的绘制。

图 9-8　偏移直线

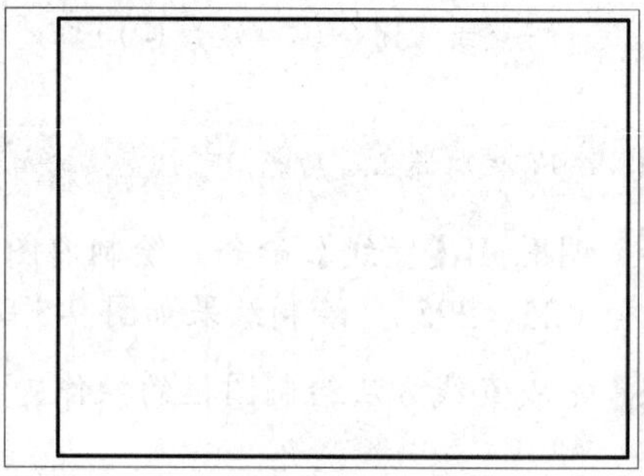

图 9-9　修剪图形

3. 矩形绘制图框

图框实际就是由两个矩形组成，因此可以使用矩形快速绘制图框，其操作步骤如下：

01 调用 REC【矩形】命令，绘制 297×210 大小的矩形，如图 9-10 所示，其左下角点为坐标原点。

02 重复调用 REC【矩形】命令，绘制第一角点坐标为（25，5），第二角点坐标为（292，205）的矩形，如图 9-11 所示。

图 9-10　绘制第一个矩形

图 9-11　绘制第二个矩形

03 图框绘制完成。

9.2.2 绘制标题栏

标题栏一般显示图形的名称、代号、绘制日期、比例等，绘制标题栏的基本方法为直线偏移法，其基本步骤如下：

01 调用 L【直线】命令，绘制如图 9-12 所示直线。

02 调用 O【偏移】命令，将线框最下端直线向上偏移 8、16、24、32，并将偏移得到的线段的图层转换为【细实线】，如图 9-13 所示。

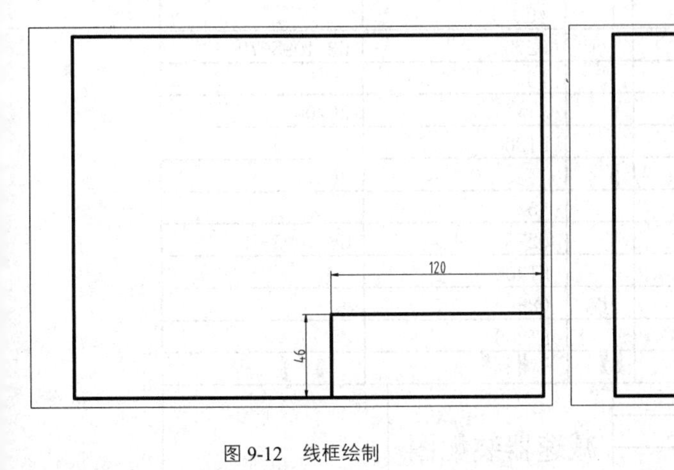

图 9-12　线框绘制

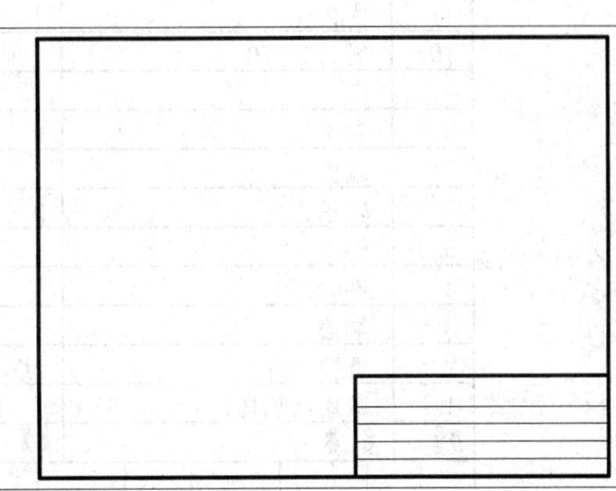

图 9-13　偏移

03 调用 O【偏移】命令，将线框最左端直线向右偏移 18、36、54、82，并将偏移得到的线段的图层转换为【细实线】，如图 9-14 所示。

04 调用 TR【修剪】命令，修剪线框，如图 9-15 所示。

05 按 Ctrl+S 快捷键，保存图形，将文件保存名为 A4 图框的.dwt 样板文件。

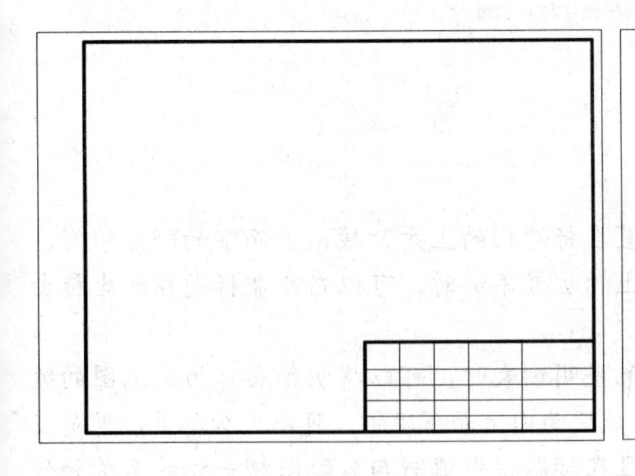

图 9-14　偏移直线

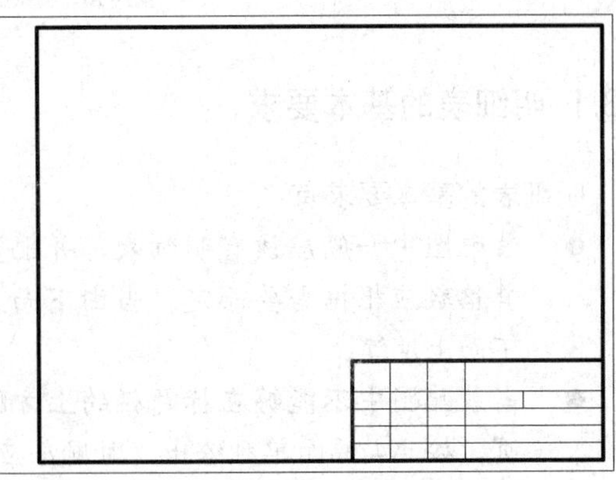

图 9-15　结果图

9.3 明细表的创建

机械制图中的明细表也有相应的国家标准，主要包括明细表在装配图中的位置、内容和格式等方面的要求，如图 9-16 所示为“减速器装配图”中的明细表。

14	端盖	1	HT150	
13	端盖	1	HT150	
12	定距环	1	Q235A	
11	大齿轮	1	40	
10	键 16×70	1	Q275	GB 1095-79
9	轴	1	45	
8	轴承	2		30208
7	端盖	1	HT200	
6	轴承	2		30211
5	轴	1	45	
4	键8×50	1	Q275	GB 1095-79
3	端盖	1	HT200	
2	调整垫片	2组	08F	
1	减速器箱体	1	HT200	
序号	名称	数量	材料	备注

标记	处数	分区	更改文件号	签名	年 月 日	减速器装配图		
设计			标准化			阶段标记	重量	比例
审核								
工艺			批准			共 张	第 张	

图 9-16　图纸的标题栏与明细表

9.3.1 明细表的基本要求

明细表的基本要求有：

- 装配图中一般应该有明细表，并配置在标题栏的上方，按由上而下的顺序填写，其格数应根据需要而定。当由下而上的位置不够时，可以在紧靠标题栏的坐标由下而上延续。
- 当装配图中不能够在标题栏的上方配置明细表时，可以将明细表作为装配图的续页，按 A4 幅面单独给出，且顺序应该变为由上而下延伸，可以连续加页，但是应该在明细表的下方配置标题栏，并且在标题栏中填写与装配图相一致的名称和代号。
- 当同一图样代号的装配图有多张图样时，明细表应放在第一张装配图上。
- 明细表中的字体和线型应按照国家标准规定进行绘制。

1. 明细表的内容和格式

明细表的内容和格式要求如下：

- 机械制图中的明细表一般由代号、序号、名称、数量、材料、重量、备注等内容组成。可根据实际需要增加或减少。
- 明细表放置在装配图中时，格式应遵循图样的要求。

2. 明细表中项目的填写

明细表在填写内容时，应注意以下规则：

- 代号一栏中应填写图样中相应组成部分的图样代号和标准号。
- 序号一栏中应填写图样中相应组成部分的序号。
- 名称一栏中应填写图样中相应组成部分的名称。
- 数量一栏中应填写图样中相应部分在装配中所需要的数量。
- 备注一栏中应填写各项的附加说明或其他有关的内容。若需要，分区代号可按有关规定填写在备注栏中。

绘制明细表方法有很多种，常用的方法是表格法和构造线法。

9.3.2 明细表的画法

明细表的画法与标题栏相同，可以使用表格创建，也可以调用【直接】和【偏移】命令创建。这里就不重复了。

9.4 习题

1. 填空题

（1）机械制图中一张完整的图幅包括______________、______________、______________、______________、尺寸标注等内容。在机械制图中，各种图样的大小各不一样，国家的规定标准也各不一样。

（2）图框是由水平直线和竖直直线组成。绘制图框的主要方法有______________、______________、______________、______________等几种。

（3）比例是指机械制图中图形与实物相应要素的______________。

（4）机械制图中图框的格式分为____________和____________两种类型

2. 操作题

绘制如图9-17、图9-18所示A2图框和标题栏。

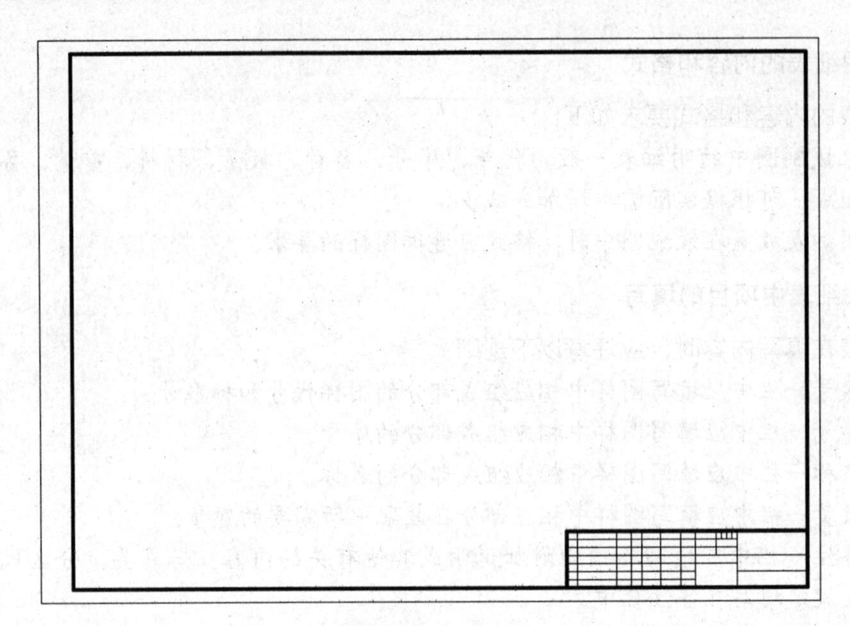

图 9-17　A2 图框

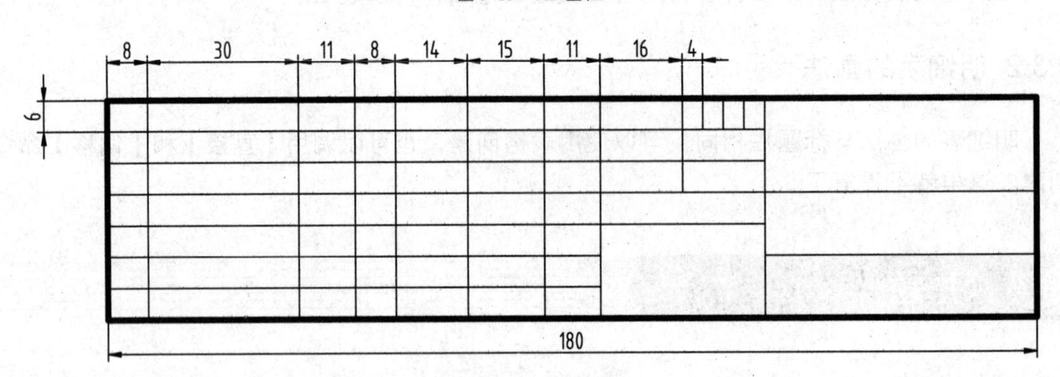

图 9-18　A2 图幅标题栏

第10章 轴测图绘制

本章导读

多面正投影图能完整、准确地反映物体的形状和大小，且度量性好、作图简单，但立体感不强，只有具备一定读图能力的人才能看懂。

有时工程上还需采用一种立体感较强的图来表达物体，即轴测图。轴测图是用轴测投影的方法画出来的富有立体感的图形，它接近人们的视觉习惯，但不能确切地反映物体真实的形状和大小，并且作图较正投影复杂，因而在生产中它作为辅助图样，用来帮助人们读懂正投影图。

本章重点

- 轴测图概述
- 轴测投影模式绘图
- 绘制正等轴测图
- 绘制斜二测图

10.1 轴测图概述

轴测图能同时反映出物体长、宽、高三个方向的尺度，直观性好，立体感强。但度量性差，不能确切表达物体原形，所以，它在工程上只作为辅助图样使用。如图 10-1 所示是三视图和轴测图的对比。

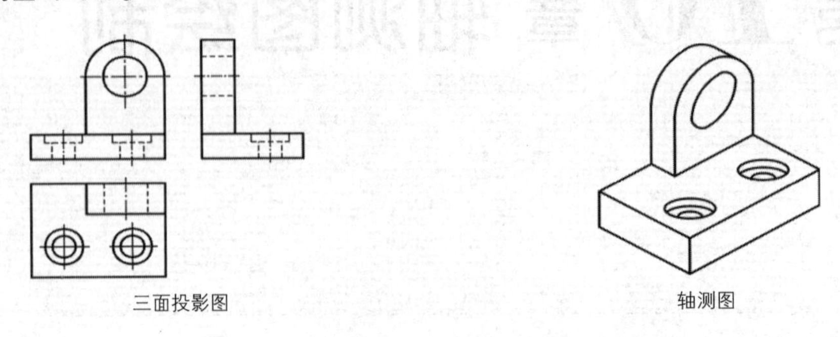

图 10-1　三视图与轴测图的对比

10.1.1 轴测图的形成

轴测图就是将物体连同其参考平面直角坐标系一起，沿不平行于任一平面直角坐标面的方向，用平行投影法将其平行投射在单一投影面上所得到的图形，如图 10-2 所示。

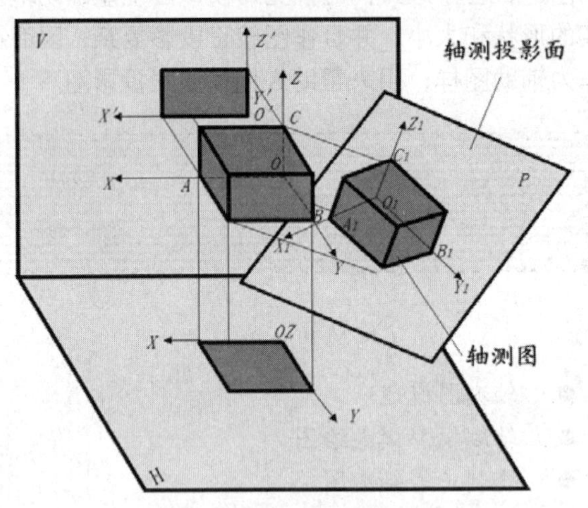

图 10-2　轴测投影图的形成

在轴测投影中，我们把选定的投影面 P 称为轴测投影面；把空间直角坐标轴 OX、OY、OZ 在轴测投影面上的投影 O_1X_1、O_1Y_1、O_1Z_1 称为轴测轴；把两轴测轴之间的夹角 $\angle X_1O_1Y_1$、$\angle Y_1O_1Z_1$、$\angle X_1O_1Z_1$ 称为轴间角；轴测轴上的单位长度与空间直角坐标轴上对应单位长度的比值，称为轴向伸缩系数。OX、OY、OZ 的轴向伸缩系数分别用 p_1、q_1、r_1 表示。例如，在图 10-2 中，$p_1 = O_1A_1 / OA$，$q_1 = O_1B_1 / OB$，$r_1 = O_1C_1 / OC$。

轴间角与轴向伸缩系数是绘制轴测图的两个主要参数。

10.1.2 轴测图的特点

由于轴测是用平行投影法得到的，因此它具有以下特点：

- 平行性：物体上互相平行的线段，在轴测图上仍互相平行。
- 定比性：物体上两平行线段或同一直线上的两线段长度之比，在轴测图上保持不变。
- 实形性：物体上平行轴测的投影面直线和平面，在轴测图上反映实长和实形。

由轴测图以上的性质可知，若已知轴测各轴向伸缩系数，即可绘制出平行于轴测轴的各线段长度。

AutoCAD 为绘制轴测图创建了一个特定的环境。在此环境中，系统提供了一些辅助手段来绘制轴测图，这就是轴测绘制模式。用户可以通过【草图设置】或者 SNAP 命令来激活轴测命令。

10.1.3 轴测图的分类

按照投影方向与轴测投影面的夹角的不同，轴测图可以分为：

- 正轴测图—轴测投影方向（投影线）与轴测投影面垂直时投影所得到的轴测图。
- 斜轴测图—轴测投影方向（投影线）与轴测投影面倾斜时投影所得到的轴测图。

按照轴向伸缩系数的不同，轴测图可以分为：

- 正（或斜）等测轴测图—$p_1 = q_1 = r_1$，简称正（斜）等测图；
- 正（或斜）二等测轴测图—$p_1 = r_1 \neq q_1$，简称正（斜）二测图；
- 正（或斜）三等测轴测图—$p_1 \neq q_1 \neq r_1$，简称正（斜）三测图；

本章只介绍工程上常用的正等测图和斜二测图的画法。

10.1.4 正等测图的形成和特点

如图 10-3 所示，如果使三条坐标轴 OX、OY、OZ 对轴测投影面处于倾角都相等的位置，把物体向轴测投影面投影，这样所得到的轴测投影就是正等测轴测图，简称正等测图。

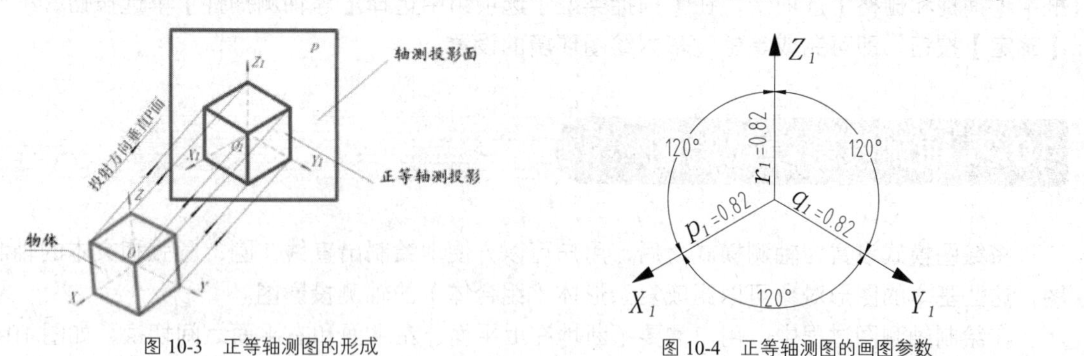

图 10-3　正等轴测图的形成　　图 10-4　正等轴测图的画图参数

图 10-4 表示了正等测图的轴测轴、轴间角和轴向伸缩系数等参数及画法。从图中可以看出，正等测图的轴间角均为 120°，且三个轴向伸缩系数相等。经推证并计算可知 $p_1 = q_1 = r_1 = 0.82$。为作图简便，实际画正等测图时采用 $p_1 = q_1 = r_1 = 1$ 的简化伸缩系数画图，即沿各轴向的所有尺寸都按物体的实际长度画图。但按简化伸缩系数画出的图形比实际物体放大了 $1 / 0.82 \approx 1.22$ 倍。

10.1.5 斜二测图的形成和画法

如图 10-5 所示，如果使物体的 *XOZ* 坐标面对轴测投影面处于平行的位置，采用平行斜投影法也能得到具有立体感的轴测图，这样所得到的轴测投影就是斜二等测轴测图，简称斜二测图。

图 10-6 表示斜二测图的轴测轴、轴间角和轴向伸缩系数等参数及画法。从图中可以看出，在斜二测图中，$O_1X_1 \perp O_1Z_1$ 轴，O_1Y_1 与 O_1X_1、O_1Z_1 的夹角均为 135°，三个轴向伸缩系数分别为 $p_1 = r_1 = 1$，$q_1 = 0.5$。

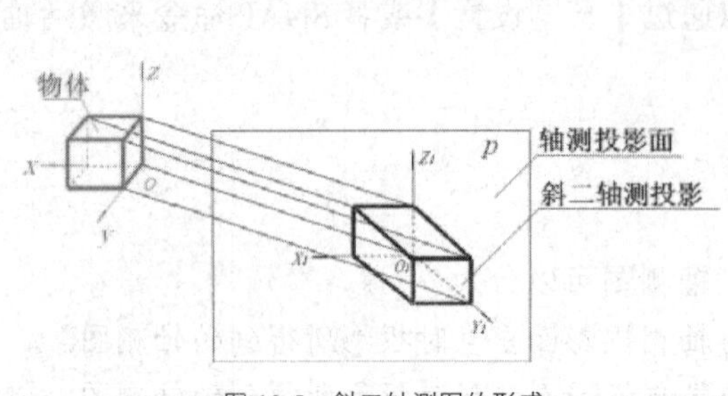

图 10-5　斜二轴测图的形成

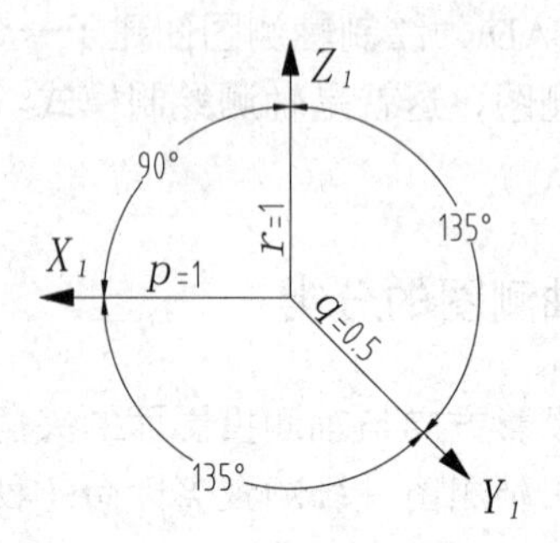

图 10-6　斜二轴测图的画图参数

10.1.6 轴测图的激活

在 AutoCAD2015 中绘制轴测图，需要激活轴测图绘制模式的绘图环境。

设置等轴测环境的执行方式有以下几种：

- 菜单栏：执行【工具】|【草图设置】命令
- 命令行：输入 DSETTINGS/SE/DS
- 状态栏：单击状态栏中的【等轴测草图】按钮

执行上述任一命令后，系统将弹出如图 10-7 所示的【草图设置】对话框。单击选择对话框中【捕捉和栅格】选项卡，在【捕捉类型】选项组中选择【等轴测捕捉】单选按钮，单击【确定】按钮，即可完成等轴测基本绘图环境的设置。

10.2 轴测投影模式绘图

将绘图模式设置为轴测模式之后，用户可以方便地绘制出直线、圆、圆弧和文本的轴测图，这些基本的图形对象可以组成复杂形体（组合体）的轴测投影图。

在绘制轴测图过程中，用户需要不断地在上平面、左平面和右平面之间切换，如图 10-8 所示的是三个正等轴测投影平面。在正等轴测模式中，XY 和 Z 轴分别与水平方向成 30°、90° 和 150°。

在绘制等轴测图时，切换绘图平面的方法有：

- 在命令行输入 ISOPLANE 命令，根据命令行的提示，输入字母 L、T、R 来转换相应的轴测面。

- 按 F5 键或者按 Ctrl+E 组合键。
- 单击状态栏【等轴测草图】右侧的三角按钮，在弹出的快捷菜单中可以快速切换绘图平面。

图 10-7　激活轴测图绘制模式

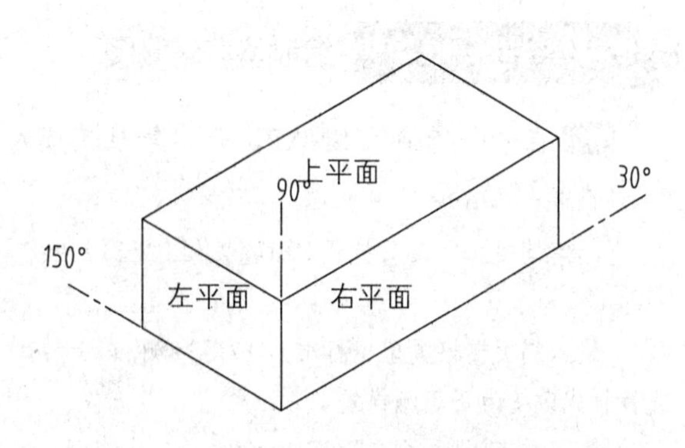

图 10-8　轴测示意图

三种平面状态下光标显示如图 10-9 所示。

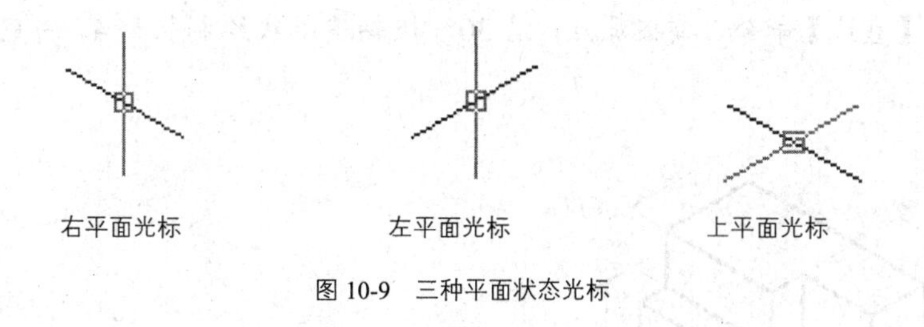

图 10-9　三种平面状态光标

10.2.1 绘制直线

在轴测模式下绘制直线的常用方法有 3 种。

1. 极坐标绘制直线

当所绘制直线与不同的轴测轴平行时，输入的极坐标值的极坐标角度将不同。

- 所画直线与 X 轴平行时，极坐标角度应输入 30° 或-150° 。
- 所画直线与 Y 轴平行时，极坐标的角度应输入 150° 或-30° 。
- 所画直线与 Z 轴平行时，极坐标角度应输入 90° 或-90° 。
- 当所画直线与任何轴测轴都不平行时，必须找出直线两点，然后连线。

2. 正交模式绘制直线

根据轴测投影特性，对于与直角坐标轴平行的直线，切换至当前轴测面后，打开正交模式，可将它们绘成与相应的轴测轴平行。

对于与三个直角坐标轴均不平行的一般位置直线，则可关闭正交模式，沿轴向测量获得该直线两个端点的轴测投影，然后相连即得到一般位置直线的轴测图。

对于组成立体的平面多边形，其轴测图是由边直线的轴测投影连接而成，其中，矩形的轴测图是平行四边形。

3. 极轴追踪绘制直线

利用极轴追踪、自动追踪功能画线。打开极轴追踪、对象捕捉和自动追踪功能，并设定极轴追踪的角度增量为 30°，这样就能很方便的画出 30°、90° 或 150° 方向的直线。

下面以绘制如图 10-10 所示的垫块轴测图为例，讲解在轴测图中绘制直线的方法。

课堂举例 10-1：绘制垫块轴测图 视频\第 10 章\课堂举例 10-1.mp4

01 在命令行输入 SNAP，开启等轴测模式，命令行提示如下：

```
命令: SNAP↙
指定捕捉间距或 [打开(ON)/关闭(OFF)/传统(L)/样式(S)/类型(T)] <10.0000>:S↙
                                                    //激活“样式”选项
输入捕捉栅格类型 [标准(S)/等轴测(I)] <I>: I↙          //激活“等轴测”选项，此时光标样式改变为正等测样式
指定垂直间距 <10.0000>:↙                             //按回车键，默认系统设置
```

02 按 F10 键打开【极轴追踪】功能，按 F3 键和 F11 键分别打开【对象捕捉】和【对象追踪】，并设置极轴追踪角为 30°。

03 调用 L【直线】命令，捕捉原点，沿 30° 极轴追踪线绘制长为 47 的直线，如图 10-11 所示。

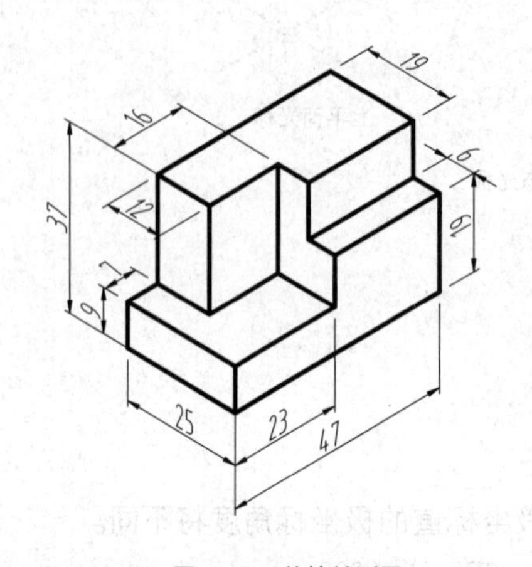

图 10-10　垫块轴测图

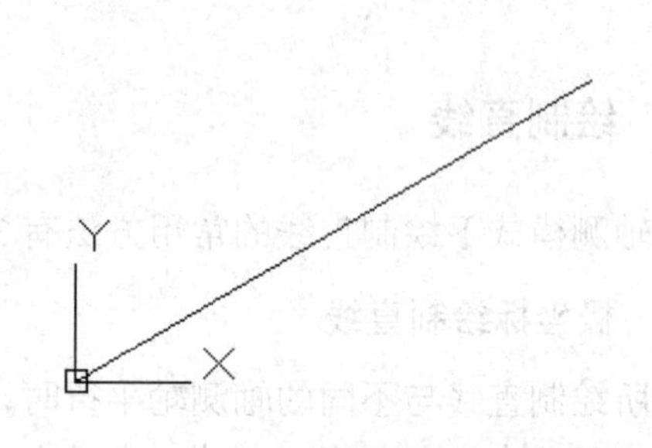

图 10-11　绘制第一条直线

04 重复调用 L【直线】命令，配合【极轴追踪】功能，继续绘制线段 BC、CD、DE、EF，如图 10-12 所示，命令行提示如下：

```
命令:L↙    LINE                        //调用【直线】命令
指定第一点:                             //指定 B 点为第一点
指定下一点或 [放弃(U)]:19↙              //沿 90° 极轴追踪线，绘制长为 19 的 BC 竖直线段
指定下一点或 [放弃(U)]:24↙              //沿-150° 极轴追踪线，绘制长为 24 的 CD 线段
指定下一点或 [闭合(C)/放弃(U)]:10↙      //沿-90° 极轴追踪线，绘制长为 10 的 DE 线段
指定下一点或 [闭合(C)/放弃(U)]:         //捕捉原点，并垂直向上移动光标，捕捉两条追踪线的交点，确定 F 点位置
指定下一点或 [闭合(C)/放弃(U)]:C↙       //激活“闭合”选项，按回车键确定
```

05 重复命令，继续绘制 CG、GK 和 KD 线段，绘制完成效果如图 10-13 所示，命令行提示如下：

```
命令:L↙     LINE                     //调用【直线】命令
指定第一点:                           //指定 C 点为第一点
指定下一点或 [放弃(U)]:6↙            //沿 150° 极轴追踪线，绘制线段长度 6，绘制得到 CG 线段
指定下一点或 [放弃(U)]:24↙           //沿-150° 极轴追踪线，输入长度 24，绘制线段 GK
指定下一点或 [闭合(C)/放弃(U)]://连接 K、D 两点，完成绘制
```

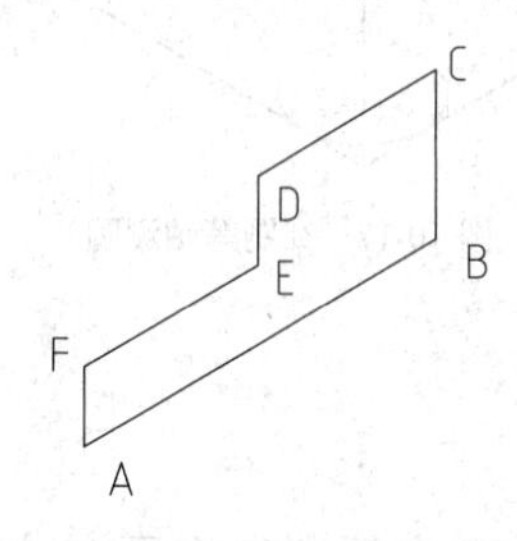

图 10-12 绘制测轮廓

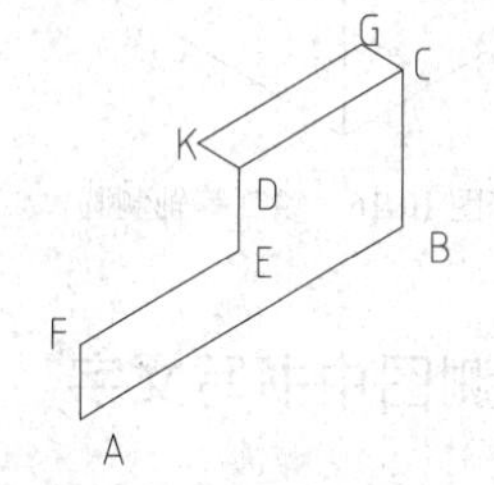

图 10-13 绘制轴测面

06 用同样方法，调用 L【直线】命令，继续绘制上顶面，如图 10-14 所示。

07 重复调用 L【直线】命令，连接其余线段，完成图形绘制，如图 10-15 所示。

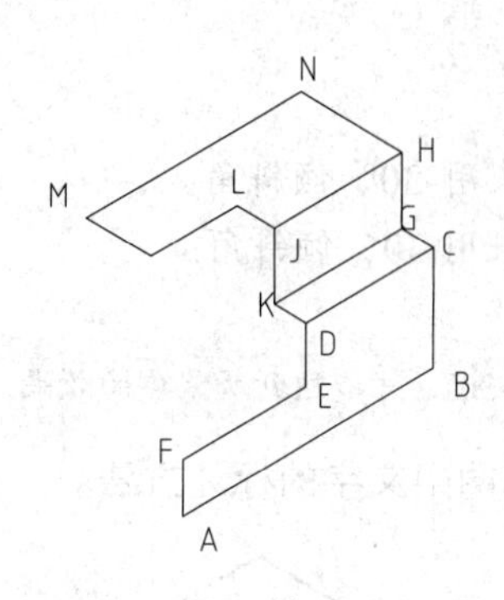

图 10-14 绘制上顶面

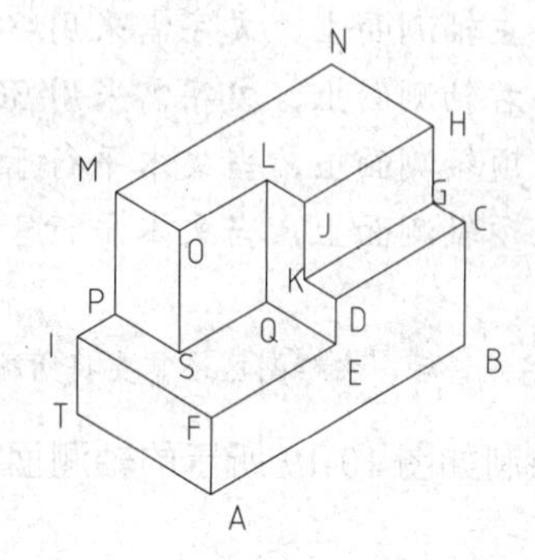

图 10-15 绘制其他面

10.2.2 绘制等轴测圆和圆弧

圆的轴测投影是椭圆，当圆位于不同的轴测面时，椭圆的长、短轴的位置将是不相同的。手工绘制圆的轴测投影是比较麻烦的，但在 AutoCAD 中却可以直接使用 ELLIPSE【椭圆】命令中的【等轴测圆】选项来绘制。这个选项仅在轴测模式被激活后才出现。

激活轴测绘图模式后，在命令行输入 ELLIPSE 命令，命令行提示如下：

```
命令:ELLIPSE↙                             //调用【椭圆】命令
指定椭圆轴的端点或 [圆弧(A)/中心点(C)/等轴测圆(I)]:I↙
                                          //激活"等轴测圆"选项
指定等轴测圆的圆心:                        //在绘图区捕捉等轴测圆圆心或者输入圆心坐标
指定等轴测圆的半径或[直径(D)]:              //输入等轴测圆的半径，按回车键退出命令
```

在等轴测模式下绘制圆时，以原点为中心，使用 ELLIPSE 命令，按 F5 键将当前轴测面

切换到上等轴测平面，绘制直径为 20 的圆，如图 10-16 所示。

在等轴测模式下绘制圆弧时，应首先绘制相应的等轴测椭圆，然后对椭圆进行修剪，如图 10-17 和图 10-18 所示。

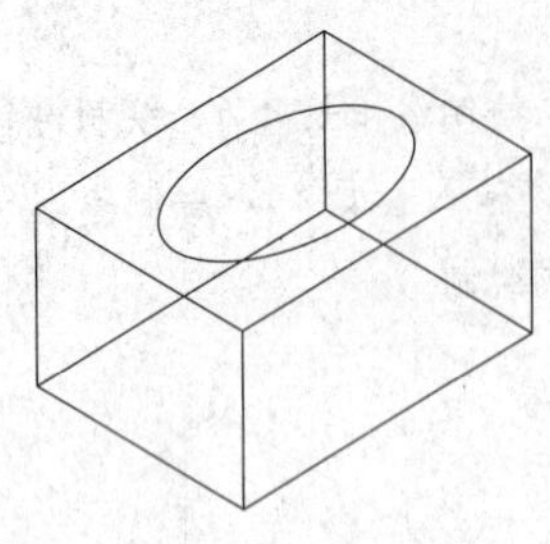

图 10-16　绘制等轴测圆

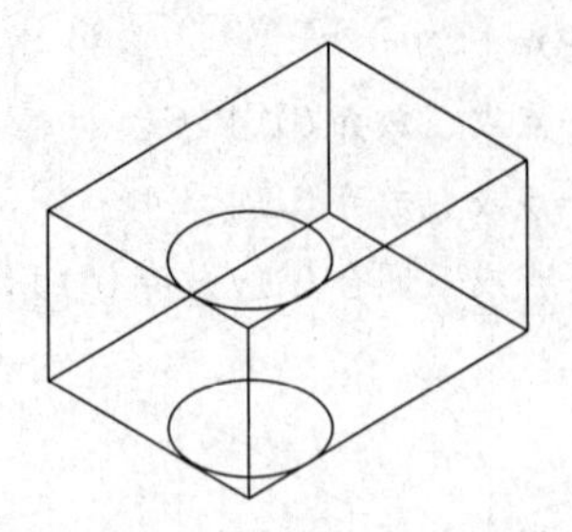

图 10-17　绘制等轴测圆

10.2.3 在轴测图中书写文字

在等轴测图中不能直接生成文字的等轴测投影。为了使文字看起来像是在该轴测面内，就必须将文字倾斜并旋转某一个角度值，以使它们的外观与轴测图协调起来，如图 10-19 所示。

轴测面上各文本的倾斜规律是：

- 在左轴测面上，文字需采用-30° 倾斜角。
- 在右轴测面上，文字需采用 30° 倾斜角。
- 在顶轴测面上，当文本平行于 X 轴时，文字需采用-30° 倾斜角。
- 在顶轴测面上，当文本平行于 Y 轴时，文字需采用 30° 倾斜角。

技巧　文字倾斜后，在绘图区还需要将所输入的文字旋转 30°或-30°，才能达到所需要的效果。

下面绘制如图 10-19 所示的轴测面文字，来讲解轴测图中文字的标注方法。

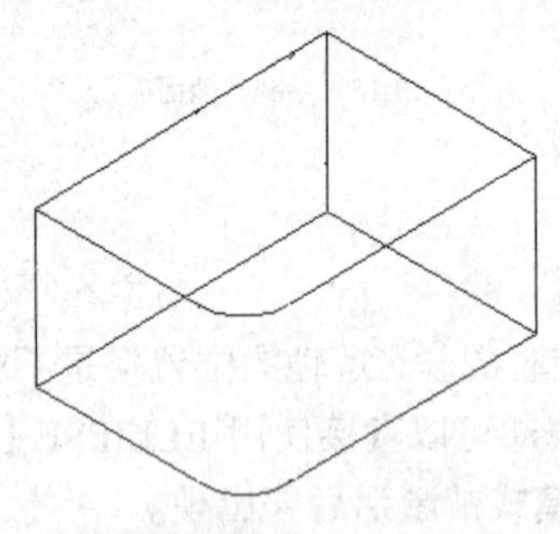

图 10-18　修剪得到圆弧

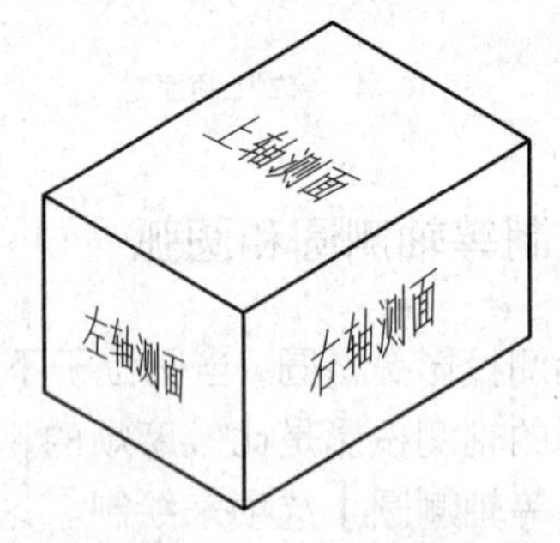

图 10-19　在轴测图中书写文字

课堂举例 10-2：标注轴测面文字

视频\第 10 章\课堂举例 10-2.mp4

01 启动 AutoCAD 2015，打开光盘中“第 10 章/课堂举例 10-2 标注轴侧面文字.dwg”文件。

02 在命令行中输入 ST 并按回车键，调用【文字样式】命令，系统弹出【文字样式】对话框，如图 10-20 所示。

03 单击【新建】按钮，弹出如图 10-21 所示的【新建文字样式】对话框。

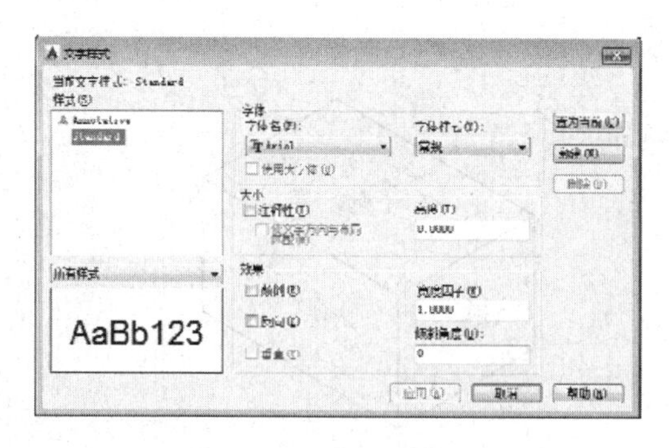

图 10-20 【文字样式】对话框

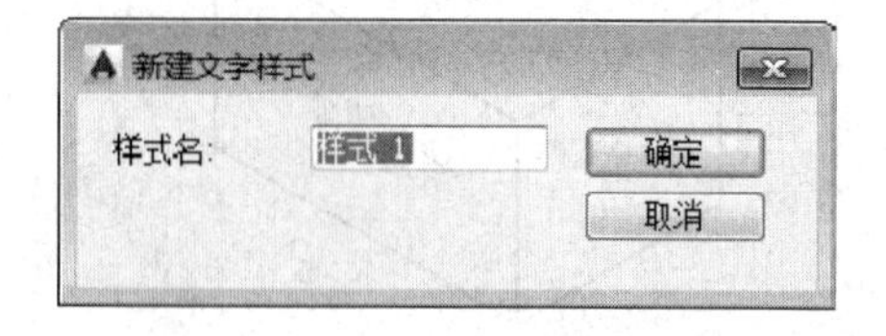

图 10-21 【新建文字样式】对话框

04 在样式名中文本框输入“轴测图文字标注”，然后单击【确定】按钮，返回【文字样式】对话框。

05 在对话框中的【字体】选项组中选择“gbeitc.shx”字体，再勾选【大字体】复选框，在【大字体】选项组中选择“gbcbig.shx”样式，再设置字体【高度】为 5、【倾斜角度】为 30°，完成文字样式的设置，单击【应用】按钮，再单击【置为当前】按钮，将新建的文字样式置为当前。

06 单击【关闭】按钮，关闭对话框。

07 在命令行中输入 DT 并按回车键，调用【单行文字】命令，根据命令行的提示在图中添加相应的文字标注，命令行提示如下：

```
命令:DT↙      DTEXT                                      //调用【单行文字】命令
当前文字样式: "轴测图文字标注"  文字高度: 5.0000  注释性: 否
                                                        //按回车键，默认文字样式信息
指定文字的起点或 [对正(J)/样式(S)]:                      //在右轴测面中选择一点，确定单行文字的起点
指定文字的旋转角度 <0>:30↙                               //输入旋转角度后，输入“右轴测面”文字，完成效果如图 10-22 所示
```

08 按 F5 键，将轴测平面切换到俯视平面。

09 按回车键再次调用【单行文字】命令，在上轴测平面中输入“上轴测面”，且【旋转角度】为-30°，如图 10-23 所示。

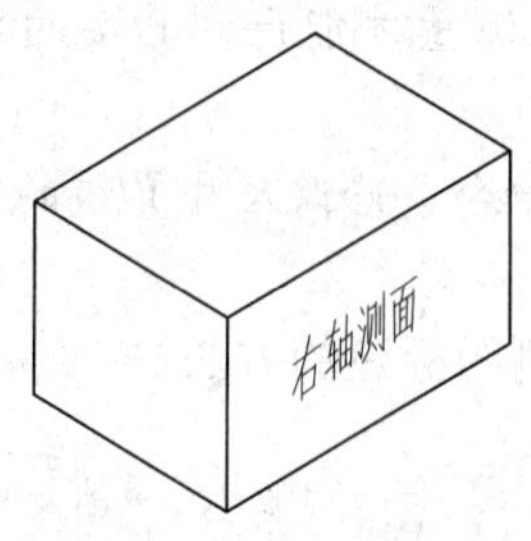

图 10-22 输入右轴测面文字

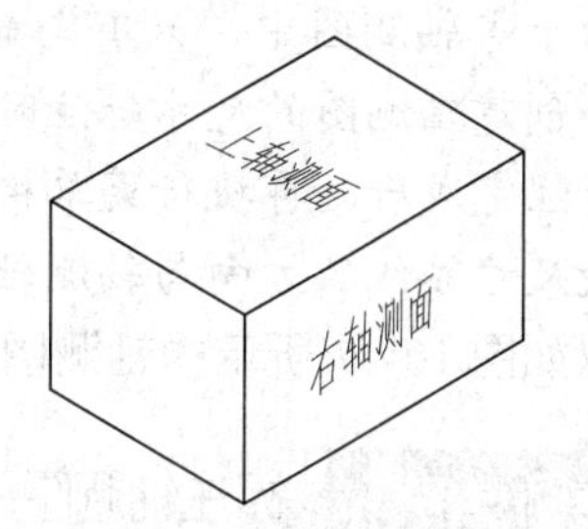

图 10-23 输入上轴测面文字

10 调用 MT【多行文字】命令，调整多行文字角度为-30°，在左轴测图中输入“左轴测图”，如图 10-24 所示。

11 调用 RO【旋转】命令，将“左轴测面”文字旋转-30°，如图 10-25 所示。

12 完成轴测图文字的标注。

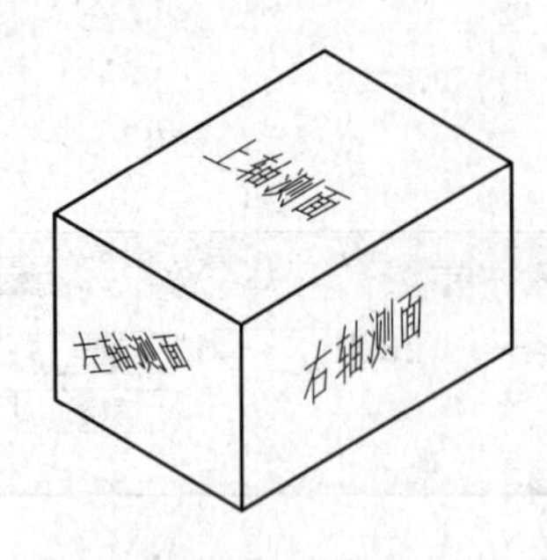

图 10-24　输入左轴测面文字

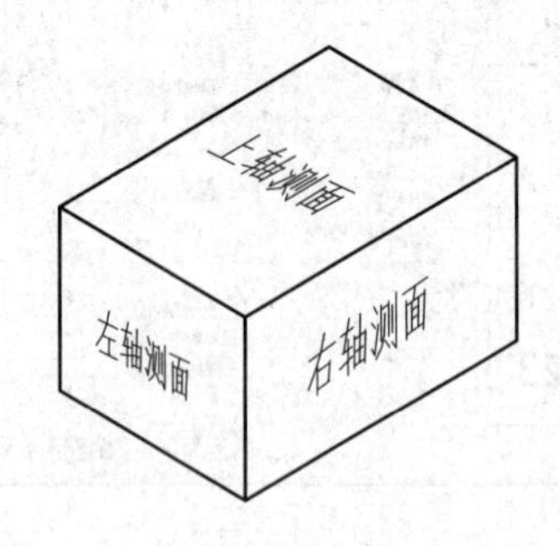

图 10-25　旋转文字

10.2.4 在轴测图中标注尺寸

不同于平面图中的尺寸标注，轴测图的尺寸标注要求和所在的等轴测面平行，所以需要将尺寸线和尺寸界线倾斜某一角度，以使它们与相应的轴测轴平行，如图 10-26 所示是标注的初始状态与调整外观后结果的比较。

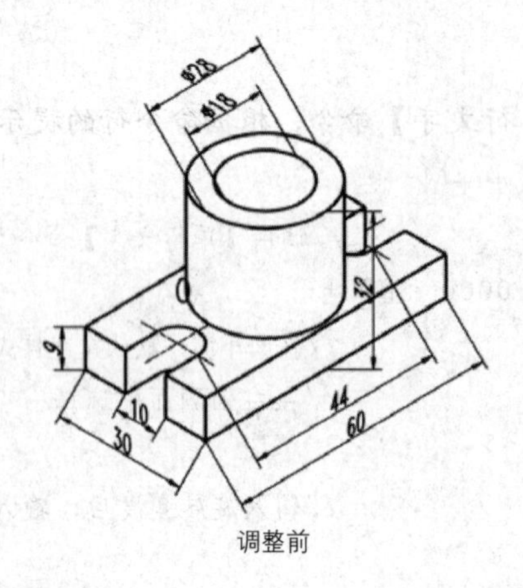

调整前

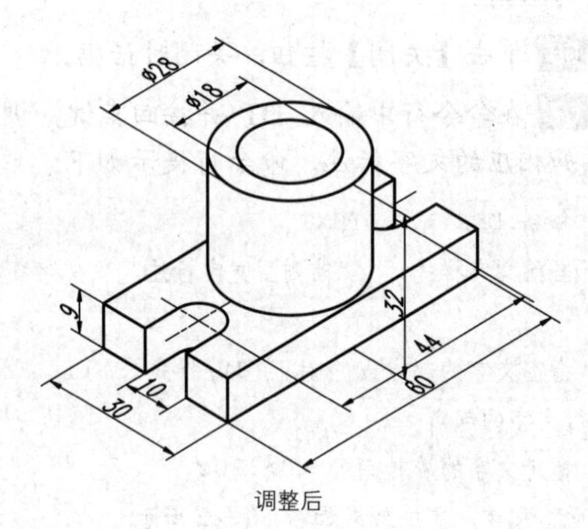

调整后

图 10-26　轴测图标注调整前后对比

在轴测图中标注尺寸，应注意以下几点：

- 创建两种尺寸样式，这两种样式控制的标注文本的倾斜角分别为 30° 和-30°。
- 由于等轴测图中，只有与轴测轴平行的方向进行测量才能得到真实的距离值，因而创建轴测图的尺寸标注时，应使用“对齐尺寸”。
- 标注完成后，再执行菜单栏【标注】|【倾斜】命令，修改尺寸界线的倾斜角度，使尺寸界线的方向与轴测轴方向一致。

下面以如图 10-27 所示的轴测图标注为例，来学习轴测图标注的方法。

课堂举例 10-3：标注轴测图尺寸

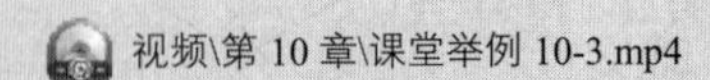

01 按 Ctrl+O【打开】快捷键，打开附带光盘中的“第 10 章/课堂举例 10-3 标注轴测图尺寸.dwg”素材文件。

02 调用 ST【文字样式】命令，打开【文字样式】对话框，新建【左倾斜】和【右倾斜】两个文字样式，其中【右倾斜】文字样式设置如图 10-28 所示，【左倾斜】文字样式设置如图 10-29 所示。

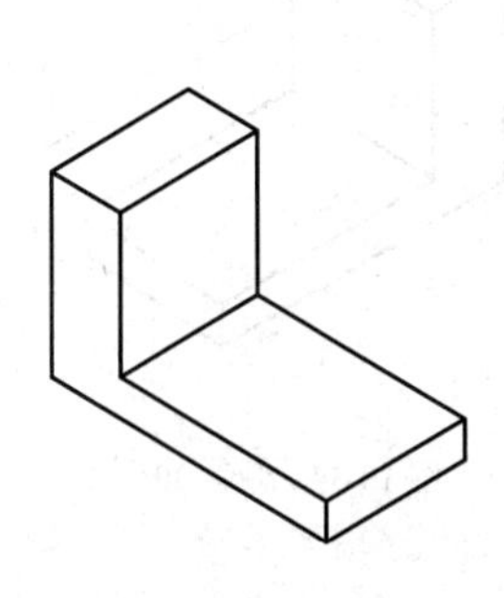

图 10-27　轴测图

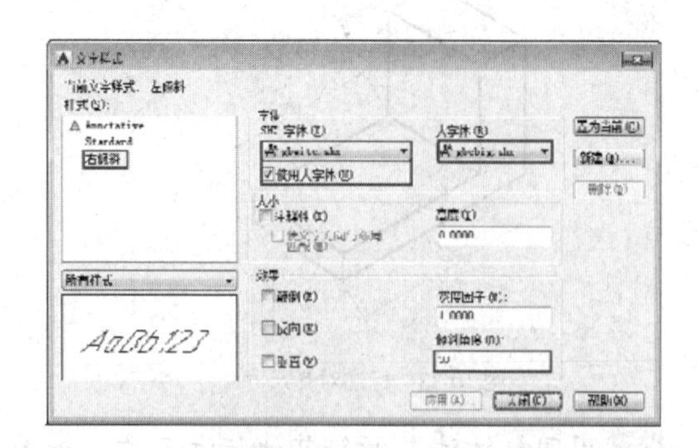

图 10-28　右倾斜文字样式设置

03 在命令行中输入 DIMSTY 并按回车键，调用【标注样式】命令，新建【右倾斜】和【左倾斜】两种尺寸标注样式，其中【右倾斜】标注样式的文字样式选择【右倾斜】文字样式，如图 10-30 所示。

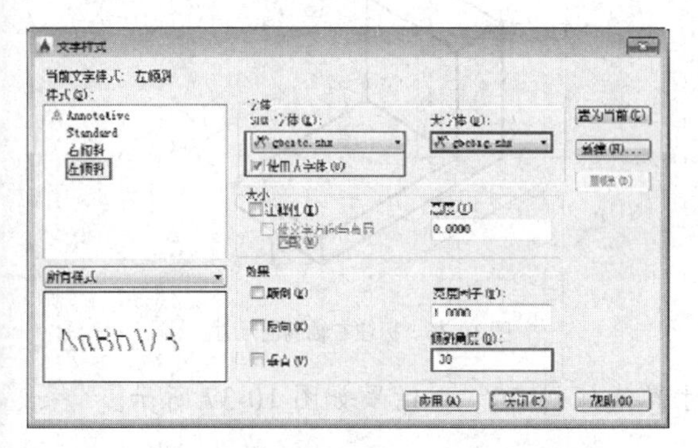

图 10-29　左倾斜文字样式设置

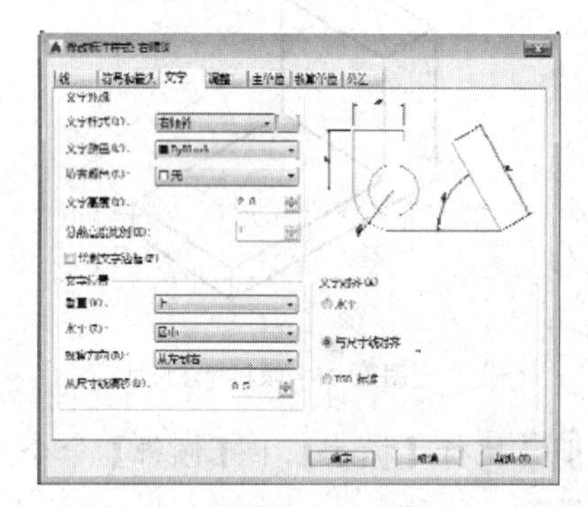

图 10-30　【右倾斜】标注样式

04【左倾斜】标注样式选择【左倾斜】文字样式，如图 10-31 所示。

05 将新建的【右倾斜】标注样式置为当前，如图 10-32 所示。

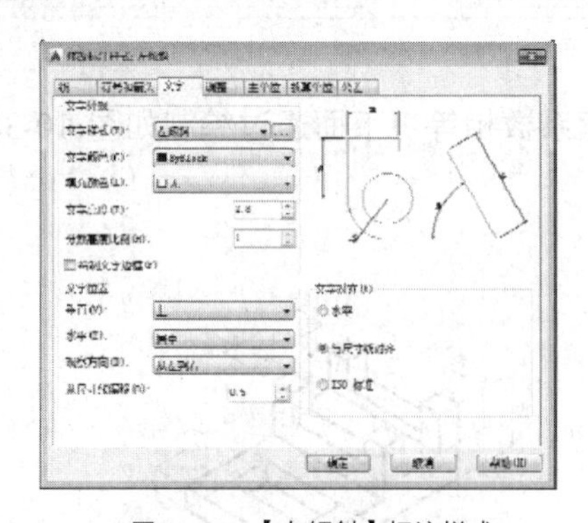

图 10-31　【左倾斜】标注样式

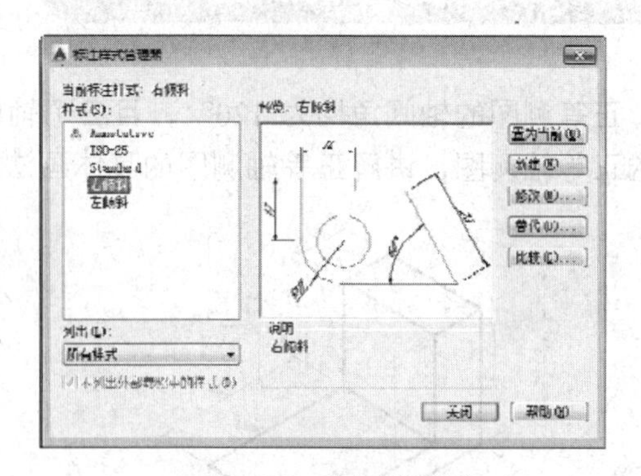

图 10-32　选择标注样式

06 在命令行中输入 DAL 并按回车键，调用【对齐标注】命令，根据命令行的提示，标注左轴测面尺寸，如图 10-33 所示。

07 执行【标注】|【倾斜】命令，将数值为 40 的标注倾斜 30°，如图 10-34 所示。

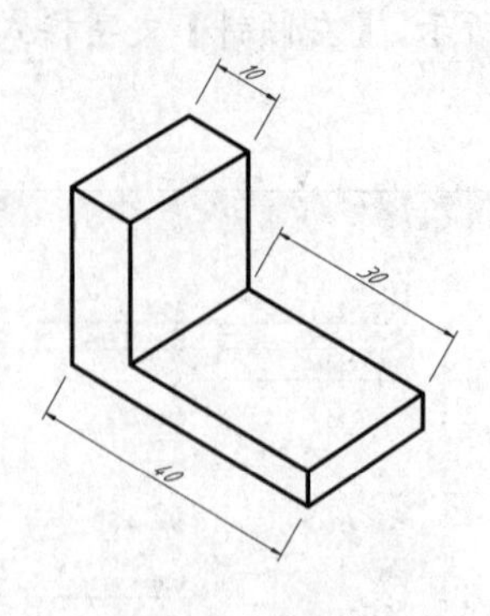

图 10-33　标注对齐尺寸

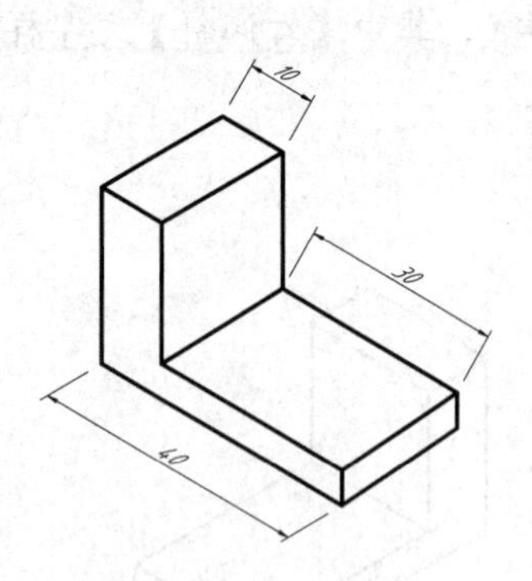

图 10-34　倾斜 30°

08 用同样方法，倾斜其他标注尺寸，如图 10-35 所示。

09 将【左倾斜】标注样式置为当前，重复调用 DAL【对齐标注】命令，对右轴测面尺寸进行标注，如图 10-36 所示。

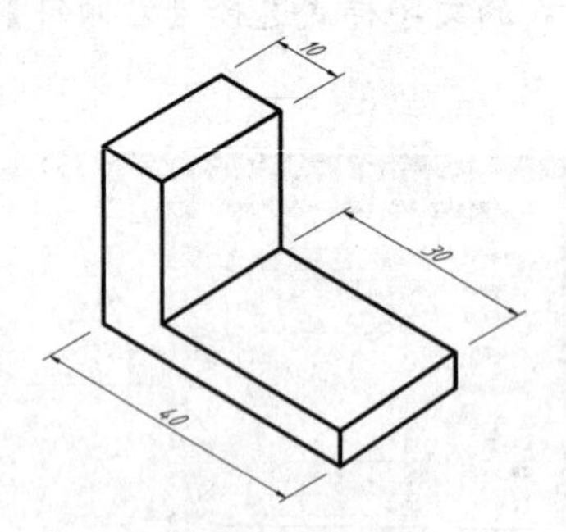

图 10-35　倾斜标注尺寸

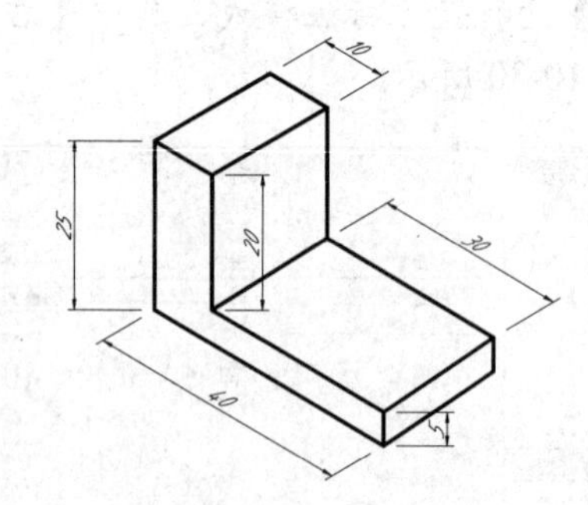

图 10-36　标注右轴测面尺寸

10 执行【标注】|【倾斜】命令，将尺寸界线倾斜-30°，结果如图 10-37 所示。

11 轴测图尺寸标注全部完成。

10.3 绘制正等轴测图

正等测图的轴间角均为 120°，且三个轴向伸缩系数相等。下面通过绘制如图 10-38 所示的正等轴测图，讲解正等轴测图的具体画法。

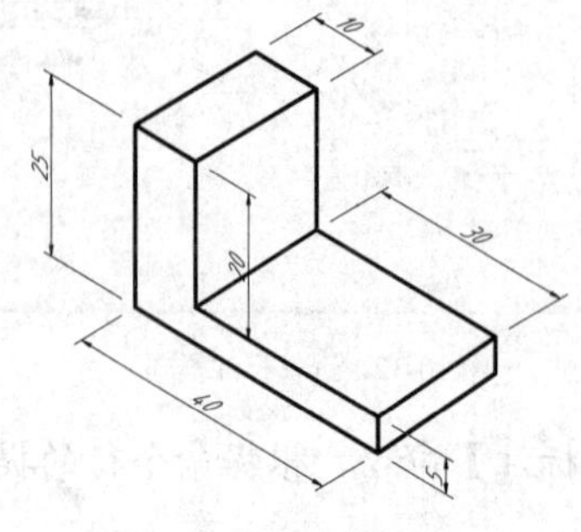

图 10-37　倾斜其他标注尺寸

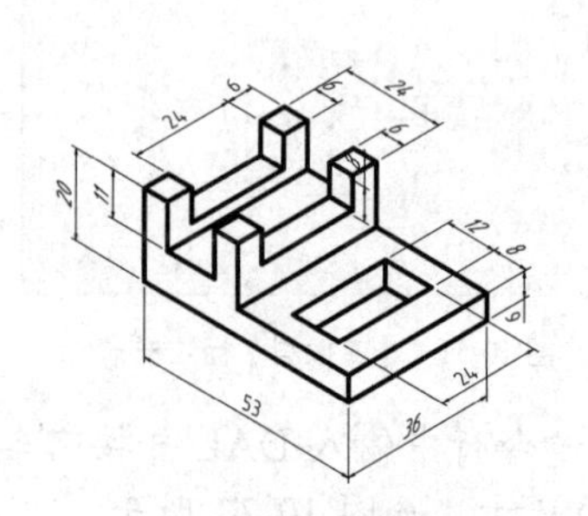
图 10-38　正等轴测图

课堂举例 10-4：绘制正等轴测图

视频\第 10 章\课堂举例 10-4.mp4

01 启动 AutoCAD 2015，新建图形文件。

02 设置图层。在命令行中输入 LA 并按回车键，调用【图层特性】命令，打开【图层特性管理器】，新建【轮廓线】和【中心线】两个图层，【中心线】图层线型选择【CENTER】线型，设置【颜色】为红色，【轮廓线】图层线宽设置为 0.3mm，其余参数默认。

03 在命令行中输入 DS 并按回车键，系统弹出【草图设置】对话框。

04 在【捕捉和栅格】选项卡中，启用【等轴测捕捉】模式，如图 10-39 所示。

05 在【极轴追踪】选项卡中设置极轴追踪【增量角】为 30，如图 10-40 所示。

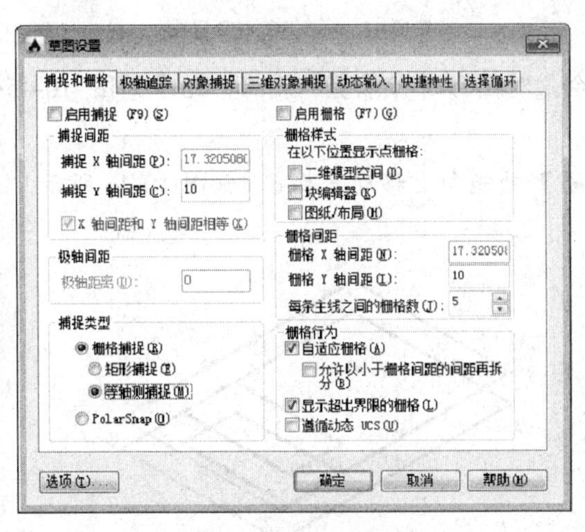

图 10-39　开启等轴测模式

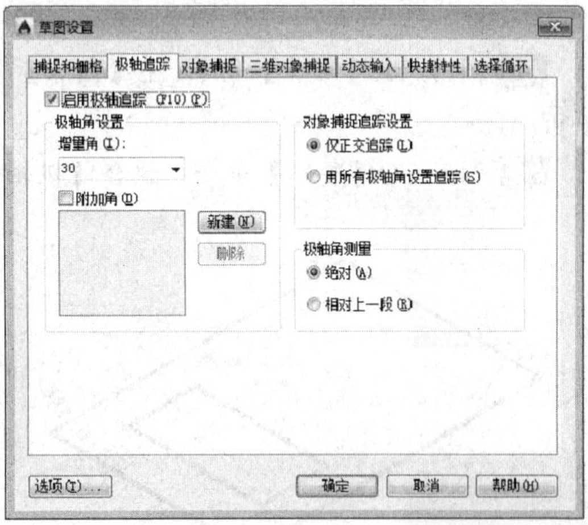

图 10-40　设置增量角为 30

06 按 F5 键，将等轴测平面切换为上等轴测平面。

07 绘制构造线。调用 XL【构造线】命令，在绘图区合适位置，绘制两条互相垂直的构造线，如图 10-41 所示。

08 调用 O【偏移】命令，将构造线 1 向下偏移 53，构造线 2 向左偏移 36，如图 10-42 所示。

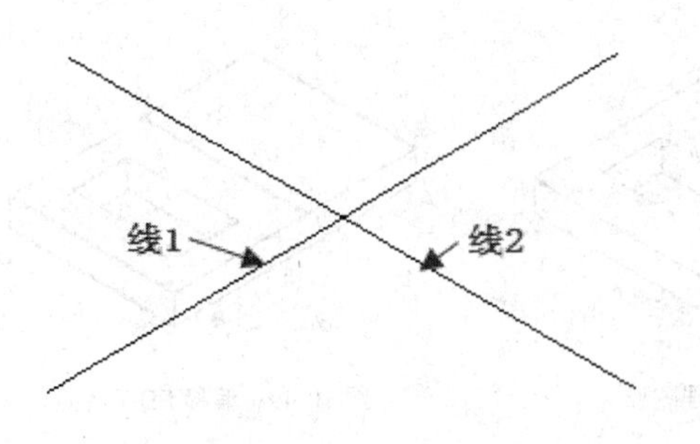

图 10-41　绘制构造线

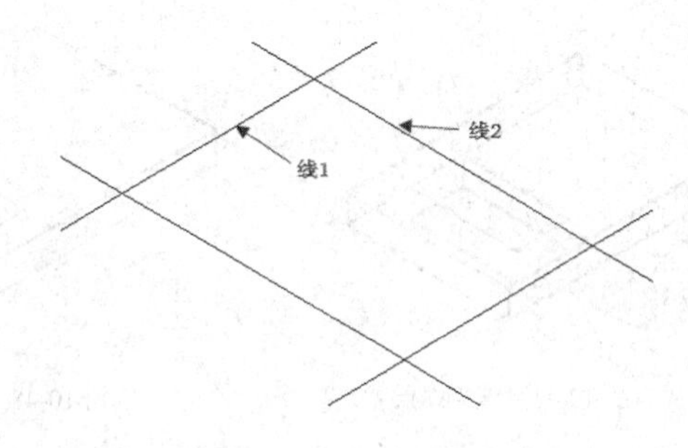

图 10-42　偏移构造线

09 调用 L【直线】命令，依次连接 4 条构造线的交点，然后删除 4 条构造线，如图 10-43 所示。

10 调用 O【偏移】命令，将 BC 向 AD 方向分别偏移 8、20，将 CD 向 AB 方向分别偏移 6、30，如图 10-44 所示。

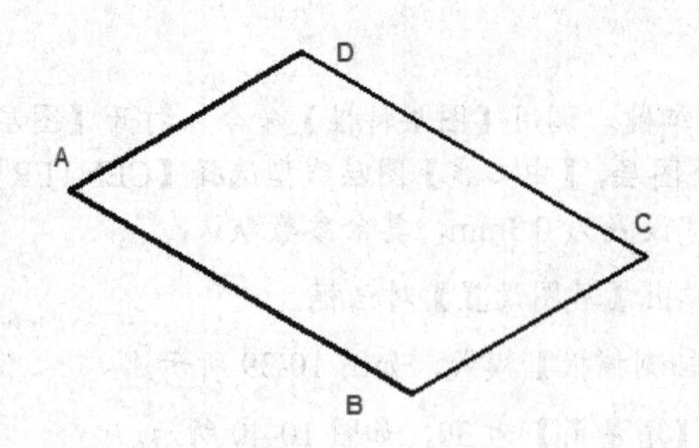

图 10-43　连接构造线交点

图 10-44　偏移 BC、CD 直线

11 调用 TR【修剪】命令、E【删除】命令，对图形进行修剪和删除，结果如图 10-45 所示。

12 调用 CO【复制】命令，配合【极轴追踪】功能向上移动复制 6，如图 10-46 所示。

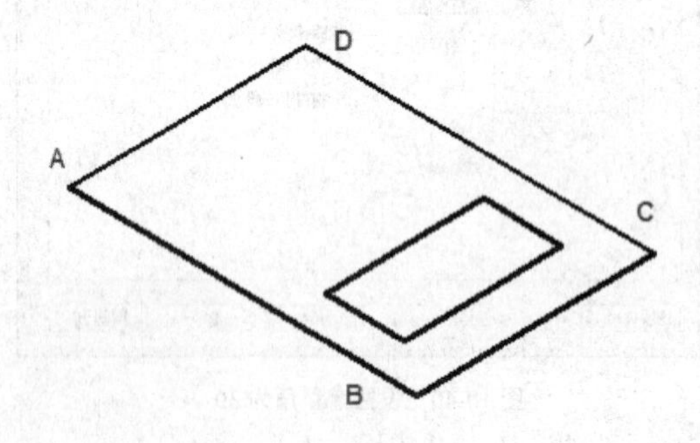

图 10-45　修剪图形

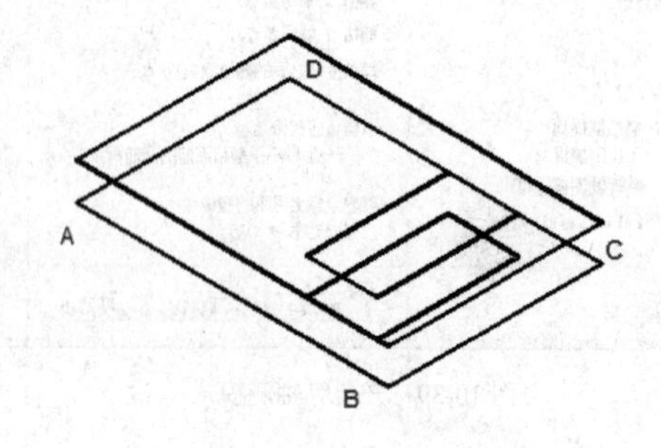

图 10-46　复制移动图形

13 调用 L【直线】命令，连接复制图形与原图形的各对应端点，如图 10-47 所示。

14 调用 E【删除】命令、TR【修剪】命令，清理图形，效果如图 10-48 所示。

15 调用 O【偏移】命令，将直线 EF 向 BC 方向偏移 24，效果如图 10-49 所示。

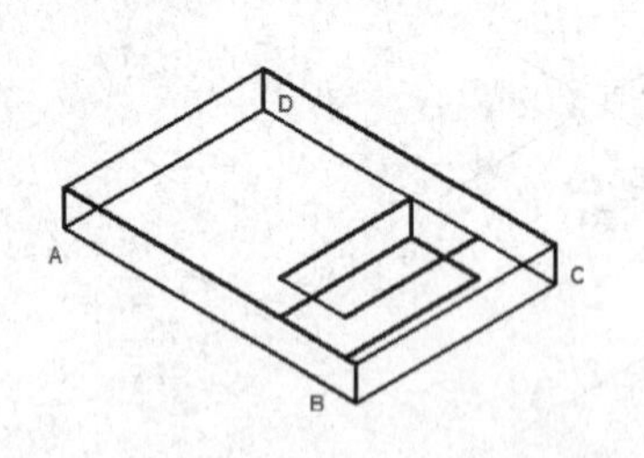

图 10-47　连接端点

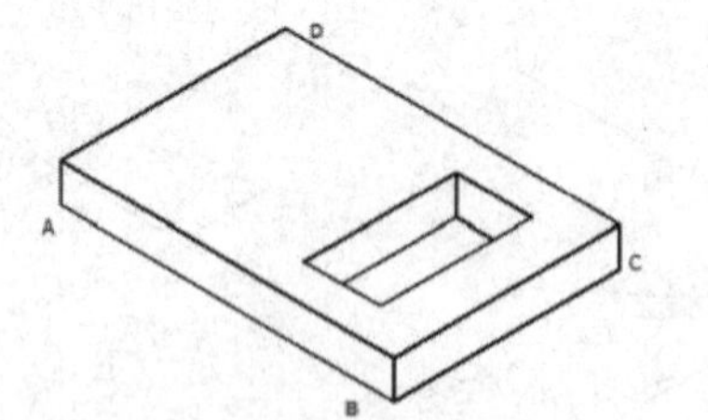

图 10-48　清理图形

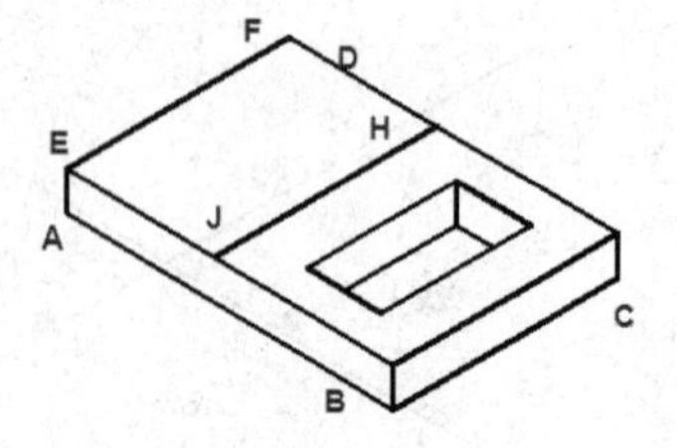

图 10-49　偏移 ED 直线

16 调用 L【直线】命令，连接直线 EJ 与 FH。

17 调用 CO【复制】命令，复制矩形 EFJH，竖直向上复制移动 3，如图 10-50 所示。

18 调用 L【直线】命令，连接原矩形与复制后矩形相应的点，并对图形进行修剪和删除，如图 10-51 所示。

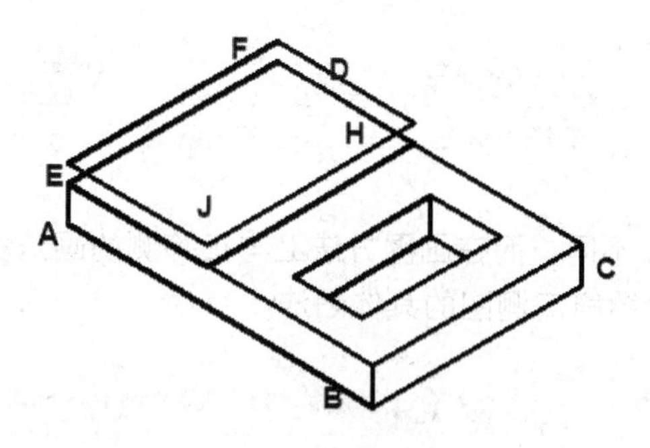

图 10-50　复制移动面 EFJH

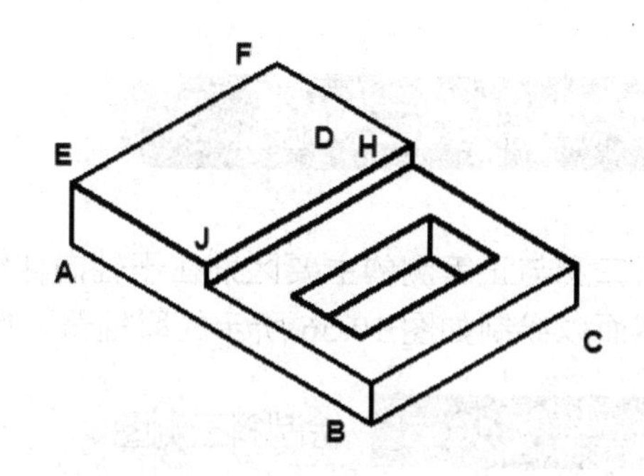

图 10-51　修剪和删除多余的直线

19 调用 L【直线】命令，绘制连续线段，在 E 点绘制长为 11，竖直向上的线段 EI；在 H 点绘制平行于 BC 长为 7 的 HG 线段，从 G 点绘制竖直向下长为 8 的线段 NK；从 K 点绘制长为 22 并与 BC 平行的线段 ML；从 L 点绘制竖直向上，长为 8 的线段 IM 线段；从 M 点绘制平行于 BC，长为 7 的线段 ON；最后调用 L【直线】命令，连接 ND 线段，如图 10-52 所示。

20 调用 CO【复制】命令，复制 EIGKLMNF 多边形，并向 EJ 方向移动复制 6、18 和过 F 点，如图 10-53 所示。

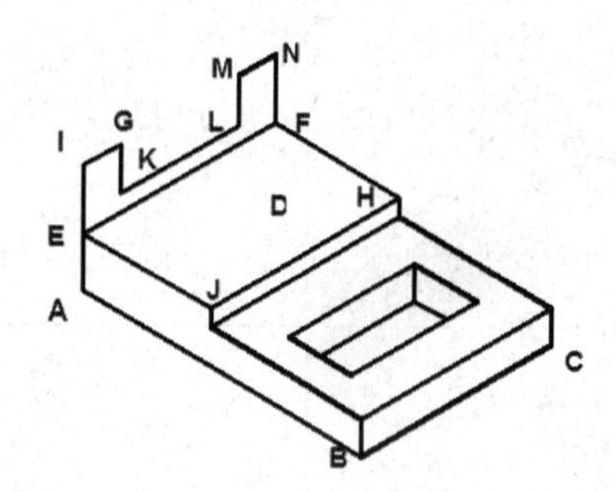

图 10-52　连续绘制直线

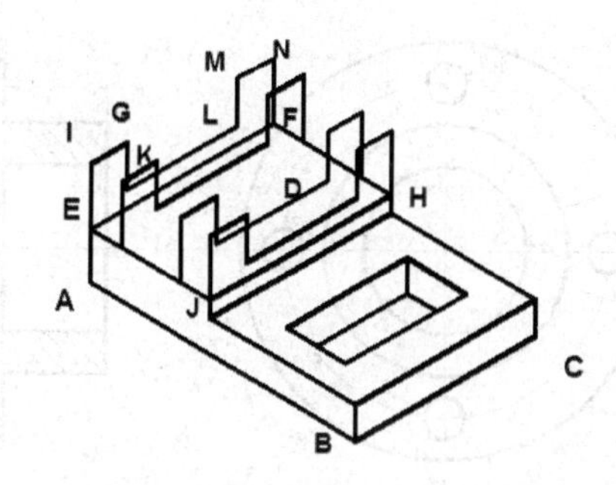

图 10-53　复制多边形

21 调用 L【直线】命令连接相应各点，如图 10-54 所示。

22 调用 TR【修剪】命令和 E【删除】命令，对整个图形进行修剪、删除，如图 10-55 所示。

23 完成正等轴测图的绘制。

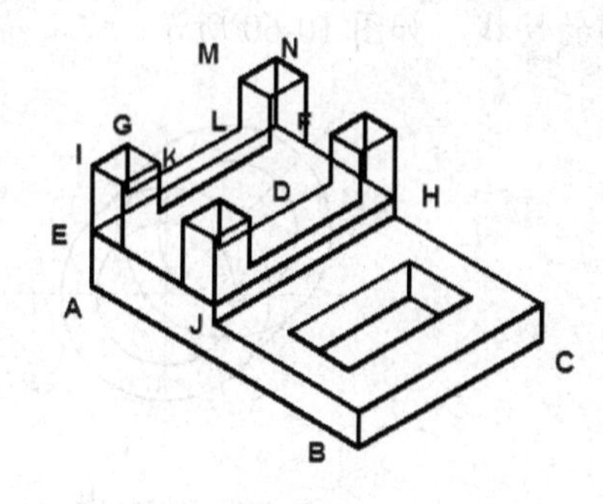

图 10-54　绘制连接直线

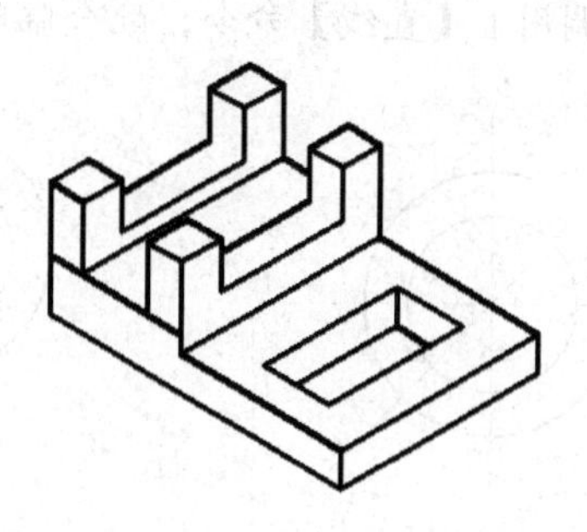

图 10-55　结果图

10.4 绘制斜二测图

斜二测与正等测的主要区别在于轴向伸缩系数不同，而在画图方法上与正等测的画法类似。下面以绘制如图 10-56 所示的联轴器为例，介绍斜二测图的具体画法。

课堂举例 10-5：绘制斜二测图

视频\第 10 章\课堂举例 10-5.mp4

01 启动 AutoCAD 2015，新建一个图形文件。

02 在命令行中输入 LA 并按回车键，打开【图层特性管理器】，新建【中心线】和【轮廓线】两个图层。

03 在命令行中输入 DS 并按回车键，系统弹出【草图设置】对话框，启用等轴测模式并将极轴追踪【增量角】设置为 45°。

04 将【中心线】图层置为当前图层，调用 XL【构造线】命令，在绘图区合适位置绘制水平和竖直构造线，并在它们的交点处绘制一条角度 45° 的构造线，如图 10-57 所示。

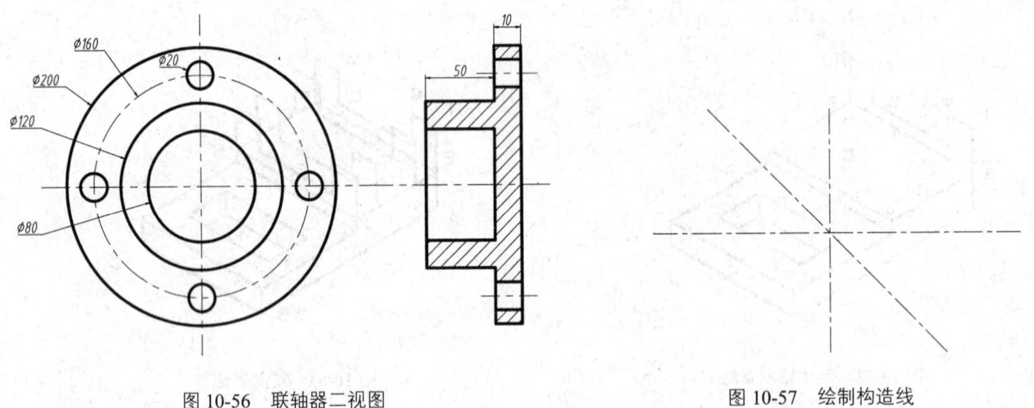

图 10-56 联轴器二视图

图 10-57 绘制构造线

05 将【轮廓线】图层置为当前，调用 C【圆】命令，以构造线的交点为圆心绘制半径分别为 40 和 60 的圆，如图 10-58 所示。

06 调用 CO【复制】命令，将半径 40 的圆复制并沿 45° 的构造线移动复制 50，将半径为 60 的圆沿 45° 构造线移动复制 50，如图 10-59 所示。

07 调用 L【直线】命令，配合临时捕捉功能绘制的切线，如图 10-60 所示。

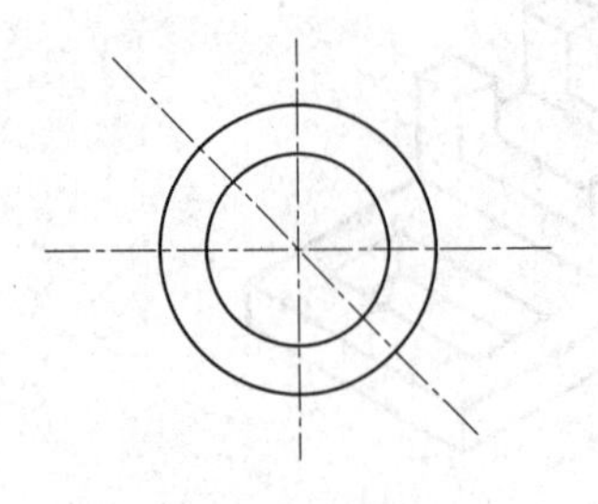

图 10-58 绘制圆

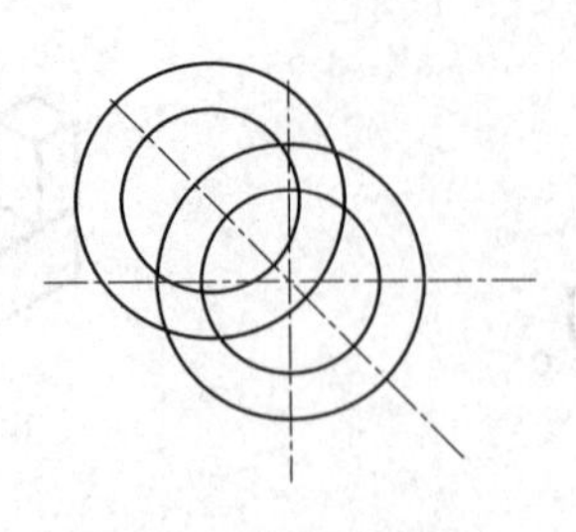

图 10-59 复制圆

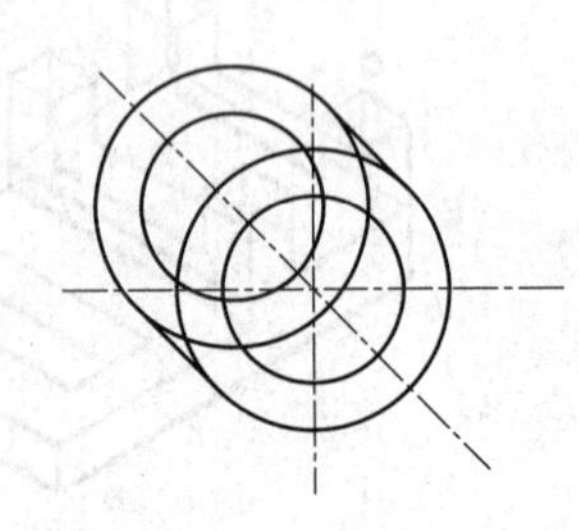

图 10-60 绘制切线

08 调用 TR【修剪】命令和 E【删除】命令，对图形进行修剪、删除，结果如图 10-61 所示。

09 调用 C【圆】命令，捕捉复制的半径为 60 的圆的圆心，分别绘制半径 80 与半径 100 的圆，如图 10-62 所示。

10 过刚绘制的直径为 80 的圆的圆心，绘制一条竖直构造线，如图 10-63 所示。

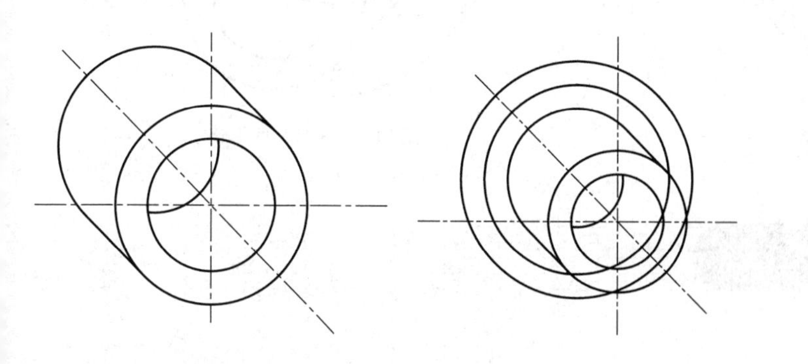

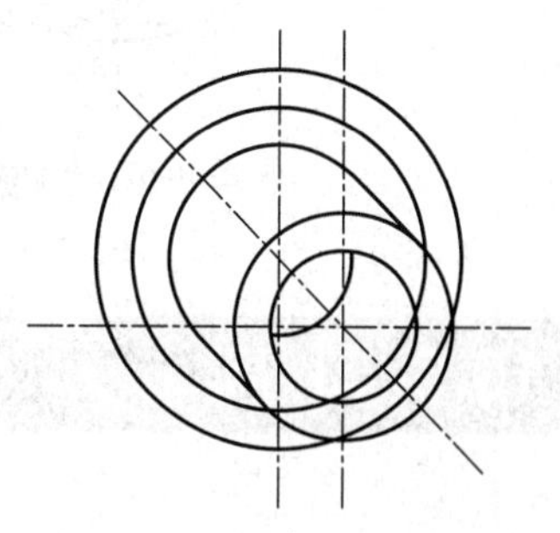

图 10-61　修剪和删除多余线条　　图 10-62　绘制 2 个大圆　　图 10-63　绘制构线

11 调用 C【圆】命令，以新绘制的构造线与直径 80 的圆的交点为圆心，绘制半径为 10 的小圆，如图 10-64 所示。

12 调用 AR【阵列】命令，根据命令行的提示，激活“环形”选项，以直径 80 的圆为中心，对直径 10 的小圆进行圆周阵列，项目数为 4，填充角度为 360，阵列结果如图 10-65 所示。

13 调用 E【删除】命令，删除半径为 80 的圆，效果如图 10-66 所示。

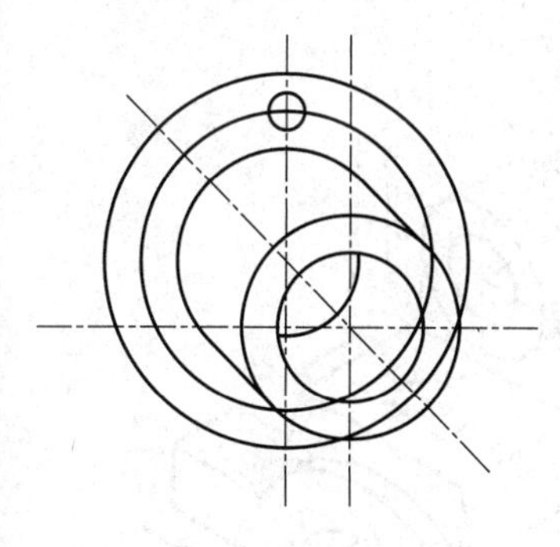

图 10-64　绘制直径 10 小圆

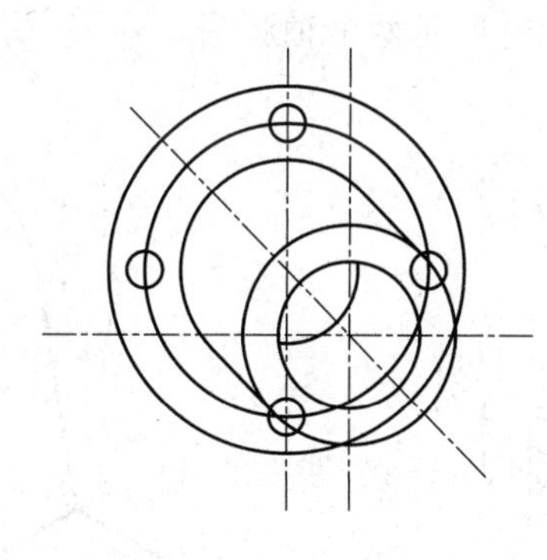

图 10-65　阵列小圆

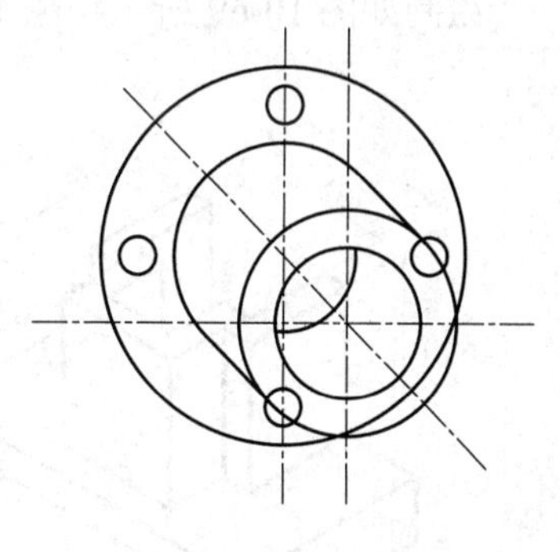

图 10-66　删除直径 80 的圆

14 调用 CO【复制】命令，复制半径为 100 和 4 个直径为 10 的小圆，以半径 100 圆的圆心为基点沿 45° 构造线向左移动复制 10，如图 10-67 所示。

15 调用 TR【修剪】和 E【删除】命令，修剪和删除多余的线条，修剪和删除效果如图 10-68 所示。

16 联轴器斜二测图绘制完成。

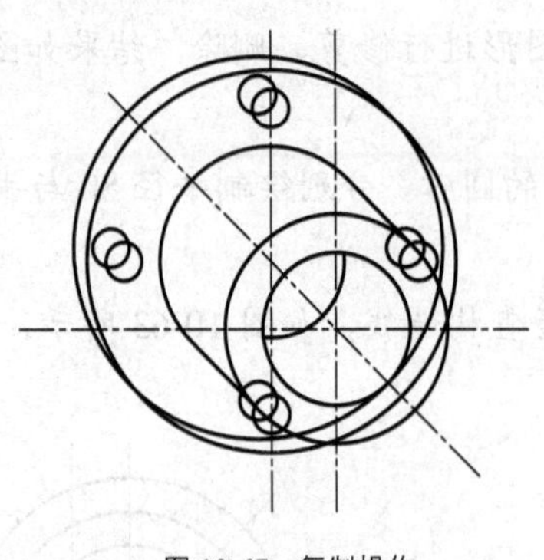

图 10-67　复制操作

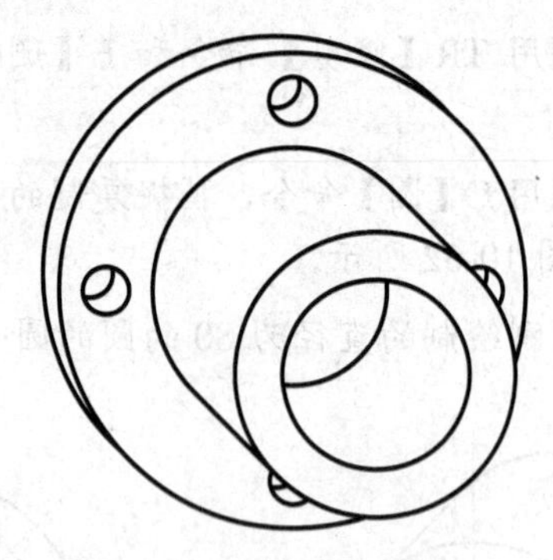

图 10-68　完成后的图形

10.5 习 题

1. 填空题

（1）轴测图根据投射方向和轴测投影面的位置不同可分为________和________两大类。

（2）用户可以通过________或者________命令来激活轴测命令。

（3）在 AutoCAD 中可以直接使用 ELLIPSE 命令中的【等轴测圆】选项来绘制。这个选项仅在________被激活后才出现。

2. 操作题

绘制如图 10-69 所示和图 10-70 所示两个轴测图。

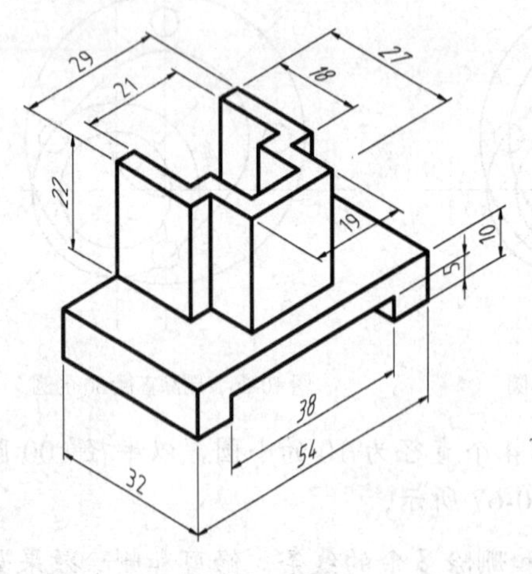

图 10-69　轴测图 1

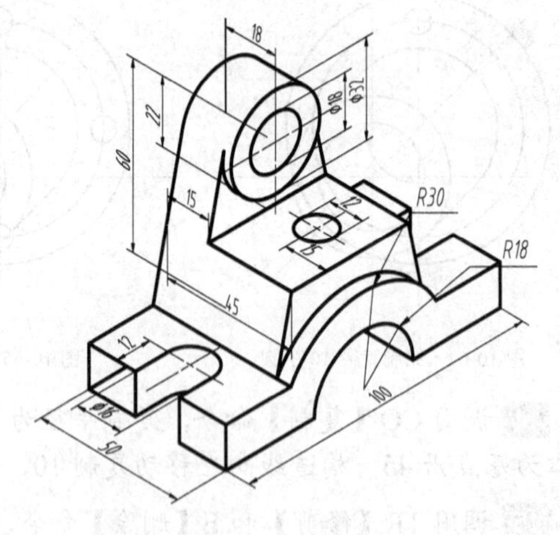

图 10-70　轴测图 2

第11章 二维零件图绘制

本章导读

机器或部件都是由许多零件装配而成，制造机器或部件必须首先制造零件。零件图是表示单个零件的图样，它是制造和检验零件的主要依据。

本章介绍了零件图的基本知识和绘制规范，以及常见的零件图的绘制方法。

本章重点

- 零件图概述
- 典型零件表达方法
- 零件图中的技术要求
- 绘制轴零件图
- 绘制带轮零件图
- 绘制轴承支架零件图
- 绘制齿轮箱零件图

11.1 零件图概述

零件图是制造和检验零件的主要依据，是设计部门提交给生产部门的重要技术文件，也是进行技术交流的重要资料。

11.1.1 零件图的内容

零件图是生产中指导制造和检验该零件的主要图样，它不仅仅是把零件的内、外结构形状和大小表达清楚，还需要对零件的材料、加工、检验、测量提出必要的技术要求。零件图必须包含制造和检验零件的全部技术资料。因此，一张完整的零件图一般应包括图形、尺寸、技术要求和标题栏几项内容，如图 11-1 所示。

- 图形：用于正确、完整、清晰和简便地表达出零件内外形状的图形，其中包括零件的各种表达方法，如三视图、剖视图、断面图、局部放大图和简化画法等。
- 尺寸：零件图中应正确、完整、清晰、合理地标注出制造零件所需的全部尺寸。
- 技术要求：零件图中必须用规定的代号、数字、字母和文字注解说明制造和检验零件时在技术指标上应达到的要求。如表面粗糙度，尺寸公差，形位公差，材料和热处理，检验方法以及其他特殊要求等。技术要求的文字一般注写在标题栏上方图纸空白处。
- 标题栏：标题栏应配置在图框的右下角。它一般由更改区、签字区、其他区、名称以及代号区组成。填写的内容主要有零件的名称、材料、数量、比例、图样代号以及设计、审核、批准者的姓名、日期等。标题栏的尺寸和格式已经标准化，可参见有关标准。

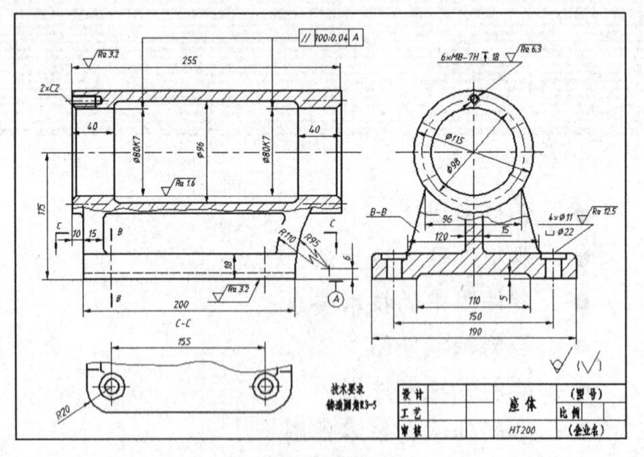

图 11-1　座体零件图

11.1.2 零件图绘制的一般步骤

在机械制图中，不同的零件，其绘制的方法不尽相同，但是它们的绘制步骤却是基本一致的。

下面介绍机械制图中，零件图绘制的基本步骤。

1．建立绘图环境

在绘制 AutoCAD 零件图形时，首先要设置绘图环境，设置绘图环境包括以下三个方面：

- 设定工作区域大小一般是根据主视图的大小来进行设置。
- 在机械制图中，根据图形需要，不同含义的图形元素应放在不同的图层中，所以在绘制图形之前就必须设定图层。
- 使用绘图辅助工具，这里是指打开【极轴追踪】、【对象捕捉】等多个绘图辅助功能。

为了提高绘图效率，可以根据图纸幅面大小的不同，分别建立若干个样板图，以作为绘图的模板。

2．布局主视图

完成绘图环境的设置之后，就需要对主视图进行布局，布局主视图的一般方法是：先画出主视图的布局线，形成图样的大致轮廓，然后再以布局线为基准图元绘制图样的细节。

布局轮廓时一般要画出的线条有：

- 图形元素的定位线，如重要孔的轴线、图形对称线以及部分端面线等。
- 零件的上、下及左、右轮廓线。

3．绘制主视图局部细节

在建立了几何轮廓后，就可考虑利用已有的线条来绘制图样的细节。作图时，先把整个图形划分为几个部分，然后逐一绘制完成。在绘图过程中一般使用 O【偏移】命令和 TR【修剪】命令来完成修改编辑绘制的图形。

4．布局其他视图

主视图绘制完成后，接下来要根据主视图绘制左视图及俯视图，绘制过程与主视图类似，首先形成这两个视图的主要布局线，然后画出图形细节。

在绘制左视图和俯视图时，视图之间的关系要满足“长对正、高平齐、宽相等”的原则。

5．修改编辑图形

图形绘制完成后，常常要对一些图元的外观及属性进行调整，这方面主要包括：

- 修改线条长度。
- 修改对象所在图层。
- 修改线型。

6．标注零件尺寸

完成图形的绘制后，需要对零件进行标注。标注零件图之前先切换到标注层，然后对零件进行标注。技术要求等说明性的文字，应当写在规定的位置。

11.1.3 零件表达方案的选择

零件的表达方案选择，应首先考虑看图方便。根据零件的结构特点，选用适当的表示方法。由于零件的结构形状是多种多样的，所以在画图前，应对零件进行结构形状分析，结合零件的工作位置和加工位置，选择最能反映零件形状特征的视图作为主视图，并选好其他视图，以确定最佳的表达方案。

选择表达方案的原则是在完整、清晰地表示零件形状的前提下，力求制图简便。

1. 零件分析

零件分析是认识零件的过程，也是确定零件表达方案的前提。零件的结构形状以其工作位置或加工位置不同，视图选择也就不同。因此，在选择视图之前，应首先对零件进行形体分析和结构分析，并了解零件的制作和加工情况，以便确切地表达零件的结构形状，反映零件的设计和工艺要求。

2. 主视图的选择

主视图是表达零件形状最重要的视图，其选择是否合理将直接影响其他视图的选择和看图是否方便，甚至影响到画图时图幅的合理利用。一般来说，零件主视图的选择应满足“合理位置”和“形状特征”两个基本原则。

❑ 合理位置原则

所谓“合理位置”通常是指零件的加工位置和工作位置。

加工位置是零件在加工时所处的位置。主视图应尽量表示零件在机床上加工时所处的位置。这样在加工时才可以直接进行图物对照，便于识图和测量尺寸，可减少差错。如轴套类零件的加工，大部分工序是在车床或磨床上进行，因此通常要按加工位置（即轴线水平放置）画其主视图，如图 11-2 所示。

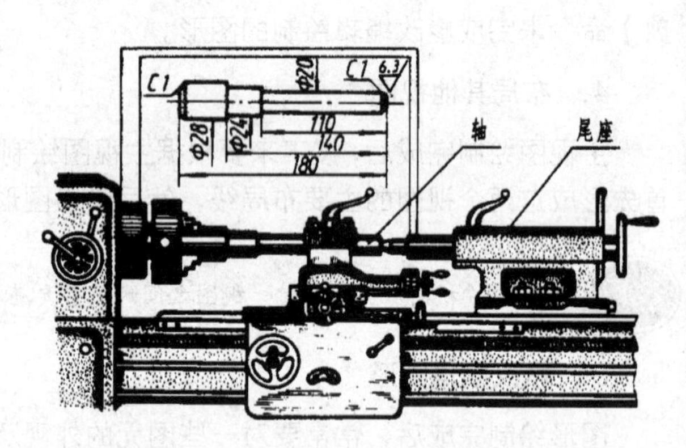

图 11-2 轴类零件的加工位置

工作位置是零件在装配体中所处的位置。零件主视图的放置，应尽量与零件在机器或部件中的工作位置一致。这样便于根据装配关系来考虑零件的形状及有关尺寸，便于校对。

❑ 形状特征原则

确定了零件的安放位置后，还要确定主视图的投影方向。形状特征原则就是将最能反映零件形状特征的方向作为主视图的投影方向，即主视图要较多地反映零件各部分的形状及它们之间的相对位置，以满足表达零件清晰的要求。图 11-3 所示是确定机床尾架主视图投影方向的比较。由图可知，图 11-3a 的表达效果显然比图 11-3b 表达效果要好很多。

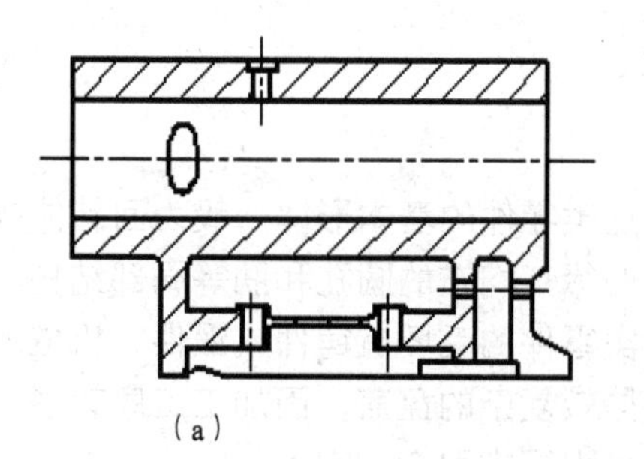

(a)

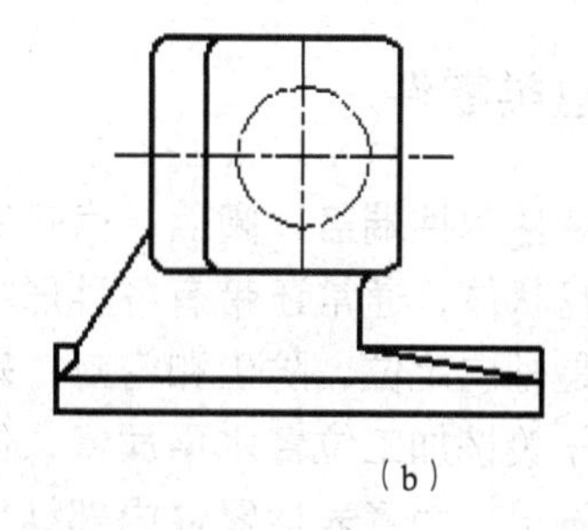

(b)

图 11-3　确定合理的主视图投影方向

3. 选择其他视图

一般来讲，仅用一个主视图是不能完整反映零件的结构形状的，必须选择其他视图，包括剖视图、断面图、局部放大图和简化画法等各种表达方法。主视图确定后，对其表达未尽的部分，再选择其他视图予以完善表达。具体选用时，应注意以下几点：

- 根据零件的复杂程度及内、外结构形状，全面地考虑还应需要的其他视图，使每个所选视图应具有独立存在的意义及明确的表达重点，注意避免不必要的细节重复，在明确表达零件的前提下，使视图数量为最少。
- 优先考虑采用基本视图，当有内部结构时应尽量在基本视图上作剖视；对尚未表达清楚的局部结构和倾斜的部分结构，可增加必要的局部（剖）视图和局部放大图；有关的视图应尽量保持直接投影关系，配置在相关视图附近。
- 按照视图表达零件形状要正确、完整、清晰、简便的要求，需进一步综合、比较、调整、完善，选出最佳的表达方案。

11.2 典型零件表达方法

虽然零件的形状、用途多种多样，加工方法各不相同，但零件也有许多共同之处。根据零件在结构形状、表达方法上的某些共同特点，常将其分为四类：轴套类零件、轮盘类零件、叉架类零件和箱体类零件。由于每种零件的形状各不相同，所以不同的零件选择视图的方法也不同。

11.2.1 轴套类零件

轴套类零件的基本形状是同轴回转体。在轴上通常有键槽、销孔、螺纹退刀槽、倒圆等结构。此类零件主要是在车床或磨床上加工。

这类零件的主视图按其加工位置选择，一般按水平位置放置。这样既可把各段形体的相对位置表示清楚，同时又能反映出轴上轴肩、退刀槽等结构。

轴套类零件主要结构形状是回转体，一般只画一个主视图。确定了主视图后，由于轴上的各段形体的直径尺寸在其数字前加注符号“Φ”表示，因此不必画出其左（或右）视图。对于零件上的键槽、孔等结构，一般可采用局部视图、局部剖视图、移出断面和局部放大图等辅助视图表达，如图 11-4 所示。

11.2.2 轮盘类零件

轮盘类零件包括端盖、阀盖、齿轮等，这类零件的基本形体一般为回转体或其他几何形状的扁平的盘状体，通常还带有各种形状的凸缘、均布的圆孔和肋等局部结构。轮盘类零件的作用主要是轴向定位、防尘和密封，轮盘类零件的毛坯有铸件或锻件，机械加工以车削为主，主视图一般按加工位置水平放置，但有些较复杂的盘盖，因加工工序较多，主视图也可按工作位置画出。为了表达零件内部结构，主视图常取全剖视。

轮盘类零件一般需要两个以上基本视图表达，除主视图外，为了表示零件上均布的孔、槽、肋、轮辐等结构，还需选用一个端面视图（左视图或右视图），如图 11-5 所示就增加了一个左视图，以表达凸缘和均布的通孔。此外，为了表达细小结构，有时还常采用局部放大图。

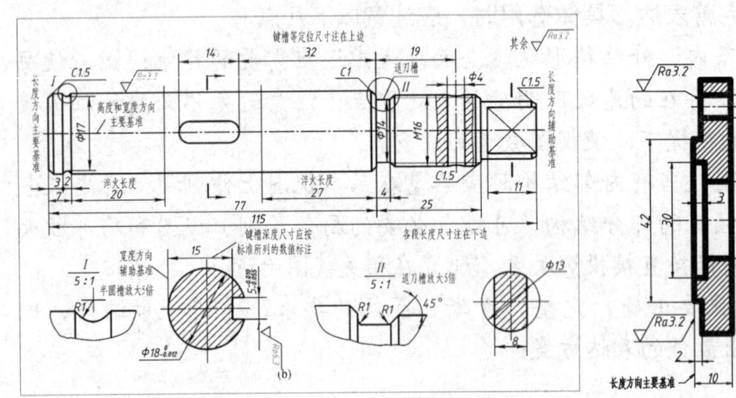

图 11-4　轴类零件图

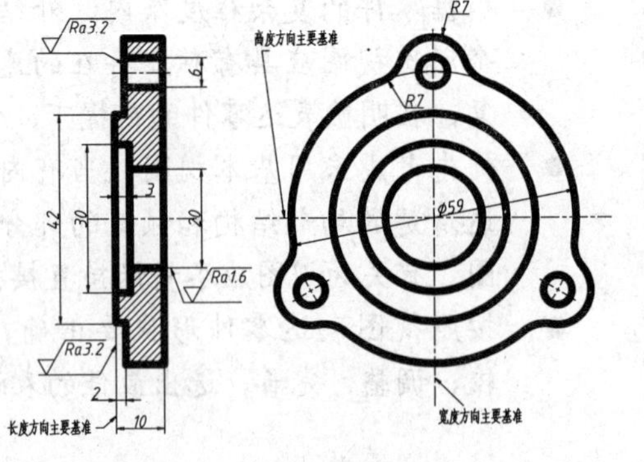

图 11-5　轮盘类零件图

11.2.3 叉架类零件

叉架类零件一般有拨叉、连杆、支座等。此类零件常用倾斜或弯曲的结构联接零件的工作部分与安装部分。叉架类零件多为铸件或锻件，因而具有铸造圆角、凸台、凹坑等常见结构。

叉架类零件结构形状比较复杂，加工位置多变，有的零件工作位置也不固定，所以这类零件的主视图一般按工作位置原则和形状特征原则确定。

对其他视图的选择，常常需要两个或两个以上的基本视图，并且还要用适当的局部视图、断面图等表达方法来表达零件的局部结构。

如图 11-6 所示为叉架类零件图的示例。

11.2.4 箱体类零件

箱体类零件主要有阀体、泵体、减速器箱体等零件，其作用是支持或包容其他零件，如图 11-7 所示。这类零件有复杂的内腔和外形结构，并带有轴承孔、凸台、肋板，此外还有安装孔、螺孔等结构。

由于箱体类零件加工工序较多，加工位置多变，所以在选择主视图时，主要根据工作位

置原则和形状特征原则来考虑，并采用剖视，以重点反映其内部结构。

为了表达箱体类零件的内外结构，一般要用三个或三个以上的基本视图，并根据结构特点在基本视图上取剖视，还可采用局部视图、斜视图及规定画法等表达外形。

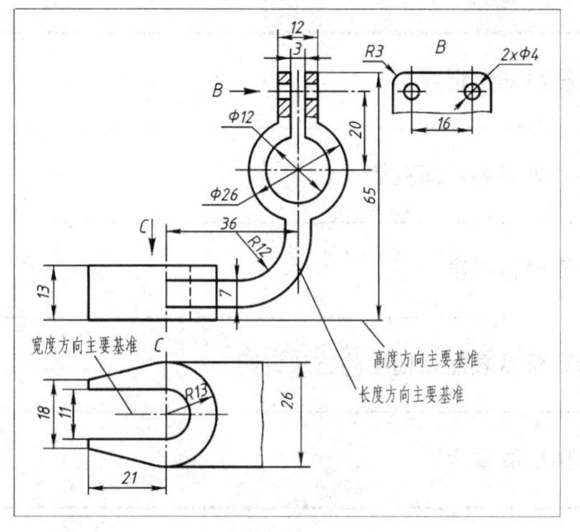

图 11-6 叉架类零件图

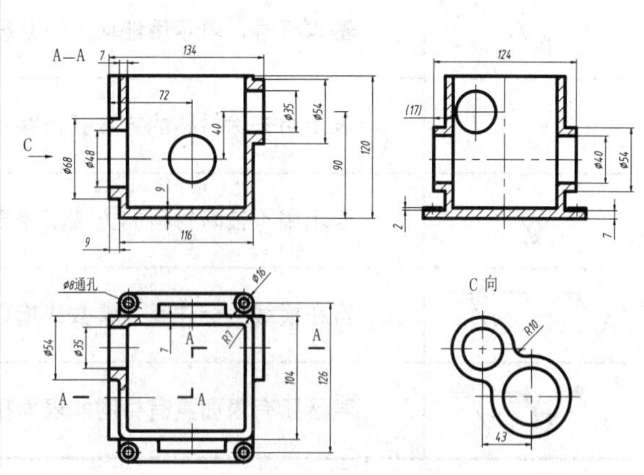

图 11-7 箱体类零件

11.3 零件图中的技术要求

为了使零件达到预定的设计要求，保证零件的使用性能，在零件上还必须注明零件在制造过程中必须达到的质量要求，即技术要求，如表面粗糙度、尺寸公差、形位公差、材料热处理及表面处理等。技术要求一般应尽量用技术标准规定的代号（符号）标注在零件图中，没有规定的可用简明的文字逐项写在标题栏附近的适当位置。

11.3.1 表面粗糙度

在加工零件时，由于零件表面的塑形变形以及机床精度等因素的影响，加工表面不可能绝对平整，零件表面总存在较小间距和峰谷组成的微观几何形状特征称为表面粗糙度，如图 11-8 所示。

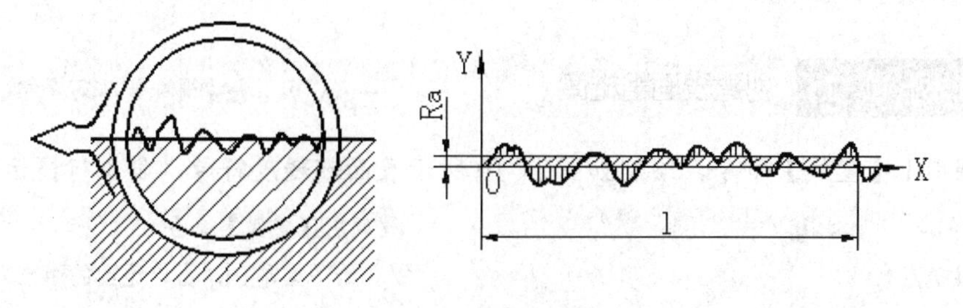

图 11-8 表面粗糙度

1. 图形符号及其含义

在机械制图国家标准中规定了如表 11-1 所示的 9 种表面粗糙度符号。绘制表面粗糙度一般使用带有属性的块的方法来创建。

表 11-1　9 种表面粗糙度符号及其含义

符　号	意　义
	基本符号，表示用任何方法获得表面粗糙度
	表示用去除材料的方法获得参数规定的表面粗糙度
	表示用不去除材料的方法获得表面粗糙度
	可在横线上标注有关参数或指定获得表面粗糙度的方法说明
	表示所有表面具有相同的表面粗糙度要求

2. 图形符号的画法及尺寸

图形符号的画法如图 11-9 所示，表 11-2 列出了图形符号的尺寸。

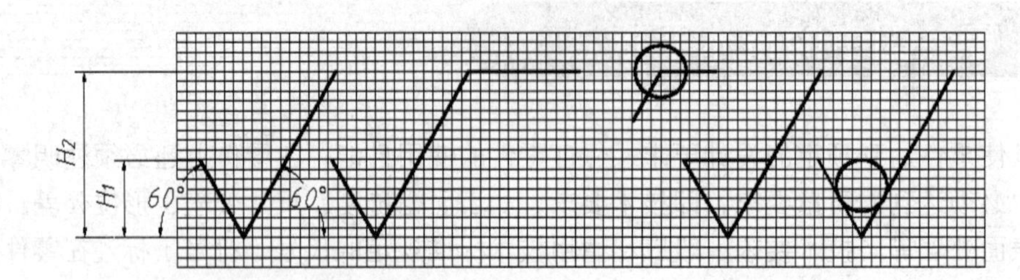

图 11-9　图形符号的画法

表 11-2　图形符号的尺寸　（mm）

数字与字母的高度 h	2.5	3.5	5	7	10	14	20
高度 H_1	3.5	5	7	10	14	20	28
高度 H_2（最小值）	7.5	10.5	15	21	30	42	60

注：H_2 取决于标注内容。

课堂举例 11-1：创建表面粗糙度

视频\第 11 章\课堂举例 11-1.mp4

01 调用 L【直线】命令，绘制如图 11-10 所示表面粗糙度符号，命令行提示如下：

```
命令：L↙    LINE                              //调用【直线】命令
指定第一点：                                  //在绘图区单击，指定绘图的起点
指定下一点或 [放弃(U)]:@4<180↙               //指定下一点的坐标
指定下一点或 [放弃(U)]: @8<240↙
指定下一点或 [放弃(U)]: @3.5<120↙
指定下一点或 [闭合(C)/放弃(U)]: @3.5<0       //指定最后一点的坐标，完成表面粗糙度符号绘制
```

图 11-10　绘制表面粗糙度符号

图 11-11　【属性定义】对话框

02 在命令行输入 ATT 并按回车键，调用【属性定义】命令，系统弹出【属性定义】对话框。在此对话框中设置参数如图 11-11 所示。

03 完成参数设置后，单击【属性定义】对话框中【确定】按钮，在绘图区捕捉已绘制表面粗糙度符号中的水平线中点，确定属性的插入位置，如图 11-12 所示。

04 选择属性文字，右键单击鼠标，选择快捷菜单中的【特性】命令，可以更改文字内容，如图 11-13 所示。

05 在命令行中输入 W 并按回车键，调用【写块】命令，系统弹出【写块】对话框，在对话框中的【基点】选项组中单击【拾取点】按钮，拾取表面粗糙度符号的最低点为基点，在【对象】选项组中单击【选择对象】按钮，返回绘图区选择表面粗糙度符号的所有图素，单击【确定】按钮，完成块表面粗糙度符号块的创建。

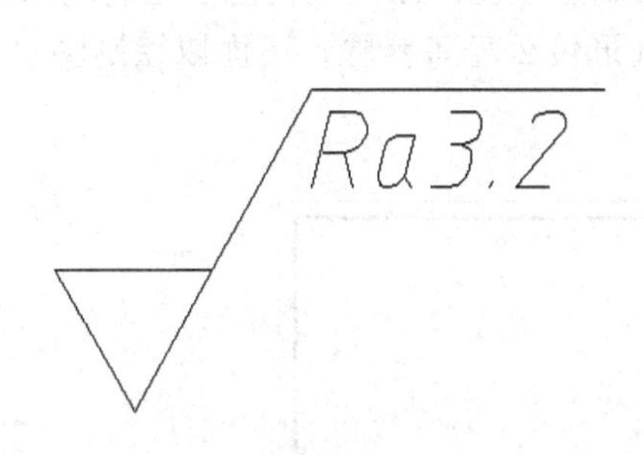

图 11-12　定义属性

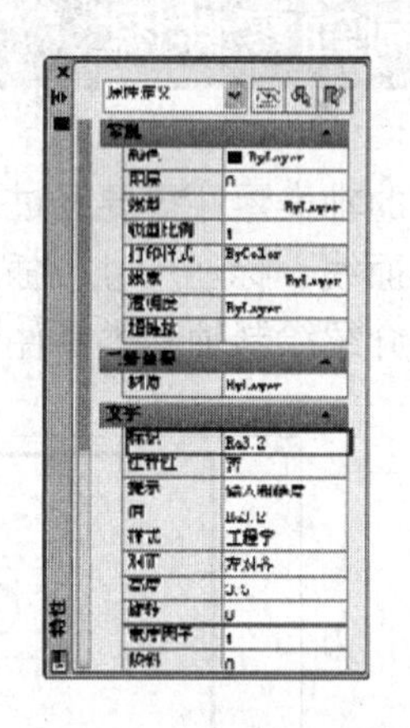

图 11-13　【写块】对话框

11.3.2 极限与配合

零件的实际加工尺寸是不可能与设计尺寸绝对一致的，因此设计时应允许零件尺寸有一个变动范围，尺寸在该范围内变动时，相互结合的零件之间能形成一定的关系，并能满足使用要求，这就是“极限与配合”。

要了解极限与配合，就必须先了解极限与配合的含义与一些术语，在机械制图中极限配合术语如图 11-14 和图 11-15 所示。

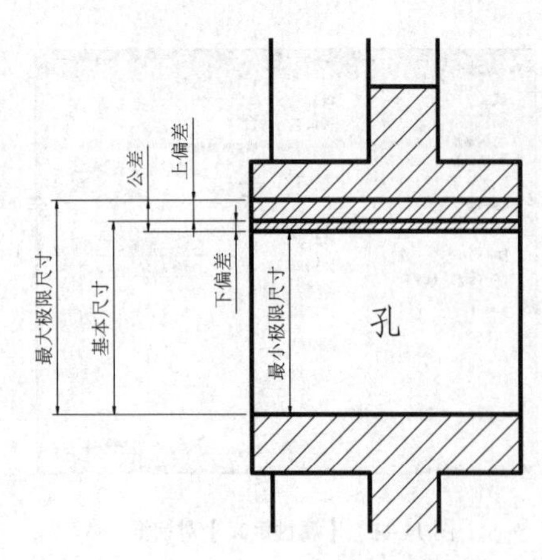

图 11-14 孔的极限配合术语

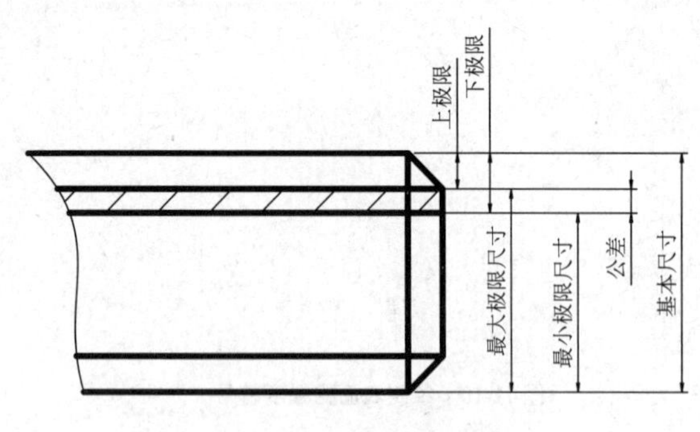

图 11-15 轴的极限配合术语

- 基本尺寸：设计时所确定的尺寸。
- 实际尺寸：通过测量所得到的成品零件尺寸。
- 极限尺寸：允许零件实际尺寸变化的极限值，极限尺寸包括最小极限尺寸和最大极限尺寸。
- 极限偏差：极限尺寸与基本尺寸的差值，它包括上偏差和下偏差，极限偏差可以为正也可以为负，也可以为零。
- 尺寸公差：允许尺寸的变动量，尺寸公差等于最大极限尺寸减去最小极限尺寸的绝对值。

11.4 绘制轴零件图

绘制完整的轴类零件需要经过设置绘图环境、绘制主视图、绘制剖视图、绘制局部放大视图、绘制剖面线、标注尺寸、插入基准代号及标注形位公差等步骤，下面以绘制图 11-16 轴类零件为例介绍绘制轴套类零件图的方法。

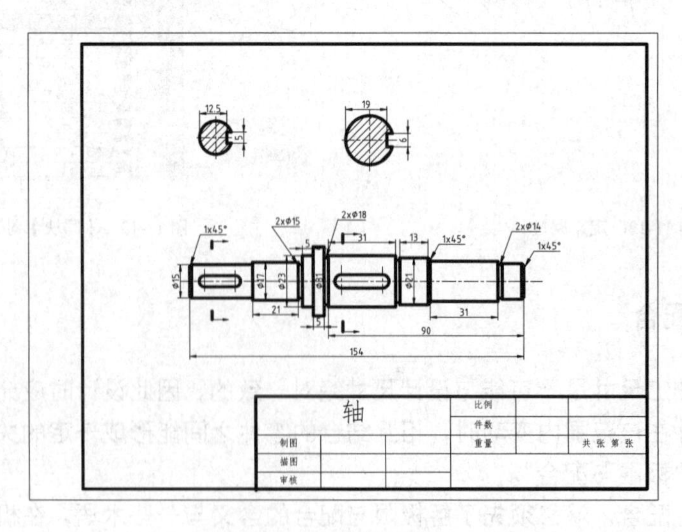

图 11-16 轴类零件图

11.4.1 设置绘图环境

01 启动 AutoCAD 2015 后，执行【文件】|【新建】命令，弹出如图 11-17 所示的【选择样板】对话框。

02 在样板文件列表中选择本书附带光盘中的“A3.dwt”文件，然后单击【打开】按钮，创建以“A3.dwt”为样板的图形文件。

11.4.2 绘制主视图

01 将【中心线】层设置为当前图层，调用 L【直线】命令，绘制水平中心线，如图 11-18 所示。

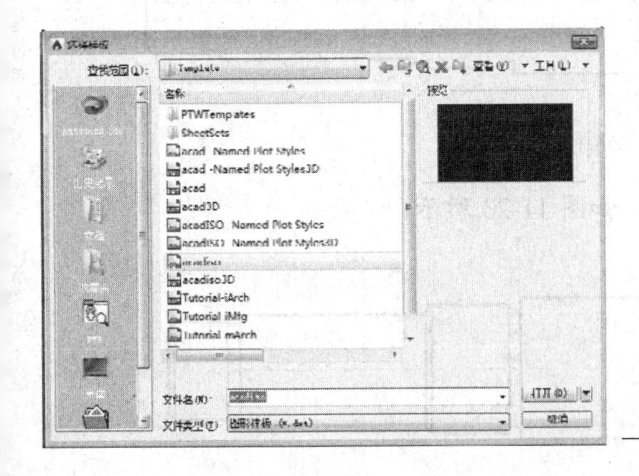

图 11-17 【选择样板】对话框

图 11-18 绘制中心线

02 将图层切换至【轮廓线】层，调用 L【直线】命令，根据如图 11-19 所示尺寸绘制轴轮廓线。

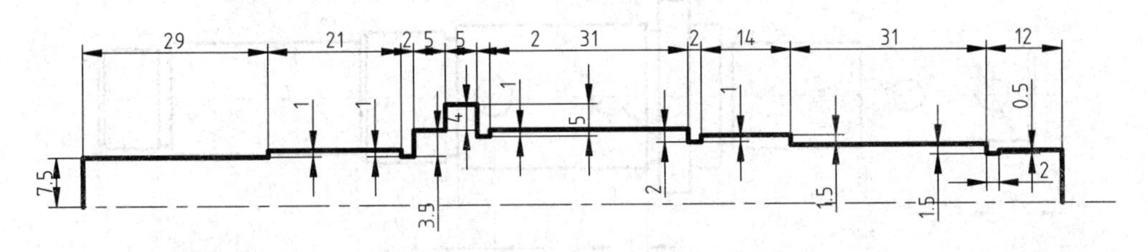

图 11-19 绘制轮廓线

03 调用 MI【镜像】命令，以绘制的水平中心线为镜像中心线镜像图形，结果如图 11-20 所示。

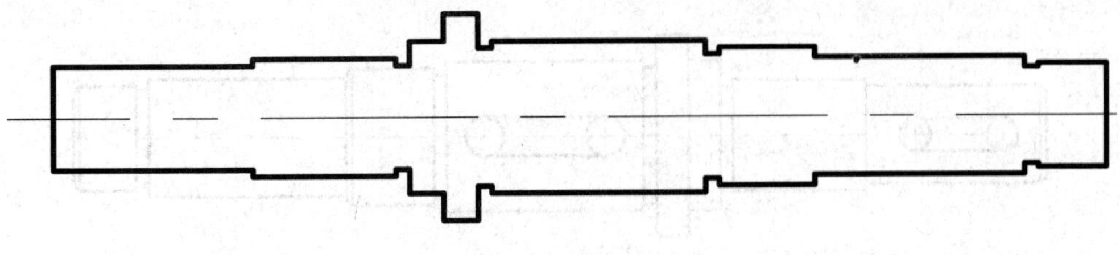

图 11-20 镜像图形

04 调用 L【直线）命令，捕捉端点绘制连接直线，如图 11-21 所示。

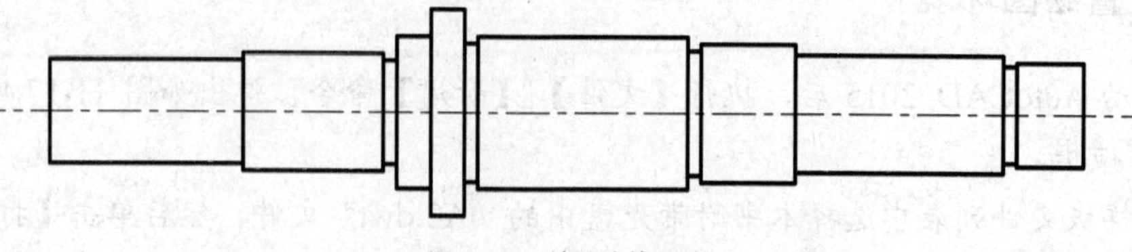

图 11-21 绘制连接直线

05 调用 CHA【倒角】命令，激活“角度”选项，根据命令行的提示，指定第一条直线的倒角长度为 1，角度为 45°，在轴两端进行倒角操作，如图 11-22 所示。

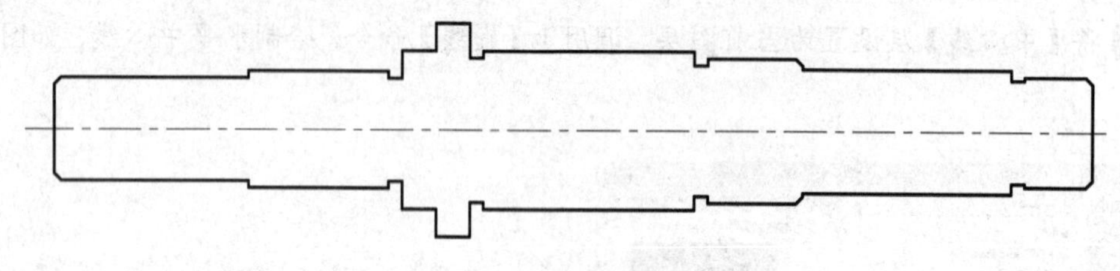

图 11-22 绘制倒角

06 调用 L【直线】命令，绘制连接直线，如图 11-23 所示。

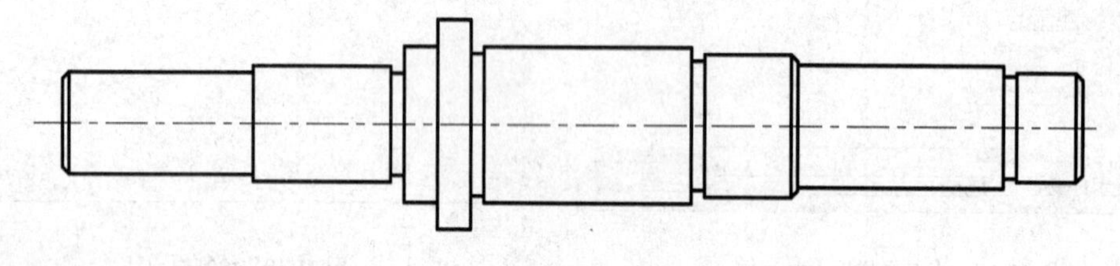

图 11-23 绘制连接直线

07 调用 C【圆】命令，在合适位置分别绘制直径为 5 和 6 的圆，如图 11-24 所示。

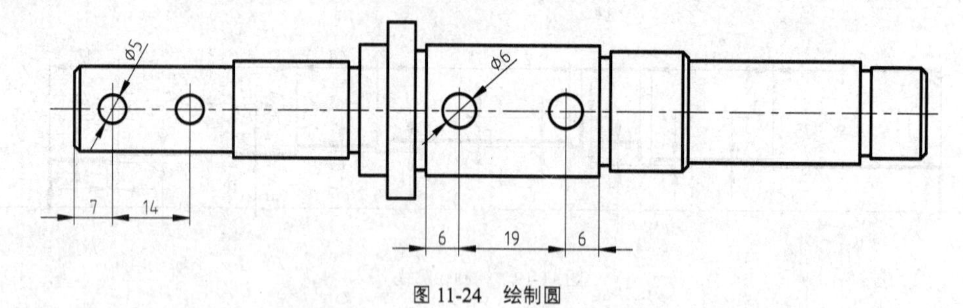

图 11-24 绘制圆

08 调用 L【直线】命令，捕捉圆象限点绘制圆的相切直线，如图 11-25 所示。

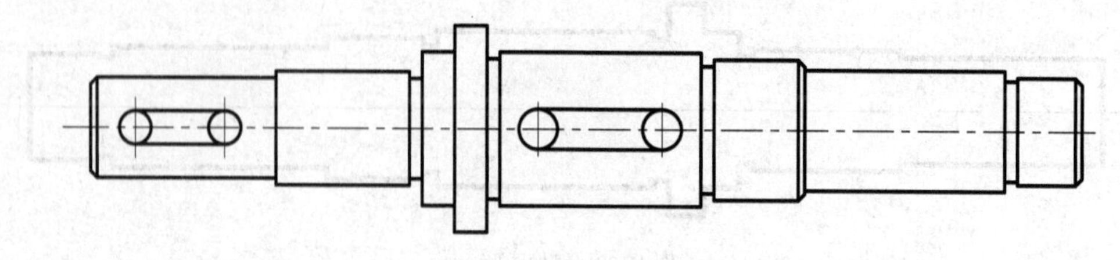

图 11-25 绘制直线

09 调用 TR【修剪】命令修剪图形，修剪结果如图 11-26 所示，轴主视图绘制完成。

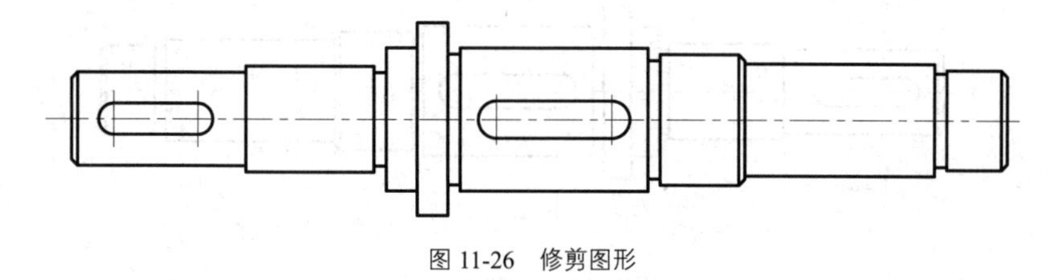

图 11-26 修剪图形

11.4.3 绘制剖视图

01 将当前图层设置为【中心线】层，调用 L【直线】命令，在主视图的上侧绘制中心线，如图 11-27 所示。

02 将当前图层设置为【轮廓线】层，调用 C【圆】命令，分别以中心线的交点为圆心绘制直径为 15 和 22 的圆，如图 11-28 所示。

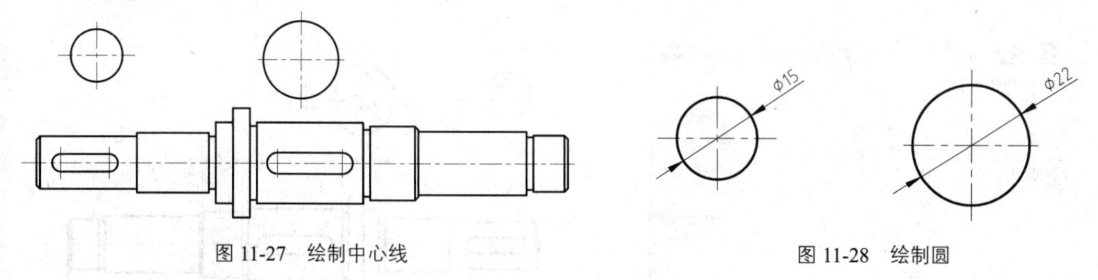

图 11-27 绘制中心线　　　　图 11-28 绘制圆

03 调用 O【偏移】命令，偏移中心线，如图 11-29 所示。

04 将偏移得到的线段的图层切换至【轮廓线】层，并调用 TR【修剪】命令修剪图形，如图 11-30 所示。

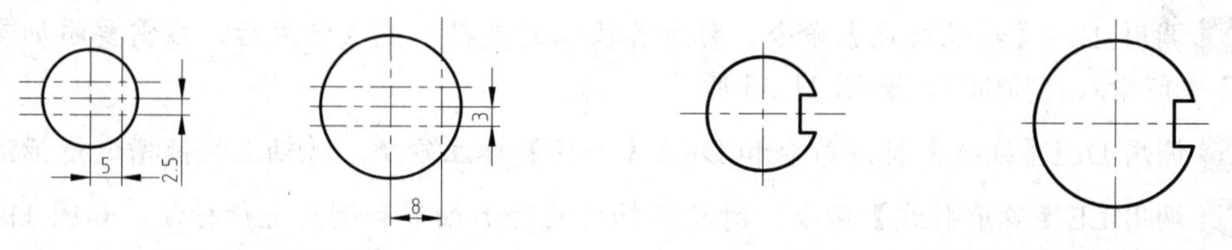

图 11-29 偏移中心线　　　　图 11-30 转换图层并修剪图形

05 将当前图层切换至【细实线】层，在命令行中输入 ANSI31 并按回车键，在弹出的【图案填充创建】选项卡中设置填充比例为 0.75，其效果如图 11-31 所示。

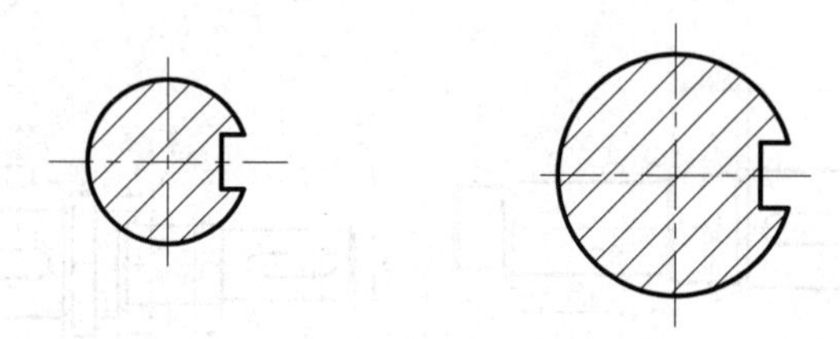

图 11-31 填充图案

06 将当前层图层切换为【轮廓线】层，调用 L【直线】命令、PL【多段线】命令，绘制剖切符号，如图 11-32 所示。

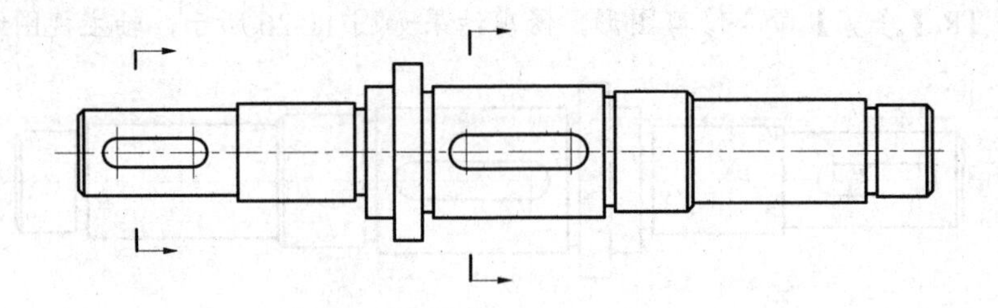

图 11-32　绘制剖切符号

11.4.4 标注图形

01 将图层转换到【标注线】层，将图中已有的【机械制图】标注样式置为当前，如图 11-33 所示。

02 在命令行中输入 DLI 并按回车键，调用【线性标注】命令，对轴进行线性尺寸标注，如图 11-34 所示。

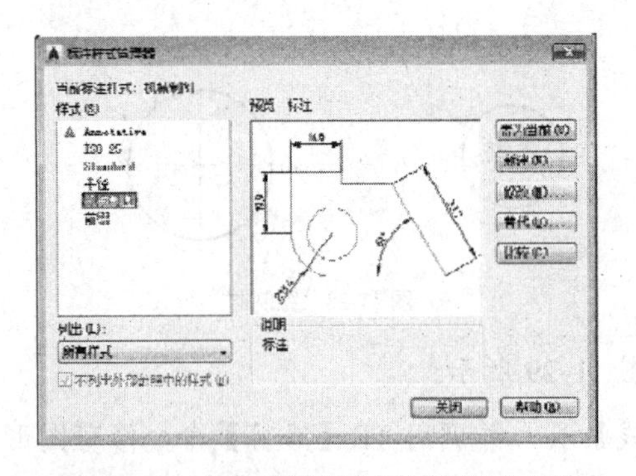

图 11-33　将【机械制图】标注样式置为当前

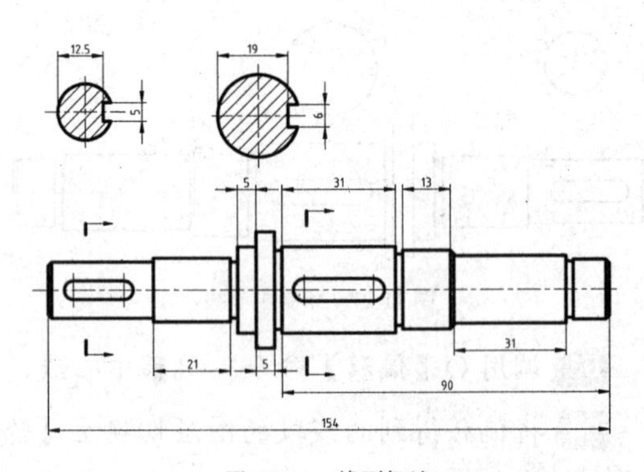

图 11-34　线型标注

03 调用 DLI【线性标注】命令，标注各段轴的直径，完成标注后，在需要添加直径符号的尺寸前输入“%%C”，如图 11-35 所示。

04 调用 DLI【线性】标注命令和 DRA【半径】标注命令，对轴上的键槽进行标注。

05 调用 LE【多重引线】命令，对阶梯轴之间的小细节和倒角进行标注，如图 11-36 所示。

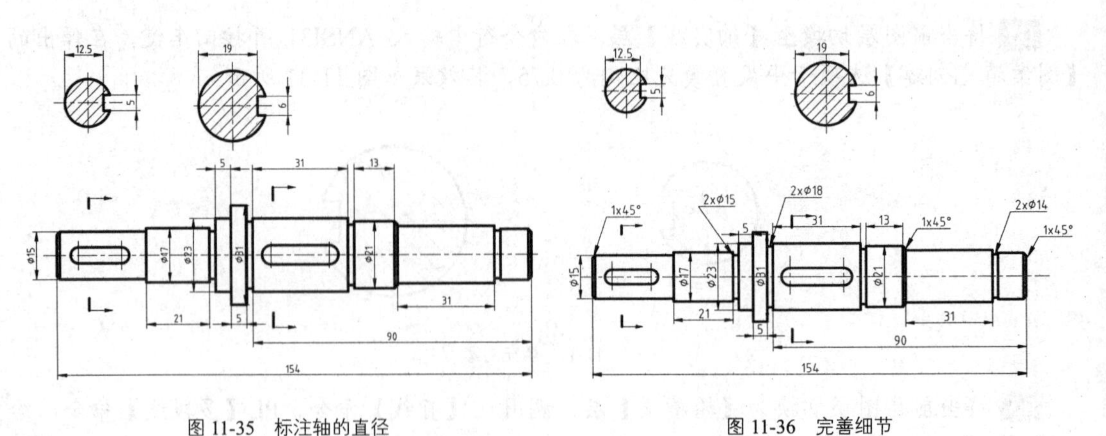

图 11-35　标注轴的直径　　图 11-36　完善细节

11.4.5 填写标题栏

在标题栏中填写一些图形相关信息，如图 11-37 所示。

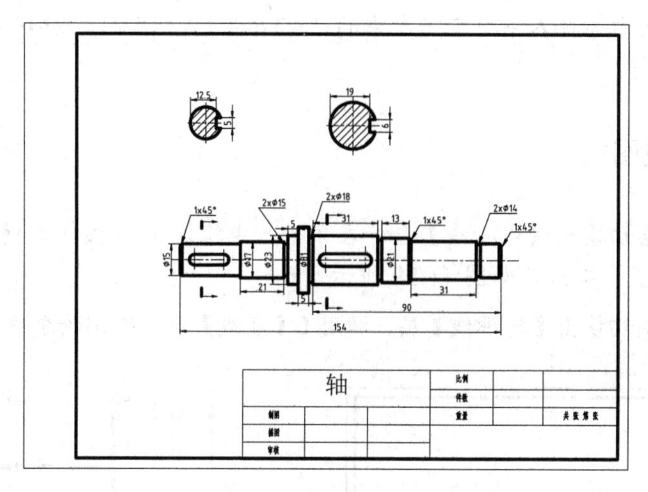

图 11-37　完成轴零件图

11.4.6 保存图形

执行【文件】|【保存】命令，将绘制的图形保存为“轴零件图.dwg”。

至此，完成整个图形的绘制。

11.5 绘制带轮零件图

轮、盘类零件的绘制方法有很多种，下面以绘制如图 11-38 所示的带轮为例，介绍比较常用的绘制轮、盘类零件的方法。

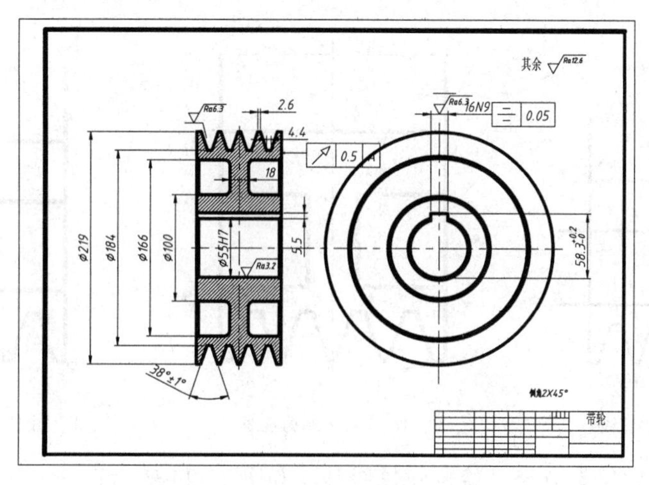

图 11-38　带轮

11.5.1 设置绘图环境

01 启动 AutoCAD 2015 后，执行【文件】|【新建】命令，弹出【选择样板】对话框。

02 在文件列表中选择本书附带光盘中的"A2.dwt（A2 图纸）"样板文件，单击【打开】按钮，新建图形文件。

11.5.2 绘制主视图

01 将当前图层切换至【中心线】层，在命令行中输入 L 并按回车键，调用【直线】命令，绘制水平和竖直中心线，如图 11-39 所示。

02 将当前图层切换至【轮廓线】层，调用 L【直线】命令绘制轮廓线，如图 11-40 所示。

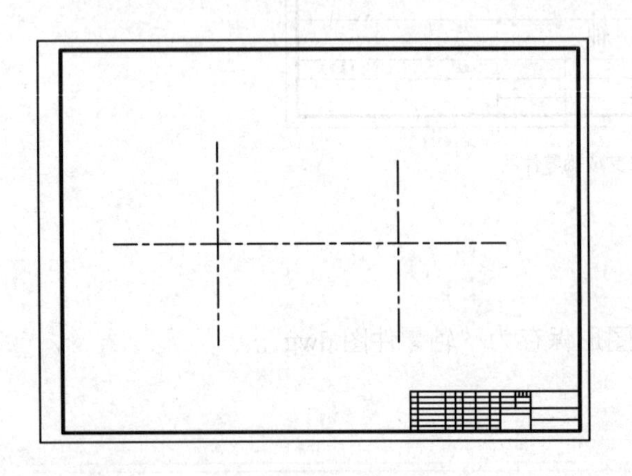

图 11-39　绘制中心线

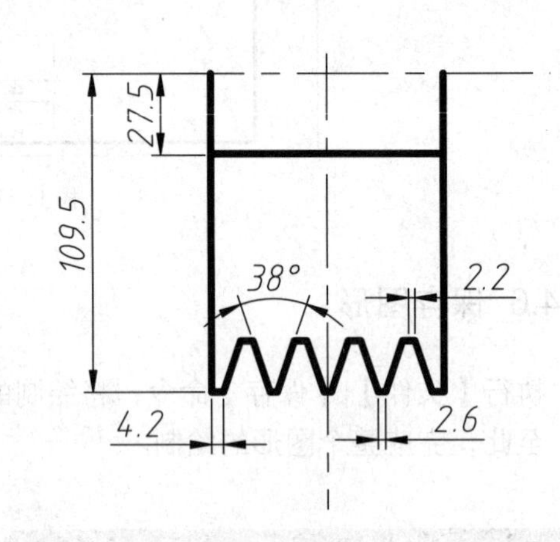

图 11-40　绘制轮廓线

03 调用 O【偏移】命令，偏移直线，并改变图层，如图 11-41 所示。

04 调用 TR【修剪】命令，修剪图形中多余的线段，其效果如图 11-42 所示。

05 调用 F【圆角】命令，设置圆角半径为 5，绘制圆角，如图 11-43 所示。

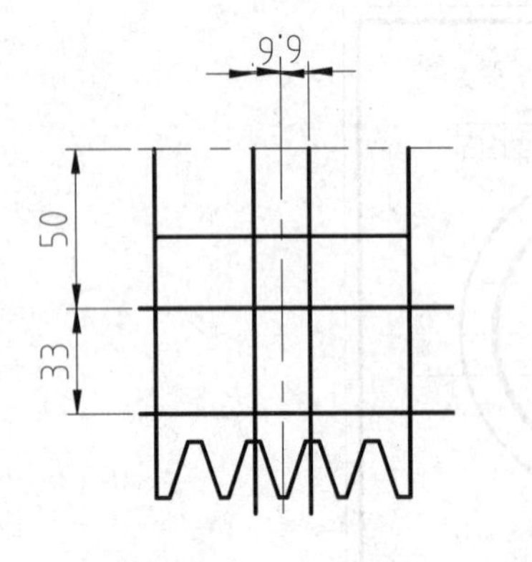

图 11-41　偏移直线

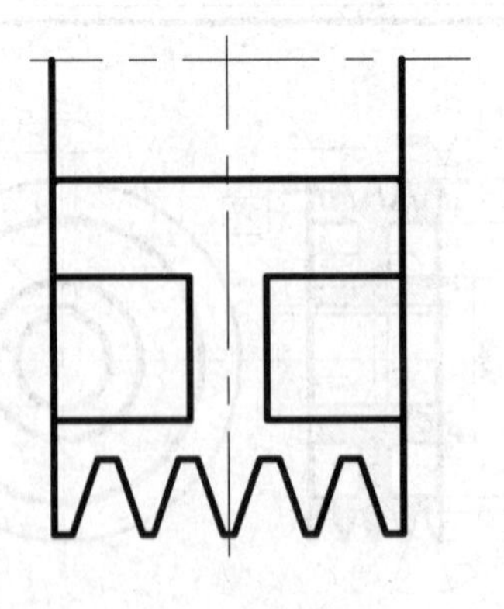

图 11-42　修剪直线

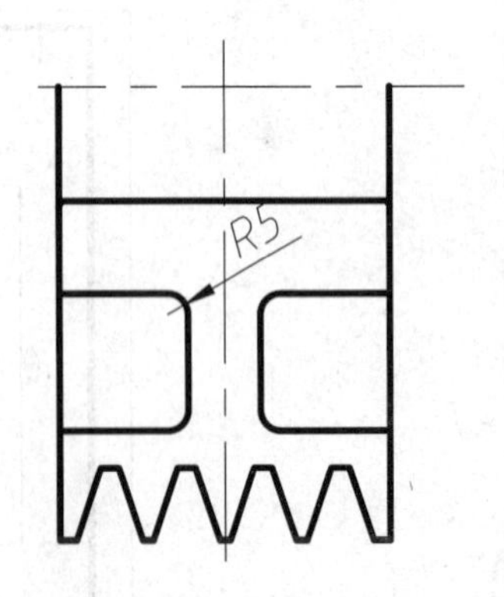

图 11-43　绘制圆角

06 调用 MI【镜像】命令，绘制镜像图形，如图 11-44 所示。

07 调用 L【直线】命令，绘制直线，如图 11-45 所示。

08 调用 TR【修剪】命令，修剪图形中多余的线段，其效果如图 11-46 所示。

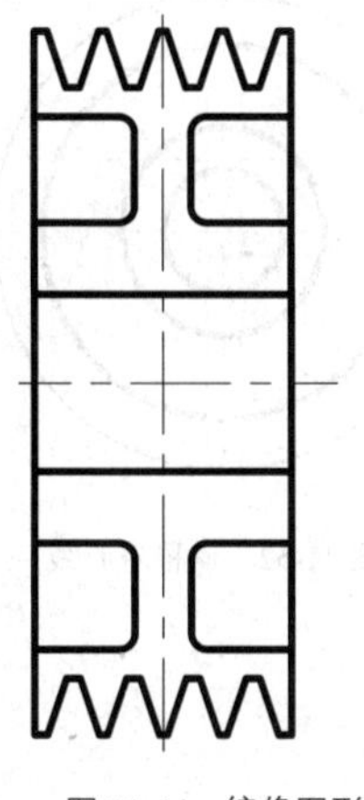

图 11-44　镜像图形

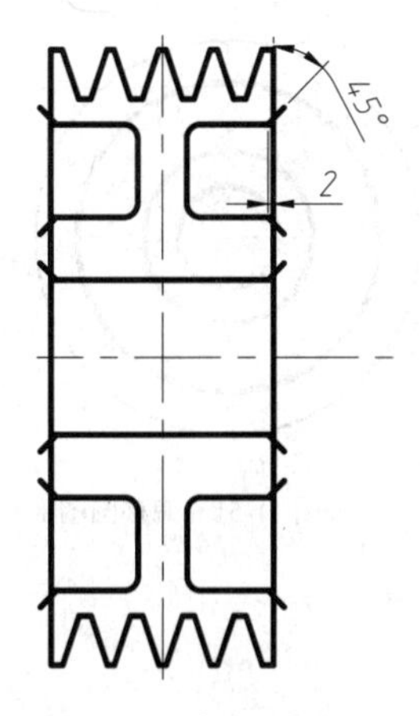

图 11-45　绘制直线

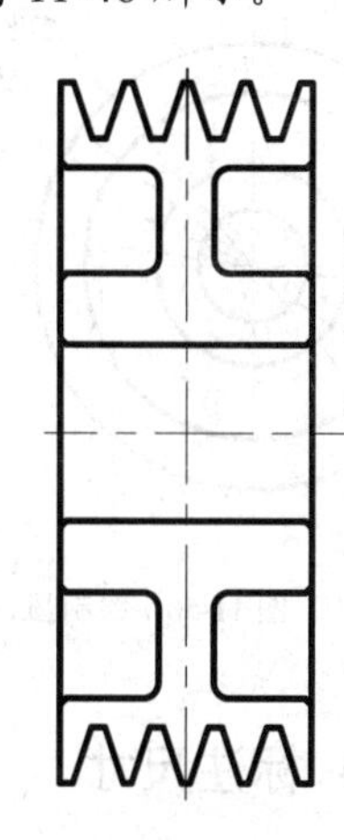

图 11-46　修剪多余的线段

09 调用 L【直线】命令，绘制连接直线，如图 11-47 所示。

10 调用 O【偏移】命令，绘制偏移直线，偏移距离为 5.5。再调用 EX【延伸】命令，绘制延伸直线，如图 11-48 所示。

11 将当前图层切换至【细实线】层，在命令行中输入 ANSI31 并按回车键，在弹出的【图案填充创建】选项卡中设置填充比例为 0.75，其效果如图 11-49 所示。

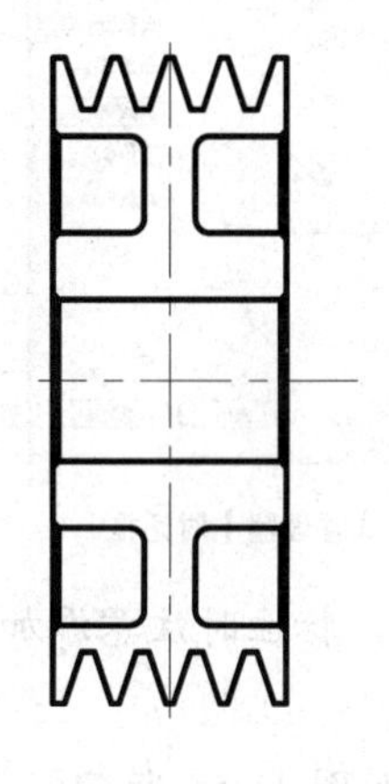

图 11-47　绘制连接直线

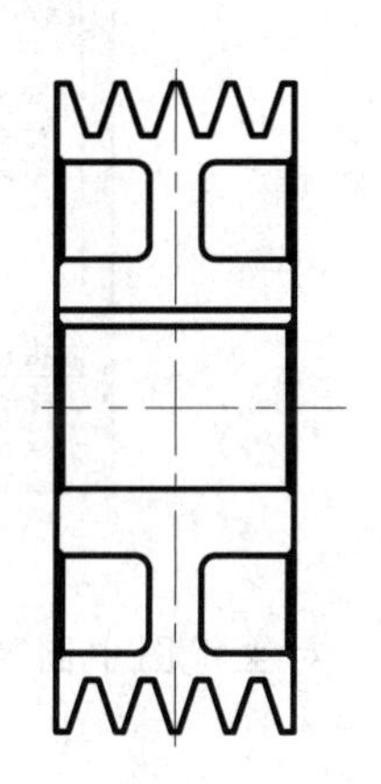

图 11-48　偏移并延伸直线

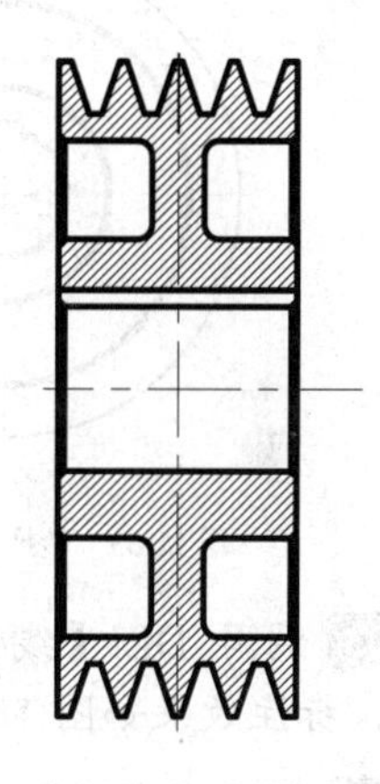

图 11-49　填充剖面线

11.5.3 绘制左视图

01 将当前图层切换至【轮廓线】层，调用 C【圆】命令，绘制圆，如图 11-50 所示。

02 调用 O【偏移】命令，绘制偏移圆，将直径为 55 和 170 的圆向外偏移 2，将直径为 98 的圆向内偏移 2，如图 11-51 所示。

03 调用 O【偏移】命令，偏移中心线，如图 11-52 所示。

04 将偏移的中心线转换为【轮廓线】层，调用 TR【修剪】命令，修剪图形中多余的线段，其效果如图 11-53 所示。

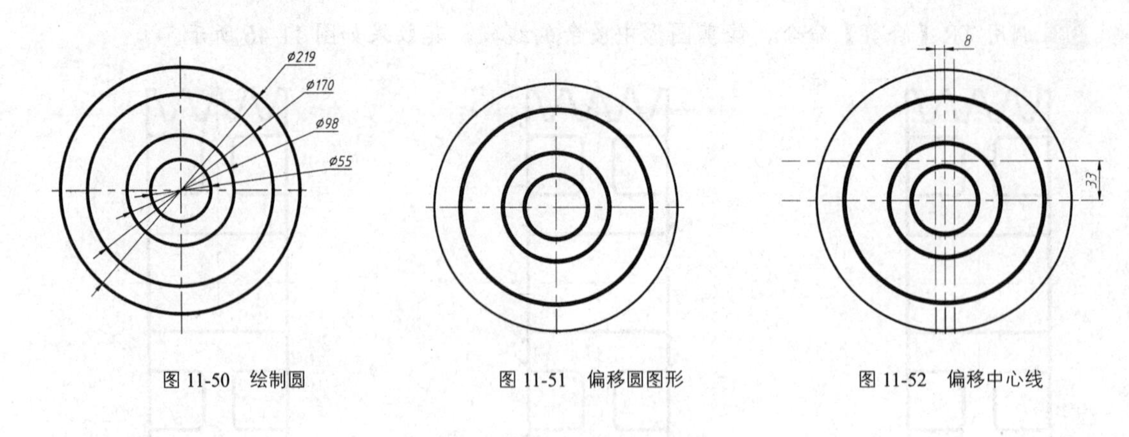

图 11-50 绘制圆　　图 11-51 偏移圆图形　　图 11-52 偏移中心线

11.5.4 标注尺寸

左视图和主视图都已经绘制完毕，下面开始标注尺寸。

01 将图层切换到【标注】层。

02 执行【格式】|【标注样式】命令，弹出【标注样式管理器】对话框，在此对话框中将【机械制图】标注样式置为当前，如图 11-54 所示。

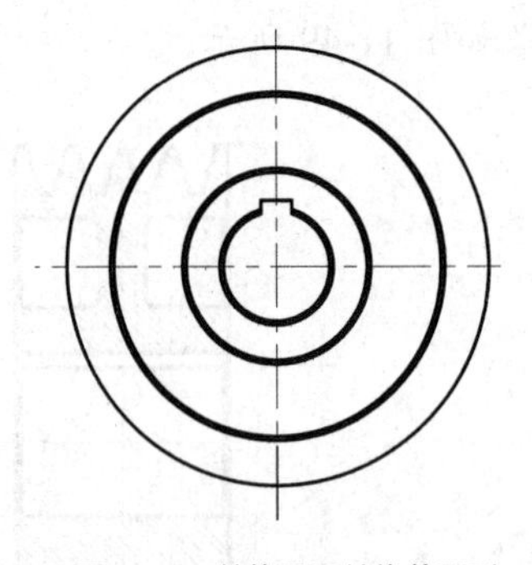

图 11-53 转换图层并修剪图形

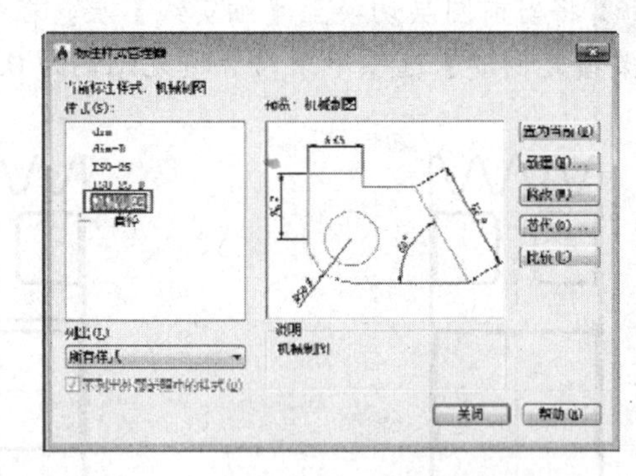

图 11-54 【标注样式管理器】对话框

03 调用 DLI【线性】标注命令，对主视图中圆的直径进行标注，标注时注意添加直径符号，标注效果如图 11-55 所示。

04 调用【线性】标注命令，对主视图中的其他直线进行标注，如图 11-56 所示。

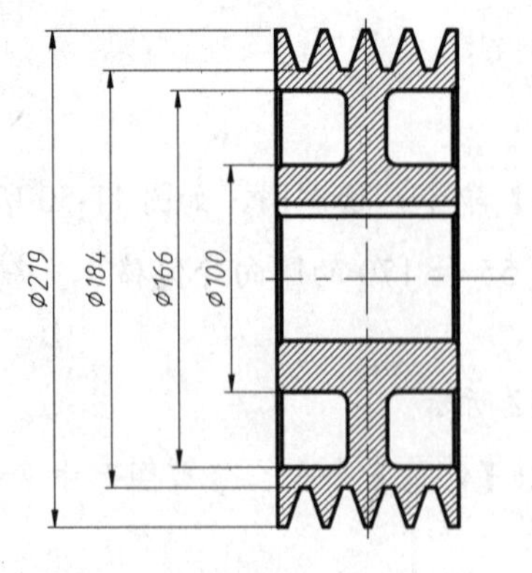

图 11-55 标注直径

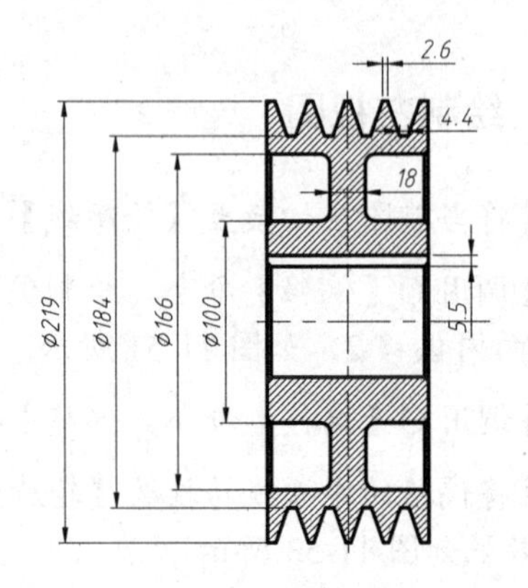

图 11-56 标注其他直线尺寸

05 在命令行中输入 DAN 并按回车键，调用【角度】标注命令，标注带轮带槽的角度公差，其命令行如下所示，标注完成后如图 11-57 所示。

```
命令: _dimangular
选择圆弧、圆、直线或 <指定顶点>:                              //选取第一条直线
选择第二条直线:
指定标注弧线位置或 [多行文字(M)/文字(T)/角度(A)/象限点(Q)]:M↙       //选择“多行文字(M)”选项，进入多行文字输入，输入 38%%d%%p1%%d，添加公差值
指定标注弧线位置或 [多行文字(M)/文字(T)/角度(A)/象限点(Q)]:
标注文字 = 38
```

06 使用同样方法完成距离公差和左视图的键槽公差标注，标注后效果如图 11-58 所示。

07 标注形位公差，执行【标注】|【公差】命令，弹出【形位公差】对话框，选择与图形对应的形位公差标注，标注在恰当位置，如图 11-59 所示。

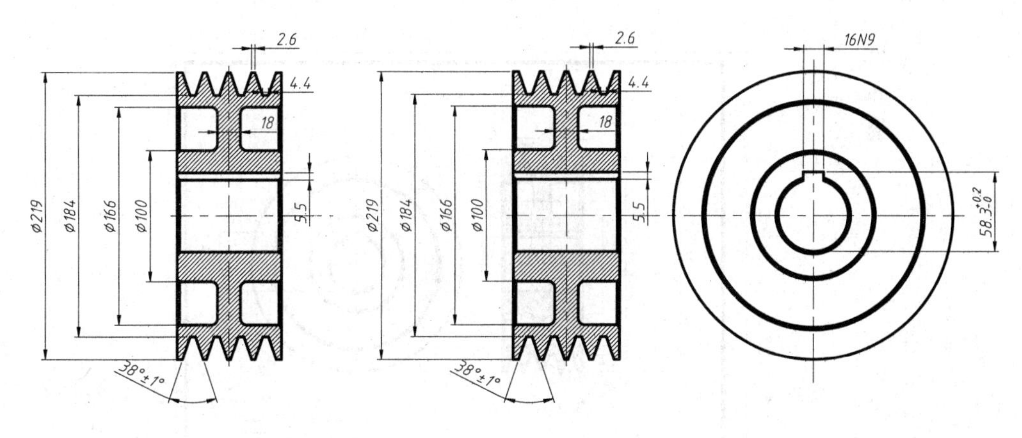

图 11-57　公差的标注　　　　图 11-58　其余公差的标注

08 调用 LE【多重引线】命令，连接形位公差与图形，如图 11-60 所示。

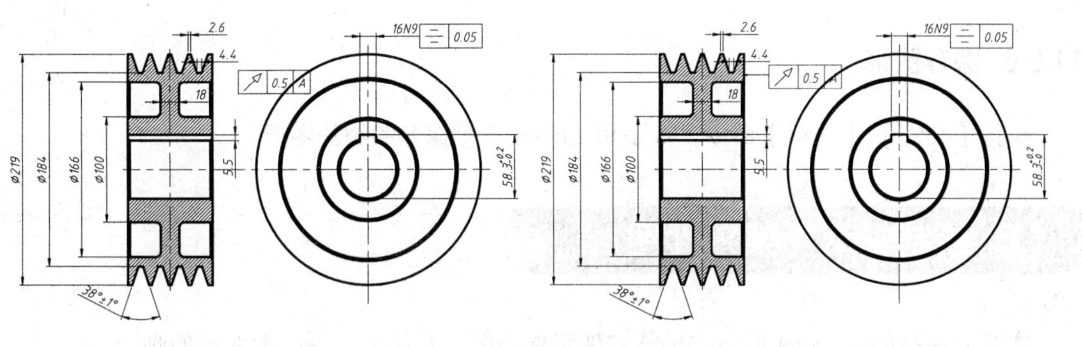

图 11-59　标注形位公差　　　　图 11-60　标注多重引线

09 标注表面粗糙度。由于前面章节已经详细叙述，在此不再赘述，标注后图形，如图 11-61 所示。

10 再标注倒角与圆角，倒角使用技术说明，标注后图形如图 11-62 所示。

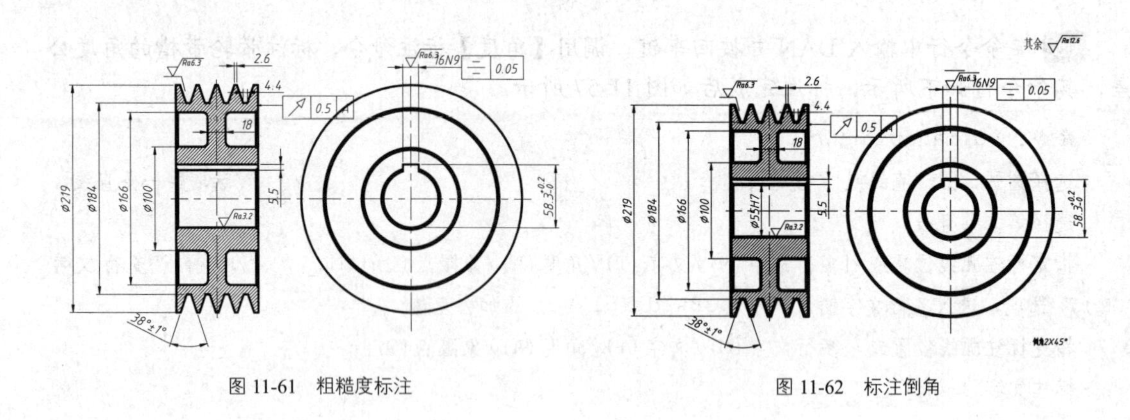

图 11-61 粗糙度标注　　　　图 11-62 标注倒角

11.5.5 填写标题栏

在标题栏中填写一些图形相关信息，如图 11-63 所示

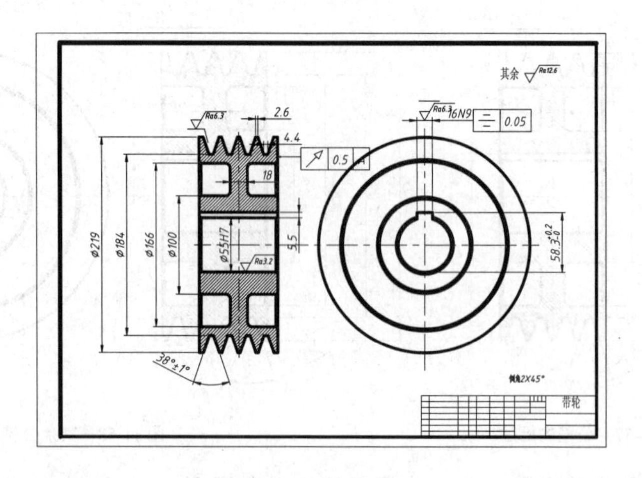

图 11-63 完成带轮零件图

11.5.6 保存图形

执行【文件】|【保存】命令，或使用 Ctrl+S 命令保存绘制的图形。

11.6 绘制轴承支架零件图

本节以绘制如图 11-64 所示的轴承支架零件为例，介绍叉、杆类零件图的画法。

11.6.1 配置绘图环境

01 启动 AutoCAD 2015，选择【文件】|【新建】命令，弹出【选择样板】对话框。

02 在样板文件列表中选择本书光盘中的【A3.dwt】样板，然后单击【打开】按钮，以绘图样板新建图形文件。

11.6.2 绘制俯视图

01 将【中心线】层设置为当前层，调用 L【直线】命令。在图框中间偏上位置绘制一条长为300的水平中心线，如图11-65所示。

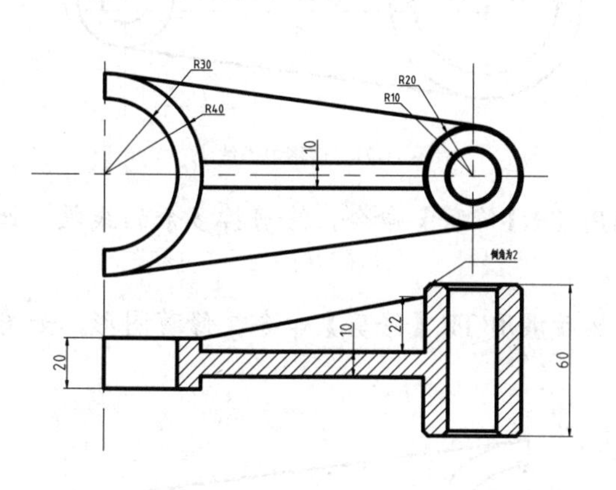

图11-64 轴承支架

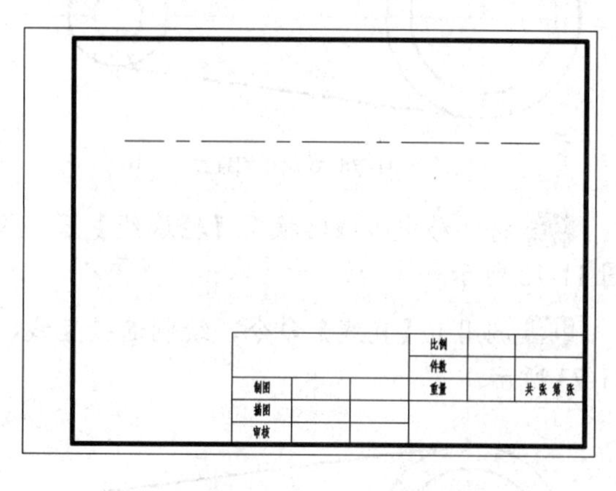

图11-65 绘制水平中心线

02 重复调用 L【直线】命令，在中心线左端四分之一处绘制一条竖直中心线，如图11-66所示。

03 将当前图层设置为【轮廓线层】，调用 C【圆】命令，绘制如图11-67所示的同心圆。

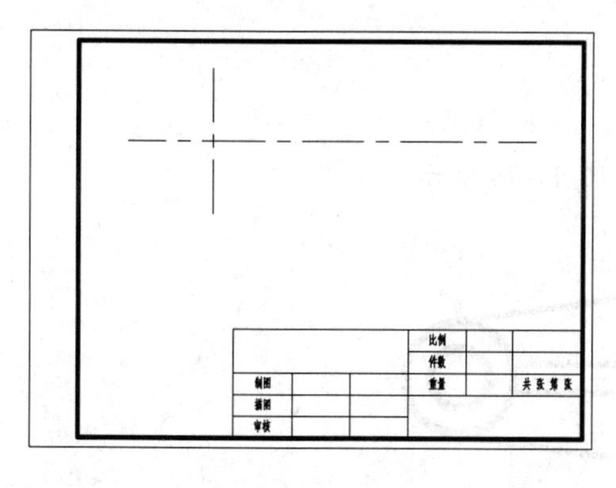

图11-66 绘制竖直中心线

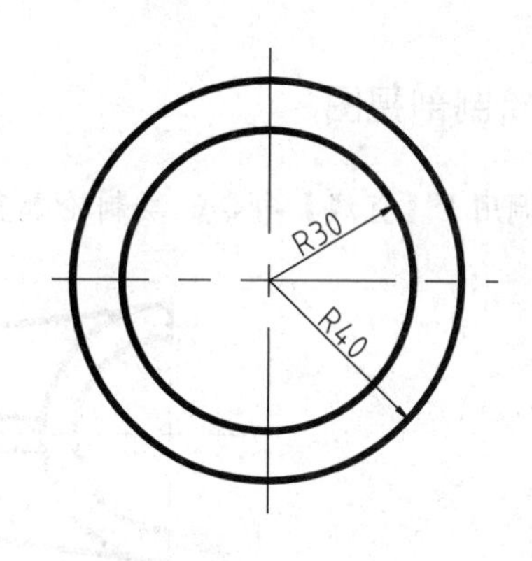

图11-67 绘制圆

04 调用 O【偏移】命令，偏移竖直中心线，偏移距离为150，如图11-68所示。

05 调用 C【圆】命令，以第二条竖直中心线与水平中心线交点为圆心，分别绘制 *R*10 和 *R*20 的圆，如图11-69所示。

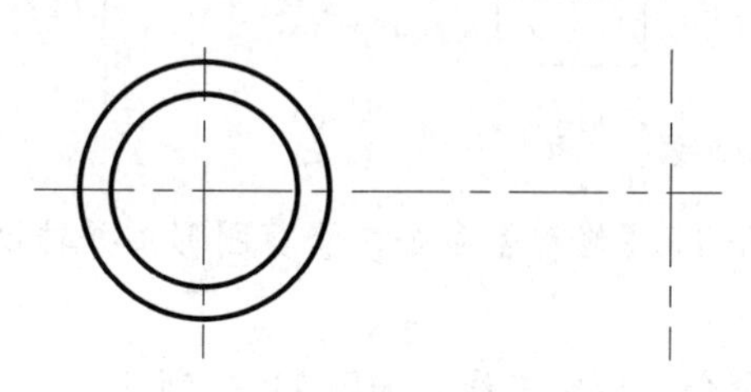

图11-68 偏移竖直中心线

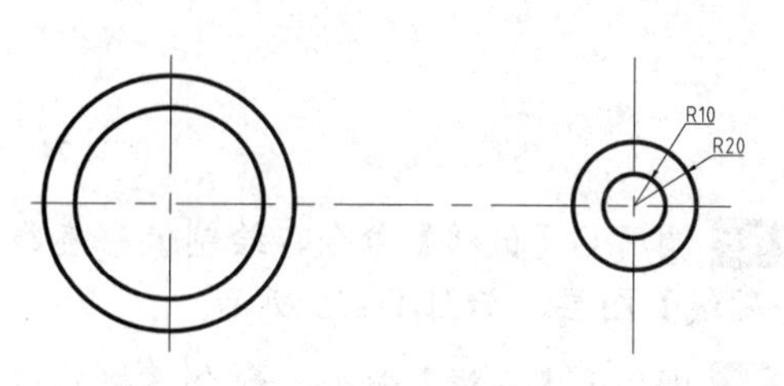

图11-69 绘制同心圆

06 调用 L【直线】命令，开启切点对象捕捉，绘制相切直线，如图 11-70 所示。

07 调用 O【偏移】命令，向两侧偏移水平中心线，偏移距离为 5，如图 11-71 所示。

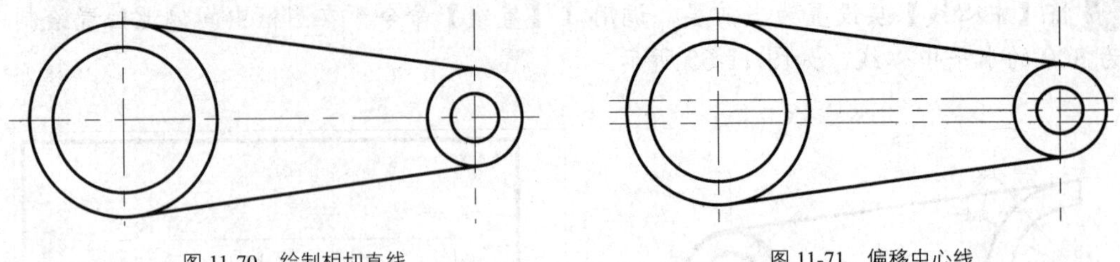

图 11-70　绘制相切直线　　图 11-71　偏移中心线

08 将偏移中心线转换至【轮廓线】层，调用 TR【修剪】命令，修剪掉多余的线段，如图 11-72 所示。

09 调用 L【直线】命令，绘制连接直线，然后调用 TR【修剪】命令，修剪图形，如图 11-73 所示。

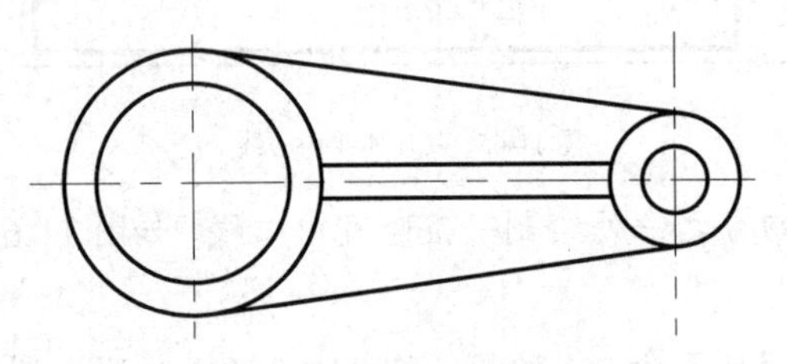

图 11-72　转换图层并修剪图形

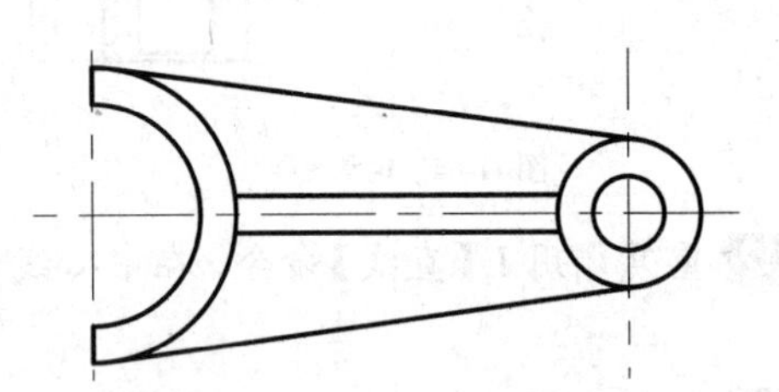

图 11-73　绘制连接直线并修剪图形

11.6.3 绘制剖视图

01 调用 L【直线】命令，绘制轮廓直线，如图 11-74 所示。

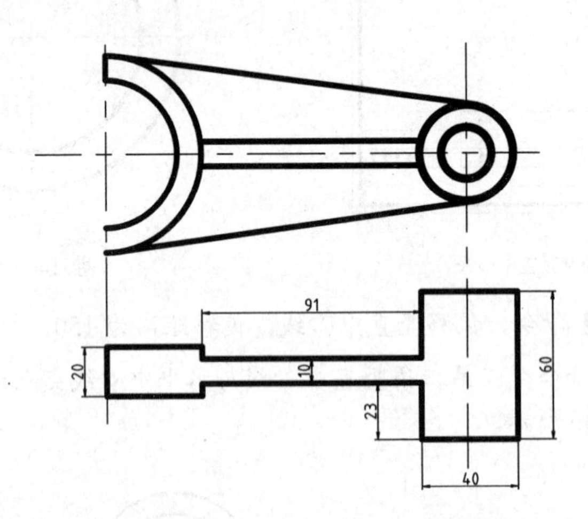

图 11-74　绘制轮廓直线

02 调用 O【偏移】命令，绘制偏移直线，配合 TR【修剪】命令，修剪图形，并转换至【轮廓线】图层，如图 11-75 所示。

03 调用 L【直线】命令，配合【极轴追踪】命令，绘制直线，如图 11-76 所示。

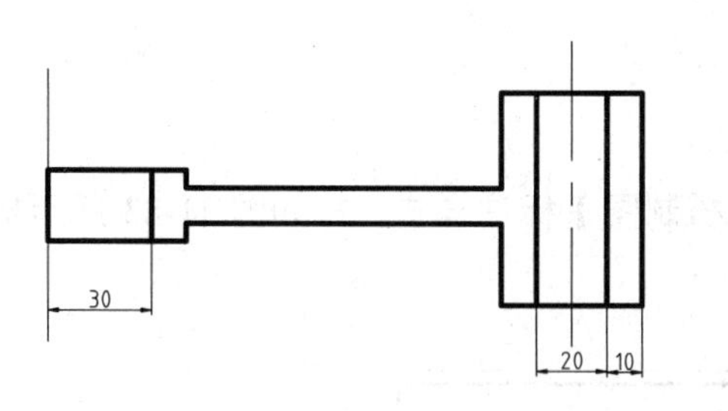

图 11-75　绘制偏移直线

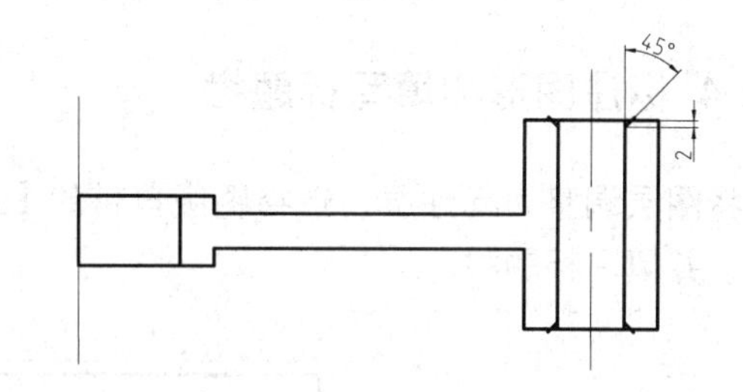

图 11-76　绘制直线

04 调用 TR【修剪】命令，修剪掉多余的线段，如图 11-77 所示。

05 调用 L【直线】命令，绘制连接直线，如图 11-78 所示。

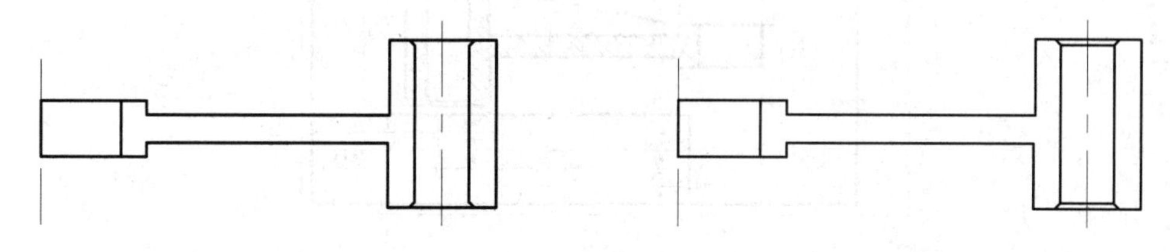

图 11-77　修剪多余的线段

图 11-78　绘制连接直线

06 调用 CHA【倒角】命令，选择【角度】方式倒角，指定第一条直线的倒角长度为 2，角度为 45°，如图 11-79 所示。

07 将当前图层切换至【细实线】层，在命令行中直接输入 ANSI31 并按回车键，在弹出的【图案填充创建】选项卡中设置填充比例为 1，其效果如图 11-80 所示。

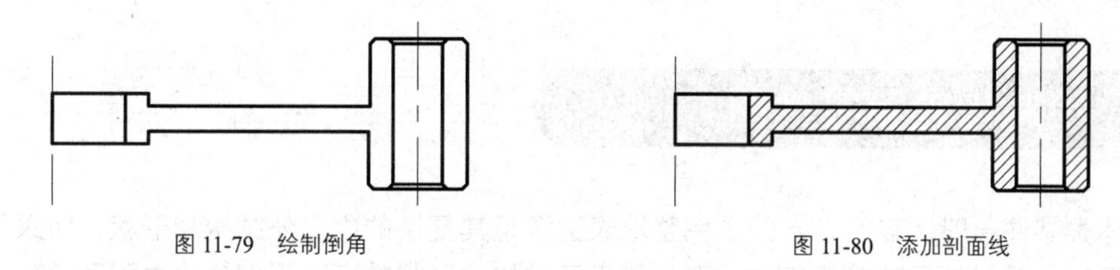

图 11-79　绘制倒角

图 11-80　添加剖面线

08 将当前图层切换至【轮廓线】层，调用 L【直线】命令，绘制直线，如图 11-81 所示。

09 调用 O【偏移】命令，绘制偏移圆，偏移距离为 2，如图 11-82 所示。

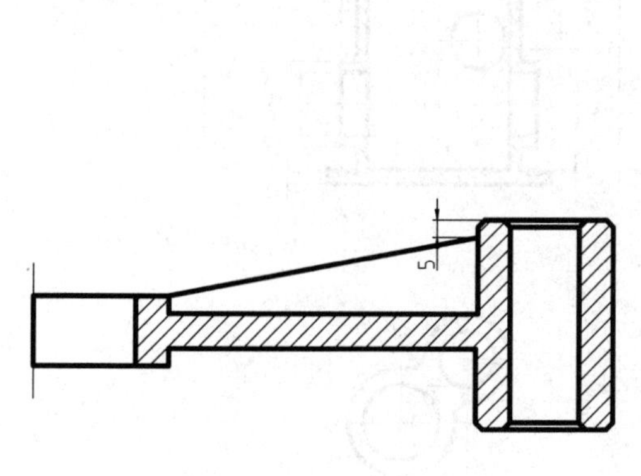

图 11-81　绘制直线

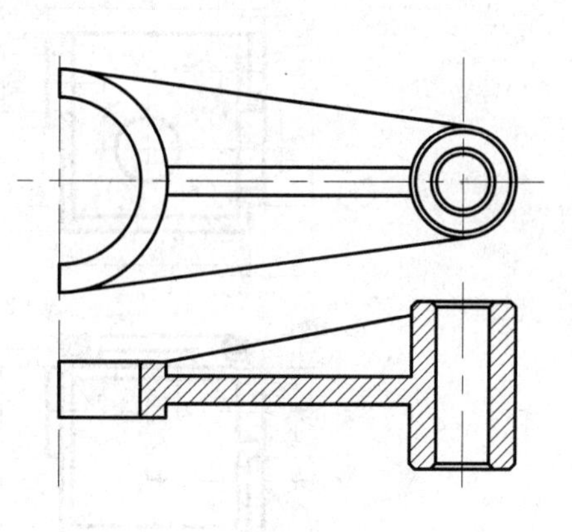

图 11-82　偏移圆

11.6.4 标注图形和填写标题栏

将图层调整为标注层，选择图版自带的【机械制图】标注样式，按如图 11-83 所示标注图形，并填写标题栏。

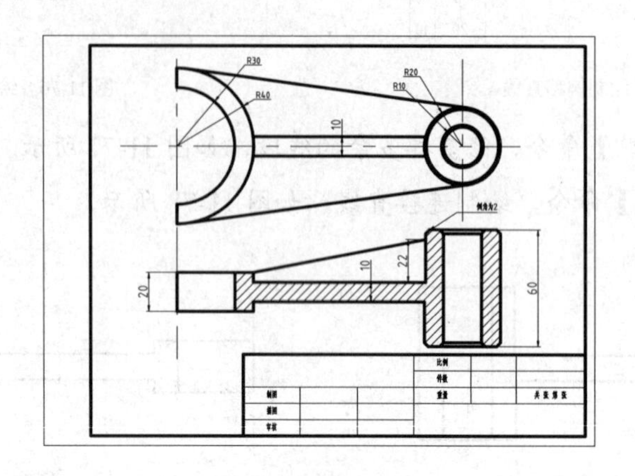

图 11-83 标注图形

11.6.5 保存图形

选择菜单栏【文件】|【保存】命令，将图形保存为【轴承支架.dwg】。完成整个图形的绘制。

11.7 绘制齿轮箱零件图

箱体类零件一般比较复杂，为了完整地表达清楚其复杂的内、外结构和形状，所采用的视图较多。一般将能反映箱壳工作状态且能表示结构、形状特征的视图作为主视图。

下面以如图 11-84 所示齿轮箱为例，介绍箱体零件图的绘制方法。

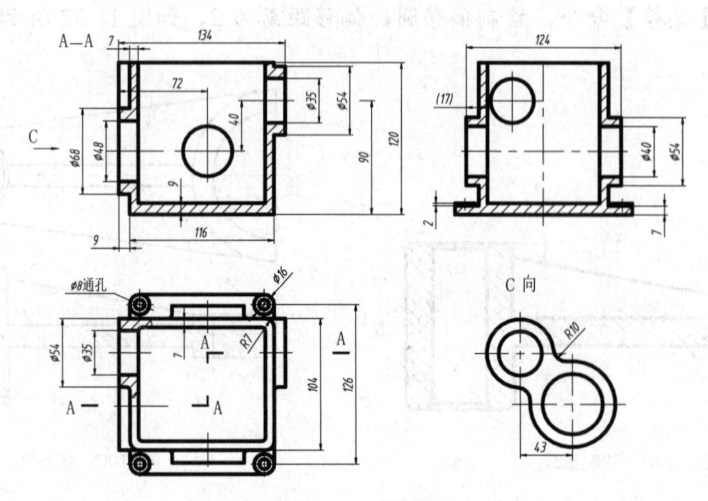

图 11-84 齿轮箱

11.7.1 设置绘图环境

01 启动 AutoCAD 2015 后，在菜单栏中选择【文件】|【新建】命令，弹出【选择样板】对话框。

02 选择本书光盘附带的“A2.dwt”为绘图样板，单击【打开】按钮，新建图形文件。

11.7.2 绘制主视图

01 将当前图层设置为【中心线】层，调用 L【直线】命令，绘制如图 11-85 所示的中心线。

02 调用 O【偏移】命令，偏移中心线，如图 11-86 所示。

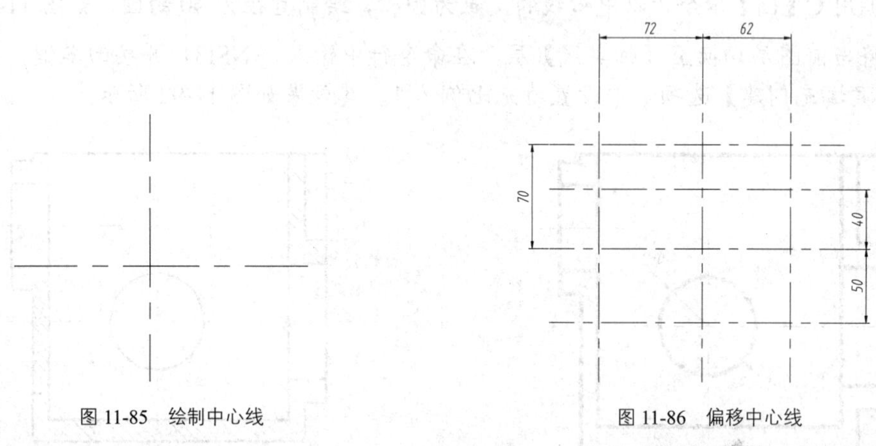

图 11-85　绘制中心线　　图 11-86　偏移中心线

03 将【轮廓线】图层置为当前，调用 L【直线】命令，绘制轮廓线，如图 11-87 所示。

04 再次调用 L【直线】命令，利用对象捕捉工具，绘制图形内部直线，如图 11-88 所示。

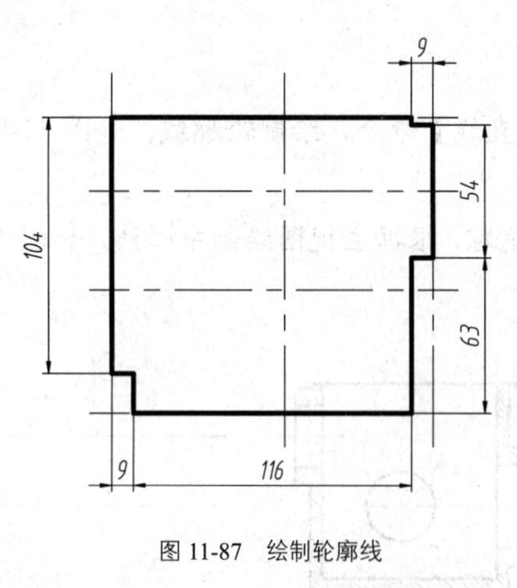

图 11-87　绘制轮廓线

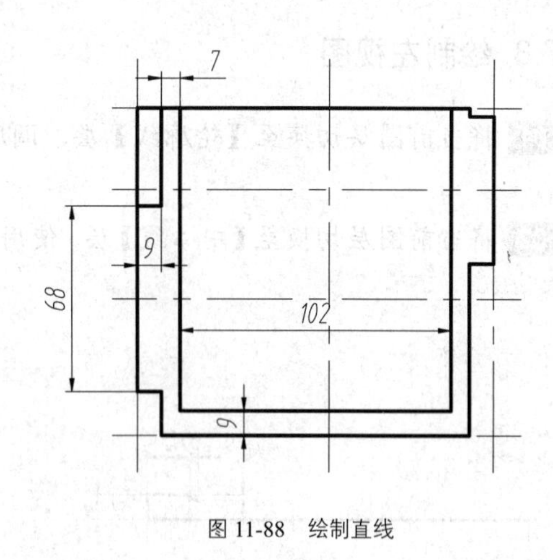

图 11-88　绘制直线

05 调用 O【偏移】命令、TR【修剪】命令，对图形进行偏移修剪，如图 11-89 所示。

06 调用 E【删除】命令，删除多余的辅助线，再调整部分中心线的长度，如图 11-90 所示。

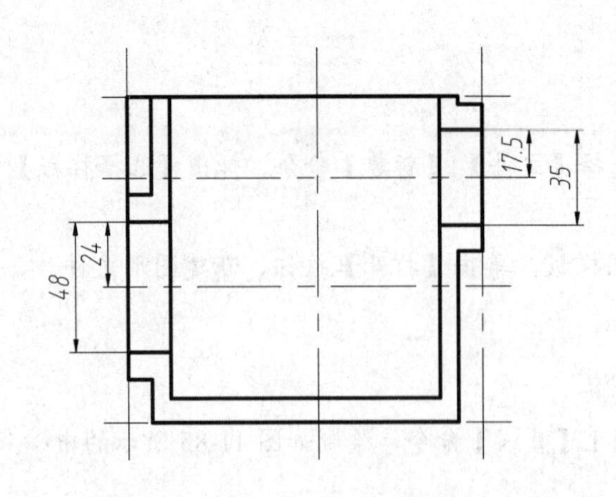

图 11-89 偏移、修剪图形

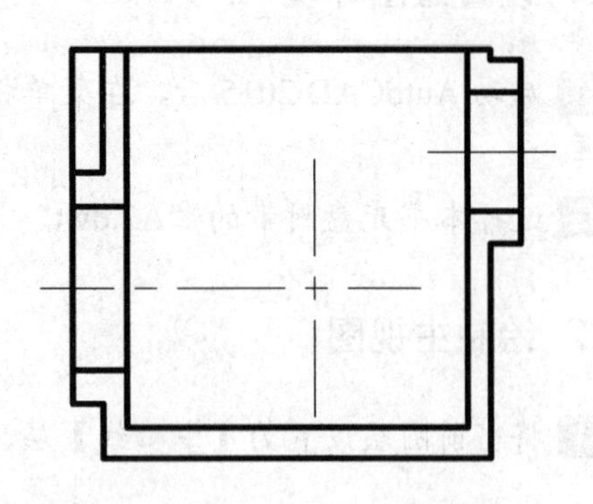

图 11-90 删除多余的辅助段

07 调用 C【圆】命令，以中心线的交点为圆心，绘制直径为 40 的圆，如图 11-91 所示。

08 将当前图层切换至【细实线】层，在命令行中输入 ANSI31 并按回车键，在系统弹出的【图案填充创建】选项卡中设置填充比例为 1，其效果如图 11-92 所示。

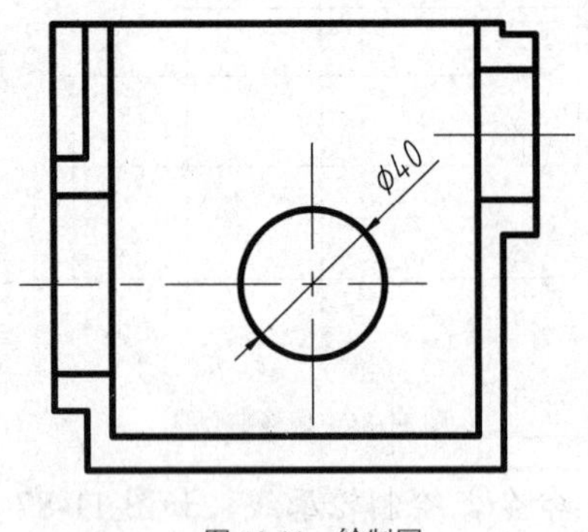

图 11-91 绘制圆

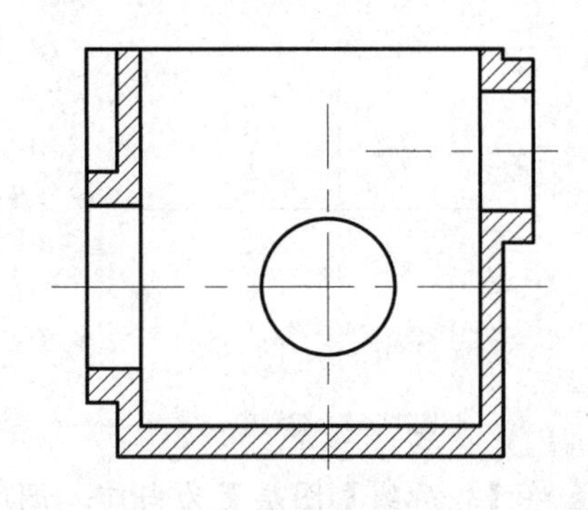

图 11-92 填充剖面线

11.7.3 绘制左视图

01 将当前图层切换至【轮廓线】层，调用 L【直线】命令，绘制轮廓线，如图 11-93 所示。

02 将当前图层切换至【中心线】层，使用极轴追踪，根据主视图绘制中心线，如图 11-94 所示。

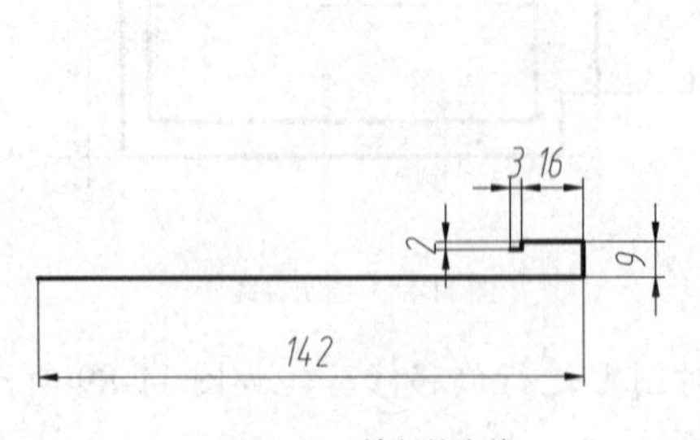

图 11-93 绘制轮廓线

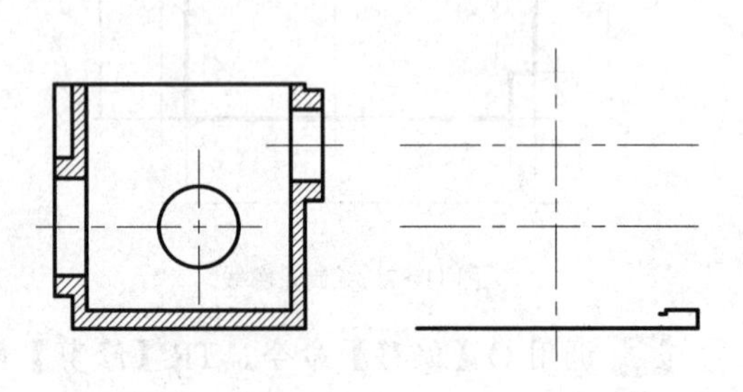

图 11-94 绘制中心线

03 调用 O【偏移】命令，绘制偏移中心线，并调整部分中心线的长度，如图 11-95 所示。

04 将当前图层切换至【轮廓线】层，调用 L【直线】命令，根据辅助线和主视图绘制轮廓线，如图 11-96 所示。

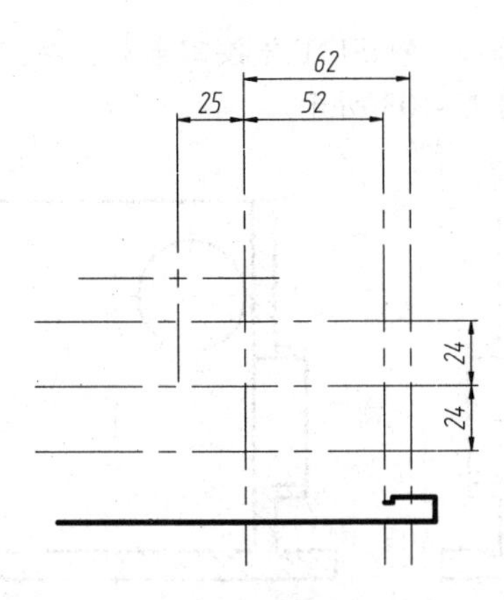

图 11-95 偏移线段

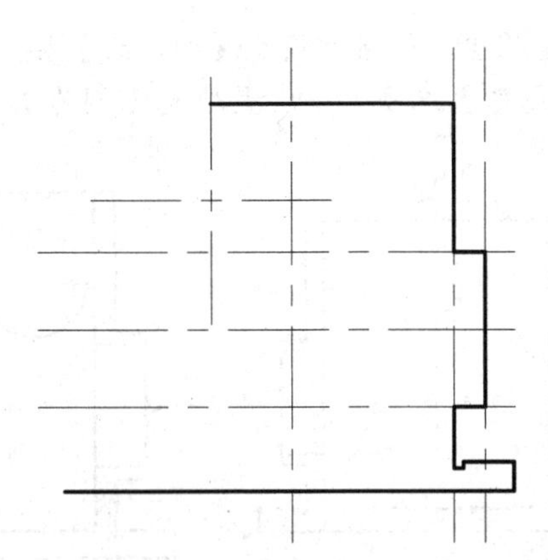

图 11-96 绘制轮廓线

05 调用 E【删除命令，删除多余的辅助线，如图 11-97 所示。

06 调用 O【偏移】命令，绘制偏移中心线，如图 11-98 所示。

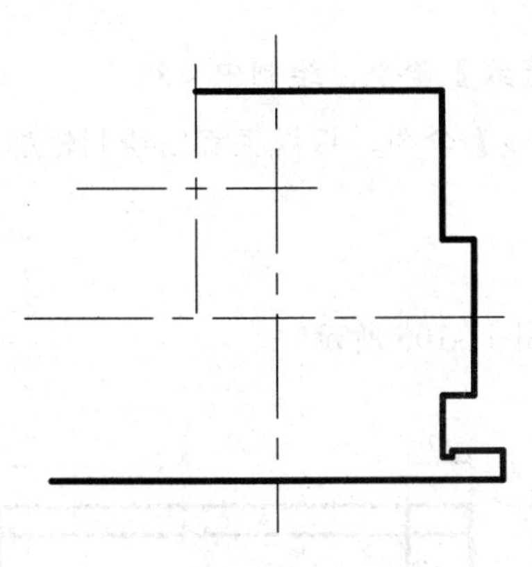

图 11-97 删除多余的线段

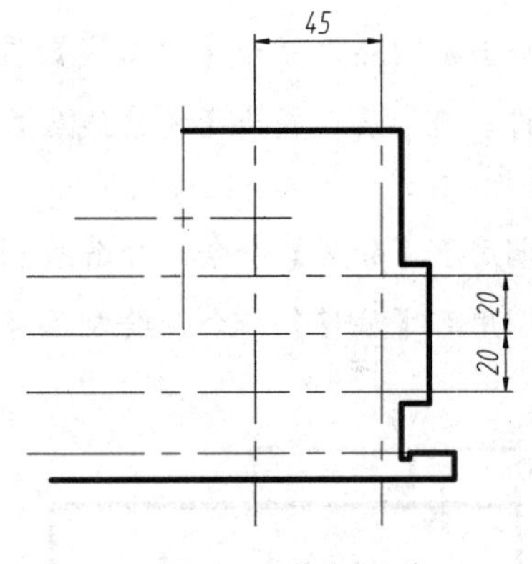

图 11-98 偏移中心线

07 将【轮廓线】图层置为当前，调用 L【直线】命令，绘制直线，如图 11-99 所示。

08 调用 E【删除】命令和 TR【修剪】命令，删除和修剪多余的线段，如图 11-100 所示。

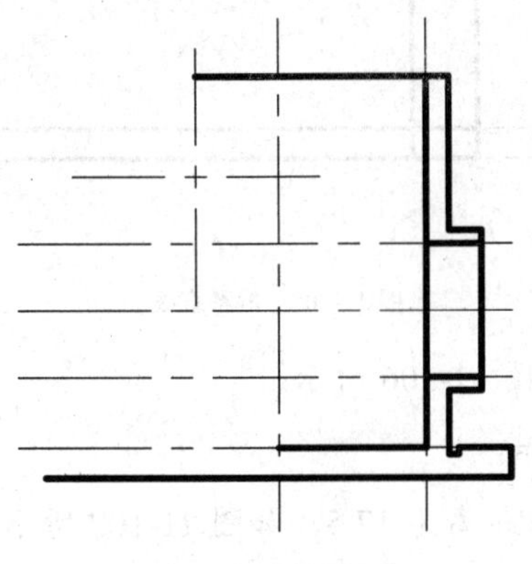

图 11-99 绘制直线

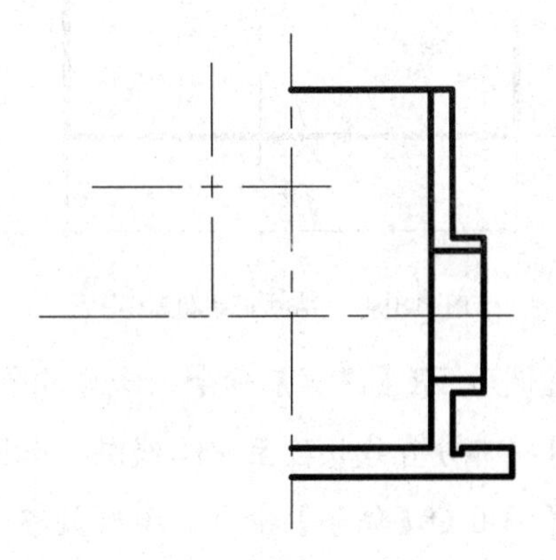

图 11-100 删除或修剪多余的线段

09 调用 MI【镜像】命令，镜像图形，如图 11-101 所示。

10 调用 C【圆】命令，以中心线的交点为圆心，绘制直径为 35 的圆，如图 11-102 所示。

11 将当前图层切换至【细实线】层，在命令行中输入 ANSI31 并按回车键，在弹出【图案填充创建】选项卡中设置填充比例为 1，其效果如图 11-103 所示。

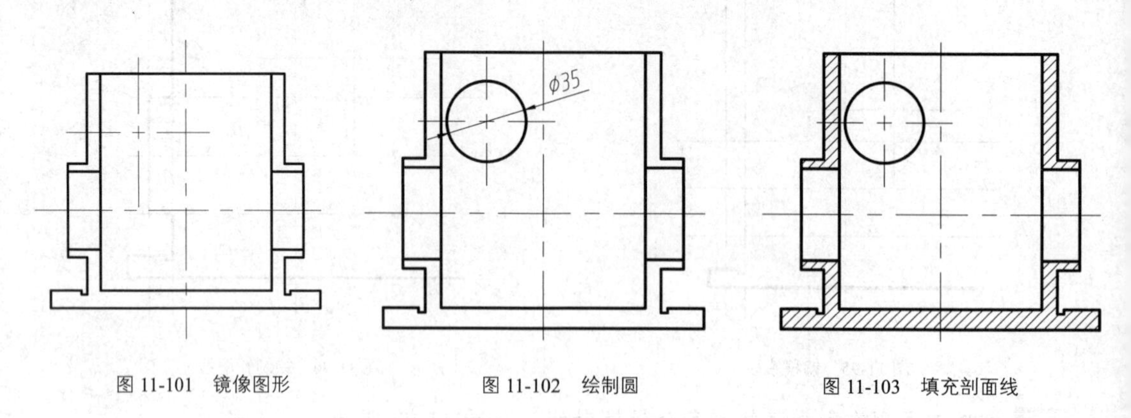

图 11-101 镜像图形　　图 11-102 绘制圆　　图 11-103 填充剖面线

11.7.4 绘制俯视图

01 将当前图层设置为【中心线】层，调用 L【直线】命令，绘制中心线。

02 将当前图层设置为【轮廓线层】，调用 L【直线】命令，根据主视图绘制轮廓线，如图 11-104 所示。

03 调用 X【分解】命令，分解绘制的矩形。

04 调用 O【偏移】命令，绘制偏移轮廓线，如图 11-105 所示。

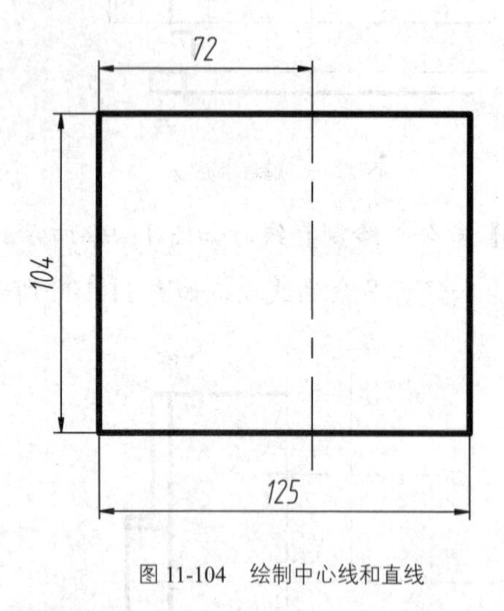

图 11-104 绘制中心线和直线

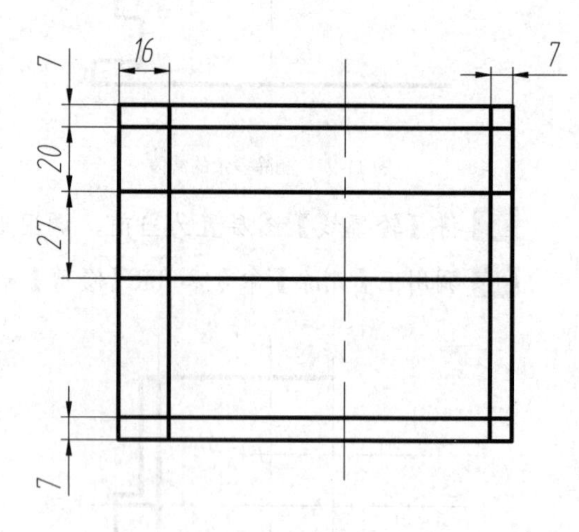

图 11-105 偏移直线

05 调用 TR【修剪】命令，修剪多余的线段，如图 11-106 所示。

06 将部分直线切换至中心线层，如图 11-107 所示。

07 调用 O【偏移】命令，绘制偏移中心线，偏移距离为 17.5，如图 11-108 所示。

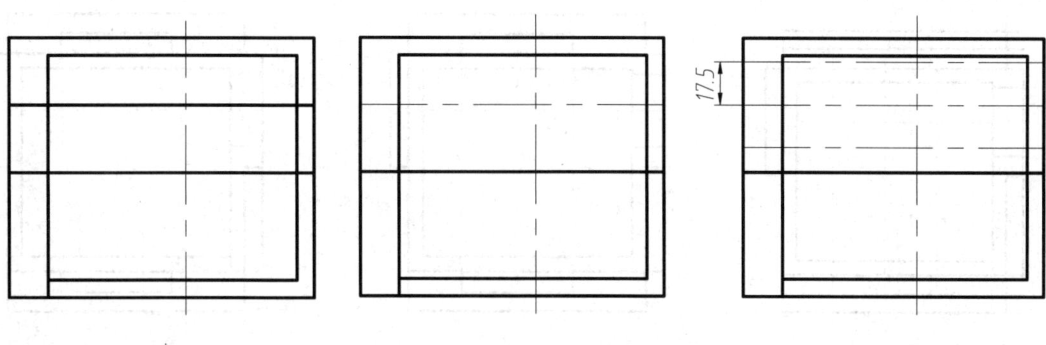

图 11-106　修剪偏移直线　　图 11-107　更改图层　　图 11-108　偏移中心线

08 调用 L【直线】命令，绘制直线，如图 11-109 所示。

09 调用 E【删除】命令，删除多余的辅助线，如图 11-110 所示。

10 调用 O【偏移】命令，绘制偏移直线，偏移距离为 9，如图 11-111 所示。

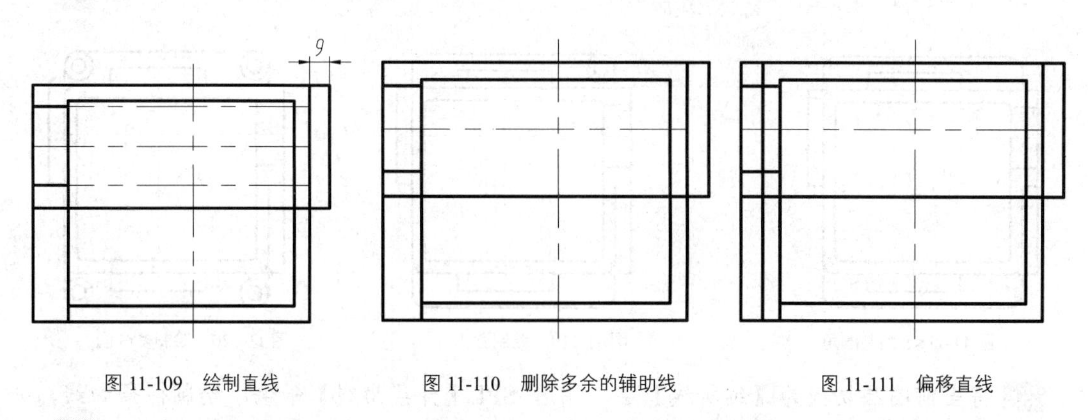

图 11-109　绘制直线　　图 11-110　删除多余的辅助线　　图 11-111　偏移直线

11 调用 TR【修剪】命令，修剪多余的线段，如图 11-112 所示。

12 调用 O【偏移】命令，绘制偏移直线，如图 11-113 所示。

13 调用 L【直线】命令，绘制直线，如图 11-114 所示。

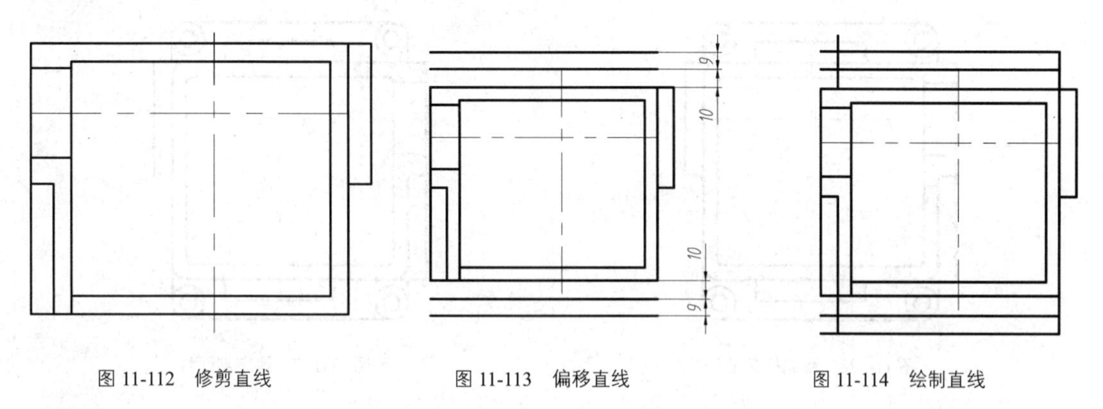

图 11-112　修剪直线　　图 11-113　偏移直线　　图 11-114　绘制直线

14 调用 O【偏移】命令，绘制偏移中心线，偏移距离为 27，如图 11-115 所示。

15 调用 L【直线】命令，绘制直线，并调用 TR【修剪】命令，修剪多余的线段，如图 11-116 所示。

16 调用 E【删除】命令，删除多余的线段，如图 11-117 所示。

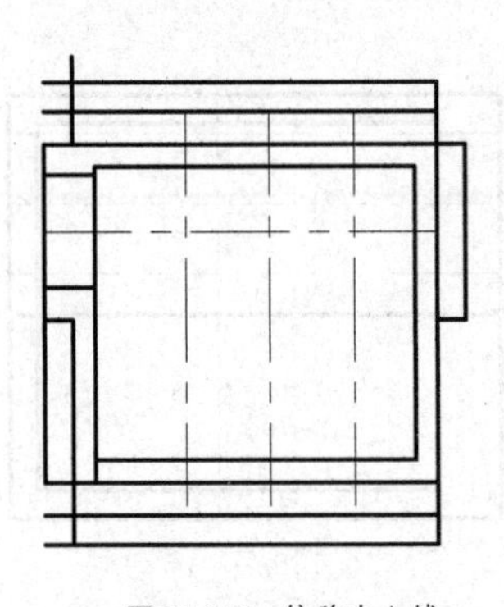

图 11-115　偏移中心线

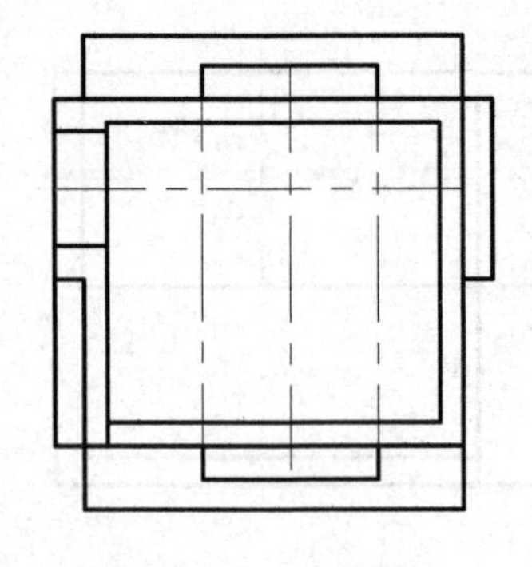

图 11-116　修剪图形

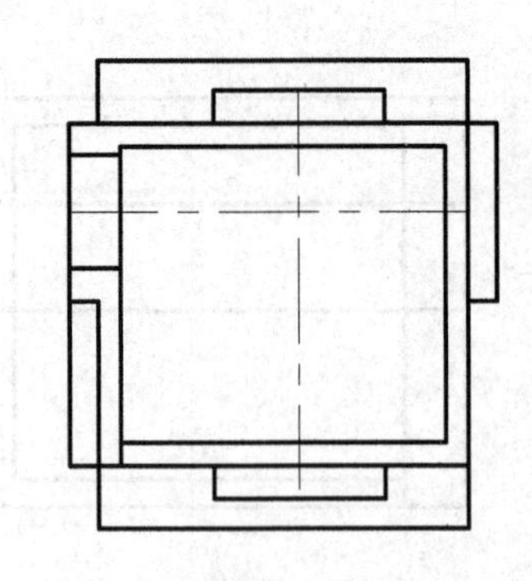

图 11-117　删除多余的线段

17 调用 F【圆角】命令，绘制圆角，如图 11-118 所示。

18 调用 C【圆】命令，绘制直径为 16 和 8 的圆，如图 11-119 所示。

19 利用相同的方法，绘制其他的圆如图 11-120 所示。

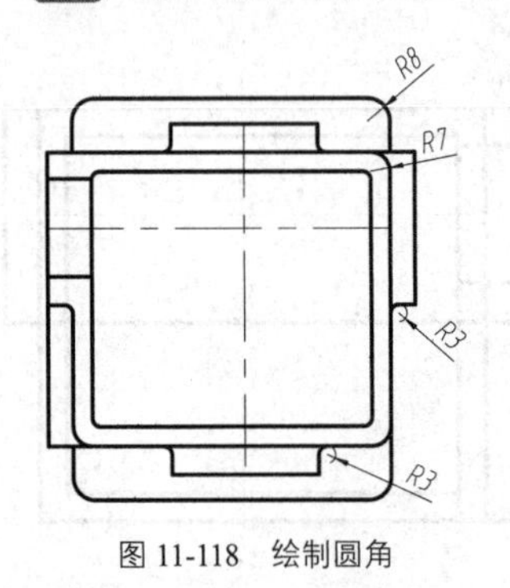

图 11-118　绘制圆角

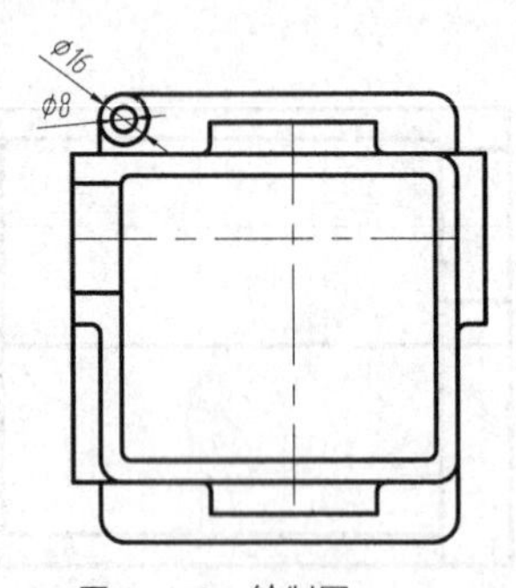

图 11-119　绘制圆

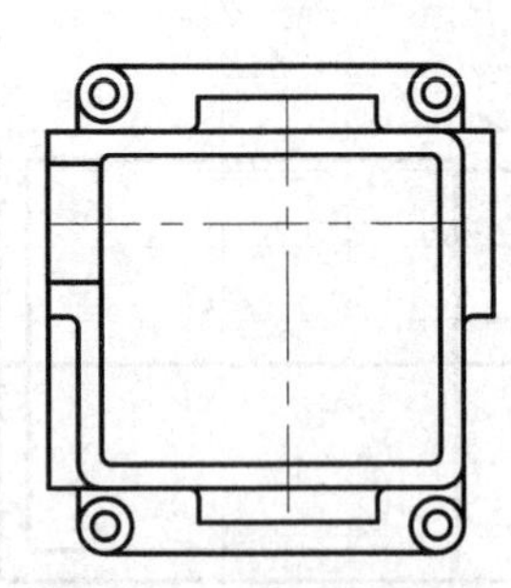

图 11-120　绘制多个圆

20 将当前图层切换为【细实线】层，调用 SPL【样条曲线】命令，绘制样条曲线，并调用 TR【修剪】命令，修剪多余的线段，如图 11-121 所示。

21 在命令行中输入 ANSI31 并按回车键，在弹出的【图案填充创建】选项卡中设置填充比例为 1，其效果如图 11-122 所示。

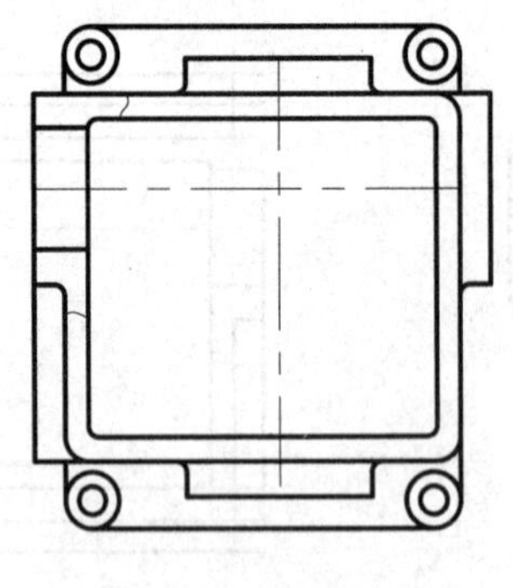

图 11-121　绘制样条曲线

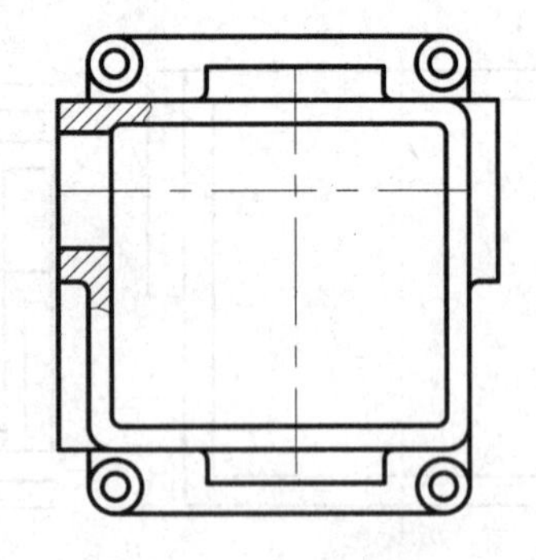

图 11-122　填充剖面线

11.7.5 绘制 C 向剖视图

01 将当前图层设置为【中心线层】，调用 L【直线】命令，绘制中心线，如图 11-123 所示。

02 将当前图层设置为【轮廓线层】，调用 C【圆】命令，分别以中心线的交点为圆心，绘制圆，如图 11-124 所示。

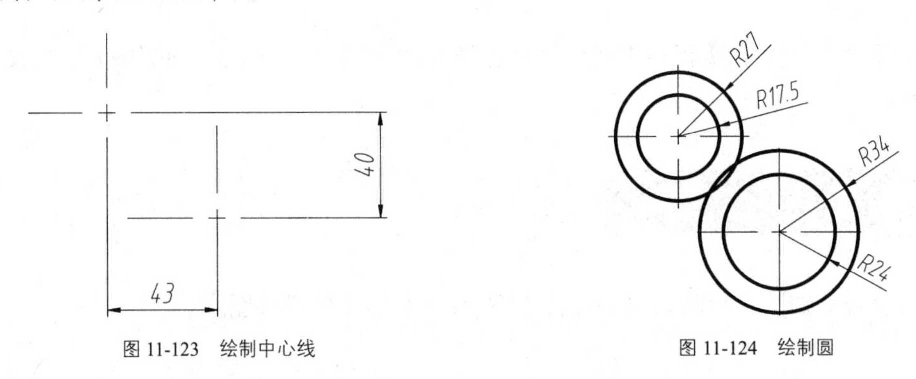

图 11-123　绘制中心线　　　　图 11-124　绘制圆

03 调用 F【圆角】命令，绘制圆角，设置为修剪模式，圆角半径设置为 10，如图 11-125 所示。

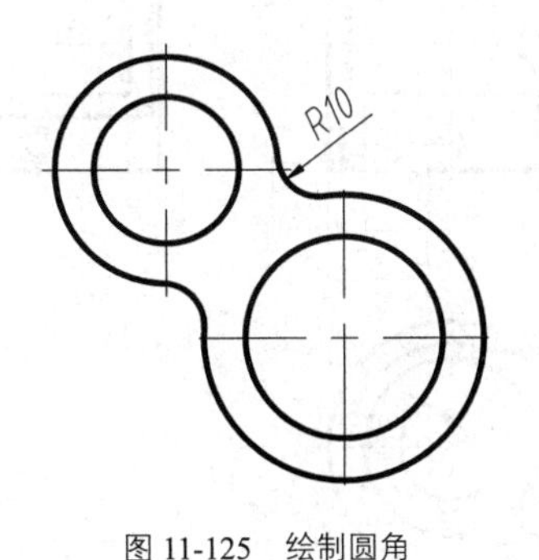

图 11-125　绘制圆角

11.7.6 标注图形和填写标题栏

将当前图层切换到标注层，分别调用的 DLI【线性】、DDI【直径】、DRA【半径】等 B 标注命令对图形进行标注。标注后的图形如图 11-126 所示。

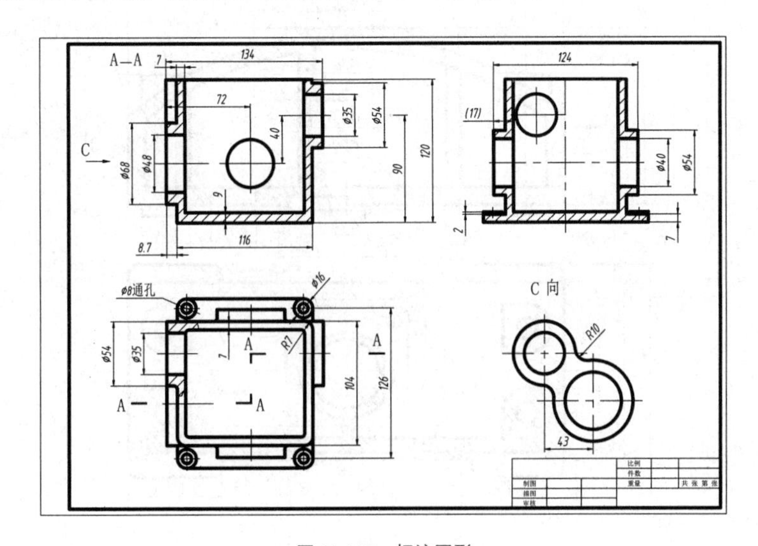

图 11-126　标注图形

11.7.7 保存图形

选择菜单栏【文件】|【保存】命令，将已绘制的图形保存为【齿轮箱.dwg】。完成整个图形的绘制。

11.8 习 题

使用前面所学知识，绘制如图 11-127 和图 11-128 所示的零件图。

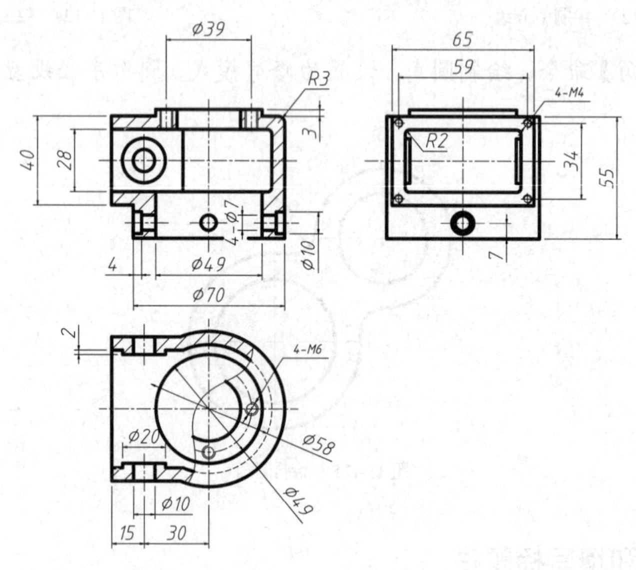

图 11-127 零件图 1

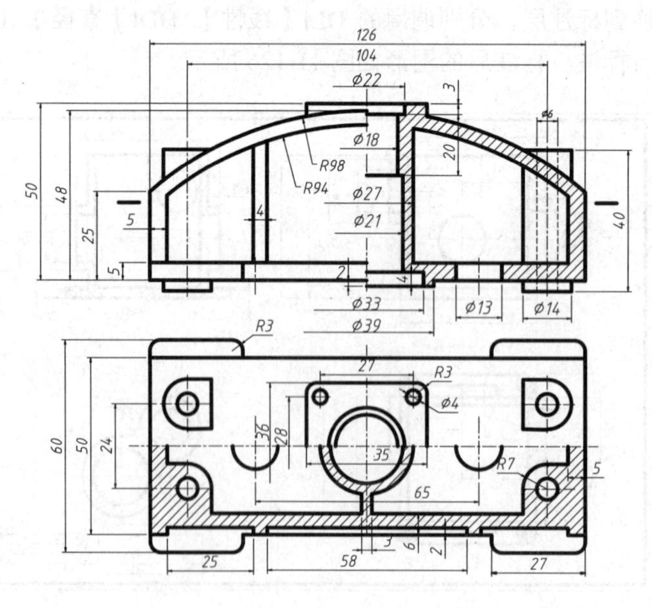

图 11-128 零件图 2

第12章 二维装配图绘制

本章导读

在机械制图中，装配图是用来表达部件或机器的工作原理、零件之间的安装关系与相互位置的图样，包含装配、检验、安装时所需要的尺寸数据和技术要求，是指定装配工艺流程、进行装配、检验、安装以及维修的技术依据，是生产中重要技术文件。

本章介绍二维装配图的基本知识，以及相关装配图的绘制方法。

本章重点

- 装配图概述
- 装配图的绘制流程
- 装配图的一般绘制方法
- 装配图的阅读和拆画

12.1 装配图概述

装配图是用来表达机器或者部件整体结构的一种机械图样，如图 12-1 所示。在设计过程中，一般应先根据要求画出装配图用以表达机器或者零部件的工作原理、传动路线和零件间的装配关系。然后通过装配图表达各组零件在机器或部件上的作用和结构，以及零件之间的相对位置和连接方式。

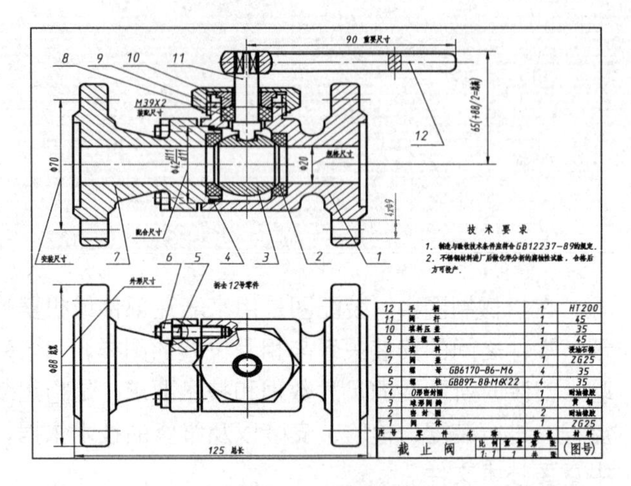

图 12-1　截止阀装配图

12.1.1 装配图的作用

在产品或部件的设计过程中，一般是先设计画出装配图，然后再根据装配图进行零件设计，画出零件图；在产品或部件的制造过程中，先根据零件图进行零件加工和检验，再按照依据装配图所制定的装配工艺规程将零件装配成机器或部件；在产品或部件的使用、维护及维修过程中，也经常要通过装配图来了解产品或部件的工作原理及构造。

12.1.2 装配图内容

一般情况下设计或制作一个产品都需要使用到装配图，一张完整的装配图应该包括以下内容：

1. 一组装配起来的机械图样

根据产品或部件的具体结构，选用适当的表达方法，用一组视图正确、完整、清晰地表达产品或部件的工作原理、各组成零件间的相互位置和装配关系及主要零件的结构形状。

2. 必要的尺寸

根据由装配图拆画零件图以及装配、检验、安装、使用机器的需要。在装配图中必须标注反映机器（或部件）的性能、规格、安装情况、部件或零件间的相对位置、配合要求以及机器总体大小的尺寸。另外，在设计过程中经过计算而确定的重要尺寸也必须标注。

3. 技术要求

在装配图中用文字或国家标准规定的符号注写出该装配体在装配、检验、使用等方面的要求。

4. 标题栏、零件序号和明细栏

按国家标准规定的格式绘制标题栏和明细栏，并按一定格式将零、部件进行编号，填写标题栏和明细栏。

12.1.3 装配图的表达方法

装配图的视图表达方法和零件图基本相同，在装配图中也可以使用各种视图、剖视图、断面图等表达方法来表示。但装配图的侧重点是将装配体的结构、工作原理和零件间的装配关系正确、清晰地表示清楚。由于表达的侧重点不同，国家标准对装配图的画法，又做了一些规定。

1. 装配图的规定画法

在实际绘图过程中，国家标准对装配图的绘制方法进行了一些总结性的规定：

- 相邻两零件的接触表面和配合表面只画出一条轮廓线，不接触的表面和非配合表面应画两条轮廓线，如图 12-2 所示。如果距离太近，可以不按比例放大并画出。
- 相邻两零件的剖面线，倾斜方向应尽量相反，如图 12-2 所示。当不能使其相反时，则剖面线的间距不应该相等，或者使剖面线相互错开。
- 同一装配图中的同一零件的剖面线方向间隔都应一致。
- 在装配图中，对于紧固件及轴、球、手柄、键、连杆等实心零件，若沿纵向剖切且剖切平面通过其对称平面或轴线时，这些零件均按不剖绘制。如需表明零件的凹槽、键槽、销孔等结构，可用局部剖视表示。如图 12-2 所中所示的轴、螺钉和键均按不剖绘制。为表示轴和齿轮间的键连接关系，采用局部剖视。
- 图在装配图中，宽度小于或等于 2mm 的窄剖面区域，可全部涂黑表示，如图 12-2 所示中的垫片。

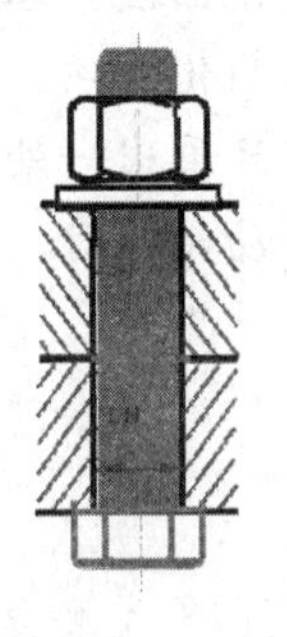

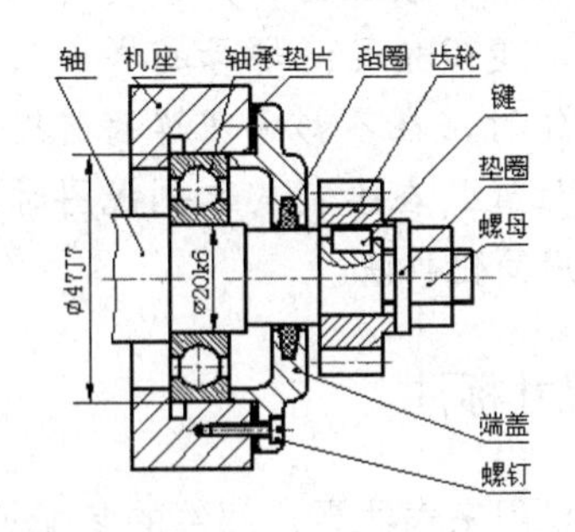

图 12-2 装配图的规定画法

2. 装配图的特殊画法

在绘制装配图中还应注意以下特殊画法：

- 拆卸画法：在装配图的某一视图中，为表达一些重要零件的内、外部形状，可假想拆去一个或几个零件后绘制该视图。如图 12-3 滑动轴承装配图中，俯视图的右半部即是拆去轴承盖、螺栓等零件后画出的。

- 沿结合面剖切画法：为了表达内部结构，多采用拆卸画法。图 12-4 转子油泵的右视图采用的是沿零件结合面剖切画法。
- 单独表示某个零件：在绘制装配图的过程中，当某个零件的形状未表达清楚而又对理解装配图关系有影响时，可单独绘制该零件的某一视图。如图 12-4 转子油泵的 B 向视图。

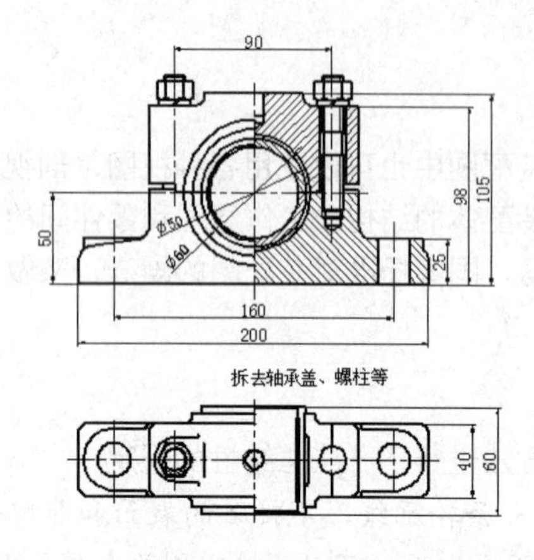

图 12-3　滑动轴承装配图

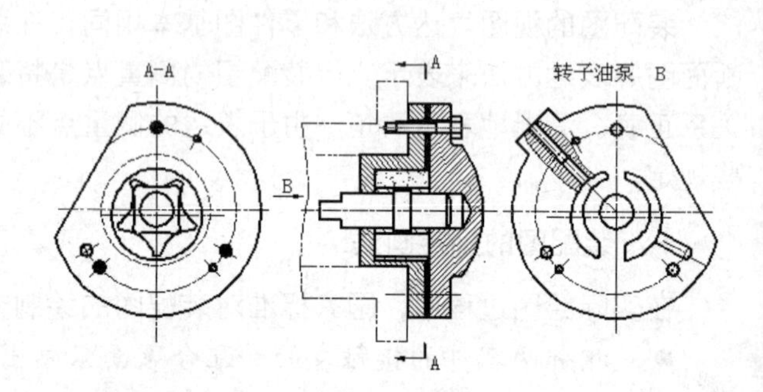

图 12-4　转子油泵

- 夸大画法：在绘制装配图时，有时会遇到薄片零件、细丝零件、微小间隙等的绘制。对于这些零件或间隙，无法按其实际尺寸绘制出，或能绘制出，但不能明显表达其结构，可采用夸大画法，即可把此类零件夸大绘出。
- 假想画法：为了表示与本零件有装配关系但又不属于本部件的其他相邻零部件时，可采用假想画法。将其他相邻零部件使用双点划线画出。
- 展开画法：主要用来表达某些重叠的装配关系或零件动力的传动顺序，如在多极传动变速箱中，为了表达齿轮的传动顺序以及装配关系，可假想将空间轴系按其传动顺序展开在一个平面上，然后绘制出剖视图。
- 简化画法：在绘制装配图时，下列情况可采用简化画法：零件的结构工艺允许不画，如倒角，退刀槽等；螺母的螺栓头允许采用简化画法，如遇到螺纹紧固件等相同的零件组时，在不影响理解的前提下，允许只画出一处，其余可用细点划线表示其中心位置；在绘制装配剖视图时，表示滚动轴承时，一般一半采用规定画法，一半采用简化画法。

12.1.4 装配图的尺寸标注

由于装配图主要是用来表达零、部件的装配关系的，所以在装配图中不需要注出每个零件的全部尺寸，而只需注出一些必要的尺寸。这些尺寸按其作用不同，可分为以下五类。

- 规格尺寸：规格尺寸在设计时就已确定，它主要是用来表示机器或部件的性能，是了解和设置机器的根据。
- 装配尺寸：装配尺寸分为两种，配合尺寸和位置尺寸。前者用来表示两个零件之间的配合性质的尺寸，后者用来表示装配和拆画零件时，需要保证零件间相对位

置的尺寸。

- 外形尺寸：外形尺寸是用来表示机器或部件外形轮廓的尺寸，即机器或部件的总长、总宽、总高等。
- 安装尺寸：安装尺寸是机器或部件安装到基座或其他工作位置时所需的尺寸。
- 其他重要尺寸：在设计过程中经过计算而确定的尺寸和主要零件的主要尺寸以及在装配或使用中必须说明的尺寸，不包含在上述 4 种尺寸之中，在拆画零件时，不能改变。

以上 5 类尺寸，并非装配图中每张装配图上都需全部标注，有时同一个尺寸，可同时兼有几种含义。所以装配图上的尺寸标注，要根据具体的装配体情况来确定。

12.1.5 装配图的技术要求

装配图中的技术要求，一般可从以下几个方面来考虑：

- 装配要求：指装配后必须保证的精度以及装配时的要求等。
- 检验要求：指装配过程中及装配后必须保证其精度的各种检验方法。
- 使用要求：对装配体的基本性能、维护、保养、使用时的要求。

技术要求一般注写在明细表的上方或图样下部空白处。如果内容很多，也可编写成技术文件作为图样的附件。

12.1.6 装配图的视图选择

绘制装配图时，首先要对需要绘制的装配体进行详细的分析和考虑，根据它的工作原理及零件间的装配连接关系，运用前面学过的各种表达方法，选择一组图形，把它的工作原理、装配连接关系和主要零件的结构形状都表达清楚。

1. 主视图的选择

装配图中的主视图应清楚地反映出机器或部件的主要装配关系。一般情况下，其主要装配关系均表现为一条主要装配干线。选择主视图的一般原则是：

- 能清楚地表达主要装配关系或者装配干线。
- 尽量符合机器或者部件的工作位置。

2. 其他视图的选择

仅仅绘制一个主视图，往往不能把所有的装配关系和结构清楚表示出来。因此，还需要选择适当数量和恰当的表达方法来补充主视图中未能表达清楚的部分。所选择的每一个视图或每种表达方法都应有明确的目的，要使整个表达方案达到简练、清晰、正确。

12.1.7 装配图中的零件序号

在绘制好装配图后，为了方便阅读图样，做好生产准备工作和图样管理，对装配图中每种零部件都必须编著序号，并填写明细栏。

在机械制图中，零件序号有一些规定，序号的标注形式有多种，序号的排列也需要遵循一定的原则。

1. 零件序号的一般原则

编注机械装配图中的零件序号一般应遵循以下原则：

- 装配图中每种零件都必须编注序号。
- 装配图中，一个部件只可编写一个序号，同一装配图中，尺寸规格完全相同的零部件，应编写相同的序号。
- 零部件的序号应与明细栏中的序号一致，且在同一个装配图中编注序号的形式一致。

2. 序号标注形式原则

一个完整的零件序号应该由指引线、水平线（圆圈）以及序号数字组成，各部分的含义如下：

- 指引线：指引线用细实线绘制，应将所指部分的可见轮廓部分引出，并在可见轮廓内的起始端画一个圆点。如果所指部分轮廓内不便画圆点时，可在指引线末端画一箭头，并指向该部分的轮廓，如图 12-5 所示。
- 水平线（圆圈）：水平线或者圆圈用细实线绘制，用以注写序号数字。
- 序号数字：编写零、部件序号的常用方法有三种，如图 12-6 所示。在指引线的水平线上或圆圈内注写序号时，其字高比该装配图中尺寸数字高度大一号，也允许大两号。当不画水平线或者圆圈时，在指引线附近注写序号时，序号字高必须比该装配图中所标主尺寸数字高度大两号。

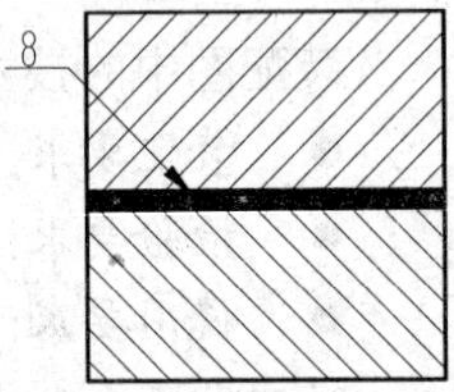

8

图 12-5 指引线画法

3. 序号的编排方法

装配图中的序号应该在装配图的周围按照水平或者垂直方向整齐排列，序号数字可按顺时针或者逆时针方向依次增大。在一个视图上无法连续排列全部所需序号时，可在其他视图上按上述原则继续编写。

4. 其他规定

- 指引线可以画成折线，但只可曲折一次，指引线不能相交，当指引线通过有剖面线的区域时，指引线不应与剖面线平行。
- 一组紧固件以及装配关系清楚的零件组，可以采用公共指引线，如图 12-7 所示。

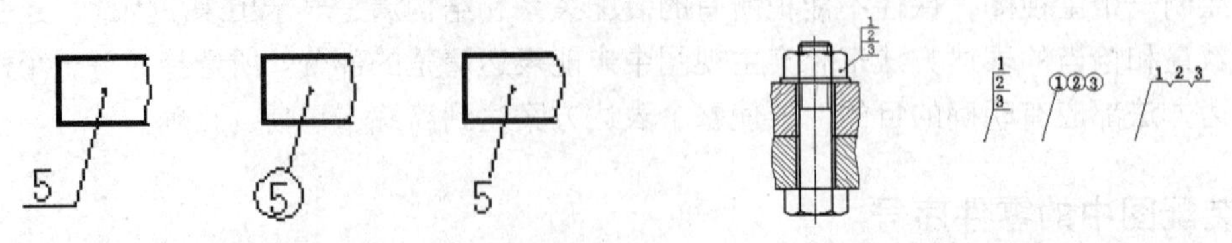

图 12-6 序号的编写形式

图 12-7 公共指引线

12.1.8 标题栏和明细栏

装配图的标题栏可以和零件图的标题栏一样。明细栏应绘制在标题栏上方，外框左右两

侧为粗实线，内框为细实线。为方便添加零件，明细表的零件编写顺序是从上往下。

12.2 装配图的绘制流程

装配图的绘制过程一般分为由内向外法和由外向内法两种。

12.2.1 由内向外法

由内向外法是指首先绘制中心位置的零件，然后以中心位置的零件为基准来绘制外部的零件。一般来说，这种方法适用于装配图中含有箱体的零件。

例如绘制减速器时，即可使用由内向外法，减速器一般包括减速箱、传动轴、齿轮轴、轴承、端盖和键等众多零部件。步骤如下：

- 绘制并导入减速箱俯视图图块文件。
- 绘制并导入齿轮轴图块。
- 平移齿轮轴图块。
- 绘制并导入传动轴图块。
- 平移传动轴图块。
- 绘制并导入圆柱齿轮图块。
- 提取轴承图符。
- 绘制并导入其他零部件图块。
- 块消隐。
- 绘制定距环。

12.2.2 由外向内法

由外向内法是指首先绘制外部零件，然后再以外部零件为基准绘制内部零件。例如，在绘制泵盖装配图时一般使用此方法。其基本步骤如下：

- 绘制外部轮廓线。
- 绘制中心孔连接阀。
- 绘制端盖。
- 绘制外圈螺帽。

在绘制装配图时，除了以上两种绘制方法，还有由左向右，由上向下等方法，在具体绘制过程中，用户可以根据需要选择最适合的方法。

12.3 装配图的一般绘制方法

机械装配图的绘制方法综合起来有直接绘制法、零件插入法和零件图块插图法三种，下面分别介绍每种方法的主要内容。

12.3.1 直接绘制法

直接绘制法适用于绘制比较简单的装配图，本节以绘制如图 12-8 所示的装配图为例进行介绍。

01 打开 AutoCAD 2015，新建图形文件。

02 调用 LIMITS 并按回车键，调用【图形界限】命令，根据命令行的提示设置 A4 大小的图形界限。

03 在命令行中输入 LA 并按回车键，打开【图层特性管理器】，新建【中心线】、【轮廓线】、【虚线】和【标注线】4 个图层。

04 切换到【中心线】层，调用 L【直线】命令，在图形界限中央绘制水平和竖直中心线，如图 12-9 所示。

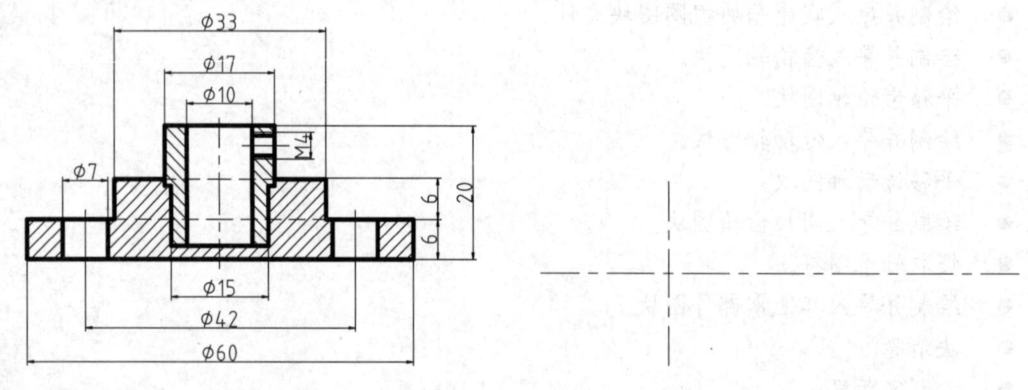

图 12-8　装配体　　　　图 12-9　绘制中心线

05 调用 O【偏移】命令，将水平中心线向上分别偏移 2、6、11、12、20，偏移后图形如图 12-10 所示。

06 重复调用 O【偏移】命令，将竖直中心线分别向右偏移 5、7.5、8.5、16.5、17.5、21、24.5、30，偏移后如图 12-11 所示。

图 12-10　偏移水平中心线　　　　图 12-11　偏移竖直中心线

07 调用 TR【修剪】和 E【删除】命令，对图形进行修整，如图 12-12 所示。

08 选择整个图形（两条中心线除外），将图层切换为【轮廓线】层。在状态栏中显示线宽。如图 12-13 所示。

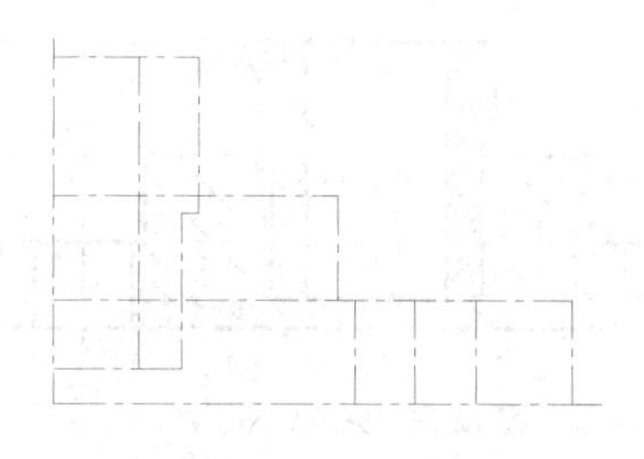

图 12-12　修剪图形

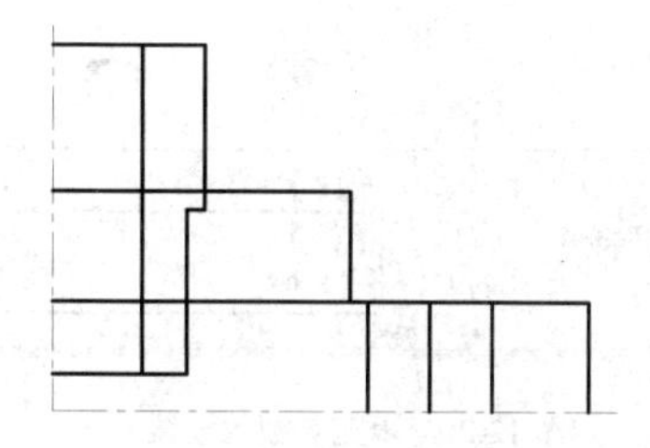

图 12-13　切换图层

09 调用 O【偏移】命令，将最上侧的水平轮廓线分别向下偏移 2、3、5、6、7，绘制孔，如图 12-14 所示。

10 调用 TR【修剪】命令修剪图形，并更改线段图层显示，并调整中心线的长度，如图 12-15 所示。

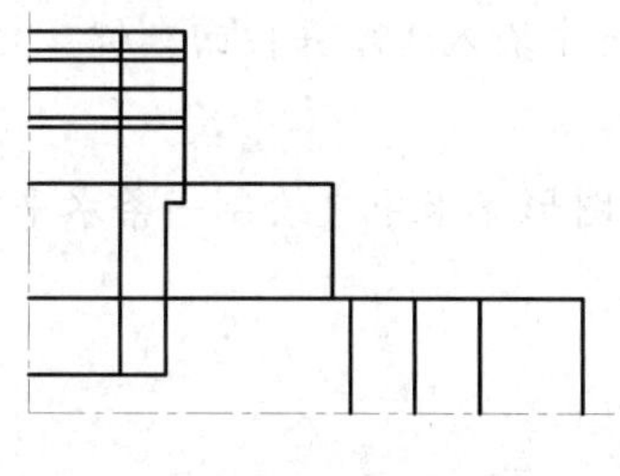

图 12-14　偏移操作

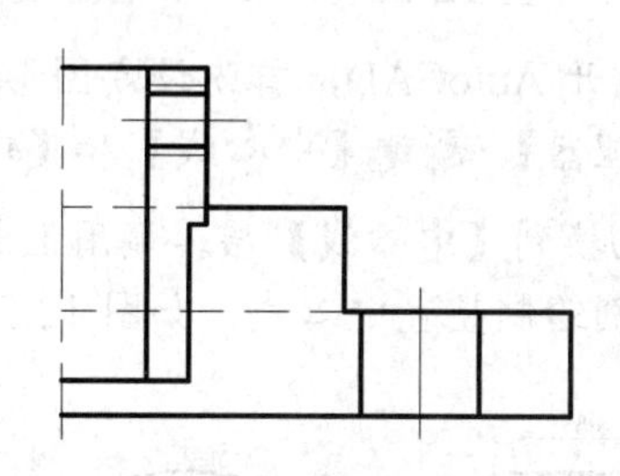

图 12-15　修剪图形

11 调用 MI【镜像】命令，镜像整个图形，如图 12-16 所示。

12 调用 E【删除】命令，删除多余孔，如图 12-17 所示。

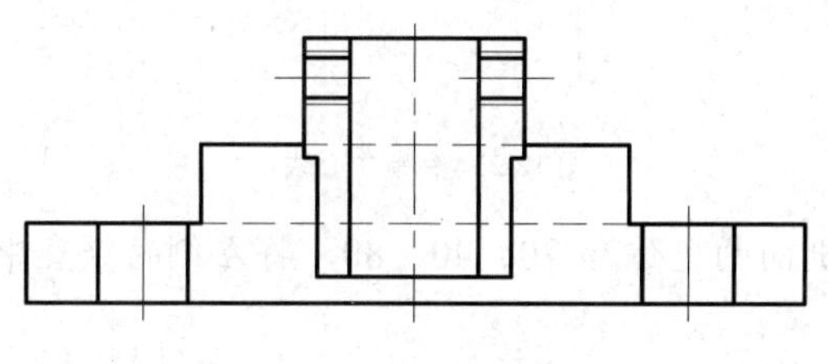

图 12-16　镜像操作

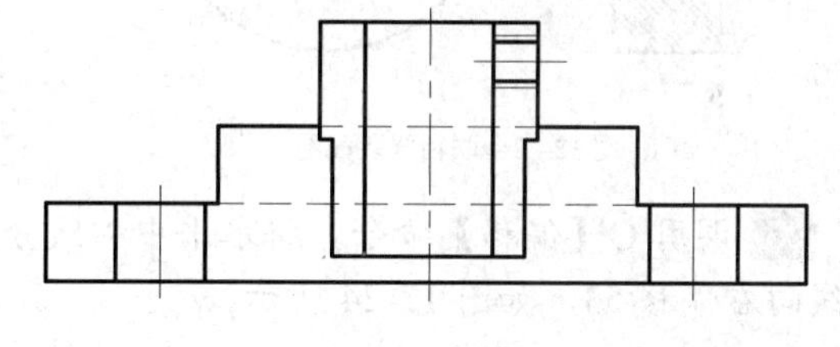

图 12-17　删除多余孔

13 将图层换至默认【0】层，在命令行中输入 ANSI31 并按回车键，在【图案填充创建】选项卡中设置填充参数，如图 12-18 所示，填充效果如图 12-19 所示。

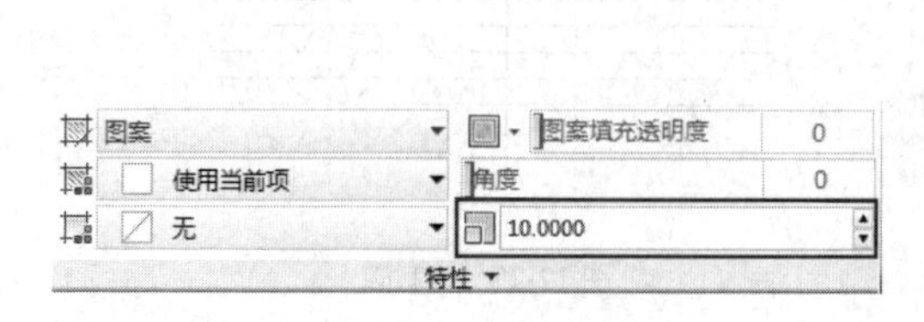

图 12-18　设置填充参数

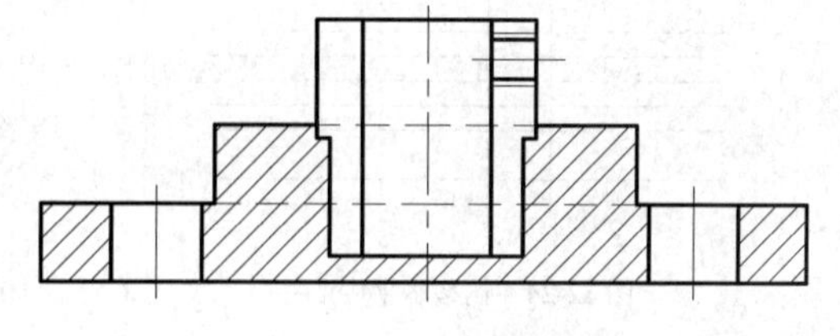

图 12-19　填充后图形

14 对图形进行第二次填充，填充参数如图 12-20 所示，填充后图形如图 12-21 所示，完成整个装配图的绘制。

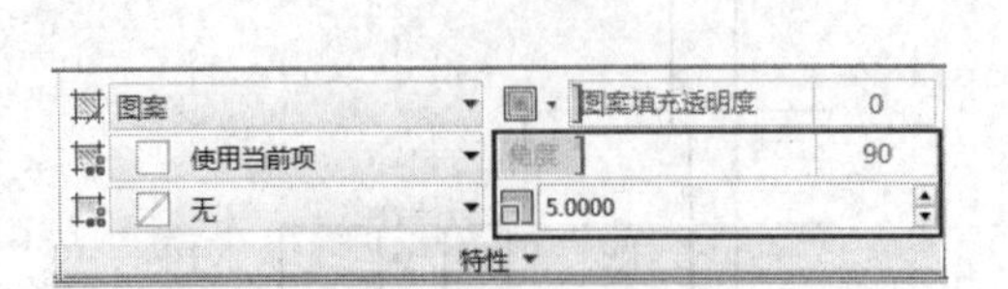

图 12-20 填充参数的设置

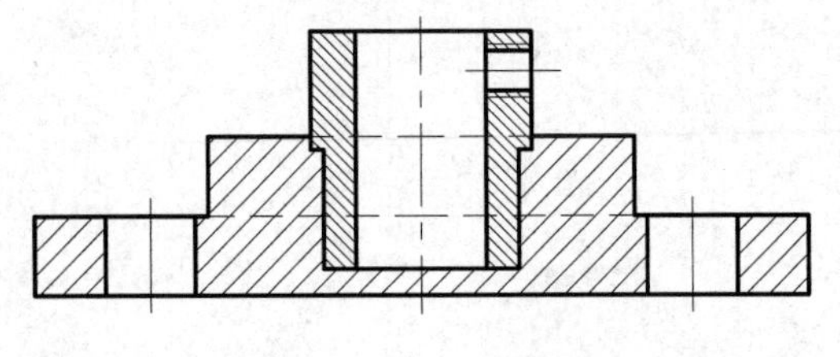

图 12-21 完成后的图形

12.3.2 零件插入法

零件插入法是指首先绘制装配图中的各个零件，然后选择其中一个主体零件，将其他各零件依次通过复制、粘贴等命令插入主体零件中来完成绘制。

本节以如图 12-22 所示的联轴器装配图为例，介绍零件插入法绘制装配图。

01 打开 AutoCAD，首先设定图形界限，再在命令行中输入 LA 并按回车键，打开【图层特性管理器】，新建【中心线】和【轮廓线】两个图层。

02 切换到【中心线】层，调用 L【直线】命令，在图形界限中央绘制一条水平中心线，在两侧分别绘制竖直中心线，如图 12-23 所示。

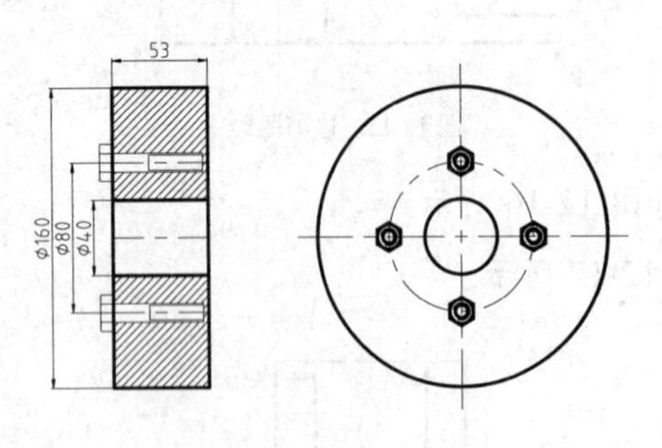

图 12-22 联轴器装配图

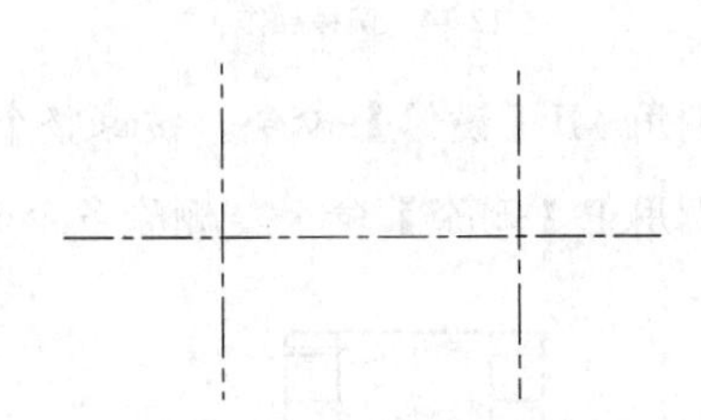

图 12-23 绘制中心线

03 调用 O【偏移】命令，将水平中心线分别向两边偏移 20、40、80，将左侧的竖直中心线向右偏移 53，如图 12-24 所示。

04 调用 C【圆】命令，以水平中心线与最右侧竖直中心线的交点为圆心，分别绘制直径为 80、40、20 的圆，如图 12-25 所示。

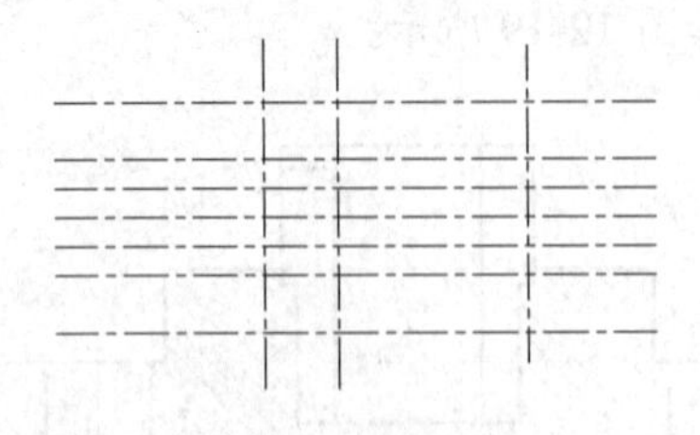

图 12-24 偏移水平中心线

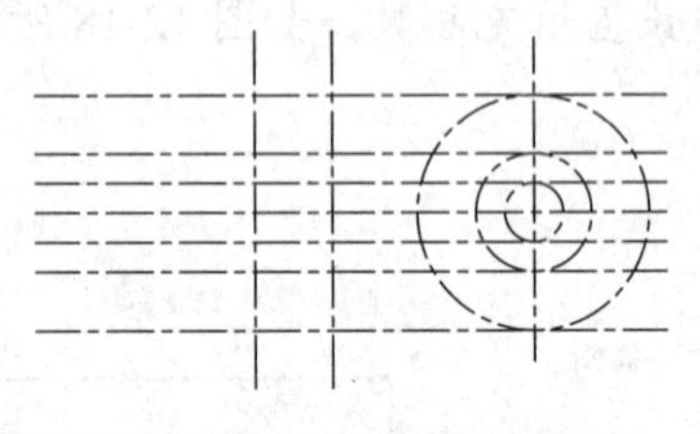

图 12-25 绘制圆

05 调用 TR【剪切】命令，对图形进行修剪操作，然后再将部分轮廓线的图层切换到【轮廓线】层，如图 12-26 所示。

06 分别调用 L【直线】命令、POL【多边形】命令、C【圆】命令等，绘制如图 12-27 所示的螺栓和螺母。

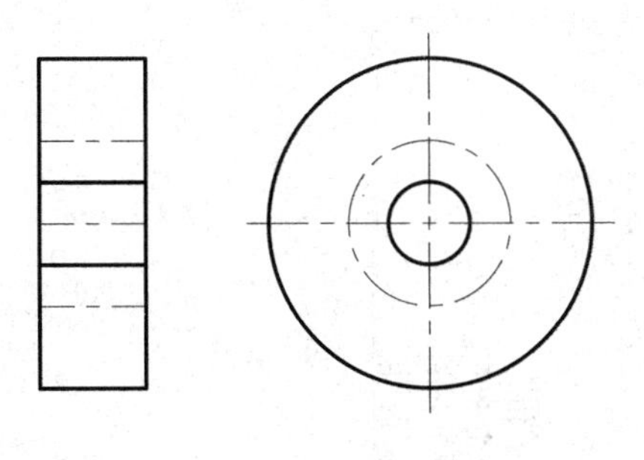

图 12-26　修剪图形

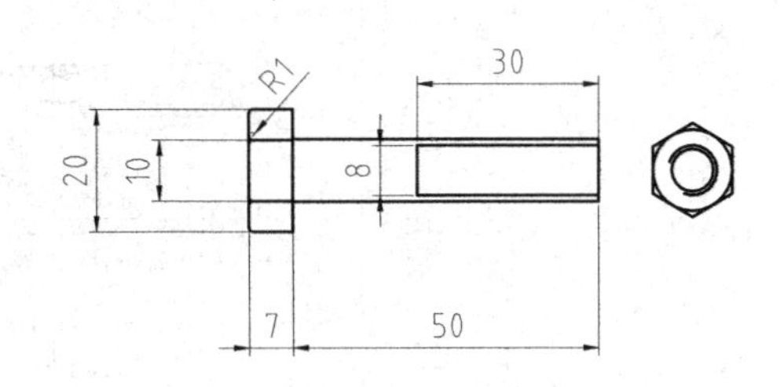

图 12-27　螺栓与螺母

07 完成螺栓和螺母绘制之后便可以进行装配。

08 调用 CO【复制】命令复制螺母，指定螺母的中心点为复制的基点，分别将螺母复制到直径为 40 的圆和中心线的 4 个交点上，图形如图 12-28 所示。

09 调用 CO【复制】命令复制六角螺栓，以螺母下表面中点为基点，复制到连轴器中，如图 12-29 所示。

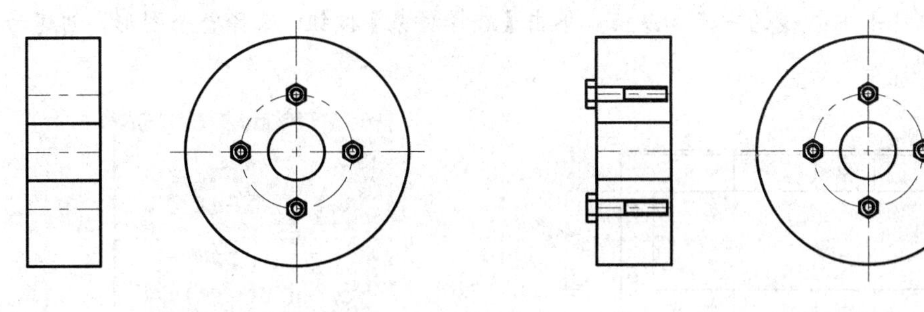

图 12-28　装配螺母　　图 12-29　装配螺栓

10 调用 H【图案填充】命令，在弹出的【图案填充创建】选项卡中设置填充参数如图 12-30 所示，填充后图形如图 12-31 所示。

11 完成该装配图形的绘制。

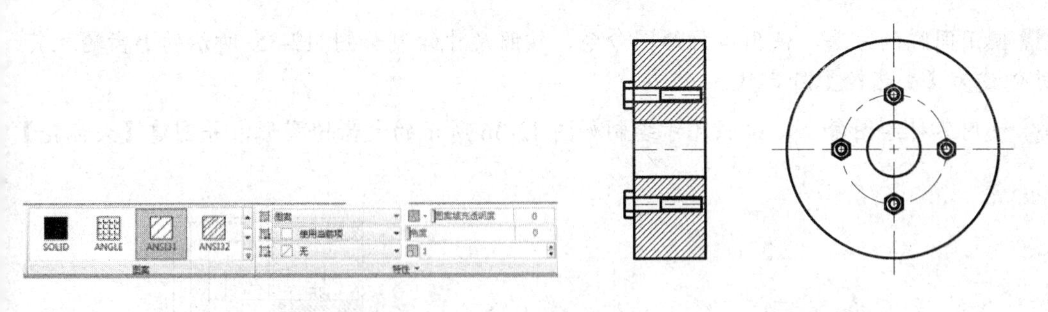

图 12-30　设置填充参数　　图 12-31　填充图形

12.3.3 零件图块插入法

零件图块插入法是指将各种零件均存储为图块，然后以插入图块的方法来配置零件以绘制装配图。下面以如图 12-32 所示的减速器装配图为例进行说明。

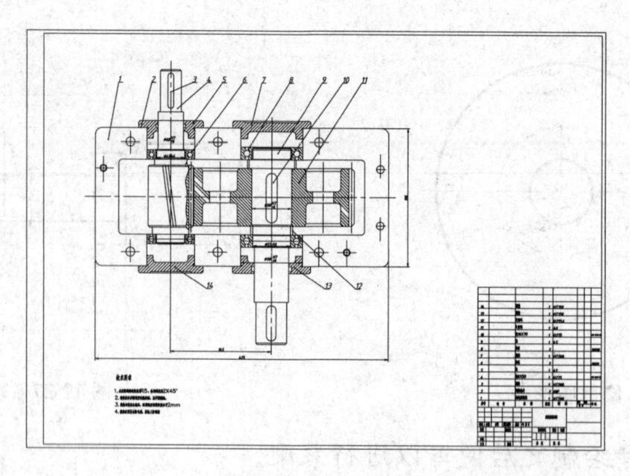

图 12-32　装配图

1. 绘制箱体俯视图并创建块

01 使用前面所学的各种绘图命令，按照尺寸绘制如图 12-33 所示的箱体俯视图。

02 图形绘制完成后，在命令行中输入 W【写块】命令，弹出如图 12-34 所示的【写块】对话框，拾取水平中心线的中点为基点，单击【选择对象】按钮，选择整个图形，创建为【齿轮箱】外部块。

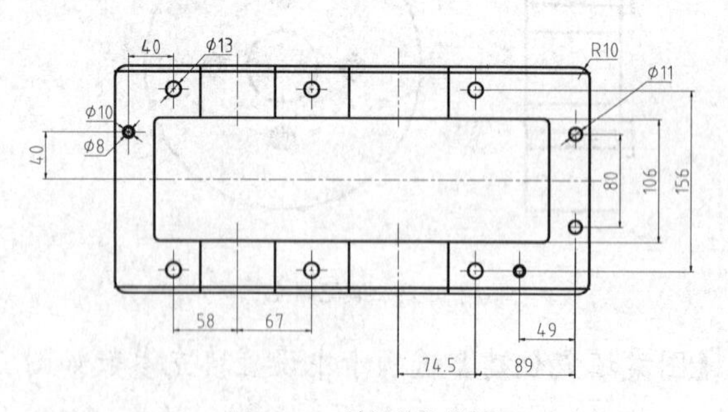

图 12-33　绘制箱体俯视图

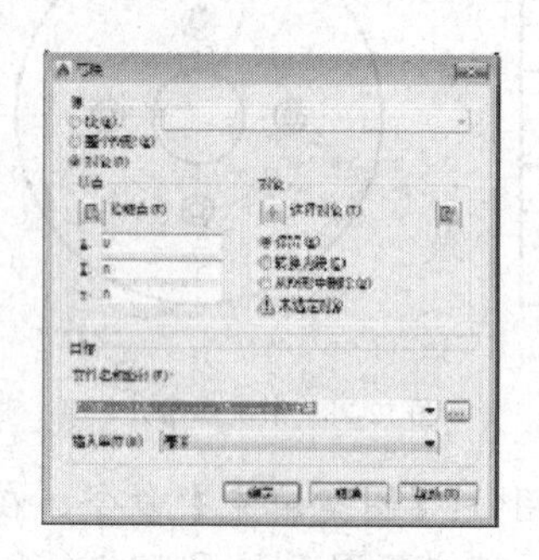

图 12-34 【写块】对话框

2. 创建其他图块

01 使用同样的方法，使用各种绘图命令，按照尺寸绘制如图 12-35 所示的小齿轮及其轴，并创建为【小齿轮】外部块。

02 使用各种绘图命令，按照尺寸绘制如图 12-36 所示的大齿轮图形，并创建【大齿轮】块。

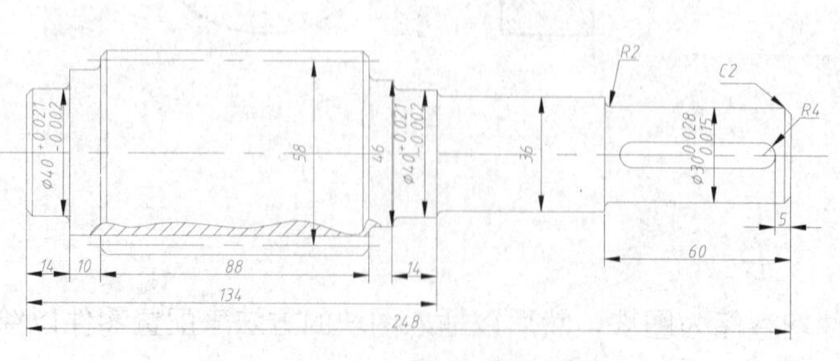

图 12-35　小齿轮及其轴

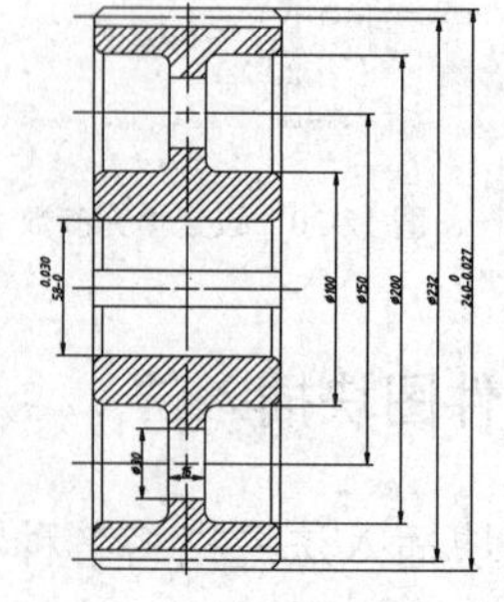

图 12-36　大齿轮

03 绘制如图12-37所示的大齿轮轴，并创建【大齿轮轴】块。

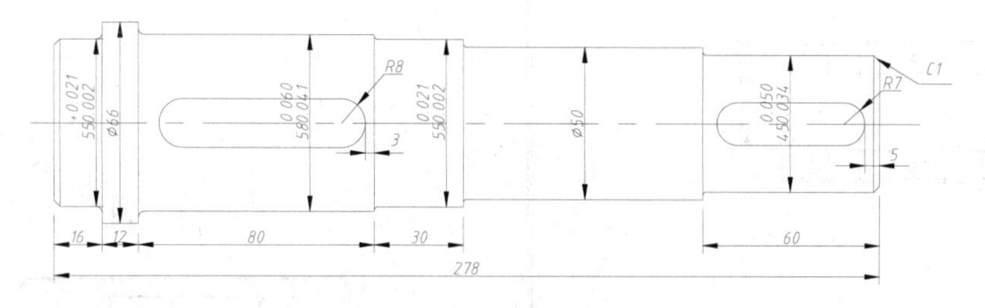

图12-37　大齿轮轴

04 绘制如图12-38所示的大轴承，并创建【大轴承】外部块。

05 绘制如图12-39所示端盖，创建【端盖1】、【端盖2】、【端盖3】和【端盖4】块。

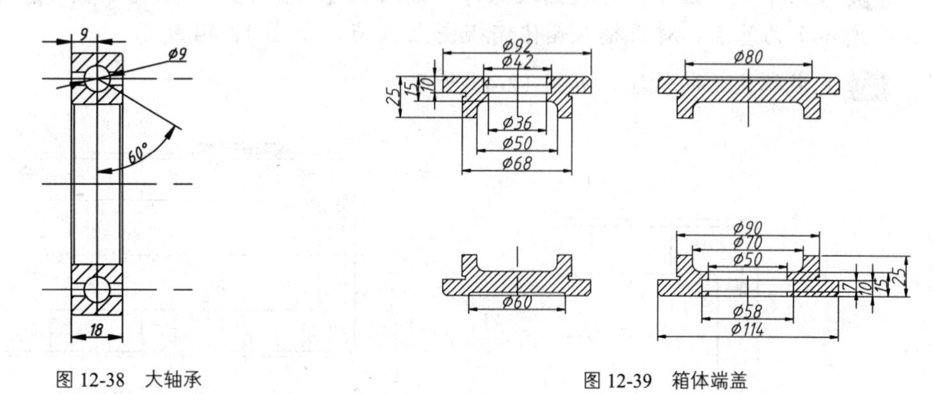

图12-38　大轴承　　图12-39　箱体端盖

3. 由零件图拼装装配图

01 执行【文件】|【新建】命令，弹出【选择样板】对话框，选择【A1.dwt】样板文件新建图形。

02 调用I【插入】命令，系统弹出如图12-40所示的【插入】对话框，单击此对话框中的【浏览】按钮，弹出如图12-41所示的【选择图形文件】对话框。

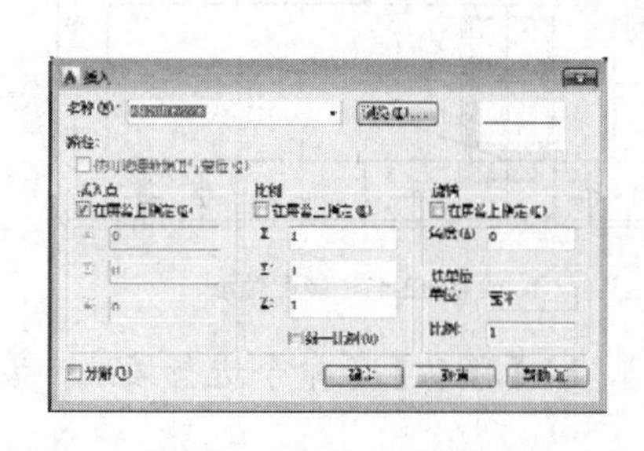

图12-40　【插入】对话框

图12-41　【选择图形文件】对话框

03 在此对话框中选择【箱体俯视图】块，单击【打开】按钮，将其插入至如图12-42所示位置。

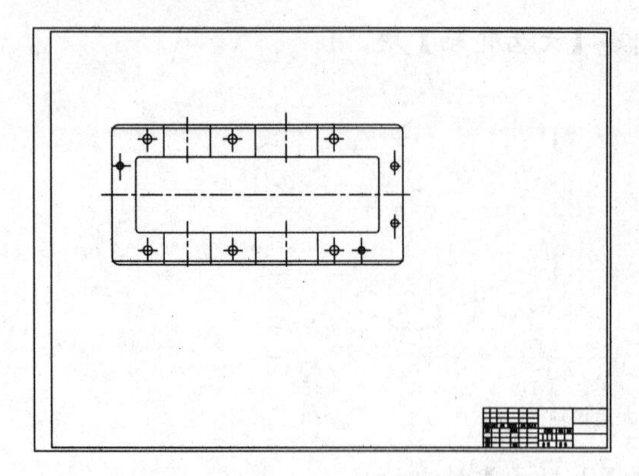

图 12-42　插入箱体图块

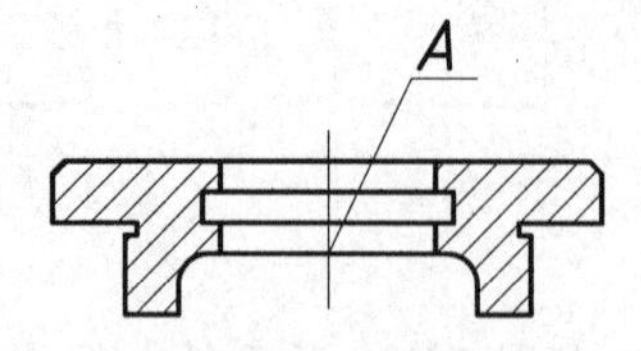

图 12-43　端盖上 A 点

04 按回车键，继续执行块插入操作，插入块【端盖 1】，以块【端盖 1】的 A 点（如图 12-43 所示）为基点，对正插入箱体俯视图上 A 点，如图 12-44 所示。

05 完成端盖 1 的装配，如图 12-45 所示。

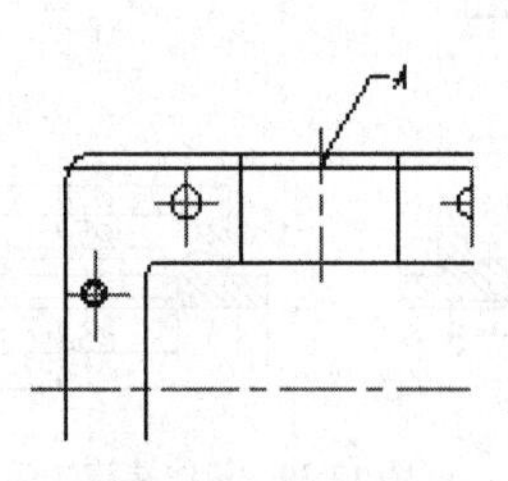

图 12-44　齿轮箱上 A 点

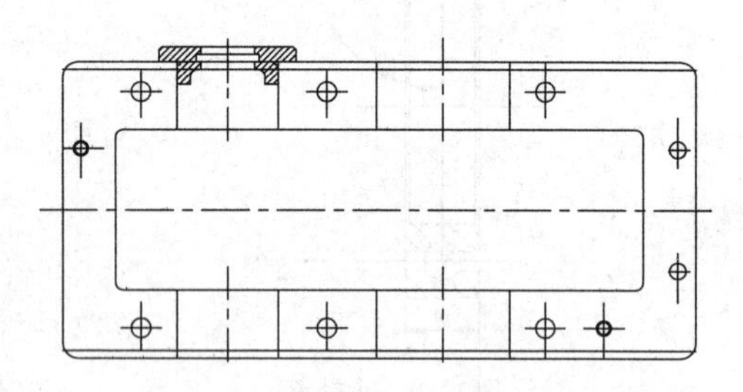

图 12-45　装配端盖 1

06 执行 I【插入】块操作，插入【小齿轮】及其【轴】块，在插入对话框中设置相应的参数，然后调用 M【移动】命令，使得小齿轮及其轴块 B 点与齿轮箱中 B 点重合，如图 12-46 所示。

07 插入【轴承】块，设置相应的参数，装配效果如图 12-47 所示。

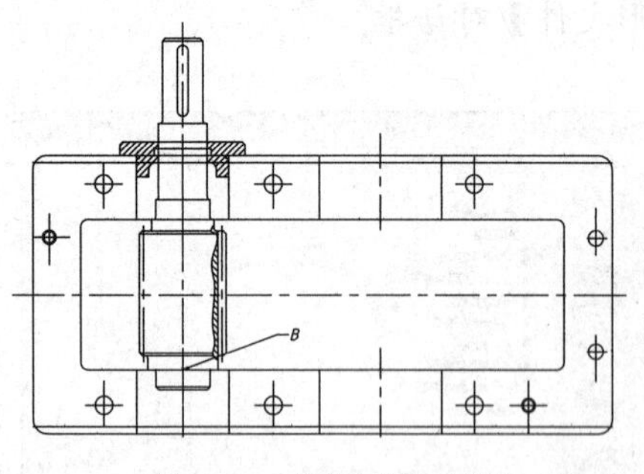

图 12-46　装配小齿轮极其轴

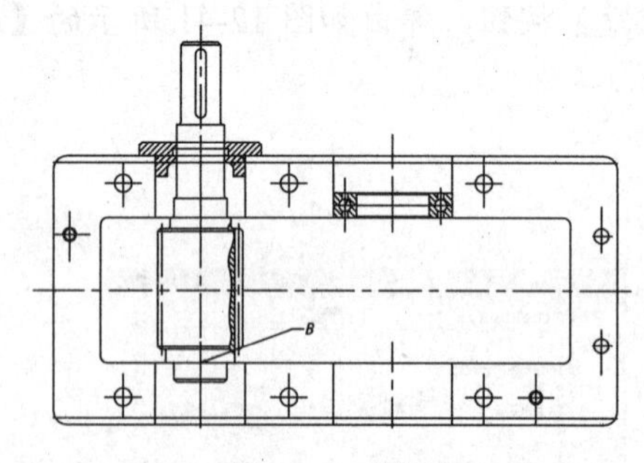

图 12-47　装配轴承

08 插入【大齿轮轴】，插入块后调用 RO【旋转】、M【移动】等命令进行装配，装配效果如图 12-48 所示。

09 插入【端盖 2】，插入块后调用 RO【旋转】、M【移动】等命令进行装配，装配效果如图 12-49 所示。

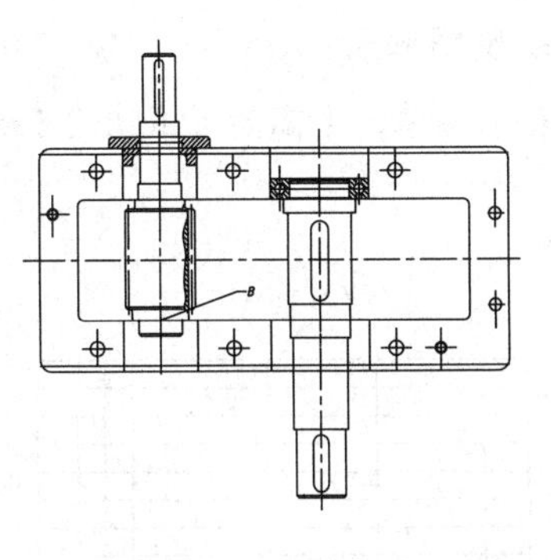

图 12-48　装配大齿轮轴

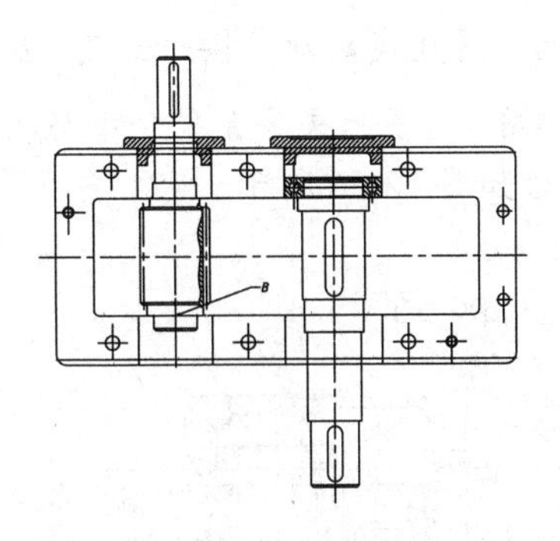

图 12-49　装配端盖 2

10 插入【端盖 3】块，插入块后调用 RO【旋转】、M【移动】等命令进行装配，装配效果如图 12-50 所示。

11 插入【端盖 4】块，插入块后调用 RO【旋转】、M【移动】等命令装配端盖 4，装配效果如图 12-51 所示。

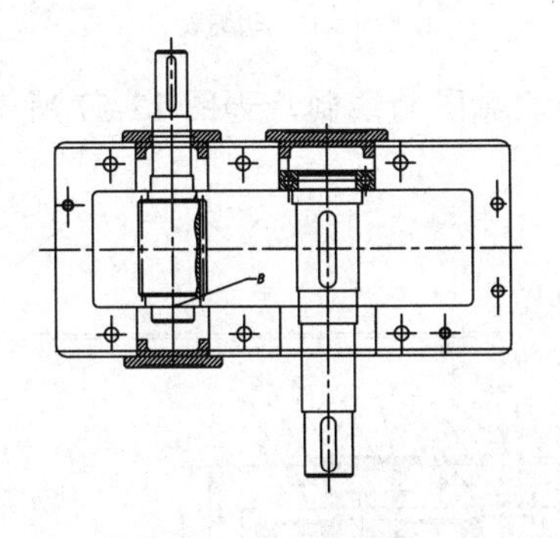

图 12-50　装配端盖 3

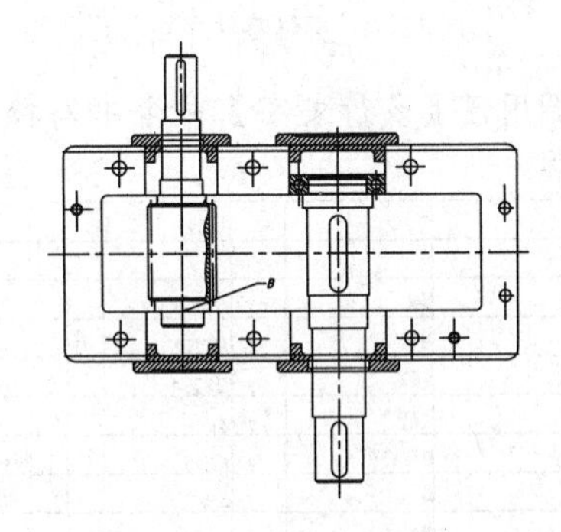

图 12-51　装配端盖 4

12 插入【大齿轮】，插入块后调用 RO【旋转】、M【移动】等命令装配大齿轮，装配效果如图 12-52 所示。

13 插入【轴承】块，将轴承缩放 0.72 倍，插入块后调用 RO【旋转】、M【移动】等命令装配缩放后的轴承，装配效果如图 12-53 所示。

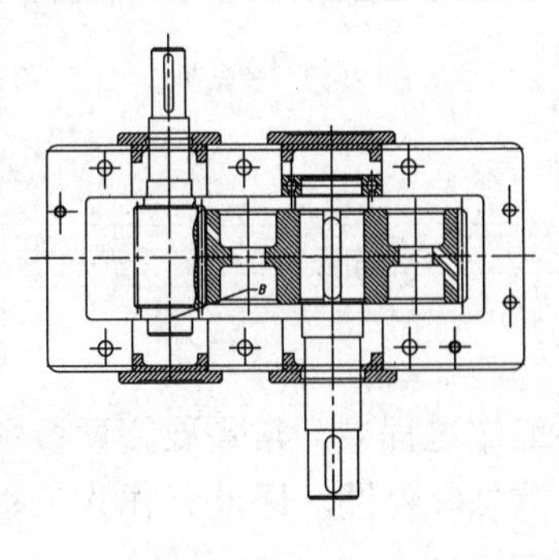

图 12-52　装配大齿轮

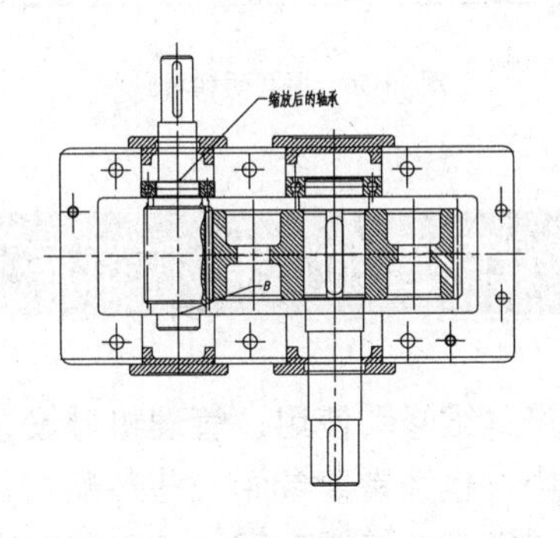

图 12-53　装配缩放后的轴承

4．绘制明细表

01 调用 MLD【多重引线】命令，标注零件序号，标注后如图 12-54 所示。

02 调用【直线】命令按照如图 12-55 所示的尺寸绘制明细表。

03 调用 T【多行文字】命令填写明细表，使用仿宋体字体，字高为 5 或者 2.5 填写明细表，填写后如图 12-56 所示。

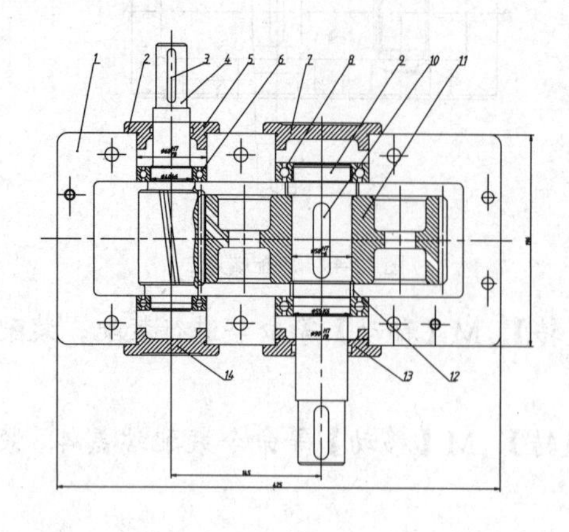

图 12-54　标注零件序号

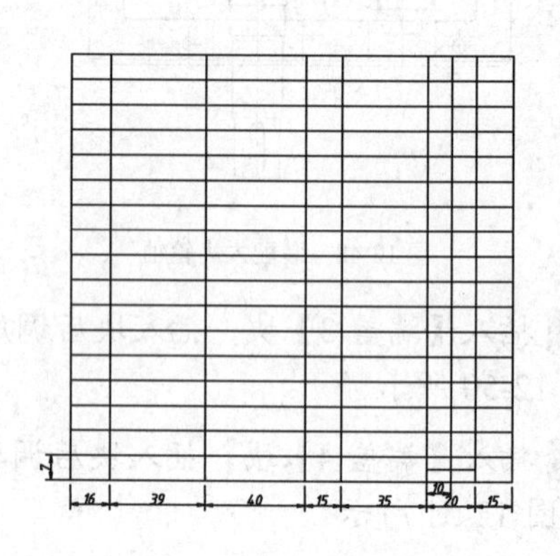

图 12-55　明细表

04 调用 T【多行文字】命令书写技术要求，完成装配图的绘制，如图 12-57 所示。

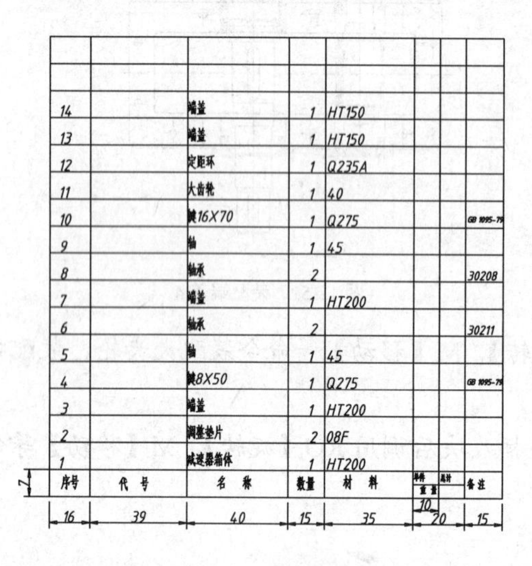

序号	代 号	名 称	数量	材 料	单件重量	总计	备注
14		端盖	1	HT150			
13		端盖	1	HT150			
12		定距环	1	Q235A			
11		大齿轮	1	40			
10		键16X70	1	Q275			GB 1095-79
9		轴	1	45			
8		轴承	2				30208
7		端盖	1	HT200			
6		轴承	2				30211
5		轴	1	45			
4		键8X50	1	Q275			GB 1095-79
3		端盖	1	HT200			
2		调整垫片	2	08F			
1		减速器箱体	1	HT200			

图 12-56　填写明细表

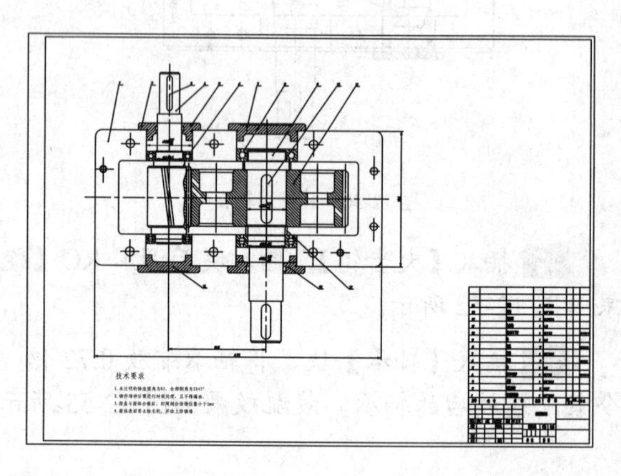

图 12-57　装配图

12.4 装配图的阅读和拆画

在生产、维修和使用、管理机械设备和技术交流等工作过程中，常需要阅读装配图；在设计过程中，也经常要参阅一些装配图，以及由装配图拆画零件图。因此，作为工程界的从业人员，必须掌握读装配图以及由装配图拆画零件图的方法。

12.4.1 读装配图的方法和步骤

读装配图的基本要求可归纳为：

- 了解部件的名称、用途、性能和工作原理。
- 弄清各零件间的相对位置、装配关系和装拆顺序。
- 弄懂各零件的结构形状及作用。

读装配图要达到上述要求，不仅要掌握制图知识，还需要具备一定的生产和相关专业知识。

下面以图 12-58 所示球阀为例说明读装配图的一般方法和步骤。

1．概括了解

由标题栏、明细栏了解部件的名称、用途以及各组成零件的名称、数量、材料等，对于有些复杂的部件或机器还需查看说明书和有关技术资料。以便对部件或机器的工作原理和零件间的装配关系做深入的分析了解。

由图 12-58 的标题栏、明细栏可知，该图所表达的是管路附件——球阀，该阀共有 7 种零件组成。球阀的主要作用是控制管路中流体的流通量。从其作用及技术要求可知，密封结构是该阀的关键部位。

2．分析各视图及其所表达的内容

图 12-58 所示的球阀共采用三个基本视图。主视图采用局部剖视图，主要反映该阀的组成、结构和工作原理。俯视图采用局部剖视图，主要反映阀盖和阀体以及扳手和阀杆的连接关系。左视图采用半剖视图，主要反映阀盖和阀体等零件的形状及阀盖和阀体间连接孔的位置和尺寸等。

3．弄懂工作原理和零件间的装配关系

图 12-58 所示的球阀有两条装配线。从主视图看，一条是水平方向，另一条是垂直方向。其装配关系是：阀盖和阀体用 4 个双头螺柱和螺母连接，并用合适的调整垫调节阀芯与密封圈之间的松紧程度。阀体垂直方向上装配有阀杆，阀杆下部的凸块嵌入到阀芯上的凹槽内。为防止流体泄漏，在此处装有填料垫、填料、并旋入填料压紧套将填料压紧。

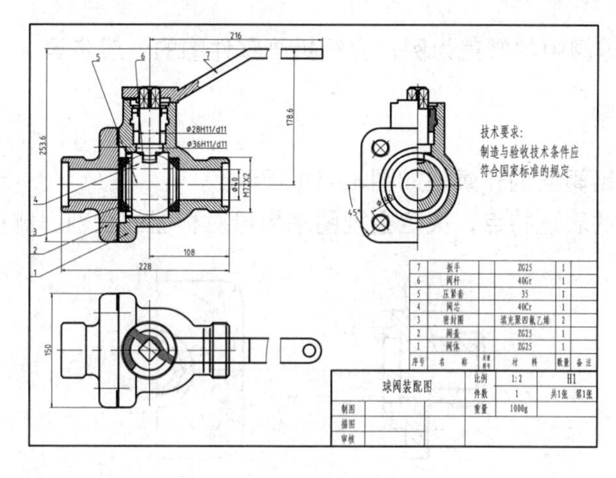

图 12-58　球阀装配图

球阀的工作原理：扳手在主视图中的位置时，阀门为全部开启，管路中流体的流通量最大。当扳手顺时针旋转到俯视图中双点画线所示的位置时，阀门为全部关闭，管路中流体的流通量为零。当扳手处在这两个极限位置之间时，管路中流体的流通量随扳手的位置而改变。

4. 分析零件的结构形状

在弄懂部件工作原理和零件间的装配关系后，分析零件的结构形状，可有助于进一步了解部件结构特点。

分析某一零件的结构形状时，首先要在装配图中找出反映该零件形状特征的投影轮廓。接着可按视图间的投影关系、同一零件在各剖视图中的剖面线方向、间隔必须一致的画法规定，将该零件的相应投影从装配图中分离出来。然后根据分离出的投影，按形体分析和结构分析的方法，弄清零件的结构形状。

12.4.2 由装配图拆画零件图

在设计过程中，需要由装配图拆画零件图，简称拆图。拆图应在全面读懂装配图的基础上进行。

1. 拆画零件图时要注意的三个问题

- 由于装配图与零件图的表达要求不同，在装配图上往往不能把每个零件的结构形状完全表达清楚，有的零件在装配图中的表达方案也不符合该零件的结构特点。因此，在拆画零件图时，对那些未能表达完全的结构形状，应根据零件的作用、装配关系和工艺要求予以确定并表达清楚。此外对所画零件的视图表达方案一般不应简单地按装配图照抄。
- 由于装配图上对零件的尺寸标注不完全，因此在拆画零件图时，除装配图上已有的与该零件有关的尺寸要直接照搬外，其余尺寸可按比例从装配图上量取。标准结构和工艺结构，可查阅相关国家标准来确定。
- 标注表面粗糙度、尺寸公差、形位公差等技术要求时，应根据零件在装配体中的作用，参考同类产品及有关资料确定。

2. 拆图实例

以图 12-58 所示球阀中的阀盖为例，介绍拆画零件图的一般步骤。

❑ 确定表达方案

由装配图上分离出阀盖的轮廓，如图 12-59 所示。
根据端盖类零件的表达特点，决定主视图采用沿对称面的全剖，侧视图采用一般视图。

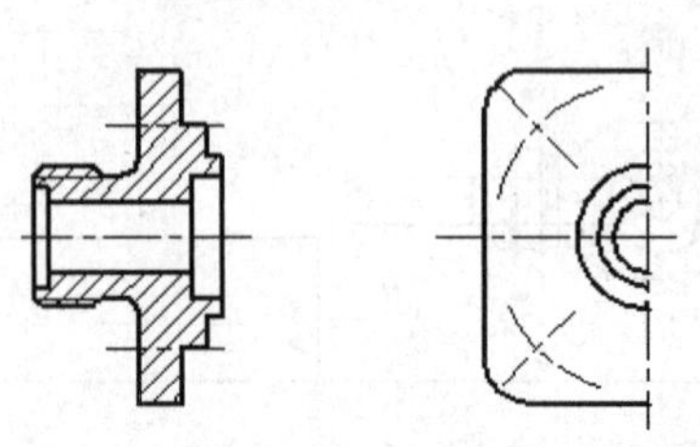

图 12-59　由装配图上分离出阀盖的轮廓

❑ 尺寸标注

对于装配图上已有的与该零件有关的尺寸要直接照搬，其余尺寸可按比例从装配图上量

取。标准结构和工艺结构，可查阅相关国家标准确定，标注阀盖的尺寸。

❑　技术要求标注

根据阀盖在装配体中的作用，参考同类产品的有关资料，标注表面粗糙度、尺寸公差、形位公差等，并注写技术要求。

❑　填写标题栏

填写标题栏，核对检查，完成后的效果如图 12-60 所示。

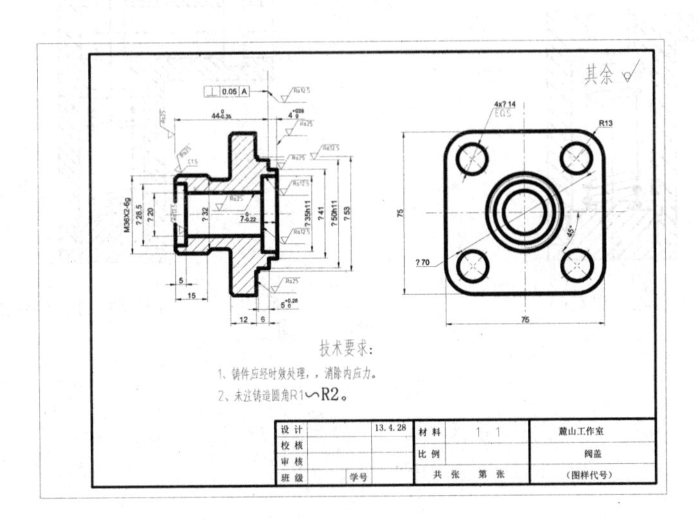

图 12-60　阀盖零件图

12.5 习 题

（1）根据附赠光盘提供的【齿轮泵】零件图，绘制如图 12-61 所示的装配图。

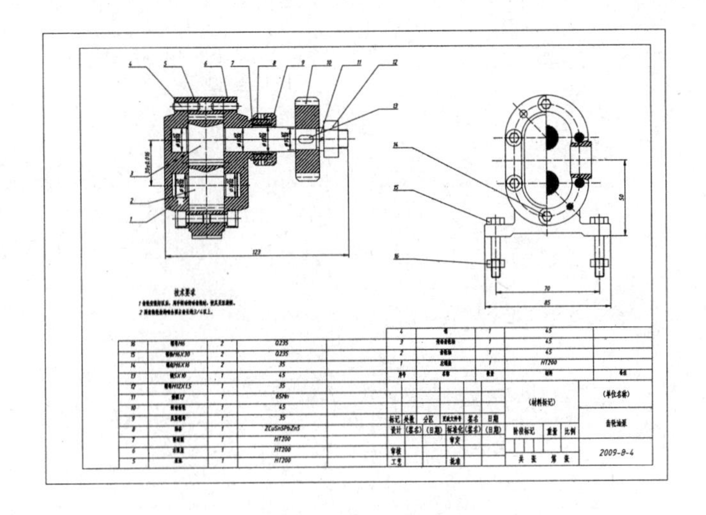

图 12-61　齿轮泵装配图

（2）试将图 12-62 所示装配图拆画成如图 12-63 所示的零件图。

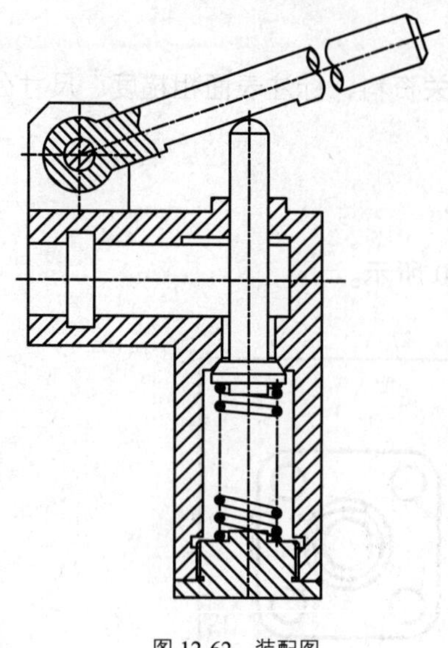

图 12-62　装配图

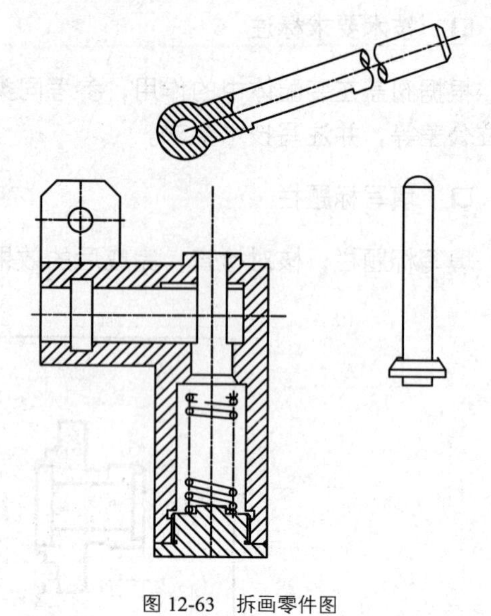

图 12-63　拆画零件图

第13章 三维实体创建和编辑

本章导读

AutoCAD 不仅具有强大的二维绘图功能，而且还具备较强的三维绘图功能。利用三维绘图功能可以绘制各种三维的线、平面以及曲面等，而且可以直接创建三维实体模型，并对实体模型进行抽壳、布尔等编辑。

树立正确的空间观念，灵活建立和使用三维坐标系，准确地在三维空间中设置视点，既是整个三维绘图的基础，同时也是三维绘图的难点所在。本章详细讲解了三维绘图的基本知识，以及三维建模及编辑的功能。

本章重点

- 三维模型分类
- 三维坐标系统
- 观察三维模型
- 视觉样式
- 绘制基本实体
- 由二维对象生成三维实体
- 典型范例——创建管道接口
- 布尔运算
- 操作三维对象
- 编辑实体边
- 编辑实体面
- 编辑实体

13.1 三维模型分类

AutoCAD 主要支持三种类型的三维模型—线框模型、曲面模型和实体模型。每种模型都有自己的创建方法和编辑方式。

13.1.1 线框模型

线框模型是一种轮廓模型，它是三维对象的轮廓描述，主要由描述对象的三维直线和曲线组成，没有面和体的特征。线框模型是三维对象的轮廓描述，由描述对象的点、直线和曲线组成。在 AutoCAD 中，可以通过在三维空间绘制点、线、曲线的方式得到线框模型。

如图 13-1 所示为线框模型效果。

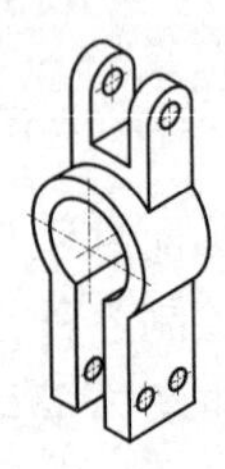

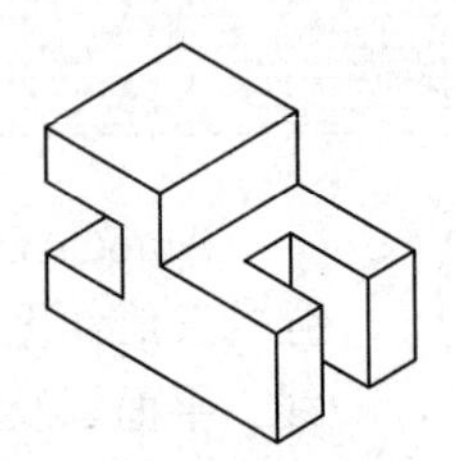

图 13-1 线框模型

线框模型虽然结构简单，但构成模型的各条线需要分别绘制。此外，线框模型没有面和体的特征，即不能对其进行面积、体积、重心、转动质量、惯性矩形等计算，也不能进行隐藏、渲染等操作。

13.1.2 曲面模型

曲面模型是将棱边围成的部分定义形体表面，再通过这些面的集合来定义形体。AutoCAD 的曲面模型用多边形网格构成的小平面来近似定义曲面。表面模型特别适合于构造复杂曲面，如模具、发动机叶片、汽车等复杂零件的表面，它一般使用多边形网格定义镶嵌面。由于网格面是平面的，因此网格只能近似于曲面。

如图 13-2 所示为创建的曲面模型。

对于由网格构成的曲面，多边形网格越密，曲面的光滑程度越高。此外，由于曲面模型具有面的特征，因此可以对它进行计算面积、隐藏、着色、渲染、求两表面交线等操作。

13.1.3 实体模型

实体模型是最经常使用的三维建模类型，它不仅具有线和面的特征，而且还具有体的特征，各实体对象间可以进行各种布尔运算操作，从而创建复杂的三维实体模型。

对于实体模型，可以直接了解它的特性，如体积、重心、转动惯量、惯性矩等，可以对它进行隐藏、剖切、装配干涉检查等操作，还可以对具有基本形状的实体进行并、交、差等布尔运算，以构造复杂的模型。

如图 13-3 所示为创建的实体模型。

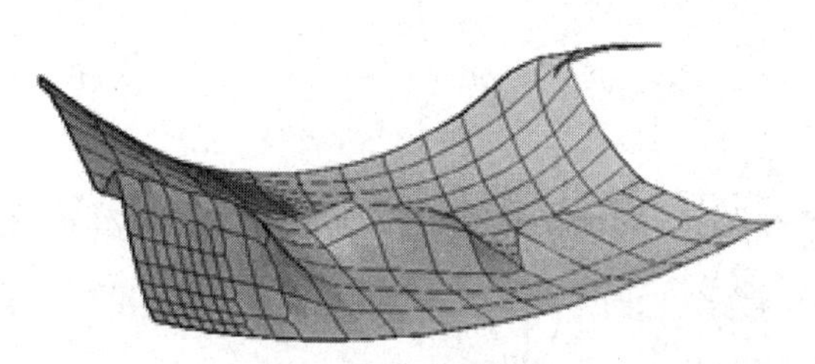

图 13-2　表面模型

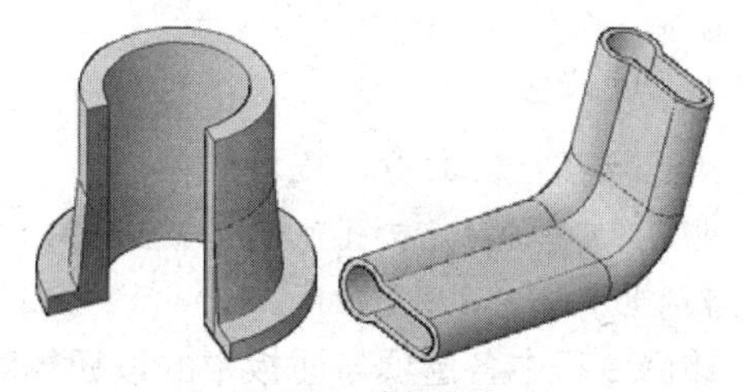

图 13-3　实体模型

13.2 三维坐标系统

在三维建模过程中，坐标系及其切换是 CAD 三维图形绘制中不可缺少的元素，在该界面上创建三维模型，其实是在平面上创建三维图形，而视图方向的切换则是通过调整坐标位置和方向获得。因此三维坐标系是确定三维对象位置的基本手段，是研究三维空间的基础。

13.2.1 UCS 概念及特点

在 AutoCAD 中，坐标系包括世界坐标系（WCS）和用户坐标系（UCS）两种类型。世界坐标系是系统默认的二维图形坐标系，它的原点及各坐标轴的方向固定不变，因而不能满足三维建模的需要。

用户坐标系是通过变换坐标系原点及方向形成的，用户可根据需要随意更改坐标系原点及方向。用户坐标系主要应用于三维模型的创建。

13.2.2 定义 UCS

UCS 坐标系表示了当前坐标系的坐标轴方向和坐标原点位置，也表示了相对于当前 UCS 的 XY 平面的视图方向，尤其在三维建模环境中，它可以根据不同的指定方位来创建模型特征。要新建 UCS，直接在命令行中输入 UCS 并按回车键，然后根据命令行的提示选取合适位置即可。如果欲使新建 UCS 在空间变换方位，需要通过其他工具实现，如图 13-4 所示为 AutoCAD 2015 中的【坐标】面板，用户可以利用该面板中的相应按钮对坐标系进行相应的操作。

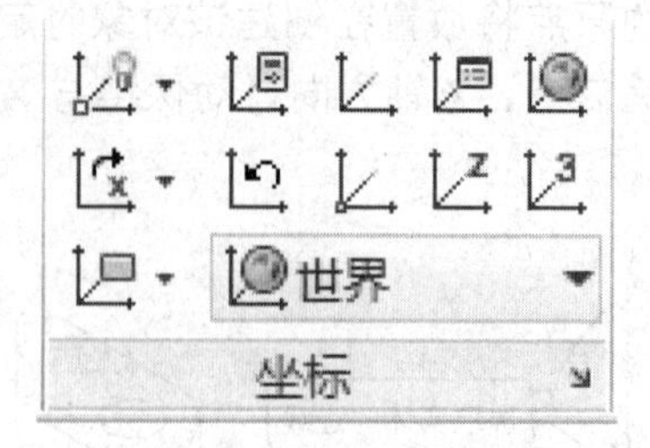

图 13-4　【坐标】面板

【坐标】面板中常用的按钮的含义如下：

1. UCS

单击该按钮，命令行提示如下：

```
指定 UCS 的原点或 [面(F)/命名(NA)/对象(OB)/上一个(P)/视图(V)/世界(W)/X/Y/Z/Z 轴(ZA)] <世界>:
```

该命令行中各选项与面板中的按钮相对应。

2. 世界

该工具用来切换回模型或视图的世界坐标系，即 WCS 坐标系。世界坐标系也称为通用或绝对坐标系，它的原点位置和方向始终是保持不变的。

3. 上一个 UCS

上一个 UCS，顾名思义是指通过使用上一个 UCS 确定坐标系，它相当于绘图中的撤销操作，可返回上一个绘图状态，但区别在于该操作仅返回上一个 UCS 状态，其他图形保持更改后的效果。

4. 面 UCS

该工具主要用于将新用户坐标系的 XY 平面与所选实体的一个面重合。在模型中选取实体面或选取面的一个边界，此面被加亮显示，按 Enter 键即可将该面与新建 UCS 的 XY 平面重合，效果如图 13-5 所示。

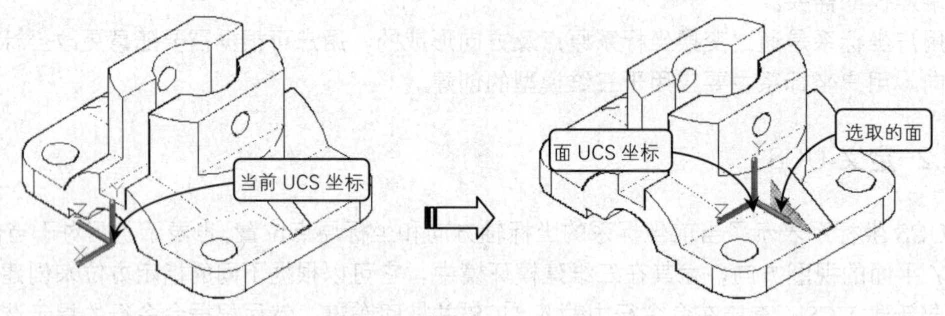

图 13-5 创建面 UCS 坐标

5. 对象

该工具通过选择一个对象，定义一个新的坐标系，坐标轴的方向取决于所选对象的类型。当选择一个对象时，新坐标系的原点将放置在创建该对象时定义的第一点，X 轴的方向为从原点指向创建该对象时定义的第二点，Z 轴方向自动保持与 XY 平面垂直，如图 13-6 所示。

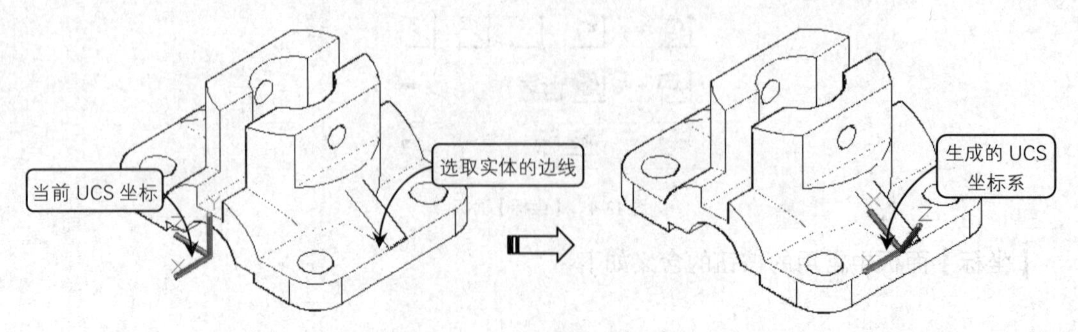

图 13-6 由选取对象生成 UCS 坐标

如果选择不同类型的对象，坐标系的原点位置和与 X 轴的方向会有所不同，选取对象与坐标的关系见表 13-1。

表 13-1　选取对象与坐标的关系

对象类型	新建 UCS 坐标方式
直线	距离选取点最近的一个端点成为新 UCS 的原点，X 轴沿直线的方向，并使该直线位于新坐标系的 XY 平面。
圆	圆的圆心成为新 UCS 的原点，X 轴通过选取点。
圆弧	圆弧的圆心成为新 UCS 的原点，X 轴通过距离选取点最近的圆弧端点。
二维多段线	多段线的起点成为新 UCS 的原点，X 轴沿从起点到下一个顶点的线段延伸方向。
实心体	实体的第一点成为新 UCS 的原点，新 X 轴为两起始点之间的直线。
尺寸标注	标注文字的中点为新的 UCS 的原点，新 X 轴的方向平行于绘制标注时有效 UCS 的 X 轴。

6. 视图

该工具可使新坐标系的 XY 平面与当前视图方向垂直，Z 轴与 XY 面垂直，而原点保持不变。通常情况下，该方式主要用于标注文字，当文字需要与当前屏幕平行而不需要与对象平行时用此方式比较简单。

7. 原点

该工具按钮是系统默认的 UCS 坐标创建方法，它主要用于修改当前用户坐标系的原点位置，坐标轴方向与上一个坐标相同，由它定义的坐标系将以新坐标存在。

在命令行中输入 UCS 并按回车键，然后配合状态栏中的【对象捕捉】功能，捕捉模型上的一点，按 Enter 键结束操作。

8. Z 轴矢量

该工具按钮是通过指定一点作为坐标原点，指定一个方向作为 Z 轴的正方向，从而定义新的用户坐标系。此时，系统将根据 Z 轴方向自动设置 X 轴、Y 轴的方向，如图 13-7 所示。

9. 三点

该方式是最简单、也是最常用的一种方法，只需选取 3 个点就可确定新坐标系的原点、X 轴与 Y 轴的正向。指定的原点是坐标旋转时的基准点，再选取一点作为 X 轴的正方向，因为 Y 轴的正方向实际上已经确定。当确定 X 轴与 Y 轴的方向后，Z 轴的方向自动设置为与 XY 平面垂直。

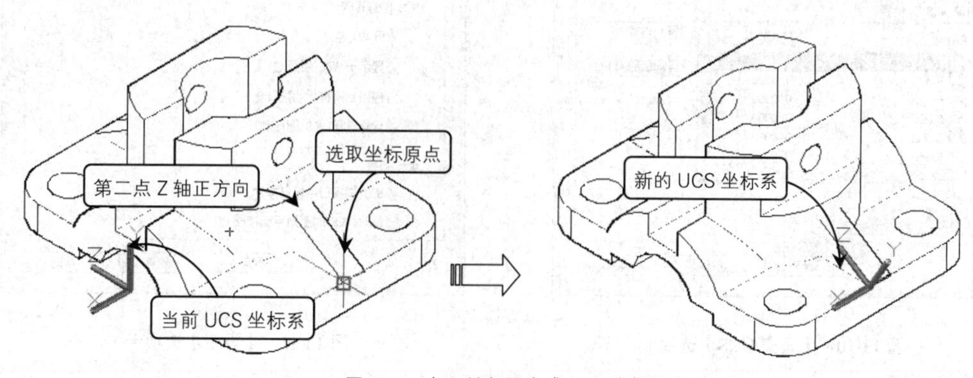

图 13-7　由 Z 轴矢量生成 UCS 坐标系

10. X/Y/Z 轴

该方式是将当前 UCS 坐标绕 X 轴、Y 轴或 Z 轴旋转一定的角度，从而生成新的用户坐标系。它可以通过指定两个点或输入一个角度值来确定所需要的角度。

13.2.3 编辑 UCS

在命令行输入 UCSMAN 并按回车键确认，弹出【UCS】对话框，如图 13-8 所示。该对话框集中了 UCS 命名、UCS 正交、显示方式设置以及应用范围设置等多项功能。

切换至【命名 UCS】选项卡，如果单击【置为当前】按钮，可将坐标系置为当前工作坐标系，单击【详细信息】按钮，弹出的【UCS 详细信息】对话框中显示当前使用和已命名的 UCS 信息，如图 13-9 所示。

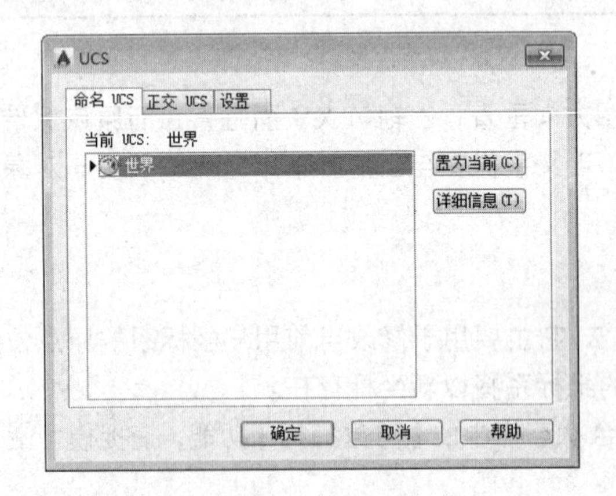

图 13-8 【UCS】对话框

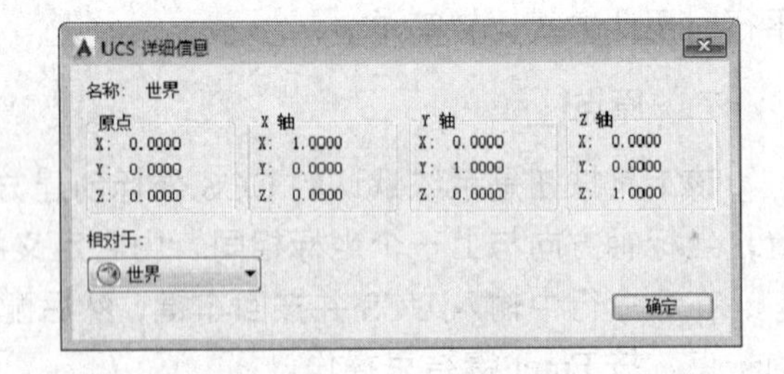

图 13-9 显示当前 UCS 信息

【正交 UCS】选项卡用于将 UCS 设置成一个正交模式。用户可以在【相对于】下拉列表中确定用于定义正交模式 UCS 的基本坐标系，也可以在【当前 UCS：UCS】列表框中选择某一正交模式，并将其置为当前使用，如图 13-10 所示。

单击【设置】选项卡，则可通过【UCS 图标设置】和【UCS 设置】选项组设置 UCS 图标的显示形式、应用范围等特性，如图 13-11 所示。

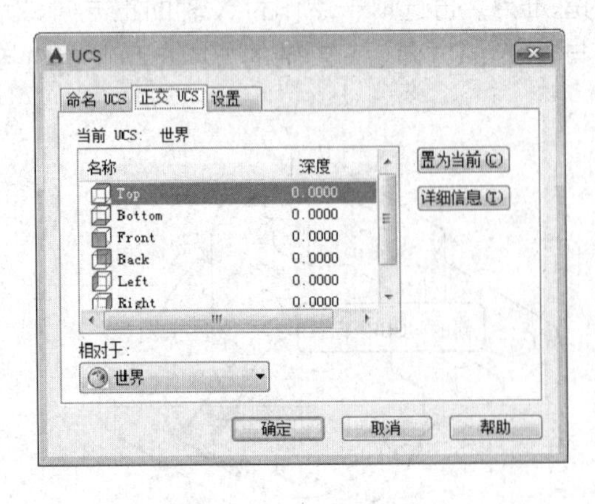

图 13-10 【正交 UCS】选项卡

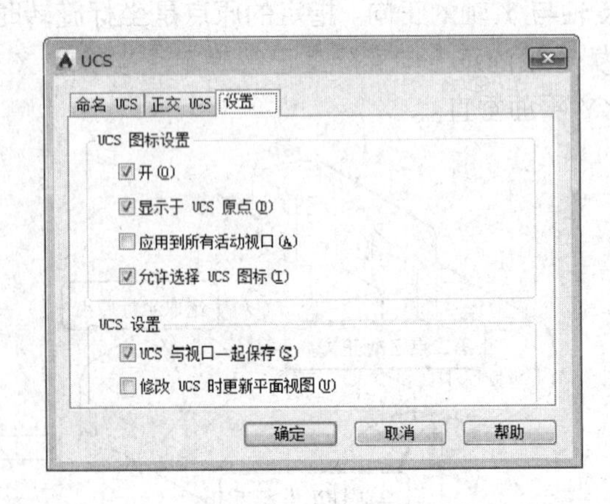

图 13-11 【设置】选项卡

13.2.4 动态 UCS

使用动态 UCS 功能，可以在创建对象时使 UCS 的 XY 平面自动与实体模型上的平面临时对齐。

执行动态 UCS 命令的方法有以下几种：

- 快捷键：按 F6 键。
- 状态栏：单击状态栏中的【将 UCS 捕捉到活动实体平面】按钮。

调用该命令后，使用绘图命令时，可以通过在面的一条边上移动光标对齐 UCS，而无需使用 UCS 命令。结束该命令后，UCS 将恢复到其上一个位置和方向。使用动态 UCS 绘图如图 13-12 所示。

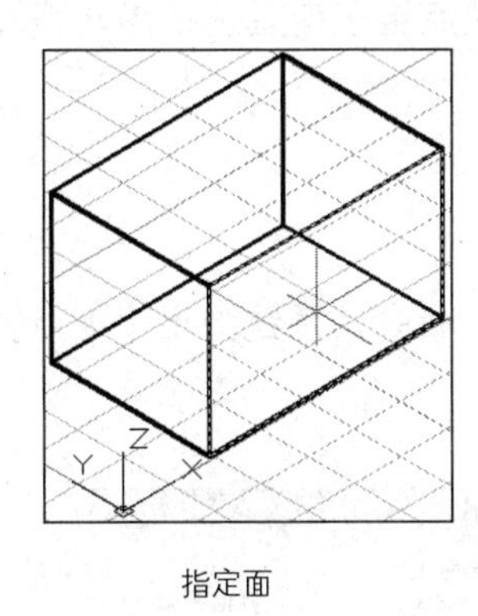

指定面

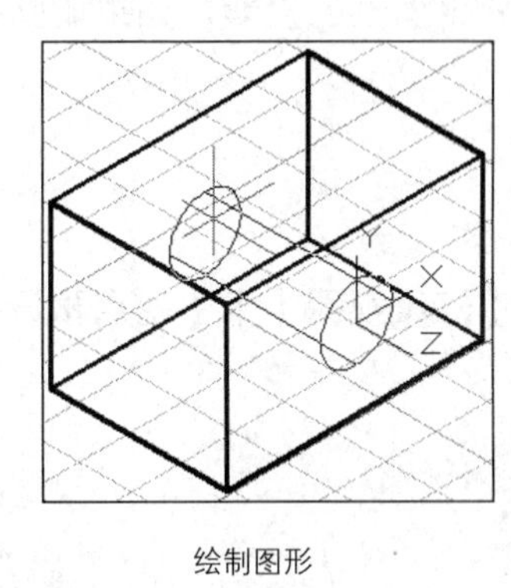

绘制图形

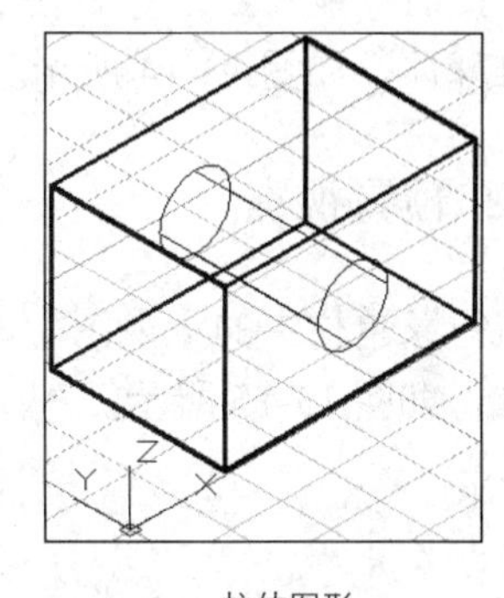

拉伸图形

图 13-12　使用动态 UCS

13.2.5 UCS 夹点编辑

AutoCAD 2015 的 UCS 坐标图标具有夹点编辑功能，使坐标调整更为直观和快捷。

单击视口中的 UCS 图标，可将其选择，此时会出现相应的原点夹点和轴夹点，单击原点夹点并拖动，可以调整坐标原点的位置，选择轴夹点并拖动，可调整轴的方向，如图 13-13 所示。

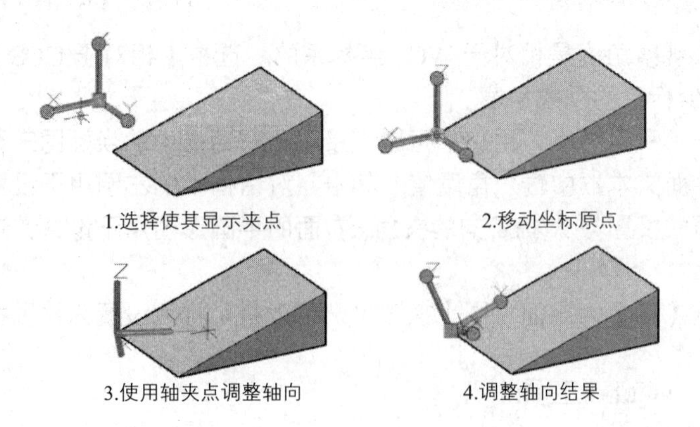

图 13-13　使用 UCS 坐标夹点功能

13.3 观察三维模型

在三维建模环境中，为了创建和编辑三维图形各部分的结构特征，需要不断地调整显示方式和视图位置，以更好地观察三维模型。本节主要介绍控制三维视图显示方式和从不同方位观察三维视图的方法和技巧。

13.3.1 设置视点

视点是指观察图形的方向。例如，绘制三维球体时，如果使用平面坐标系即 Z 轴垂直于屏幕，此时仅能看到该球体在 XY 平面上的投影，如果调整视点至东南轴测视图，将看到的是三维球体，如图 13-14 所示。

13.3.2 预置视点

执行菜单栏中的【视图】|【三维视图】|【视点预设】命令，系统弹出【视点预设】对话框，如图 13-15 所示。

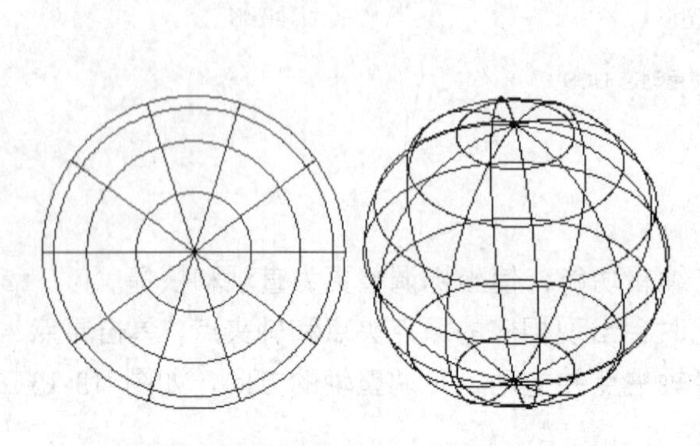

图 13-14　在平面坐标系和三维视图中的球体

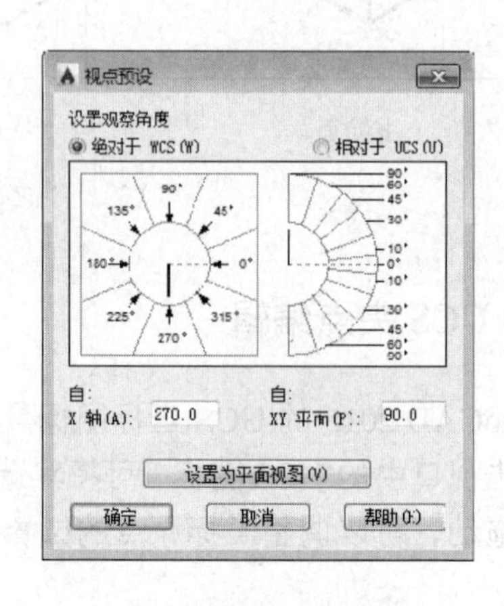

图 13-15　【视点预设】对话框

默认情况下，观察角度是相对于 WCS 坐标系的。选中【相对于 UCS】单选按钮，则可设置相对于 UCS 坐标系的观察角度。

无论是相对于那种坐标系，用户都可以直接单击对话框中的坐标图来获取观察角度，或是在 X 轴、XY 平面文本框中输入角度值。其中，对话框中的左图用于设置原点和视点之间的连线在 XY 平面的投影与 X 轴正向的夹角；右面的半圆形图用于设置该连线与投影线之间的夹角。

此外，若单击【设置为平面视图】按钮，则可以将坐标系设置为平面视图。

13.3.3 利用 ViewCube 工具

在【三维建模】工作空间中，使用 ViewCube 工具可切换各种正交或轴测视图模式，即可切换 6 种正交视图、8 种正等轴测视图和 8 种斜等轴测视图，以及其他视图方向，可以根据需要快速调整模型的视点。

ViewCube 工具中显示了非常直观的 3D 导航立方体，单击该工具图标的各个位置将显示不同的视图效果，如图 13-16 所示。

该工具图标的显示方式可根据设计进行必要的修改，右键单击立方体并执行【ViewCube 设置】选项，系统弹出【ViewCube 设置】对话框，如图 13-17 所示。

在该对话框设置参数值可控制立方体的显示和行为，并且可在对话框中设置默认的位置、尺寸和立方体的透明度。

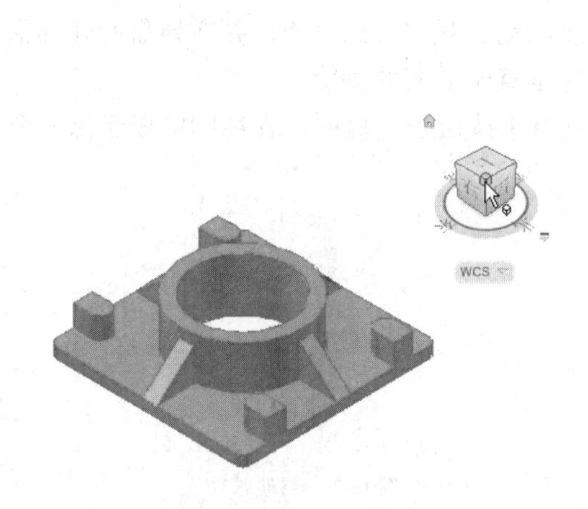

图 13-16　利用导航工具切换视图方向

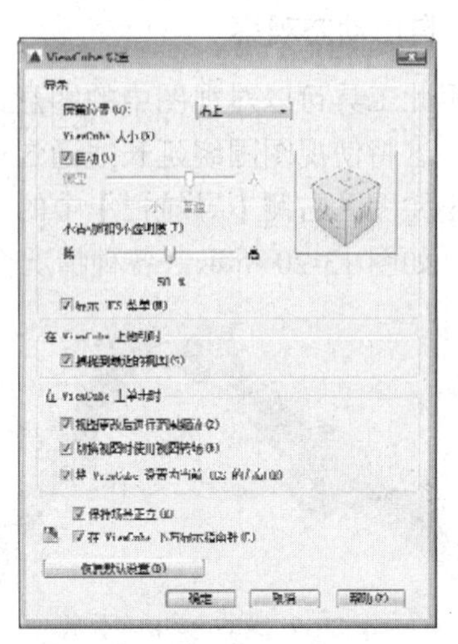

图 13-17　【View Cube 设置】对话框

此外，右键单击 ViewCube 工具，可以通过弹出的快捷菜单定义三维图形的投影样式，模型的投影样式可分为【平行】投影和【透视】投影两种。【平行】投影模式是平行的光源照射到物体上所得到的投影，可以准确地反映模型的实际形状和结构；【透视】投影模式可以直观地表达模型的真实投影状况，具有较强的立体感。透视投影视图取决于理论相机和目标点之间的距离。当距离较小时产生的投影效果较为明显；反之，当距离较大时产生的投影效果较为轻微，两种投影效果对比如图 13-18 所示。

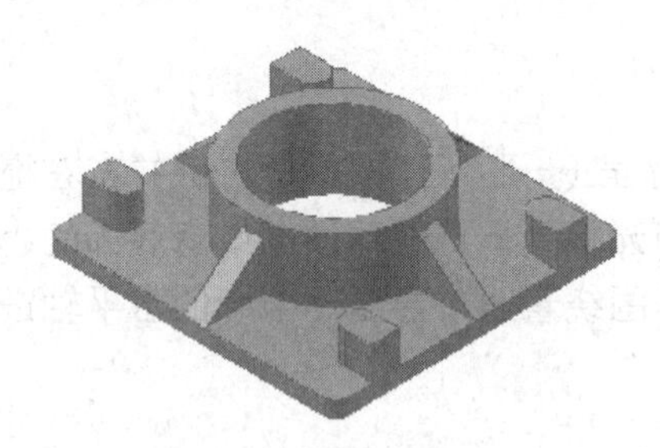

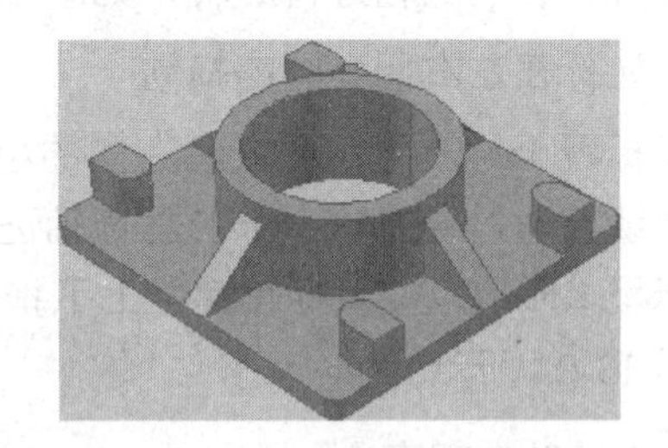

图 13-18　不同的投影效果

13.3.4 三维动态观察

AutoCAD 提供了一个交互的三维动态观察器，该命令可以在当前视口中创建一个三维视图，用户可以使用鼠标来实时地控制和改变这个视图以得到不同的观察效果。

【三维动态观察】按钮位于绘图窗口的右侧的【导航栏】中。使用三维动态观察器，既可以查看整个图形，也可以查看模型中任意的对象。

1. 受约束的动态观察

利用此工具可以对视图中的图形进行一定约束的动态观察，即水平、垂直或对角拖动对象进行动态观察。在观察视图时，视图的目标位置保持不动，并且相机位置（或观察点）围绕该目标移动。默认情况下，观察点会约束沿着世界坐标系的 XY 平面或 Z 轴移动。

单击绘图区右侧【导航栏】中的【受约束的动态观察】按钮，此时，绘图区光标呈形状。按住鼠标左键并拖动光标可以对视图进行受约束三维动态观察，如图 13-19 所示。

2. 自由动态观察

利用此工具可以对视图中的图形进行任意角度的动态观察，此时选择并在转盘的外部拖动光标，这将使视图围绕延长线通过转盘的中心并垂直于屏幕的轴旋转。

单击绘图区右侧【导航栏】中的【自由动态观察】按钮，此时，在绘图区显示出一个导航球，如图 13-20 所示，各种情况介绍如下：

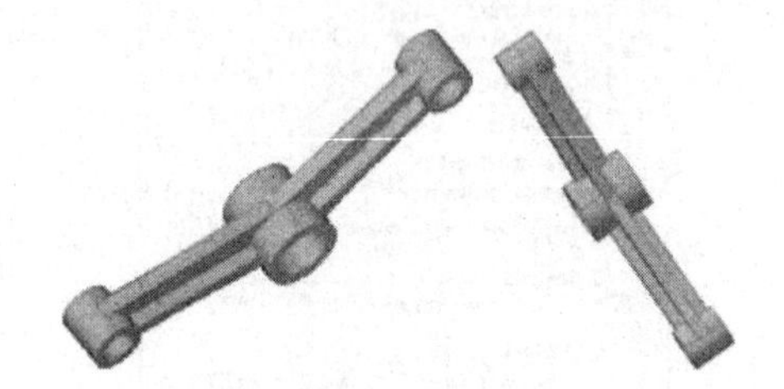

图 13-19 受约束的动态观察

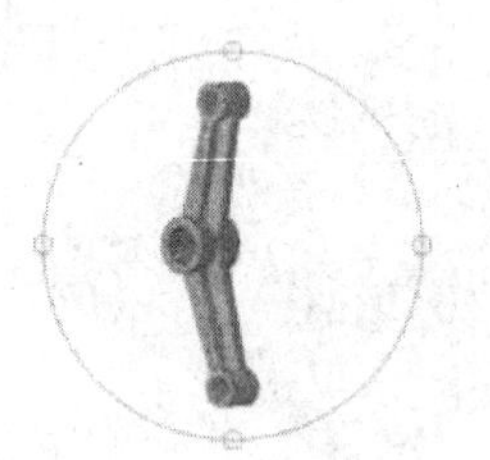

图 13-20 导航球

❑ 光标在弧线球内拖动

当在弧线球内拖动光标进行图形的动态观察时，光标将变成形状，此时观察点可以在水平、垂直以及对角线等任意方向上移动任意角度，即可以对观察对象做全方位的动态观察，如图 13-21 所示。

❑ 光标在弧线球外拖动

当光标在弧线外部拖动时，光标呈形状，此时拖动光标图形将围绕着一条穿过弧线球球心且与屏幕正交的轴进行旋转，如图 13-22 所示。

❑ 光标在左右侧小圆内拖动

当光标置于导航球左侧或者右侧的小圆时，光标呈形状，按鼠标左键并左右拖动将使视图围绕着通过导航球中心的垂直轴进行旋转。当光标置于导航球顶部或者底部的小圆上时，光标呈形状，按鼠标左键并上下拖动将使视图围绕着通过导航球中心的水平轴进行旋转，如图 13-23 所示。

3. 连续动态观察

利用此工具可以使观察对象绕指定的旋转轴和旋转速度连续做旋转运动，从而对其进行连续动态的观察。

单击绘图区右侧【导航栏】中的【连续动态观察】按钮，光标呈形状，在绘图区域中单击并拖动光标，使对象沿拖动方向开始移动。释放鼠标后，对象将在指定的方向上继续运动。光标移动的速度决定了对象的旋转速度。

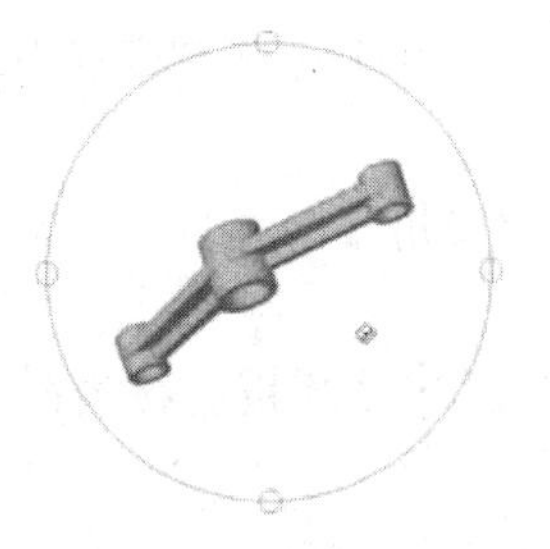

图 13-21 光标在弧线球内拖动

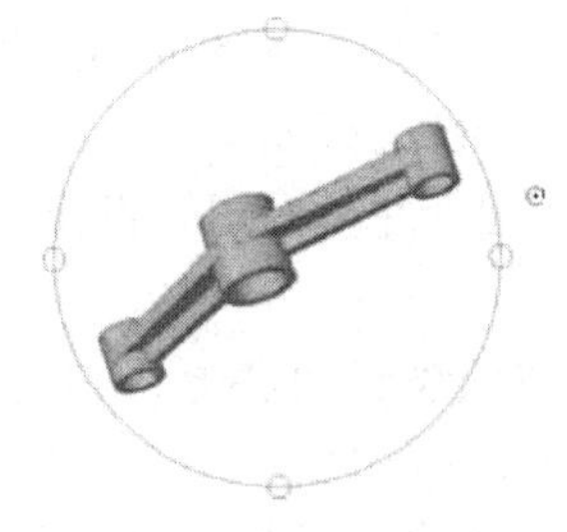

图 13-22 光标在弧线球外拖动

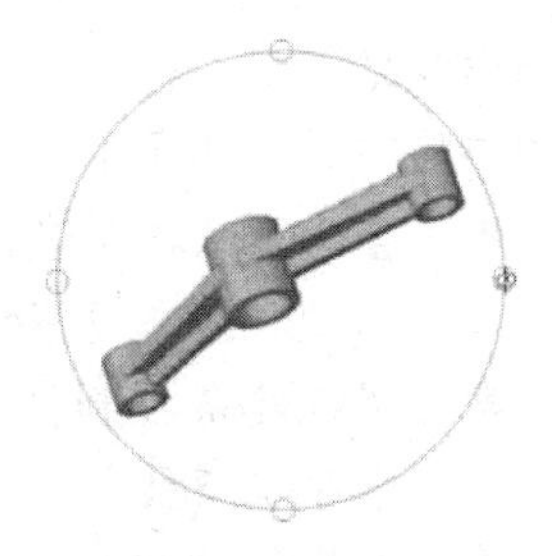

图 13-23 光标在左右侧小圆内拖动

13.3.5 漫游和飞行

在观察三维模型时，使用【漫游】和【飞行】工具可以动态地改变观察点相对于观察对象之间的视距和回旋角度，能够指定任意距离、观察角度对模型进行观察。

执行【视图】|【漫游和飞行】|【漫游】/【飞行】命令，即可调用【漫游】或者【飞行】工具。此时利用打开【定位器】设置位置指示器和目标指示器的具体位置，用以调整观察窗口中视图的观察方位，如图 13-24 所示。

将光移动至【定位器】选项板中的位置指示器上，此时光标呈形状，单击鼠标左键并拖动，即可调整绘图区中视图的方位；在【常规】选项组中设置指示器和目标指示器的颜色、大小以及位置等参数进行详细设置。

执行【视图】|【漫游和飞行】|【漫游和飞行设置】命令，系统弹出【漫游和飞行设置】对话框，如图 13-25 所示。在该对话框中对漫游或飞行的步长以及每秒步数等参数进行设置。设置好漫游和飞行操作的所有参数值后，可以使用键盘和鼠标交互在图形中漫游和飞行。使用 4 个箭头键或 W、A、S 和 D 键来向上、向下、向左和向右移动；使用 F 键可以方便的在漫游模式和飞行模式之间切换；如果要指定查看方向，只需沿查看方向拖动鼠标即可。

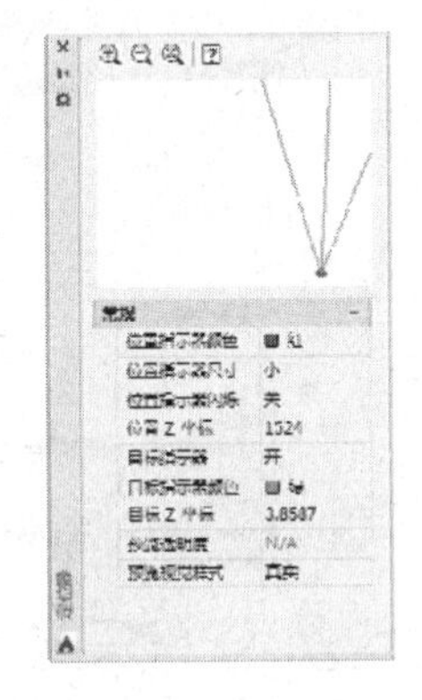

图 13-24 【定位器】选项板

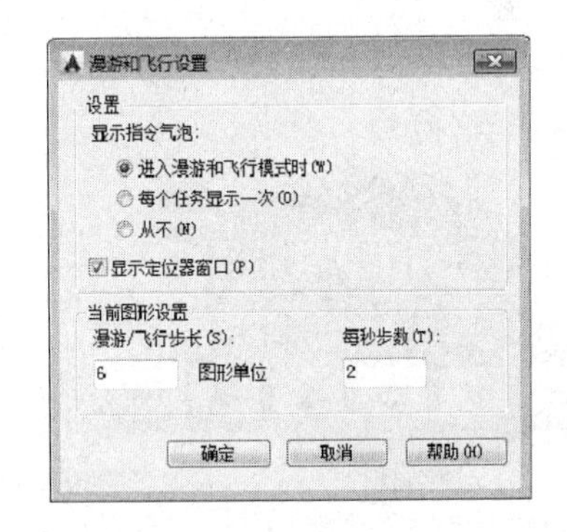

图 13-25 【漫游和飞行设置】对话框

13.3.6 控制盘辅助操作

新的导航滚轮在鼠标箭头尖端显示，通过该控制盘可快速访问不同的导航工具。可以以不同方式平移、缩放或操作模型的当前视图。这样将多个常用导航工具结合到一个单一界面中，可节省大量的设计时间，从而提高绘图的效率。

执行【视图】|【SteeringWheels】命令，打开导航控制盘，右键单击【导航控制盘】，系

统弹出快捷菜单，整个控制盘可分为 3 个不同的控制盘供使用，其中每个控制盘均拥有其独有的导航方式，如图 13-26 所示，分别介绍如下：

- 查看对象控制盘：将模型置于中心位置，并定义轴心点，使用【动态观察】工具可缩放和动态观察模型。
- 巡视建筑控制盘：通过将模型视图移近、移远或环视，以及更改模型视图的标高来导航模型。
- 全导航控制盘：将模型置于中心位置并定义轴心点，便可执行漫游和环视、更改视图标高、动态观察、平移和缩放模型等操作。

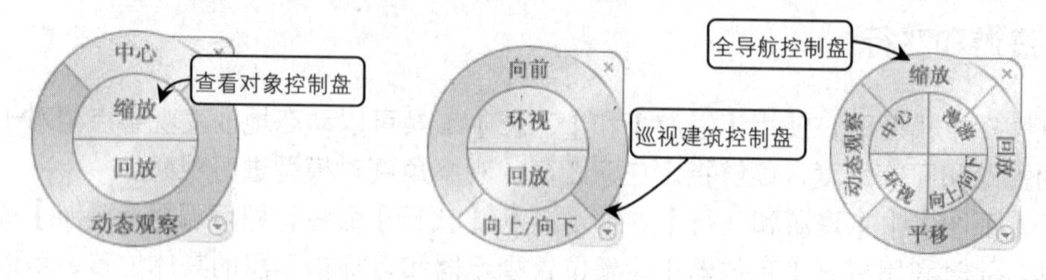

图 13-26 导航控制盘

单击该控制盘的任意按钮都将执行相应的导航操作。在执行多项导航操作后，单击【回放】按钮，可以从以前的视图选择视图方向帧，便可快速返回相应的视口位置，如图 13-27 所示。

在浏览复杂对象时，通过调整【导航控制盘】将非常适合查看建筑的内部特征，除了上述介绍的【缩放】|【回放】等按钮外，在巡视建筑控制盘中还包含【向前】、【查看】和【向上/向下】工具。此外，还可以根据设计需要对滚轮各参数值进行设置，即自定义导航滚轮的外观和行为。右键单击导航控制盘，执行【Steering Wheel 设置】选项，系统弹出【Steering Wheel 设置】对话框，如图 13-28 所示，在该对话框中可以设置导航控制盘的各个参数。

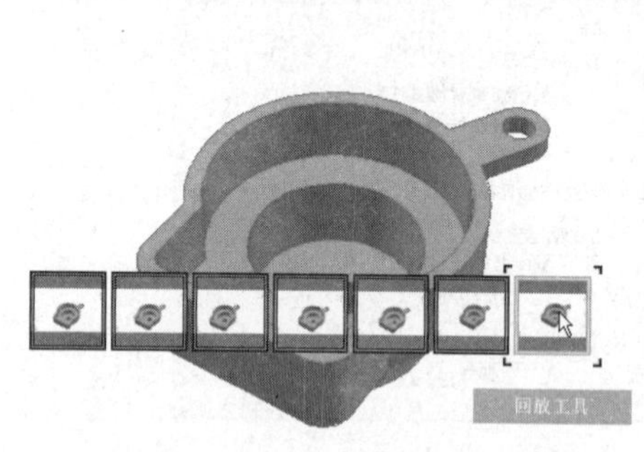

图 13-27 回放视图

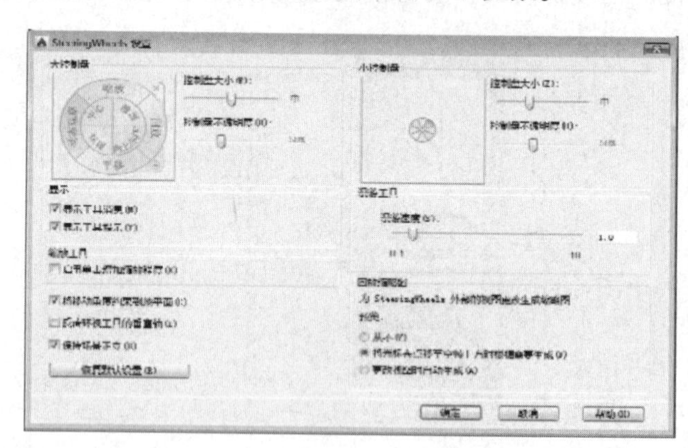

图 13-28 【Steering Wheel 设置】对话框

13.4 视觉样式

在 AutoCAD 中，为了观察三维模型的最佳效果，往往需要通过【视觉样式】功能来切换视觉样式。视觉样式是一组设置，用来控制视口中边和着色的显示。

13.4.1 应用视觉样式

【视觉样式】是一组设置，用来控制视口中边和着色的显示。一旦应用了视觉样式或更改了其设置，就可以在视口中查看效果。切换视觉样式，可以通过视口标签和菜单命令进行，如图 13-29 和图 13-30 所示。

图 13-29　视觉样式视口标签

图 13-30　视觉样式菜单

各种视觉样式的含义如下：

- 二维线框：显示用直线和曲线表示边界的对象。光栅和 OLE 对象、线型和线宽均可见，如图 13-31 所示。
- 概念：着色多边形平面间的对象，并使对象的边平滑化。着色使用古氏面样式，一种冷色和暖色之间的过渡，而不是从深色到浅色的过渡。效果缺乏真实感，但是可以更方便地查看模型的细节，如图 13-32 所示。

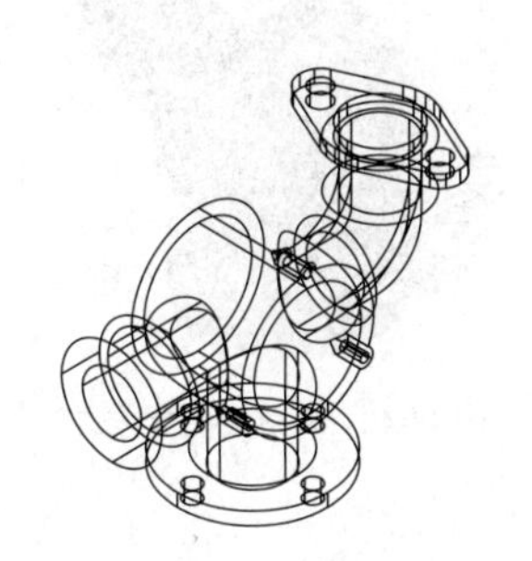

图 13-31　二维线框视觉样式

图 13-32　概念视觉样式

- 隐藏：显示用三维线框表示的对象并隐藏表示后向面的直线，效果如图 13-33 所示
- 真实：对模型表面进行着色，并使对象的边平滑化。将显示已附着到对象的材质，效果如图 13-34 所示。
- 着色：该样式与真实样式类似，但不显示对象轮廓线，效果如图 13-35 所示。
- 带边框着色：该样式与着色样式类似，对其表面轮廓线以暗色线条显示，效果如图 13-36 所示。
- 灰度：以灰色着色多边形平面间的对象，并使对象的边平滑化。着色表面不存在明显的过渡，同样可以方便地查看模型的细节，效果如图 13-37 所示。
- 勾画：利用手工勾画的笔触效果显示用三维线框表示的对象并隐藏表示后向面的直线，效果如图 13-38 所示。
- 线框：显示用直线和曲线表示边界的对象，效果与三维线框类似，如图 13-39 所示。
- X 射线：以 X 光的形式显示对象效果，可以清楚的观察到对象背面的特征，效果如

图 13-40 所示。

图 13-33　隐藏视觉样式　　图 13-34　真实视觉样式　　图 13-35　着色视觉样式

图 13-36　带边框着色视觉样式　　图 13-37　灰度视觉样式　　图 13-38　勾画视觉样式

图 13-39　线框视觉样式　　图 13-40　X 射线视觉样式

13.4.2 管理视觉样式

执行【视图】|【视觉样式】|【视觉样式管理器】命令，系统弹出【视觉样式管理器】选项板，如图 13-41 所示。在功能区中单击【常用】选项卡中【视图】面板上的【二维线宽】下拉按钮，在弹出的下拉菜单中也可以选项相应的视觉样式。在【图形中的可用视觉样式】列表中显示了图形中的可用视觉样式的样例图像。当选定某一视觉样式，该视觉样式显示黄色边框，选定的视觉样式的名称显示在选项板的底部。在【视觉样式管理器】选项板的下部，将显示该视觉样式的面设置、环境设置和边设置。在【视觉样式管理器】选项板中，使用工具条中的工具按钮，可以创建新的视觉样式、将选定的视觉样式应用于当前视口、将选定的视觉样式输出到工具选项板以及删除选定的视觉样式。

图 13-41　视觉样式管理器

在【图形中的可用视觉样式】列表中选择的视觉样式不同，设置区中的参数选项也不同，用户可以根据需要在面板中进行相关设置。

13.5 绘制基本实体

基本实体是构成三维实体模型的最基本的元素，如长方体、楔体、球体等，在 AutoCAD 中可以通过多种方法来创建基本实体。

13.5.1 绘制长方体

长方体命令可创建具有规则实体模型形状的长方体或正方体等实体，如创建零件的底座、支撑板、建筑墙体及家具等。

调用【长方体】命令的方法以下几种：

- 菜单栏：执行【绘图】|【建模】|【长方体】命令
- 工具栏：单击【建模】工具栏中的【长方体】按钮
- 命令行：输入 BOX
- 功能区：单击【常用】选项卡【建模】面板上的【长方体】按钮

执行上述任一命令后，即可调用【长方体】命令，根据命令行的提示绘制长方体，命令行出现如下提示：

```
指定第一个角点或 [中心(C)]:
```

绘制长方体的方式有以下两种：

- 指定角点：该方法是创建长方体时默认方法，即通过依次指定长方体底面的两对角点或指定一角点和长、宽、高的方式进行长方体的创建。
- 指定中心：利用该方法可以先指定长方体中心，在指定底面的一个角点或长度等参数，最后指定高度来创建长方体。

13.5.2 绘制楔体

楔体可以看作是以矩形为底面，其一边沿法线方向拉伸所形成的具有楔状特征的实体。该实体通常用于填充物体的间隙，如安装设备时用于调整设备高度及水平度的楔体和楔木。

调用【楔体】命令的方法如下：

- 菜单栏：执行【绘图】|【建模】|【楔体】命令
- 工具栏：单击【建模】工具栏中的【楔体】按钮
- 命令行：输入 WEDGE/WE
- 功能区：单击【常用】选项卡【建模】面板上的【楔体】按钮

执行上述任一操作后，即可调用【楔体】命令，根据命令行的提示绘制模型。

创建楔体的方法同绘制长方体的方法类似，如图 13-42 所示。

13.5.3 绘制球体

球体是在三维空间中，到一个点（即球心）距离相等的所有点的集合形成的实体，它广泛应用于机械、建筑等制图中，如创建档位控制杆、建筑物的球形屋顶等。

调用【球体】命令的方法如下：

- 菜单栏：执行【绘图】|【建模】|【球体】命令
- 工具栏：单击【建模】工具栏中的【球体】按钮
- 命令行：输入 SPHERE
- 功能区：单击【常用】选项卡中【建模】面板上的【球体】按钮

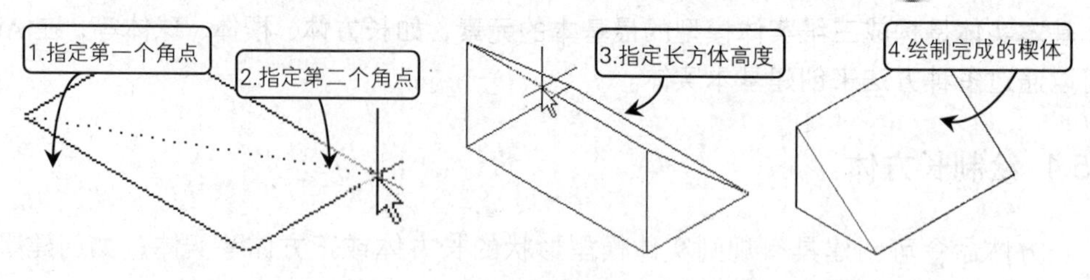

图 13-42　绘制楔体

执行上述任一命令后，命令行提示如下：

```
指定中心点或 [三点(3P)/两点(2P)/切点、切点、半径(T)]:
```

根据命令行的提示，直接捕捉一点为球心，然后指定球体的半径值或直径值，即可获得球体效果，如图 13-43 所示。

另外，还可以按照命令行提示使用【三点】、【两点】和【相切、相切、半径】3 种方法创建球体。

13.5.4 绘制圆柱体

在 AutoCAD 中创建的圆柱体是以面或椭圆为截面形状，沿该截面法线方向拉伸所形成的实体，圆柱体在制图时较为常用，如各类轴类零件、建筑图形中的各类立柱等特征。

调用【圆柱体】命令的方法以下几种：

- 菜单栏：执行【绘图】|【建模】|【圆柱体】命令
- 工具栏：单击【建模】工具栏中的【圆柱体】按钮
- 命令行：输入 CYLINDER/CYL
- 功能区：单击【常用】选项卡中【建模】面板上的【圆柱体】按钮

执行该命令，命令行提示如下：

```
指定底面的中心点或 [三点(3P)/两点(2P)/切点、切点、半径(T)/椭圆(E)]:
```

根据命令行提示绘制圆柱体图形，如图 13-44 所示。

图 13-43　绘制的球体

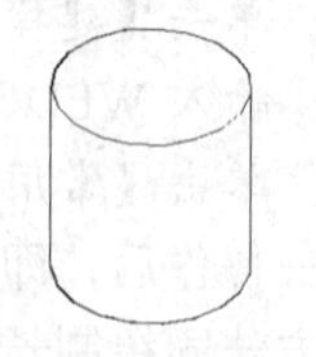

图 13-44　圆柱体

13.5.5 绘制圆锥体

圆锥体是指以圆或椭圆为底面形状、沿其法线方向并按照一定锥度向上或向下拉伸而形成的实体。

调用【圆锥体】命令可以创建圆锥和圆台两种类型的实体。

1. 创建常规圆锥体

调用【圆锥体】命令的方法如下：

- 菜单栏：执行【绘图】|【建模】|【圆锥体】命令
- 工具栏：单击【建模】工具栏中的【圆锥体】按钮
- 命令行：输入 CONE
- 功能区：单击【常用】选项卡中【建模】面板上的【圆锥体】按钮

执行该命令，根据命令行的提示指定一点为底面圆心，再分别指定底面半径值或直径值，最后指定圆锥高度值，即可获得圆锥体效果，如图 13-45 所示。

2. 创建圆台

平截面圆锥体即圆台体，可看作是由平行于圆锥底面，且与底面的距离小于锥体高度的平面为截面，截取该圆锥而得到的实体。

调用【圆锥体】命令后，指定底面圆心及半径，命令提示行信息为【指定高度或[两点(2P)/轴端点(A)/顶面半径(T)] <9.1340>:】，激活“顶面半径”选项，输入顶面半径值，最后指定平截面圆锥体的高度，即可获得平截面圆锥体效果，如图 13-46 所示。

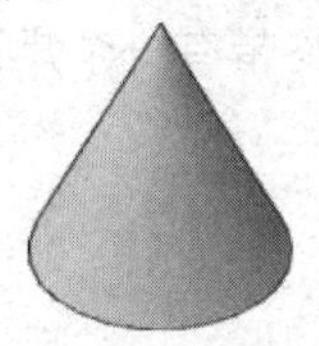

图 13-45　圆锥体

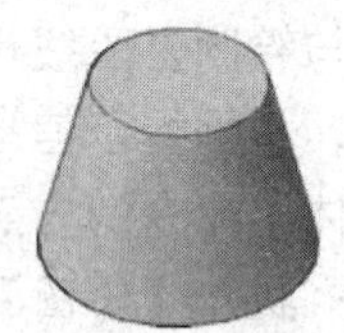

图 13-46　圆台

13.5.6 绘制棱锥体

棱椎体可以看作是以一个多边形面为底面，其余各面是由有一个公共顶点的具有三角形特征的面所构成的实体。

调用【棱锥体】命令的方法如下：

- 菜单栏：执行【绘图】|【建模】|【棱锥体】命令
- 工具栏：单击【建模】工具栏中的【棱锥体】按钮
- 命令行：输入 PYRAMID/PYR
- 功能区：单击【常用】选项卡中【建模】面板上的【棱锥体】按钮

在 AutoCAD 中，调用【棱锥体】命令可以通过参数的方法创建多种类型的棱锥体和平截面棱椎体。其绘制方法与绘制圆锥体的方法类似，其结果如图 13-47 所示。

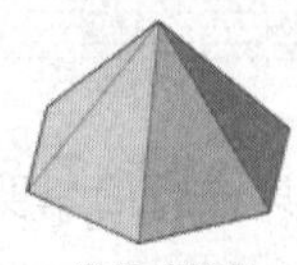

常规棱锥体

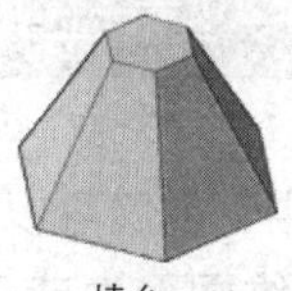

棱台

图 13-47　棱锥体

提示　在利用【棱锥体】工具进行棱锥体创建时，所指定的边数必须是 3～32 之间的整数。

13.5.7 绘制圆环体

圆环体可以看作是在三维空间内，圆轮廓线绕与其共面直线旋转所形成的实体特征，该直线即是圆环的中心线；直线和圆心的距离即是圆环的半径；圆轮廓线的直径即是圆环的直径。

调用【圆环体】命令的方法如下：

- 菜单栏：执行【绘图】|【建模】|【圆环体】命令
- 工具栏：单击【建模】工具栏中的【圆环体】按钮
- 命令行：输入 TORUS/TOR
- 功能区：单击【常用】选项卡中【建模】面板上的【圆环体】按钮

执行该命令后，确定圆环的位置和半径，最后确定圆环圆管的半径即可完成创建，如图 13-48 所示。

13.5.8 绘制多段体

与二维图形中的多段线相对应的是三维图形中的多段体，它能快速完成一个实体的创建，其绘制方法与绘制多段线相同。在默认情况下，多段体始终带有一个矩形的轮廓，可以在执行命令之后，根据提示信息指定轮廓的高度和宽度。

调用【多段体】命令的方法如下：

- 菜单栏：执行【绘图】|【建模】|【多段体】命令
- 工具栏：单击【建模】工具栏中的【多段体】按钮
- 命令行：输入 POLYSOLID
- 功能区：单击【常用】选项卡中【建模】面板上的【多段体】按钮

如图 13-49 所示，为绘制的多段体效果。

图 13-48　圆环体

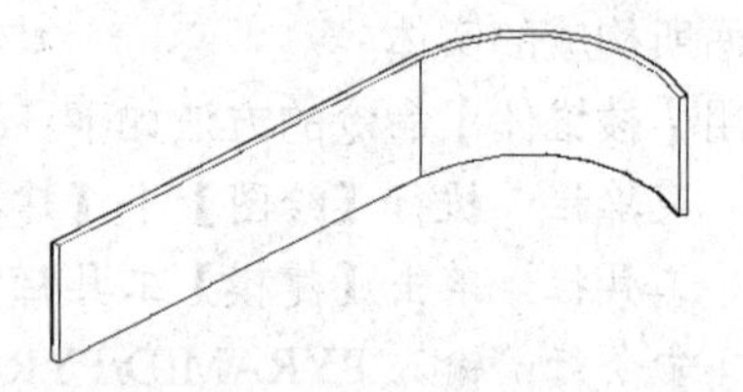

图 13-49　多段体

13.6 由二维对象生成三维实体

在 AutoCAD 中，不仅可以利用上面介绍的各类基本实体工具进行简单实体模型的创建，同时还可以利用二维图形生成三维实体。

13.6.1 拉伸

【拉伸】工具可以将二维图形沿指定的高度和路径将其拉伸为三维实体。【拉伸】命令

常用于创建楼梯栏杆、管道、异形装饰等物体，是实际工程中创建复杂三维面最常用的一种方法。

调用【拉伸】命令的方法如下：

- 菜单栏：执行【绘图】|【建模】|【拉伸】命令
- 工具栏：单击【建模】工具栏中的【拉伸】按钮
- 命令行：输入 EXTRUDE/EXT
- 功能区：单击【常用】选项卡中【建模】面板上的【拉伸】按钮

该工具有两种将二维对象拉伸成实体的方法：指定生成实体的倾斜角度和高度和指定拉伸路径，路径可以闭合，也可以不闭合。

下面以由二维图形生成如图 13-50 所示的三维实体为例，具体介绍【拉伸】工具的运用。

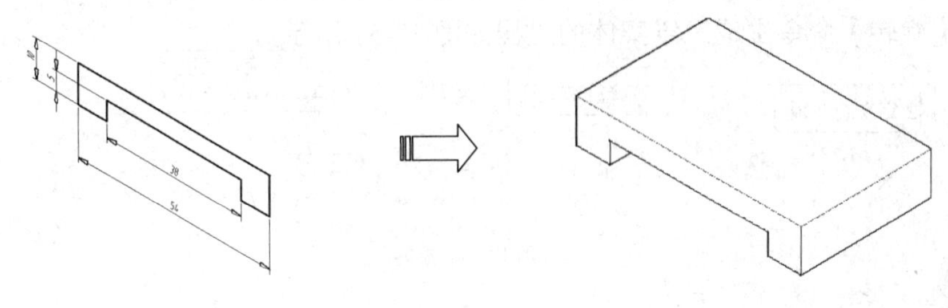

图 13-50　拉伸

课堂举例 13-1：利用【拉伸】命令绘制三维实体

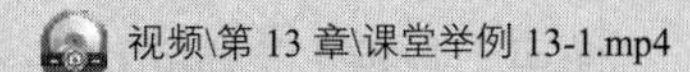

01 打开随书光盘中的“第 13 章\13.6.1 拉伸二维图形.dwg”文件。

02 单击【绘图】面板【面域】按钮，将要拉伸的二维图形创建为面域。

03 调用 EXT【拉伸】命令，创建拉伸三维实体，其命令行提示如下：

```
命令：EXT↙   EXTRUDE                          //调用【拉伸】命令
当前线框密度： ISOLINES=4
选择要拉伸的对象：找到 1 个
选择要拉伸的对象：↙                          //选择要拉伸的面域，按鼠标右键确定
指定拉伸的高度或[方向(D)/路径(P)/倾斜角(T)/表达式(E)] <-32.0000>: 38↙
                                             //输入拉伸高度为 38，按 Enter 键，完成拉伸操作
```

命令行中各选项的含义如下：

- 方向：默认情况下，对象可以沿 Z 轴方向拉伸，拉伸的高度可以为正值或负值，正负号表示了拉伸的方向。
- 路径：通过指定拉伸路径将对象拉伸为三维实体，拉伸的路径可以是开放的，也可以是封闭的。
- 倾斜角：通过指定的角度拉伸对象，拉伸的角度也可以为正值或负值，其绝对值不大于 90°。若倾斜角为正，将产生内锥度，创建的侧面向里靠；若倾斜角度为负，将产生外锥度，创建的侧面则向外。

13.6.2 旋转

在创建实体时，用于旋转的二维对象可以是封闭多段线、多边形、圆、椭圆、封闭样条曲线、圆环及封闭区域。三维对象、包含在块中的对象、有交叉或自干涉的多段线不能被旋转，而且每次只能旋转一个对象。

调用【旋转】命令的方法如下：

- 菜单栏：执行【绘图】|【建模】|【旋转】命令
- 工具栏：单击【建模】工具栏中的【旋转】按钮
- 命令行：输入 REVOLVE/REV
- 功能区：单击【常用】选项卡中【建模】面板上的【旋转】按钮

调用【旋转】命令生成三维实体的过程如图 13-51 所示。

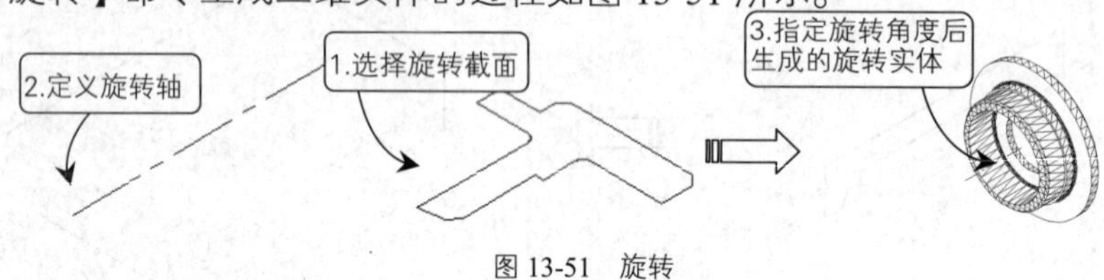

图 13-51 旋转

13.6.3 扫掠

使用【扫掠】工具可以将扫掠对象沿着开放或闭合的二维或三维路径运动扫描，来创建实体或曲面，如图 13-52 所示。

调用【扫掠】命令的方法如下：

- 菜单栏：执行【绘图】|【建模】|【扫掠】命令
- 工具栏：单击【建模】工具栏中的【扫掠】按钮
- 命令行：输入 SWEEP
- 功能区：单击【常用】选项卡中【建模】面板上的【扫掠】按钮

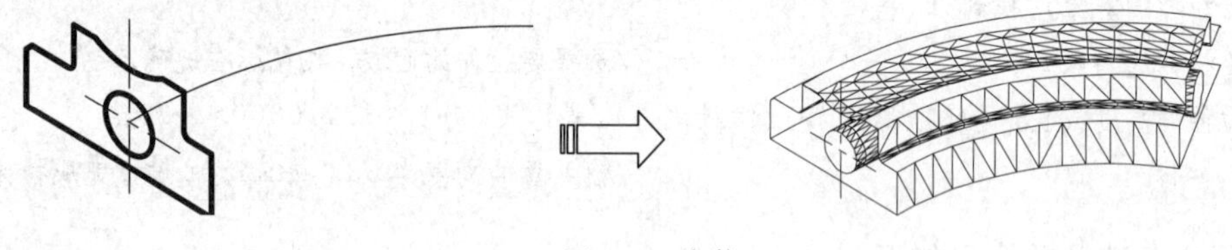

图 13-52 扫掠

13.6.4 放样

放样实体即是将横截面沿指定的路径或导向运动扫描所得到的三维实体。横截面指的是具有放样实体截面特征的二维对象，并且使用该命令时必须指定两个或两个以上的横截面来创建放样实体，如图 13-53 所示。

调用【放样】命令的方法如下：

- 菜单栏：执行【绘图】|【建模】|【放样】命令
- 工具栏：单击【建模】工具栏中的【放样】按钮

- 命令行：输入 LOFT
- 功能区：单击【常用】选项卡中【建模】面板上的【放样】按钮

执行上述任一操作后即可调用【放样】命令，根据命令行的提示，对图形进行放样操作。

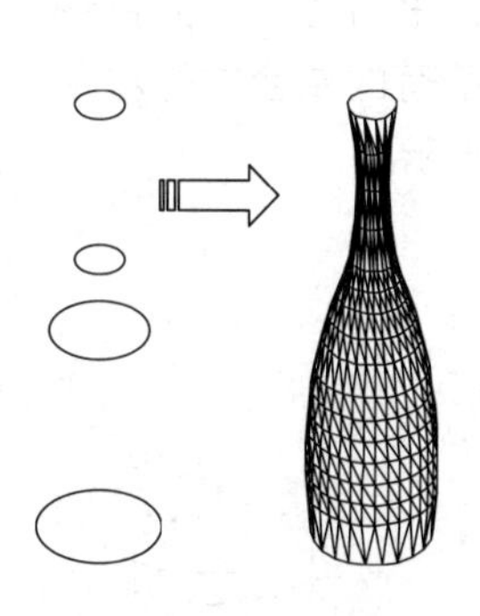

图 13-53　放样

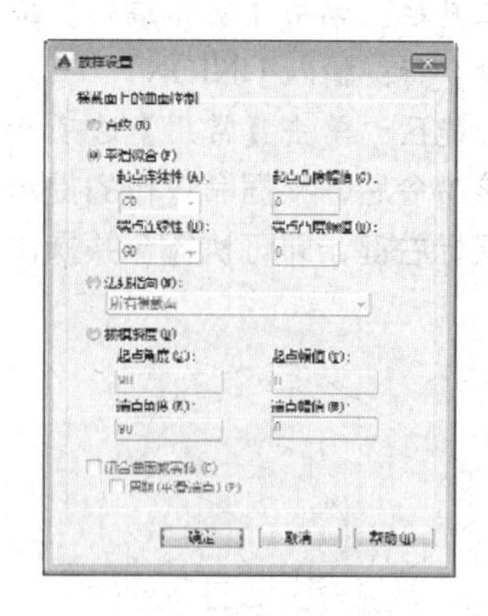

图 13-54　【放样设置】对话框

命令行提示如下：

```
命令：LOFT↙                         //调用【放样】命令
按放样次序选择横截面：找到 1 个
按放样次序选择横截面：找到 1 个，总计 2 个
按放样次序选择横截面：找到 1 个，总计 3 个
按放样次序选择横截面：↙            //依次选择需要放样的二维轮廓
输入选项 [导向(G)/路径(P)/仅横截面(C)] <仅横截面>:↙
```

/按 Enter 键或是空格键，默认为“仅横截面”选项，系统弹出“放样设置”对话框，如图 13-54 所示。根据需要设置对话框中的参数，单击【确定】按钮，生成放样三维实体/

在创建比较复杂的放样实体时，可以指定导向曲线来控制点如何匹配相应的横截面，以防止创建的实体或曲面中出现皱褶等缺陷。

13.7 布尔运算

AutoCAD 的布尔运算功能贯穿建模的整个过程，尤其是在建立一些机械零件的三维模型时使用更为频繁，该运算用来确定多个体（曲面或实体）之间的组合关系，也就是说通过该运算可将多个形体组合为一个形体，从而实现一些特殊的造型，如孔、槽、凸台和齿轮特征都是执行布尔运算组合而成的新特征。

13.7.1 并集运算

并集运算是将两个或两个以上的实体（或面域）对象组合成为一个新的组合对象。执行并集操作后，原来各实体相互重合的部分变为一体，使其成为无重合的实体。正是由于这个无重合的原则，实体（或面域）并集运算后，体积将小于原来各个实体（或面域）的体积之和。

调用【并集】命令的方法如下：

- 菜单栏：执行【修改】|【实体编辑】|【并集】命令
- 工具栏：单击【建模】工具栏中的【并集】按钮
- 工具栏：单击【实体编辑】工具栏中的【并集】按钮
- 命令行：输入 UNION
- 功能区：单击【常用】选项卡上【实体编辑】面板中的【并集】按钮

执行该命令后，根据命令行的提示，在绘图区中选取所有的要合并的对象，按 Enter 键或者单击鼠标右键，即可执行合并操作，效果如图 13-55 所示。

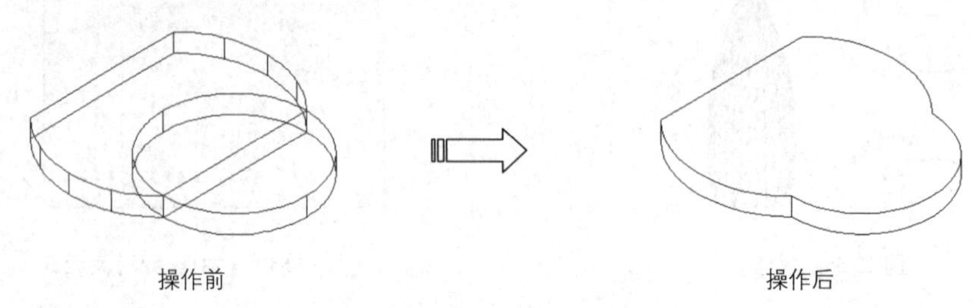

图 13-55　并集运算

13.7.2 差集运算

差集运算就是将一个对象减去另一个对象从而形成新的组合对象。与并集操作不同的是首先选取的对象则为被剪切对象，之后选取的对象则为剪切对象。

调用【差集】命令的方法如下：

- 菜单栏：执行【修改】|【实体编辑】|【差集】命令
- 工具栏：单击【建模】工具栏中的【差集】按钮
- 工具栏：单击【实体编辑】工具栏中的【差集】按钮
- 命令行：输入 SUBTRACT
- 功能区：单击【常用】选项卡上【实体编辑】面板中的【差集】按钮

执行该命令，根据命令行的提示，在绘图区中选取被剪切的对象，按 Enter 键或单击鼠标右键，然后选取要剪切的对象，按 Enter 键或单击鼠标右键即可执行差集操作，其差集运算效果如图 13-56 所示。

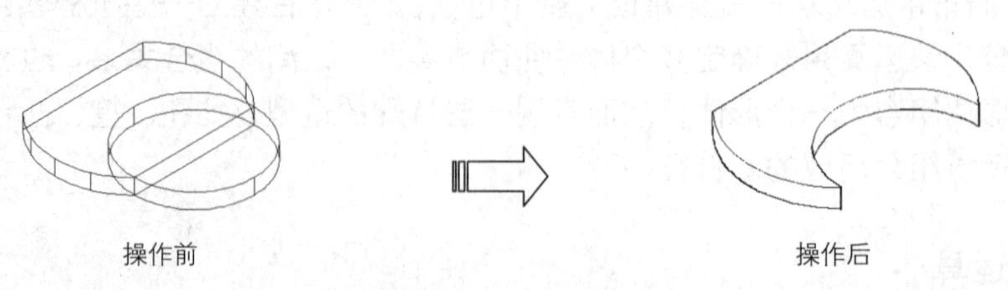

图 13-56　差集运算

在执行差集运算时，如果第二个对象包含在第一个对象之内，则差集操作的结果是第一个对象减去第二个对象；如果第二个对象只有一部分包含在第一个对象之内，则差集操作的结果是第一个对象减去两个对象的公共部分。

13.7.3 交集运算

在三维建模过程中执行交集运算可获取两相交实体的公共部分，从而获得新的实体，该运算是差集运算的逆运算。

调用【交集】命令的方法如下：

- 菜单栏：执行【修改】|【实体编辑】|【交集】命令
- 工具栏：单击【建模】工具栏中的【交集】按钮
- 工具栏：单击【实体编辑】工具栏中的【交集】按钮
- 命令行：输入 INTERSECT
- 功能区：单击【常用】选项卡上【实体编辑】面板中的【交集】按钮

执行该命令，根据命令行的提示，在绘图区选取具有公共部分的两个对象，按 Enter 键或单击鼠标右键即可执行相交操作，其运算效果如图 13-57 所示。

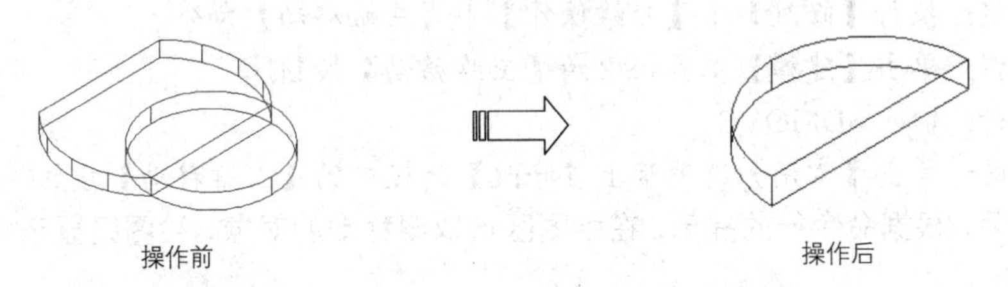

图 13-57　交集运算

13.8 操作三维对象

AutoCAD 2015 提供了专业的三维对象编辑工具，如三维移动、三维旋转、三维对齐、三维镜像和三维阵列等，从而为创建出更加复杂的实体模型提供了条件。

13.8.1 三维旋转

利用三维旋转工具可将选取的三维对象和子对象，沿指定旋转轴（X 轴、Y 轴、Z 轴）进行自由旋转。

调用【三维旋转】命令的方法如下：

- 菜单栏：执行【修改】|【三维操作】|【三维旋转】命令
- 工具栏：单击【建模】工具栏中的【三维旋转】按钮
- 命令行：输入 3DROTATE
- 功能区：单击【常用】选项卡上【修改】面板中的【三维旋转】按钮

执行该命令，即可进入【三维旋转】模式，根据命令行的提示，在绘图区选取需要旋转的对象，此时绘图区出现 3 个圆环（红色代表 X 轴、绿色代表 Y 轴、蓝色代表 Z 轴），然后在绘图区指定一点为旋转基点，如图 13-58 所示。指定完旋转基点后，选择夹点工具上圆环用以确定旋转轴，接着直接输入角度进行实体的旋转，或选择屏幕上的任意位置用以确定旋转基点，在输入角度值即可获得实体三维旋转效果。

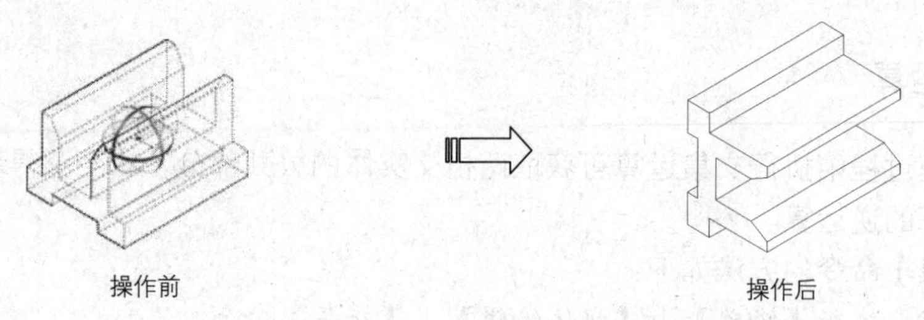

图 13-58　执行三维旋转操作

13.8.2 三维移动

使用三维移动工具能将指定模型沿 X、Y、Z 轴或其他任意方向，以及直线、面或任意两点间移动，从而获得模型在视图中的准确位置。

调用【三维移动】命令的方法如下：

- 菜单栏：执行【修改】|【三维操作】|【三维移动】命令
- 工具栏：单击【建模】工具栏中的【三维移动】按钮
- 命令行：输入 3DMOVE
- 功能区：单击【常用】选项卡上【修改】面板中的【三维移动】按钮

执行命令后，根据命令行的提示，在绘图区选取要移动的对象，绘图区显示坐标系图标，如图 13-59 所示。

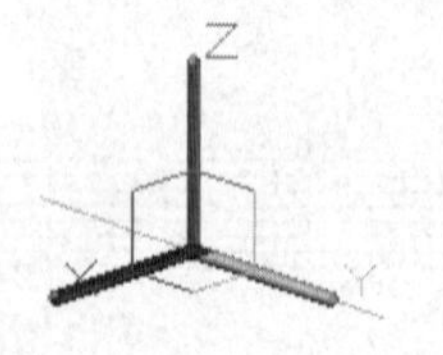

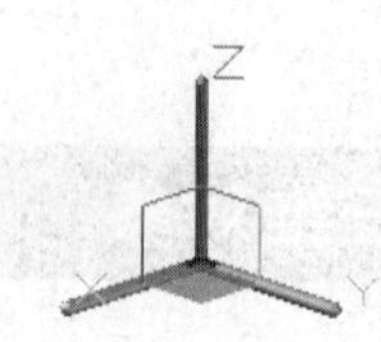

图 13-59　移动坐标系

单击选择坐标轴的某一轴，拖动鼠标，所选定的实体对象将沿所约束的轴移动；若是将光标停留在两条轴柄之间的直线汇合处的平面上（用以确定一定平面），直至其变为黄色，然后选择该平面，拖动鼠标将移动约束到该平面上。

13.8.3 三维镜像

使用三维镜像工具能够将三维对象通过镜像平面获取与之完全相同的对象，其中镜像平面可以是与 UCS 坐标系平面平行的平面或三点确定的平面。

调用【三维镜像】命令的方法如下：

- 菜单栏：执行【修改】|【三维操作】|【三维镜像】命令
- 命令行：输入 MIRROR3D
- 单击【常用】选项卡上【修改】面板中的【三维镜像】按钮%

执行该命令，即可进入【三维镜像】模式，根据命令行的提示，在绘图区选取要镜像的实体后，按 Enter 键或右键单击，按照命令行提示选取镜像平面，用户可根据设计需要指定 3 个点作为镜像平面，然后根据需要确定是否删除源对象，右键单击或按 Enter 键即可获得三维镜像效果。

如图 13-60 所示为创建的三维镜像特征，命令行操作行如下：

命令：MIRROR3D↙　　　　　　　　　　　　//调用【三维镜像】命令
选择对象：找到 1 个
选择对象：↙　　　　　　　　　　　　　　//选择要镜像的对象
指定镜像平面 (三点) 的第一个点或[对象(O)/最近的(L)/Z 轴(Z)/视图(V)/XY 平面(XY)/YZ 平面(YZ)/ZX 平面(ZX)/三点(3)] <三点>:
在镜像平面上指定第二点:
在镜像平面上指定第三点:　　　　　　　　//指定确定镜像面上的三个点
是否删除源对象? [是(Y)/否(N)] <否>:　　//按 Enter 键或空格键，系统默认为不删除源对成图模型的三维镜像操作

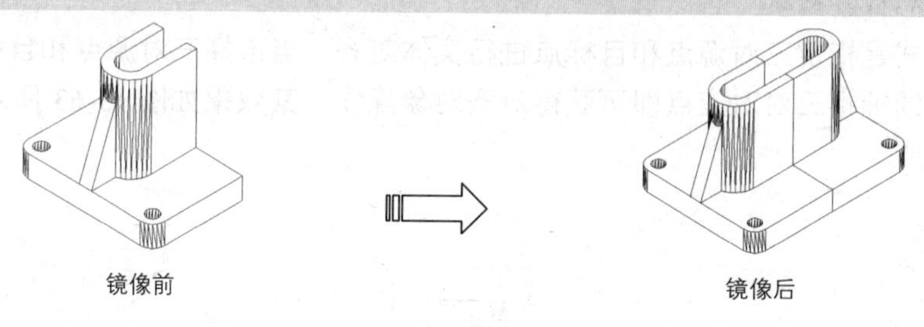

图 13-60　三维镜像实体

13.8.4 对齐和三维对齐

在三维建模环境中，使用【对齐】和【三维对齐】工具可对齐三维对象，从而获得准确的定位效果。两种对齐工具都可实现两模型的对齐操作，但选取顺序却不同，分别介绍如下：

1. 对齐对象

使用【对齐】工具可指定一对、两对或三对原点和定义点，从而使对象通过移动、旋转、倾斜或缩放对齐选定对象。

要执行对齐操作，可执行【修改】|【三维操作】|【对齐】命令，即可进入【对齐】模式。下面分别介绍 3 种指定点对齐对象的方法。

- 一对点对齐对象

该对齐方式是指定一对源点和目标点进行实体对齐。当选择一对源点和目标点时，所选取的实体对象将在二维或三维空间中从源点 a 沿直线路径移动到目标点 b，如图 13-61 所示。

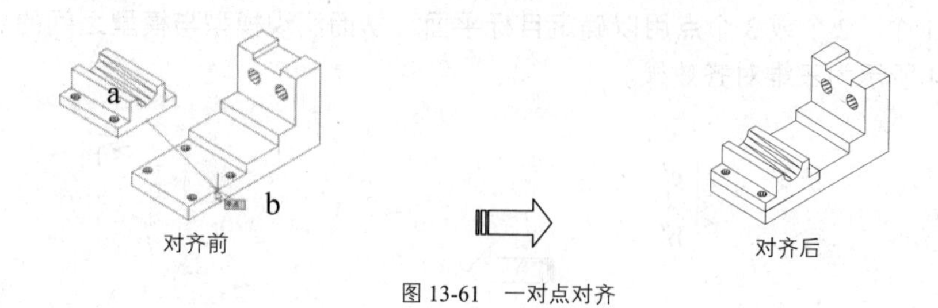

图 13-61　一对点对齐

- 两对点对齐对象

该对齐方式是指定两对源点和目标点进行实体对齐。当选择两对点时，可以在二维或三

维空间移动、旋转和缩放选定对象，以便与其他对象对齐，如图 13-62 所示。

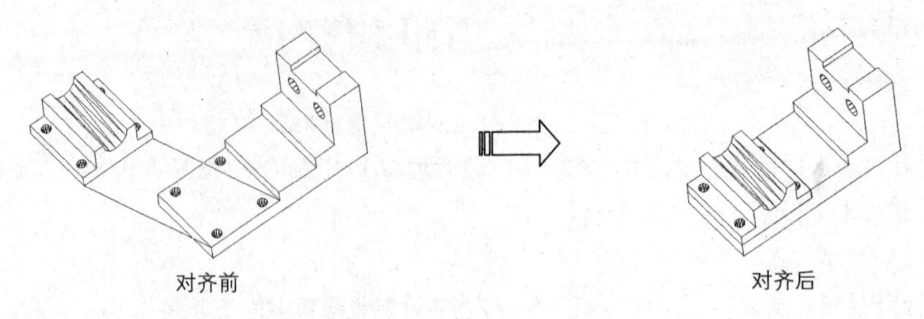

图 13-62　两对点对齐对象

□ 三对点对齐对象

该对齐方式是指定三对源点和目标点进行实体对齐。当选择三对源点和目标点时，可直接在绘图区连续捕捉三对对应点即可获得对齐对象操作，其效果如图 13-63 所示。

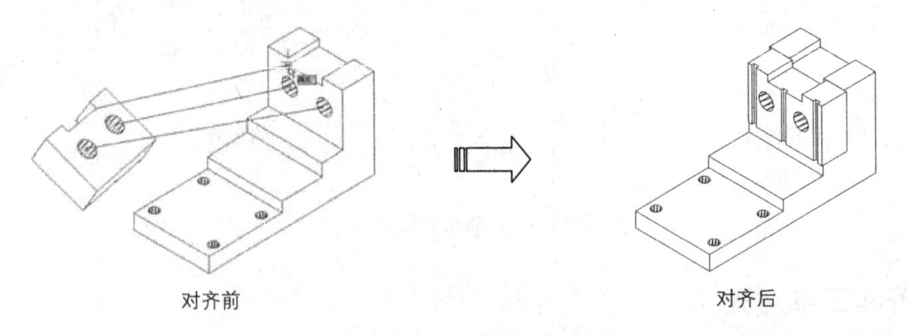

图 13-63　三对点对齐对象

2. 三维对齐

在 AutoCAD 2015 中，三维对齐操作是指最多 3 个点用以定义源平面，然后指定最多 3 个点用以定义目标平面，从而获得三维对齐效果。

调用三维对齐命令的方法如下：

- 菜单栏：执行【修改】|【三维操作】|【三维对齐】命令
- 工具栏：单击执行【建模】工具栏中的【三维对齐】按钮
- 命令行：输入 3DALIGN 命令
- 功能区：单击【常用】选项卡中【修改】面板上的【三维对齐】按钮

执行该命令，即可进入【三维对齐】模式，执行三维对齐操作与对齐操作的不同之处在于执行三维对齐操作时，可首先为源对象指定 1 个、2 个或 3 个点用以确定圆平面，然后为目标对象指定 1 个、2 个或 3 个点用以确定目标平面，从而实现模型与模型之间的对齐。

如图 13-64 所示为三维对齐效果。

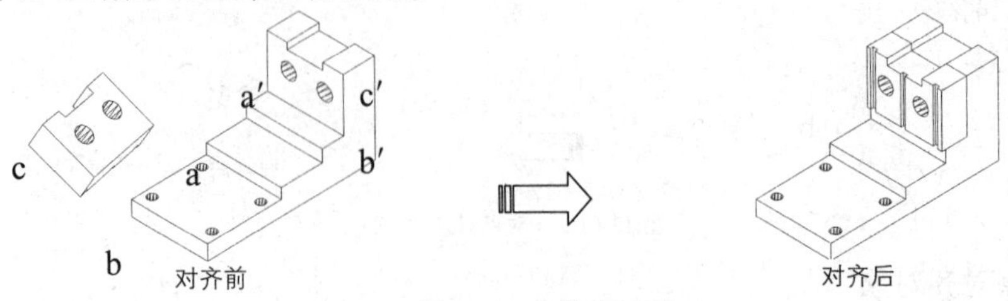

图 13-64　三维对齐操作

13.9 编辑实体边

实体都是由最基本的面和边所组成，AutoCAD 不仅提供多种编辑实体工具，同时可根据设计需要提取多个边特征，对其执行偏移、着色、压印或复制边等操作，便于查看或创建更为复杂的模型。

13.9.1 复制边

执行复制边操作可将现有的实体模型上单个或多个边偏移到其他位置，从而利用这些边线创建出新的图形对象。

调用复制边命令的方法如下：

- 菜单栏：执行【修改】|【实体编辑】|【复制边】命令
- 工具栏：单击【实体编辑】工具栏中的【复制边】按钮
- 功能区：单击【常用】选项卡中【实体编辑】面板上的【复制边】按钮

执行该命令后，根据命令行的提示，在绘图区选择需要复制的边线，单击鼠标右键，系统弹出快捷菜单，如图 13-65 所示。在弹出的右键快捷菜单中选择【确认】选项，并指定复制边的基点或位移，移动光标到合适的位置单击放置复制边，完成复制边的操作。其效果如图 13-66 所示。

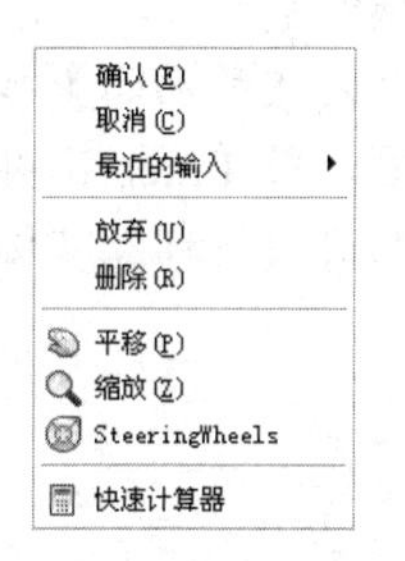

图 13-65　快捷菜单

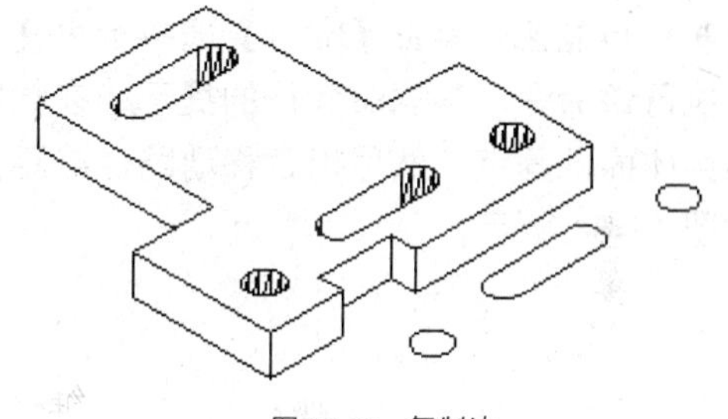

图 13-66　复制边

13.9.2 压印边

在创建三维模型后，往往在模型的表面加入公司标记或产品标记等图形对象，AutoCAD 软件专为该操作提供压印工具，即通过与模型表面单个或多个表面相交图形对象压印到该表面。

调用【压印边】命令的方法如下：

- 菜单栏：执行【修改】|【实体编辑】|【压印边】命令
- 工具栏：单击【实体编辑】工具栏中的【压印边】按钮
- 功能区：单击【常用】选项卡中【实体编辑】面板上的【压印边】按钮

执行该命令，根据命令行的提示，在绘图区选取三维实体，接着选取压印对象，命令行将提示“是否删除源对象[是(Y)/(否)]<N>:”的信息，用户可根据设计需要确定是否保留压印对象，即可完成执行压印的操作，其效果如图 13-67 所示。

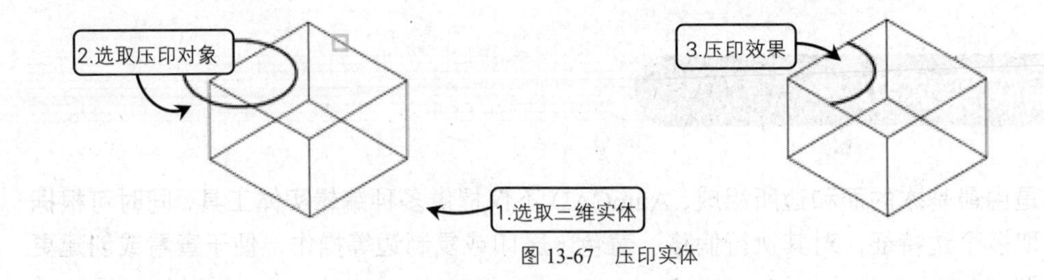

图 13-67 压印实体

13.10 编辑实体面

在对三维实体进行编辑时，不仅可以对实体上单个或多个边线执行编辑操作，同时还可以对整个实体任意表面执行编辑操作，即通过改变实体表面，从而达到改变实体的目的。

13.10.1 移动实体面

执行移动实体面操作是沿指定的高度或距离移动选定的三维实体对象的一个或多个面。移动时，只移动选定的实体面而不改变方向。

调用【移动面】命令的方法如下：

- 菜单栏：执行【修改】|【实体编辑】|【移动面】命令
- 工具栏：单击【实体编辑】工具栏中的【移动面】按钮
- 功能区：单击【常用】选项卡中【实体编辑】面板上的【移动面】按钮

执行该命令，根据命令行的提示，在绘图区选取实体表面，按 Enter 键并右键单击捕捉移动实体面的基点，然后指定移动路径或距离值，单击右键即可执行移动实体面操作，其效果如图 13-68 所示。

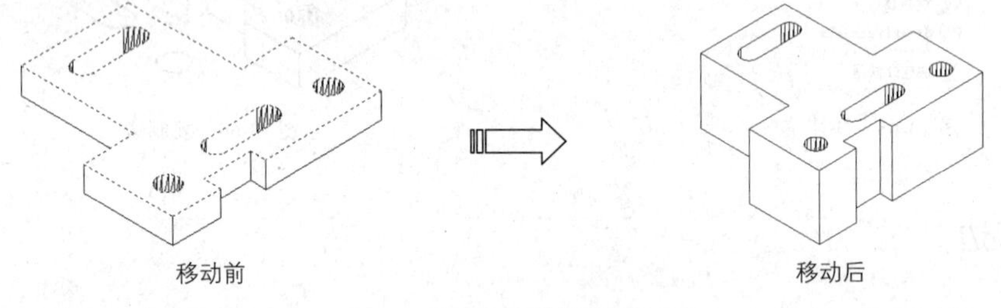

图 13-68 移动实体面

13.10.2 偏移实体面

执行偏移实体面操作是在一个三维实体上按指定的距离均匀地偏移实体面，可根据设计需要将现有的面从原始位置向内或向外偏移指定的距离，从而获取新的实体面。

调用【偏移面】命令的方法如下：

- 菜单栏：执行【修改】|【实体编辑】|【偏移面】命令
- 工具栏：单击【实体编辑】工具栏中的【偏移面】按钮
- 功能区：单击【常用】选项卡中【实体编辑】面板上的【偏移面】按钮

执行该命令，根据命令行的提示，在绘图区选取要偏移的面，并输入偏移距离，按 Enter

键，即可获得如图13-69所示的偏移面特征。

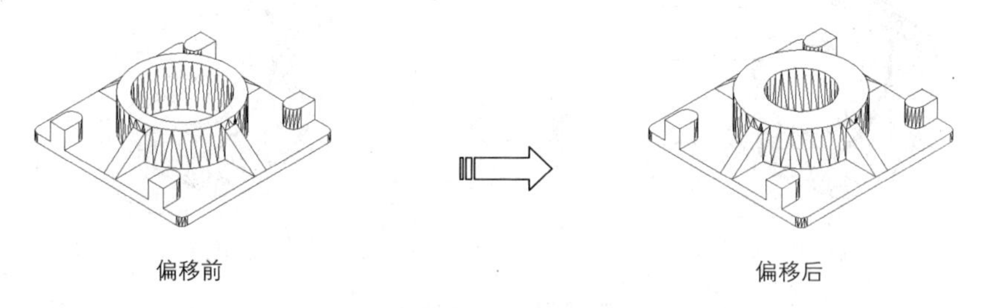

图13-69　偏移实体面

13.10.3 删除实体面

在三维建模环境中，执行删除实体面操作是从三维实体对象上删除实体表面、圆角等实体特征。

调用【删除面】命令的方法如下：

- 菜单栏：执行【修改】|【实体编辑】|【删除面】命令
- 工具栏：单击【实体编辑】工具栏中的【删除面】按钮
- 功能区：单击【常用】选项卡中【实体编辑】面板上的【删除面】按钮

执行该命令，根据命令行的提示，在绘图区选择要删除的面，按Enter键或单击右键即可执行实体面删除操作，如图13-70所示。

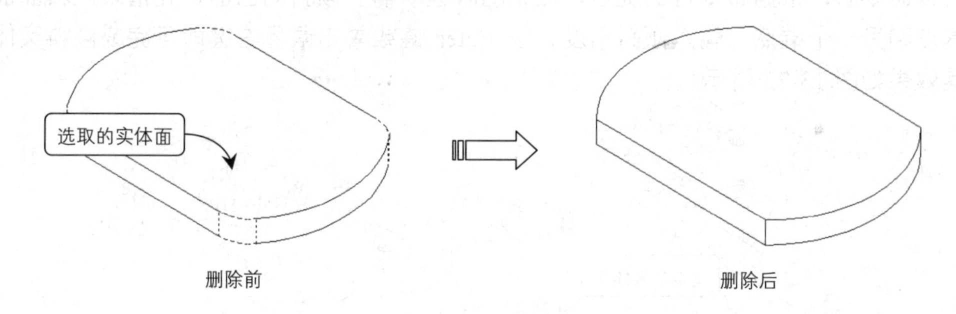

图13-70　删除实体面

13.10.4 旋转实体面

执行旋转实体面操作，能够将单个或多个实体表面绕指定的轴线进行旋转，或者旋转实体的某些部分形成新的实体。

调用【旋转面】命令的方法如下：

- 菜单栏：执行【修改】|【实体编辑】|【旋转面】命令
- 工具栏：单击【实体编辑】工具栏中的【旋转面】按钮
- 功能区：单击【常用】选项卡中【实体编辑】面板上的【旋转面】按钮

执行该命令，根据命令行的提示，选取需要旋转的实体面，捕捉两点为旋转轴，并指定旋转角度，按Enter键，即可完成旋转操作，效果如图13-71所示。

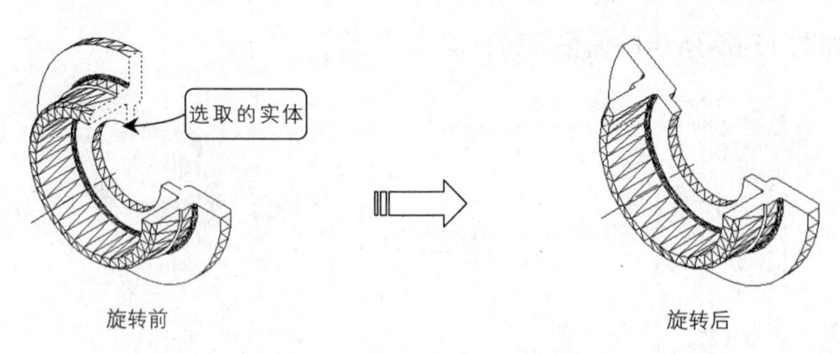

图 13-71　旋转实体面

当一个实体面旋转后，与其相交的面会自动调整，以适应改变后的实体。

13.10.5 倾斜实体面

在编辑三维实体面时，可利用【倾斜实体面】工具将孔、槽等特征可沿矢量方向，并指定特定的角度进行倾斜操作，从而获取新的实体。

调用【倾斜面】命令的方法如下：

- 菜单栏：执行【修改】|【实体编辑】|【倾斜面】命令
- 工具栏：单击【实体编辑】工具栏【倾斜面】按钮
- 功能区：单击【常用】选项卡中【实体编辑】面板上的【倾斜面】按钮

执行该命令后，根据命令行的提示，在绘图区选取需要倾斜的曲面，并指定倾斜曲面参照轴线基点和另一个端点，输入倾斜角度，按 Enter 键或单击鼠标右键即可完成倾斜实体面操作，其效果如图 13-72 所示。

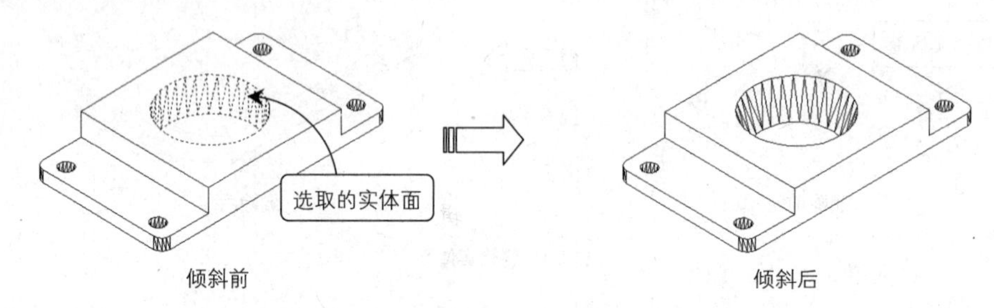

图 13-72　倾斜实体面

13.10.6 实体面着色

执行实体面着色操作可修改单个或多个实体面的颜色，以取代该实体对象所在图层的颜色，可更方便查看这些表面。

调用【着色面】命令的方法如下：

- 菜单栏：执行【修改】|【实体编辑】|【着色面】命令
- 工具栏：单击【实体编辑】工具栏中的【着色面】按钮
- 功能区：单击【常用】选项卡中【实体编辑】面板上的【着色面】按钮

执行该命令，根据命令行的提示，在绘图区指定需要着色的实体表面，按 Enter 键，系统弹出【选择颜色】对话框。在该对话框中指定填充颜色，单击【确定】按钮，即可完成面

着色操作。

13.10.7 拉伸实体面

在编辑三维实体面时，可使用【拉伸实体面】工具直接选取实体表面执行面拉伸操作，从而获取新的实体。

调用【拉伸面】命令的方法如下：

- 菜单栏：执行【修改】|【实体编辑】|【拉伸面】命令
- 工具栏：单击【实体编辑】工具栏中的【拉伸面】按钮
- 功能区：单击【常用】选项卡中【实体编辑】面板上的【拉伸面】按钮

执行该命令，根据命令行的提示，在绘图区选取需要拉伸的曲面，并指定拉伸路径或输入拉伸距离，按 Enter 键即可完成拉伸实体面的操作，其效果如图 13-73 所示。

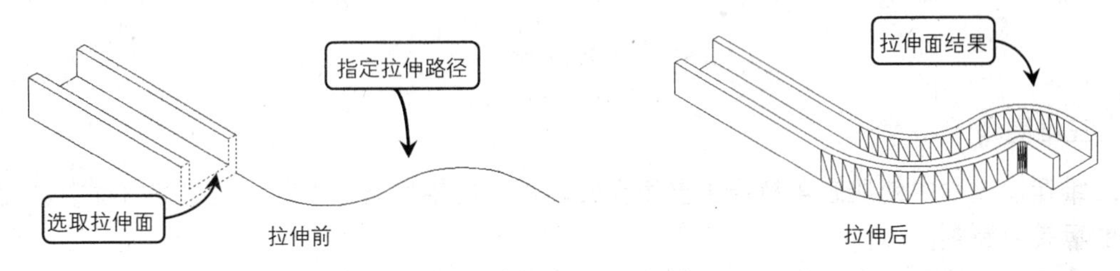

图 13-73　拉伸实体面

13.10.8 复制实体面

在三维建模环境中，利用【复制实体面】工具能够将三维实体表面复制到其他位置，使用这些表面可创建新的实体。

调用【复制面】命令的方法如下：

- 菜单栏：执行【修改】|【实体编辑】|【复制面】命令
- 工具栏：单击【实体编辑】工具栏中的【复制面】按钮
- 功能区：单击【常用】选项卡中【实体编辑】面板上的【复制面】按钮

执行该命令，根据命令行的提示，在绘图区选取需要复制的实体表面，如果指定了两个点，AutoCAD 将第一个点作为基点，并相对于基点放置一个副本。如果只指定一个点，AutoCAD 将把原始选择点作为基点，下一点作为位移点。

13.11 编辑实体

在对三维实体进行编辑时，不仅可以对实体上单个表面和边线执行编辑操作，同时还可以对整个实体执行编辑操作。

13.11.1 创建倒角和圆角

倒角和倒圆角工具不仅在二维环境中能够实现，同样使用这两种工具能够创建三维对象的倒圆角和倒角。

1. 三维倒角

在三维建模过程中创建倒角特征主要用于孔特征零件或轴类零件，为方便安装轴上其他零件，防止擦伤或者划伤其他零件和安装人员。

单击【实体】选项卡【实体编辑】面板中的【倒角边】按钮，然后在绘图区选取要倒角的边线，按 Enter 键分别指定倒角距离，指定需要倒角的边线，按 Enter 键即可创建三维倒角，效果如图 13-74 所示。

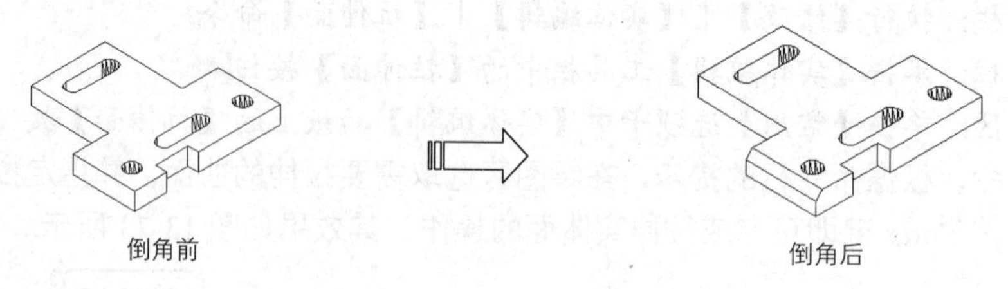

图 13-74 创建三维倒角

2. 三维圆角

在三维建模过程中创建圆角特征主要用在回转零件的轴肩处，以防止轴肩应力集中，在长时间的运转中断裂。

单击【实体】选项卡【实体编辑】面板中的【圆角边】按钮，然后在绘图区选取需要绘制圆角的边线，输入圆角半径，按 Enter 键，其命令行出现“选择边或 [链(C)/半径(R)]:”提示。激活 “链” 选项，则可以选择多个边线进行倒圆角；激活“半径”选项，则可以创建不同半径值的圆角，按 Enter 键即可创建三维倒圆角，如图 13-75 所示。

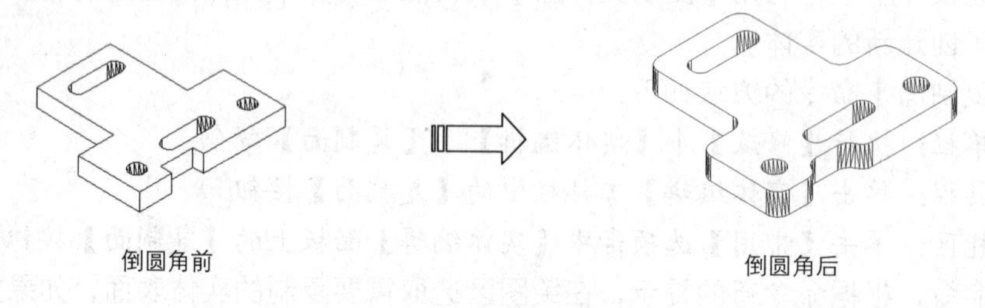

图 13-75 创建三维圆角

13.11.2 抽壳

通过执行抽壳操作可将实体以指定的厚度，形成一个空的薄层，同时还允许将某些指定面排除在壳外。指定正值从圆周外开始抽壳，指定负值从圆周内开始抽壳。

调用【抽壳】命令的方法如下：

- 菜单栏：执行【修改】|【实体编辑】|【抽壳】命令
- 工具栏：单击【实体编辑】工具栏中的【抽壳】按钮
- 功能区：单击【实体】选项卡【实体编辑】面板中的【抽壳】按钮

在执行实体抽壳时，用户可根据设计需要保留所有面执行抽壳操作（即中空实体）或删除单个面执行抽壳操作，分别介绍如下：

1. 删除抽壳面

该抽壳方式通过移除面形成内孔实体。执行【抽壳】命令后，根据命令行的提示，在绘图区选取待抽壳的实体，继续选取要删除的单个或多个表面并单击右键，输入抽壳偏移距离，按 Enter 键，即可完成抽壳操作，其效果如图 13-76 所示。

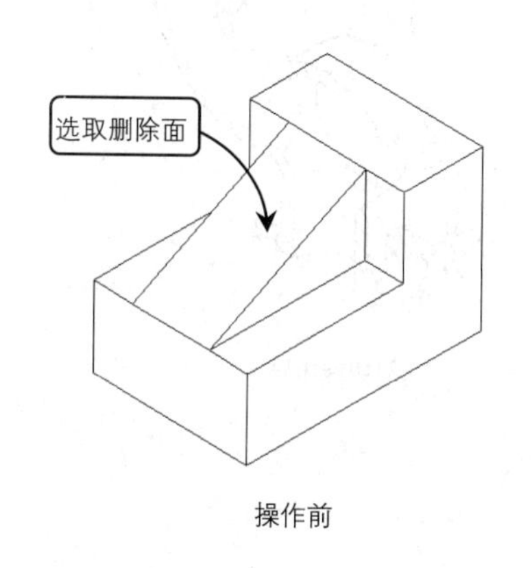

操作前

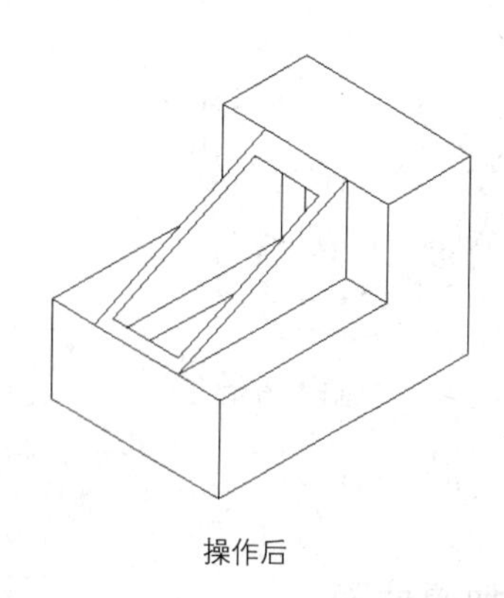

操作后

图 13-76　删除面执行抽壳操作

2. 保留抽壳面

该抽壳方法与删除面抽壳操作不同之处在于该抽壳方法是在选取抽壳对象后，直接按 Enter 键或单击右键，并不选取删除面，而是输入抽壳距离，从而形成中空的抽壳效果，如图 13-77 所示。

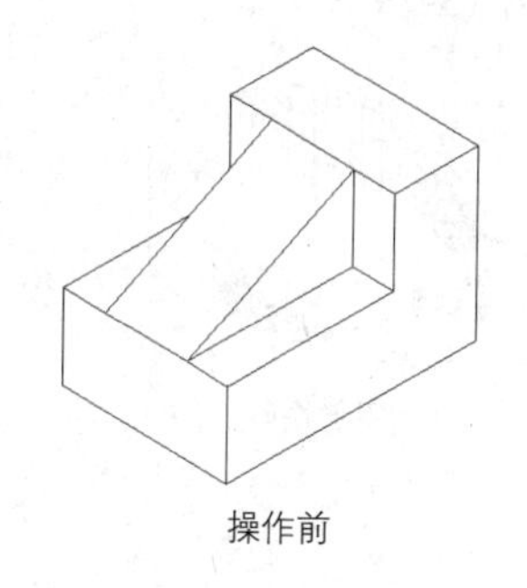

操作前

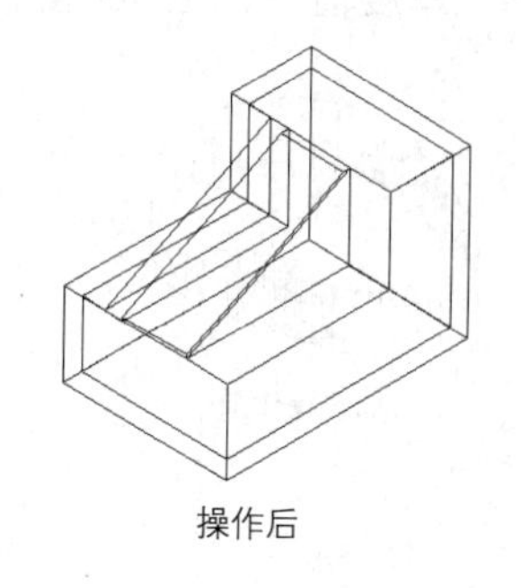

操作后

图 13-77　保留抽壳面

13.11.3 剖切实体

在绘图过程中，为了表达实体内部的结构特征，可假想一个与指定对象相交的平面或曲面，将该实体剖切从而创建新的对象。可根据设计需要通过指定点、选择曲面或平面对象来定义剖切平面。

单击功能区【常用】选项卡或【实体】选项卡中的【实体编辑】面板上的【剖切】按钮，就可以通过剖切现有实体来创建新实体。作为剖切平面的对象可以是曲面、圆、椭圆、圆弧或椭圆弧、二维样条曲线和二维多段线。在剖切实体时，可以保留剖切实体的一半或全部。剖切实体不保留创建它们的原始形式的记录，只保留原实体的图层和颜色特性，如图 13-78 所示。

剖切实体的默认方法是指定两个点定义垂直于当前 UCS 的剪切面，然后选择要保留的部分。也可以通过指定三个点，使用曲面、其他对象、当前视图、Z 轴或者 XY 平面来定义剪切面。

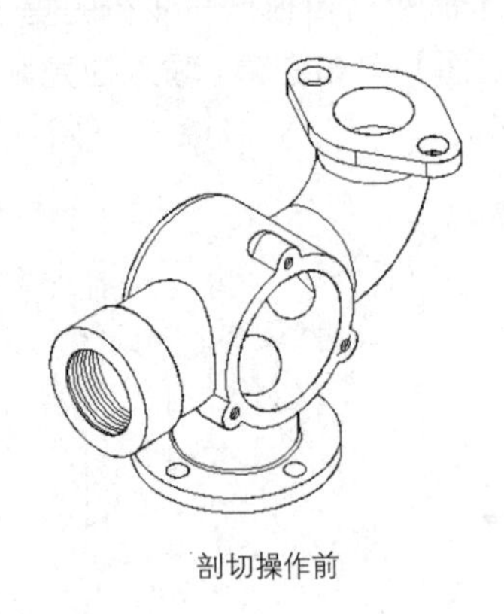

剖切操作前

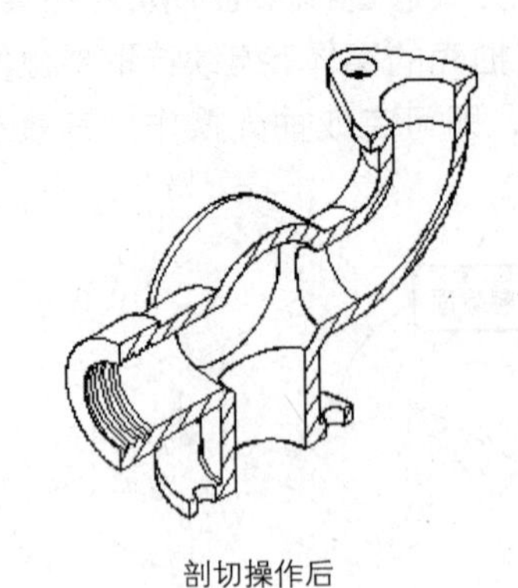

剖切操作后

图 13-78　实体剖切效果

13.11.4 加厚曲面

在三维建模环境中，可以将网格曲面、平面曲面或截面曲面等多种曲面类型的曲面通过加厚处理形成具有一定厚度的三维实体。

单击功能区【常用】选项卡或【实体】选项卡中的【实体编辑】面板上的【加厚】按钮，即可进入【加厚】模式，直接在绘图区选择要加厚的曲面，单击右键或按 Enter 键后，在命令行中输入厚度值，按 Enter 键，完成加厚操作，如图 13-79 所示。

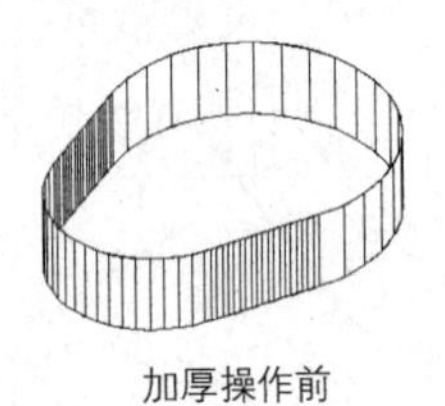

加厚操作前

加厚操作后

图 13-79　曲面加厚

13.12 典型范例——创建管道接口

绘制如图 13-80 所示的管道接头三维实体模型，使读者更加了解三维实体图形的绘制工具以及编辑工具的使用。

本实例的操作步骤如下：

1. 新建文件

启动 AutoCAD 2015，单击菜单栏中的【文件】|【新建】命令，系统弹出【选择样板】对话框，执行【acadiso.dwt】样板，单击【打开】按钮，进入 AutoCAD 绘图模式。

2. 绘制扫掠特征

01 单击【视图】工具栏【东南等轴测】按钮，将视图切换至【东南等轴测】模式，

此时绘图区呈三维空间状态，其坐标显示如图 13-81 所示。

02 调用 L【直线】命令，绘制三维空间直线，如图 13-82 所示，其命令行提示如下：

```
命令: L ↙    LINE                              //调用【直线】命令，绘制空间直线
指定第一点:
指定下一点或 [放弃(U)]: @-40,0,0↙
指定下一点或 [放弃(U)]: @0,60,0↙
指定下一点或 [闭合(C)/放弃(U)]: @0,0,30↙   //利用指定坐标值的方式绘制空间直线
```

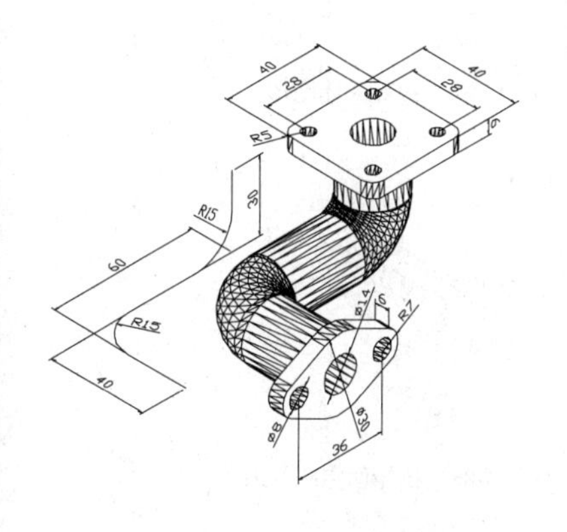

图 13-80　管道接头

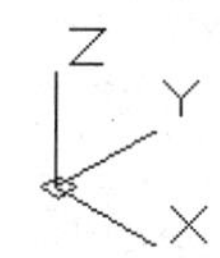

图 13-81　东南等轴测

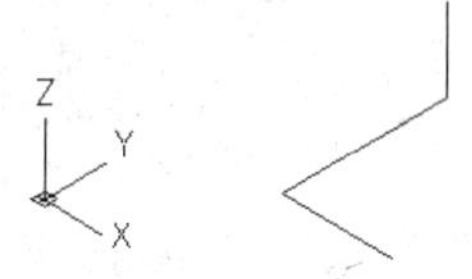

图 13-82　绘制空间三维直线

03 调用 F【圆角】命令，在拐角处绘制半径为 15 的圆角，如图 13-83 所示。

04 单击【坐标】面板中的【Z 轴矢量】按钮，在绘图区指定两点作为坐标系 Z 轴的方向，新建 UCS，如图 13-84 所示。

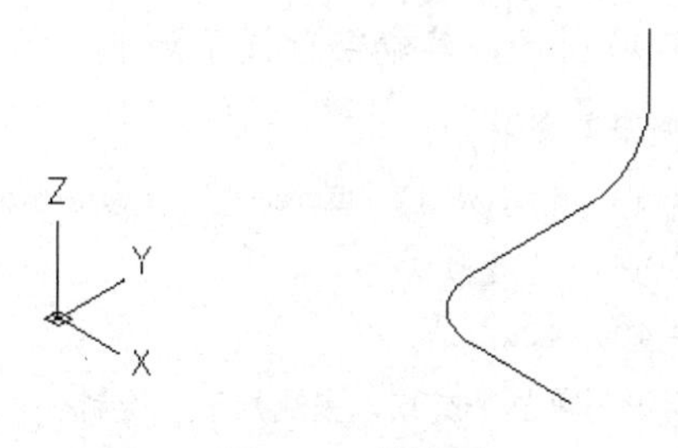

图 13-83　绘制圆角

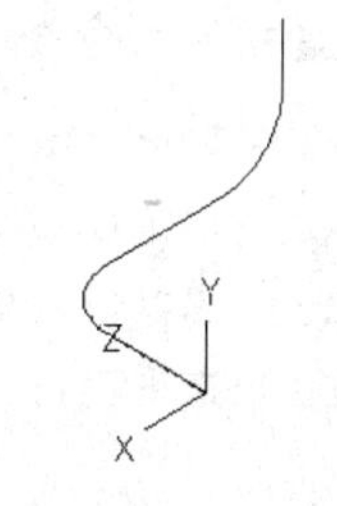

图 13-84　新建坐标系

05 调用 C【圆】命令，绘制直径分别为 26 和 14 的两个同心圆，如图 13-85 所示。

06 调用 REG【面域】命令，在绘图区选择绘制的两个圆，单击鼠标右键或者按 Enter 键，完成创建面域操作。

07 创建面域求差，单击【实体编辑】面板中的【差集】按钮，根据命令行的提示，在绘图区选择直径为 26 的圆作为从中减去的面域，单击鼠标右键，选择直径为 14 的圆作为减去的面域，单击鼠标右键或按 Enter 键，完成面域求差操作。

08 调用 SWEEP【扫掠】命令，根据命令行的提示，选择第一段直线为扫掠路径，选择面域为扫掠截面，生成如图 13-86 所示实体模型。

09 单击【实体编辑】面板中的【拉伸面】按钮，根据命令行的提示，在绘图区选择要拉伸的面，单击鼠标右键或者按 Enter 键，确定选取拉伸面，在命令行输入 P，选择拉伸

路径，完成拉伸面操作，如图 13-87 所示为拉伸面效果。

10 利用相同的方法拉伸其余的面，最终效果如图 13-88 所示。

图 13-85　绘制的圆图形

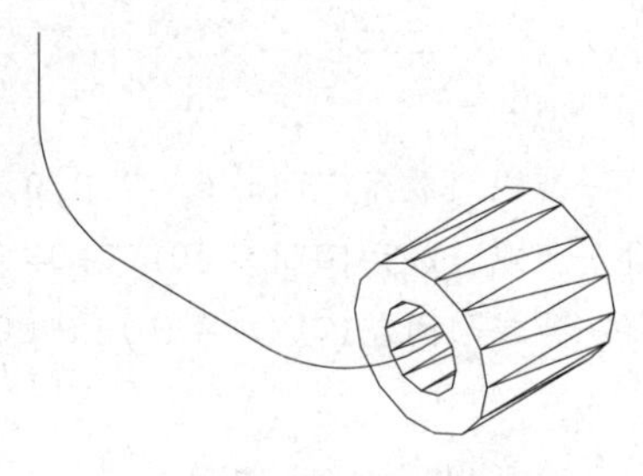

图 13-86　扫掠实体图形

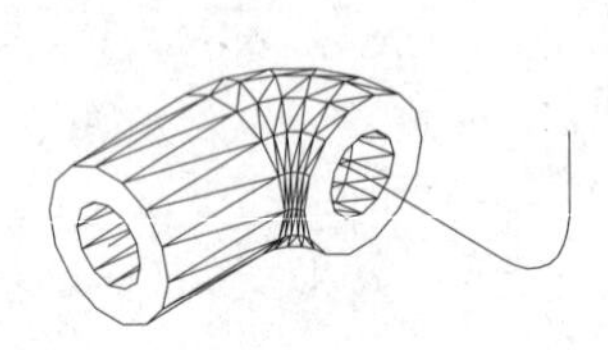

图 13-87　拉伸面

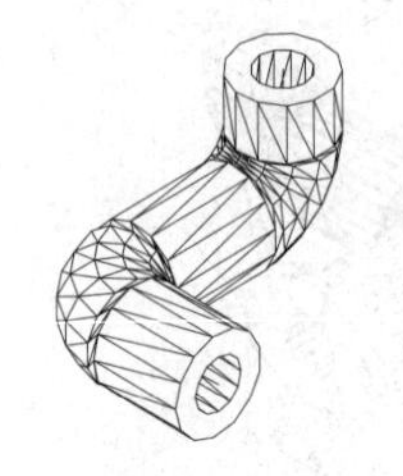

图 13-88　拉伸面完成效果

3. 绘制法兰接口

01 单击【坐标】面板中的【世界】按钮，返回到世界坐标系状态。

02 单击【坐标】面板中的【UCS】按钮，在绘图区合适的位置单击，按 Enter 键或空格键，完成移动 UCS 坐标操作，如图 13-89 所示。

03 调用 REC【矩形】命令，绘制矩形，如图 13-90 所示，其命令行提示如下：

```
命令: REC↙   RECTANG                    //调用【矩形】命令
指定第一个角点或 [倒角(C)/标高(E)/圆角(F)/厚度(T)/宽度(W)]: _from 基点:忽略倾斜、不按统一比例缩放的对象。<偏移>: @20,20↙     //指定矩形的第一个角点
指定另一个角点或 [面积(A)/尺寸(D)/旋转(R)]: @-40,-40↙
                                        //在指定矩形的第二个交点，完成矩形的绘制
```

04 将视图切换至【俯视图】，进入二维绘图模式。

05 调用 C【圆】命令，绘制圆，如图 13-91 所示，其命令行提示如下：

```
命令: C ↙       CIRCLE              //调用【圆】命令
指定圆的圆心或 [三点(3P)/两点(2P)/切点、切点、半径(T)]: from 基点:<偏移>:@6,-6↙
                              //单击【对象捕捉】工具栏中的【捕捉自】按钮，选择a点作为基点，输入偏移坐标
指定圆的半径或 [直径(D)] <7.0000>: d 指定圆的直径 <14.0000>: 5↙
命令: CIRCLE ↙
指定圆的圆心或 [三点(3P)/两点(2P)/切点、切点、半径(T)]: //指定所绘制的矩形中心为圆心
指定圆的半径或 [直径(D)] <2.5000>: d 指定圆的直径 <5.0000>: 14↙
```

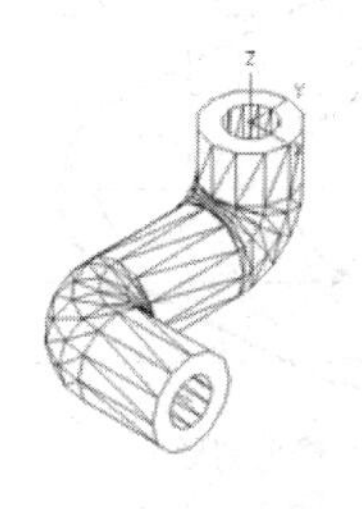

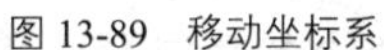

图 13-89　移动坐标系

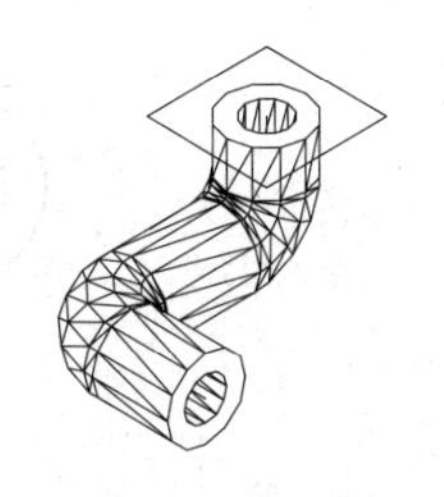

图 13-90　绘制矩形

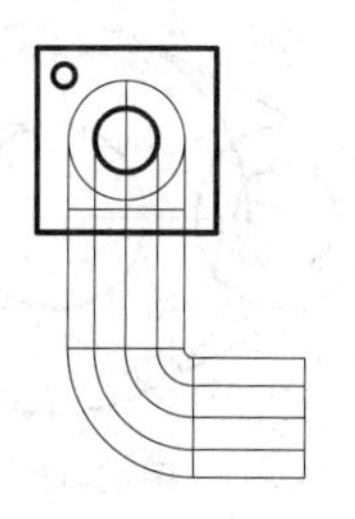

图 13-91　绘制圆

06 单击【修改】面板中的【阵列】按钮，选择绘制的小圆圆为阵列对象，设置行数为 2，列数为 2，列偏移和列偏移为 28，生成矩形阵列图形，如图 13-92 所示。

07 调用 REG【面域】命令，根据命令行的提示，在绘图区选择绘制的矩形和圆，单击鼠标右键或者按 Enter 键，完成创建面域操作。

08 创建面域求差，单击【实体编辑】面板中【差集】按钮，然后在绘图区选择绘制的矩形作为从中减去的面域，单击鼠标右键，选择绘制的圆作为减去的面域，单击鼠标右键或按 Enter 键，完成面域求差操作。

09 调用 EXT【拉伸】命令，拉伸面域，指定高度为 6，如图 13-93 所示。

10 调用 CHAMFEREDGE【倒圆边】命令，创建圆角特征，设置圆角半径为 5，如图 13-94 所示。

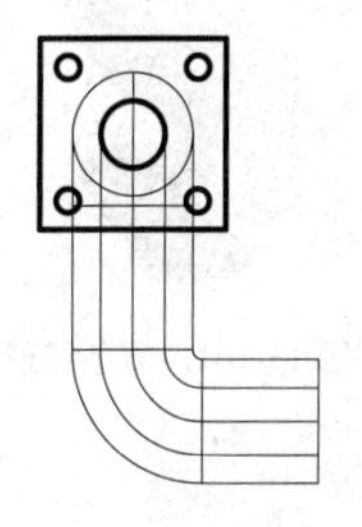

图 13-92　阵列图形

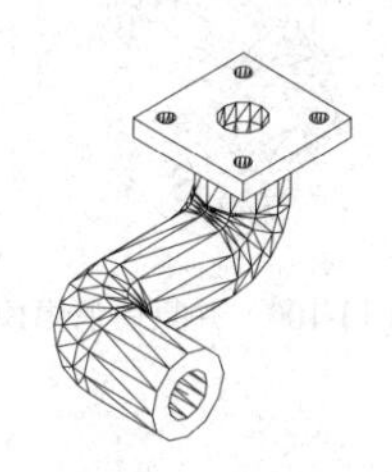

图 13-93　拉伸面域

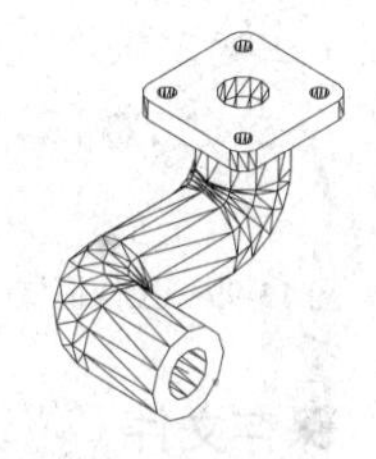

图 13-94　绘制圆角

11 单击【坐标】面板中的【面 UCS】按钮，在绘图区指定合适的平面，其新建坐标系如图 13-95 所示。

12 调用 C【圆】命令，绘制圆图形，如图 13-96 所示，各圆大小及位置尺寸详见图 13-80 所示。

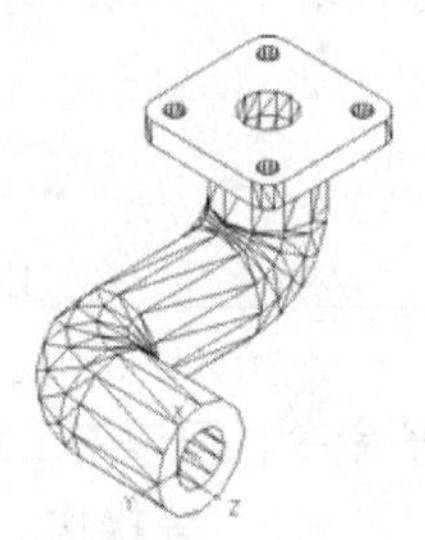

图 13-95　新建坐标系

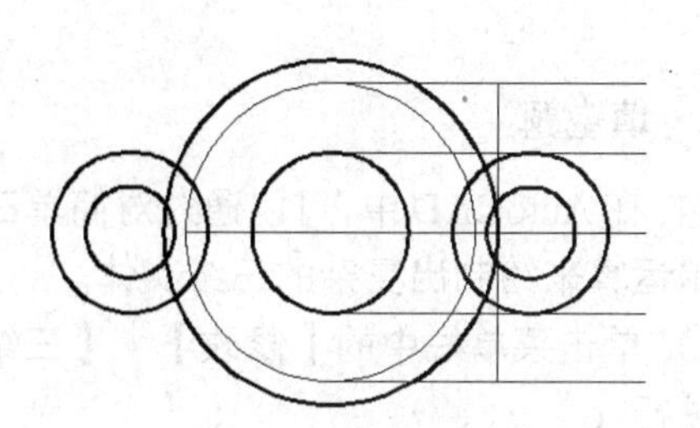

图 13-96　绘制圆

13 调用 L【直线】命令，捕捉切点绘制相切直线，如图 13-97 所示。

14 调用 TR【修剪】命令，修剪掉多余的线条，如图 13-98 所示。

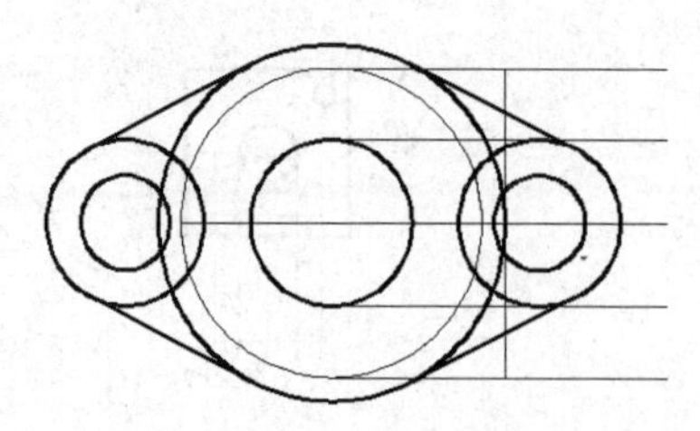
图 13-97　绘制直线

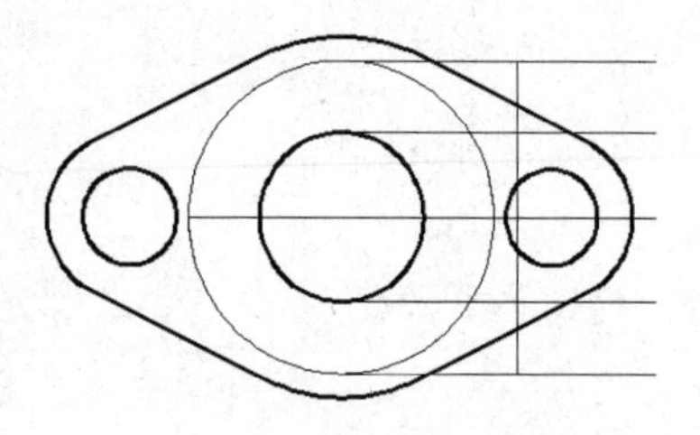
图 13-98　修剪图形

15 调用 REG【面域】命令，根据命令行的提示，在绘图区选择绘制的图形，单击鼠标右键或者按 Enter 键，完成创建面域操作。

16 创建求差面域，单击【实体编辑】面板中的【差集】按钮，然后在绘图区选择要从中减去的面域，单击鼠标右键，选择要减去的圆孔面域，单击鼠标右键或按 Enter 键，完成面域求差操作。

17 调用 EXT【拉伸】命令，拉伸面域，指定拉伸高度为 6，如图 13-99 所示。

18 创建实体求和，单击【实体编辑】面板中的【并集】按钮，然后窗选所有的实体图形，单击鼠标右键，完成并集操作，如图 13-100 所示。着色后的三维实体图形，如图 13-101 所示。

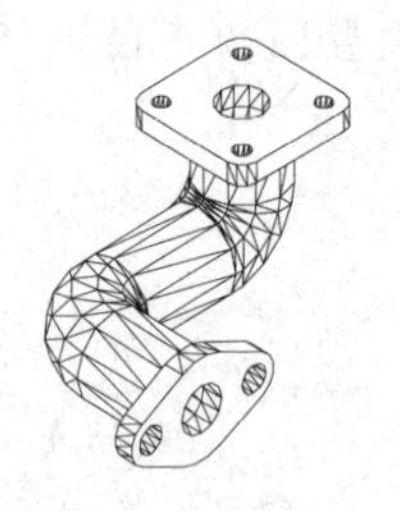
图 13-99　拉伸面域

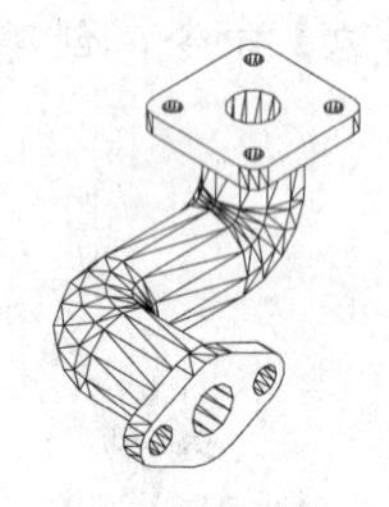
图 13-100　并集后消隐模式

图 13-101　着色图形

4. 保存文件

01 执行【文件】|【另存为】命令，系统弹出【图形另存为】对话框。

02 在文件名文本框中输入“12.7.1 管道接口”，单击【保存】按钮，完成实例操作。

13.13 习 题

1. 填空题

（1）在 AutoCAD 中，可以通过对简单三维实体执行__________、__________以及__________布尔运算来绘制出复杂的三维实体。

（2）单击菜单栏中的【修改】|【三维操作】菜单中的子命令，可以对三维空间中的对象进行________、__________、__________、__________、__________等操作。

（3）在进行三维矩形阵列时，需要指定的参数有__________、__________和__________。

2. 操作题

（1）绘制如图 13-102 所示的三维实体。

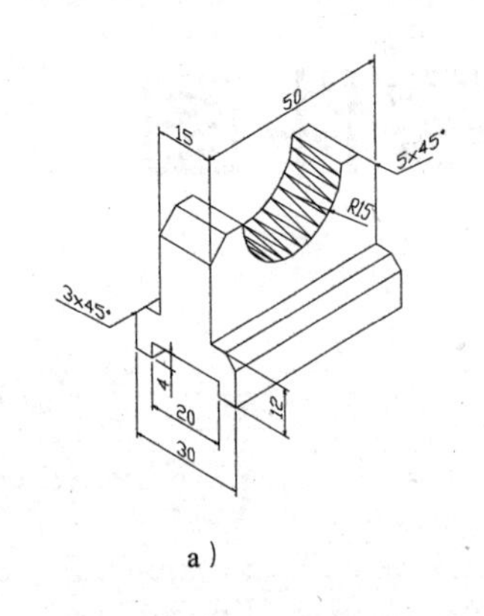

a）

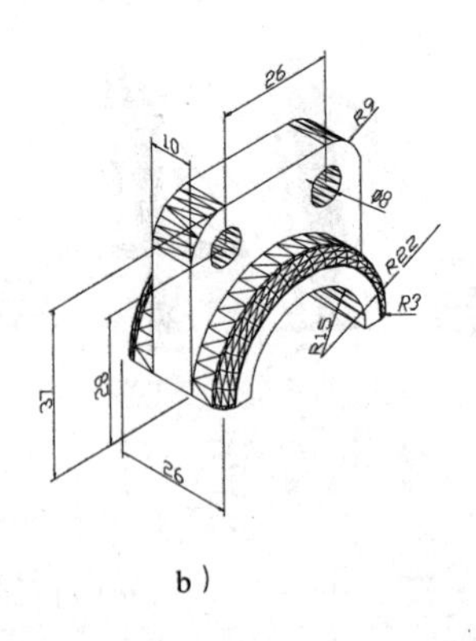

b）

图 13-102　绘图练习

（2）利用如图 13-103 所示的二维视图，绘制三维实体模型。

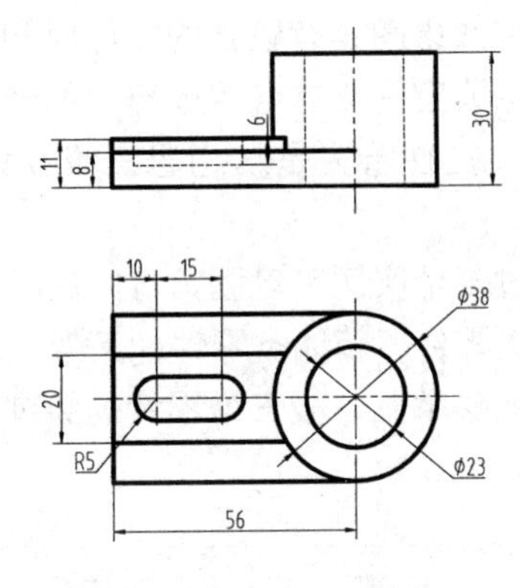

图 13-103　二维视图

（3）创建如图 13-104 和图 13-105 所示的三维图形。

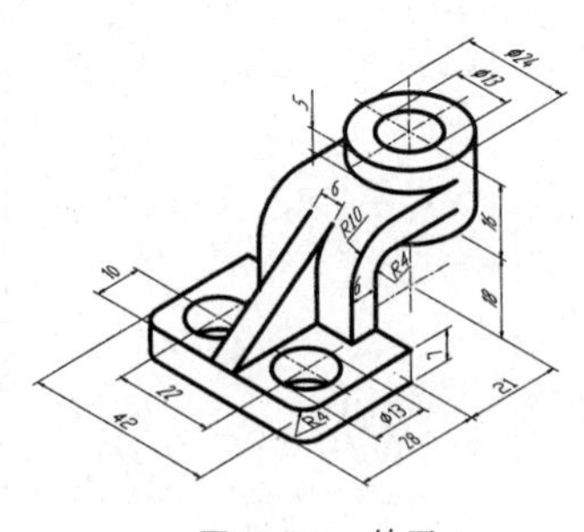
图 13-104　练习 1

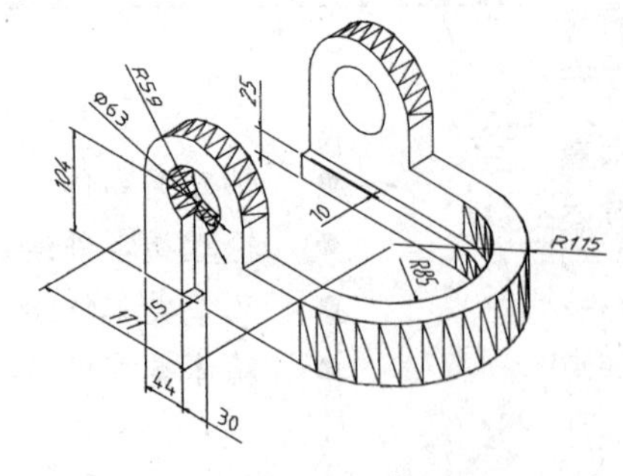

图 13-105　练习 2

第14章 三维零件图绘制

本章导读

因为三维效果图具有较强的立体感和真实感，能更清晰全面地表达构成空间立体各组成部分的形状以及相对位置，所以设计人员往往首先是从构思三维立体模型开始来进行设计。

本章通过多个实例来巩固第 13 章所学知识，包括轴套类零件、盘类零件、箱体类零件、叉架类零件等典型机械零件，使读者能够掌握一般三维零件的绘制思路和方法。

本章重点

- 轴套类零件——绘制联轴器
- 轮盘类零件绘制
- 叉架类零件绘制
- 箱体类零件——绘制齿轮箱下壳

14.1 轴套类零件——绘制联轴器

联轴器是机械产品轴系传动最常用的连接部件，用来连接不同机构中的两根轴（主动轴和从动轴），使之共同旋转以传递扭矩。在高速重载的动力传动中，有些联轴器还有缓冲、减振和提高轴系动态性能的作用。

本节绘制的联轴器结构比较简单，如图 14-1 所示。

14.1.1 联轴器

在绘制任何机械图形之前，首先应该对图形特征进行分析，然后才开始绘图。联轴器属于环形体，一般可以使用拉伸、布尔运算、三维阵列等命令创建。

绘制如图 14-1 所示联轴器的步骤如下：

01 启动 AutoCAD 2015，执行【文件】|【新建】命令，系统弹出【选择样板】对话框，选择【acad.dwt】样板文件，单击【打开】按钮，创建一个新的图形文件。

02 执行【视图】|【三维视图】|【俯视图】命令，将视图切换至俯视图。

03 调用 C【圆】命令，绘制如图 14-2 所示的圆。

04 调用 AR【阵列】命令，根据命令行的提示，选择“环形阵列”方式，设置阵列个数为 6 个，角度为 360°，再选择大圆圆心为阵列中心，对小圆进行阵列，结果如图 14-3 所示。

05 调用 E【删除】命令，删除辅助圆，如图 14-4 所示。

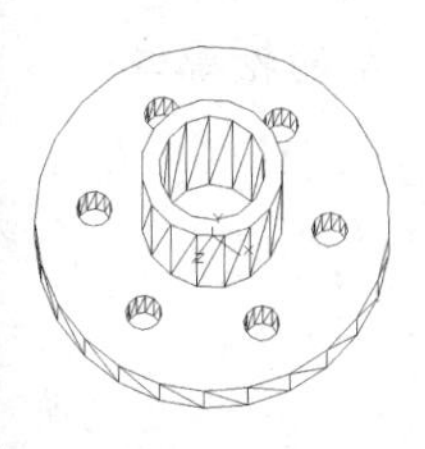

图 14-1　联轴器

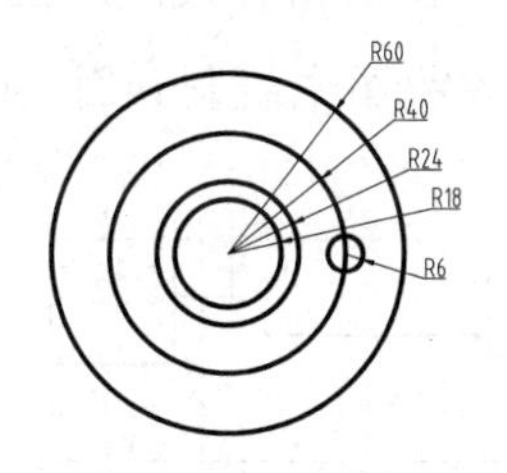

图 14-2　绘制圆图形

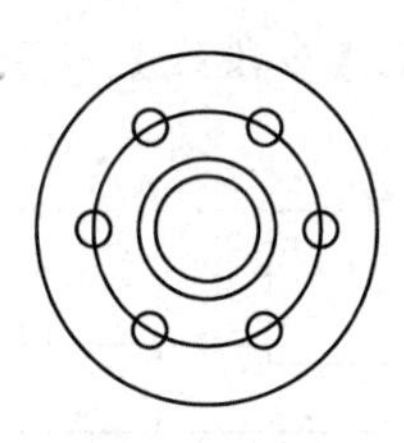

图 14-3　阵列圆

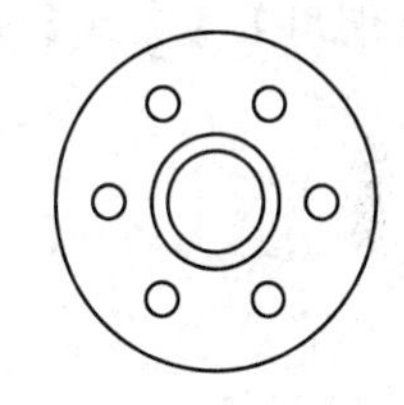

图 14-4　删除辅助圆

06 单击【视图】面板中的【东南等轴测】按钮，切换至【东南等轴测】模式，以方便查看立体图形，如图 14-5 所示。

07 调用 EXT【拉伸】命令，首先选择要拉伸的对象，拉伸高度分别为 20、80，如图 14-6 所示。

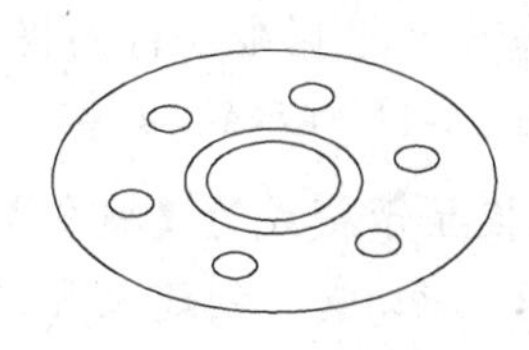

图 14-5　切换视图模式

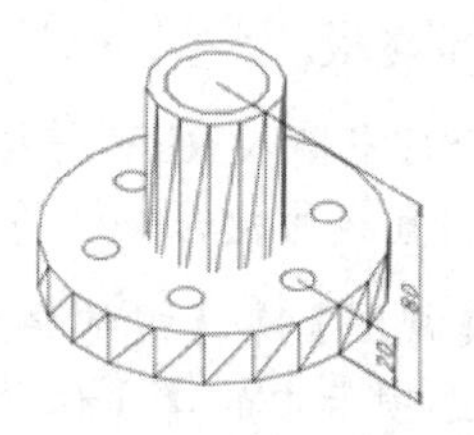

图 14-6　拉伸绘制的圆

08 单击【实体编辑】面板中的【差集】按钮，对该实体进行求差操作，生成如图 14-7

所示的圆筒、孔。

09 完成联轴器模型的创建，执行【文件】|【保存】命令，保存图形。

14.1.2 阶梯轴

轴类零件在机械传动中运用极为广泛，根据其形状不同，可将轴分为直轴、曲轴两大类。直轴在机械运动中相对比较多，根据直轴外形的不同，又可分为光轴、阶梯轴两种。光轴的形状比较简单，但零件的装配、定位比较困难；而阶梯轴的形状比较复杂，是一个纵向不等直径的圆柱体。一般通过键、键槽来连接齿轮，紧固涡轮等零件。

下面以图 14-8 所示的阶梯轴为例，介绍阶梯轴的三维建模方法。

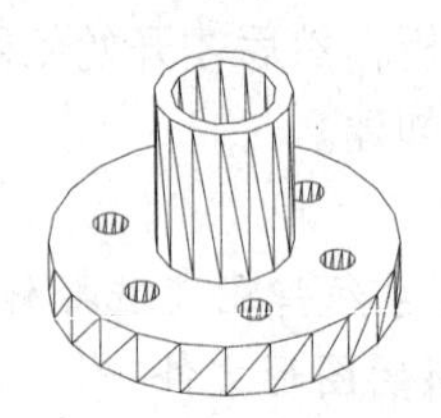
图 14-7　实体求差

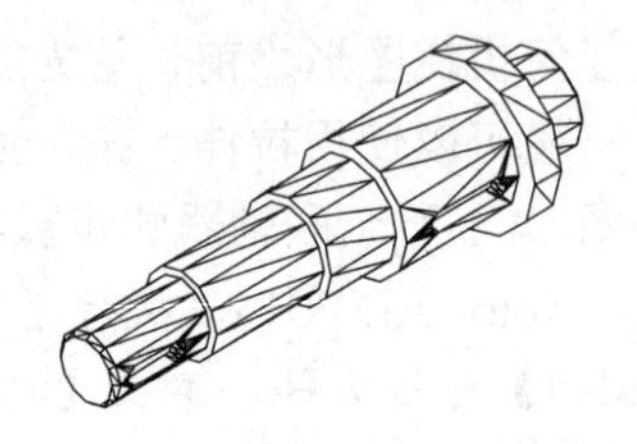
图 14-8　阶梯轴

1. 绘制轮廓线

01 启动 AutoCAD 2015，执行【文件】|【新建】命令，系统弹出【选择样板】对话框，选择【acad.dwt】模板，单击【打开】按钮，创建一个新的图形文件。

02 执行【视图】|【三维视图】|【左视】命令，将视图转换成左视图模式。

03 调用 L【直线】或 PL【多段线】命令，在左视图中绘制如图 14-9 所示的轮廓线。

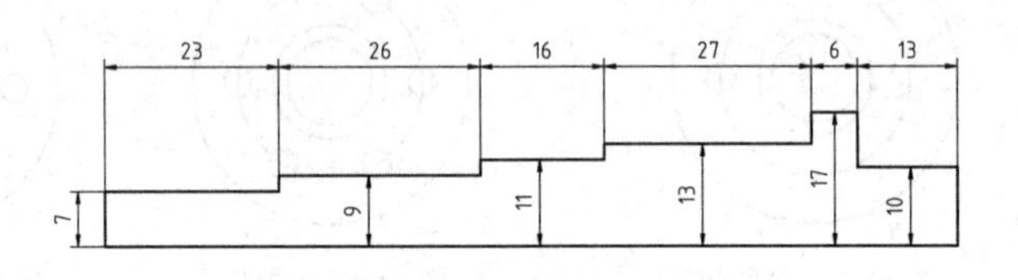

图 14-9　绘制轮廓线

2. 创建轴主体

01 调用 REG【面域】命令，将绘制的图形创建为面域。

02 执行【视图】|【三维视图】|【东南等轴测】命令，将视图转换为【东南等轴测】模式，以方便三维建模。

03 在命令行中输入 REV 并按回车键，调用【旋转】命令，根据命令行的提示，选择如图 14-10 所示的直线为旋转轴，将创建的面域旋转生成如图 14-11 所示的轴。

04 执行【视图】|【视觉样式】|【概念】命令，切换显示模式为【概念】视觉样式，单击【实体】选项卡中的【实体编辑】面板上的【圆角边】按钮，创建大直径端部 1×1 的倒角，如图 14-12 所示。

05 执行【视图】|【三维视图】|【西南等轴测】命令，切换至【西南等轴测】模式，

用同样的方法创建小直径端 1×1 的倒角，如图 14-13 所示。

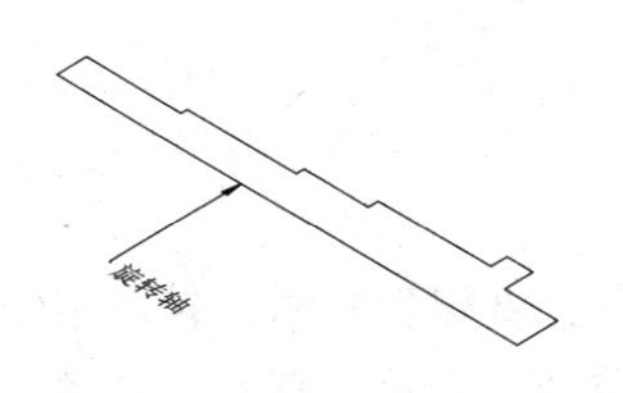

图 14-10 选择旋转轴

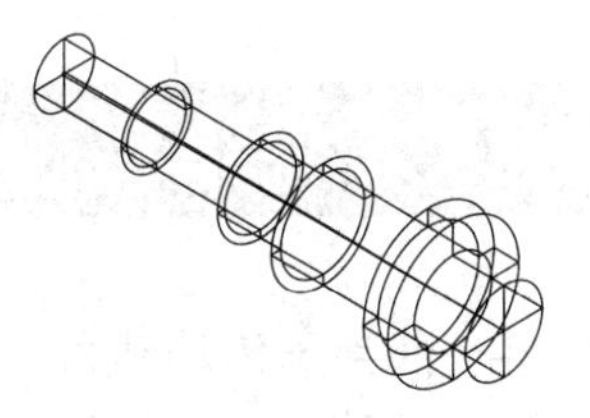

图 14-11 旋转

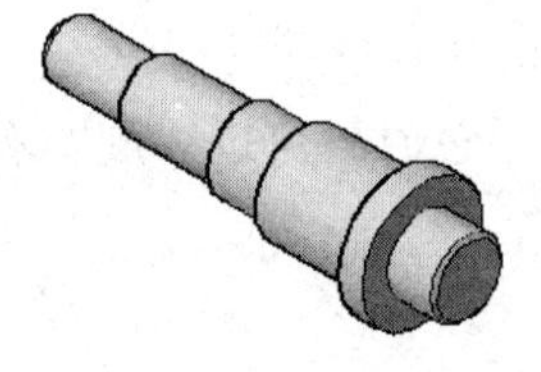

图 14-12 大直径端倒角

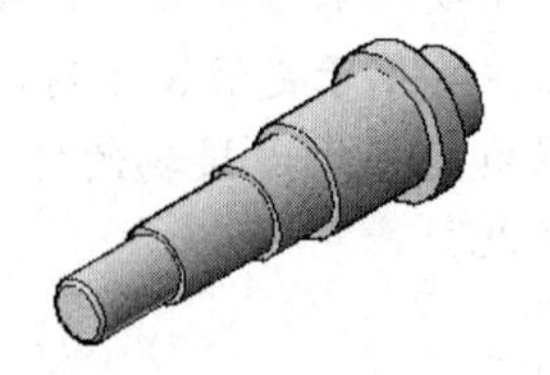

图 14-13 小直径端倒角

3. 绘制键槽

01 执行【视图】|【视图样式】|【三维线框】命令，切换视图模式为【三维线框】，执行【视图】|【三维视图】|【前视图】命令，将视图转换为前视图。

02 在前视图中绘制如图 14-14 所示的两个键槽截面图形。

03 单击【绘图】工具栏中的【面域】按钮，将两个键槽转换为面域。

04 将视图切换到【西南等轴测】，在命令行输入 EXT【拉伸】命令，将创建的两个键槽面域向轴内部拉伸 3，如图 14-15 所示。

05 将视图切换到【俯视图】，调用 M【移动】命令移动拉伸的两个实体，如图 14-16 所示。

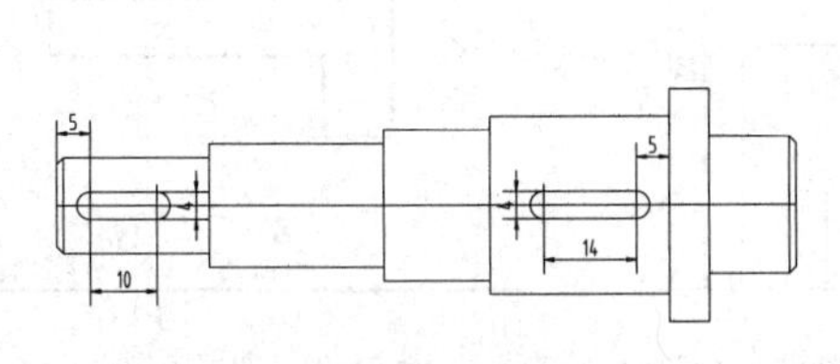

图 14-14 绘制键槽

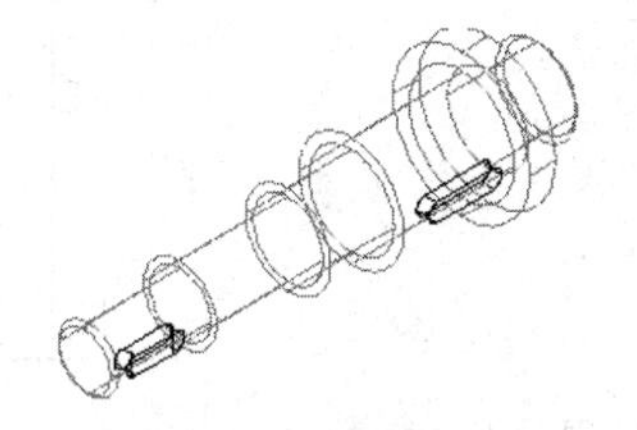

图 14-15 拉伸键槽

06 切换为【概念】视觉样式，调用 SU【差集】命令，进行布尔运算，生成如图 14-17 所示的键槽。

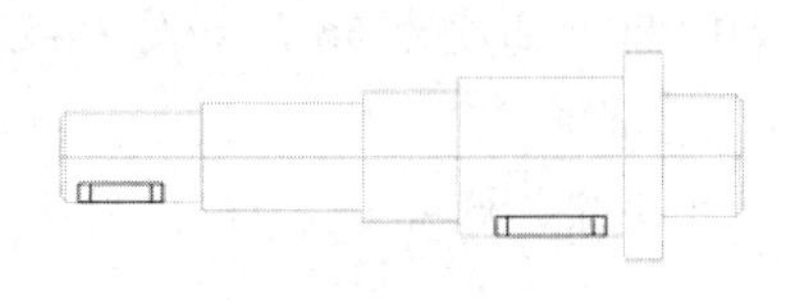

图 14-16 移动键槽

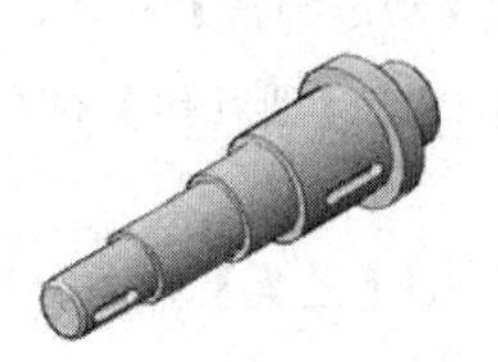

图 14-17 差集运算

07 按下保存 Ctrl+S 组合键，保存图形为“阶梯轴.dwg”。

14.2 轮盘类零件绘制

轮盘类零件一般用于传动动力、改变速度、转换方向或者起到支承、轴向定位、密封等作用，根据其形状的不同，可将其分为以下几种类型：带轮、齿轮、端盖、法兰盘等。

- 带轮主要用于带传动，通过 V 带与轮的摩擦来传递旋转运动、扭矩。
- 齿轮主要用来传动力、力矩。
- 端盖主要用于定位、密封，通常使用销钉来连接。
- 法兰盘是用于连接轴的传动，并参与轴的传动，它们的周边一般都有用于固定的连接孔。

14.2.1 带轮

本实例综合使用前面所学的实体布尔运算知识，绘制带轮三维模型，最终效果如图 14-18 所示。

1. 创建带轮

01 启动 AutoCAD 2015，新建一个图形文件。

02 调用 L【直线】命令，如图 14-19 所示绘制轮廓线。

03 调用 REG【面域】命令，将上步操作所绘制的轮廓线创建成面域，如图 14-20 所示。

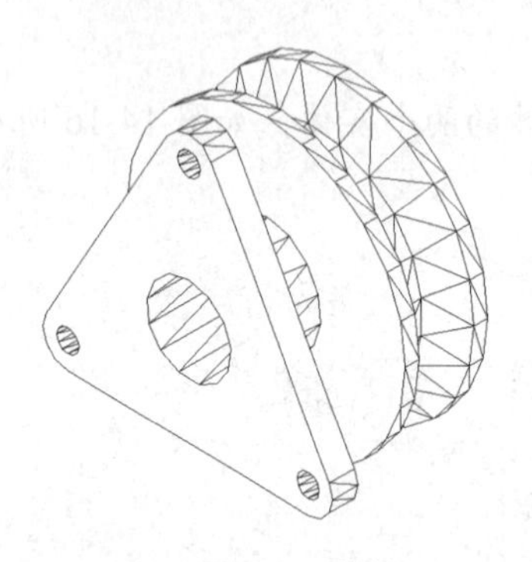

图 14-18 带轮

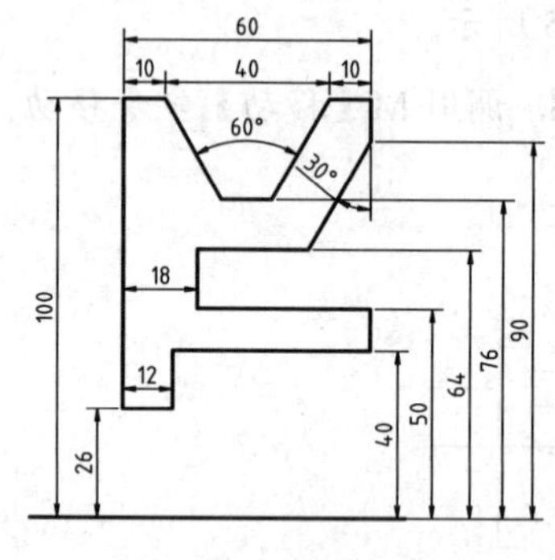

图 14-19 绘制轮廓线

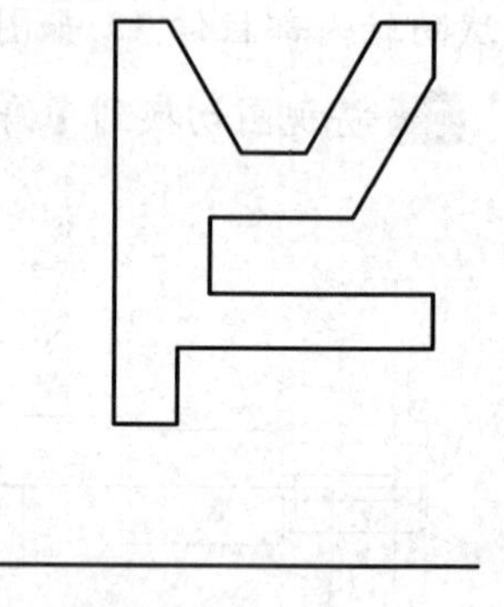

图 14-20 创建面域

04 执行【视图】|【三维视图】|【西南等轴测】命令，将视图切换为西南等轴测模式。

05 调用 REV【旋转】命令，旋转生成实体，结果如图 14-21 所示。

06 打开【动态捕捉】功能。调用 UCS 命令，创建新的直角坐标。

07 调用 CYL【圆柱体】命令，分别创建直径为 60、80，高度为 56 的如图 14-22 所示圆柱体。

08 调用 SU【差集】命令，将小圆柱体从大圆柱体中去除，结果如图 14-23 所示。

2. 创建三角连接板

01 执行【视图】|【三维视图】|【左视】命令，将视图切换为左视模式。

02 调用 C【圆】命令，分别绘制半径为 8、18 的同心圆，结果如图 14-24 所示。

03 调用 AR【阵列】命令，根据命令行的提示，设置项目总数为 3，对上步操作绘制的圆进行环形阵列操作，结果如图 14-25 所示。

04 调用 L【直线】命令，结合【对象捕捉】功能绘制圆的切线，结果如图 14-26 所示。

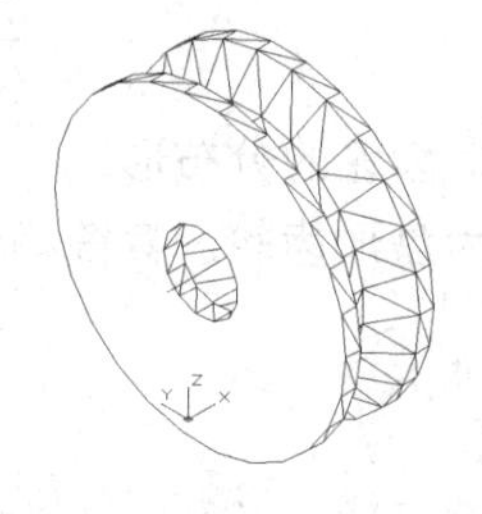

图 14-21　旋转

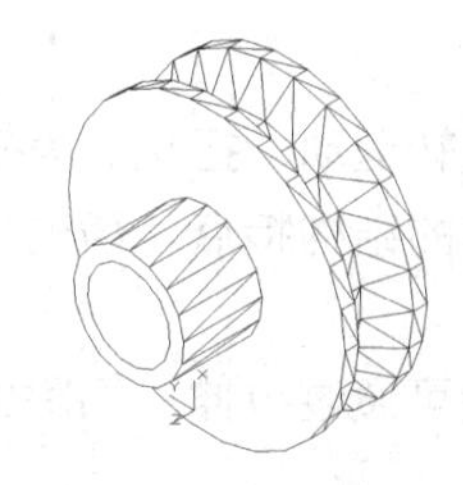

图 14-22　创建圆柱体

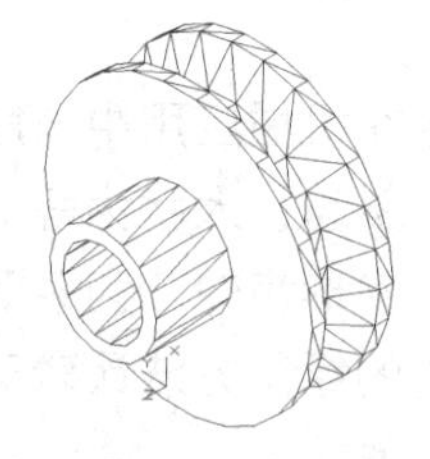

图 14-23　差集操作

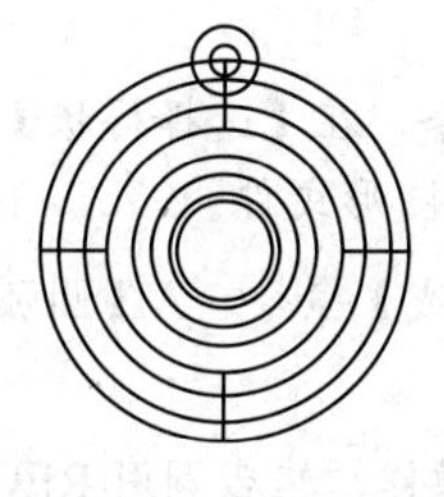

图 14-24　绘制同心圆

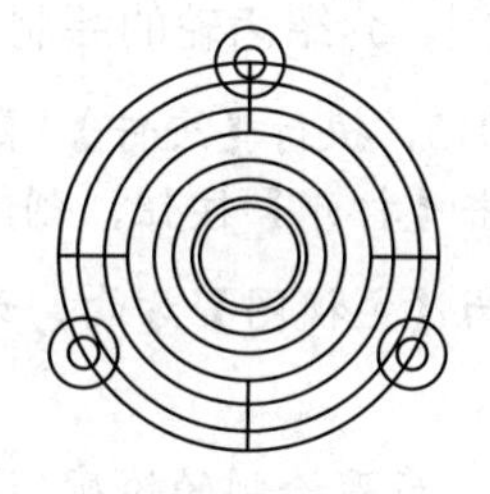

图 14-25　阵列圆

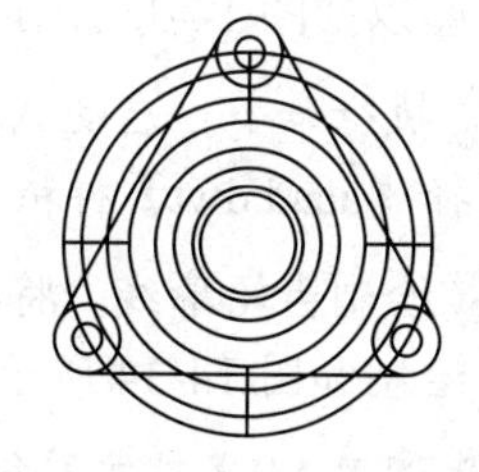

图 14-26　绘制切线

05 调用 C【圆】命令，绘制一个半径为 40 的圆，如图 14-27 所示。

06 调用 TR【修剪】命令，修剪多余的圆弧，结果如图 14-28 所示。

07 调用 REG【面域】命令，创建面域。

08 调用 SU【差集】命令来创建孔特征，结果如图 14-29 所示。

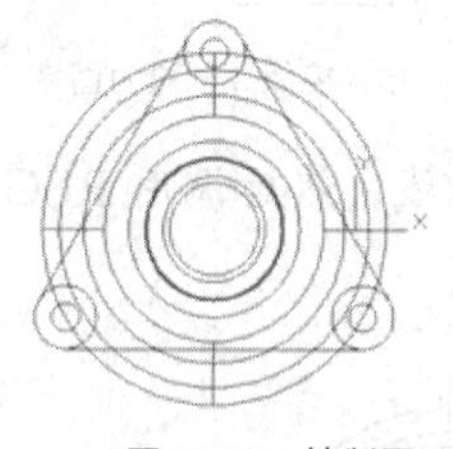

图 14-27　绘制圆

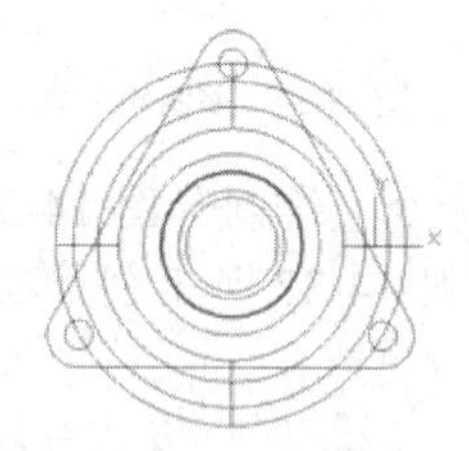

图 14-28　修剪操作

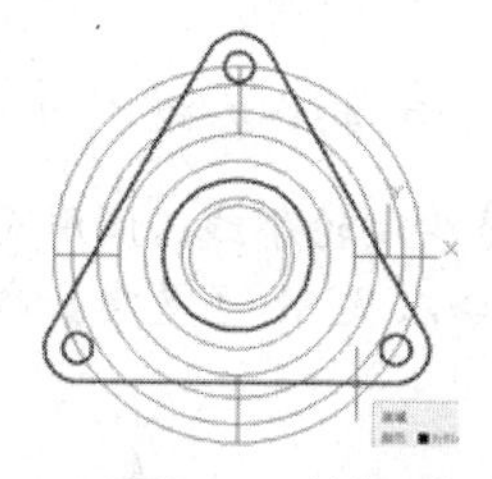

图 14-29　创建面域

09 执行【视图】|【三维视图】|【西南等轴测】命令，将视图切换为西南等轴测模式，然后调用 M【移动】命令，将面域沿 Z 轴方向移动 56，结果如图 14-30 所示。

10 调用 EXT【拉伸】命令，将面域沿 Z 轴负方向拉伸 18，结果如图 14-31 所示。

11 调用 UNI【并集】命令，将绘制的实体合并为一个整体，结果如图 14-32 所示。

带轮绘制完成，按 Ctrl+S 组合键保存图形。

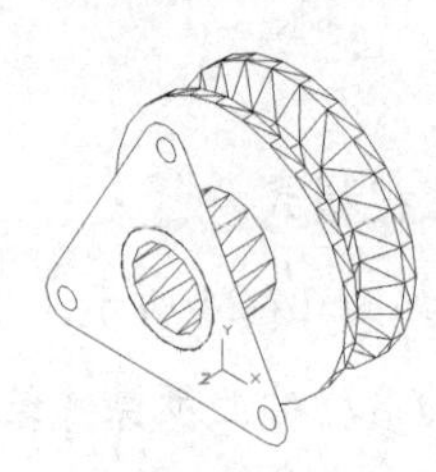

图 14-30 移动面域

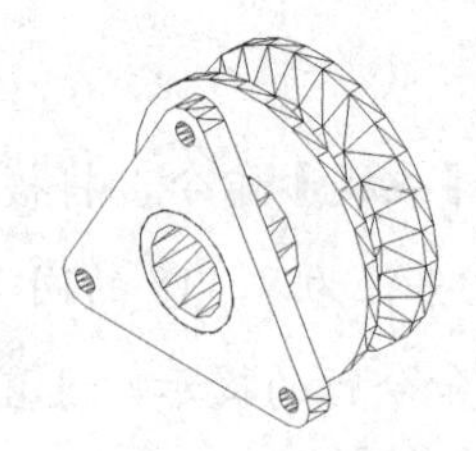

图 14-31 拉伸

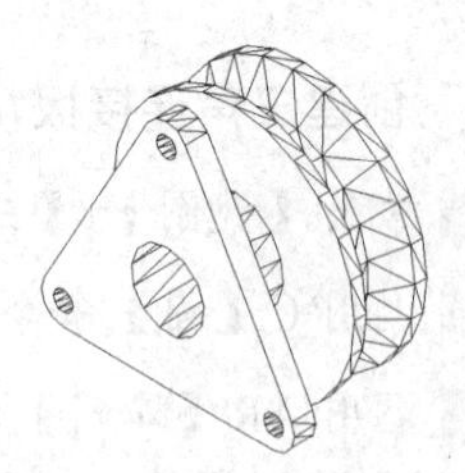

图 14-32 合并

14.2.2 齿轮

齿轮在机械应用中一般是传递旋转运动、扭矩。齿轮按照齿圈上齿轮的分布形式，可分为直齿、斜齿、人字齿等；按照轮体的结构特点，齿轮大致可以分为盘形齿轮、套筒齿轮、轴齿轮、扇形齿轮、齿条等。

齿轮的绘制方法比较简单，一般可通过拉伸、切除的方式创建。

课堂举例 14–1：绘制齿轮 视频\第 14 章\课堂举例 14-1.mp4

下面以如图 14-33 所示的齿轮为例，介绍齿轮的绘制方法。

01 执行命令。启动 AutoCAD 2015，执行【文件】|【新建】命令，在【选择样板】对话框中选择【acad.dwt】样板文件，单击【打开】按钮，创建一个新的图形文件。

02 绘制齿轮廓线。将视图切换为【主视图】方向，调用 L【直线】命令、A【圆弧】等命令，绘制如图 14-34 所示的轮廓线。

03 调用 MI【镜像】命令，选取上步骤绘制的轮廓线进行镜像操作，然后调用 REG【面域】命令，将其创建成面域，结果如图 14-35 所示。

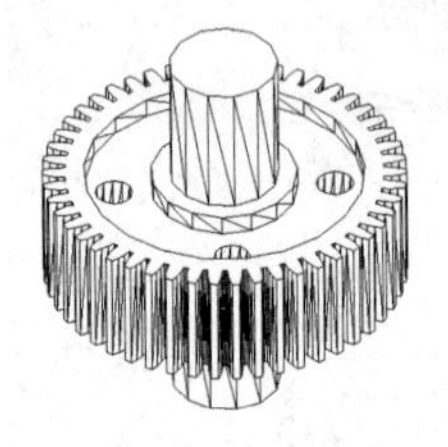

图 14-33 齿 轮

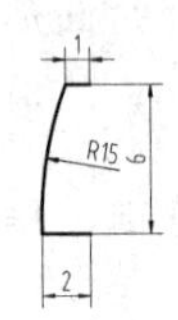

图 14-34 绘制轮廓线

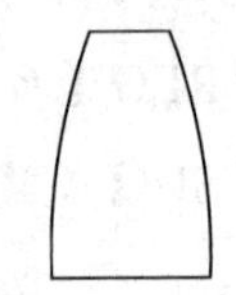

图 14-35 镜像并创建为面域

04 绘制轮廓线。调用 C【圆】命令，绘制如图 14-36 所示圆轮廓线。然后调用 REG【面域】命令以及 SU【差集】命令，如图 14-37 所示创建面域。

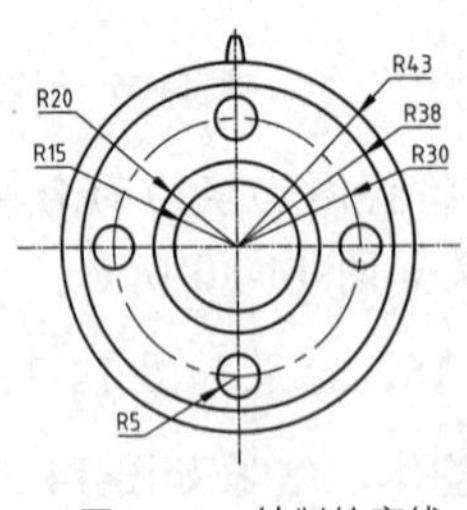

图 14-36 绘制轮廓线

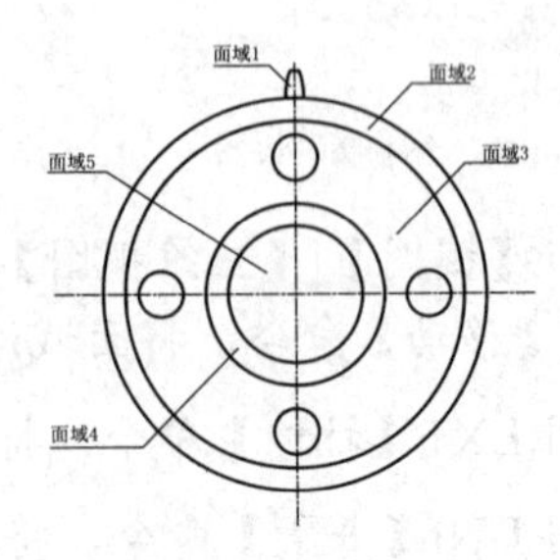

图 14-37 创建面域

05 创建实体。将视图切换为西南等轴测模式。分别调用 EXT【拉伸】命令，将面域 1、面域 2、面域 4 拉伸 15，面域 3 拉伸 10，面域 5 拉伸 50，结果如图 14-38 所示。

06 阵列轮齿。执行【修改】|【三维操作】|【三维阵列】命令，选取轮齿为阵列对象，设置环形阵列，阵列项目为 50，进行阵列操作，结果如图 14-39 所示。

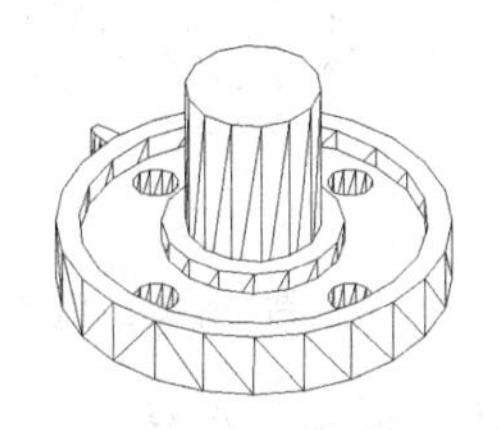

图 14-38　创建实体

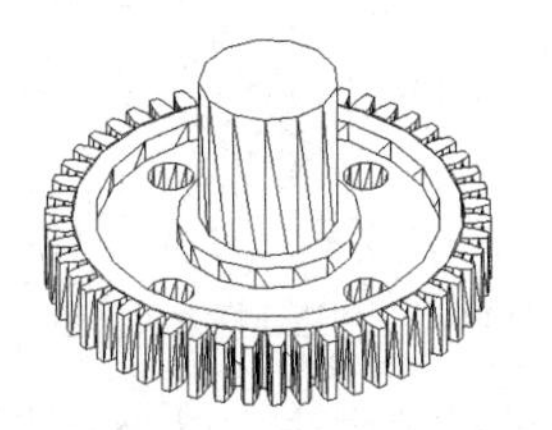

图 14-39　阵列轮齿

2. 镜像实体、合并实体

01 执行【修改】|【三维操作】|【三维镜像】命令，将所创建的齿轮实体进行镜像操作.

02 调用 UNI【并集】命令，将各实体部分合并为一个整体。

03 调用 HIDE【消隐】命令，消隐图形，结果如图 14-40 所示。

04 齿轮实体创建完成。

14.3 叉架类零件绘制

叉杆类零件一般是起支承、连接等作用，常见的有拨叉、连杆、支架、摇臂等。

14.3.1 连杆

根据连杆结构分析，连杆的创建过程一般是先利用圆柱绘制大小头，再通过大小头的轮廓来绘制主体。

本节通过绘制如图 14-41 所示的连杆来介绍连杆绘制的具体步骤。

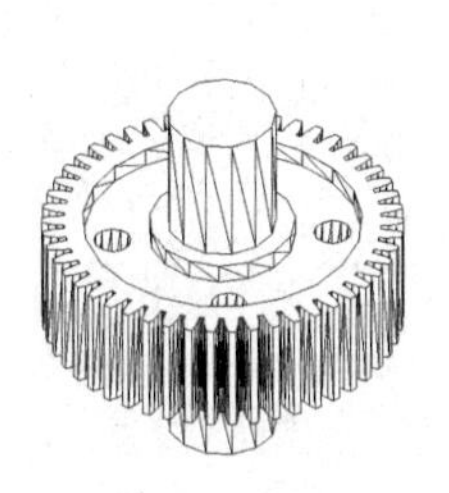

图 14-40　齿轮

图 14-41　连杆

01 启动 AutoCAD 2015，执行【文件】|【新建】命令，弹出【选择样板】对话框，选择【acad.dwt】样板文件，单击【打开】按钮，创建一个新的图形文件。

02 执行【视图】|【三维视图】|【东南等轴测】命令，将视图转换为东南等轴测模式。

03 调用 CYL【圆柱体】命令，以坐标原点（0，0，0）为底面中心点，创建半径为 10，高为 6 的连杆大头外圈，如图 14-42 所示。

04 按下回车键或空格键，再次调用【圆柱体】命令，创建一个半径为 5，高为 6 的同底面圆心圆柱体，如图 14-43 所示。

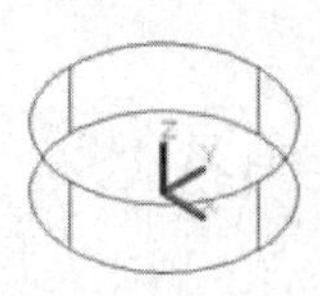

图 14-42　创建连杆大头外圈

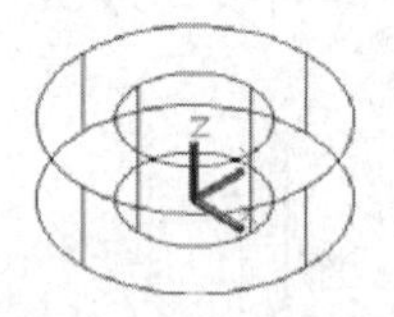

图 14-43　创建同底面圆心圆柱体

05 使用同样的方法，以坐标点（0，60，0）为圆柱体底面圆心，创建半径为 8，高为 6 的连杆小头外圈，如图 14-44 所示，并创建一个半径为 4，高为 6 的同底面圆心的圆柱体，如图 14-45 所示。

06 调用 SU【差集】命令，对同底面圆心的圆柱体进行差集运算，结果图 14-46 所示。

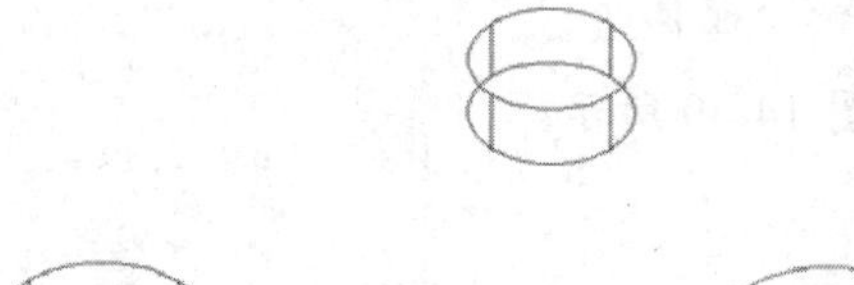

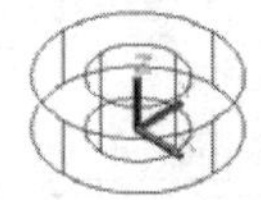

图 14-44　绘制小头外圈

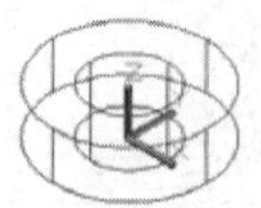

图 14-45　绘制小头内圆柱体

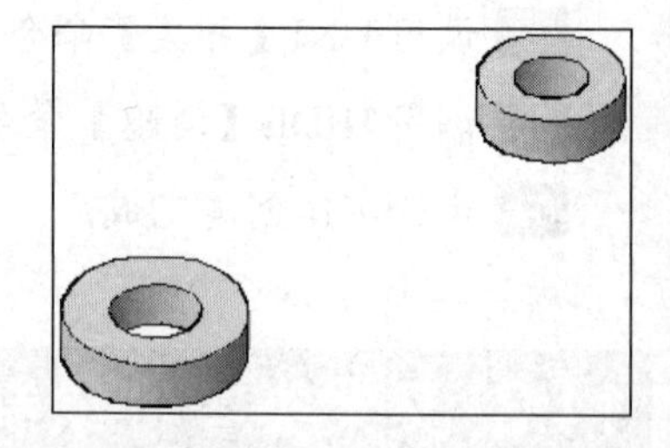

图 14-46　差集运算

07 执行【视图】|【三维视图】|【俯视图】命令，将视图转换为俯视图，如图 14-47 所示。

08 调用 C【圆】、L【直线】、TR【修剪】等命令，绘制如图 14-48 所示的二维图形，其中两侧直线与圆相切。

09 在命令行中输入 PE 并按回车键，根据命令行的提示，将绘制的两条直线、两条弧转换为一条多段线。

10 调用 O【偏移】命令，将生成的多段线向内偏移 2，偏移结果如图 14-49 所示。

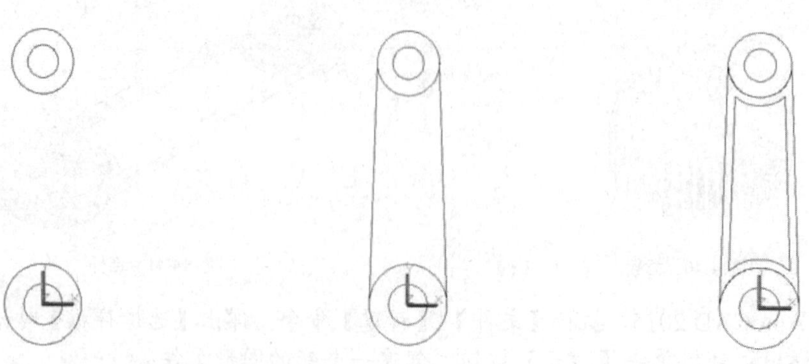

图 14-47　切换为俯视图　　图 14-48　绘制图形　　图 14-49　偏移图形

11 将视图切换为【西南等轴测模式】，然后调用 EXT【拉伸】命令，将两条多段线分别

拉伸 6 的高度，生成如图 14-50 所示的实体。

12 调用 SU【差集】命令，对两个拉伸实体进行差集运算，差集运算结果如图 14-51 所示。

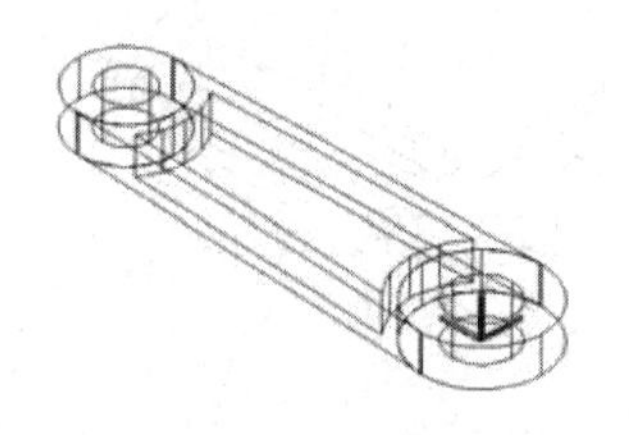

图 14-50　拉伸面域

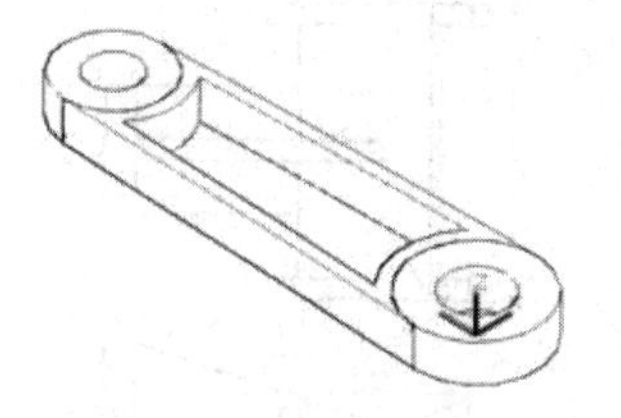

图 14-51　差集运算

13 单击【实体编辑】面板中的【拉伸面】按钮，将布尔运算实体的上端面拉伸-2，拉伸结果如图 14-52 所示。

14 使用同样的方法，将底端面向上拉伸-2，拉伸结果如图 14-53 所示。

15 调用 UNI【并集】命令，将所有的实体都合并为一个整体。

16 单击【实体】选项卡中【实体编辑】面板中的【倒角边】按钮，将两个轴孔的边缘创建 1 × 1 的倒角，如图 14-54 所示。

17 连杆实体模型创建完成，按 Ctrl+S 快捷键，保存为“连杆.dwg”图形文件。

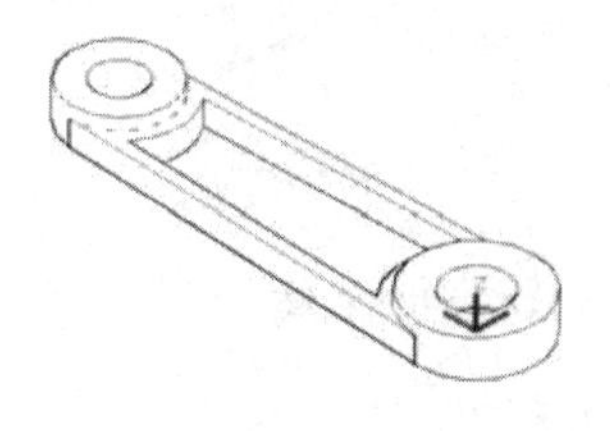

图 14-52　拉伸上端面

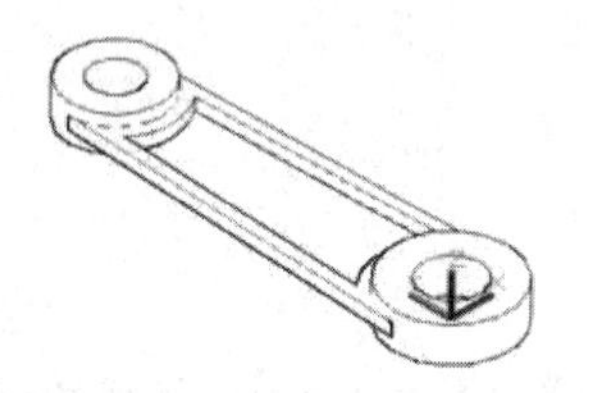

图 14-53　拉伸下端面

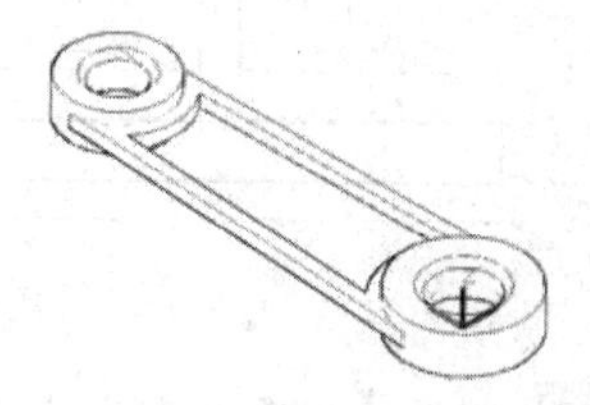

图 14-54　倒角

14.3.2 支架

根据支架二维视图创建三维实体模型，如图 14-55 所示，主要利用到的命令有：拉伸、布尔运算和镜像。

本实例的操作步骤具体如下：

1. 新建文件

启动 AutoCAD 2015，执行【文件】|【新建】命令，系统弹出【选择样板】对话框，选择【acadiso.dwt】样板文件，单击【打开】按钮，新建图形文件。

2. 绘制底座

01 单击【视图】上的【东南等轴测】按钮，将视图切换为【东南等轴测】模式。

02 单击【视图】面板上的【前视】按钮，将视图切换为【前视】。

03 调用 L【直线】命令，绘制如图 14-56 所示轮廓线。

04 调用 REG【面域】命令，根据命令行的提示，在绘图区选择绘制的图形，单击鼠标右键或者按 Enter 键，完成创建面域操作。

05 调用 EXT【拉伸】命令，拉伸创建的面域，指定拉伸高度为 72，如图 14-57 所示。

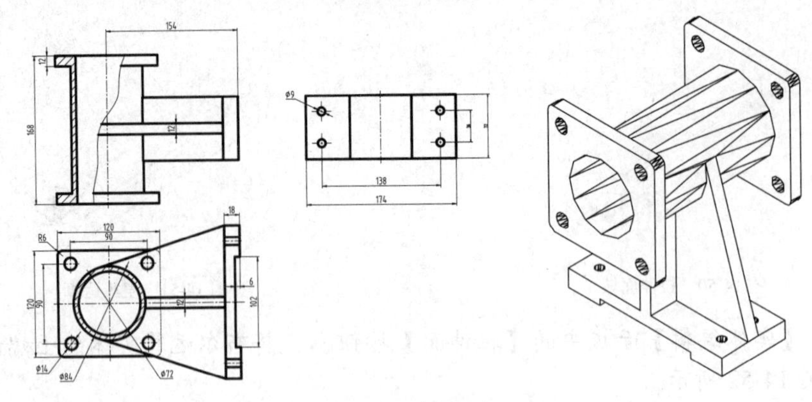

图 14-55　绘制支架

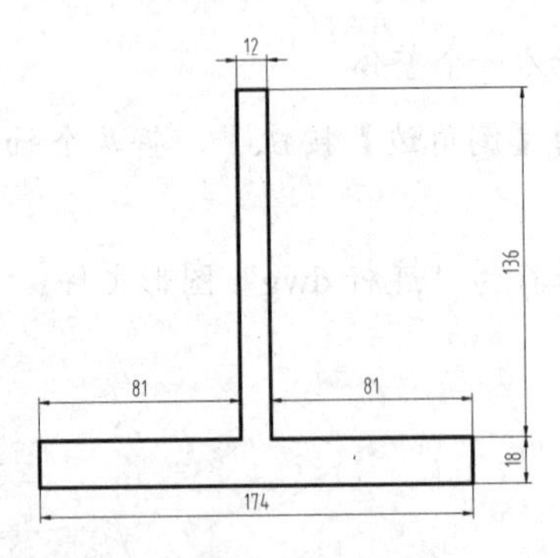

图 14-56　绘制的直线

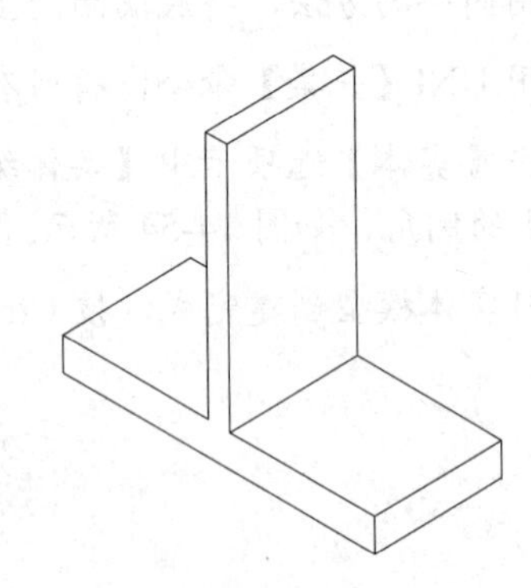

图 14-57　拉伸面域

06 单击【视图】面板上的【前视】按钮，将视图切换为前视。

07 调用绘制 REC【矩形】命令，绘制一个 102 × 6 大小的矩形，其底边的中点与大矩形的底边中点对齐，如图 14-58 所示。

08 单击【视图】面板上的【东南等轴测】按钮，返回【东南等轴测】视图，如图 14-59 所示。

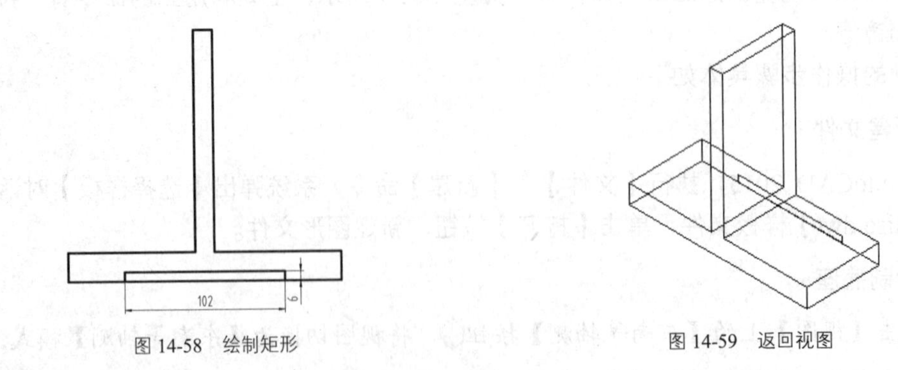

图 14-58　绘制矩形　　图 14-59　返回视图

09 调用 EXT【拉伸】命令，绘制拉伸面域，设置拉伸高度为 72，如图 14-60 所示。

10 实体求差。调用 SU【差集】命令，根据命令行的提示，在绘图区选择被减去的实体，单击鼠标右键确定，然后选择减去的实体，单击鼠标右键或按 Enter 键，完成实体求差操作，

结果如图 14-61 所示。

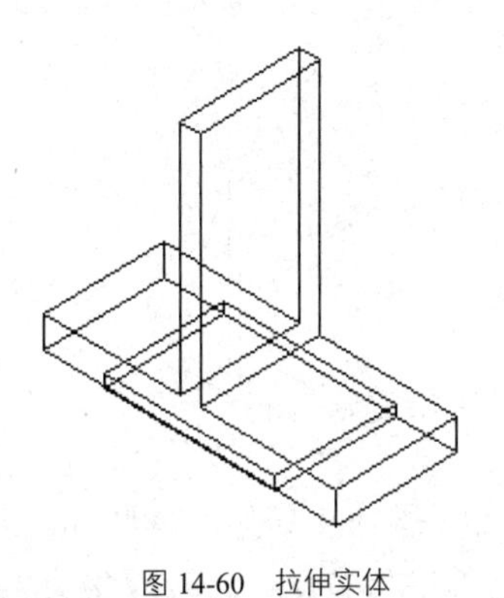

图 14-60　拉伸实体

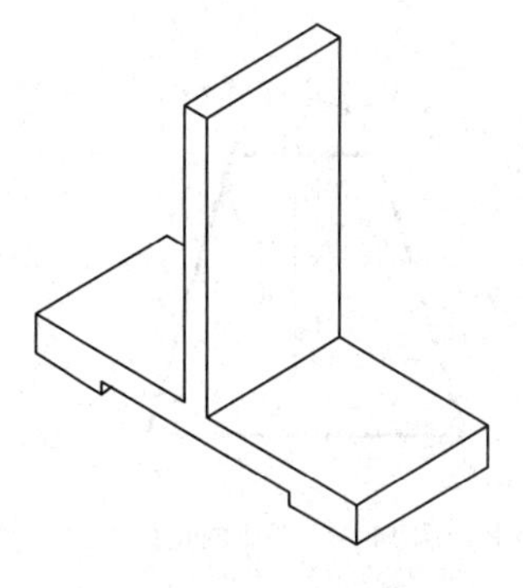

图 14-61　实体求差

3. 绘制筋特征

01 调用 C【圆】命令，配合三维捕捉功能，绘制圆，如图 14-62 所示，其命令行提示如下：

```
命令: C ↙ CIRCLE                        //调用【圆】命令
指定圆的圆心或 [三点(3P)/两点(2P)/切点、切点、半径(T)]: _from 基点:
<偏移>: @-6,0,0↙                        //启动临时捕捉，选择 O 点作为捕捉基点，输入偏移坐标值
指定圆的半径或 [直径(D)] <36.0000>: d↙
                                        //激活"直径"选项
指定圆的直径 <72.0000>: 84↙
                                        //输入圆的直径值，完成圆的绘制
```

02 调用 L【直线】命令，绘制圆的两条切线，如图 14-63 所示。

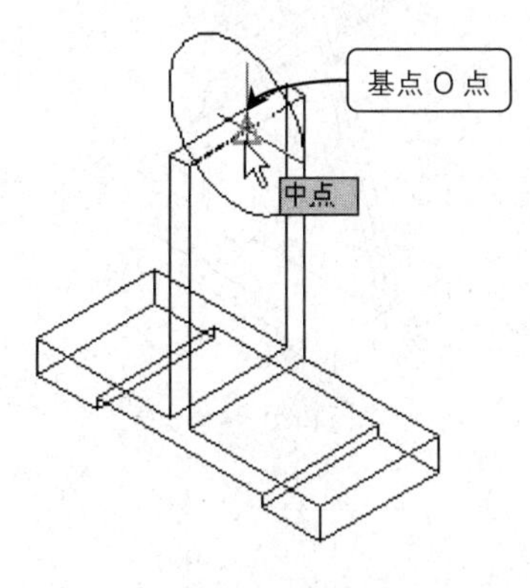

图 14-62　绘制圆

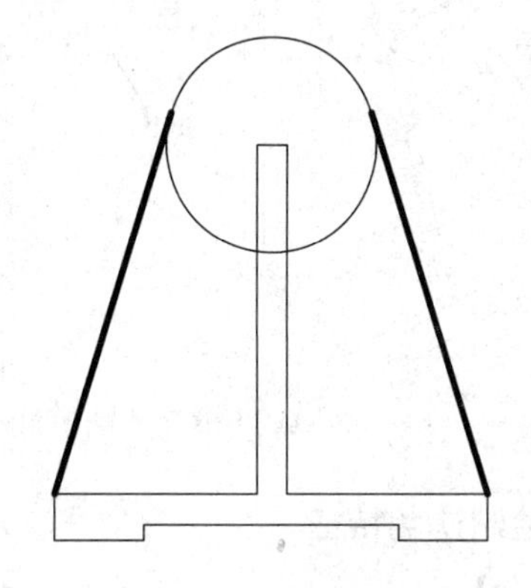

图 14-63　绘制直线

03 重复调用 L【直线】命令，绘制连接直线，如图 14-64 所示。

04 调用 REG【面域】命令，在绘图区选择绘制的梯形，单击鼠标右键或者按 Enter 键，完成创建面域操作。

05 调用 EXT【拉伸】命令，拉伸梯形面域，拉伸厚度为 6。再次调用 EXT【拉伸】命令，拉伸圆图形，拉伸厚度为 72，如图 14-65 所示。

06 执行【修改】|【三维操作】|【三维镜像】命令，绘制镜像实体，其命令行提示如下：

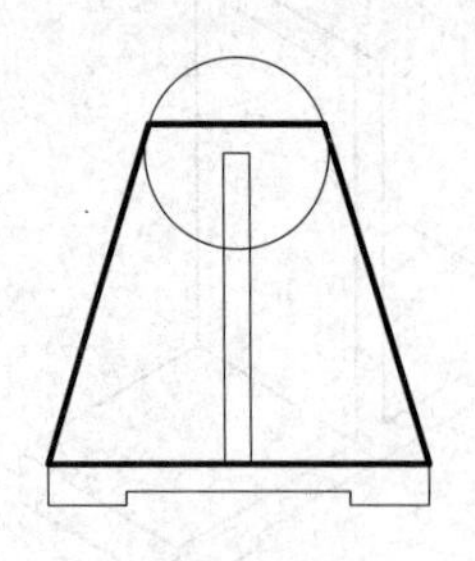
图 14-64 绘制的直线

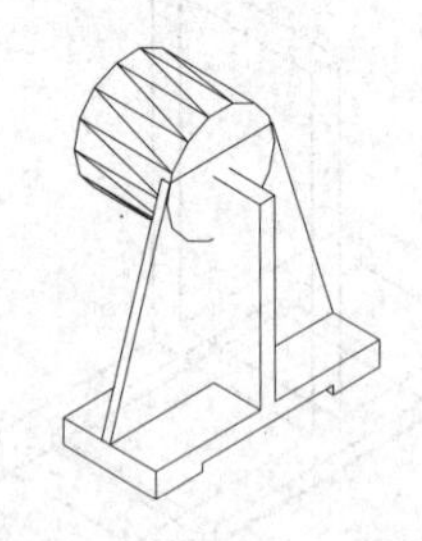
图 14-65 绘制拉伸图形

命令：MIRROR3D ↙ //调用【三维镜像】命令
选择对象：找到 1 个
选择对象：找到 1 个，总计 2 个
选择对象：↙
指定镜像平面（三点）的第一个点或
[对象(O)/最近的(L)/Z 轴(Z)/视图(V)/XY 平面(XY)/YZ 平面(YZ)/ZX 平面(ZX)/三点(3)] <三点>:
在镜像平面上指定第二点：在镜像平面上指定第三点： //选取确定镜像面的1、2、3三点，如图 14-66 所示
是否删除源对象？[是(Y)/否(N)] <否>:↙ //按 Enter 键，系统默认为不删除源对象，如图 14-67 所示

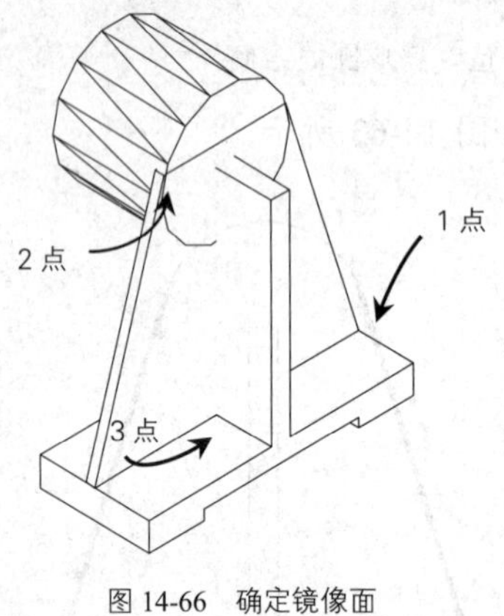

图 14-66 确定镜像面

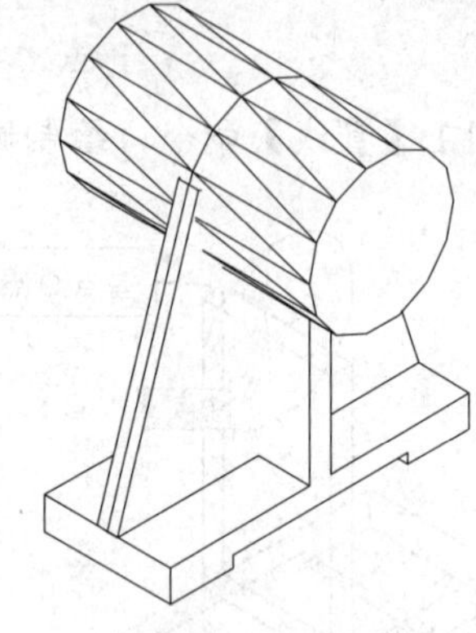
图 14-67 镜像实体

4. 绘制法兰特征

01 单击【坐标】面板的【面 UCS】按钮，在绘图区指定合适的平面，其新建坐标系如图 14-68 所示。

02 调用 REC【矩形】命令，绘制 120 × 120 矩形，矩形中心为坐标原点，如图 14-69 所示。

03 调用 C【圆】命令，以（45,45）为圆心坐标，绘制半径为 7 的圆，如图 14-70 所示，。

04 调用 AR【阵列】命令，选择上步绘制的圆为阵列对象，设置阵列行数、列数为 2，设置行偏移、列偏移为-90，创建矩形阵列图形，如图 14-71 所示。

05 调用 REG【面域】命令，然后在绘图区选择绘制的矩形、圆，单击鼠标右键或者按 Enter 键，完成创建面域操作。

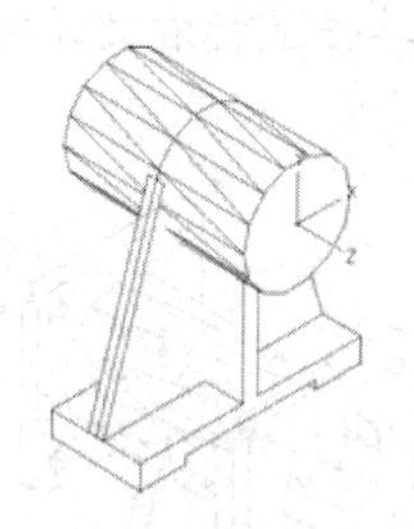
图 14-68　新建坐标系

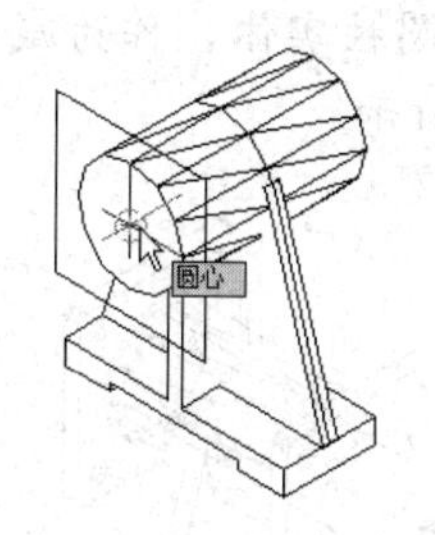

图 14-69　绘制矩形

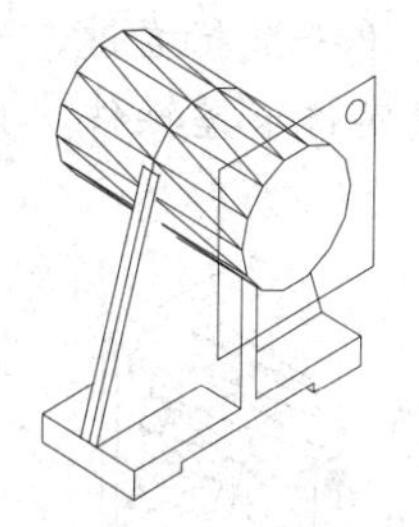
图 14-70　绘制圆

06 创建面域求差，调用 SU【差集】命令，然后在绘图区选择绘制的矩形作为从中减去的面域，单击鼠标右键，选择绘制的圆作为减去的面域，单击鼠标右键或按 Enter 键，完成面域求差操作。

07 调用 EXT【拉伸】命令，拉伸创建的面域，拉伸高度为 12，如图 14-72 所示。

08 调用 F【圆角】命令，绘制圆角特征，设置圆角半径为 6，如图 14-73 所示。

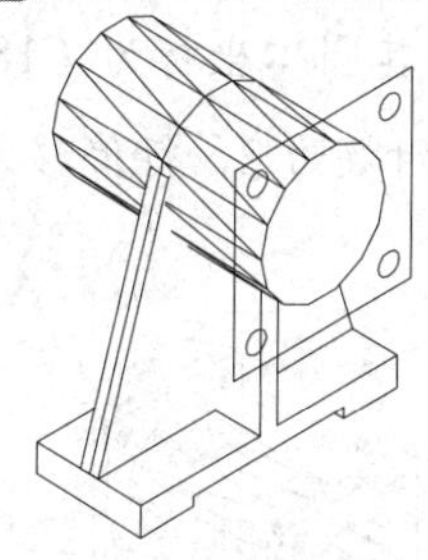
图 14-71　阵列圆图形

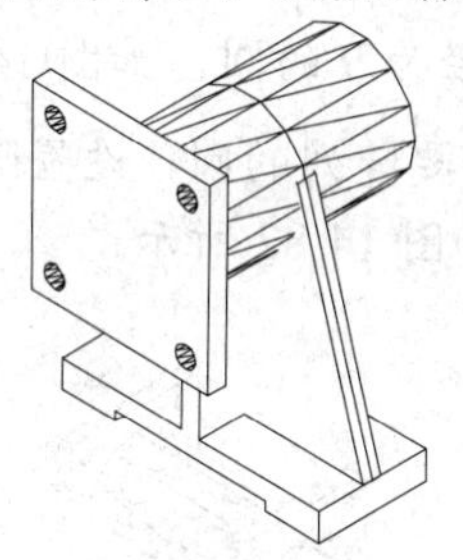
图 14-72　拉伸面域

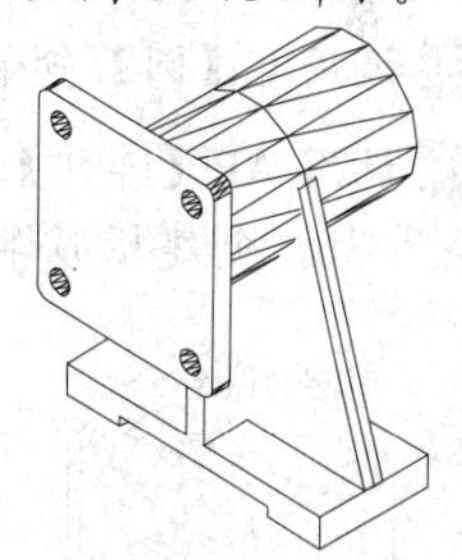
图 14-73　绘制圆角

09 镜像法兰特征，其结果如图 14-74 所示。

10 实体求合。调用 UNI【并集】命令，然后窗选绘图区中所有的实体图形，单击鼠标右键，完成并集操作，单击【视图】工具栏【东南等轴测】按钮，观察实体图形，如图 14-75 所示。

5. 绘制孔

01 调用 L【直线】命令，绘制如图 14-76 所示的直线。

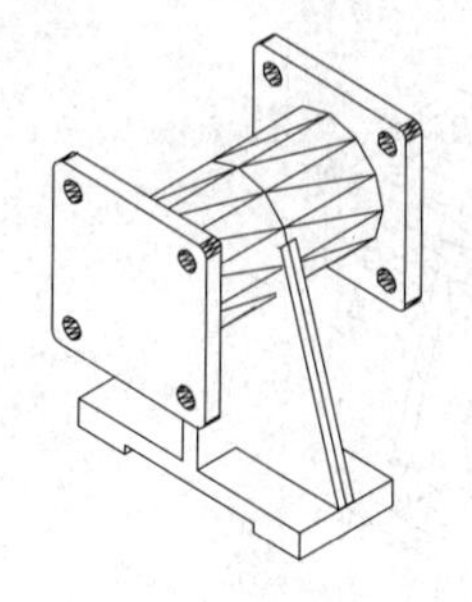
图 14-74　镜像实体

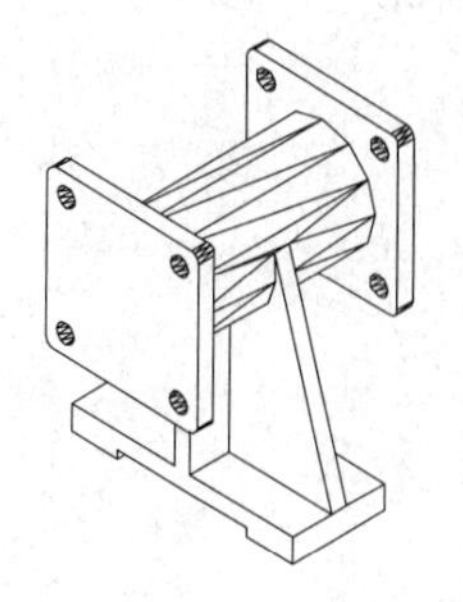
图 14-75　创建并集

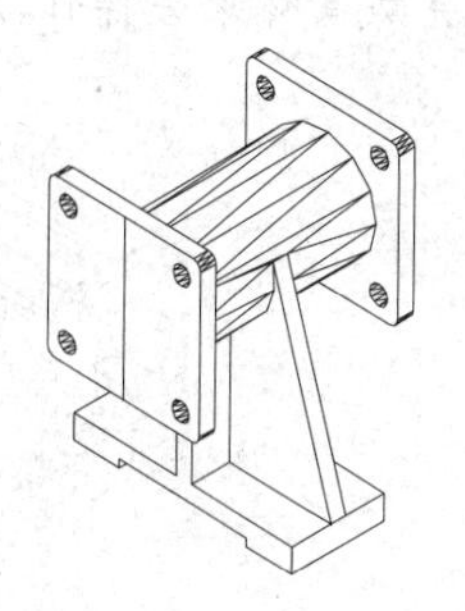
图 14-76　绘制直线

02 调用 C【圆】命令，以直线的中点为圆心，绘制直径为 72 的圆，如图 14-77 所示。

03 调用 E【删除】命令，删除绘制的辅助线。

04 调用 EXT【拉伸】命令，拉伸绘制的圆，拉伸的深度为 168，如图 14-78 所示。

05 创建实体求差，调用 SU【差集】命令，然后在绘图区选择绘制的底座作为从中减去的实体，单击鼠标右键，选择拉伸的圆柱实体，作为减去的实体，单击鼠标右键或按 Enter 键，完成实体求差操作，如图 14-79 所示。

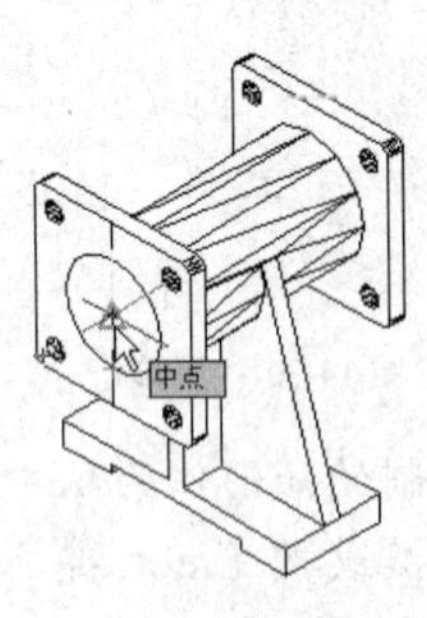

图 14-77　绘制圆

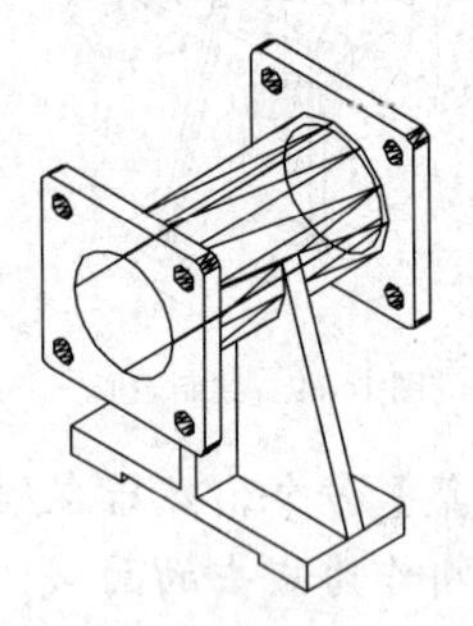
图 14-78　拉伸圆图形

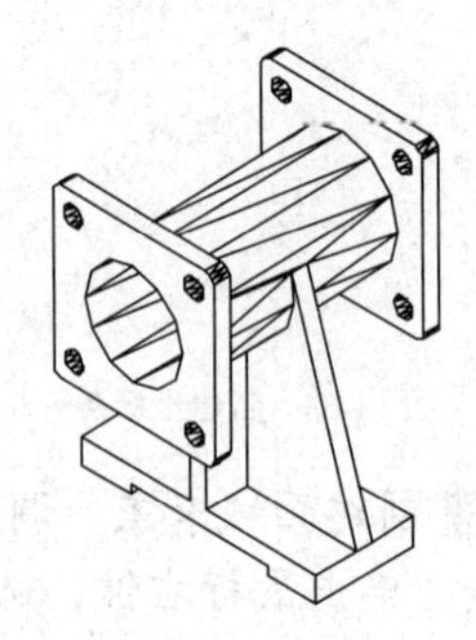
图 14-79　实体求差

06 单击【坐标】面板中的【三点】按钮，然后在绘图区指定底座表面三个角点创建新的坐标系，如图 14-80 所示。

07 调用 C【圆】命令，绘制直径为 9 的圆，如图 14-81 所示，其圆心坐标为（18,18）。

08 调用 AR【阵列】命令，选择要阵列的圆，设置阵列行数、列数为 2，行偏移为 138，列偏移为 36，创建矩形阵列图形，如图 14-82 所示。

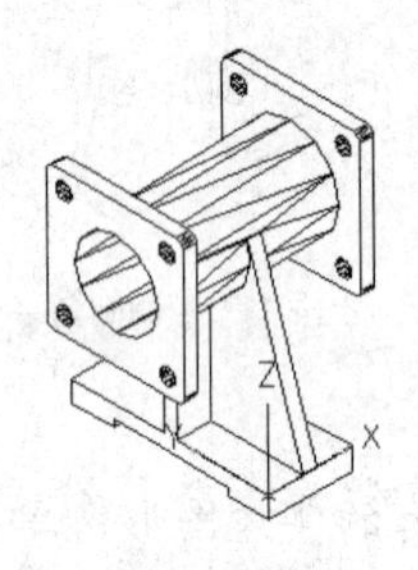

图 14-80　新建坐标系

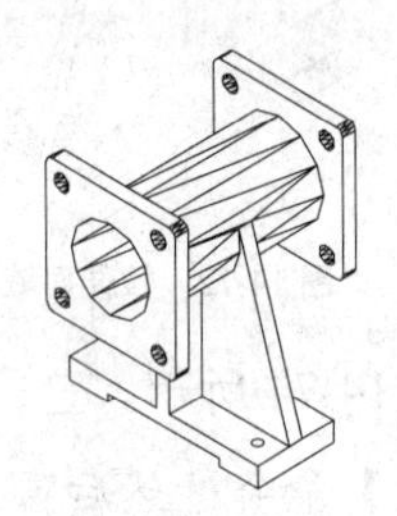
图 14-81　绘制圆

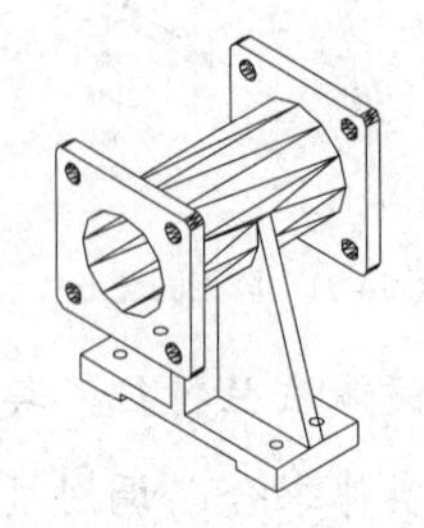
图 14-82　阵列图形

09 调用 EXT【拉伸】命令，拉伸绘制的圆，拉伸的深度为 18，如图 14-83 所示。

10 创建实体求差，调用 SU【差集】命令，然后在绘图区选择绘制的底座作为从中减去的实体，单击鼠标右键，选择拉伸的圆柱实体，作为减去的实体，单击鼠标右键或按 Enter 键，完成实体求差操作，如图 14-84 所示。

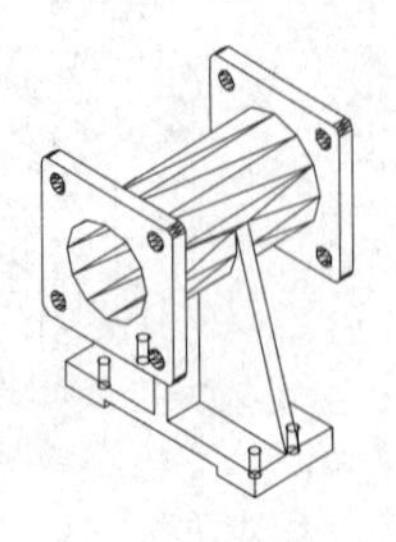
图 14-83　拉伸图形

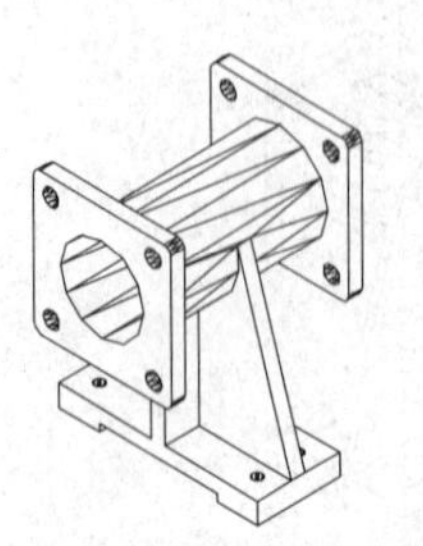
图 14-84　实体求差

6. 保存文件

执行【文件】|【保存】命令，保存图形为“支架.dwg”。

14.4 箱体类零件——绘制齿轮箱下壳

箱体类零件的主要作用是用来支承轴、轴承等零件，并对这些零件进行密封、保护，其外部一般比较复杂。比较典型的箱体有阀体、减速箱体、泵体等。

本节绘制如图 14-85 所示的齿轮箱下壳，主要使用的命令有：拉伸、布尔运算、圆角。

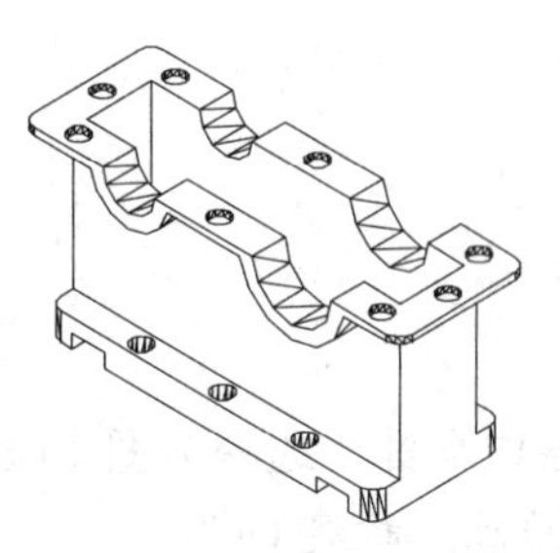

图 14-85　齿轮箱下壳

14.4.1 绘制齿轮箱基本形体

01 启动 AutoCAD 2015，执行【文件】|【新建】命令，弹出【选择样板】对话框，选择【acad.dwt】样板文件，单击【打开】按钮，创建一个新的图形文件。

02 执行【视图】|【三维视图】|【东南等轴测】命令，将视图转换为东南等轴测视图。

03 调用 BOX【长方体】命令，创建一个 100 × 24 × 42 大小的长方体，如图 14-86 所示，其左下角点为坐标原点。

04 在命令行中输入 UCS 并按回车键，指点长方体上端面左上角点为坐标原点。调用 BOX【长方体】命令，创建如图 14-87 所示长方体。

```
命令: BOX↙                                        //调用【长方体】命令
指定第一个角点或 [中心(C)]: -8,-8,0↙               //指定第一个角点坐标
指定其他角点或 [立方体(C)/长度(L)]: @116,40,2↙     //指定第二个角点坐标
```

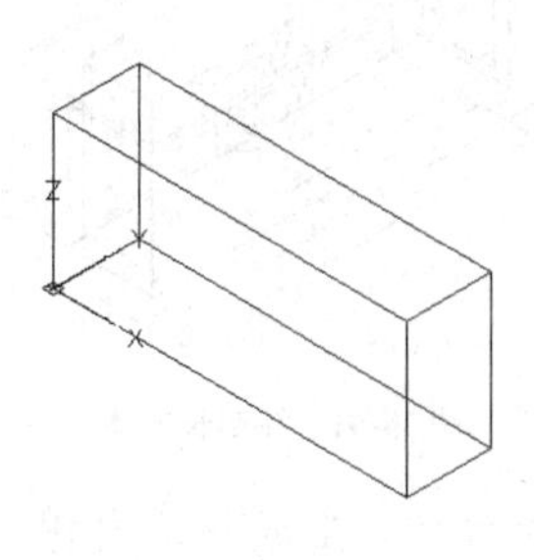

图 14-86　绘制长方体 1

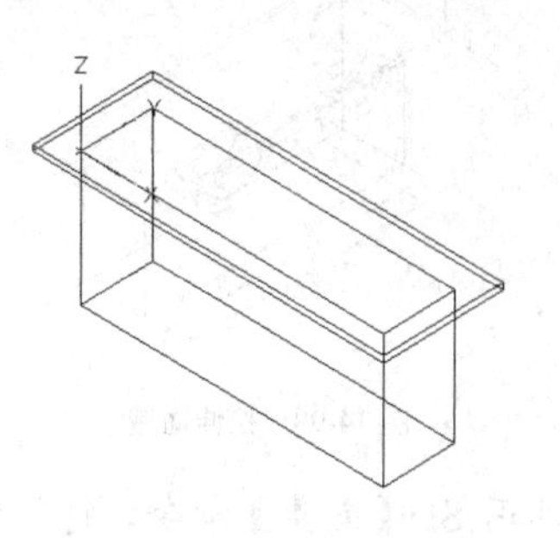

图 14-87　绘制长方体 2

05 使用同样的方法，在 100×24×42 长方体的下端面创建 100×40×8 的长方体，如图 14-88 所示。

06 调用 UNI【并集】命令，将绘制的长方体 1、长方体 2、长方体 3 进行合并，得到一个实体。

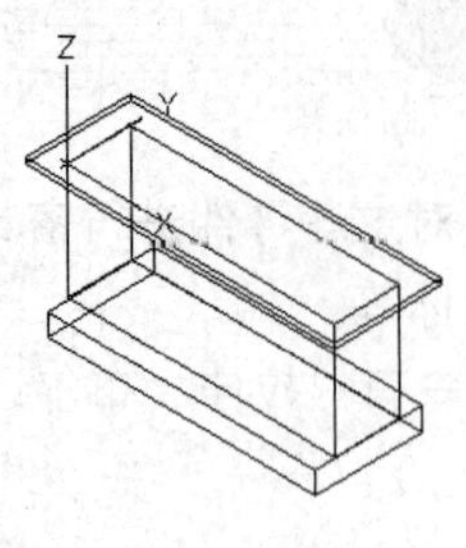

图 14-88 绘制长方体 3

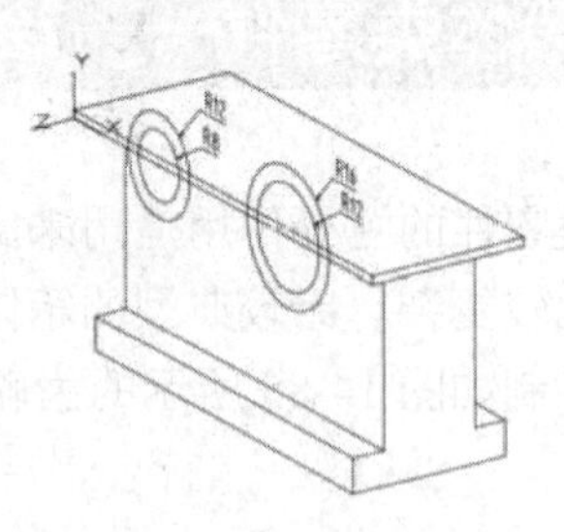

图 14-89 绘制圆

14.4.2 绘制齿轮架

01 在命令行中输入 UCS 并按回车键，选择如图 14-89 所示的面 1 为 XY 平面，坐标原点为 116×40×2 长方体的上端面角点，新建 UCS。

02 调用 C【圆】命令，分别绘制如图 14-89 所示的 4 个圆，其中 R12、R8 为一对同心圆，其圆心坐标为（33,0,0），R16、R12 为另一对同心圆，其圆心坐标为（83,0,0）。

03 调用 L【直线】命令，分别连接各圆上水平象限点，绘制 4 条直线，调用 TR【修剪】命令，以绘制的直线为修剪边，修剪掉上端的圆弧，得到 4 个半圆。

04 调用 REG【面域】命令，选择绘制的所有圆、直线，得到 4 个半圆面域。

05 调用 EXT【拉伸】命令，将 4 个面域向箱体内部拉伸 10 的高度，拉伸后图形如图 14-90 所示。

06 调用 BOX【长方体】命令，创建如图 14-91 所示长方体，命令行提示如下：

```
命令：BOX↙                                        //调用【长方体】命令
指定第一个角点或 [中心(C)]: 10,10,0↙               //指定第一个角点坐标
指定其他角点或 [立方体(C)/长度(L)]: @20,96,40↙      //指定第二个角点坐标
```

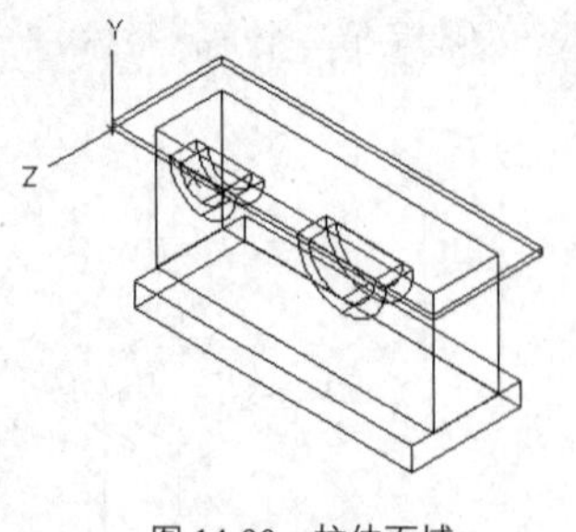

图 14-90 拉伸面域

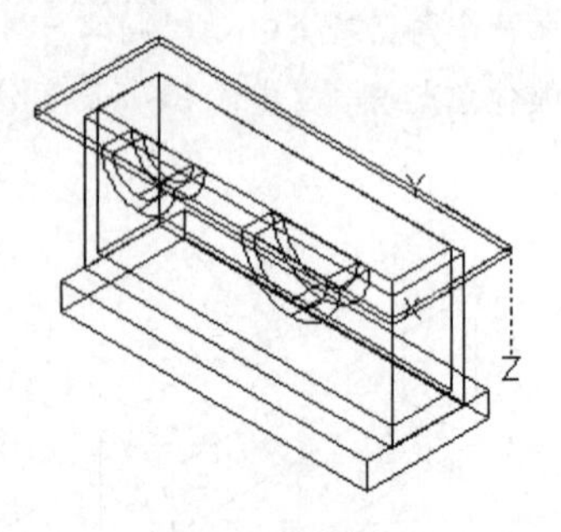

图 14-91 绘制长方体

07 调用 SU【差集】命令，将箱体减去上一步创建的长方体，生成箱体内槽，如图 14-92 所示。

08 执行【修改】|【三维操作】|【三维镜像】命令，将4个半圆面域拉伸实体镜像复制至箱体另一侧，如图14-93所示。

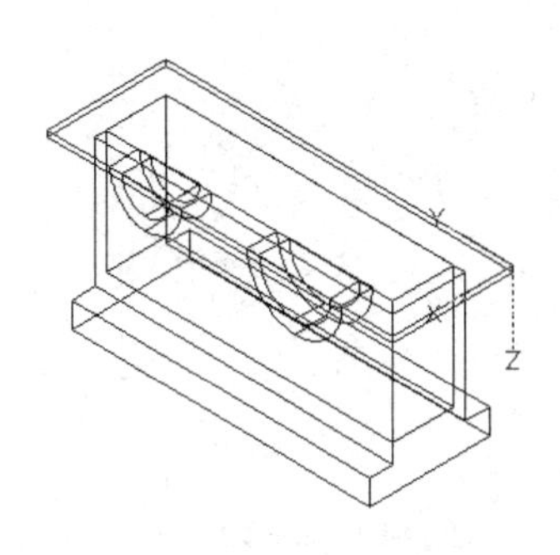

图14-92 差集操作

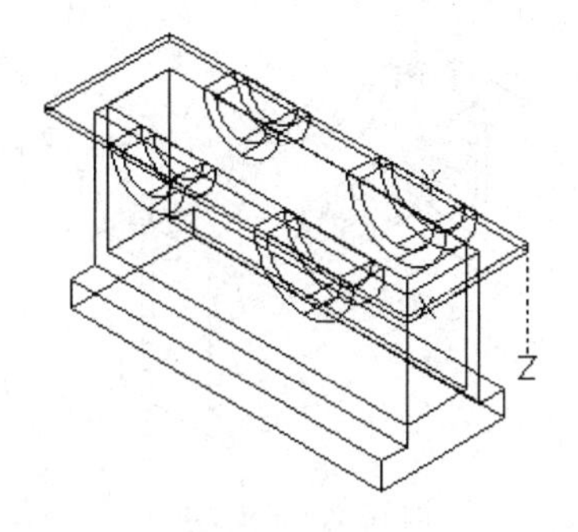

图14-93 镜像操作

09 调用UNI【并集】命令，将箱体整体与R10、R16半圆弧面域拉伸实体进行合并，合并后图形，如图14-94所示。

10 调用SU【差集】命令，使用合并后的箱体与R12、R8半圆圆弧面域拉伸实体进行差集运算，生成如图14-95所示齿轮架。

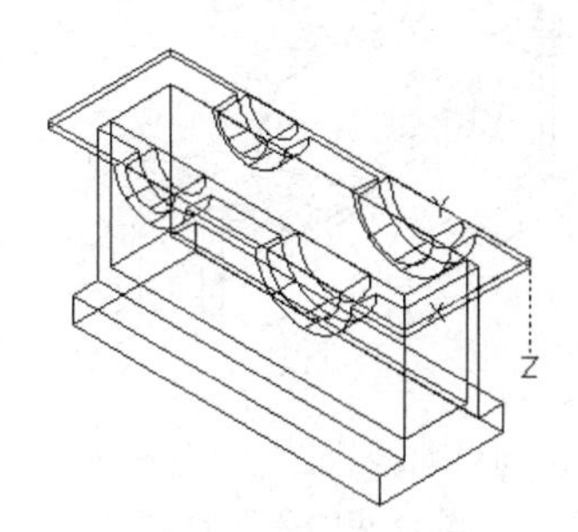

图14-94 合并操作

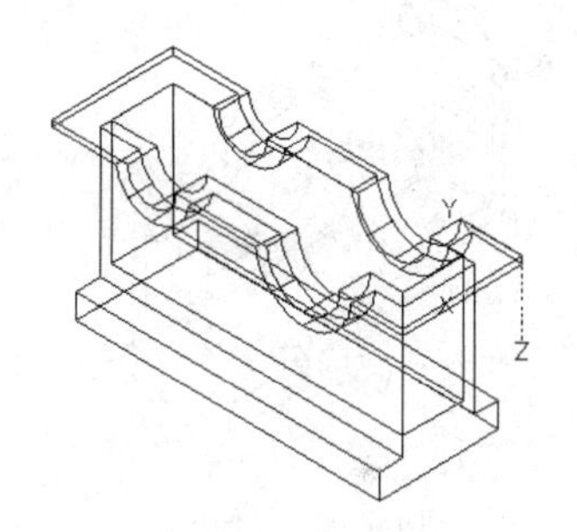

图14-95 差集运算

14.4.3 绘制孔

01 差集运算完成后，调用C【圆】命令，在箱体整体上表面绘制如图14-96所示的半径为3的小圆。

02 使用EXT【拉伸】命令，将8个小圆分别拉伸2，生成如图14-97所示的实体。

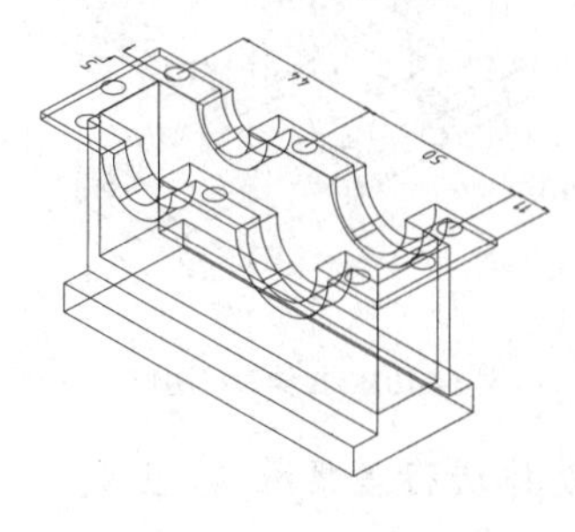

图14-96 绘制顶面小圆

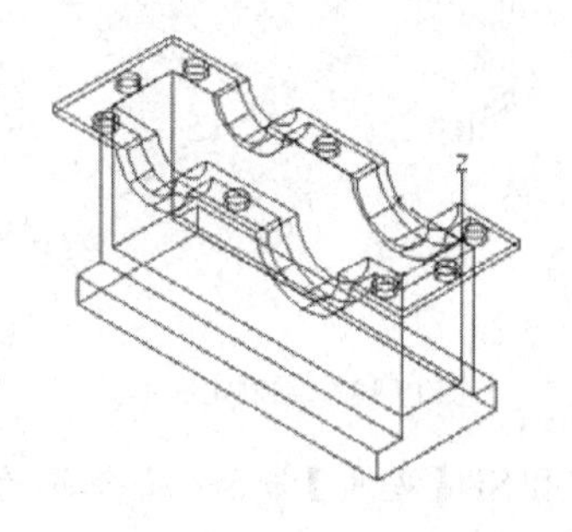

图14-97 拉伸顶面定位孔

03 调用SU【差集】命令，将箱体与8个小圆拉伸实体进行差集运算，生成如图14-98

所示的安装孔。

04 使用同样方法，绘制箱体底板的 6 个小孔，其尺寸如图 14-99 所示。

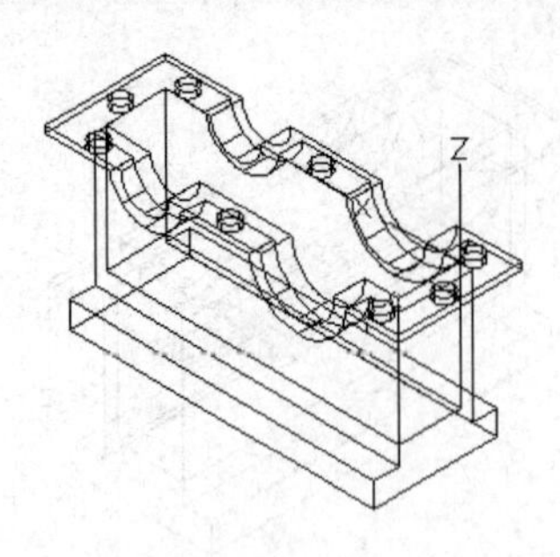

图 14-98 差集运算

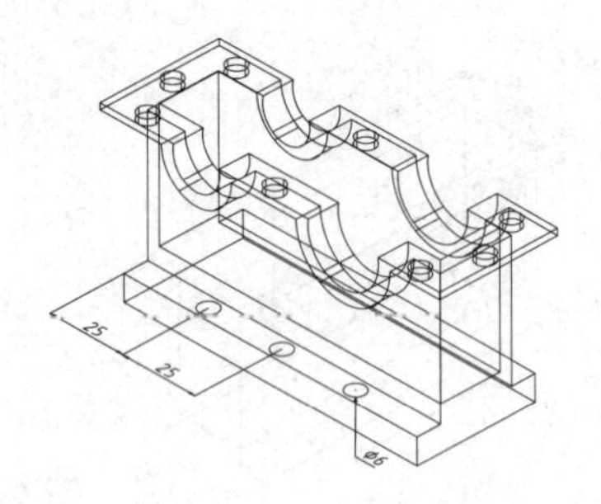

图 14-99 绘制底板小孔

05 调用 EXT【拉伸】命令，将绘制的圆拉伸 8 的高度，如图 14-100 所示。

06 调用 SU【差集】命令，将合并的箱体与 6 个小圆拉伸实体进行差集运算，生成如图 14-101 所示的孔洞。

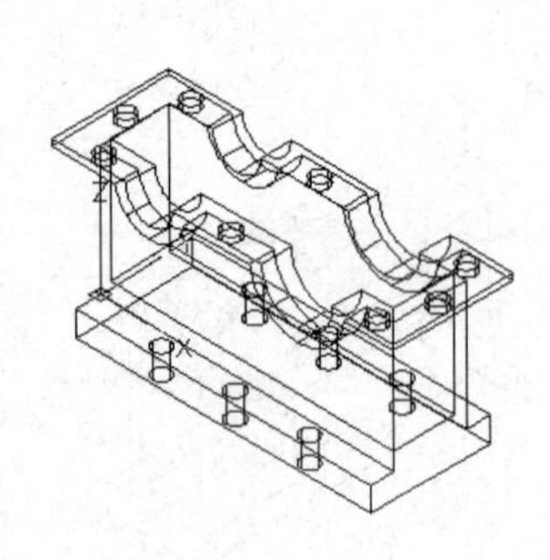

图 14-100 拉伸小圆

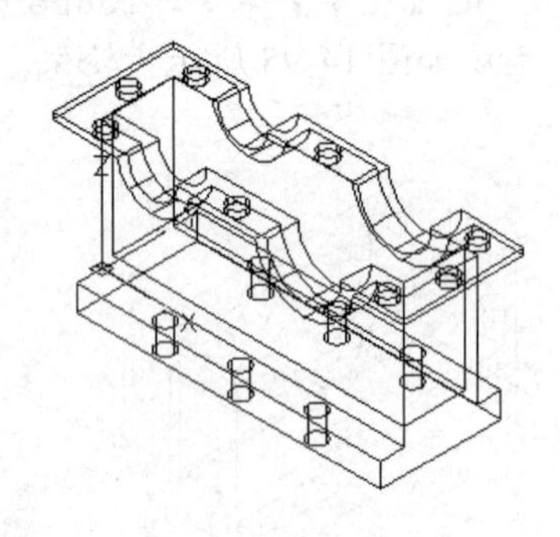

图 14-101 差集操作

07 在命令行中输入 UCS 并按回车键，设置面 2 为绘图表面，绘制如图 14-102 所示的两个矩形，矩形尺寸为 10×4，距离两侧的的棱边分别为 4。

08 调用 EXT【拉伸】命令，将矩形拉伸 42 的高度，如图 14-103 所示。

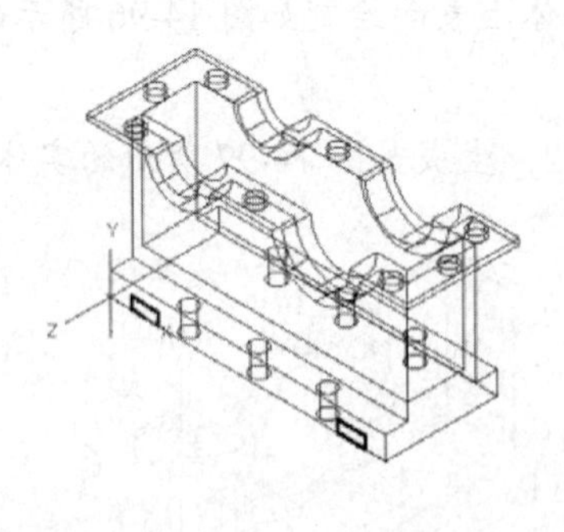

图 14-102 绘制矩形

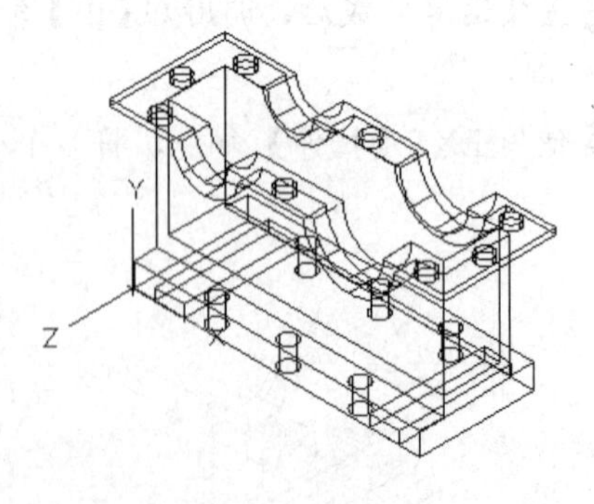

图 14-103 拉伸二维图形

09 调用 SU【差集】命令，将合并的箱体与拉伸矩形实体进行差集运算，生成如图 14-104 所示的箱底凹槽。

14.4.4 倒圆角

01 调用 CHA【倒圆角】命令，将整个图形外轮廓进行 R4 的圆角，如图 14-105 所示。

02 至此，箱体图形绘制完成，执行【文件】|【保存】命令，保存为“齿轮箱.dwg”图形文件。

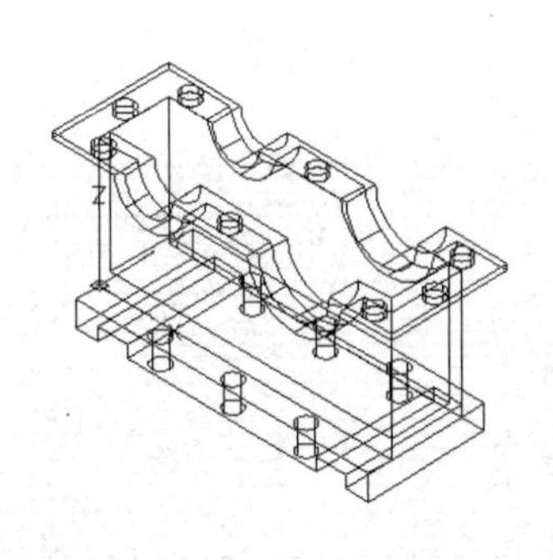

图 14-104　差集操作

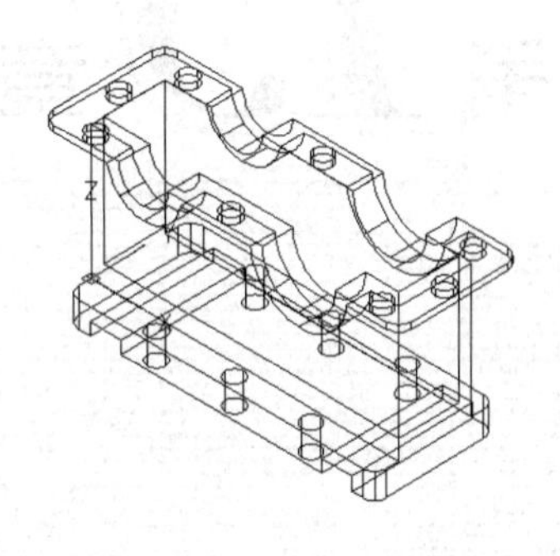

图 14-105　倒 R4 圆角

14.5 习 题

（1）根据如图 14-106 所示轴零件图绘制轴三维实体。

（2）将如图 14-107 所示的箱体绘制成三维实体。

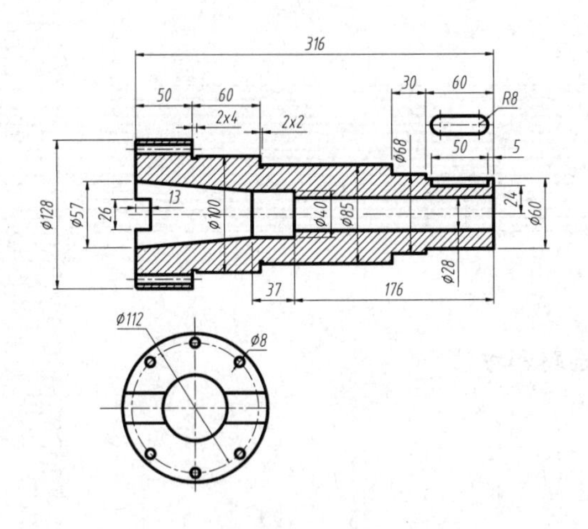

图 14-106　轴

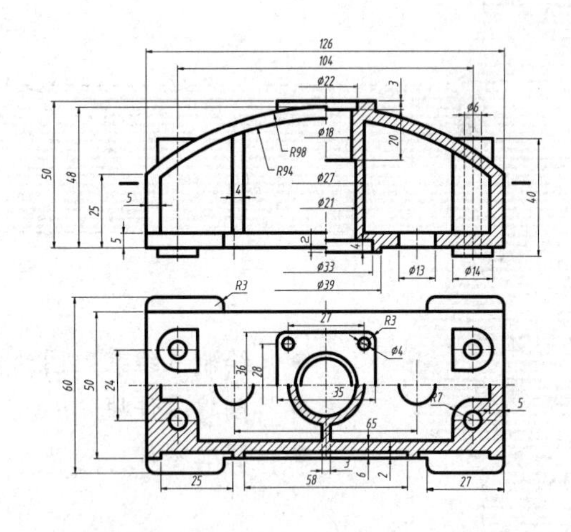

图 14-107　箱体

第15章 绘制三维装配图

本章导读

由于三维立体图比二维平面图更加形象和直观，因此，三维绘制和装配在机械设计领域的运用越来越广泛。在学习了 AutoCAD 的三维绘制和编辑功能之后，本章将介绍在 AutoCAD 中进行三维装配的方法。

本章重点

- 绘制三维装配图的思路和方法
- 创建零件块
- 装配零件

15.1 绘制三维装配图的思路和方法

装配图是用于表达部件与机器工作原理、零件之间的位置和装配关系，以及装配、检验、安装所需要的尺寸数据技术文件。

绘制三维装配图与绘制二维装配图的基本思路差不多，装配顺序一般按照：从里往外、从左到右、从上至下或从下至上的装配顺序。

在装配过程中，要考虑零件之间的约束条件是否足够和装配关系是否合理。每个零件都有一定自由度，若零件之间约束不足，就会造成整个机器或者装置不能正常运转。

绘制三维装配图的方法一般有以下两种：

- 按照装配关系，在同一个绘图区中，逐一地绘制零件的三维图，最后完成三维装配图。
- 先绘制单个的小零件，然后创建成块或复制到同一视图，通过三维旋转、三维移动等编辑命令对所引入的块进行位置精确的定位，最后进行总装配。

15.2 装配三维齿轮泵

本节以装配如图 15-1 所示的齿轮泵为例，讲述三维装配图的绘制方法。

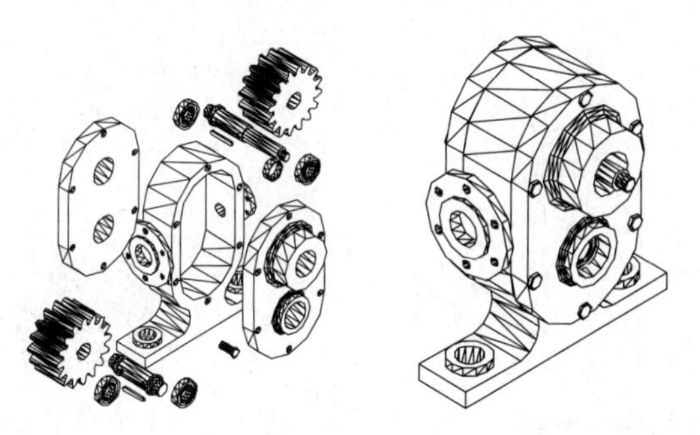

图 15-1　齿轮泵

15.2.1 创建零件块

01 启动 AutoCAD 2015，执行【文件】|【打开】命令，系统弹出【选择文件】对话框，选择附赠光盘中的“第 15 章/泵体齿轮箱”文件夹下的“主动轴.dwg”，单击【打开】按钮，打开此文件。

02 调用 W【写块】命令，系统弹出【写块】对话框，如图 15-2 所示，指定坐标原点（0，0，0）为基点，选择轴图形为创建块对象，设置【插入单位】为【毫米】，单击【文件名和路径】按钮[...]，指定块文件保存位置和文件名，单击【确定】按钮，将图形保存为块。

03 使用同样的方法，将其他零件【齿轮】、【后盖】、【键】、【螺栓】、【前盖】、【驱动轴】、【深沟球轴承】、【套筒】、【箱主体】和【轴承】全部转换成块，以方便进行零件装配。

图 15-2 【写块】对话框

15.2.2 装配零件

01 执行【文件】|【新建】命令，弹出【选择样板】对话框，选择【acad.dwt】样板，单击【打开】按钮，新建一个图形文件。

02 执行【视图】|【三维视图】|【西南等轴测】命令，将视图转换成【西南等轴测】模式。

03 在命令行输入 I 并按回车键，系统弹出【插入】对话框，单击【浏览】按钮，选择前面创建的【主动轴】图块，单击【确定】按钮，完成块的插入，如图 15-3 所示。

04 插入【键】图块，插入基点为（0，0，0），其他参数保持系统默认，插入后图形如图 15-4 所示。

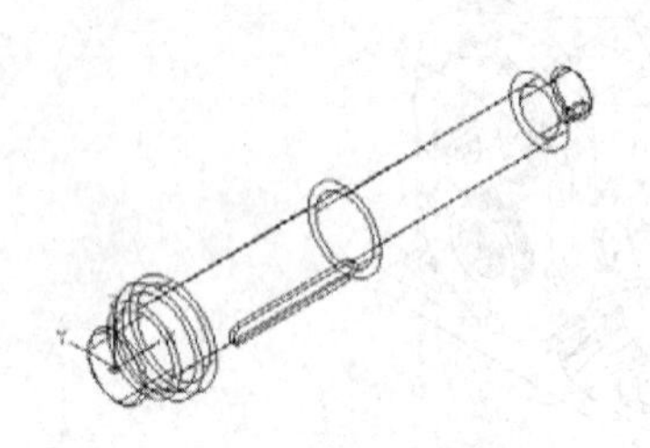

图 15-3 插入【主动轴】图块

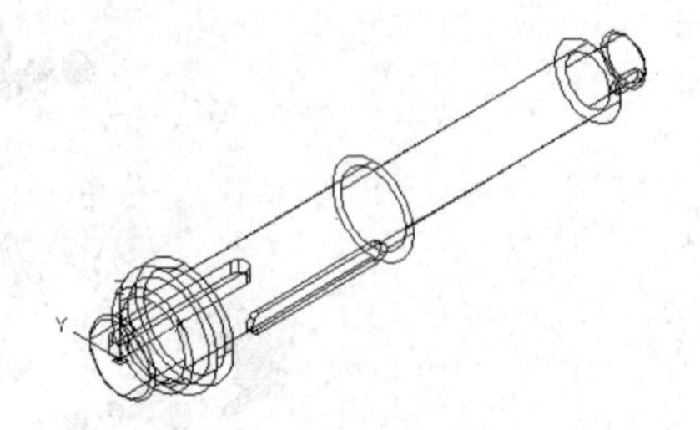

图 15-4 插入【键】图块

05 单击【常用】选项卡中【修改】面板上的【三维移动】按钮，将插入的【键】图块移动到合适位置，如图 15-5 所示。

06 单击【常用】选项卡中【修改】面板上的【三维旋转】按钮，将插入的键旋转到如图 15-6 所示的方向。

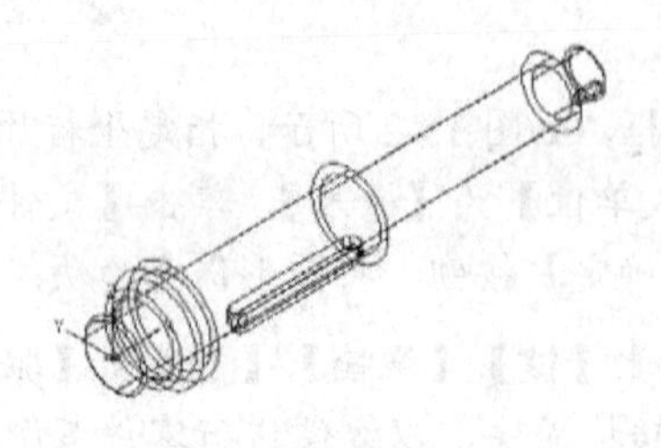

图 15-5 移动键

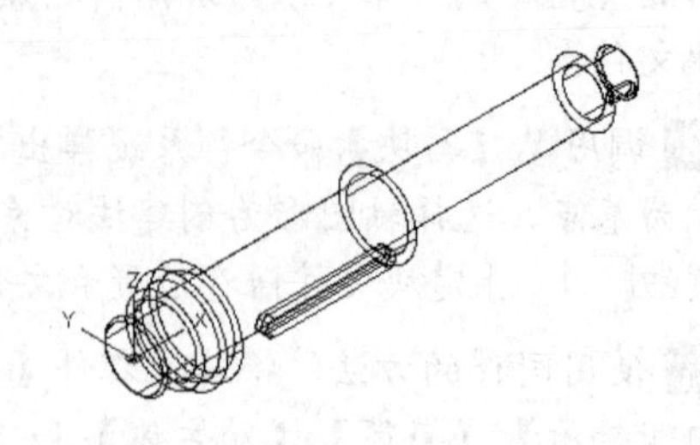

图 15-6 旋转键

07 继续插入【齿轮】图块，如图 15-7 所示。

08 单击【常用】选项卡中【修改】面板上的【三维移动】按钮与【三维旋转】按钮，完成齿轮与轴的装配，如图 15-8 所示。

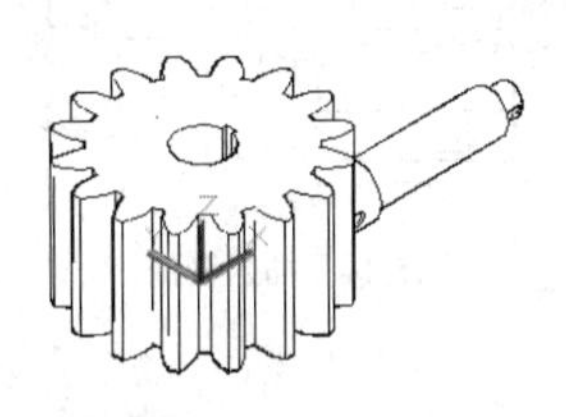

图 15-7　插入【齿轮】图块

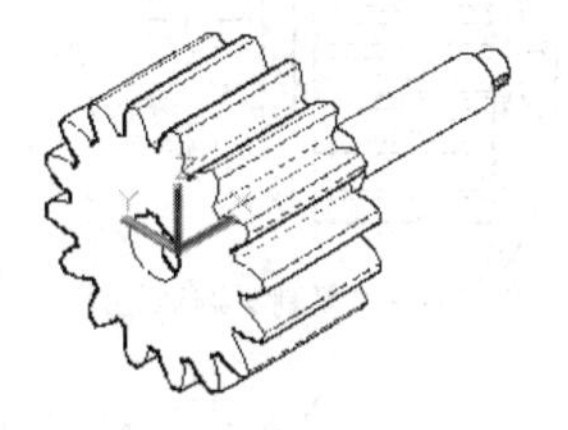

图 15-8　平移和旋转【齿轮】图块

09 执行【视图】|【三维视图】|【俯视】命令，查看齿轮装配效果，如图 15-9 所示。

10 重复调用 I【插入】命令，继续插入【深沟球轴承】图块，如图 15-10 所示。

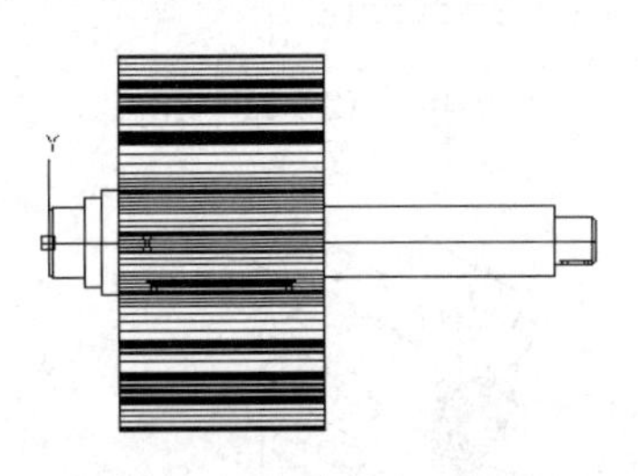

图 15-9　齿轮装配俯视图效果

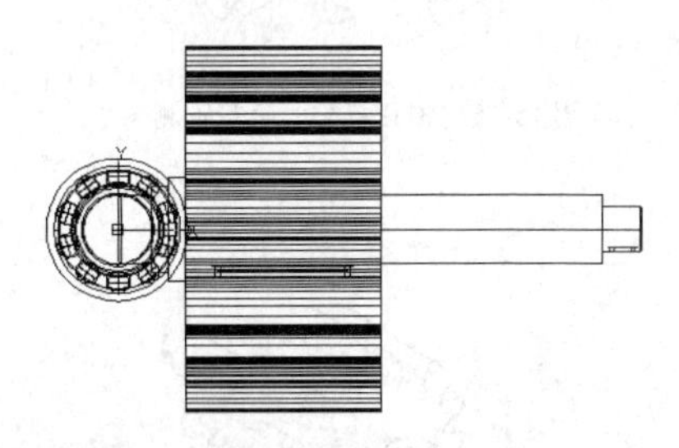

图 15-10　插入【深沟球轴承】图块

11 切换视图到【西南等轴测】模式，并设置显示模式为【三维隐藏】，单击【常用】选项卡中【修改】面板上的【三维移动】按钮与【三维旋转】按钮，将深沟球轴承装配至如图 15-11 所示位置。

12 将视图切换到俯视图，此时装配效果如图 15-12 所示。

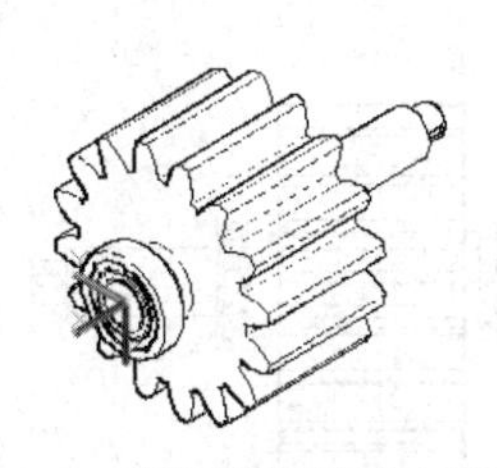

图 15-11　装配【深沟球轴承】图块

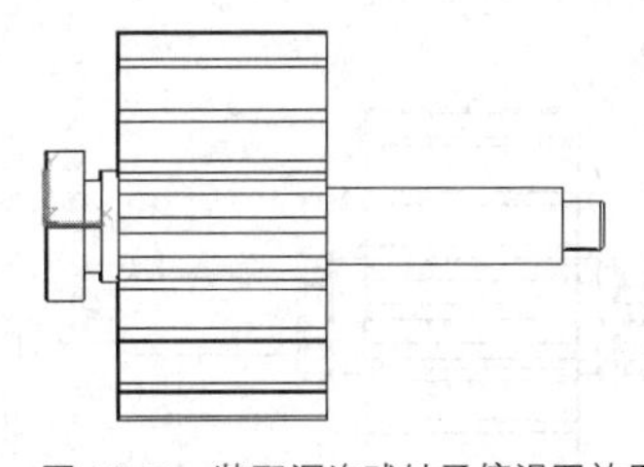

图 15-12　装配深沟球轴承俯视图效果

13 调用 CO【复制】命令，将深沟轴承复制到主动轴齿轮的另一侧，如图 15-13 所示，距离为 106。

14 插入【套筒】图块，如图 15-14 所示。

15 切换视图到【西南等轴测】模式，单击【常用】选项卡中【修改】面板上的【三维移动】按钮与【三维旋转】按钮，将套筒装配到齿轮与深沟球轴承之间，如图 15-15 所示。在将视图切换到俯视图，效果如图 15-16 所示。

16 插入【被动轴】图块，如图 15-17 所示。

17 单击【建模】工具栏中的【三维移动】按钮与【三维旋转】按钮，将被动轴装配至主动轴下方，如图 15-18 所示，切换视图到前视图，装配效果如图 15-19 所示。

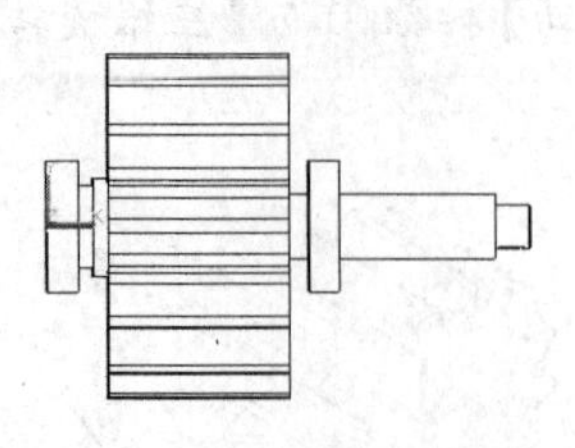

图 15-13　复制深沟球轴承

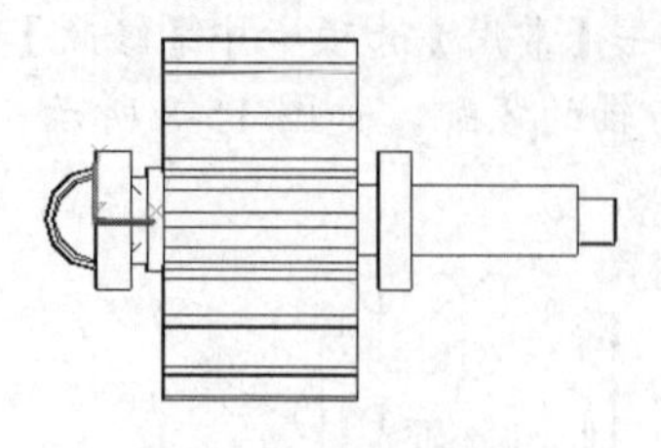

图 15-14　插入套筒

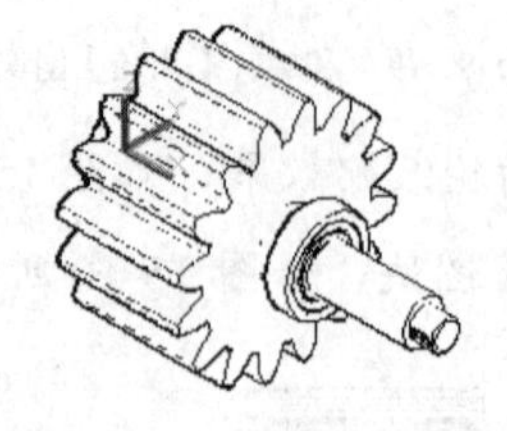

图 15-15　轴套装配西南等轴测图

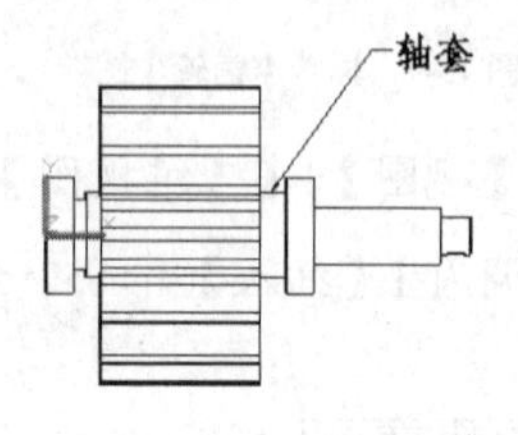

图 15-16　轴套装配俯视图

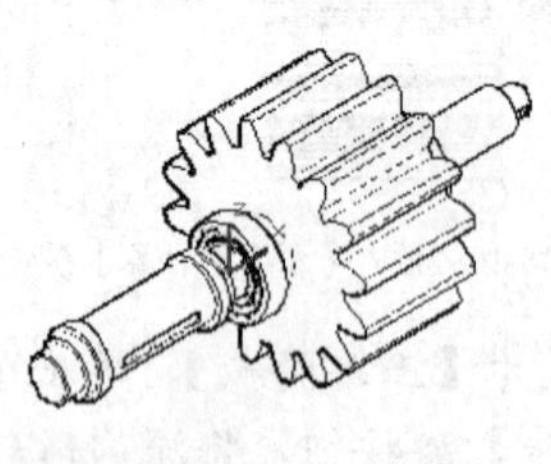

图 15-17　插入被动轴

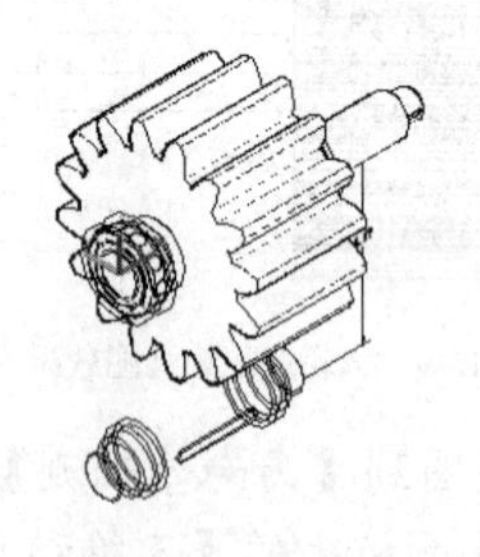

图 15-18　装配被动轴

18 调用 CO【复制】命令，将齿轮、键以及深沟球轴测复制到被动轴上，并保证键与键槽要相互对齐，如图 15-20 所示。

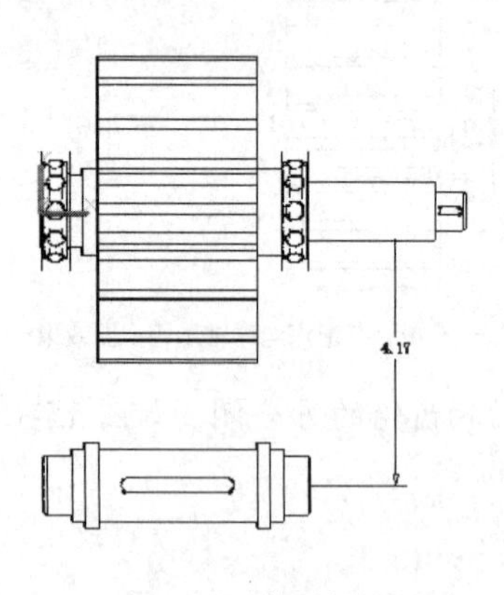

图 15-19　装配被动轴

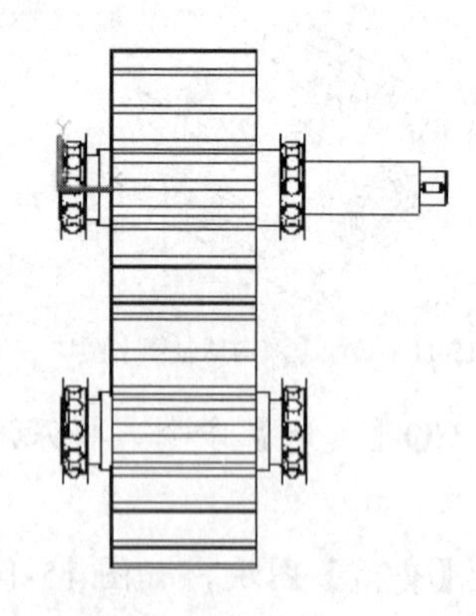

图 15-20　复制齿轮、键、深沟球轴承

19 将视图切换到【西南等轴测】模式，装配效果如图 15-21 所示。

20 插入【箱主体】图块，如图 15-22 所示。

21 将视图切换到【西南等轴测】模式，单击【常用】选项卡中【修改】面板上的【三维移动】按钮与【三维旋转】按钮装配箱主体，完成后效果如图 15-23 所示，右视图效果如图 15-24 所示。

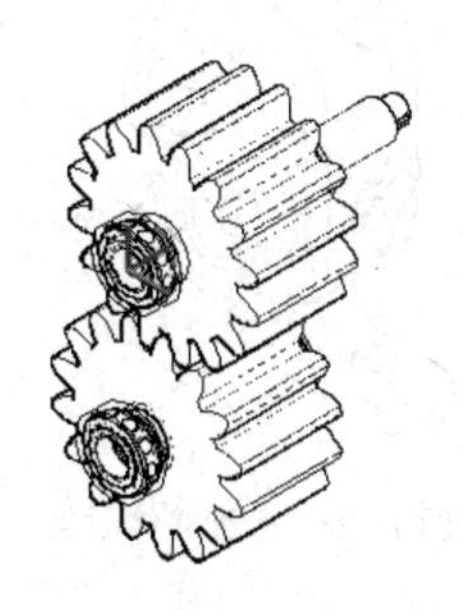

图 15-21　装配齿轮、键、深沟球轴承

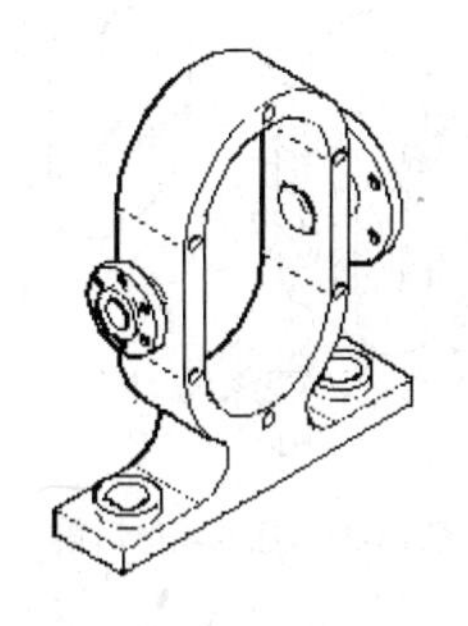

图 15-22　插入箱主体

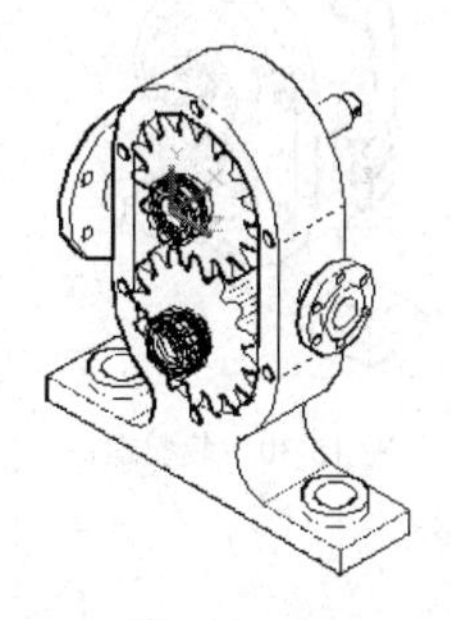

图 15-23　装配箱主体

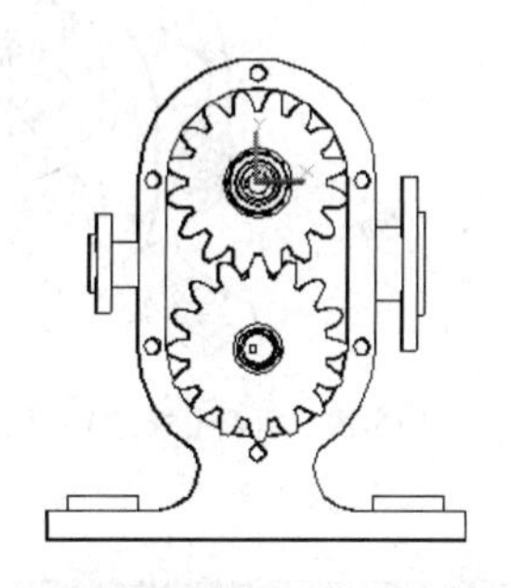

图 15-24　箱主体装配右视效果

22 插入【前盖】图块，如图 15-25 所示。

23 单击【常用】选项卡中【修改】面板上的【三维移动】按钮，对箱体前盖进行装配，如图 15-26 所示。

24 插入【后盖】图块，如图 15-27 所示。

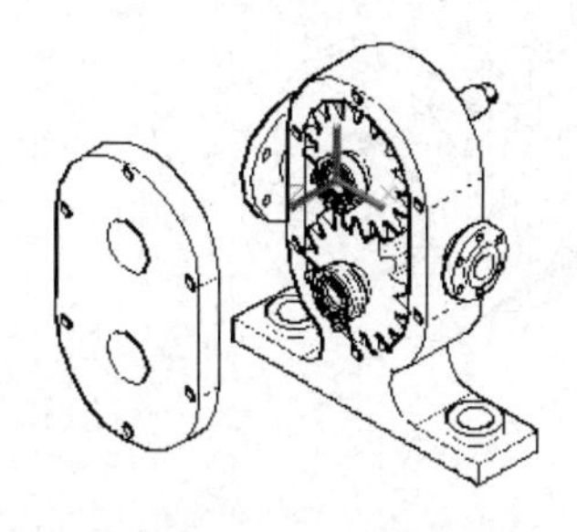

图 15-25　插入箱体前盖

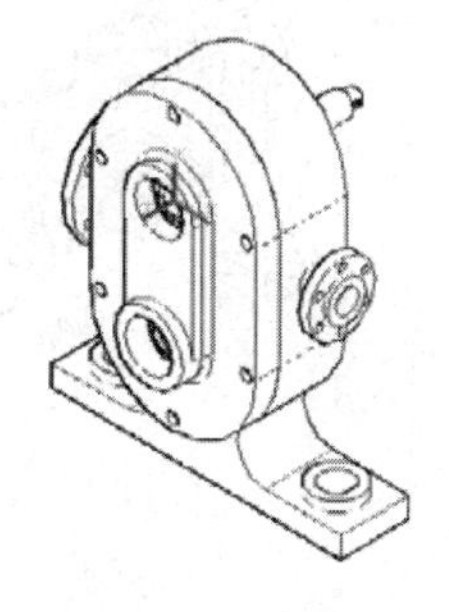

图 15-26　装配箱体前盖

25 单击【常用】选项卡中【修改】面板上的【三维移动】按钮，对箱体后盖进行装配，如图 15-28 所示。

26 插入【螺栓】图块，如图 15-29 所示。

27 调用 CO【复制】命令，得到 11 个螺栓，单击【常用】选项卡中【修改】面板上的【三维移动】按钮与【三维旋转】按钮，对螺栓进行装配，装配效果如图 15-30 所示。

28 完成齿轮泵图形装配完成，执行【文件】|【保存】命令，保存装配文件为“齿轮泵.dwg”。

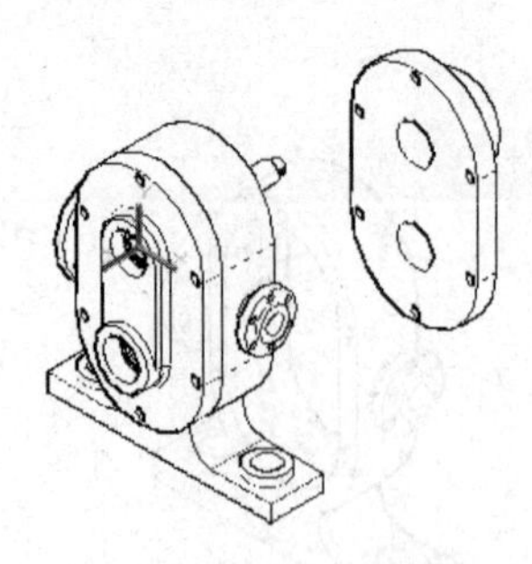

图 15-27　插入箱体后盖

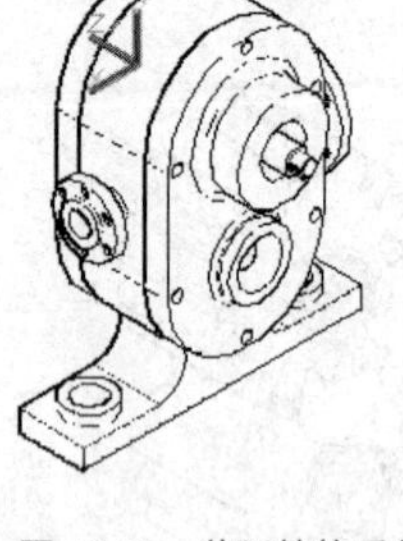

图 15-28　装配箱体后盖

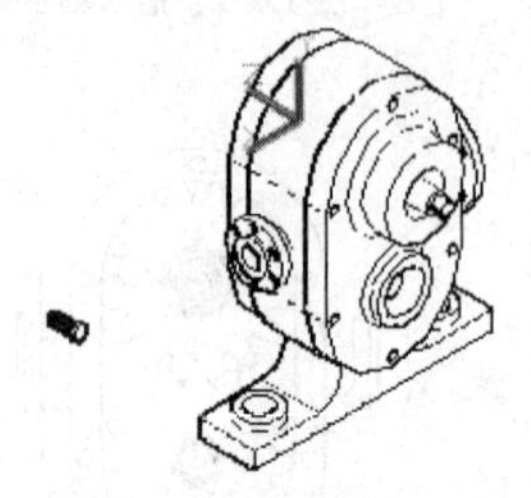

图 15-29　插入【螺钉】图块

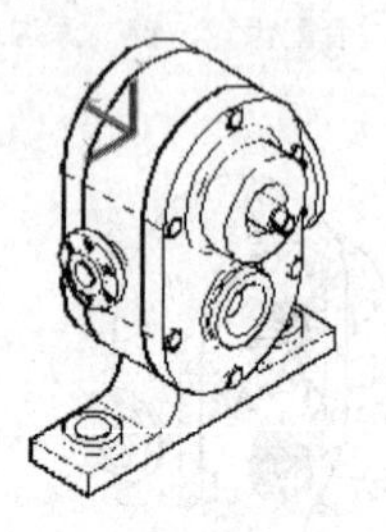

图 15-30　装配螺钉

15.3 习 题

根据附赠光盘万向联轴器文件夹所提供的文件，试装配如图 15-31 所示的万向联轴器。

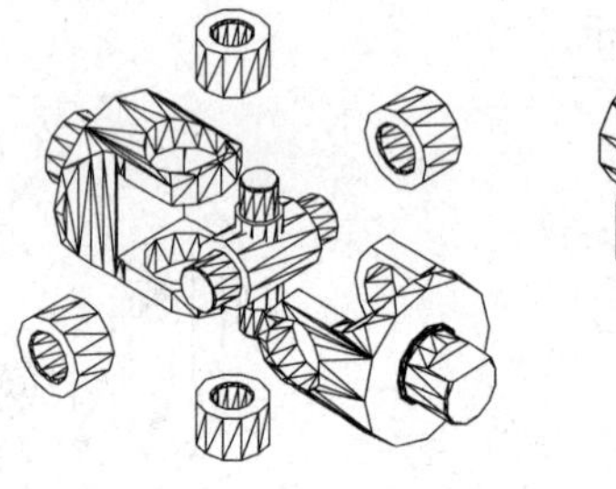

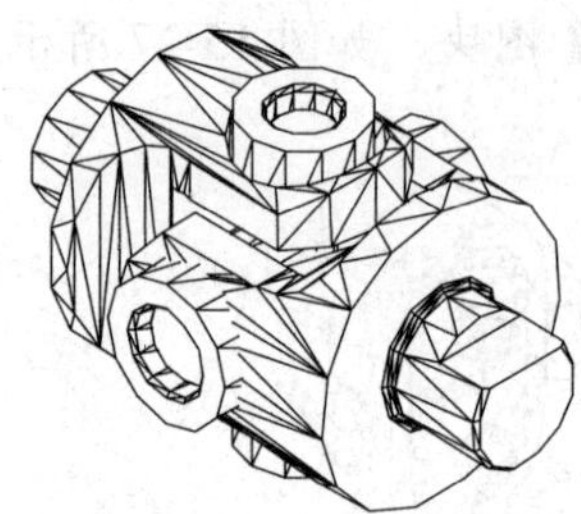

图 15-31　万向联轴器

第16章 从三维实体创建工程图

本章导读

比较复杂的实体可以通过先绘制三维实体再转换为二维工程图，这种绘制工程图的方式可以减少工作量、提高绘图速度与精度。本章介绍由三维实体生成各种基本视图和剖视图，以及打印布局的方法。

本章重点

- 三维实体生成二维图
- 三维实体创建剖视图

16.1 三维实体生成二维视图

在 AutoCAD 2015 中，将三维实体模型生成三视图的方法大致有以下两种：

- 使用 VPORTS 或 MVIEW 命令，在布局空间中创建多个二维视口，然后使用 SOLPROF 命令在每个视口分别生成实体模型的轮廓线，以创建零件的三视图。
- 使用 SOLVIEW 命令后，在布局空间中生出实体模型的各个二维视图视口，然后使用 SOLDRAW 命令在每个视口中分别生成实体模型的轮廓线，以创建三视图。

16.1.1 使用 VPORTS 命令创建视口

使用 VPORTS 命令，可以打开【视口】对话框，以在模型空间和布局空间创建视口。打开【视口】对话框的方式有以下几种：

- 菜单栏：执行 【视图】|【视口】|【新建视口】命令
- 工具栏：单击【视口】工具栏中的【显示视口对话框】按钮
- 命令行：输入 VPORTS
- 功能区：单击功能区【可视化】选项卡中【模型视口】面板中的【命名】按钮

执行上述任一操作后，都能打开如图 16-1 所示的【视口】对话框。

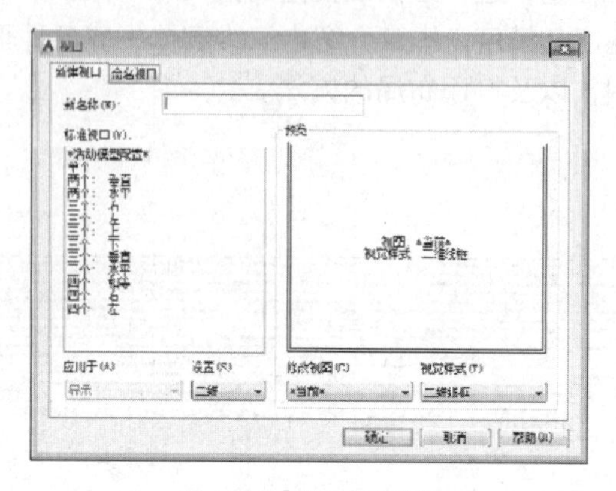

图 16-1 【视口】对话框

通过此对话框，用户可进行设置视口的数量、命名视口和选择视口的形式等操作。

16.1.2 使用 SOLVIEW 命令创建布局多视图

使用 SOLVIEW 命令可以自动为三维实体创建正交视图、图层和布局视口。SOLVIEW 和 SOLDRAW 的创建用于放置每个视图的可见线和隐藏线的图层（视图名称-VIS、视图名称-HID、视图名称-HAT），以及创建可以放置各个视口中均可见的标注的图层（视图名称-DIM）。

通过执行【绘图】|【建模】|【设置】|【视图】命令，或者直接在命令行中输入 SOLVIEW 命令，都可以执行创建布局多视图。

若用户当前处于模型空间，则执行【SOLVIEW】命令后，系统自动转换到布局空间，并提示用户选择创建浮动视口的形式，其命令行提示如下：

```
命令: _solview
输入选项 [UCS(U)/正交(O)/辅助(A)/截面(S)]:
```

命令行中各选项的含义如下：

- UCS（U）：创建相对于用户坐标系的投影视图。
- 正交（O）：从现有视图创建折叠的正交视图。
- 辅助（A）：从现有视图中创建辅助视图。辅助视图投影到和已有视图正交并倾斜于相邻视图的平面。
- 截面（S）：通过图案填充创建实体图形的剖视图。

16.1.3 使用 SOLDRAW 创建实体图形

SOLDRAW 命令是在 SOLVIEW 命令之后用来创建实体轮廓或填充图案的。

启动 SOLDRAW 命令方式有以下几种：

- 菜单栏：执行【绘图】|【建模】|【设置】|【图形】命令
- 命令行：输入 SOLDRAW
- 功能区：单击【常用】选项卡中【建模】面板上的【实体图形】按钮

执行上述任一操作后，其命令行提示如下：

```
命令: Soldraw
选择要绘图的视口...
选择对象:
```

使用该命令时，系统提示【选择对象】，此时用户需要选择由 SOLDRAW 命令生成的视口，如果是利用【UCS（U）】、【正交（O）】、【辅助（A）】选项所创建的投影视图，则所选择的视口中将自动生出实体轮廓线。若是所选择的视口由 SOLDRAW 命令的【截面（S）】选项创建，则系统将自动生成剖视图，并填充剖面线。

16.1.4 使用 SOLPROF 创建二维轮廓线

SOLPOROF 命令是对三维实体创建轮廓图形，它与 SOLDRAW 有一定的区别：SOLDRAW 命令只能对由 SOLDVIEW 命令创建的视图生成轮廓图形，而 SOLPROF 命令不仅可以对 SOLDVIEW 命令创建的视图生成轮廓图形，而且还可以对其他方法创建的浮动视口中的图形生成轮廓图形，但是使用 SOLPROF 命令时，必须是在模型空间，一般使用 MSPACE 命令激活。

启动 SOLPROF 命令的方式有以下几种：

- 菜单栏：执行【绘图】|【建模】|【设置】|【轮廓】命令
- 命令行：输入 SOLPROF
- 功能区：单击【常用】选项卡中【建模】面板上的【实体轮廓】按钮

16.1.5 使用创建视图面板创建三视图

【创建视图】面板是位于布局选项卡中，该面板命令可以从模型空间中直接将三维实体的基础视图调用出来，然后可以根据主视图生成三视图、剖视图以及三维模型图，从而更快、更便捷的将三维实体装换为二维视图。需注意的是，在使用创建视图面板时，必须是在布局

空间，如图 16-2 所示。

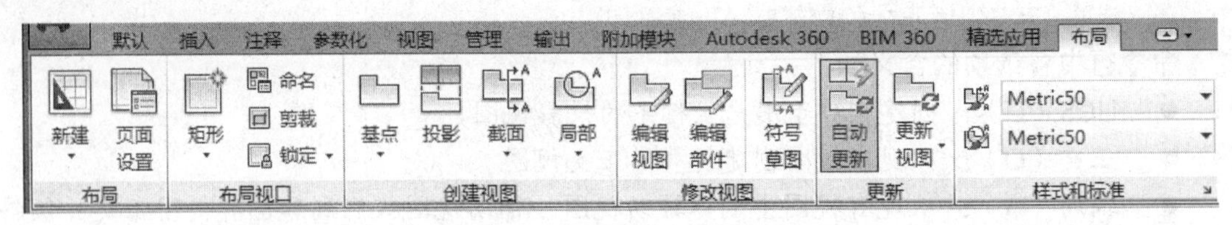

图 16-2　【创建视图】面板

16.1.6 利用 VPORTS 命令和 SOLPROF 命令创建三视图

下面以一个简单的实体为例，介绍如何使用 VPORTS 命令和 SOLPROF 命令创建三视图，具体操作步骤如下：

01 启动 AutoCAD 2015，打开附赠光盘"第 16 章\16-1.dwg"图形文件，如图 16-3 所示。

02 在绘图区单击【布局 1】标签，进入布局空间，然后在【布局 1】标签上，单击鼠标右键，在弹出的快捷菜单中选择【页面设置管理器】选项，弹出如图 16-4 所示的【页面设置管理器】对话框。

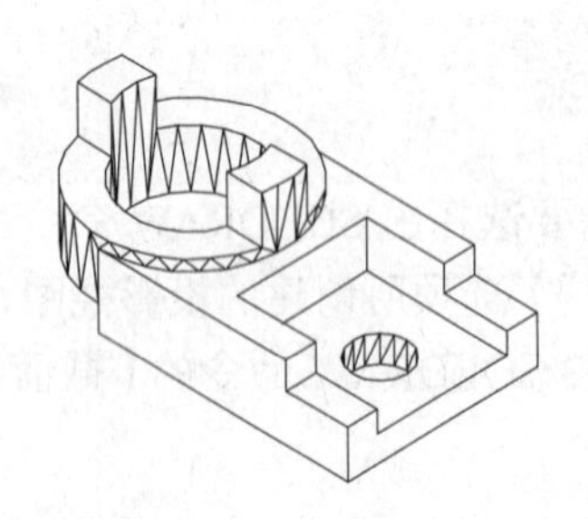

图 16-3　打开图形文件

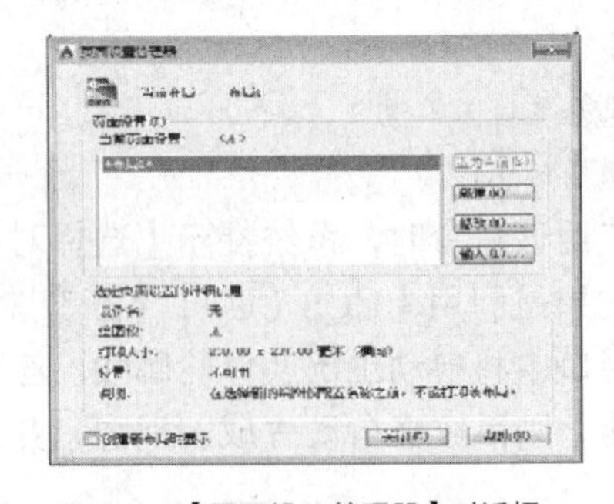

图 16-4　【页面设置管理器】对话框

03 单击【修改】按钮，弹出【页面设置】对话框，在【图纸尺寸】下拉菜单中选择"ISOA4(297.00×210.00)"选项，其余参数默认，如图 16-5 所示，单击【确定】按钮，返回【页面设置管理器】对话框，单击【关闭】按钮，关闭【页面设置管理器】对话框。

04 修改后的布局页面如图 16-6 所示，双击视口或单击状态栏【模型】按钮，切换至图纸空间，选中系统自动创建的视口，按 Delete 键将其删除。

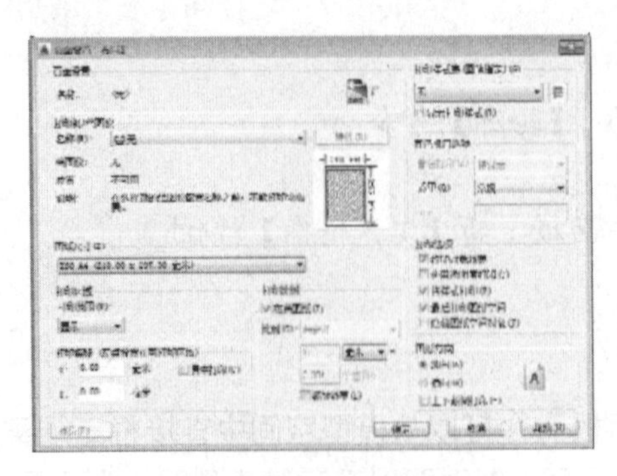

图 16-5　设置图纸尺寸

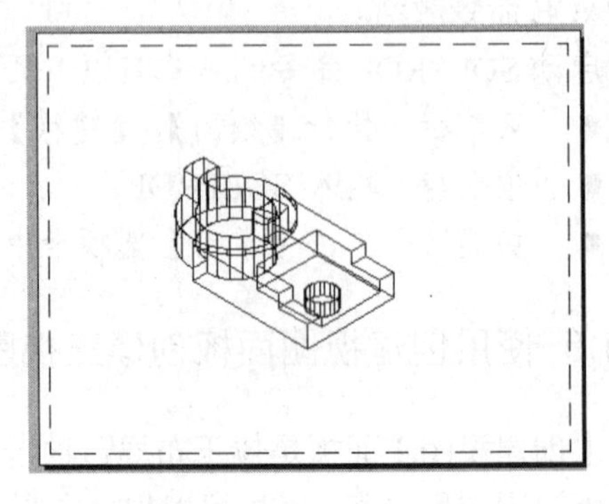

图 16-6　设置页面后效果

05 将视图显示模式设置为【二维线框】模式，执行【视图】|【视口】|【四个视口】命令，创建满布页面的 4 个视口，如图 16-7 所示。

06 在命令行中输入 MSPACE 命令，或直接双击视口，将布局空间转换为模型空间。

07 分别激活各视口，执行【视图】|【三维视图】菜单项下的命令，将各视口视图分别转换为前视、俯视、左视和等轴测，设置如图 16-8 所示。

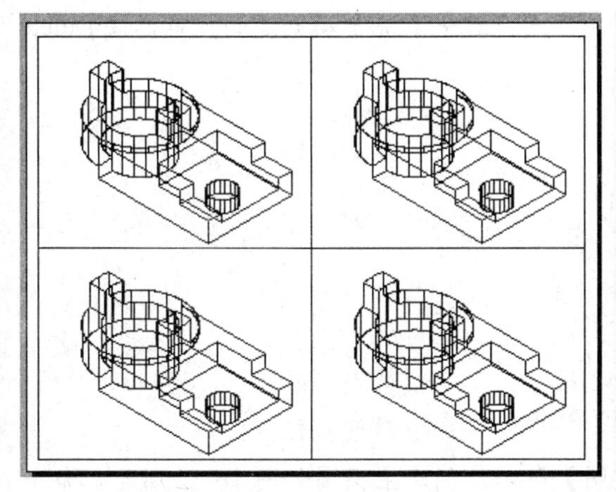

图 16-7　创建视口

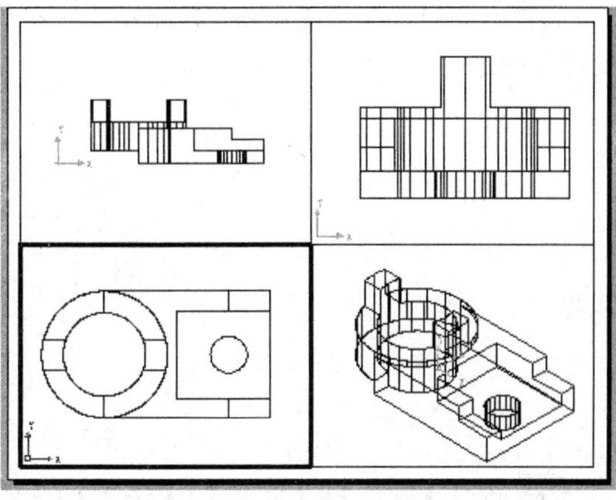

图 16-8　设置各视图

技巧　双击视口进入为模型空间后，视口边框线将会加粗显示。

08 在命令行中，输入 SOLPROF 命令，选择各视口的二维图，将二维图转换为轮廓图，如图 16-9 所示。

09 选择右下三维视口，单击该视口中的实体，按 Delete 键删除。打开图层设置，关闭 vports 层显示。

10 删除实体后，轮廓线如图 16-10 所示。

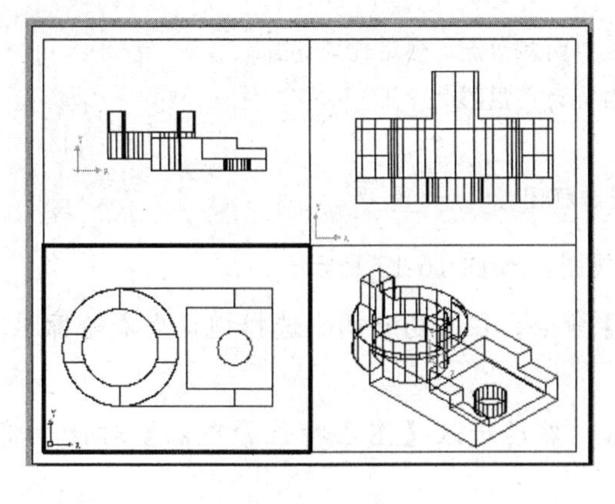

图 16-9　创建轮廓线

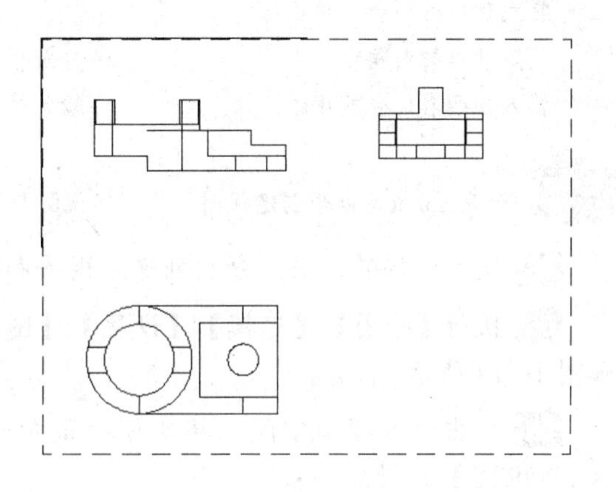

图 16-10　删除实体后轮廓线

16.1.7 利用 SOLVIEW 命令和 SOLDRAW 命令创建三视图

下面以一个简单的实体为例，介绍如何使用 SOLVIEW 命令和 SOLDRAW 命令创建三视图，其具体步骤如下：

01 启动 AutoCAD 2015，打开本书附赠光盘“第 16 章\16-1.dwg”，如图 16-11 所示。

02 在绘图区单击【布局 1】标签，进入布局空间，选中系统自动创建的视口，按 Delete 键将其删除。

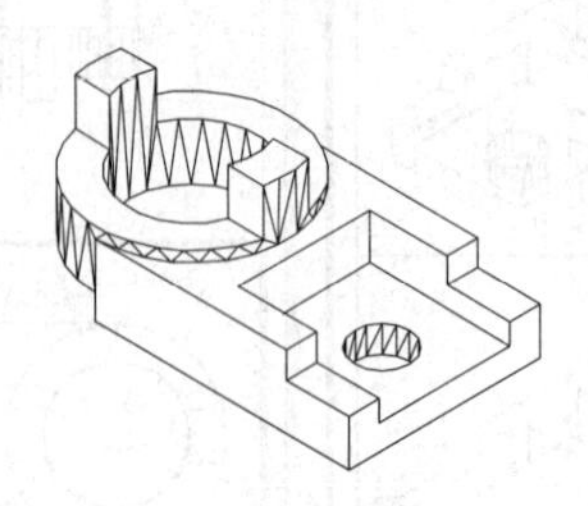

图 16-11 打开零件图形

03 执行【绘图】|【建模】|【设置】|【视图】命令，创建主视图如图 16-12 所示，命令行提示如下：

```
命令: _solview
输入选项 [UCS(U)/正交(O)/辅助(A)/截面(S)]:U↙
                                    //激活“UCS”选项
输入选项 [命名(N)/世界(W)/?/当前(C)] <当前>:W↙
                                    //激活“世界”选项，选择世界坐标系创建视图
输入视图比例 <1>: 0.3↙              //设置打印输出比例
指定视图中心:                        //选择视图中心点，这里选择视图布局中左上角适当的一点
指定视图中心 <指定视口>:              //按回车键确定
指定视口的第一个角点:
指定视口的对角点:                    //分别指定视口两对角点，确定视口范围
输入视图名: 主视图↙                  //输入视图名称为主视图
```

技巧 使用 solview 命令创建视图，其创建视图默认是俯视图。

04 使用同样的方法，分别创建左视图和俯视图，如图 16-13 所示。

05 执行【绘图】|【建模】|【设置】|【图形】命令，在布局空间中选择视口生成轮廓图，如图 16-14 所示。

06 双击进入模型空间，将实体隐藏或删除，然后进入【图层特性管理器】对话框将【VPORTS】关闭。

07 返回【布局 1】布局空间，得到如图 16-15 所示最终效果。

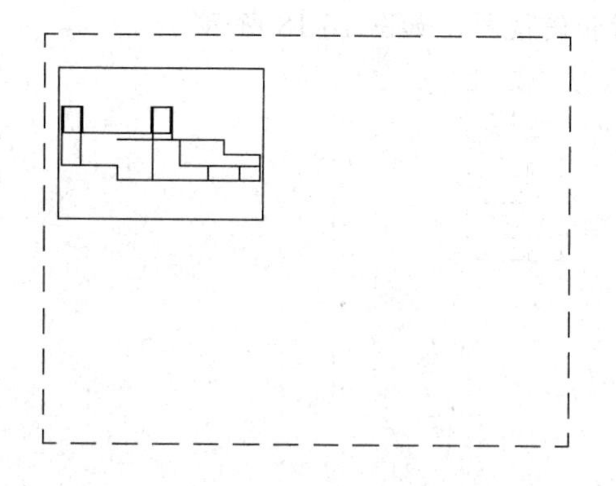
图 16-12　创建的主视图

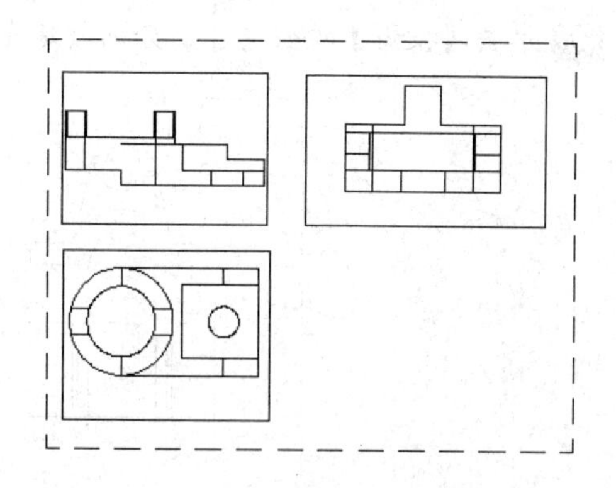
图 16-13　创建左视图和俯视图

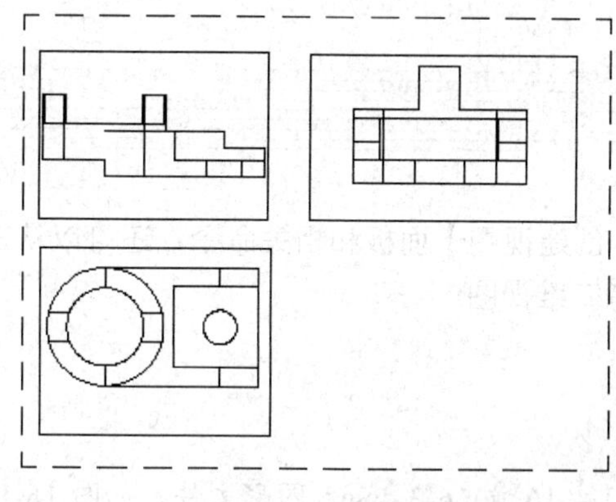
图 16-14　创建轮廓线

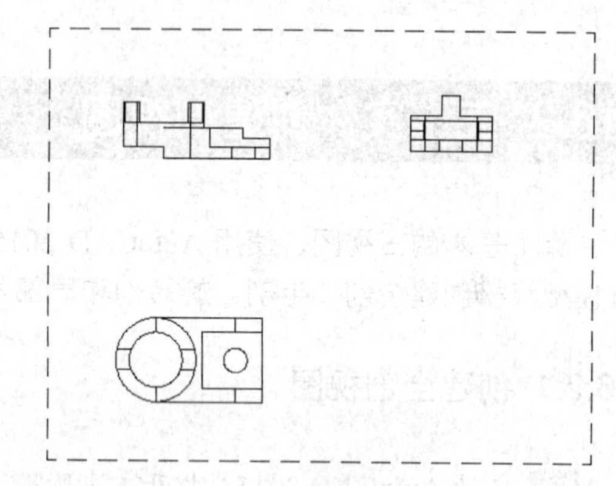
图 16-15　隐藏后图形

16.1.8 使用创建视图面板命令创建三视图

下面以一个简单的实体为例，介绍如何使用创建视图面板命令创建三视图，其具体步骤如下：

01 启动 AutoCAD2015，打开本书附赠光盘"第 16 章\16-2.dwg"，如图 16-16 所示。

02 在绘图区单击【布局 1】标签，进入布局工作空间，选中系统自动创建的视口，按 Delete 键将其删除。

03 单击【布局】选项卡中【创建视图】面板上的【基点】下拉菜单中的【从模型空间】按钮从模型空间，根据命令行的提示，创建基础视图，如图 16-17 所示。

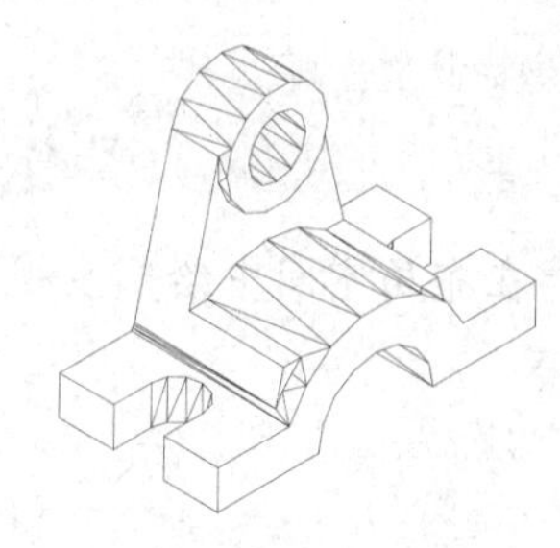
图 16-16　打开图形文件

图 16-17　创建基础视图

04 单击【投影】按钮 投影，分别创建左视图和俯视图，如图 16-18 所示。

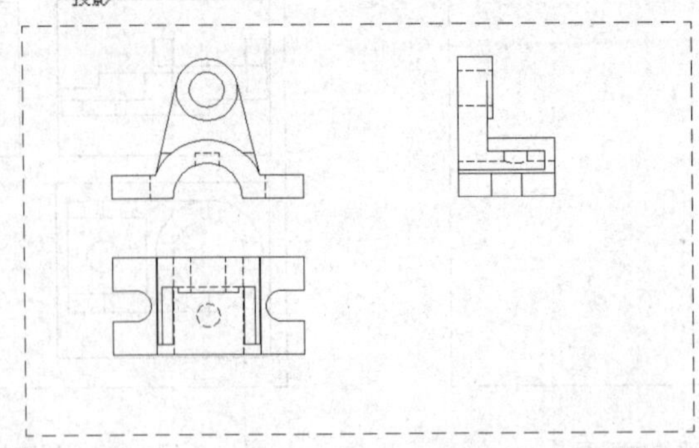

图 16-18　生成的三视图

16.2 三维实体创建剖视图

除了基本的三视图，使用 AutoCAD 2015 的【创建视图】面板和相关命令，还可以从三维模型轻松创建全剖、半剖、旋转剖和局部放大等二维视图。

16.2.1 创建全剖视图

01 启动 AutoCAD 2015，打开本书附赠光盘“第 16 章\16-3.dwg”图形文件，如图 16-19 所示。

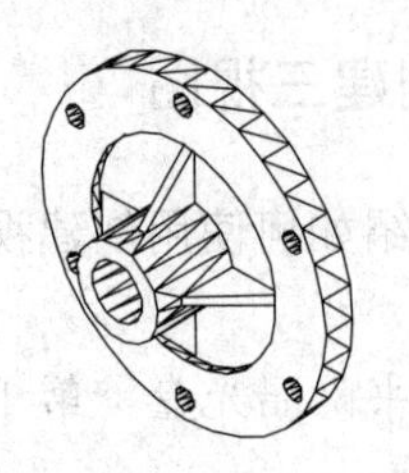

图 16-19　打开图形文件

02 在绘图区单击【布局 1】标签，进入布局空间，选中系统自动创建的视口，按 Delete 键将其删除。

03 在命令行中，输入 HPSCALE 命令，将剖面线的填充比例调大，使线的密度更大。命令行提示如下：

```
命令: HPSCALE
输入 HPSCALE 的新值 <1.0000>: 10↙
```

04 执行【绘图】|【建模】|【设置】|【视图】命令，在布局空间中绘制主视图，如图 16-20 所示，命令行提示如下：

```
命令:SOLVIEW↙
输入选项 [UCS(U)/正交(O)/辅助(A)/截面(S)]:U↙
输入选项 [命名(N)/世界(W)/?/当前(C)] <当前>:W↙
```

```
输入视图比例 <1>: 0.4↙                    //设置打印输出比例
指定视图中心:                             //在视图布局左上角拾取适当一点
指定视图中心 <指定视口>:                   //按回车键确认
指定视口的第一个角点:
指定视口的对角点:                         //分别指定视口两对象点，确定视口范围
输入视图名: 主视图                        //输入视图名称
```

05 执行【绘图】|【建模】|【设置】|【视图】命令，创建全剖视图，命令行提示如下:

```
命令: _solview
输入选项 [UCS(U)/正交(O)/辅助(A)/截面(S)]:S↙          //选择截面选项
指定剪切平面的第一个点:                               //捕捉指定剪切平面的第一点
指定剪切平面的第二个点:                               //捕捉指定剪切平面的第二点
指定要从哪侧查看:                                     //选择要查看剖面的方向
输入视图比例 <0.6109>:0.4↙
指定视图中心:
指定视图中心 <指定视口>:
指定视口的第一个角点:
指定视口的对角点:
输入视图名: 剖视图↙                                   //输入视图的名称，创建的剖
视图如图 16-21 所示
```

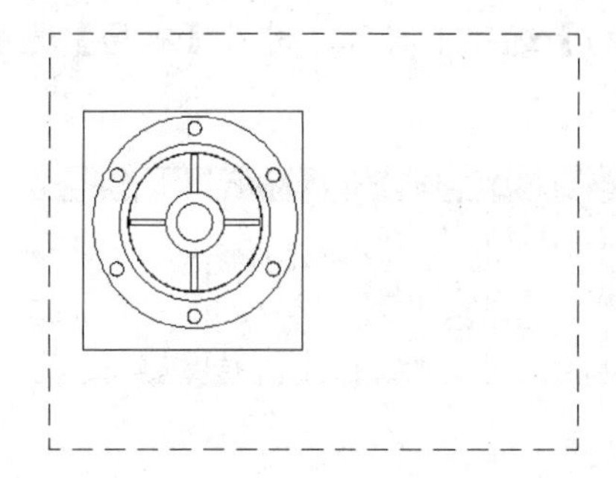

图 16-20　创建主视图

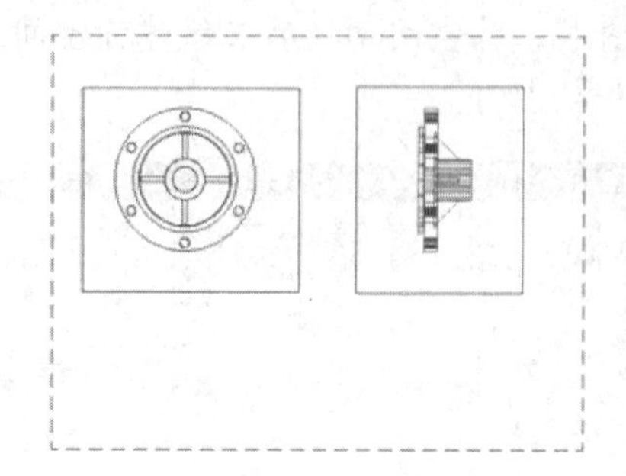

图 16-21　创建剖视图

06 在命令行中输入 SOLDRAW 命令，将所绘制的两个视图图形转换成轮廓线，如图 16-22 所示。

07 修改填充图案为 ANSI31，隐藏视口线框图层，最终效果如图 16-23 所示。

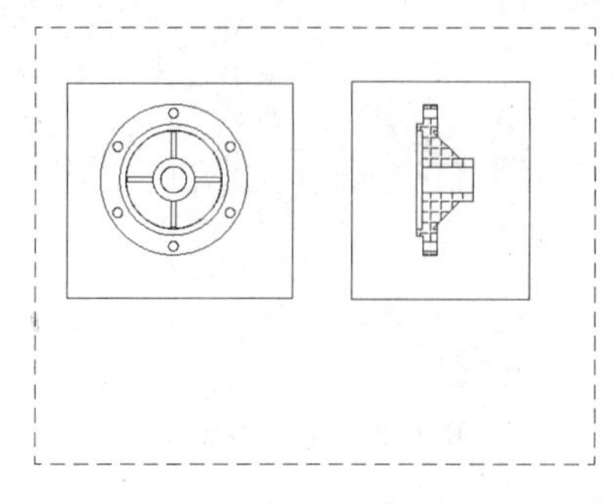

图 16-22　将实体转换为轮廓线

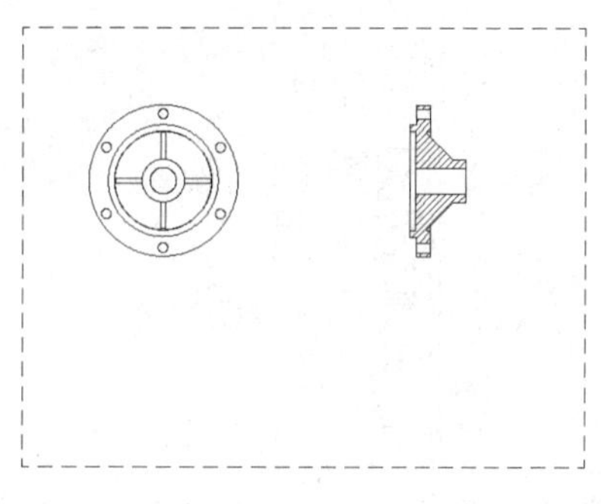

图 16-23　修改填充图案

16.2.2 创建半剖视图

本节讲解使用创建视图面板创建半剖视图的方法，具体操作步骤如下：

01 启动 AutoCAD 2015，打开“16-4.dwg”图形文件。如图 16-24 所示。

02 设置页面.在绘图区内单击【LAYOUT1(布局 1)】标签，进入布局空间，然后在“布局 1”标签上右键单击，在弹出的快捷菜单中选择【页面设置管理器】选项，在打开的【页面设置管理器】对话框，单击【修改】按钮，系统弹出【页面设置-布局 1】对话框，选择图纸尺寸为“ISOA4 [297.00 × 210.00]”，其他设置默认，单击【确定】按钮，系统返回到【页面设置管理器】对话框，单击【关闭】按钮，即可完成页面设置，如图 16-25 所示。

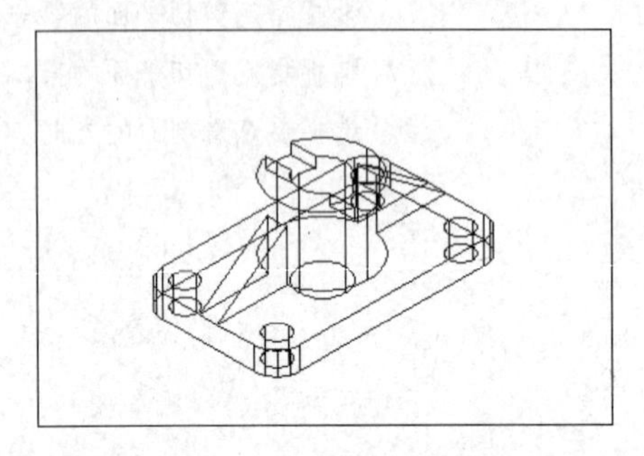

图 16-24 打开零件图形

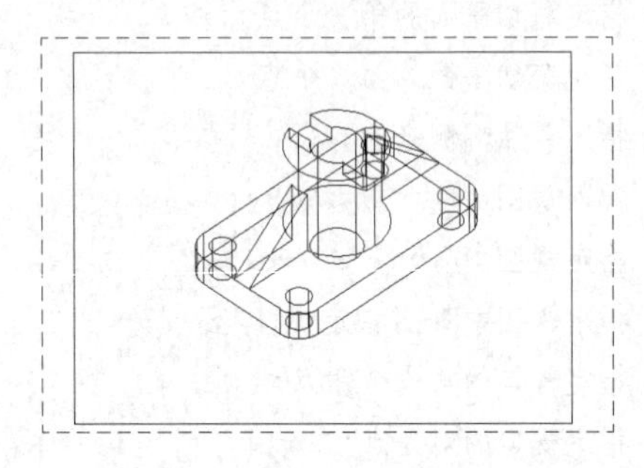

图 16-25 设置页面后效果

03 在布局空间中，选择默认的布局视口，按 Delete 键将其删除。

04 将工作空间切换为三维建模空间。单击【布局】选项卡标签，进入【布局】选项卡，如图 16-26 所示。

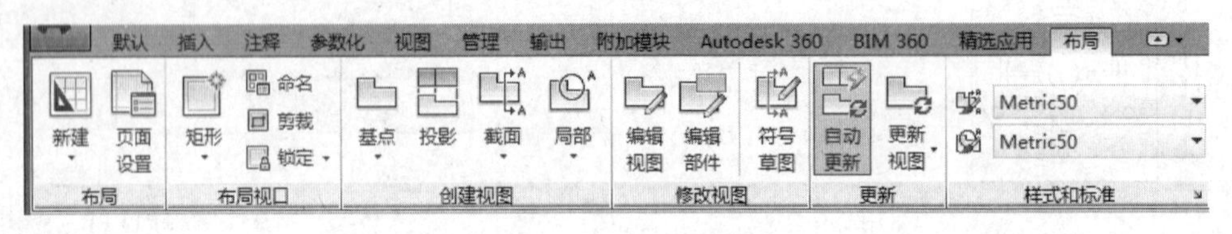

图 16-26 【布局】选项卡

05 单击【创建视图】面板中【基点】按钮，再选择“从模型空间”选项，如图 16-27 所示。

06 在布局空间内合适位置，指定基础视图的位置，创建主视图，如图 16-28 所示。

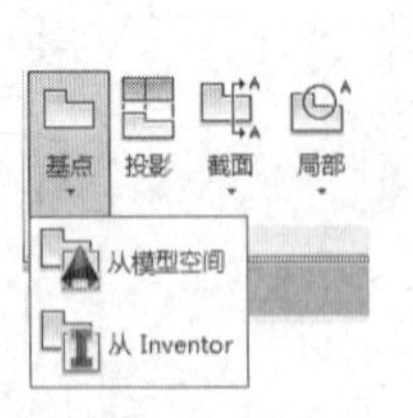

图 16-27 单击【基点】按钮

图 16-28 创建主视图

07 单击【创建视图】面板【截面】按钮，根据命令行的提示，创建剖视图，如图 16-29

所示。

08 完成剖视图设置，全剖视图如图 16-30 所示。

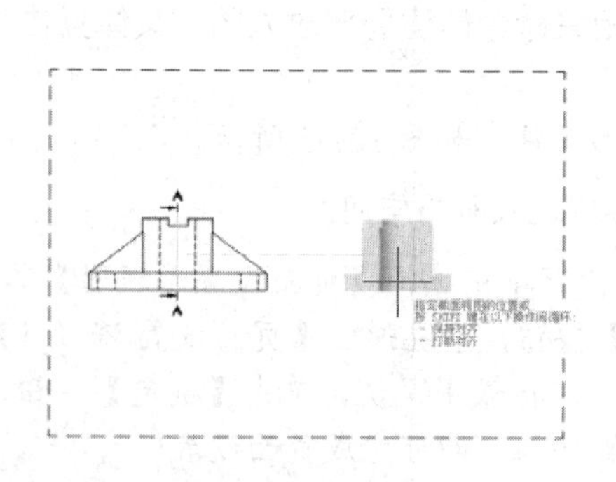

图 16-29　创建剖视图

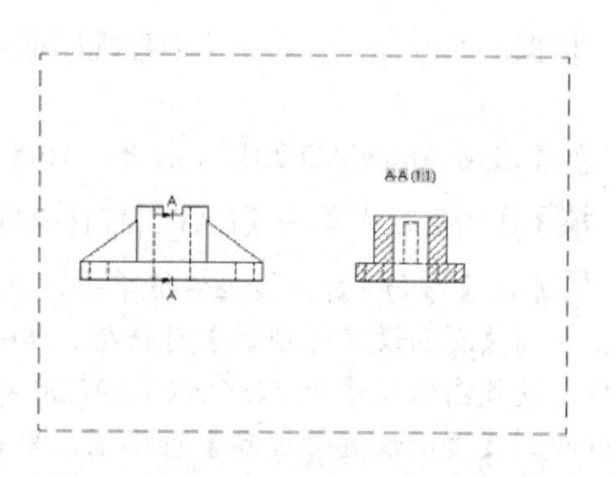

图 16-30　全剖视图

09 新建【布局】空间，从模型空间中创建主视图，如图 16-31 所示。

10 单击【创建视图】功能板中【截面】按钮，在其下拉菜单中选择【半剖】选项，根据命令行的提示，创建半剖视图。如图 16-32 所示。

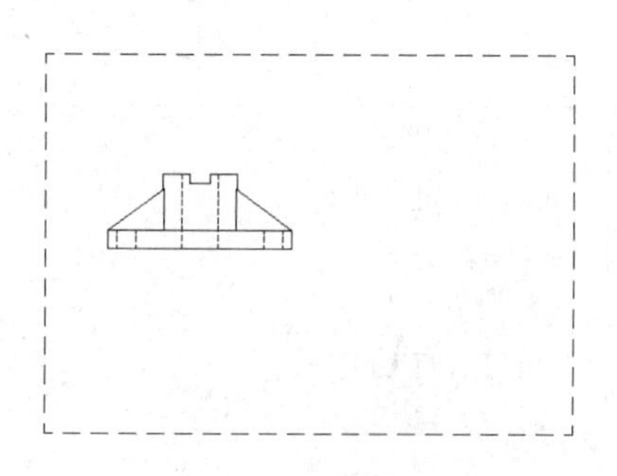

图 16-31　创建主观图

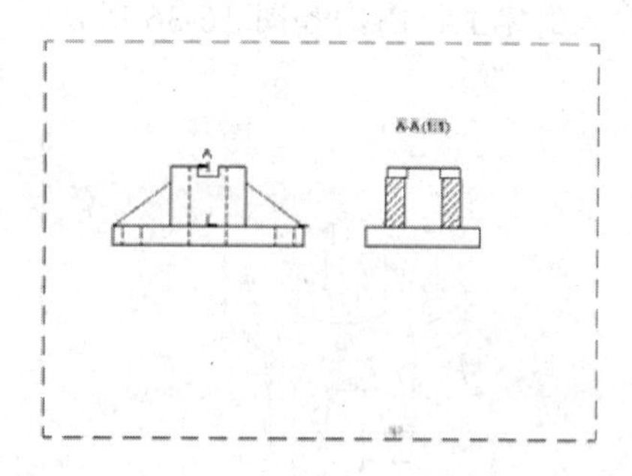

图 16-32　半剖视图

11 新建【布局】空间，从模型空间中创建主观图。再单击【创建视图】功能板中【截面】按钮，在其下拉菜单中选择【偏移】选项，根据命令行的提示，创建阶梯剖视图，如图 16-33 所示。

12 新建【布局】空间，从模型空间中创建主观图。单击【创建视图】功能板中【截面】按钮，在其下拉菜单中选择【对齐】选项，根据命令行的提示，创建旋转剖视图，如图 16-34 所示。

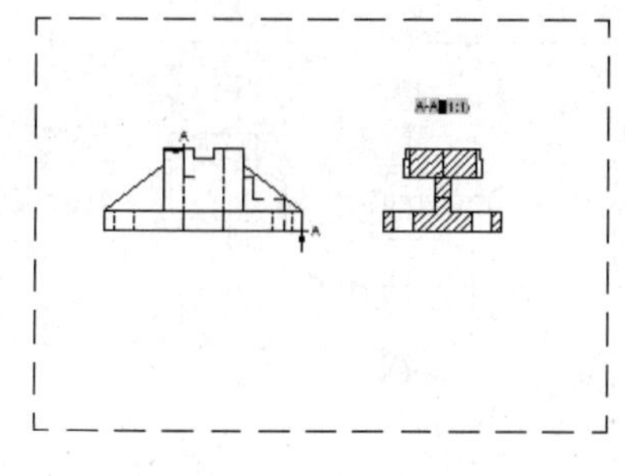

图 16-33　创建阶梯剖视图

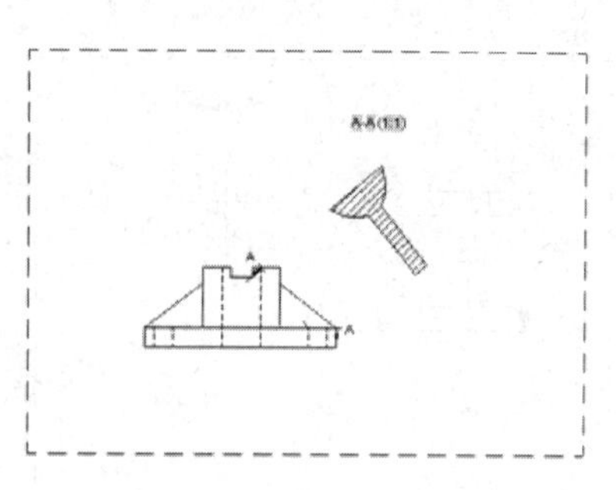

图 16-34　创建旋转剖视图

16.2.3 创建局部放大图

根据所学的知识，利用【创建视图面板】上的相关命令创建局部放大图，具体操作步骤如下：

01 启动 AtuoCAD 2015，打开“16-5.dwg”图形文件。如图 16-35 所示.

02 在绘图区内单击【LAYOUT1(布局 1)】标签，进入布局空间。

03 在【布局 1】标签上右键单击，在弹出的快捷菜单中选择【页面设置管理器】选项，在打开的【页面设置管理器】对话框，单击【修改】按钮，系统弹出【页面设置-布局 1】对话框，设置图纸尺寸为“ISOA4 [297.00 × 210.00]”，其他设置默认，单击【确定】按钮，系统返回到【页面设置管理器】对话框，单击【关闭】按钮，即可完成页面设置。

04 在布局空间中，选择系统自动生成的图形视口，按 Delete 键将其删除。

05 将工作空间切换为三维建模空间。单击【布局】选项卡， 即可看到布局空间的各工作按钮。

06 单击【创建视图】功能板中【基点】按钮，选择【从模型空间】选项，根据命令行的提示创建主视图，如图 16-36 所示。

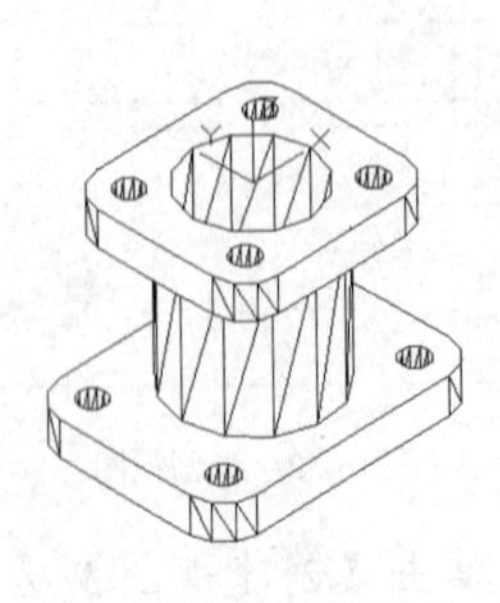

图 16-35 打开图形文件

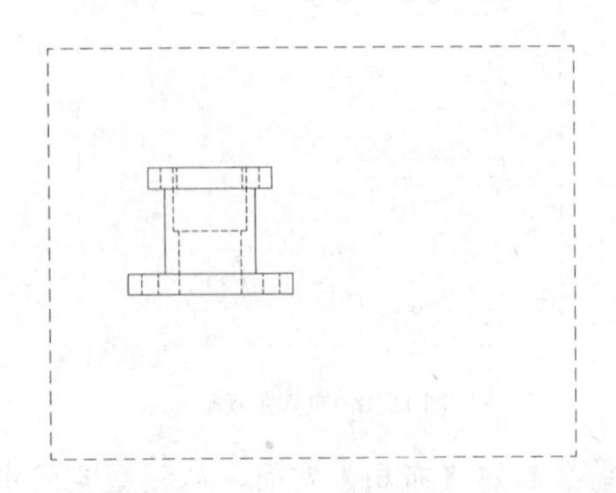

图 16-36 创建主视图

07 单击【创建视图】功能板中【局部】按钮，在其下拉菜单中选择【圆形】选项，根据命令行的提示，创建阶梯剖视图，如图 16-37 所示。

08 单击【创建视图】功能板中【局部】按钮，在其下拉菜单选择【矩形】选项，创建矩形局部放大图，如图 16-38 所示。

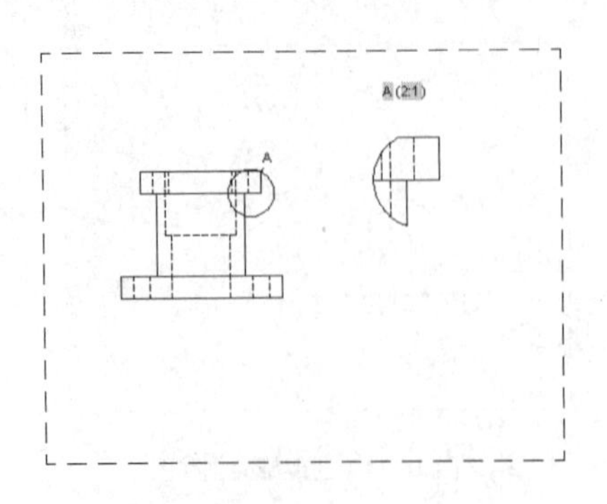

图 16-37 创建圆形局部放大图

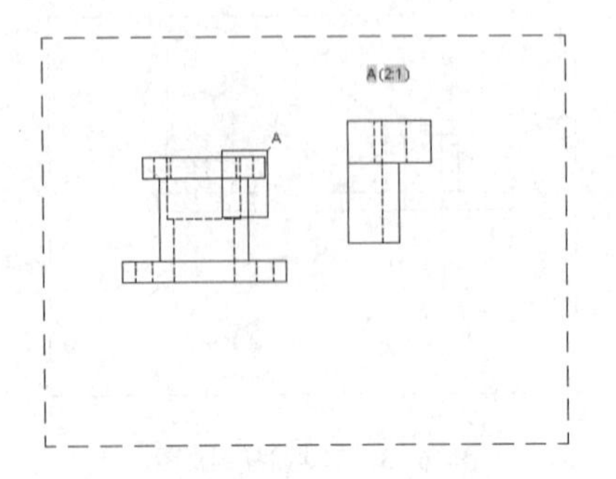

图 16-38 创建矩形局部放大图

16.3 习　题

将本书配套光盘提供的“16.3-1.dwg 与 16.3-2.dwg”三维实体图形，转变为三视图，如图 16-39 和图 16-40 所示。

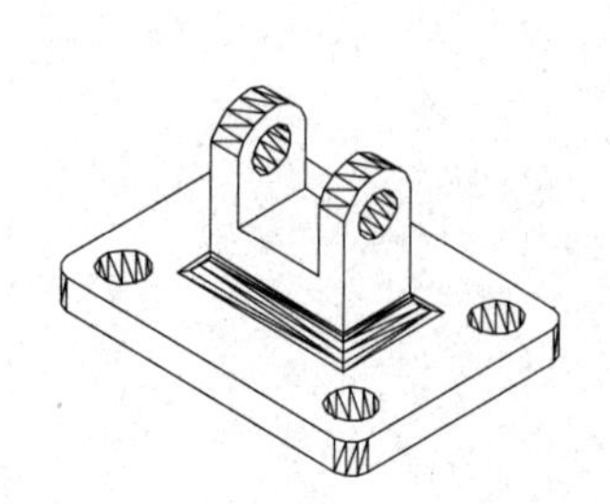
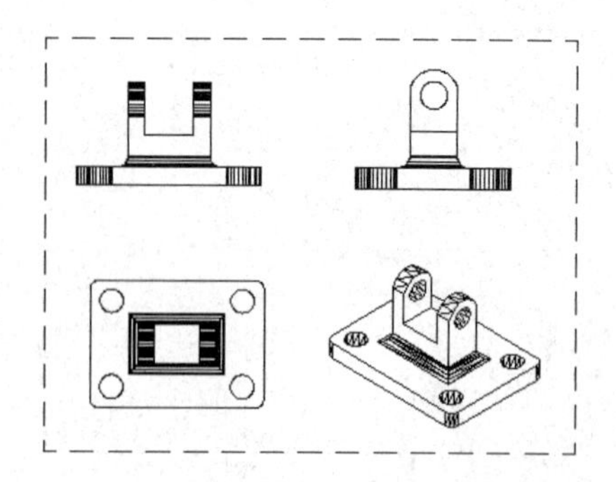

图 16-39　实体 1

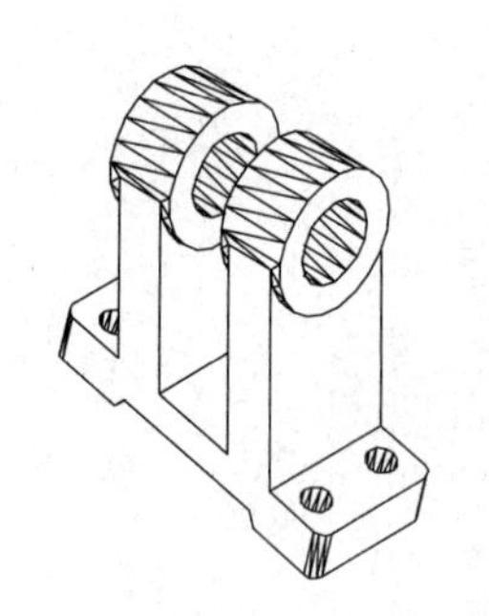
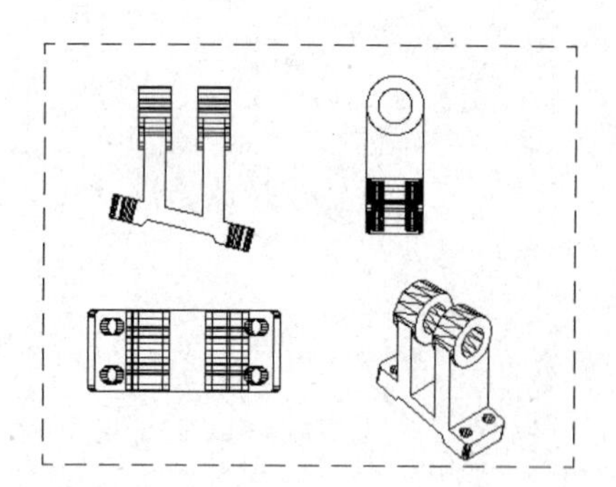

图 16-40　实体 2